수목 환경 생리학

Tree Environmental Physiology

우수영 지음

월드사이언스
WORLD SCIENCE
worldscience.co.kr

수목환경생리학

인　　쇄 | 2021년 03월 02일
발　　행 | 2021년 03월 10일

저　　자 | 우수영
발 행 인 | 신정숙
발 행 처 | (주)도서출판 월드사이언스

주　　소 | 서울특별시 서초구 도구로115 월드빌딩 1층
등록일자 | 1988년 2월 12일
등록번호 | 제 16-1601호
대표전화 | (02) 581-5811~3
팩　　스 | (02) 521-6418

E-mail | worldscience@hanmail.net
U R L | http://www.worldscience.co.kr

정　　가 | 35,000원
I S B N | 978-89-5881-299-9

머리말

구약성경에 보면 하나님이 가장 먼저 창조한 살아 있는 것은 식물이다. 첫째 날, 둘째 날에 빛과 하늘 등 환경을 창조하였고, 셋째 날에 씨 맺는 채소, 열매 맺는 나무를 창조하였다. 그리고 사람을 여섯째 날 가장 나중에 창조하였다. 이 순서는 과학적 증거와 비슷하게 들어맞는다. 35억 년 전 광합성을 하는 세포들이 지구에 등장했고, 현생 인류는 약 20만 년 전에 출현했다. 35억 년을 100년이라고 가정한다면 광합성을 하는 식물이 100년전 1월 1일에 타임머신을 타고 지구에 도착했고, 현생 인류는 99년 하고도 364일 시간이 흐른 시점에 막차를 타고 지구에 도착한 셈이다. 이러한 정도로 수목은 인류에 비해 장구한 세월 동안 지구를 지키고 있다.

수목은 우리 주변에서 작물, 초본류와 같이 환경을 구성하는 다양한 것 가운데서도 반드시 있어야 하는 중요한 요소이다. 작물이나 초본류는 연구가 많이 되어 있고, 외국에서도 연구 결과가 많기에 학생이나 일반인이 배울 수 있는 책이 많은 편이다. 그러나 수목은 다년생이어서, 연구결과를 보려면 상당히 오랜 기간 기다려야 하며, 수목의 종류도 초본류에 비해서 적어서 연구 결과가 희귀한 편이다.

비록 이동은 어렵지만, 수목 또한 살아 있는 생물이기 때문에 생명 현상이 내외적으로 계속 일어나고 있고, 환경으로부터 스트레스를 받으며 살아간다. 수목에 영향을 미치는 환경이 적당한 수준을 유지하면 생장에 도움이 되지만, 부하량이 커지면 수목에 스트레스로 작용하여 여러 가지 부작용을 일으키고, 스트레스가 심해지면 고사하게 된다. 수목에 대한 생리, 생태적인 연구와 교과서는 나름대로 선배, 동료 선생님들에 의해서 출판되어 있고, 수목이 각개 환경에 대해서 어떻게 반응하는가에 대해서 다룬 책들 또한 출판되어 있다. 그러나 환경과 수목의 생리학적인 연구를 체계적으로 정리한 책이 아직 미미한 편이고, 이에 따라 환경에 대한 수목의 반응 및 방어하는 메커니즘에 대해 종합적으로 정리한 책이 나와야 한다는 요구가 많아졌다.

이에 부족하지만, 수목의 환경생리학에 대해서 종합적으로 정리하고자 시도하였다. 수목은 초본류 및 작물하고는 스트레스 생리학이 다름을 강조하고자 하였으며, 또한 수목이 나타내는 환경에 대한 고유한 반응도 서술하려고 노력했다. 초본류와 작물은 제외하고서, 주로 목본식물을 대상으로 환경에 대한 생리적인 반응을 연구한 최신 저널을 참조하여 기술하였다. 수목에 대한 이해가 넓어지고, 수목이 산과 들뿐만이 아닌 도시공원, 가로수, 도시숲, 실내에도 도입되어 우리의 일상에서 중요한 요소로 자리잡아 가고 있기에, 온도 변화, 건조 같은 환경이 수목생리에 미치는 영향에 대해서도 서술하였다.

본 도서가 각 대학, 대학원의 산림, 조경, 원예 등 수목 관련 학과에서 공부하는 학생들에게 수목의 내외부에서 일어나는 생리적인 현상을 이해하는 데 도움이 되길 바라며, 임업직, 녹지직 관련 공무원, 기술사, 기사, 문화재 수리 기술자, 나무의사 등의 시험을 준비하는 분들에게도 도움이 되길 바란다.

서울시립대학교 환경원예학과 도시환경연구실의 곽명자 박사, 이금아 박사, 이종규 군, 김한동 군, 박상희 양, 임예지 양의 도움이 없었다면 이 책이 나올 수 없었다. 관련 논문 검색, 정리, 오탈자 교정을 본인의 일처럼 봐준 연구실의 모든 학생들에게 이 자리를 빌려 진심으로 감사한 마음을 전한다. 또한 모든 그림과 그래프 디자인을 담당해 준 윤수현, 하수민 학생에게 진심으로 감사한다.

2021년 3월에

우수영

저자 소개

우수영

서울대학교 임학과 학사
서울대학교 대학원 산림자원학과 석사
미국 U. of Washington 대학원 박사
서울시립대학교 환경원예학과 교수
서울시립대학교 입학처장
대한민국 과학기술한림원 정회원
산림청 중앙산지위원회 위원
국립산림과학원 겸임연구관
서울시 그린파킹 자문위원
Forest Science and Technology 편집위원장
한국산림과학회 학술위원장
한국원예학회 이사
생명의 숲 운영위원
녹색연합 전문위원

표지 원본 그림

이민신

(표지는 나무의 목부, 사부, 물의 이동통로, 나이테 등을 형상화한 것임)

그림 및 표 도안

하수민, 윤수현

차례
CONTENTS

PART 2 환경 스트레스

PART

1

총론

— 01 서론

- 수목의 범위와 구조
- 환경스트레스
- 수목의 적응
- 수목생리학과 생태학
- 스트레스와 원형질연락사, 막공의 역할

CHAPTER

01 서론

수목의 범위와 구조

식물

일반적으로 식물이라 함은 나무뿐만 아니라 줄기가 초본형으로 되었고 지상부가 1년 또는 2년으로 생존하는 지상부를 가진 것을 통칭한다. 풀은 초본(草本)이라고도 한다. 목본(木本)과 본질적으로 다르게 줄기의 관다발이 1년생으로 그 기능이 정지되며, 처음에 생긴 물관부밖에는 2차적으로 생기지 않으므로 비대성장하지 않는 식물을 말한다. 지상부뿐만 아니라 지하부도 1년으로 고사하는 것을 일년생이라고 한다. 이는 일생에 한 번만 개화 결실한다. 종자에서 발아한 풀이 월동하여, 이듬해 봄과 가을에 거쳐서 개화 결실하는 것을 이년생이라 한다. 이에 비해 지하부가 몇 년 이상 여러 해에 걸쳐 생존하고 일생 동안 몇 차례 이상 개화 결실하는 것을 다년초 또는 숙근초(宿根草)라고 한다. 일년생과 이년생은 뿌리가 많으나 다년초는 지하 부분에 뿌리·줄기·잎이 변형한 덩이뿌리, 덩이줄기, 뿌리줄기, 비늘줄기가 있으며 양분을 저장하는 것이 많다. 종려나무과에 속하는 식물이나 대나무 등은 본질적으로 유관속과 형성층이 없으나 지상부가 몇 년 이상 생존하므로 목본식물이라고 한다. 다른 교목처럼 비대성장하지 않기 때문에, 나무가 아닌 특수한 풀이라고 분류하는 경우도 있다.

수목(woody plant)

목본(木本) 식물을 총칭해서 수목 혹은 나무라고 부른다. 땅 위에서 자라는 줄기의 전부 또는 일부가 겨울 동안 남아 있다가 다음해에 다시 자란다. 추운 지방과 더운 지방에 따라 다르지만 일반적으로 목질이 발달한다. 열대지역에서 생존하는 나무고사리는 이름에 나무가 들어가지만 목본식물로 분류하지 않는다. 일반적으로 고사리류는 신생대 초부터 나타났다. 특히 속씨식물과 경쟁하기 위해 피토크롬이라 불리는 광수용체를 바꾸는 대규모 환경적응현상을 거쳤다. 대다수의 수목은 종자식물이다. 줄기에 있는 형성층의 분열에 의해서 물관부가 비대생장하는 것이 초본과 다른 점이다. 수목은 크기에 따라 아주 작은 것부터 지상 100 m에 달하는 것까지 있으며 교목(喬木) 관목(灌木) 및 아관목(亞灌木) 등으로 구분한다. 영어의 'tree'는 일반적으로 교목을 가리킨다. 잎이 매년 떨어지는 것을 낙엽수(落葉樹), 겨울에도 떨어지지 않고 1년 이상 가지에 달려 있는 나무를 상록수(常綠樹)라고 하지만, 환경에 따라 변하는 종류도 있다. 소나무과의 식물처럼 잎이 뾰족한 나무를 침엽수(針葉樹), 상수리나무나 무궁화처럼 잎이 넓은 나무를 활엽수(闊葉樹)라고 한다. 그러나 여기에도 중간형이 있어 표현하기 어려운 종이 있다. 수목의 피층(皮層)과 물관부를 구성하는 세포에는 리그닌(lignin)이 세포막에 침투하여 섬유소와 결합함으로써 화학적 변화를 일으켜서 딱딱하게 되며 탄성이 생긴다.

나무고사리, 대나무, 종려나무처럼, 실제로는 나무의 특성으로 분류되어 나무와는 거리가 있음에도 나무라는 이름을 갖고 있다. 이와 비슷하게 상식과는 조금 다른 이름을 가지고 있는 식물들이 있다. 나무 이름 가운데 재미있게 붙은 나무들이 있다. 무화과나무는 실제로는 뽕나무과에 속하며, 꽃이 과실 내에 숨어 피어서 꽃이 없는 것처럼 생각이 되었기에 무화과나무라고 이름 붙였지만, 실제로는 엄연하게 꽃이 피는 나무이다. 열매는 씨방이 큰 꽃받침 속에 형성되는 은화과이며 가을에

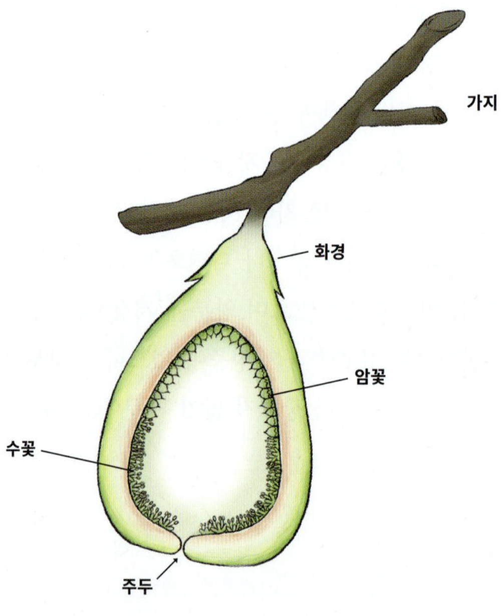

그림 1.1 무화과 속에 있는 암꽃과 수꽃

검은 자색으로 익는다(그림 1.1).

물관부

양치식물 및 종자식물에서 흡수한 물과 양분의 이동 통로 및 식물체의 기계적 지지 역할을 하는 조직이다. 목부(木部), 목질부(木質部)라고도 한다. 뿌리에서 흡수한 물과 양분의 이동 통로이고, 이것을 구성하는 세포의 대부분이 목질화되어 두툼한 벽을 이뤄서 식물체의 기계적 지지 구실도 한다. 수목의 경우에는 물관부가 굵은 줄기 대부분을 차지하기 때문에 목재가 견고하다.

체관부와 마찬가지로 물관부도 몇 종류의 조직으로 구성된 복합조직이며, 그 구성은 식물의 종류나 부분에 따라 다르다. 물관부를 구성하는 요소에는 기관의 축과 같은 방향의 긴 세포로 구성된 물관(導管), 헛물관(假導管), 물관부섬유, 물관부유조직과 기관의 반지름 방향으로 축을 가진 방사조직(放射組織)이 있다.

특히, 나자식물의 경우 가도관이 형성이 된다. 물관부에서 가도관이 형성이 되면, 도관절세포는 예정된 세포고사(Programmed Cell Death)를 통해서 도관절세포가 고사되고 파이프같이 관이 형성되어서 물이 쉽게 이동할 수 있도록 한다. 가도관은 물이 흐를 수 있도록 긴 열을 이룬다. 이들 끝은 가늘어져서 서로 중첩되는데, 도관절세포의 양 끝에 많은 구멍이 있고 측벽은 목질에 의해서 강화돼서 방수가 된다. 막공(pit)이 형성이 돼서 수분통도세포의 내벽을 통해 내외로 물이 이동할 수 있도록 한다.

물과 용질은 수목의 증산작용으로 이동한다. 증산에 의해서 물분자가 소실되면 이것을 채우기 위해서 물이 보충되고, 이때 인접한 분자들끼리 서로 잡아 당겨서 응집력이 생기고 이 응집력에 의해서 물과 무기염류가 이동한다. 봄에는 새로운 가지에 의해서 증가된 당의 요구가 있게 되고, 이를 채우기 위해서 가용성 당 수용액이 이동하게 된다. 낮에는 온도가 높고 밤에는 여전히 추운 늦겨울이나 초봄의 경우, 한국의 경우 2월 정도가 여기에 해당하는 날씨인데, 수목은 줄기에 저장하고 있는 전분을 당으로 전환하여 물관부를 통해 상승시켜서 잎과 눈(bud)의 발달에 필요한 영양분을 공급한다. 단풍나무, 자작나무 등은 이러한 시기에 수액을 채집하는데, 이는 수액에 다량의 당이 함유되어 있기 때문이다.

전년도에 형성된 물관부는 수분 수송 기능이 남아 있지만, 오래된 목재는 인접한 유세포에서 기원한 세포벽 물질인 타일로스(tyloses)로 인해서 통도세포가 막혀서 수분의 이동 기능이 상실된다. 이렇게 해서 목재의 줄기 안쪽은 색깔이 진한 심재(heart wood)가 형성이 된다. 심재는 목재가 부후되는 것을 방지하기 위해서 부패저항성 물질이 침적된다. 반면에, 변재(sap wood)는 물질의 이동이 이루어지는 살아 있는 조직으로 심재와 구분한다.

체관부

대사활동을 통해서 생긴 탄수화물을 운반하는 통로조직을 말한다. 사부(篩部)라고 한다. 식물에서 영양분, 특히 당과 같은 유기 물질의 운반을 담당하고 있다. 이 외에도 체관부 중에는 체관부 유조직이나 체관부 섬유가 있으며, 또 겉씨식물의 체관에는 그 기능을 돕는 반세포가 부수적으로 존재한다. 이와 같이, 체관부도 물관부와 마찬가지로 여러 개의 구성 요소로 이루어진 복조직의 하나이다. 한편, 체관 세포의 위 아래 벽에는 많은 체공이 있어 이곳을 통하여 원형질이 연락되는데, 이 부분을 '체판'이라고 한다. 체관은 양치식물, 겉씨식물, 속씨식물 등의 모든 관다발식물에 존재한다.

체관부조직은 사세포(sieve cell)나 양끝을 사관절로 구성된 사요소로 구성되어 있다. 이러한 구조는 파이프처럼 둥글고 물질이 이동하기 쉬운 형태로 되어있다. 이러한 사요소의 끝에 있는 구멍을 통해서 당 같은 물질이 자유로 이동할 수 있도록 해 준다. 또한 체관부 유세포와 섬유는 수목이 설 수 있도록 지지대 역할을 한다. 사요소는 살아 있는 세포이며 세포벽, 소포체, 색수체 및 미토콘드리아를 포함한다. 수목이 기계적인 상처가 나거나 삽목을 하기 위해서 줄기를 절단하거나 수목의 수형을 조절하고 관리를 위해서 가지치기를 하는 경우에 P 단백질(체관단백질)이 다른 상처를 최소화하기 위해서 분비돼서 응고하고 덩어리를 형성하여 사액 유출을 최대한 막는다. 또한 P 단백질은 상처를 통한 미생물의 감염을 막아서 피해를 줄여주는 역할을 한다. 탄수화물이 이 상처에 축적되는 것을 칼로스(callose)라고 한다.

P 단백질과 칼로스

P 단백질이 최초로 발견되었을 때는 탄수화물로 인식해서 슬라임이라고 이름하였다. 그러나 1960년에 와서 탄수화물이 아닌 단백질이라는 것을 밝혀내었고 체관부(phloem)의 단백질이라고 해서 P-단백질이라고 부른다. 체관요소가 성숙함에 따라서 단백질도 커진다. *Acer rubrum*의 경우 P 단백질은 두께가 2~20 nm의 망상구조를 가진다. 분자량은 15~220 Kd 정도의 폴리펩티드로 이루어져 있다. P 단백질의 기능은 상처 부위를 밀봉하는 역할과 노화되는 기관을 보호하는 것이다. 칼로스(callose)는 주로 세포질의 물질 교류가 이루어지는 통로에 주로 발생하여 축적되는 것을 알 수 있는데, 물질의 운반을 방해하는 역할을 한다. 또한 칼로스는 아주 짧은 몇 초 사이에도 형성이 되고, 상처나 상해를 입은 수목의 사부가 많은 지역에 축적되며, 노화되어 기능이 없어진 체관 부위에 다량으로 축적된다. 체관에 상처가 생겨서 압력이 떨어지면, 이들 단백질이 다량 상처부위로 올라온다. 결과적으로 "gel" 화 되어서 상처 부위에 막을 형성하여 밀봉하는 역할을 하거나 더 이상 기능을 발휘하지 못하게 하는 역할을 한다. 칼로스는 β-1,3 글루칸(glucan)으로 체관부의 물질 이동으로 전분 및 셀룰로스와 관련이 있다.

수목의 잎에서 광합성을 거쳐 만들어진 동화산물은 잎의 엽록체에 주로 저장된다. 잎의 지속적인 생장과 대사에 사용되지만, 나머지는 잎을 떠나 다른 조직으로 운반된다. 이러한 운반은 유관속 조직인 체관부에서 일어난다. 방사선동위원소를 활용한 실험에서 광합성 과정에서 생산된 동화산물이 주로 체관부에서 검출된다는 것을 알 수 있다. $^{14}CO_2$로 밀폐된 공간에서 수목의 잎에 흡수되도록 하면 기공을 통해서 이산화탄소가 광합성의 원료로 사용이 된다. 일정시간 경과 후 잎을 액체질소로 동결시켜서 잎으로 운반되는 방사선동위원소로 표시된 동화산물의 이동을 차단시킨다. 이러한 과정을 거치고서 방사선 사진을 촬영하면 대다수의 ^{14}C는 체관부에서만 나타나는 것으로 확인된다. 이와 같은 결과를 미루어서 동화산물의 장거리 운반은 체관부를 통해서 이루어진다는 것을 알 수 있다. 그러나 예외적으로 봄에 뿌리에 저장된 당류의 일부가 물과 함께 지상부로 이동하는 경우에는 물관부를 통해서 발생 중인 눈(bud)에 공급이 된다. 그러나 잎에서 동화된 동화물질의 운반은 체관부를 통해서만 운반이 일어난다(그림 1.2).

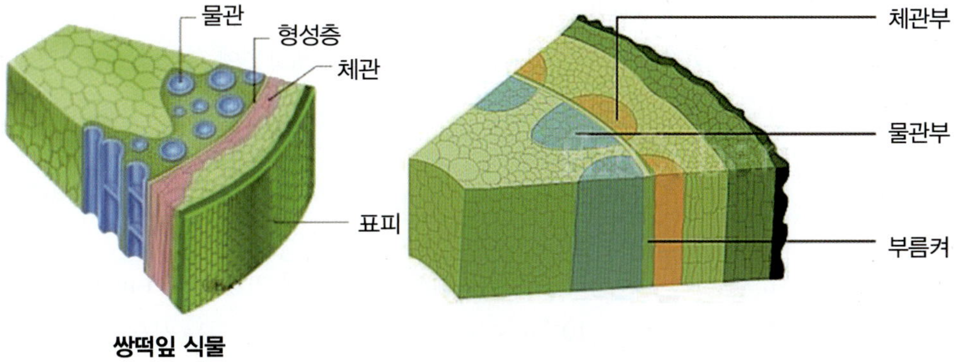

그림 1.2 줄기의 구조

동화산물의 대부분은 당(sugar)이다. 당이 많은 경우는 수크로스(sucrose)가 80%를 넘는 수목도 있고, 동화물질의 이동은 주로 수크로스와 같은 비환원당의 형태로 된다. 이러한 것은 방사선동위원소를 활용한 실험에서도 방사능의 90% 이상이 수크로스에서 회수되는 것으로도 확인할 수 있다. 일부 식물은 올리고당류인 라피노스(raffinose)이나 올리고당(oligosaccharide)의 형태로 이동되는 것도 있다. 물푸레나무과와 장미과의 경우는 광합성산물의 일부가 만니톨(mannitol)이나 소르비톨(sorbitol)의 형태로 운반되기도 한다.

체관부에서 동화산물이 비환원당으로 이동하는 이유는 몇 가지가 있다. ① 비환원당의 결합력이 강하다. 이당류의 설탕과 올리고당은 모두 비환원당이다. 포도당과 과당을 포함한 모든 단당류는 환원당이다. 환원당은 알칼리 조건에서 Cu^{3+}를 Cu^{2+}로 환원되는데, 여기에는 알데하이드나 케톤 그룹이 있어서 전환이 가능한 것이다. 설탕과 올리고당은 각각 결합이 안정적이며, 알칼리용액에 대한 반응성도 없는 비환원당이다. 그렇기 때문에 이러한 안정적인 결합력은 장거리 운반을 할 때 안정적인 상태로 이동하는 데 유리하다. 비환원당은 운반 중에 환원당처럼 주변의 화합물과 결합하여 다른 화합물로 전환이 이루어지기 힘들다. 그렇기 때문에 포도당이나 과당은 체관부에서 거의 발견되지 않는다. ② 포도당과 과당 사이에 일어나는 β-프록토시드 결합(fructoside linkage)이 ATP의 인산과 인산 사이의 결합처럼 상당히 높은 에너지를 가지고 있기 때문이다. 가수분해될 때 설탕의 경우, 27 $KJ \cdot mol^{-1}$의 상당한 에너지를 방출할 수 있도록 높은 에너지를 가진다(보통 인산결합은 31 $KJ \cdot mol^{-1}$ 정도의 에너지 방출). 그러므로 설탕은 작으면서도 이동성이 강한 물질이고, 구조적으로 안정된 에너지를 가지고 있기 때문에 대부분의 수목에서 동화산물의 운반 형태로 사용된다.

증산속도의 결정

수목 내에서 뿌리, 줄기, 잎에서 삼투압의 차이가 생기고, 더불어 대기와 삼투압의 차이가 생긴다. 이러한 삼투압의 구배가 형성되면 기공을 통해서 물을 배출한다. 수분이 증산을 통해서 대기로 수분이 소실되는 것은 ① 기공과 조직과의 공간, ② 기공, ③ 잎표면에 형성되는 공기경계층(air boundray layer)의 3 부분의 기능이 기여한다.

$$\text{증산시간} = \frac{(\text{거리})^2}{\text{확산계수}} \times k$$

여기서 k는 상수이다. k를 1이라고 하면, 엽육세포에서 대기까지의 거리를 약 1 mm(=10^{-3} m), 공기속에서 수증기의 확산계수를 $2.4 \times 10^{-5}\ m^2s^{-1}$라고 할 경우 확산에 걸리는 시간은 0.024초가 걸린다.

$$\text{증산시간} = \frac{(\text{거리})^2}{\text{확산계수}} \times k = \frac{(10^{-3})^2}{2.4 \times 10^{-5}} = 0.024\ (\text{초})$$

위에서 언급한 3가지 요인 가운데, 두 번째, 세 번째 요인, 즉 ② 기공이 모두 열려 있고, ③ 경계층이 없다고 가정하는 경우 기공을 통해서 수분이 대기 중으로 빠져나가는 데 걸리는 시간이 이렇다는 것이다. 그러나 실제로 수목에서 기공은 환경에 따라서 열리기도 하고 닫히기도 하며, 한 수목의 개체에서도 수관 아래 부분의 잎 기공은 닫히고 수관 위의 부분은 열리는 경우가 있다. 그리고 잎의 경계층이 해가 나오는 오후에는 태양광으로 인해서 없어지기도 하지만, 아침에는 수목의 잎에서 두껍게 형성이 되기도 한다. 따라서 위의 증산속도는 환경에 따라서 변화하기 때문에 이론적으로 생각할 수 있는 값이다.

증산속도를 결정하는 요인에는 확산저항으로는 기공의 전도도, 경계층 저항 등의 요인이 있다. 증산속도는 기공의 열림 정도에 가장 크게 영향을 받는다. 기공이 열려서 기공전도도가 증가하면 확산저항이 현격하게 감소한다. 이로 인해서 증산속도가 증가한다. 기공을 열고 닫는 메커니즘에는 여러 가지 요인이 작용한다. 공변세포의 팽압, K^+, Cl^- 이온의 농도, ABA의 농도, 세포내의 이산화탄소의 농도(internal CO_2 농도), 토양수분의 양, 삼투압의 구배 등이 작용한다.

경계층 저항은 바람의 속도와 잎표면의 trichome 같은 털의 존재 유무, 털의 밀도, 털의 형태적인 특성에 따라서 달라진다. 바람이 많이 부는 경우 경계층의 저항은 작아진다. 바람에 의해서 잎표면을 둘러싸고 있는 얇은 층의 공기층이 사라질 수 있다. 그러므로 경계층의 두께와 확산저항은 비례한다. 바람이 없는 경우, 경계층의 두께가 두꺼워서 증산이 잘 이루어지지 않는다. 털은 바람의 속도와 방향 등에 영향을 주므로 경계층의 두께에 영향을 주어서 증산속도에 영향을 준다.

도관의 팽창과 수축

수목은 사부, 목부, 형성층을 통해서 물과 여러 가지 물질이 이동한다(Pfautsch et al., 2015). 목부를 통해서는 뿌리에서 물이 거의 이동하고, 사부를 통해서는 잎에서 고정된 탄수화물이 주로 이동한다. 사부를 통해서 물도 이동이 되지만 거의 소량이라고 볼 수 있다. 유기물, 즉 거의 대다수인 당은 사부를 통해서 이동된다. 물이 목부를 통해서 이동되는 것은 크게 3가지 중요한 요인에 의해서 좌우된다. 1) 뿌리에서 줄기를 통해서 물이 전달되는 데 있어 잎의 표면에서의 증산 능력, 2) 탄수화물이 사부를 통해서 잎이나, 꽃, 열매, 뿌리로 저장되면서 생기는 삼투압의 차이로 물이 순환하는 동력의 차이, 3) 변재와 수피안쪽에서 물이 빠져나갈 때 심플라스틱(symplastic; 액포를 제외한 세포질 이동)하거나 아포플라스틱(apoplastic; 세포벽 이동) 공간을 보충해주는 수목의 능력 등에 의해서 결정된다(그림 1.3). 화살표의 굵기와 방향이 모두 의미가 있다.

수목의 호르몬은 신호전달 역할을 하며, 많은 종류의 호르몬이 수목에서 역할을 한다. 펙틴은 세포의 측면을 통해서 이동하는 물의 무기염류 함량에 대한 반응으로서 수축하거나 팽창함으로써 물 흐름의 조절을 돕는다. 식물세포와 동물세포는 단백질 합성과 세포기관의 복제를 통해서 세포질과 세포 숫자의 양적 증가를 통해 성장한다. 그러나 수목의 경우는 동물세포에 없는 액포를 통해서 수분을 흡수하고, 세포벽의 팽창을 통해서 성장하기도 한다. 액포는 노폐물을 축적하기도 하고, 흡수된 중금속을 저장하기도 한다. 액포는 정상적인 생장을 하는 수목의 세포에서 약 90% 정도의 부피를 차지한다. 액포의 주요한 역할은 팽압을 유지시키는 것이다. 건조하게 되면 액포에서 물이 빠져나간다. 그리고 물이 재공급되면 액포가 팽창한다. 액포는 액포막(tonoplast)이라는 단일막으로 둘러싸여 있고, 액포막에는 이온이나 다른 물질을 축적할 수 있는 단백질을 포함하고 있다. 감귤류의 경우에 액포는 산을 저장하는 장소이고 red beet(*Beta vulgaris*)나 꽃에서는 각종 수용성 색소를 함유하며, 사탕수수나 사탕무에서는 당을 저장한다. 수목에서는 탄닌 같은 곤충이 싫어하는 물질과 중금속을 함유하고 있어서 곤충의 공격으로부터 보호해 주는 역할을 한다. 수목의 조직에서는 액포와

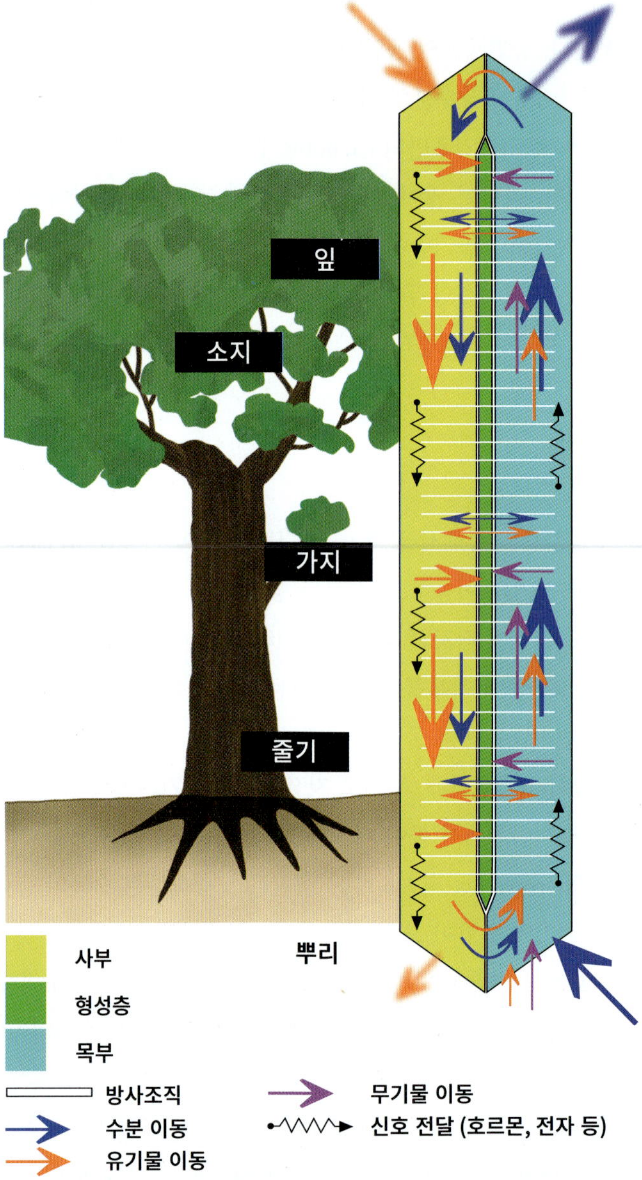

그림 1.3 사부, 목부, 형성층을 통한 수목의 도관 팽창

단백질 팽창에 의해서 세포벽사이의 다당류의 결합을 이완시키고, 이를 통해서 세포가 커지면서 세포벽이 늘어나게 된다. 수분 흡수는 세포를 팽창시키고 분열조직의 활동을 촉진하여 수목의 생장을 돕는다. 수분은 세포내 물질수송의 매체이고 광합성을 하는데 광분해되어 중요한 역할을 한다.

상대수분함량(relative water content, RWC)는 수분포텐셜과 함께 잎의 세포나 조직이 수분을 얼마나 함유하고 있어서 고사될 확률이 얼마나 되는지를 평가하는 척도로 활용한다. 수목 잎을 채집하여 생체중량을 측정하고 팽윤상태의 중량을 측정한다. 이를 위해서 빛을 차단하고 밀폐된 공간에서 잎의 무게가 일정해 질 때까지 물 위에 조직을 띄워서 무게를 측정한 다음, 잎의 조직을 꺼내 건조시켜서 건조중량을 구한다.

$$상대수분함량(\%) = \frac{생체중량 - 건조중량}{팽윤중량 - 건조중량} \times 100$$

수목의 종류에 따라서 많이 달라지지만, 50% 정도 한계치 이하로 떨어지면 조직이 죽는다. 건조에 의한 피해로 물의 소실이 일어나고 이에 의해 세포가 죽는 것을 피하기 위해서 수목은 적응기작을 가진다. 삼투조절을 함으로써 자신의 세포질 내의 용질을 조절할 수 있어서 수목의 조직이 건조 등의 스트레스를 극복할 수 있도록 한다.

수목의 24시간 동안 증산량을 추정해보면 그림 1.4의 점선과 같다. 아침 8시 정도부터 증산이 시작되어 오후 6시 정도에 최소로 되어서 밤을 지나게 된다. 이에 따라서 수간의 지름도 변하는데, 실선으로 표시한 부분인데 증산량의 변화와는 반대의 양상을 보인다. 4가지 형태로 이들이 변화하는 것을 모식도로 그리면, A는 야간에 수분이 줄기에 충전되어서 줄기의 지름이 최대로 되고 증산량이 거의 없을 경우에는 목부(ψ_x)와 내수피(ψ_{ib})의 삼투압이 거의 동일한 수준이 된다. B는 아침에 증산량이 급격하게 증가하는 경우인데, 내수피(ψ_{ib})의 삼투압이 목부(ψ_x)의 삼투압보다 커져서 내수피를 수축하여(검은 화살표) 방사조직(ray)를 통해서 수분이 이동된다. C는 약간의 낮 동안 휴지기로 사부와 목부의 수축이 최대로 되는 시기인데 사부의 수축이 심하게 이루어진다. D는 줄기에서 사부와 목부의 팽창이 다시 시작되는 시기이다. 목부(ψ_x)가 내수피(ψ_{ib})의 삼투압보다 커지는 기간이다. 이러한 4가지 패턴이 반복되면서 수목의 줄기에서 물이 이동하고 탄수화물이 이동하게 된다(그림 1.4).

수목은 연령이 증가하면서 수고가 비례해서 커진다. 또한 도관이 차지하는 면적도 연령과 비례한다. 수목이 분포하는 장소, 수목의 종류, 수목의 생육상태에 따라서 도관의 크기와 면적은 달라질 수 있지만, 거의 모든 수목은 이와 같은 형태의 생장을 유지한다. 침엽수, 활엽수 대표적인 수목들의 수고와 도관 면적을 살펴보면 연령과 비례하는 것은 비슷하다. 연륜의 생장은 나이가 들수록 감소한다. 수목이 어릴 때 연륜의 생장이 많이 이루어진다(그림 1.5).

기공(stomata)

기공은 수목에서 가스가 교환되는 중요한 출입구가 되는 기관이다. 푸른색은 도관이 나타나는 근원, 붉은색은 대사조절 기원, 회색은 알지 못하는 요인을 나타낸다. 이끼(moss)나 물이끼(hornwort)의 경우 기공이 어떻게 작동했는지 명확하지 않다. 첫 번째 가스가 교환되는 관속식물은 고사리류, 석송류(lycophytes)이다. 이때의 원시적인 상태는 빛에 대해서 도관에 수동적으로 작동하는 밸브 정

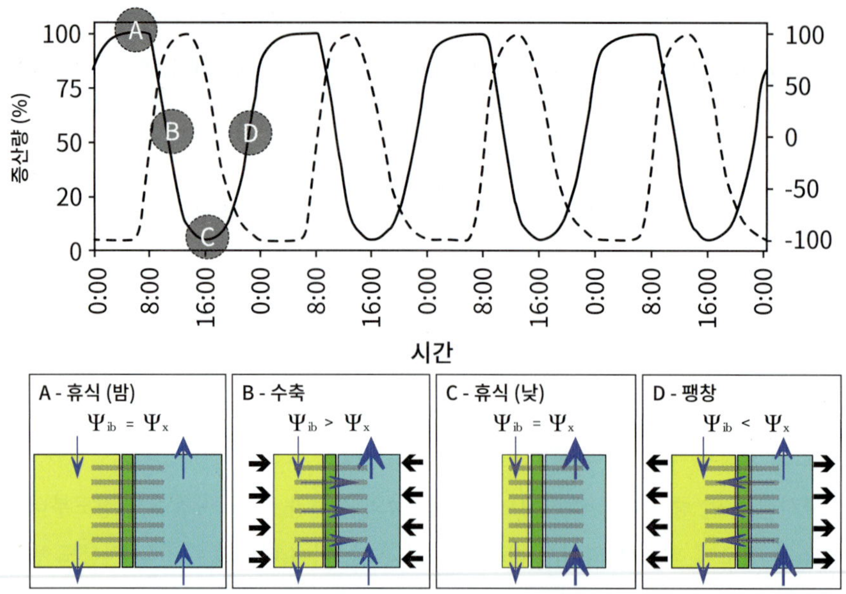

그림 1.4 시간대별 물의 이동에 의한 수목 도관의 팽창과 수축

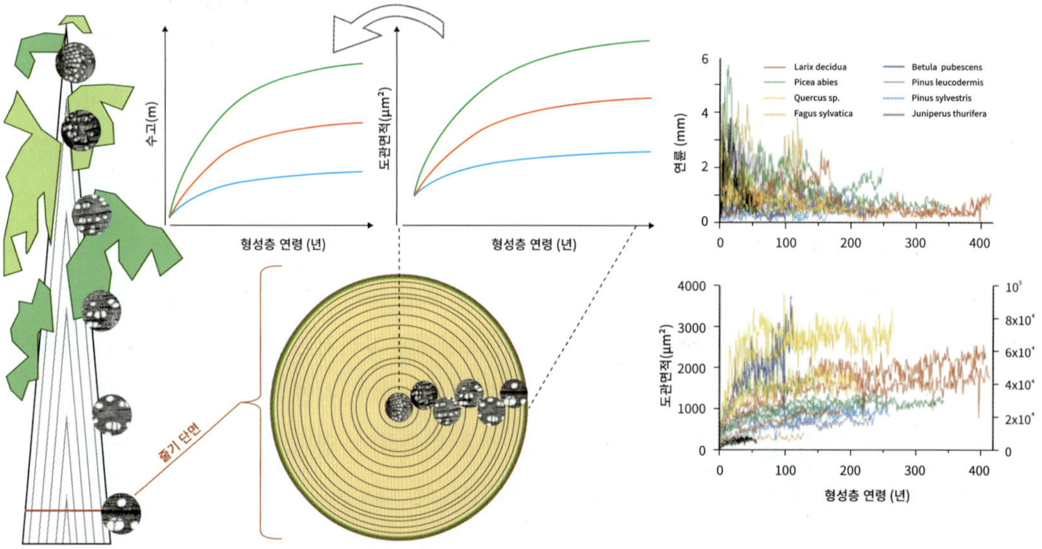

그림 1.5 수목 도관 면적, 수목의 연령과의 관계

도의 역할이었다. 기공 개폐에 중요한 역할을 하는 호르몬인 ABA의 역할이 있었는지 파악할 수 없다. 종자식물이 나타나면서 대사에 반응하는 관문으로 기공이 발달한다. ABA의 작동으로 기공의 개폐가 이루어지고, 대기 중의 CO_2에 대해서 기공이 닫히는 것은 피자식물(속씨식물)에서 현재 나타나는 현상이다(그림 1.6).

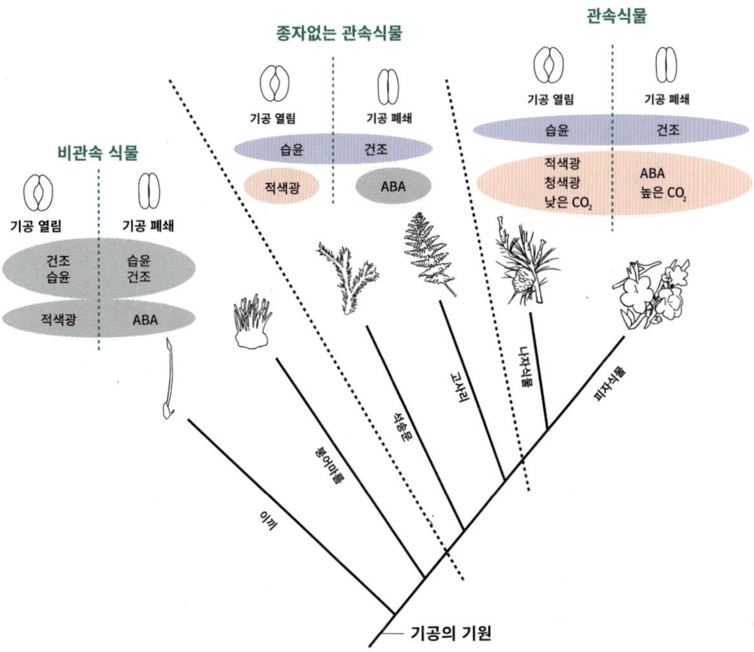

그림 1.6 이끼, 조류, 선태류, 양치식물, 나자식물, 피자식물의 계통수와 기공의 발달

수목의 기공과 수분의 증산량은 밀접한 관련을 가진다. 일반적으로 잎에서 기공의 밀도가 높으면 크기가 작아진다. 또한 수목의 증산량은 기공이 열리는 속도와 관련이 높은데, 기공의 크기가 크면 기공이 열리는 속도가 느리다(그림 1.7).

기공의 밀도와 대기중의 이산화탄소의 농도는 상당히 밀접한 관련이 있다. 대기 중의 이산화탄소의 농도가 높아지면, 기공을 통한 이산화탄소의 흡수가 쉬워지기 때문에 기공의 숫자는 감소한다. 그리고 증산작용을 통한 수분 소실은 감소하게 된다. 산업혁명이 있었던 19세기 초기의 대기 중의 이산화탄소 농도는 0.028% 였다. 약 200년이 흐른 지금은 0.037%로 약 28% 정도 증가하였다. 단기간의 이산화탄소 농도 증가에 따른 수목 잎의 발달은 증가한다. 일반적으로 책상조직을 발달시켜서 잎의 두께가 두꺼워진다. 영국에서 산업혁명이전에 수집한 단풍나무, 참나무, 너도밤나무 등의 표본의 기공 숫자와 현재의 기공 숫자를 비교한 결과, 단위 면적당 기공의 밀도가 약 40% 정도 감소하였다(강원희 등, 2009). 기공의 밀도를 계산하기 위해서 화석 잎에 있는 기공의 숫자를 보고 대기 중의 이산화탄소의 농도를 추정하는 작업을 하면, 6천5백만 년 전의 화석 잎은 아주 소수의 기공을 가진다. 그래서 공룡이 살던 당시의 이산화탄소의 농도는 현재보다 훨씬 높았을 것이라고 추정한다.

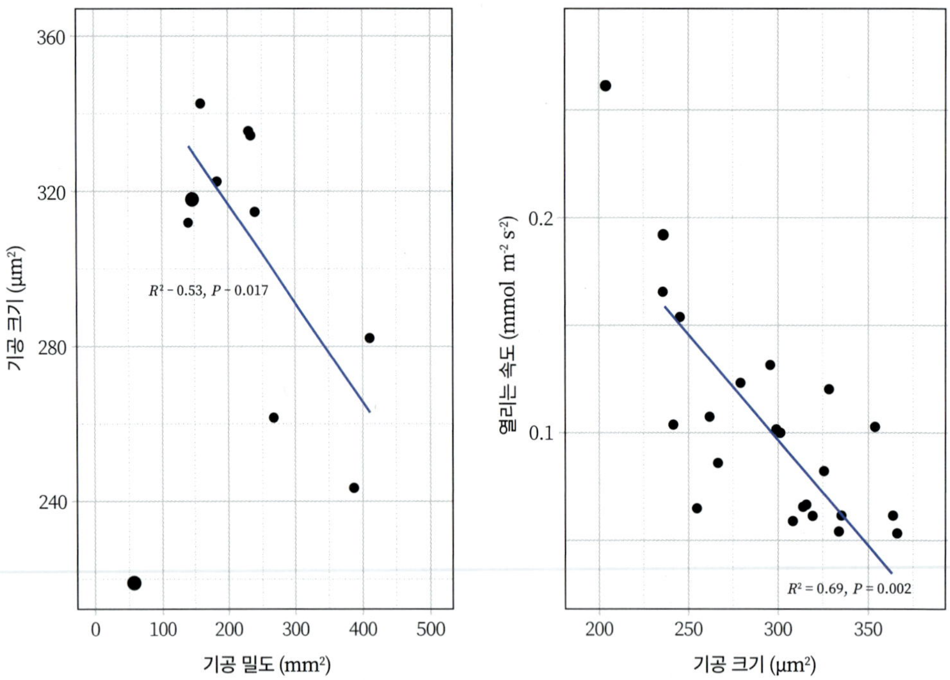

그림 1.7 기공 밀도, 크기와 기공의 개폐 속도와의 관계

목부형성(xylogenesis)

수목은 다년생식물이기 때문에 목부의 형성이 해를 거듭하면서 계속 이루어진다. 이전 해에 형성된 나이테를 비롯해서, 춘재, 추재, 형성층과 사부 구성이 되어서 줄기를 형성한다(그림 1.8).

수목 목재의 밀도와 도관의 크기는 반비례한다(McCulloh et al., 2015). 다른 많은 수목을 종합해도 세 수종처럼 도관의 지름이 커짐에 따라서 밀도는 낮아지는 것을 알 수 있다(그림 1.9).

수목의 목부를 해부학적으로 관찰하면 다음과 같다. 춘재는 많이 생육하고, 추재는 생육이 더디다. Morck's 지수는 1을 기준으로 1이하면 춘재, 1이 넘으면 추재를 의미한다. 수직선은 춘재와 추

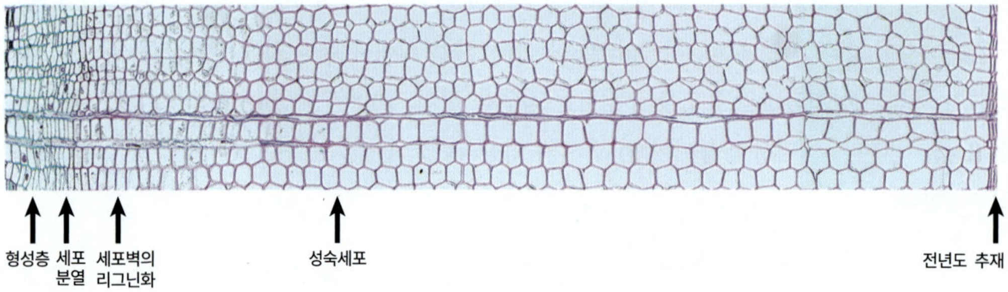

그림 1.8 수목에서 목부의 형성과 구성

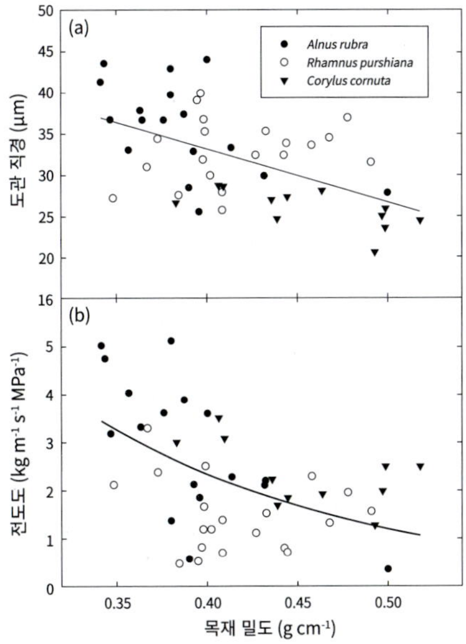

그림 1.9 목재의 밀도와 도관의 크기

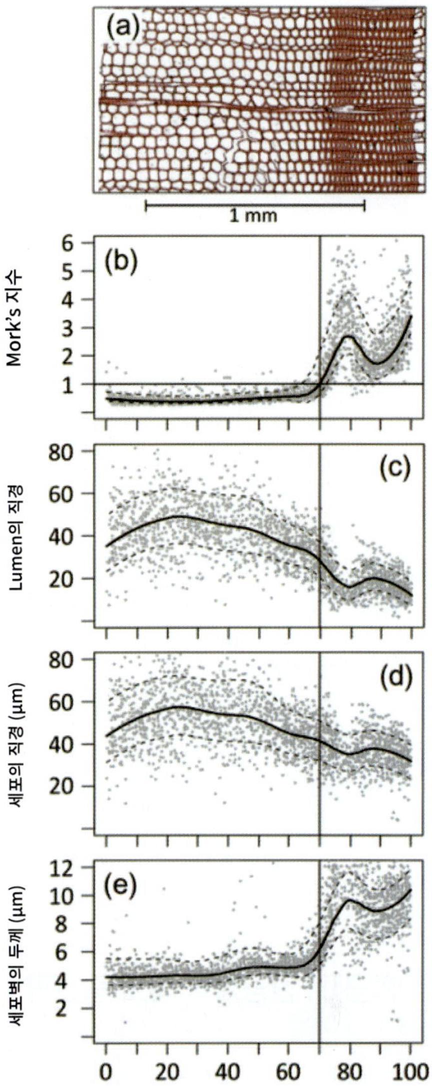

그림 1.10 루멘(lumen)의 직경, 세포의 직경, 세포벽의 두께와 춘재, 추재와의 관계

재를 나누는 경계선이다. 루멘(lumen)의 직경, 세포의 직경은 생장이 왕성한 춘재에서 더 크고 추재로 갈수록 감소한다. 세포벽의 두께는 추재로 갈수록 두꺼워진다(그림 1.10). 이러한 특징은 수목의 줄기에서 수분을 효율적으로 흡수하고, 환경 스트레스에 대해서 견디는 능력을 결정짓는 중요한 역할을 한다(Castagneri et al., 2018).

루멘(lumen; 세포내강)은 목재섬유 세포 내부의 빈 공간을 뜻한다. 침엽수는 95% 이상이 가도관이고 유세포가 5%를 차지한다. 활엽수는 도관이 20~40%, 유세포는 10~20%, 목섬유가 40~65% 정도 차지한다. 일반적으로 수분이 이동하는 도관은 세포벽이 얇고 루멘(lumen; 세포내강)이 크다.

수목 가운데 *Pinus pinea*가 생장하면서 강수량에 따라 루멘의 직경, 춘재의 생장은 비례한다. 그러나 추재로의 이전은 느려진다. $\delta^{13}C$의 양은 춘재에서 공통적으로 많이 나타난다. 생장이 왕성한 목재에서 높은 양의 탄소가 검출되는 것과 같다(그림 1.11).

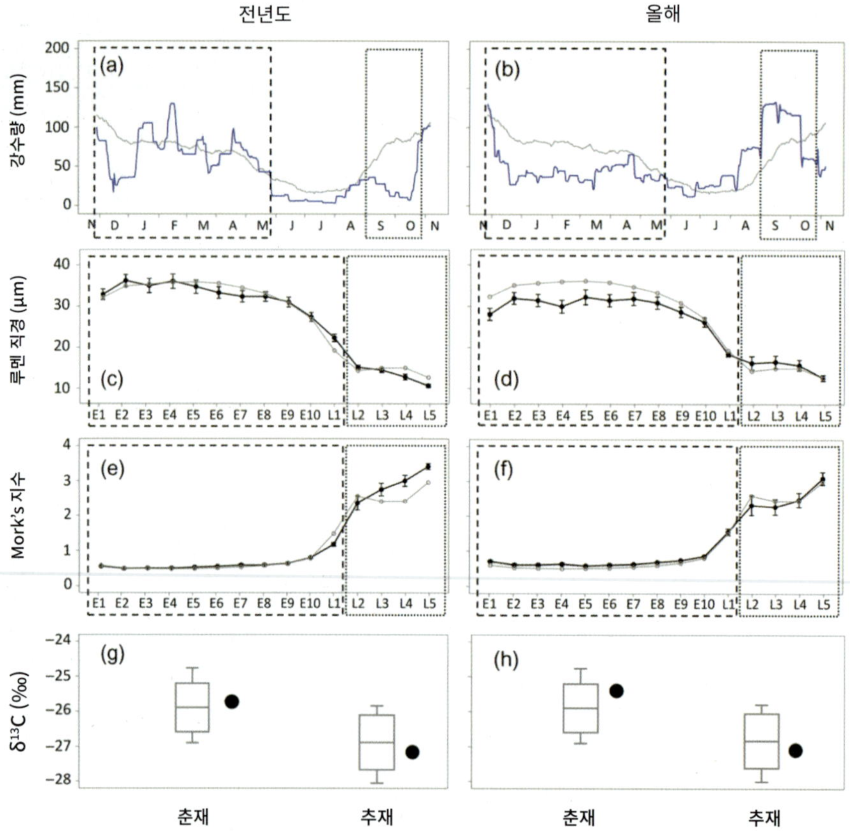

그림 1.11 *Pinus pinea*의 강수량에 따른 루멘의 직경, 춘재의 생장(E; 춘재, L; 추재)

환공재, 산공재 수목의 증산량

수목의 도관 형태가 어떤 모양으로 연결되어 있는지에 따라서 환공재(ring)와 산공재(diffuse)로 나뉘는데, 이러한 구조적인 특성으로 인해서 물이 잎을 통해서 증산되는 데 다르게 기여한다(Litvak et al., 2012). 활엽수의 경우에, 산공재의 경우가 환공재나 침엽수의 경우보다 더 많은 수분을 도관을 통해서 이동하며, 증산량이 일반적으로 많다. 침엽수는 가도관으로 구성되어 있으므로 수분이 이동하는 데 있어서 산공재보다 적은 양의 수분을 증산하게 된다. 이렇게 증산량에서 차이가 나는 이유는 1) 수증기압차이(vapor pressure deficit)가 산공재의 경우에 구조적으로 높게 형성이 되어서 수분의 이동이 원활하게 될 수 있고, 2) 환공재의 경우에 도관기포 공동화(空洞化; cavitation)이 발생할 확률이 산공재보다 많기 때문이다. 도관기포 공동화가 발생하면, 기포가 도관에 생성되어서 수분의 이동이 방해받는다(그림 1.12).

수분포텐셜과 수목의 증산량은 밀접한 관련성이 있다. 수분포텐셜이 낮아지면 수목의 증산량은

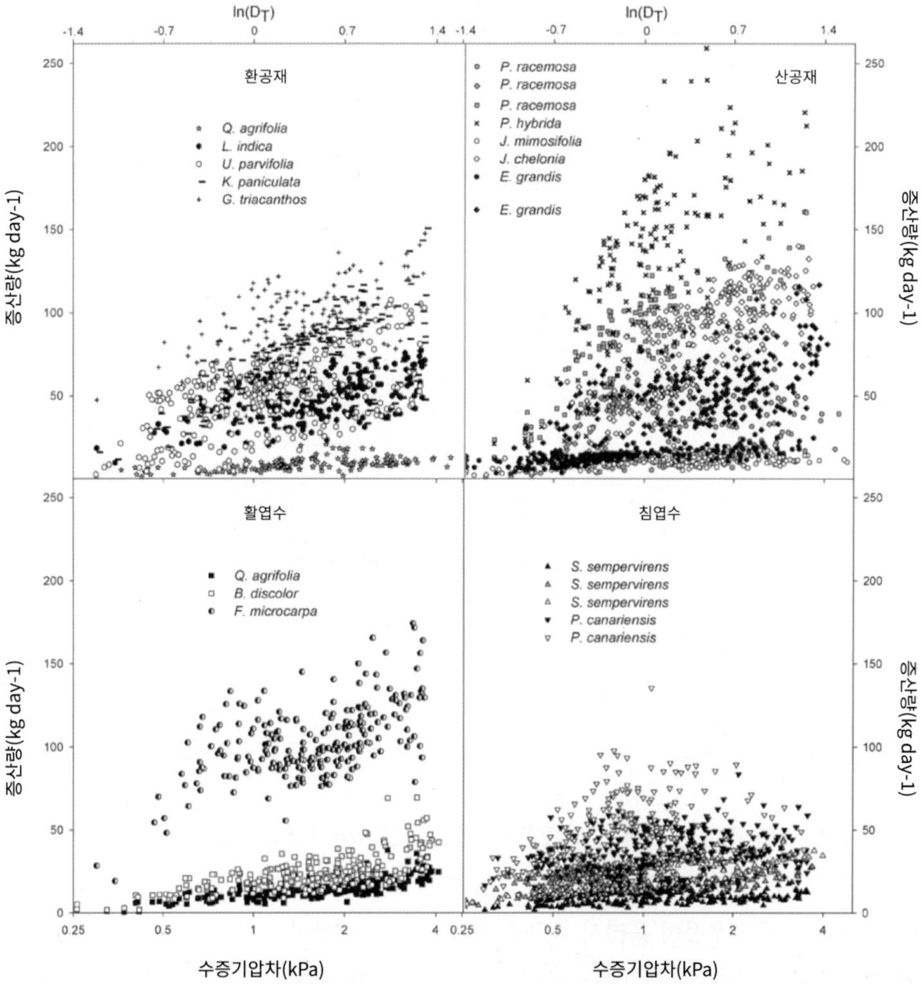

그림 1.12 수종별 환공재(ring)와 산공재(diffuse)의 증산량 차이

줄어든다(그림 1.13). 실선은 수목의 수리전도도(hydraulic conductivity)를 나타내고 푸른색 화살표는 positive hydraulic safety를 나타낸다. 붉은색 화살표는 negative hydraulic safety를 나타낸다. 기공폐쇄(ψ_{sc})에서 수분포텐셜, 점선은 건조 스트레스에서 (ψ_{min}) 수분포텐셜을 나타내고 $P50_{leaf}$는 잎이 50% 고사할 때의 수분포텐셜, $P50_{stem}$은 줄기가 50% 고사하는 때의 수분포텐셜을 나타낸다. 예를 들어, (a)는 건조 스트레스를 받은 수목과 줄기의 50%가 죽을 때까지의 수분포텐셜을 나타내는데 증산량이 거의 없다(Blackman, 2018). 기공이 닫힌 환경, 그때의 수분포텐셜 아래에서 수목의 고사가 이루어지는데, 그 기간과 정도는 수목의 특성, 스트레스의 강도에 따라서 달라진다(그림 1.13).

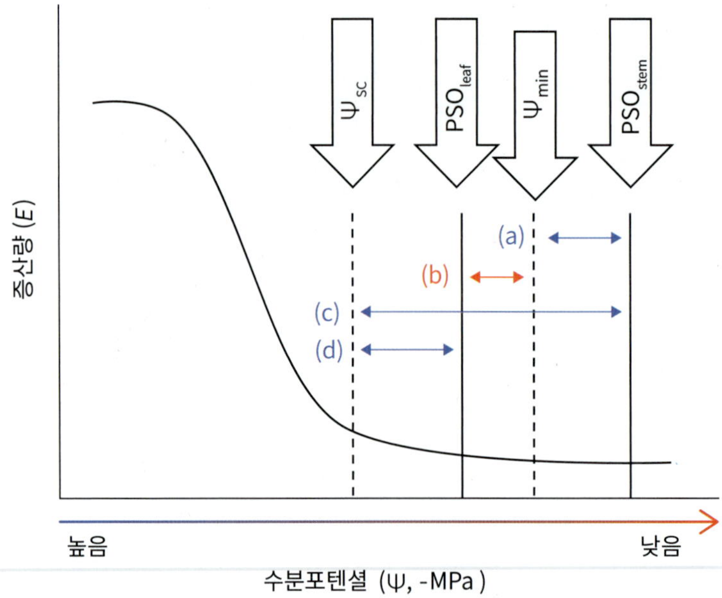

그림 1.13 수분포텐셜과 수목의 증산량

종자발아와 NSC(non-structural carbohydrate, 비구조탄수화물)

종자가 발아하여 자엽이 나오는 단계까지 잎이 발달하면서 모든 함량은 증가하다가 잎의 확장이 최대가 되는 지점을 기준으로 전분의 양은 급격하게 감소한다(Bansal and Germino, 2009). 종자가 물을 흡수하여 종피가 부풀어 올라서 유근과 자엽이 나올 시점에 이르기까지 탄수화물은 증가한다. 건조한 환경에서는 종자의 imbibition(종자가 물을 최대로 흡수해서 발아직전의 상태)이 제대로 이루어지지 않아서 정상적인 과정을 거치지 못한다(그림 1.14).

피자식물(angiosperm)과 나자식물(gymnosperm)의 수분과 탄수화물의 이동속도

피자식물과 나자식물은 목재의 구조가 다르다. 도관으로 구성된 속씨식물 수목은 물이 이동하기에 편리한 구조로 되어 있고, 겉씨식물인 수목은 가도관으로 연결되어 있어서 도관에 비해서 이동효율이 떨어진다(Liesche et al., 2015). 피자식물이 사부를 통해서 탄수화물이 이동되는데, 나자식물에 비해서 속도가 빠르다. 그 이유는 체세포 막(membrane)의 특성 때문이다. 피자식물은 체막(sieve membrane)의 저항이 나자식물에 비해서 낮다. 그러므로 탄수화물이 이동함에 있어서 저항이 적기 때문에 분자량이 큰 탄수화물도 이동이 쉽게 되면서 이동속도가 빠르게 된다(그림 1.15).

Fagus sylvatica(피자식물)의 사부에서 체세포(sieve; 사세포)를 현미경으로 확대하여 보면 "S"라

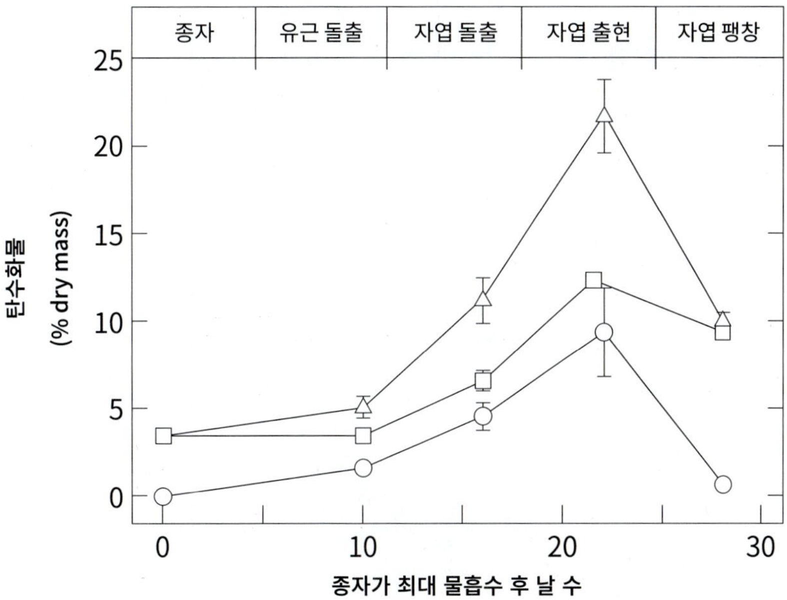

그림 1.14 종자발아 단계에 다른 NSC 함량 변화; 총 NSC (삼각형), 가용성 당(사각형), 전분(원)

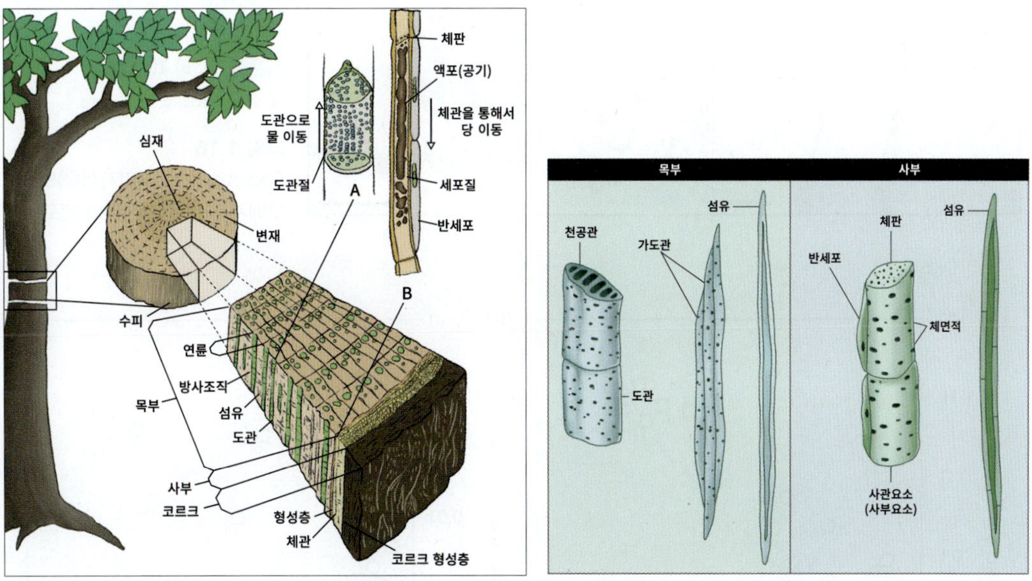

그림 1.15 피자식물, 나자식물의 수분과 탄수화물의 이동속도

고 표시된 것은 전분이 축적된 것이다(그림 1.16a). 오른쪽 위의 사진은 체세포를 확대한 것이다. 또한 *Abies alba*(나자식물)의 체세포를 횡단면으로 잘라서 관찰하면(그림 1.16b) 서로 연결된 모습을 관찰할 수 있는데, 화살표로 표시한 부분이 체세포들이 연결된 것이다(그림 1.16b). 흰색으로 보이는 부

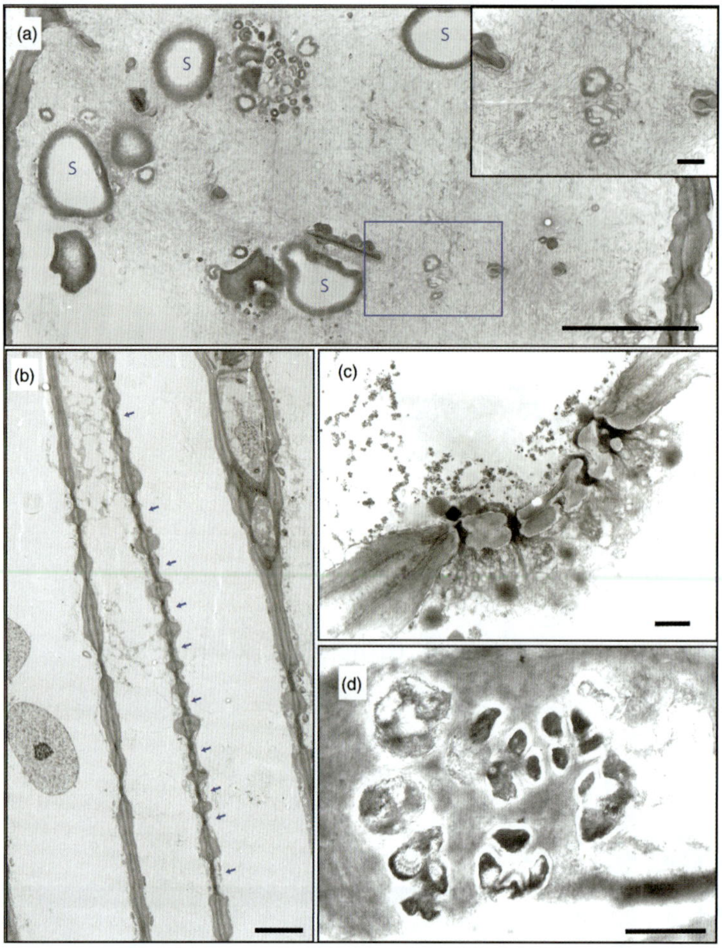

검은선, (a, b) 10 μm,
(a-작은 박스, c, d) 1 μm.

그림 1.16
Fagus sylvatica(피자식물)의 사부에서 사세포에 전분의 분포

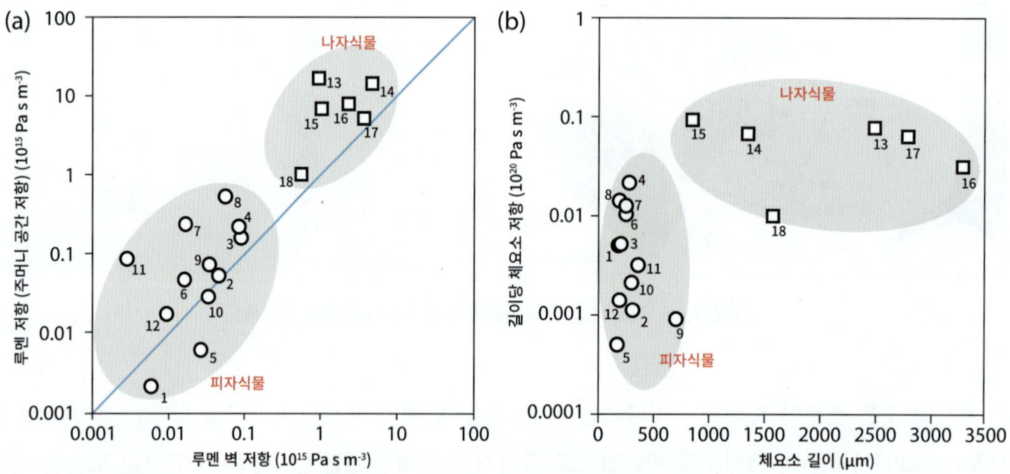

그림 1.17 피자식물, 나자식물의 루멘과 탄수화물의 이동 속도

분은 칼로스(callose)이고, 검은색으로 보이는 부분은 줄기에 축적된 물질이다(그림 1.16c, d).

피자식물의 루멘(rumen) 저항성이 나자식물에 비해서 월등하게 낮은 것을 볼 수 있다. 이는 피자식물이 사부에서 탄수화물을 이동시킴에 있어서 효율과 속도에서 유리한 생리적인 특성을 가지고 있음을 의미한다(그림 1.17).

환경 스트레스

정의

수목이 여러 가지 측면에서 물리적으로 감당하기 어려운 환경에 처했을 때 생리적, 생태적인 반응과 비정상적인 위협을 스트레스라 한다. 살아 있는 수목은 모두 스트레스에 노출되어 있고, 스트레스 환경을 극복하면서 생존한다. 스트레스 반응은 정상이 아닌 환경에 대한 수목의 반응을 의미한다. 생육공간, 분포지역에서 정상적인 상태에서 다른 것으로 바뀌어가는 것을 의미한다. 또한 스트레스는 단독으로 작용하기도 하지만, 복합적으로 2개 이상의 스트레스가 함께 혹은 순차적으로 작용하는 것이 수목의 일반적인 환경이다. 건조와 초식동물의 가해라는 스트레스가 단독으로 존재하는 경우, 스트레스의 강도가 낮은 경우는 수목의 활력 등 특성이 정상적인 수목에 비해서 많은 저해가 일어나지 않는다. 그러나 스트레스의 강도가 높으면 수목의 활력도는 현저하게 낮아진다. 이것은 2개 이상의 스트레스가 복합적으로 작용하는 경우도 정도의 차이는 있지만 경향은 비슷하다. 그러나 2개 이상의 스트레스가 같이 작용하던지, 증폭되어서 같이 작용하는 경우에 단독의 스트레

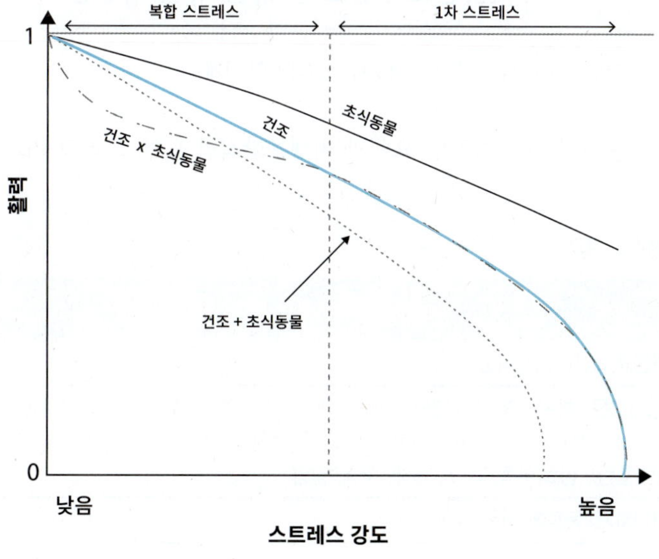

그림 1.18 스트레스 강도와 수목의 회복 시간

스보다 활력도가 현저히 감소한다(그림 1.18).

종류

스트레스는 구분하는 방법에 따라서 여러 형태로 나눌 수 있다. 건조, 온도, 양료부족 및 과다, 염분, 침수 등으로 1차적으로 수목에 직접 미치는 1차 스트레스와 산불, 초식동물의 가해, 병해충, 기생동식물 등과 같은 2차 스트레스로 나눌 수 있다. 또한 수목의 조건에 따라서 스트레스의 정도나 피해가 달라질 수 있는데, 크기, 수령, 경쟁, 토양조건, 스트레스를 받은 적이 있는지 없는지 등이 중요하다. 수목생리적인 스트레스에는 수분 부족, 양료의 상태, 생장 정도, 활력 등이 수목의 환경과 더불어서 적응과 회복의 정도를 결정하는 요인으로 작용한다(그림 1.19).

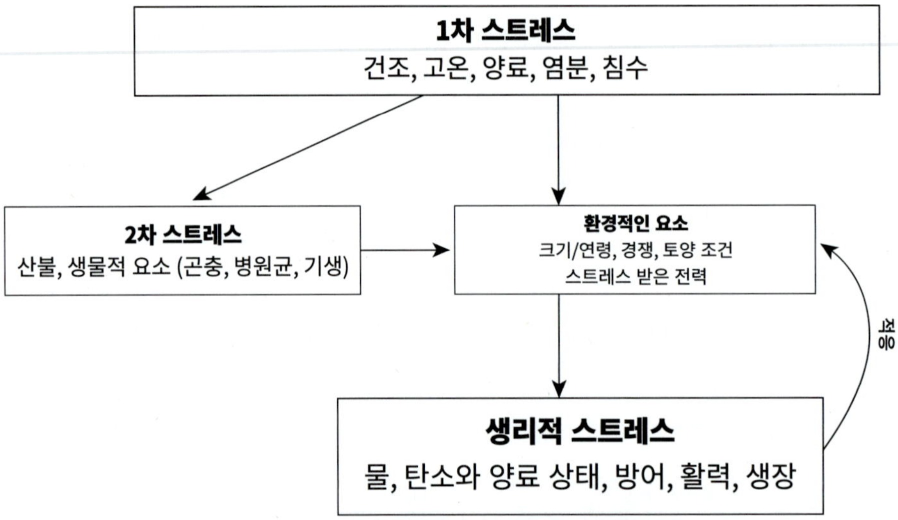

그림 1.19 1차 스트레스와 2차 스트레스의 관계

수목에 영향을 주는 원인은 많다. 생물학적인 요인과 비생물학적인 요인, 그리고 기계적인 상처

표 1.1 수목에 영향을 주는 스트레스의 종류

구분 \ 종류	스트레스 종류
생물학적 스트레스	병원균, 해충, 기생식물
비생물학적 스트레스	온도(고온, 저온), 광, 수분(건조, 과습), 대기오염(오존, 아황산가스, 질산화합물, VOC, 미세먼지, PAN 등), 산불, 이산화탄소, 온난화, 벌채, 경쟁, 바람, 토양(산성화, 중금속, 염분, 배수불량), 양료(부족, 과다), 설해, 약해, 답압
기계적 스트레스	가지치기, 동물에 의한 가해

등으로 나눌 수 있는데, 산림은 다른 곳과는 다르게 간벌로 인한 생육환경의 급격한 변화, 인접한 수목과의 경쟁 등 다양한 스트레스에 영향을 받는다. 최근에는 도시화가 진행되어서 모든 도시에서 대기오염이 수목에 주는 스트레스가 엄청나다. 또한 우리나라의 특수한 상황 때문에 황사, 미세먼지 등 오염물질의 장거리 이동 문제가 수목에 주는 스트레스로 대두되고 있다(표 1.1).

수목의 적응

수목은 스트레스에 대해서 반응을 하고, 시간이 지나면 적응을 한다. 스트레스에 반응하는 것은 수목의 부위와 상태에 따라서 차이가 있다. 서리 혹은 저온의 스트레스에 대한 수목의 반응을 예로 들면 다음과 같다. 서리에 대해서 세포의 민감성 정도를 살펴보면, 수목의 꽃눈(앞으로 꽃이 될 눈), 영양아(앞으로 가지 혹은 잎이 될 눈), 잎, 절간, 유조직 등이 있는데, 그림 1.20의 왼쪽 부분, 즉, 서리에 대해서 지상부의 끝으로 갈수록 피해를 심하게 받는다. 목질부의 민감성 부분을 살펴보면 수분유압분리가설(hydraulic segmentation hypothesis)에 의해서 잘 설명된다. 갈색부분이 가장 적게 피해를 받는 부위이고, 보라색으로 갈수록 피해를 많이 받는 부위이다. 그림의 오른쪽 부분 푸른색으로 표시된 부위는 목질부의 공기로 가득 찬 도관조직의 공동화(空洞化)현상 혹은 폐쇄현상(embolism)을 설명하고, 엽병, 잎, 물이 흐르는 바깥쪽 도관, 잎의 목부, 가지 및 줄기, 뿌리 순으로 서리의 피해를 많이 받는다. 즉, 목질부도 세포와 비슷하게 지상부의 끝으로 갈수록 조직의 폐쇄현상으로 피해를 많이 받는다. 또한 노란색으로 표시된 부분은 물리적인 장벽, 즉 서리가 지속적으로 스트레스로 작용하면 분리 혹은 이탈되는 지점이다. 겨울철에 가까워서 낙엽이 지기 전 엽병의 이층이 발달되는 것도 수목의 스트레스에 대한 반응 혹은 적응이라고 설명된다.

저온이 계속되거나 심한 추위가 계속되면, 수목의 도관에 어는 현상이 나타난다. 이 경우 액체 속에 녹아있던 가스가 나와 도관으로 확산된다. 공기로 가득 찬 도관은 물을 운반할 수 없고 도관폐쇄현상이 일어나서 줄기로 물이 운반되는 것을 현저하게 줄인다. 그러므로 저온이나 추위에 적응하기 위해서 수목은 세포 내에서 탈수 현상을 가속화시킨다. 그렇게 하여 수목은 외부 스트레스에 대해서 적응하는 전략을 가진다. 살아 있는 조직보다 목부조직에서 건조현상이 진행되면, 도관의 크기 축소, 세포벽의 두께를 두껍게 하는 것도 수목의 스트레스에 대한 적응현상이다. *Rhododendron molle*의 경우, 꽃이나 생식조직의 주변에서 가장 먼저 동결현상이 일어나서 다른 조직으로 더 이상 진행되지 않게 보호하는 적응을 한다(Ishikawa et al., 2015). 비슷한 방식으로 목질부(xylem)의 동결현상은 도관의 냉각을 유발하여 나뭇잎에 얼음이 퍼지는 것을 방지하는 적응 전략이다.

대기오염에 적응하기 위해서 수목에서 일반적으로 항산화효소의 활성이 증가한다. 대기오염 등에 지속적으로 노출되어 스트레스를 받게 되면, 정상적인 수목의 효소활성보다 수목의 내부로 유

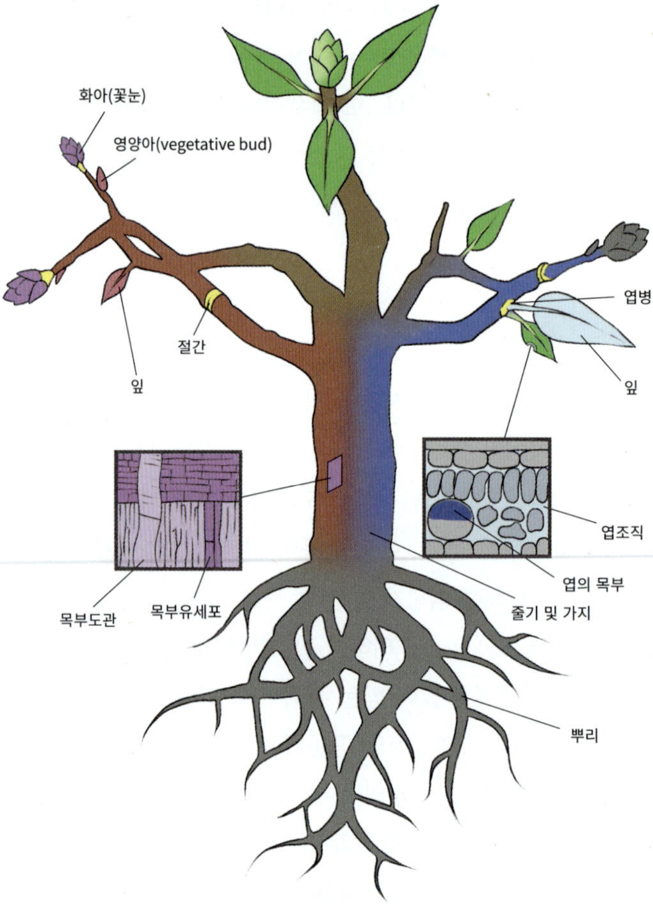

그림 1.20 스트레스에 대해서 수목이 적응하는 전략

입된 활성산소종을 소거하기 위해서 항산화효소의 활성이 자연스럽게 증가한다. 오랜된 잎을 낙엽지게 하고 새로운 잎을 빠르게 나오도록 하는 것도 적응하는 현상이다. 또한 빛이 부족한 환경에서 수목의 잎이 얇아지면서 넓어지는 것, 잎에서 엽록소의 함량이 증가하는 것, 수고생장이 비대생장보다 많아지는 것도 스트레스를 극복하기 위한 수목의 적응전략이다. 건조지역에서 생육하는 수목의 뿌리가 심근성으로 토양 깊게 생장하는 것도 부족한 수분을 흡수하기 위한 적응의 예가 된다,

수목이 스트레스를 받으면 정상적인 신진대사를 통해서 스트레스에 적응단계를 거치면서 회복의 단계로 간다. 스트레스가 없어진 후, 수목은 스트레스가 있기 전과 같은 상태로 되돌아가는 것이 가장 이상적인 생장을 유지하는 것이다. 항상성도 스트레스를 받기 전과 같은 수준으로 회복되는 것이다. 그러나 많은 수목에 있어서 스트레스에 대해서 과보상을 하게 되면 수목의 생장과 생리현상에 부정적인 영향을 미친다. 반대로 스트레스에 저보상을 하게 되는 경우에는 긍정적으로 작용

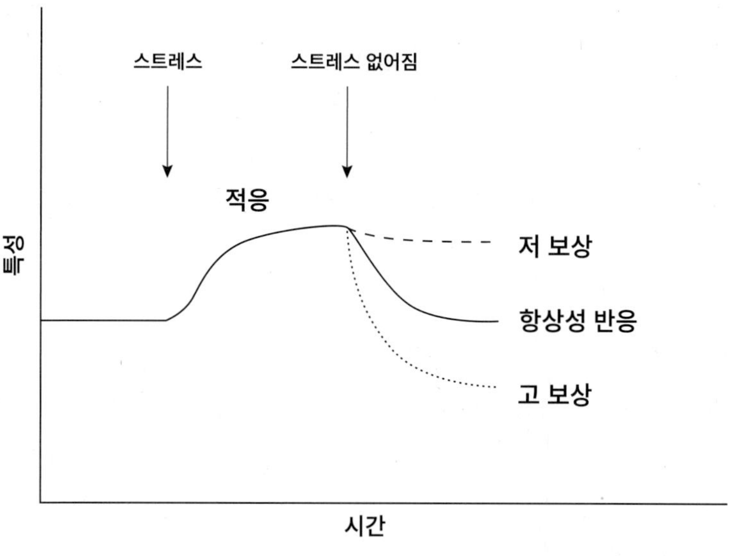

그림 1.21 수목의 스트레스 반응 및 적응

하는 경우도 있다. 수분 스트레스에 대해서 광합성 능력은 과보상으로 인해서 회복 이후에도 부정적인 영향을 미치는 예가 될 수 있고, 수분 부족 스트레스에 대해서 잎의 삼투압은 회복 이후에 긍정적인 영향으로 남을 수 있다(그림 1.21).

수목이 스트레스에 노출되게 되면 시간 스케일에 따른 탄소, 수분 분배에 대해서 다르게 반응한다. 짧은 기간의 스트레스는 수목의 세포, 조직, 기공 개폐, 목부, 사부의 효율, 싱크-소스(sink-source) 균형에 영향을 줘서 수목의 고사량 및 생존률에 영향을 준다. 중간 정도의 기간 동안 받는 스트레스는 가장 중요하게 수목의 안정된 상태를 유지하려는 능력과 균형잡힌 탄소 분배에 영향을 준다. 특히, 식물계절학적인 변화, 지상부/지하부의 균형, 수목의 크기 및 노화에 영향을 준다. 장기간 동안 스트레스는 진화 및 적응에 영향을 주어서 생활사에 영향을 주거나 생식방법에 대한 변화를 가져오게 된다(그림 1.22).

생장, 가스교환 및 유압의 조절 등 식물생리적으로 수분을 이용하는 전략이 다른 두 수종, *Pinus radiata*와 *Eucalytus globulus*를 대상으로 한 연구결과는 흥미롭다(Mitchell et al., 2014). 상록수인 *P. radiata*는 더운 여름 동안에는 안개와 대기의 습도가 낮은 캘리포니아 같은 지역에서 오랜 동안 분포한다. 낙엽수인 *E. globulus*는 빠르게 생장하고 수분의 이용과 흡수가 엄청 많은 수종이다.

토양의 건조 속도와 심한 가뭄이 지속되면, *P. radiata*가 더 낮은 생장을 한다. 적당한 가뭄, 스트레스에 대한 장기적인 생존력, 다음 수분이 충분히 공급될 때까지 장기적인 탄수화물 저장량에서 활용할 수 있는 능력이 높다. 이와는 대조적으로, *E. globulus*는 훨씬 더 많은 물을 필요로 하며 빠른 생장률, 가뭄에 대한 빠른 적응, 높은 고사율 및 빠른 탄수화물의 고갈이 특징이다.

그림 1.22 장, 단기 스트레스와 수목의 반응

만성적인 수분 스트레스에 대해서 유칼립투스는 신속하게 수고 및 직경생장을 멈추는 반면에, 라디아타소나무는 느리게 지속적으로 생장을 유지한다. 그러나 광합성 관련된 것을 비교해 보면, 라디아타소나무는 빠르게 기공을 닫는 반면에, 유칼립투스는 생장이 멈추기 전까지 낮은 수준의 증산량, 기공의 열림을 유지하여 광합성 속도를 낮은 수준으로 유지한다. 이와 같이 유칼립투스는 건조 스트레스가 있으면 신속하게 비구조탄수화물(non-structural carbohydrate; NSC)를 공급하기 위해서 기존의 고정된 탄수화물을 사용하여 빠르게 탄소고갈현상이 나타난다. 반면에 라디아타소나무는 건조 스트레스가 있어도 약간의 생리적인 활력을 유지하여 탄소를 고정함과 동시에 기존에 고정된 탄소를 조금씩 활용함으로써 탄소고갈현상이 느리게 나타나도록 하는 것이다. 이러한 두 종류의 전략이 있지만, 건조 스트레스가 강하게 지속적으로 유지되면 두 수종 모두 스트레스로 인하여 고사하게 된다. 일반적으로 스트레스가 지속되어서 수목이 고사할 때는 전분의 양은 증가하고 가용성 당의 양은 감소한다. 이러한 예는 많은 연구에서 관찰되는데, *Pinus edulis*에서도 볼 수 있다(Adams et al., 2013). 긴 생존을 유지하는 수목들에서는 심각한 NSC 고갈 상태를 공통적으로 관찰할 수 있는데, 이는 수목이 스트레스에 노출되면 공통적으로 NSC를 사용한다는 것도 된다. 미국 서부에서 발생하는 *Populus tremuloides* 쇠퇴현상에서도 쇠퇴하는 수목에서 이러한 NSC 고갈 현상이 심각하게 나타난다(Anderegg and Callaway, 2012).

건조한 환경에서 수목이 적응하는 방식은 수종에 따라서 다른데, 크게 두 가지로 나눌 수 있다. ① 회피하는 전략(avoider)과 ② 인내해서 저항하는 전략(tolerance)이다. 일반적으로 회피하는 식물은 수명이 짧다. 수분이 많은 환경에서 광합성을 하고 나머지 기간에는 증산작용을 최대로 줄여서 생장을 최소화하는 것이다. 일부 식물은 건조한 환경에서 잎을 떨어뜨려서 지나가고 잎이 없는 녹색 줄기만 가지고 생존하는 경우도 있다. 새로운 잎을 형태를 바꾸어서 만들어내는 식물도 있다. 저항하면서 인내하는 경우는 건조한 환경에서 일반적으로 수명이 길다. 천천히 증산작용을 한다. 건조환경에 적응하여 작은 잎을 계속해서 만들어내고, 낮지만 천천히 광합성을 유지한다. 이들은 물이 풍부한 환경에서 높은 광합성을 하지는 않지만, 건조하거나 토양이 얼어서 물이 부족한 환경에서도 낮은 수준의 광합성을 유지하는 전략으로 생존한다(정연숙 등, 2011).

활성산소종(ROS)와 활성질소종(RNS) 두 개의 신호전달체계

ROS와 RNS는 수목이 스트레스를 받으면 이에 관련한 신호전달의 중요한 역할을 한다(Molassiotis and Fotopoulos, 2011). 수목이 스트레스를 받으면 reactive oxygen species(ROS)가 형성이 된다. 이들 ROS의 대표적인 것은 superoxide radical(O_2^-), hydrogen peroxide(H_2O_2), hydroxyl radical(• OH), singlet oxygen ($^1O_2$) 등이 있다. 오래 전부터 free radical nitric oxide(NO)이 중요한 신호전달의 역할을 한다고 알려져 있는데, reactive nitrogen species(RNS)는 dinitrogen tridoxide(N_2O_3), nitrogen dioxide(• NO_2), peroxynitrite(ONOO−), S-nitrosothiols(RSNOs), S-nitrosoglutathione(GSNO) 등이고, 이들은 NO 유래 분자들이다. 이들은 스트레스에 대해서도 신호전달 역할을 하지만 발아, 휴면, 뿌리생장, 목부의 생성, 잎의 성장, 화기의 형성, 기공 개폐, PCD(programmed cell death) 과정에서도 중요한 역할을 한다. 특히, 병원균의 침입으로 인해서 발생하는 hypersensitive response(HR)에 NO와 ROS가 큰 역할을 한다. 질산화 스트레스는 NO와 S-nitrosothiols의 수준에 따라서 결정되고, cysteine(Cys) 단백질의 니트로화(S-nitrosylation)과 금속의 상호작용에 의해서 영향을 받는다(그림 1.23).

Ascorbate-glutathione(Halliwell-Asada) 사이클

Ascorbate-glutathione(Halliwell-Asada) 사이클에서 아포플라스틱(세포간 이동) ROS는 아스코르베이트(AA)에 의해서 monodehydroascorbate(MDHA)와 dehydroascorbate(DHA)가 생성되면서 줄어든다(Noctor and Foyer 1998; Comhair and Erzurum 2002; Apel and Hirt 2004). AA는 dehydroascorbate reductase(DHAR)에 의해서 glutathione(GSH)의 환원과 더불어서 환원되는데, 이것이 산화되면 glutathione disulfide(GSSG)이 된다. GSSG는 glutathione reductase(GR)에 의해서 GSH로 환원된다. 이 과정에서 AA와 GSH는 계속하여 재사용된다. ROS를 직접 무독화하기도 하고, 간접적으로 효소의 활성을 통해서 GPX의 힘을 줄이고 아스코르베이트

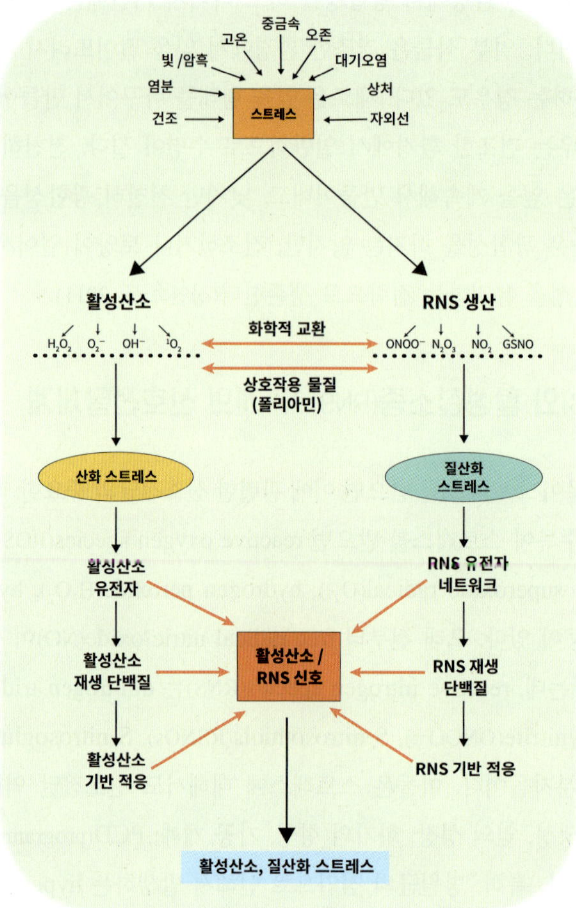

그림 1.23 수목에서 발생하는 ROS와 RNS 두 개의 신호전달체계

(ascorbate)의 자원을 활용하여 활성산소를 제거하기도 한다(Nakano and Asada, 1981). 산화된 AA와 GSH, dehydroascorbate(DHA), glutathione disulfide(GSSG)은 각각 Halliwell-Asada 사이클과 glutathione reductase(GR)에 의해서 재환원된다(그림 1.24).

호흡과 스트레스

수목이 스트레스를 받았을 때 미토콘드리아에서 호흡이 일어나는 과정은 복잡하다. 병원균의 가해, 대기오염 등에 의해 스트레스를 받으면 산화되면서 활성산소종(ROS)이 많이 발생한다. 이들 활성산소종은 예정된 세포사멸(PCD) 등의 과정을 거치면서 수목조직에 피해를 준다. 이러한 경우 광합성을 통해서 탄소를 고정하거나, 양료를 흡수(P 혹은 N)하여 수목에 공급하고, 미토콘드리아에

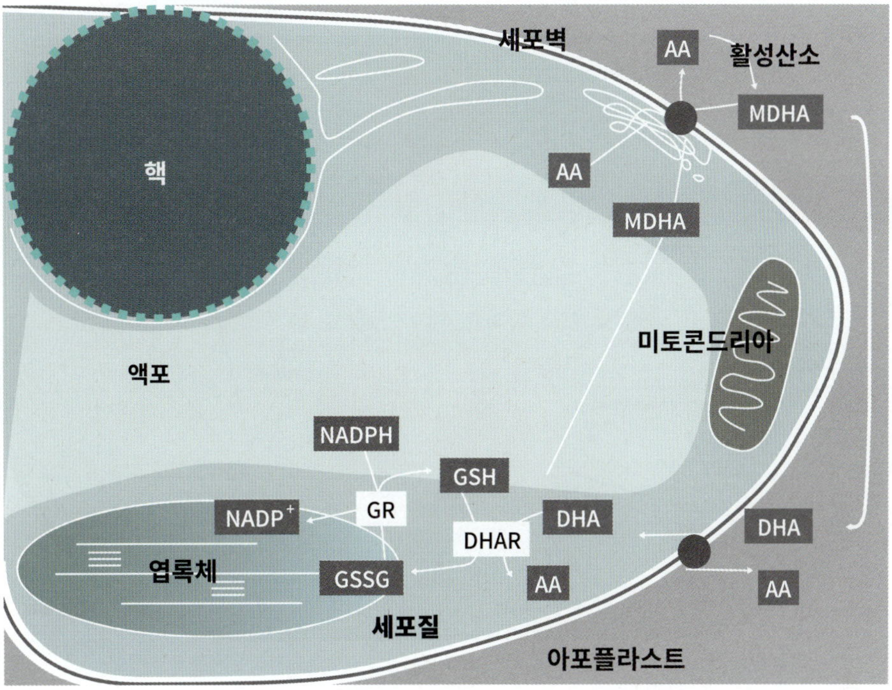

그림 1.24 Ascorbate-glutathione(Halliwell-Asada) 사이클

서 호흡 과정을 거치면서 균형을 유지하려고 한다. 특히, Phosphate(Pi)는 중요한 수목의 양료인데, Phosphate(Pi)가 부족하면 수목은 유기산을 분비하여 부족한 Phosphate(Pi)를 토양에서 흡수하려고 킬레이트화되어 있는 중금속 등을 유기산을 통해서 분해한다. 이것은 Phosphate(Pi)가 부족한 스트레스 환경에서 수목이 적응하는데 수목의 종류에 따라서 65%이상의 탄소를 광합성이 아닌 미토콘드리아의 대사과정을 통해서 얻기도 한다(그림 1.25).

유년기와 성숙기의 생존전략 차이

수목은 유년기와 성숙기의 생장에 차이가 있다. 유년기는 성장과 생장을 최대로 하려는 전략을 가지고서 생존하고, 성숙기의 수목은 외부환경 스트레스로부터 견디는 능력을 최대로 하려는 전략으로 생장한다(Kuusk et al., 2018). 소나무 3종류의 생리적인 특징을 살펴보면 이와 같은 전략을 이해할 수 있다(그림 1.26).

소나무 잎의 연령이 증가할수록 공통적으로 총 침엽의 면적대비 잎의 무게는 증가한다. 또한 총 잎의 면적 대비 침엽의 부피도 잎의 연령이 증가할수록 증가한다. 다른 말로 하면 유령기에서 성숙한 침엽으로 갈수록 이들 관계는 증가한다. 즉, 어릴 때는 잎의 무게 보다는 잎의 면적을 크게 하여

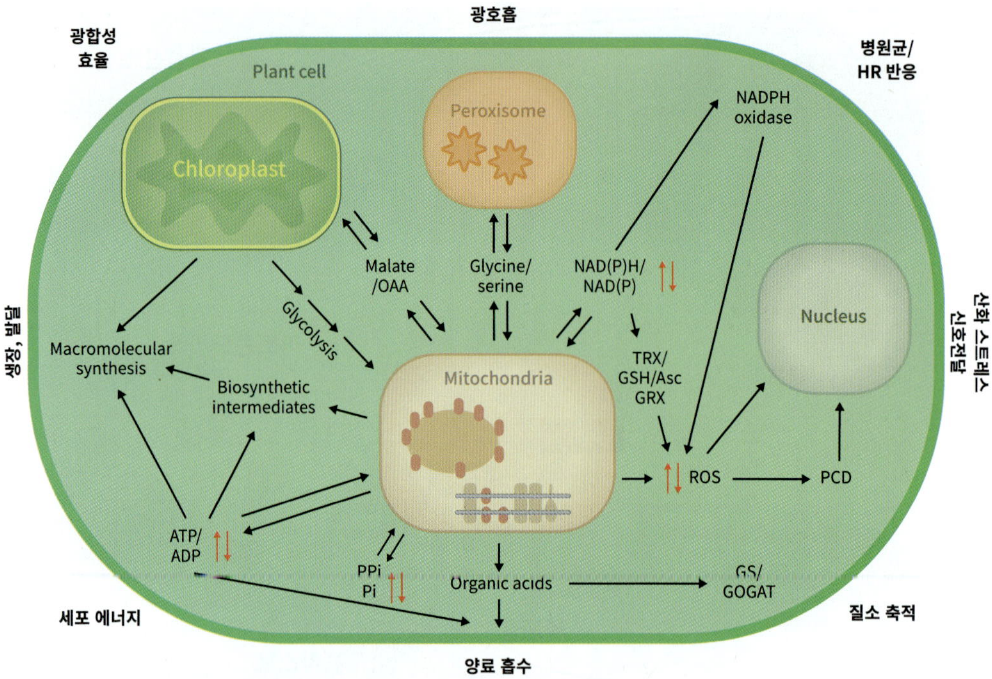

그림 1.25 스트레스를 받는 수목에서 발생하는 호흡 작용

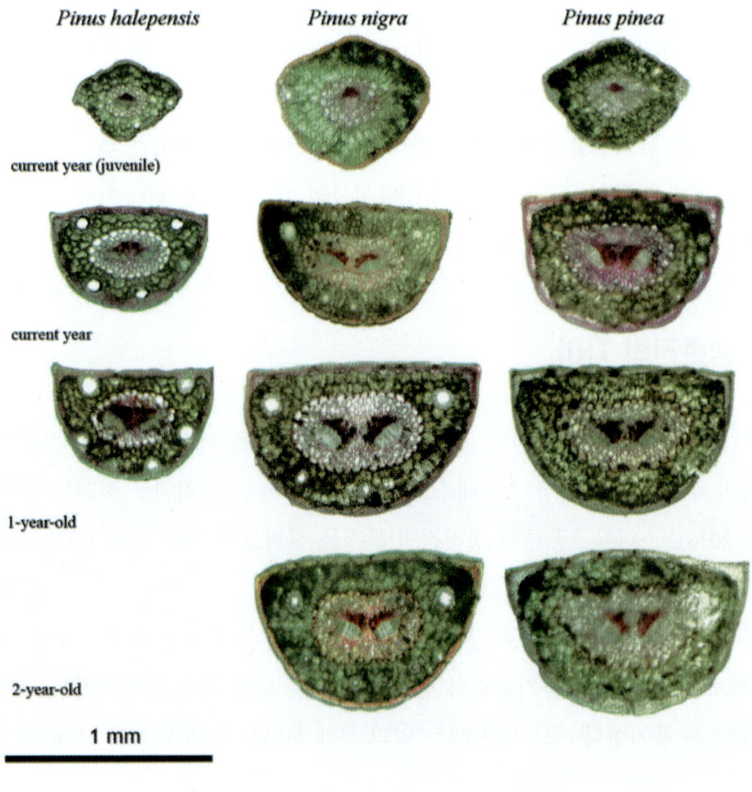

그림 1.26 3가지 소나무의 다른 연령에서 채집한 잎. 같은 해에도 어린잎, 성숙한 잎, 1년생, 2년생의 잎을 대상으로 현미경 사진을 비교한 것이다(Kuusk et al., 2018).

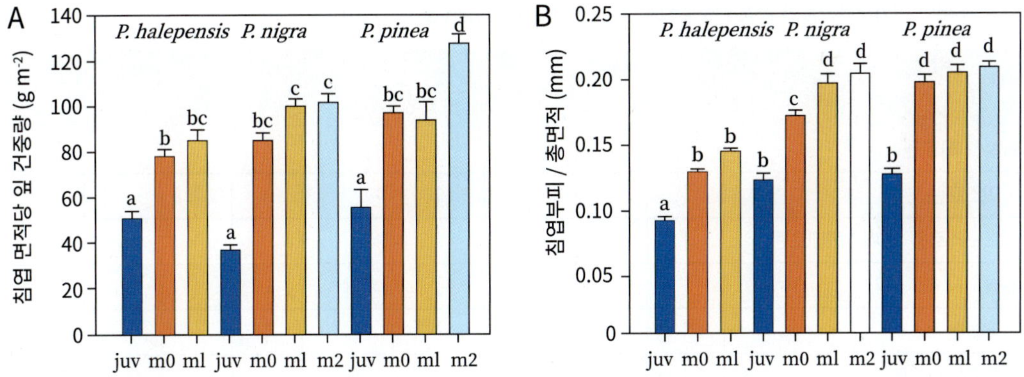

juv, juvenile (유령잎)
m0, mature current year (당년 성숙잎)
m2, mature 2-year-old needles (2년생 성숙잎)
current year (당년)
m1, mature 1-year-old (1년생 성숙)

그림 1.27 유년기와 성숙기에서 스트레스를 받는 정도의 차이

광합성을 하는데, 이는 많은 면적을 유지하여 빛을 최대로 받을 수 있도록 하는 전략이다. 연령이 증가할수록 리그닌화(lignification) 된 조직이 늘어난다. 이는 어린 조직이 초식동물들에게 쉽게 가해를 받을 수 있는 것과는 대조적으로 나이 든 잎은 리그닌화된 조직 때문에 건조, 고온 같은 다른 환경 스트레스로부터 더 저항성을 가진다(그림 1.27).

스트레스와 이차대사산물

수목이 스트레스를 받으면 이차대사산물에 변화가 온다. 각종 스트레스에 대해서 나타내는 이차대사산물의 변화는 다양하다. 수목은 강한 광선을 피하기 위해 움직이지 못하고 잎을 가해하는 곤충에 대해서 다른 곳으로 회피할 수도 없고, 침입한 병원균에 대항하기 위한 면역체계를 동물처럼 만들 수도 없다. 그러므로 이차대사산물이 이러한 수목의 한계를 극복하도록 해 준다. 휘발성 테르펜류, 페놀, 테르페노이드 등이 침엽수, 활엽수에 따라서 각종 스트레스에 다르게 반응한다. 라벤더 추출물은 곤충이 수분할 수 있도록 유도하는 역할도 하고, 테르펜류는 곤충을 쫓아버리는 역할을 하기도 한다. 이러한 물질은 향수, 화장품 및 향기치료를 하는 곳에 사용한다. 또한 양초나 피부오일을 만들어 모기를 퇴치하는 데 사용하기도 한다. 테르페노이드, 고무, 수지 등은 곤충을 퇴치하는 데 중요한 역할을 한다. 페놀화합물은 일반적으로 방부제 역할을 한다. 페놀화합물은 쓴맛을 나게 하여 초식동물들이 가해하는 데 방해가 되도록 한다. 탄닌은 떫은 맛을 나게 하여 동물들이 뜯어먹기 곤란하게 한다. 리그닌은 곤충의 소화기에서 처리가 어려워서 곤충을 죽이는 역할을 하는데, 이러한 기능은 목재가 잘 썩지 않게 한다(표 1.2).

표 1.2 수목이 이차대사산물의 환경스트레스에 대한 반응(Holopainen et al., 2018)

이차대사산물	O_3	CO_2	O_3+ CO_2	온난화	온난화+ CO_2	건조	N	그늘	UV-B
휘발성 테르펜		↓		↑		↓			
– 이소프렌		↓		↑			↑		
– 모노테르펜 + 쎄스퀴테르펜	↑			↑					
페놀	↑	↑	↑	↓	↑		↓	↓	
– 페놀산	↑	↑	↑	↓		↓			↑
– 플로보노이드	↑	↑	↑	↓					↑
– 살리실레이트		↑		↓		↓			
– 탄닌		↑	↑	↓				↓	
테르페노이드		↓	↑	↑		↓	↑	↓	
– 모노테르펜	↓		↓						
– 쎄스퀴테르펜	↑		↑						
– 레진산(resin acid)	↑		↑						

* ↑증가, ↓감소

수목생리학과 생태학

식물은 세포로 이루어져 있고, 조직, 기관, 개체목, 임분, 생태계를 이룬다. 나무가 스트레스에 관여하는 것은 외부의 스트레스가 작용하게 되면, 효소의 활성, 항산화물질, 생장에 관여하는 신호전달, 엽록소의 구조 및 활성, 활성산소종(reactive oxygen species, ROS) 등에 영향을 미치게 된다.

세포 내에서는 C3 식물의 경우에 가장 많은 비중을 차지하고 있고, 광합성 작용이 일어날 때 가장 중요하게 작용하는 루비스코(RuBP carboxylase) 활성에 변화를 가져온다. 또한 스트레스를 극복하기 위해서 항산화효소들의 활성에 변화를 가져온다. SOD, GR, APX 등이 여기에 관여하는 중요한 항산화효소인데, 수목마다 항산화효소의 활성을 조절하는 능력에 따라서 외부 스트레스에 대한 저항성 혹은 견디는 능력에 차이를 가져온다. 또한 항산화물질은 외부 스트레스에 대해서 에너지원으로 사용되기 때문에, MDA, AA, Proline 등은 수목이 외부 스트레스에 대해서 현재 어떠한 상태에 놓여 있는지를 알 수 있는 지표로 활용할 수 있다. 엽록소 양과 형광반응 정도 또한 세포 내에서 나타나는 스트레스를 판단하는 방법이다.

조직 내에서 볼 수 있는 스트레스는 기공의 개폐, 증산량, 수분이용효율, 조직의 구조 등에 영향을 미친다. 일반적으로 스트레스에 노출된 수목은 기공의 개폐가 원활하지 않으며, 어떤 경우에는 공변세포의 괴사, 팽압의 변화 등을 동반하여 기공에 심대한 변화를 나타내서 증산량과 수분이용효율에도 영향을 준다. 수분이용효율을 정량화하는 방법은 몇 가지가 있다. ① 물질생산량과 소모한 물의 비율(건물질생산량/물사용량), ② 안정성동위원소활용법, ③ 증산량과 광합성량의 비율(광합성량/증산량)로 계산하거나 측정한다. 이러한 방법을 통해서 수분이용효율을 측정하면, 외부 스트레스에 대해서 수목마다 다른 반응을 보이고 이로 인해서 스트레스에 대한 반응이 다르게 된다.

기관 내에서 스트레스에 피해를 받게 되면, 가시적인 피해, 광합성의 변화, 엽록소 양에 변화를 가져온다. 대기오염에 대해서 가시적인 피해현상을 보면 무슨 대기오염원 때문에 생긴 피해인지 알 수 있고, 양료부족으로 인해서 생긴 피해인지 대기오염원에 의한 피해인지 판단할 수 있다. 엽록소 양과 엽록소의 활력 등도 기관 내에서 나타나는 스트레스를 판단하는 기준이 될 수 있다.

수목 차원에서는 전체적인 물질생산량의 변화, 수목의 활력도, 뿌리의 활력도, 곤충이나 병원균에 대한 저항성의 변화 등을 볼 수 있다. 세포, 조직, 기관에서 변화된 스트레스의 반응이 전체적으로 수목에 나타나게 되는 것이다. 오염원이 무엇인가에 따라서 수목의 활력은 바뀌지만, 일반적으로는 수목의 생산성, 활력은 스트레스를 받는 경우 감소하게 된다(그림 1.28).

산림, 생태계 차원에서는 스트레스가 종 다양성의 변화, 식생의 활력도 및 면적, 수목의 갱신, 생

그림 1.28 수목생리학, 생태학, 형태학, 분류학의 범위와 다루는 영역

물간의 상호작용 등에 영향을 미친다. 스트레스에 노출된 수목은 질소고정 능력, 마이코라이자(균근)의 감염빈도 등에 영향을 미치는데, 이러한 현상이 생태계에서의 종 다양성을 변화시키는 중요한 요인이 되기도 한다(그림 1.28).

이와 같이 스트레스는 수목의 내부 뿐 아니라 산림생태계에까지 상당한 영향을 미치므로, 수목과 스트레스 인자 간의 상호작용은 수목의 생리학적인 차원뿐만 아니라 생태계차원에서도 중요하다. 여기에서는 앞에서 언급한 스트레스로 인해 수목에서 나타나는 모든 현상을 각각의 장으로 나누어서 설명하려 한다(그림 1.29).

세포, 조직, 기관, 개체목, 임분, 생태계

스트레스가 수목의 세포에 영향을 주는 것에서 시작해 결국 산림쇠퇴현상까지 나타나는데, 이 모든 현상의 근본 시발점을 보면 개체목이 열악한 환경에서 받는 스트레스가 문제가 되는 것이다. 우리나라에서도 한라산의 구상나무 숲을 비롯하여 많은 곳에서 나타나는 산림쇠퇴현상은 개체목이 받는 스트레스 현상이 총체적으로 나타나는 것이다.

Scaling up과 down(상향, 하향 표준화)

수목을 대상으로 연구를 하면서 항상 어려운 문제는 어떻게 표준화(scaling)하느냐 이다. 산림에서 큰 나무를 대상으로 생리적인 자료를 직접 얻기가 어렵다. 그러므로 온실이나 실외에서 숲을 가상하고 실험을 하여 측정한 후 얻은 자료를 일반화해서 큰 나무로 적용하는 것을 scaling-up이라고 한다. 반면 숲에서 큰 나무를 대상으로 얻은 자료를 작은 나무로 적용하는 것을 scaling-down이라고 한다(Battipaglia et al., 2014). 시간적으로는 분, 일, 계절, 년 등으로 scale이 다른 시간과 공간적으로는 세포, 조직, 수목, 군집, 생태계 등의 크기가 다른 공간으로 일반화하는 것이 수목생리를 연구함에 있어서 중요한 변이를 줄이는 방법이 된다. 하나의 수목에서 측정한 증산량은 유전적인 요인에 의해서 거의 결정된다. 그러나 한 수목에서 측정한 증산량을 큰 군집의 증산량으로 적용하기 위해서는 많은 변이들이 존재한다. 온도, 바람의 속도, 토양 수분 함량 등 많은 환경적인 변수들을 고려해야 한다(그림 1.30).

생장반응 종류

① 1차생장(primary growth)

정단분열조직에서 유도되어서 수고가 생장하는 것이다. 수목은 큰 키를 가지기 의해서 계속 생

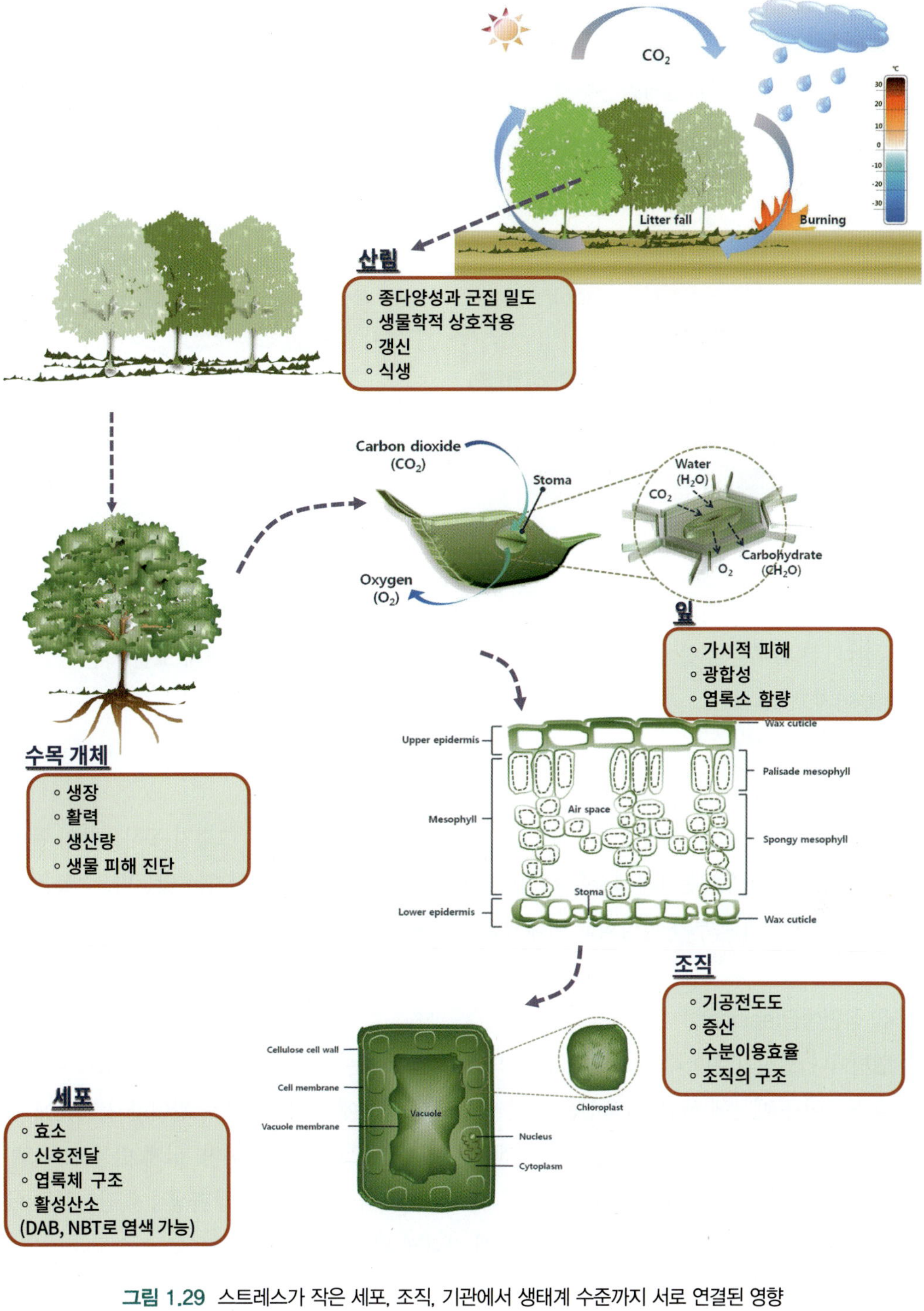

그림 1.29 스트레스가 작은 세포, 조직, 기관에서 생태계 수준까지 서로 연결된 영향

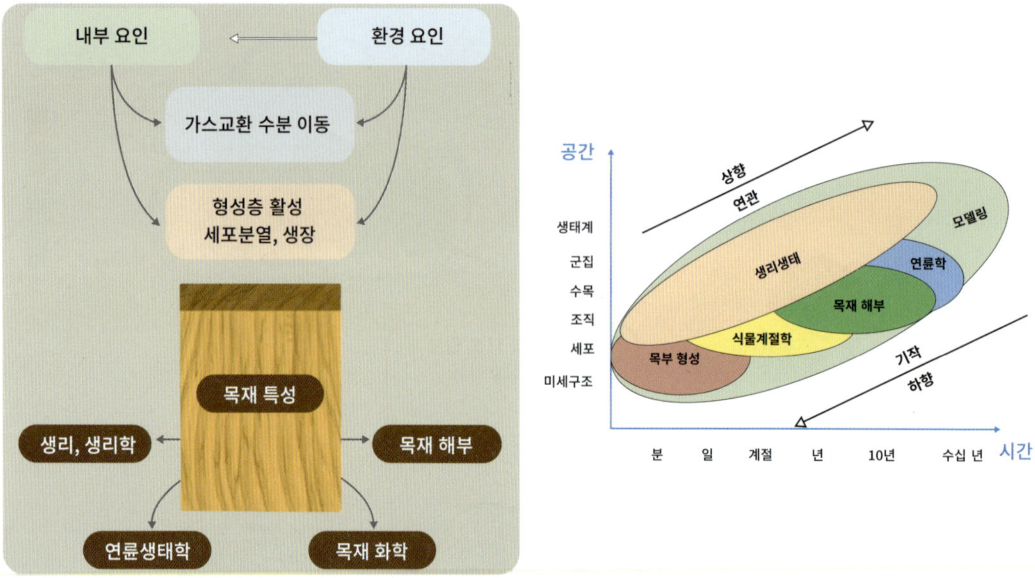

그림 1.30 Scaling up과 down에 관한 수목의 연관성

장을 한다. 큰 나무는 수십미터까지 자라는데, 물이 어떻게 이동되는지에 대해 오랜 기간 많은 연구가 이루어지고 있다.

② 2차생장(secondary growth)

비대생장을 의미한다. 수목과 초본류와의 차이는 부피생장을 하느냐 그렇지 못하느냐의 차이다. 다년생 초본류의 경우에는 1차생장은 하지만 2차생장, 즉 부피생장을 하지는 않는다. 수목은 형성층을 가지고 있어서 목부가 형성되고 비대생장을 유지한다.

③ 상편생장(epinasty)

엽병이나 엽신의 위아래 세포의 차등에 의해서 일어나는 생장이다. 원인은 생장호르몬인 옥신의 불균등 이동 때문에 생긴다. 옥신은 또한 에틸렌의 생산에도 직접적으로 관여하기 때문에 옥신이 상편생장에 관여한다는 것도 맞다. 에틸렌은 뿌리를 옆으로 자라게 하며, 굵게 만들고, 이로 인해서 발아할 때 발아가 잘 되도록 돕는다. 뿌리는 아래로 자라야 하지만 상편생장에 관여하는 에틸렌이 작용하면 뿌리가 밑이 아니라 옆으로 굵게 자라게 되는 것이다.

④ 하편생장(hyponasty)

밑으로 향하여 자라는 것을 말한다. 형태적으로 생리적으로 생장에 차이가 나는데, 위의 부분의 생장이 아래부분보다 너무 빨라서 수목의 기관이 아래로 자라는 것을 말한다. 예를 들면, 잎이나 측지 등이 아래로 자라는 현상을 말한다. 지베렐린에 의해서 발생하는 생장 형태이다.

⑤ 수면운동(nyctinasty)

잎이 낮에는 수평으로 있다가 밤에 수직 방향으로 움직이는 것을 말한다. 자귀나무의 경우 복엽을 가지고 있는데, 낮에는 소엽이 서로 멀리 떨어져 빛을 최대로 받는 배열을 한다. 밤에는 소엽이 서로 겹쳐지면서 소엽병의 말단으로 이동하여 잎이 포게진다. 이와 같은 현상은 야간에 수분이 상부에서 빠져나와 하부로 이동하기 때문이다. 수분이 이동하는 것은 K^+ 이온이 대량으로 유입되어 팽압에 변화가 생기기 때문이다. 꽃의 개폐운동도 수면운동으로 설명된다. 꽃은 주, 야간 온도의 변화가 자극이 되어서 아침에 해가 뜨면 꽃이 열린다.

⑥ 굴촉성(thigmotropism)

높은 고도, 바람이 강하게 부는 산능선 환경에서 수목이 생태형(ecotype)이 나타나는 현상을 설명하는 것이다. 산 정상으로 갈수록 나무의 수고가 작아지고, 줄기는 굵어지며, 잎이 작아진다. 이러한 수목을 생태형으로 분류한다. 바람과 같은 기계적인 자극에 반응하여 굴촉성을 가지는 생장 형태를 말한다. 자극에 반응하는 대표적인 식물은 미모사의 잎의 운동이다. 이러한 굴촉성은 수분이 과도하게 빠져나가거나 초식동물로부터 앞이 가해당하는 것을 막기 위한 수목의 생존전략이다.

스트레스와 원형질연락사, 막공의 역할

수목의 세포 사이를 연결하는 20~50 nm 지름의 수많은 좁은 채널을 원형질연락사(plasmodesmata)라고 한다. 이웃하는 식물 세포는 원형질연락사를 통해 세포질뿐만 아니라 소포체도 관통하여 연결되어 있다. 식물 대부분의 세포는 원형질연락사에 의해서 연결되어 있으나, 잎의 공변세포와 배낭(embryo sac)세포는 주변 세포와 원형질연락사에 의해 연결이 되어 있지 않다. 800 Da 크기 이하의 작은 분자나 이온 등은 자유롭게 원형질연락사를 오고 갈 수 있다. 일부의 경우는 원형질연락사의 크기가 조절되어 더 큰 분자 (〉10 kDa)도 원형질연락사를 통해 이동할 수 있다. 이러한 원형질연락사를 통한 이동 분자 크기 조절은 발달 상태, 조직 종류, 생리적 조건에 따라 다르다. 인접한 세포의 세포벽을 관통해서 세포질을 연결하는 통로가 된다. 세포분열기에 새로운 세포벽이 만들어질 때 형성된다. 수목에 상처가 생기면 칼로스라는 접착성 다당류를 만들어 상처 부위를 막는다. 또한, 인접세포로부터 원형질이 흘러 나와서 유실되는 것을 방지하면서 병원균이나 미생물에 의한 감염을 막아준다(그림 1.31).

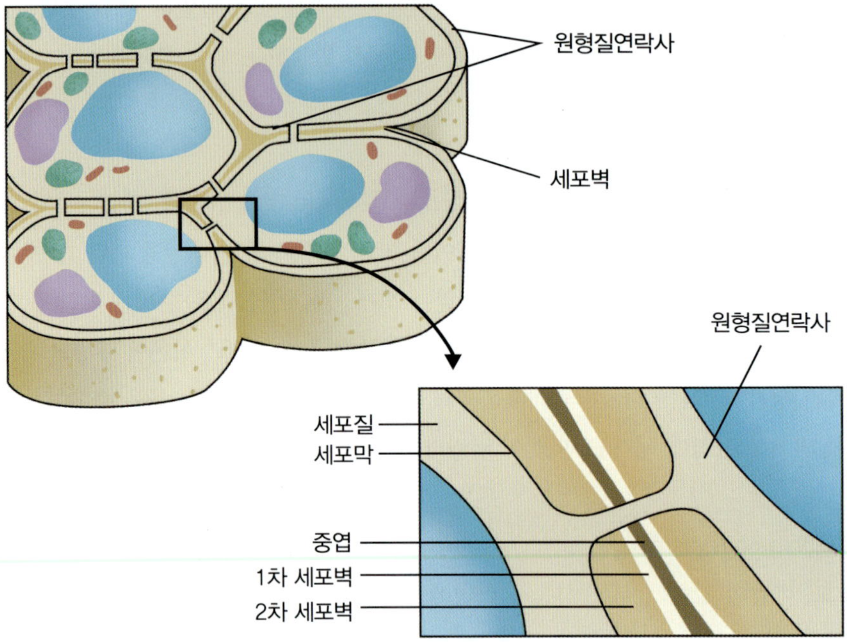

그림 1.31 원형질연락사의 기능과 구조

원형질연락사를 통한 식물세포 간의 연결로 구성된 세포질 연결체를 심플라스트(symplast; 전원형질)라고 한다. 이와 달리, 세포질 외적 연결체, 즉 세포외 공간 및 세포벽들의 단일 연결체를 아포플라스트(apoplast; 전세포벽)라고 한다. 세포 사이의 물질 이동은 세포막을 통해서도 일어나지만, 원형질연락사를 통한 심플라스트 경로(전원형질 수송) 또는 세포질 외적 연결체를 통한 아포플라스트 경로(전세포벽 수송)를 통해서 일어날 수 있다. 아포플라스트 수송(전세포벽 수송)은 토양에서 물, 이온과 같은 요소들을 뿌리에서 흡수하여 물관을 통해 지상부로 수송하는 주요 경로를 만든다. 전세포벽 수송 경로는 뿌리에 존재하는 카스파리안 띠(Casparian strip), 식물 세포 사이의 공기 공간 및 식물의 각피층에 의해 차단된다.

저온이 지속되면 수목이나 종자에서 휴면이 일어난다. 휴면이 발생하기 이전에는 물질의 이동이 아포플라스틱 경로(세포벽을 통한 이동), 심플라스틱 경로(세포질을 통한 이동)가 동시에 일어나는데, 휴면이 시작되면 물질의 이동은 세포벽을 통해서 이동하는 아포플라스틱 경로를 활용하게 되고 세포질을 통한 이동은 일어나지 않는다. 세포질을 통해서 물질이 이동하려면 원형질연락사(plasmodesmata)가 생성되어 세포와 세포가 연결되어야 한다. 그러나 저온이 지속되거나 스트레스가 작용하면 원형질연락사가 정상적으로 생성되지 않고, 주로 세포벽을 통해서 이동하게 된다. 원형질연락사를 통해서 생긴 세포와 세포 간의 연결 구멍의 크기에 따라서 이동되는 물질의 분자량이 결정된다(그림 1.32).

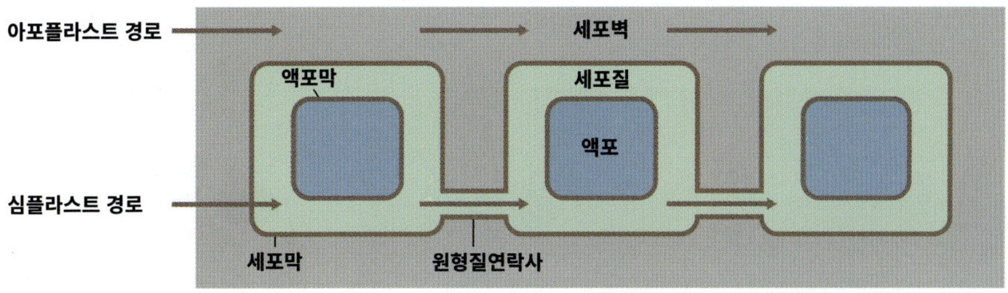

그림 1.32 심플라스트 경로(세포질을 통과)와 아포플라스트(세포벽을 통과) 경로

수목은 성장 → 휴면진입 → 자발적 휴면(endodormancy 혹은 내재휴면 = innate dormancy) → 타발적 휴면(ecodormancy 혹은 환경휴면 = exogenous dormancy) → 휴면타파 → 성장의 과정을 순환한다. 자발적 휴면 단계로 진입하면 수목의 물질 이동은 심플라스틱 이동을 끝내고, 타발적 휴면 상태로 진입하면 심플라스틱 이동이 시작이 된다(그림 1.33).

원형질연락사는 세포분열 과정 중에 생길 수 있으며(1차 원형질연락사), 또한, 세포분열 후 1차 또는 2차벽이 분해효소에 의해서 구멍이 생기고, 이웃한 세포 사이의 세포막과 소포체가 연결되어 생길 수 있다(2차 원형질연락사).

두 세포를 연결하는 원형질연락사의 구멍 사이로 세포질이 연결되어 있을 뿐만 아니라 소포체도 연결되어 있는데, 이 구멍의 중앙을 지나는 소포체 연결구조체를 데스모튜블(desmotubule)이라고

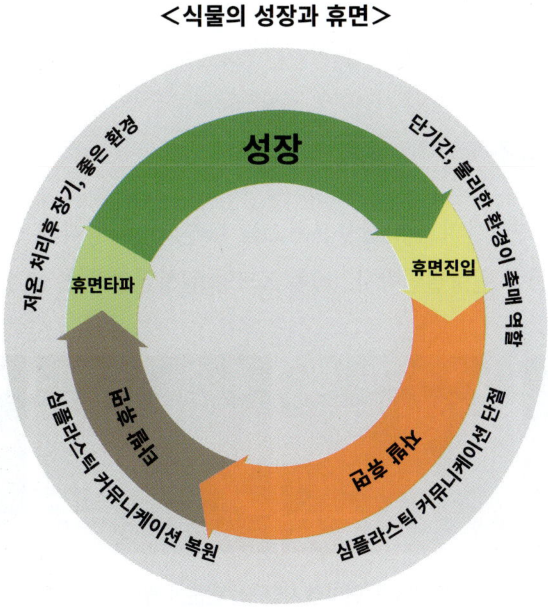

그림 1.33 수목에서 발생하는 휴면의 종류

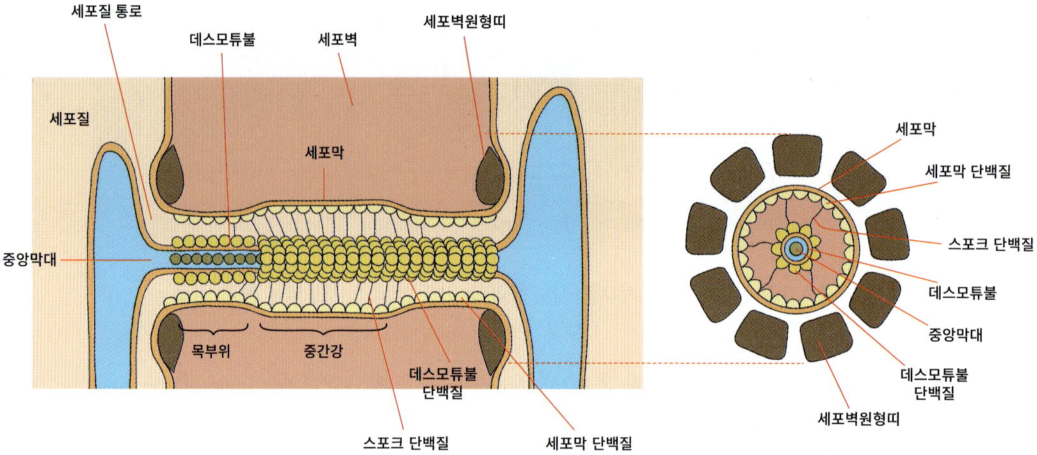

그림 1.34 원형질연락사가 세포분열 과정 중에 생성되는 과정

한다. 데스모튜불 안에는 단백질들이 선형으로 배열된 중앙막대(central rod) 구조를 형성한다. 원형질연락사의 터널을 지나는 세포막의 안쪽 면과 데스모튜불의 바깥쪽 면 사이 공간을 세포질 통로(cytoplasmic sleeve 또는 cytoplasmic annulus)라고 하며, 이 양쪽 면에는 단백질이 정렬해 있다. 정렬한 이들 단백질 사이로 바퀴살과 같은 단백질(스포크; spoke) 구조물이 연결되어져 있다. 원형질연락사를 통한 물질의 이동은 대부분이 세포질 통로(cytoplasmic sleeve/cytoplasmic annulus)를 통해서 일어난다. 원형질연락사 양쪽 입구 가까이의 목 부위에는, 칼로스(callose)가 입구를 둘러싸며 축적된 세포벽원형띠(wall collar 또는 sphincter)의 구조가 존재하는데, 이것에 의해서 원형질연락사를 통한 이동이 가능한 물질의 크기가 조절된다(그림 1.34).

원형질연락사의 구조

식물세포에서 원형질연락사의 현미경사진은 그림 1.35에서 다양하게 볼 수 있다. (a)는 단순한 원형질연락사, (b)는 쌍둥이 원형질연락사, (c)는 X모양 원형질연락사, (d)는 초록색으로 염색된 세

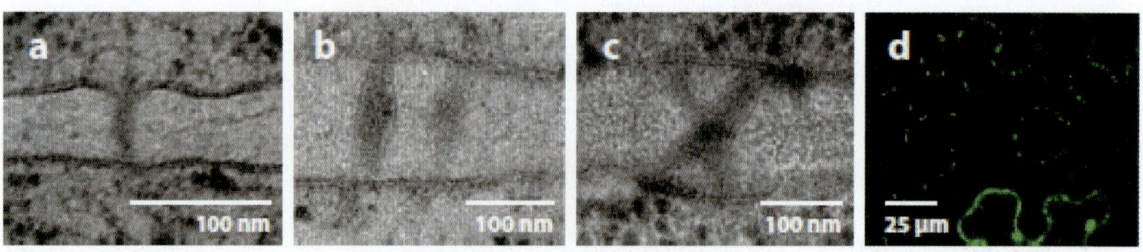

그림 1.35 원형질연락사의 구조. 원형질연락사의 현미경 사진. (a) 단순한 원형질연락사, (b) 쌍둥이 원형질연락사, (c) X모양원형질연락사, (d) 초록색으로 염색된 세포막 사이사이로 드문드문 보이는 원형질연락사(Burch-Smith and Zambryski, 2012).

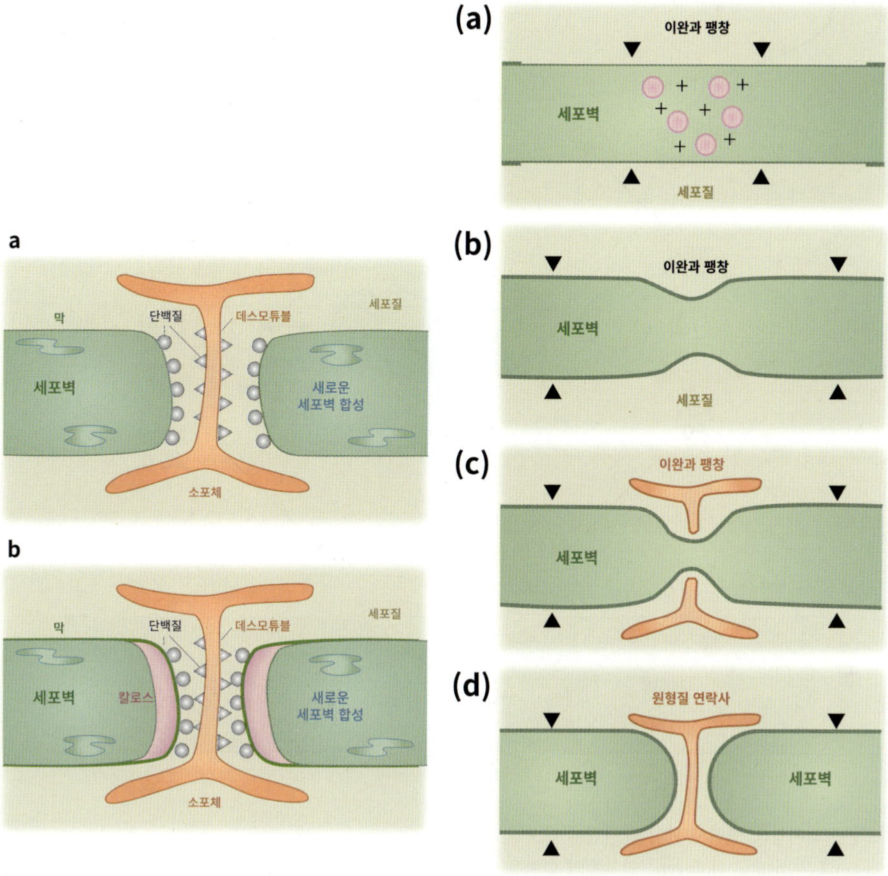

그림 1.36 세포벽에서 원형질연락사의 형성

포막 사이사이로 드문드문 보이는 원형질연락사를 보여준다(그림 1.35).

세포벽에서 원형질연락사가 형성될 때 특이한 것은 칼로스(callose)가 축적된다는 것이다(그림 1.36b). 칼로스는 β-1,3결합에 의한 글루코오스중합체로서, 체관에서 발견되었으며 보통 사부 내측에 엷은 층으로 존재한다. 인접해 있는 어린 사부에서 사부가 형성될 때에는 칼로스의 합성, 분해가 중요한 작용을 한다. 또한 조직에 상해를 주면 대단히 빠르게 세포벽에 침적한다. 병원미생물에 감염되었을 때에는 괴사세포 주변의 세포벽에도 침적하며, 숙주세포의 병원 저항반응에 관여하는 것으로 보고 있다(강영희, 2014). 세포벽에서 생성된 관련 효소들의 작용으로 세포벽이 얇아지면서 원형질연락사가 형성이 된다(그림 1.36).

ROS가 중요한 신호전달 기능을 한다는 것은 이미 잘 알려져 있다. 외부의 대기오염 같은 스트레스 때문에 형성된 ROS도 있지만 세포 내에서도 엽록체에서 약 30%, 페록시좀(peroxisome)에서 약 70% 정도의 ROS가 만들어진다. 미토콘드리아에서도 ROS가 형성되지만, 이에 비하면 아주 낮

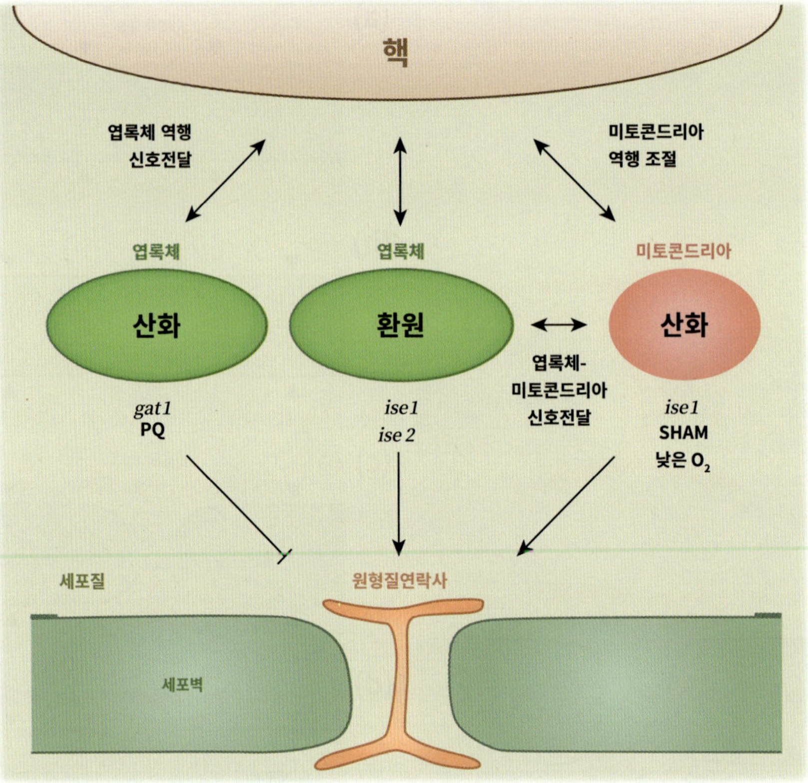

gat 1: 미토콘드리아상의 연락사 관여 돌연변이

PQ: Paraquat(혹은 methyl viologen; 엽록체의 힐반응 또는 광계 I의 활성측정용 전자수용체로 사용되는 물질. 광계 I에 의해서만 환원한다. 환원형은 청색을 나타내지만 강력한 자동산화능이 있어 산소에 의해 빠르게 산화한다. 이때 O_2^-나 H_2O_2를 생성하여 살초작용을 나타내기 때문에 Paraquat이라는 이름의 제초제로 사용하고 있다).

ise 1: 연락사 확대 돌연변이 1 ise 2: 연락사 확대 돌연변이 2 SHAM: salicyl-hydroxamic acid

(gat1은 돌연변이로서 체관 주변 조직에 이 돌연변이는 묘목에 치명적이다. 이는 미토콘드리아에서 색소체의 산화환원에 영향을 미친다. 실제로 gat1 돌연변이는 과산화수소를 과다 축적하고 ise 1, ise 2 돌연변이는 높은 수준의 ROS를 유지한다. 이들은 활성산소종을 생성하도록 유도하여 나무에 치명적인 역할을 하지만 또한 여기서 생성되는 ROS를 통해서 원형질연락사가 분해되고 형성되는 과정에서 신호전달역할을 한다).

그림 1.37 원형질연락사에서 신호전달체계

은 수준이다. 산화작용으로부터 피해를 받지 않기 위해서 수용성 아스코르베이트, 글루타치온 같은 효소와 토코페롤, 카로티노이드, lipoic acid 같은 세포막과 관련된 분자들이 작용한다. 이러한 신호전달은 생장뿐만 아니라 스트레스 극복을 위해서도 중요한 산화환원 과정이다(그림 1.37).

다양한 수목식물에서 잎의 엽육세포에서 광합성을 통해 생성된 설탕(sucrose)은 주로 전세포벽 수송 경로를 통해 이웃세포(companion cell)와 체요소(sieve element)로 구성된 체관부(phloem)로 이동한다. 당이 ATP 에너지를 소모하는 능동 수송경로를 통해 체관부로 이동해서 광합성을 하지 않는 기관으로 공급되면, 생장과 발달의 기본골격으로 사용되거나 종자와 같은 저장기관에 저장된다. 이런 식물들에서 체관부는 전원형질 수송(symplastic transport) 경로와 분리되어 있거나 원형질연락사의 부족으로 인해 전원형질 수송 경로를 주된 경로로 사용하지 않는다.

동물과 다르게 수목은 외부의 스트레스나 병해충 등의 자극이 와서 피해를 주면 원형질연락사가 중요한 역할을 한다. 동물은 움직여서 피할 수 있지만, 수목은 움직일 수 없기 때문에 원형질연락사가 물질의 이동, 자극의 감소, 항산화작용 등에 필요한 물질을 이동하거나 교환하는데, 통로 역할을 한다. 병해충의 전형적인 반응으로는 칼로스의 축적이 있다. 미토콘드리아에서 발생하는 호흡작용 동안 HR 반응을 나타낸다. 수분이 많은 과습한 환경에서 자란 수목의 뿌리에서 원형질연락사의 량이 증가하는 것을 관찰하였다. 과습한 스트레스에서는 신진대사에 필요한 물질을 많이 필요로 하고, 호흡으로 소모되는 에너지를 보완하기 위해서는 많은 물질의 이동이 필요하므로, 원형질연락사의 숫자와 크기가 증가하는 것이다(Schulz, 1994). 심플라스틱 이동이 증가하면 원형질연락사의 양이 증가하는 것이 삼투압 스트레스가 작용하는 수목에서 관찰된다. 세포의 팽압이 증가하면 원형질연락사도 닫힌다(Schulz, 1995).

수목이 스트레스에 대해서 저항성을 가지는 것은 뿌리에서 분비되는 물질과 관련이 많다. 공기중의 탄소를 수목이 광합성을 통해서 고정해서 정상적인 생육을 하면 토양으로 탄소를 보내서 저장한다. 당과 전분으로 구성된 NSC가 뿌리에 저장된다. 액포에 저장된 당, 당에서 전환된 전분이 분비물질로 나가는 데 영향을 준다. 분비물은 능동수송, 수동수송, 확산 등의 방법으로 이동한다(Karst et al., 2017). 스트레스는 지상부의 탄소고정에도 영향을 주지만, 세포막의 포텐셜, 세포막의 투과성, 당 농도 구배에 영향을 주어서 유기탄소가 토양으로 분비되어서 나가는 작용을 다르게 한다. 이러한 능력이 수목이 스트레스에 대해서 다르게 반응하게 한다(그림 1.38).

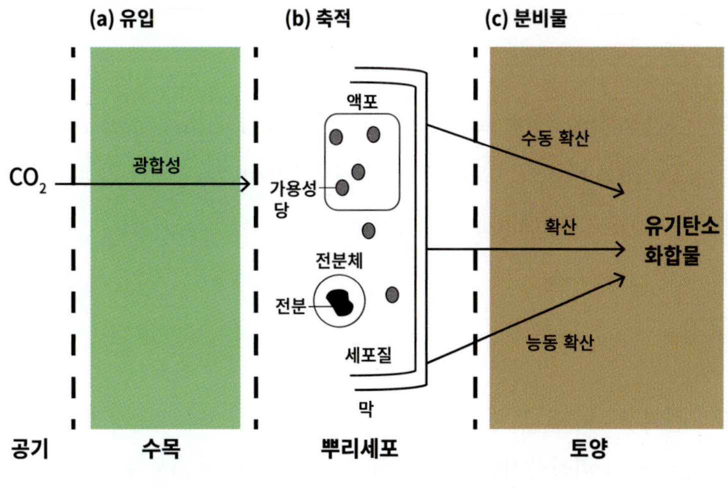

그림 1.38 수목의 근권에서 스트레스에 반응하는 과정

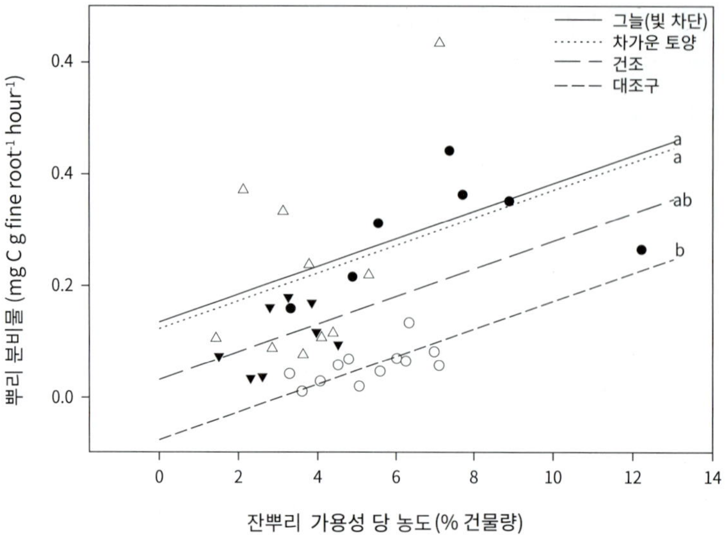

그림 1.39 잔뿌리에서 당의 농도와 뿌리의 분비물

토양분비물은 스트레스나 양료부족에 대해서 반응한다. 분비물이 토양으로 나가는 것은 "push"와 "pull" 가설에 의해서 설명된다. Push는 수목의 탄소가 충분하여 토양으로 밀어내는 것이고, pull은 토양미생물이나 외부 요인에 의해서 분비물이 빠져나가는 것이다. 뿌리에 있는 NSC는 삼투압 조절, 냉해방지, 저장물질로서 중요한 역할을 하는데, 이것이 분비물의 소스이다. 정상적인 생장을 하는 수목보다 스트레스를 받은 수목에서 뿌리 분비물이 더 많이 분비되는 것은 스트레스에 대해서 반응하는 보상전략이다(그림 1.39).

막공(pit)

막공은 이웃한 도관에서 서로 수분이 이동하도록 하고, 병원균이나 공기가 통과하지 못하도록 막아주는 역할을 한다(그림 1.40). 녹나무과 수목 가운데(Lauraceae) *Laurus nobilis*(b, e), *Lindera megaphylla*(d, g), *Litsea sericea*(c, f), *Umbellularia californica*(a) 등의 막공 사진을 관찰하면 검은색으로 나타난 것을 볼 수 있다(Gortan et al., 2011).

막공의 구조

Scots pine의 현미경 사진을 보면 정상적인 사진(그림 1.41a)와 비정상적인 사진(그림 1.41b)을 볼 수 있다. 춘재가 함몰하여 비정상적인 생장을 한 것(그림 1.41c, d, e)을 볼 수 있다. 정상적인 생장을

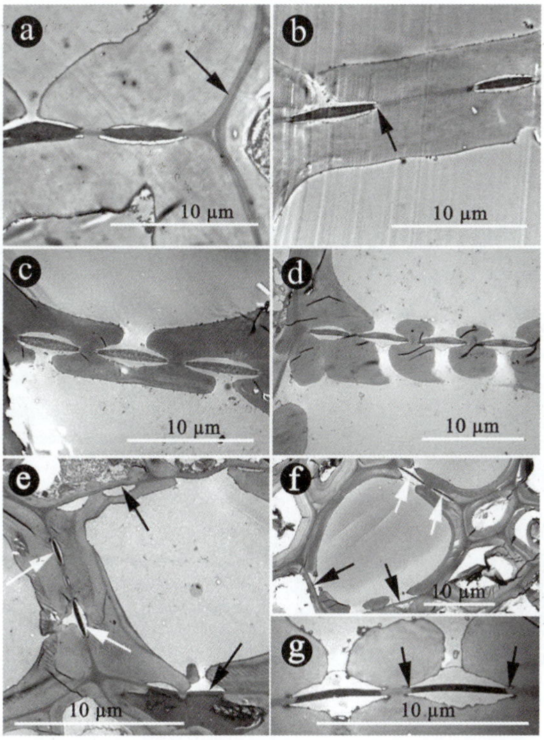

그림 1.40 수분 이동에 중요한 역할을 하는 막공(Gortan et al., 2011)

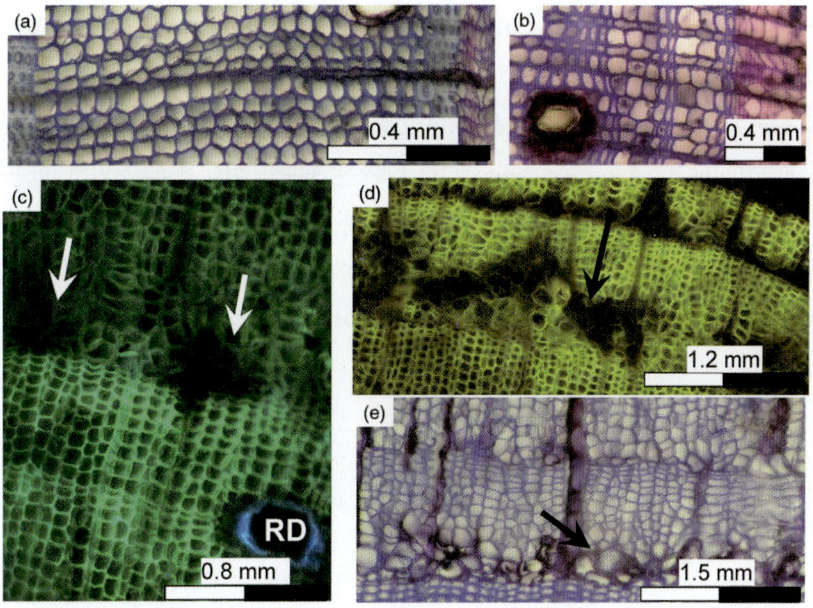

그림 1.41 수분 이동에 중요한 역할을 하는 도관의 위치(Camarero et al., 2016).

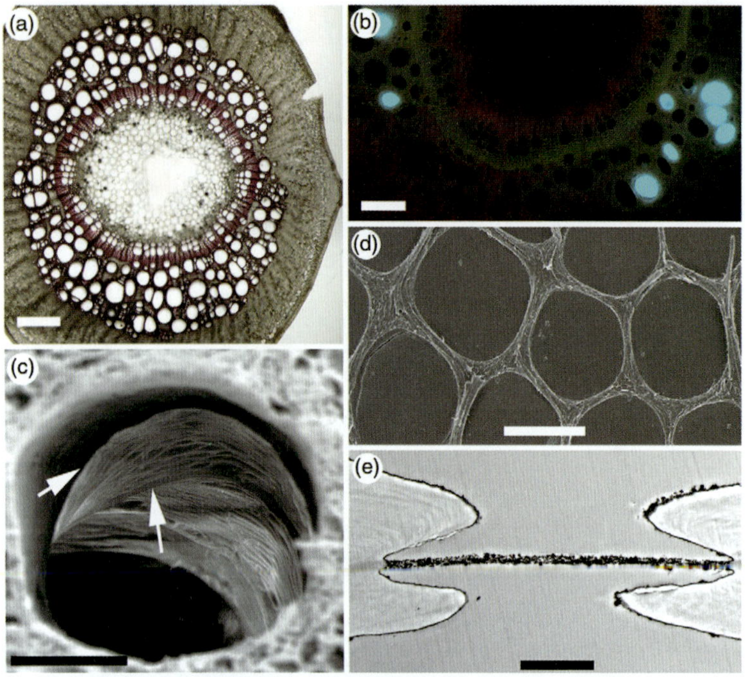

그림 1.42 Hop(*Humulus lupulus*)의 막공 현미경 사진(Balaz et al., 2016).

하면서 생겨야 하는 연륜이 형성되지 못하고 검은색으로 빈 공간이 생긴다. 이러한 조직이 연속하게 나타나면, 이를 위연륜이라고 하며 건조 및 다른 스트레스로 인한 비정상적인 생장을 하는 수목에서 흔하게 나타난다(Camarero et al., 2016). RD는 수지구(resin duct)를 말하는데, 침엽수에서는 많이 볼 수 있는 것이다(그림 1.41).

Hop(*Humulus lupulus*)의 현미경 사진을 보면 그림 1.42에서 막공을 관찰할 수 있다(a = 200 μm, b = 100 μm, c = 50 μm, d = 5 μm, e = 2 μm). 그림 1.42c는 도관을 위에서 본 것인데, 막공을 다른 각도에서 찍은 것과 비교해 보면 식물의 도관이 하는 역할을 알 수 있다(그림 1.42). 특히, 그림 1.42c를 통해 파이프 형태로 도관이 기둥처럼 되어 있어서 수분이 이동하는 데 편리하게 되어 있는 것을 알 수 있다. 흰색 화살표는 막공(그림 1.42e)을 나타내는데, 이는 그림 1.40의 검은색 화살표에 해당한다.

PART

2 환경 스트레스

CHAPTER

02 건조

건조 스트레스는 수목이 경험하는 가장 흔한 외부 환경 변화이다. 수목은 부족한 물을 뿌리에서 나무의 꼭대기까지 이동하도록 구조적으로 환경에 적응하면서 오랜 시간에 걸쳐서 변화되어 왔다. 수목에는 목부와 사부가 있어서 물과 양료의 이동에 기여한다(Konrad et al., 2018). 광합성으로 고정된 탄수화물이 사부를 통해서 이동한다(그림 2.1). 그리고 삼투압(C_p)에 의해서 물이 이동을 하는데, 소스($x = 0$)와 싱크($x = L$)에 압력차에 의해서 이동하고, 사부의 압력 변화량 $\Delta p_p = p_p(0) - p_p(L)$에 따른다. 용액의 농도는 목부 압력에 의해서 일정하게 유지하려 한다(P_s).

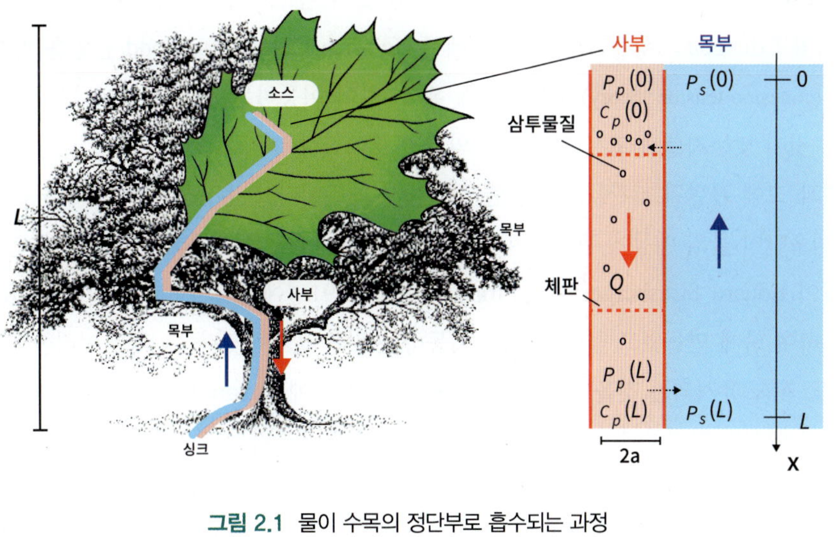

그림 2.1 물이 수목의 정단부로 흡수되는 과정

물의 이동에 관한 연구

목부가 목본식물에 진화하면서 물이 중력을 거슬러 올라가는 데 오랜 시간이 걸렸다. 초기 육상식물의 예로 *Aglaophyton major*(그림 2.2a), 목본식물 *Rhynia gwynne-vaughanii*은 키가 약 20 cm 정도 된다(그림 2.2b). 이 식물은 영국의 에버딘(스코틀랜드)에서 발견되었다(그림 2.2). *Rhynia* 식물의 횡단면 구조의 목부와 다른 기관의 사진을 비교해 보면 원시적인 것을 알 수 있다(그림 2.2c).

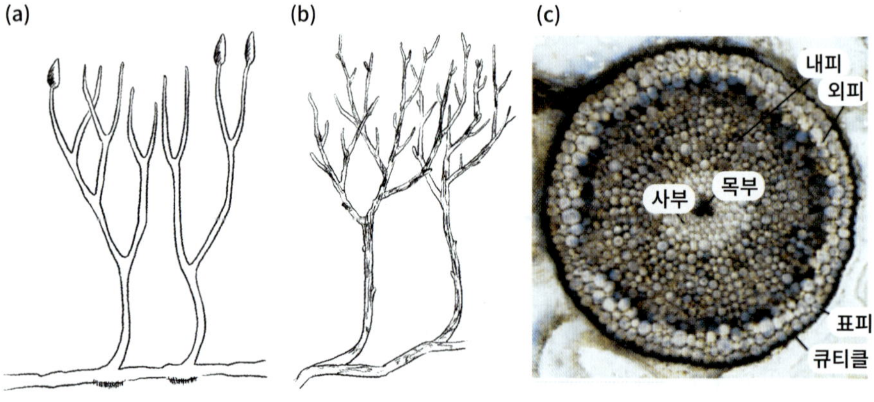

그림 2.2 초기 관속식물의 줄기 구조

현대 수목의 물 이동에 대한 이해는 400여 년 전으로 올라간다. 동물에서 피의 순환에 대한 모식도를 1628년에 William Harvey와 1661년 Marcello Malpighi가 그린 것과 거의 같은 시기였다. 1727년에 Stephen Hales가 뿌리에서 수목의 높은 곳의 잎으로 물이 이동하는 것을 보여주었다. 1798년 독일 Erlangen의 왕립과학아카데미에서 Heinrich Cotta가 sapwood(변재)을 밝혔고, 응집-장력 이론(cohesion-tension theory)가 발전하게 된다. 물이 이동하는 것이 'vitalists'와 'physicists' 가운데 어느 것이 맞는지를 놓고서 활발한 논의가 이루어졌다. 'vitalists'들은 물이 이동하는 것이 세포의 활력과 그에 관련된 기관들의 활발한 신진대사 때문이라고 주장하였다. 그러나 'physicists'들은 죽은 세포만이 물의 이동에 관련하고 물리적인 관계들이 물을 이동하게 한다고 하였는데, 대표적인 사람이 Eduard Strasburger였다. Strasburger는 1891년에 황산구리($CuSO_4$)를 식물의 뿌리에 스며들게 하여 죽게 만들었고 물이 잎으로 이동하는 것을 발견하였다. 그리고 이러한 현상이 며칠 지나고서도 계속 유지되는 것을 보고하였다. 또한, 1894년에 Dixon과 Joly는 수목의 소지가 대기 중으로 뻗어 있서도 압력차에 의해서 물이 중력을 거슬러 올라가는 것을 보여주었다.

물이 수목에서 높은 곳까지 갈 수 있는 것은 표면장력에 의한 것이라는 사실과 비교해서 매일 물이 뿌리로 내려갔다가 다시 올라오는 것과 전단응력(shear stresses)에 의한 설명과는 대조적이다.

1850년에 Berthelot와 Jäger는 물의 장력에 의해서 높게 올라갈 수 있는 실험을 하였지만 응집력을 제대로 측정하였느냐는 논의가 일어났다. 응집-장력 이론에서 증산에 관한 동력을 John Joly와 Henry Horatio Dixon(Trinity College Dublin)과 Eugen Askenasy(Heidelberg University)가 1894년에 보여주었다. 즉, 잎의 유조직에서 증산작용이 일어나고, 증산하는 힘이 물을 뿌리에서 높은 곳으로 빨아올리는 동력이 된다는 것을 주장하였다. 1914년 Dixon은 “Transpiration and the Ascent of Sap in Plants”에서 응집-장력 이론을 정리해서 제시하였다. 현대에 와서 Tyree and Sperry(1989), Tyree and Zimmermann(2002)에 의해서 체계적으로 정리되었다. 그래서 (1) 증산작용에 의한 잎에서의 동력과 (2) 물 분자가 서로 연결되어서 이어지는 힘에 의해 물이 위로 이동한다는 것을 개념으로 정리하였다.

수목의 도관에서 여러 가지 이유 때문에 도관기포공동화(혹은 도관폐쇄, cavitation, embolism: 수목의 도관은 수분이 이동하는 통로임. 그러나 도관에서 공기가 발생하거나 도관이 공기로 꽉 차게 되면 도관을 텅 비게 하거나 공기로 인해 수분 이동이 방해받아서 물이 이동하지 못하는 폐쇄현상이 일어나는 것) 현상이 도관에서 일어나는데, 이는 물의 이동을 방해한다. 물이 이동하는 경우, 공기를 피하고 물의 이동을 최대화하는 과정은 막공이 큰 역할을 한다(그림 2.3a, b: *Laurus nobilis*의 모식도; 그림 2.3c, d: *L. nobilis*의 현미경 사진). 가도관과 도관 모두 세포가 늘어나고 길어져서 양끝의 세포벽이 서로 연결되거나 세포벽이 제거되면서 형성된 것이다. 세포벽이 제거되어 이어진 도관은 길고, 환공재에서 많이 관찰된다. 나자식물의 가도관에서 cavitation이 일어나는 경우 물이 막공을 통해서 통과한다. 그림 2.3b는 피자식물에서 도관을 통해서 물이 이동하는 것을 보여준다. 도관에서의 압력차이가 물이 이동하는

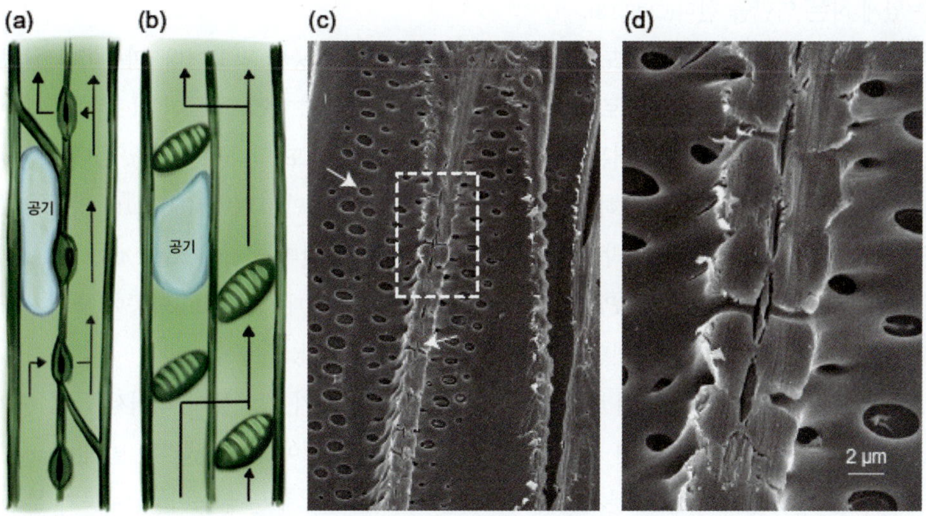

그림 2.3 막공의 모양과 도관에서 기포 발생이 되는 경우에서 막공의 역할

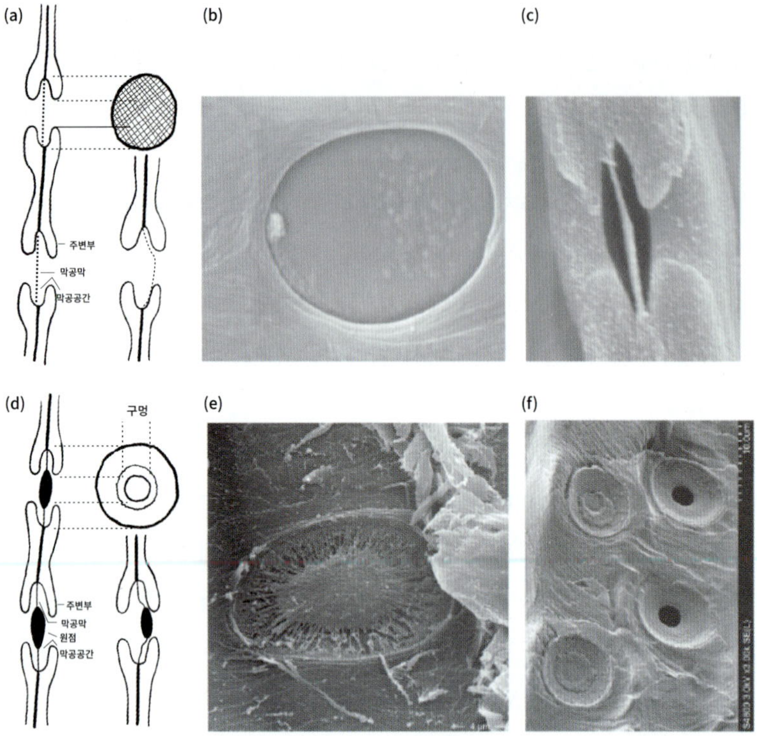

그림 2.4 여러가지 막공의 구조

데 큰 역할을 하지만, 더불어서 도관에 차 있는 공기가 팽창하면서 막공을 누르고, 눌린 막공은 열려서 물이 원할하게 통과하도록 해준다. 그러므로 물이 이동하는 경우, 도관의 막공은 물이 잘 이동할 수 있게 하는 역할을 한다(그림 2.3).

두 가지 다른 형태의 막공모식도(그림 2.4a, d)로 단순 막공과 중연 막공이다. 막공마다 원절의 발달이 다르고 원절은 공동화현상으로 인해서 공기가 막공주변부를 누르면 물이 더 잘 이동하는 경우도 있지만(그림 2.4a), 어떤 수종에서는 막공폐쇄현상이 일어날 수도 있다(그림 2.4d). 물이 이동하다가 공동현상이 일어나면 기포가 발생하는데, 경우에 따라서 다르지만 0.005~0.02 μm 정도의 크기가 된다. 사진은 *Sambucus nigra*의 막공을 위에서 SEM으로 본 현미경 사진(그림 2.4b), *Abiea alba*의 막공을 위에서 본 사진(그림 2.4e), *Pinus sylvestis*의 막공 사진인데(그림 2.4f), 막공이 열리거나 폐쇄된 것을 볼 수 있다. 막공이 폐쇄되면 물의 이동이 원활하지 않다.

공동화(空洞化)현상이 발생하여 기포가 생기는 경우에 기포가 장애물이 되어서 물이 통과하지 못하게 한다. 물분자가 이동되려면 기압이나 농도의 차이가 있어야 한다. 헨리의 법칙(Henry's Law: $C_R = kH\, p_a$)은 기포 안에서 공기 분자의 농도(C_R)는 기포 근처의 수분에 녹아 있는 공기 분자의 압력(p_a)과 비례한다. 상수 kH는 액체의 종류, 상태에 따라서 달라진다. 공기 분자가 그대로 있느냐 이

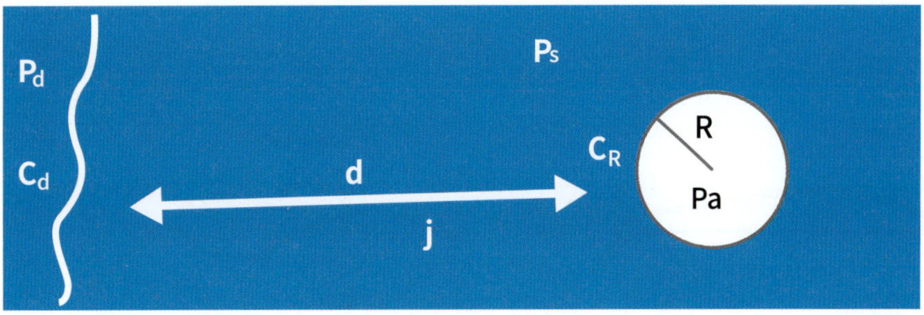

p_a 기포 안에서 공기 분자의 압력, C_R 기포 가까이 수분에 녹아있는 공기 분자의 농도. C_d 복부의 수분에 녹아 있는 공기 분자의 농도, R은 공기 분자의 직경, d는 기포로부터의 거리, j는 공기 분자의 이동 flux. P_s는 액체 주변의 압력(pressure of surround). P_d는 xylem 수분에 녹아 있는 C_d의 압력.

그림 2.5 Cavitation이 발생하는 경우 물이 이동되는 원리

동하느냐는 기포와 거리가 변수로 작용한다. $P_a = P_d$이면, 이동이 없는 평형상태를 유지한다. $P_a < P_d$이면 기포로 플럭스가 발생하고, $P_a > P_d$이면 공기 분자가 기포를 떠나서 복부 수분으로 녹아든다. 그러므로 복부에서 cavitation이 생기더라도 물이 이동할 수 있고 기포도 생기지만, 이러한 메카니즘을 통해서 기포가 없어지기도 한다. 물이 이동하는 데 탄수화물의 생산과 농도 구배도 동력으로 작용한다. 탄수화물은 복부에서의 수분 농도를 변화시키므로, 기포의 사멸, 이동에 기여한다 (그림 2.5).

공동화(空洞化) 현상(cavitation)은 수목에서 물이 이동하는 경우 발생한다. 도관을 통한 수분 이동은 도관액 속에 기포가 발생하여 도관에서 자리를 잡고 있으면 수분이 이동하는 데 방해를 한다. 그러므로 공동현상이 발생하면 수분 이동이 방해를 받는다. 도관 내에서 물의 장력이 증가하면, 용해된 기체가 빠져 나가려는 성질로 인해서 기포가 발생한다. 기포가 형성되면 기체는 장력을 받아서 견딜 수 없을 만큼 팽창하게 된다. 도관에 공동현상이 생기면 물의 연속성이 끊어져서 수분 이동이 저하된다. 그러나 수목은 이러한 공동현상을 최소화하기 위하여 다음과 같은 생리적인 방법을 활용한다. ① 수목은 구조적으로 오랜 기간 동안 환경에 적응한 결과, 가도관이나 도관의 세포들이 겹쳐 형성되어서 세포의 끝부분이 벽으로 형성돼서 기포가 벽을 뚫고 나가지 못하게 하여 기포의 팽창을 최소화한다. ② 밤에 증산이 낮아지면 도관의 장력이 감소한다. 장력이 감소하면 물방울과 기포는 제자리로 돌아가려고 밑으로 이동한다. ③ 뿌리의 압력(양의 압력)을 형성하여 기포를 수축시킨다.

물은 공기와의 접촉을 최소화하기 위하여 표면장력을 높은 수준으로 유지한다. 토양이나 수목의 조직에서 수분이 빠져나가면 건조현상이 나타난다. 부착력에 의해서 토양이나 수목의 조직에 수분이 붙어있다가 수분이 빠져나가면 표면과 공기의 접촉면에 커다란 경계면이 형성된다. 달리 이야기하면 수분이 토양이나 수목조직 사이로 후퇴하여 형성된 경계층을 메니스커스(meniscus)라고 한다. 아래의 그림 2.6a처럼 수분이 충분하여 빠져나가지 않은 채로 지름이 큰 형태의 수분층이 형성

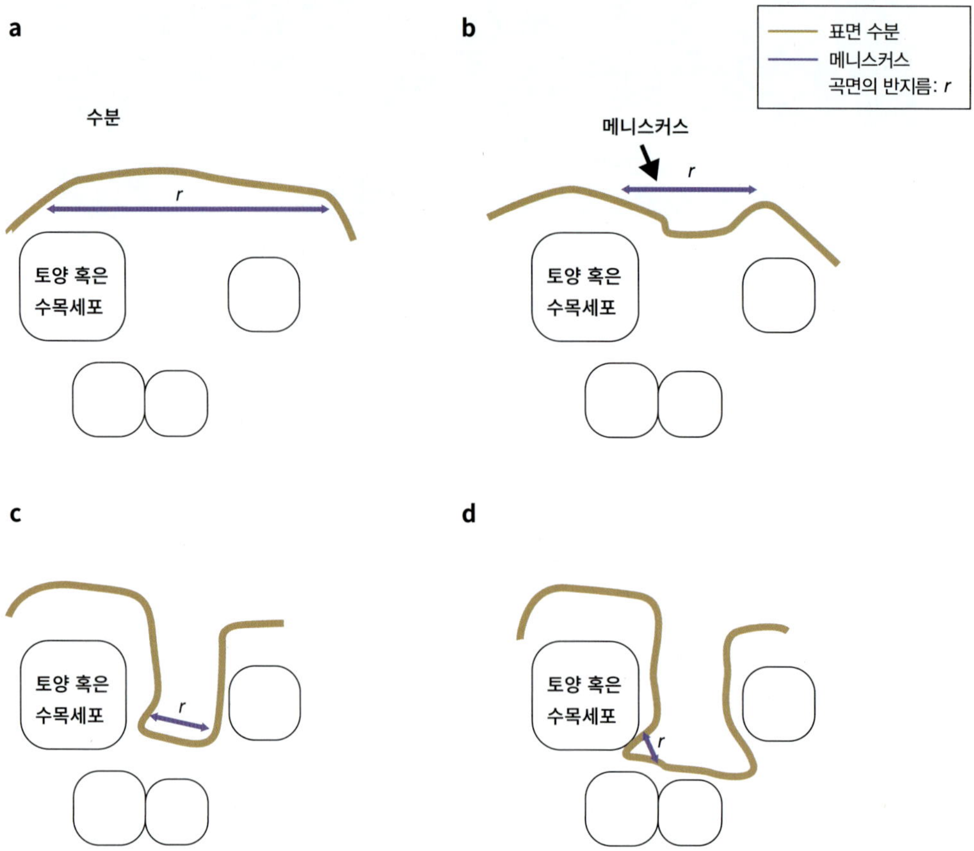

$$P = \frac{-2T}{r}$$

P: 압력, T: 물의 표면장력, r: 메니스커스 곡면의 반지름

그림 2.6 수목의 조직과 토양에서 물이 이동하는 삼투압의 구배 원리. 수분이 빠져나가면 메니스커스가 형성이 되고, 이의 반지름의 크기가 변화해서 결국 삼투압이 달라진다.

되면 삼투압은 작아진다. 그러나 그림 2.6b, c, d처럼 수분이 점점 소실되어 빠져나가고 메니스커스의 반지름이 점점 작아지면 삼투압은 커진다.

토양이나 수목조직의 수분이 감소하면, r의 값이 줄어들고 P의 값은 작아진다(압력이 커진다). 그러므로 삼투압의 기울기가 형성되어서 물이 이동하게 된다. 토양이나 수목의 조직에서 r의 값이 작아지면 물분자의 장력이 커지는데, 압력포텐셜이 음의 값을 가지게 된다. 음의 값이 커질수록(예를 들어, −1.2 MPa에서 −3.2 MPa으로 되는 것은 값이 작아지는 것, 혹은 삼투압이 커지는 것) 수분포텐셜이 가파르게 형성이 되어서 토양이나 수목조직에서 수분을 흡수할 수 있는 큰 동력이 발생하게 되는 것이다.

건조, 염분 스트레스의 차이

건조, 염분 스트레스가 수목에 주는 영향은 비슷하면서도 다르다. 수분 스트레스는 토양의 부족한 수분으로 인한 잎의 높은 삼투압이 문제이지만, 염분 스트레스는 금속이온의 높은 농도가 문제다(Chaves et al., 2009). 광합성을 저해하여 수목에 피해를 주는 것도 비슷하다. 염분 스트레스가 장기간으로 되면 금속이온 독성의 주된 원인이 된다. 염분 스트레스에서 수목은 금속을 세포로 들어오지 못하게 하고, 세포질에서 금속 이온을 액포로 분산저장하여 농도를 최소화하는 전략으로 회피한다. 그러지 못하면 수목에 따라서 차이는 있지만, Na^+ 농도가 100 mM 정도에서 수목의 효소활성을 저하시킨다. 효소 기능을 위해 Na^+ 이온이 필요한 경우도 있지만, 높은 Na^+ 농도이거나 높은 Na^+/K^+ 비율이면 식물에게 스트레스를 준다. 일차대사 가운데 수목에서 염분이 축적되면, 특히 아미노산, 질소, 탄수화물, 당알코올(polyol)에 관련된 대사가 증가한다. 이러한 대사들은 삼투압 조절, 세포막 보호, ROS 제거, 암모늄 축적 등에 관여한다. 대사 중에서 유기산(organic acid)이 부족하면 기공이 닫혀서 광합성이 감소하는데, 이는 건조 스트레스에서 발생하는 것과 대비된다. 염분 스트레스에서 볼 수 있는 감소한 유기산은 이온 불균형을 보상하는 역할을 한다.

기공이 닫히는 현상은 두 가지 스트레스에서 공통적으로 발생하고, rubisco 활성에 영향을 미치는 CO_2의 흡수를 방해한다. 약한 건조 스트레스는 수목을 보호하는 역할을 한다. 건조 스트레스가 기공을 닫아 수분의 소실을 막고, 수분이용효율을 증가시켜서 수목이 스트레스로부터 보호받게 하기도 한다(그림 2.7).

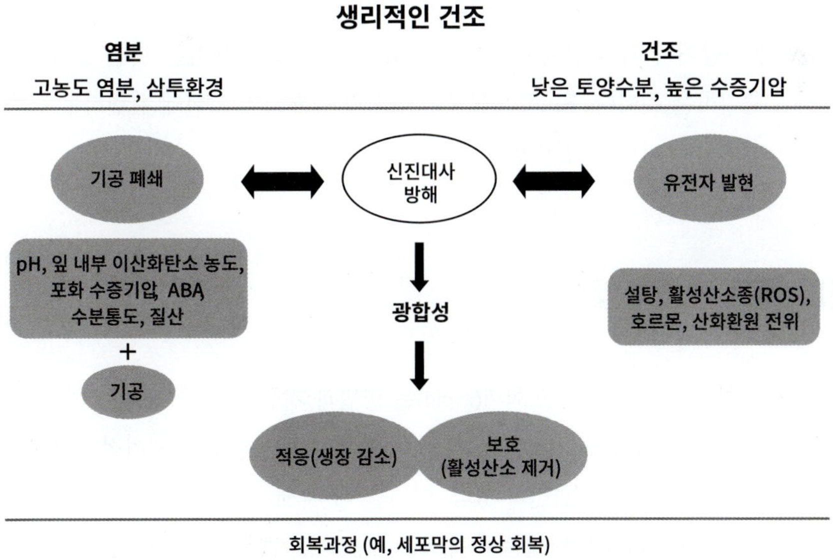

그림 2.7 염분, 건조의 스트레스가 수목에 미치는 영향

스트레스에 대해서 1차적으로 신호전달을 하는 중간 역할을 하는 것은 호르몬이다. ABA, ethylene, cytokinin 등이 있고, ROS와 세포 간의 2차 신호전달하는 것으로는 phospholipids, 당 등이 있다. 두 가지 스트레스 모두 뿌리에서 생산되는 ABA가 기공을 닫고 세포의 생장에 관여한다. ABA는 잎의 세포에서도 생산이 된다. 목부/전세포벽 pH가 ABA에 영향을 주어서 기공의 개폐에 관여한다. Alkaline pH가 기공에 ABA를 보내서 기공을 닫는 역할을 한다. 토양의 수분 부족 현상이 변재에서 높은 pH를 유도하기도 한다. ABA 또한 스트레스 극복 유전자들의 발현을 유도하기도 한다. 당은 세포를 통해서 이동하면서 공변세포의 세포벽 농도를 높이는데, 이것이 기공을 닫는 역할을 한다.

스트레스 하에서 수용성 당(sucrose, glucose, fructose)도 신호전달에 관련한다. 글루코스 신호는 야간에 전분으로의 전환을 유도한다. 일반적으로 스트레스에서 전분의 양은 감소하고 수용성당의 양은 증가한다. 광합성 과정에서 산화·환원 반응은 중요한 신호전달을 한다. 산화환원에서 전자가 중요한 신호전달 역할을 한다. H_2O_2가 기공을 닫는 신호전달 역할을 한다. Nitric oxide(reactive nitrogen species)가 신호전달 역할을 하고, ABA가 공변세포에 주는 영향을 조절하는 것으로 알려졌다.

엽육세포전도도(gm)의 감소는 염분 스트레스가 발생하면 몇 초 혹은 몇 분 안에 아주 빠르게 관찰된다. 이는 건조 스트레스에서 관찰되는 것과는 다른 차이인데, 세포의 구조적인 차이에서 온다기 보다는 생화학적 차이로 인한 세포 간의 신호전달에 의해서 오는 것이다. 엽육세포의 신호전달이 물을 충분히 관수한 수목에서 ABA를 유도하는데, CO_2 농도가 변할 때 ABA의 양은 변한다. 물론 건조가 오면 수목은 ABA를 분비하여 기공을 닫는다.

스트레스로부터 회복하는 데는 일반적으로 두 가지 단계를 거친다. 첫 번째 단계는 물이 공급되면 몇 시간 안에 기공이 열려서 잎에 수분이 공급되는 것이고, 두 번째는 며칠 안에 광합성에 관련하는 단백질이 증가하는 것이다. Rubisco를 활성화시키는 효소의 발현에 관련하는 단백질 혹은 물을 재분배하는 단백질이 며칠 안에 발현이 된다.

건조회피 혹은 건조저항

건조 스트레스를 극복하는 전략은 회피(avoid)는 방법과 저항성(tolerance)을 키우는 방법 두 가지로 구분할 수 있다(Manavalan et al., 2009). 수목의 여러 부분에서 형태적, 생리적, 생화학적인 변화가 일어나는데, 이는 회피와 극복과 관련이 있다. 이것을 더 자세하게 구분하면 건조탈출수목(escaper)과 진정내건성(true tolerance)를 나타내는 수목으로 세분화할 수 있다. 건조탈출수목은 수분이 부족할 때 생리대사를 정지한다. 일반적으로 작은 키를 가지고 있고, 뿌리가 차지하는 비율(*R*/*T*)이 크며,

생활사가 짧아서 발아에서 개화까지 우기에 완성된다. 진정내건성 식물로는 소나무, 은행나무, 상수리나무, 리기다소나무, 선태류, 지의류 등이 대표적인데, 극심한 건조환경에서도 수분을 흡수할 수 있다. 탈수가 일어나지 않도록 잎의 팽압을 유지하며, 광합성을 극심한 건조에서도 진행한다. 이들은 증산을 억제하는 기능이 잘 발달되어 있다(손요환 등, 2016),

건조에 대한 회피전략 가운데 대표적인 것은 수목의 뿌리에서 잔뿌리를 많이 만들어서 부족한 수분과 양료를 흡수하는 것과 뿌리가 토양의 깊은 곳까지 성장하는 것이다. 질소고정하는 수목의 경우에는 건조에 대해서 많은 영향을 받는다. 건조로 인해서 뿌리혹으로 공급되는 CO_2의 흡수가 감소하고, N_2의 공급이 감소하여 단백질의 대사가 부족하고, 수크로스합성효소(sucrose synthase)의 활성이 감소하며, ureides, free amino acids의 증가를 초래하는데, 이러한 증가는 뿌리에서 질소고정량을 급격하게 감소시킨다(King and Purcell 2005). 잎과 뿌리혹의 수분포텐셜이 변화하고, 광합성은 약간 감소해도 질소고정하는 데 관여하는 질소고정효소(nitrogenase)의 활성은 대폭 감소한다. 건조는 뿌리혹의 활성을 직접적으로 감소시키고, 산소 확산 저항을 증가시켜서 박테로이드(bacteroid)에 대한 활성에 변화를 초래한다. 박테로이드(bacteroid)는 콩과식물의 뿌리 결절에 있는 변형된 다양한 모양의 세균으로 공생체로 변형된 후에는 질소를 고정한다. 잎의 전체 전도도(epidermal conductance) 변화는 건조에 대해 회피하는 전략 가운데 하나이다. 전체 전도도는 잎의 기공전도도 + 잎의 큐티클층의 전도도로 표시한다. 기공이 열릴 때 큐티클층의 전도도는 무시할 정도이지만, 건조가 어두운 환경에서 수목에 직면하면 큰 요인으로 작용한다.

건조에 대한 저항성을 가지는 전략 가운데 대표적인 것은 수목이 기공을 닫는 것이다. 잎의 수분함량, 기공전도도, 잎의 팽압이 감소하고, ABA의 함량은 증가한다. 잎에 아실요소(ureides)가 축적되는 것을 방해하여 뿌리혹이 형성되는 것이 정상적으로 작동될 수 있도록 하는 것이다. 잎을 덮고 있는 섬모(Leaf pubescence density)의 밀도는 건조에 대한 저항성을 높이는 요인으로 작용한다. 섬모가 많으면 높은 광도에 대해서 잎이 낮은 온도를 유지할 수 있고, 수분의 소실을 최소화할 수 있다. 삼투압적응(leaf pubescence density)은 수분 결핍이 심해지면 나타나는 저항성 증가의 예이다. 건조에서 삼투압이 감소하는 경우 세포의 팽압을 일정하게 유지하려 한다(그림 2.8).

건조와 회복력

건조 스트레스의 강도에 따라서 수목이 회복하는 정도가 다르다(Xu et al., 2010). 스트레스의 강도가 약하면 보상전략을 가지고 수목은 회복된다. 잎을 조기에 낙엽지게 하거나 광합성 능력 등 생리적인 활성을 높여서 극복한다. 스트레스가 중간 정도가 되고 다시 물이 공급이 되면 회복은 되지만, ABA 같은 호르몬을 생산해서 기공을 닫아 수분소실을 최소화하려 한다. 스트레스가 아주 심

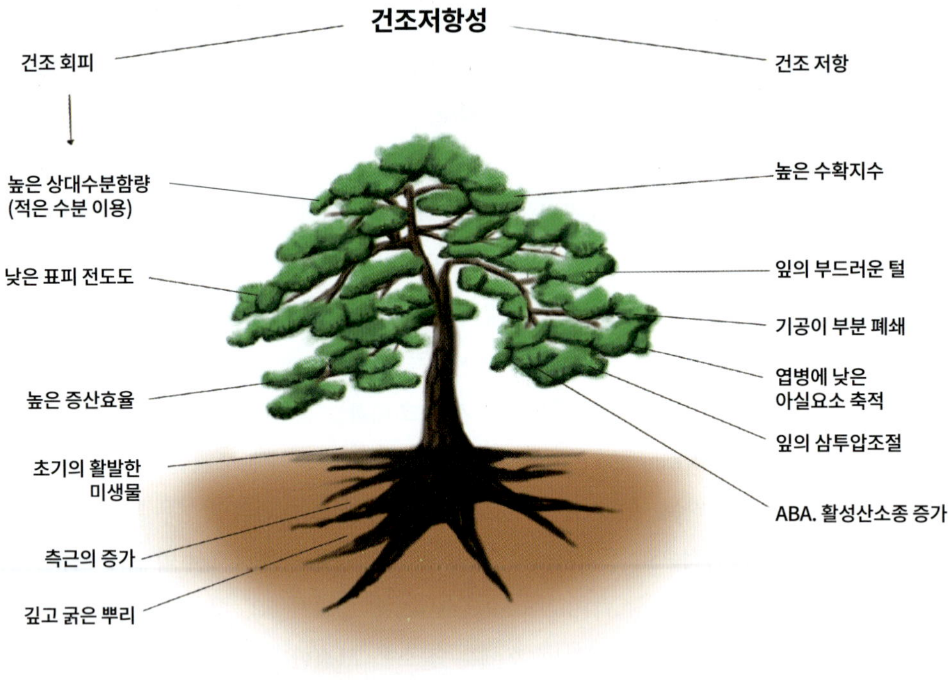

그림 2.8 두 가지 다른 형태의 건조에 대한 수목의 전략

하게 되면 ROS가 생산이 되고, 항산화 작용의 능력에 따라서 회복되기도 하고 그렇지 못한 경우도 생긴다(그림 2.9).

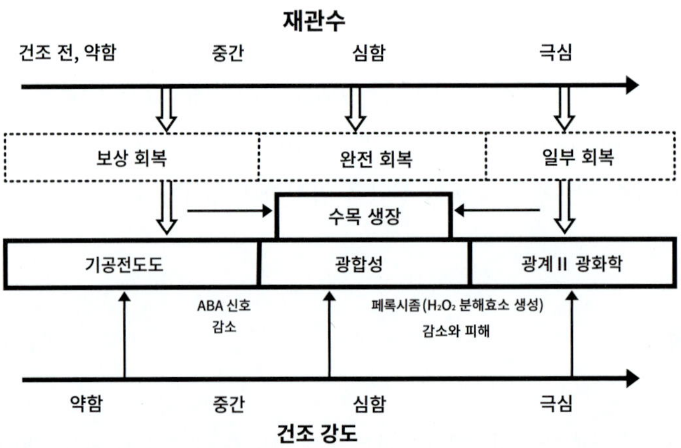

그림 2.9 수목의 건조 스트레스에 대한 회복력

건조에 대한 ascorbate(AA)와 dehydroascorbate(DHA) 변화

Ascorbate와 dehydroascorbate는 건조환경에서 서로 극명한 반응을 보인다(Jubany-Mar et al., 2010). 건조에 민감한 수목은 환원된 아스코르베이드(ascorbate; AA) 농도가 감소한다. 그러나 DHA/(AA+DHA)의 비율은 DHA에서 AA로 환원하는 능력이 낮으므로 증가한다. 건조저항성이 있는 수목은 AA의 농도가 증가하고, DHA/(AA+DHA) 비율은 일정한 양을 유지하거나 감소하는데 이것은 AA가 재생되거나 소모되지 않기 때문이다(그림 2.10).

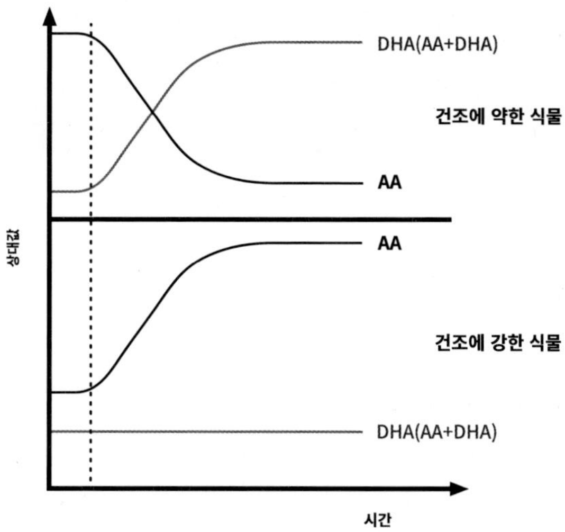

그림 2.10 건조에 대한 ascorbate(AA)와 dehydroascorbate(DHA) 변화

건조환경에서 전자신호전달

건조환경이 되면 세포에서 H_2O_2 발생이 된다(그림 2.11). (a)는 엽록체에서 기공의 폐쇄가 Rubisco의 활성을 높여주는 CO_2의 흡수를 줄인다. 광합성을 하면서 전자전달계(photosynthetic electron transport chain: PETC)와 캘빈사이클, PSI에서 발생하는 전자들이 신호전달 역할을 하는데, SOD가 활성산소를 H_2O_2로 전환한다. (b)는 Peroxisome에서 Glycolate oxidase가 O_2에서 H_2O_2로 환원시킨다. (c)는 Mitochondrion Complexes I과 II에서 전자가 O_2에 붙어서 O_2^-로, 활성산소가 H_2O_2로 전환된다. (d)는 세포벽인데, Type III peroxidases, polyamine oxidases, diamine oxidase, oxalate oxidases가 H_2O_2를 생산한다. (e) Plasma membrane에서 NADPH oxidase가 ABA와 삼투압(건조 스트레스)에 의해서 활성화된다. a, b, c에서 형성된 H_2O_2가 너무 심하게 환원된 전자전달계를 완화한다. d, e에서 형성된 H_2O_2가 세포벽의 수축/이완을 조정한다. d에서 형성된 H_2O_2가 Ca^{2+} 채널을 열

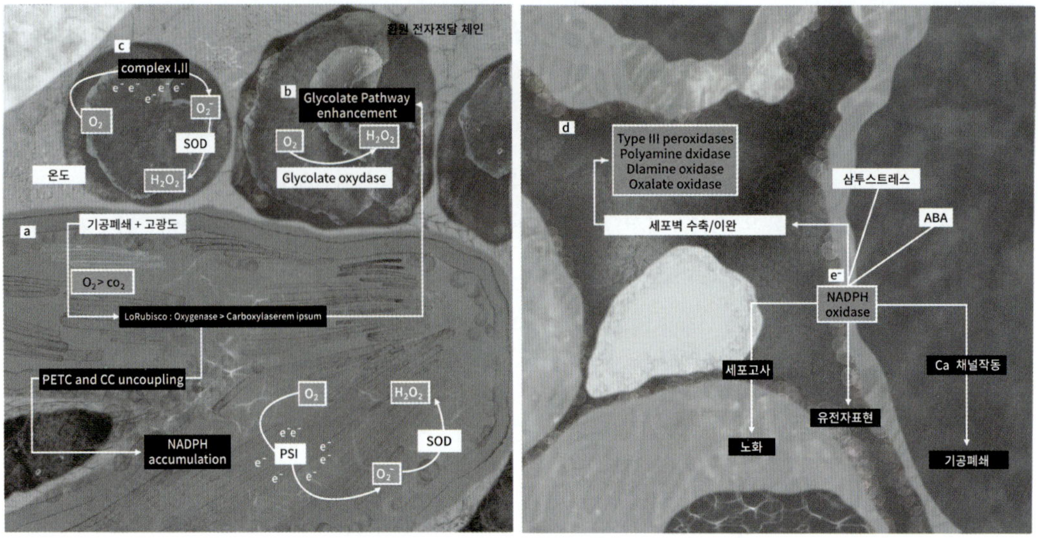

그림 2.11 건조 스트레스에서 신호전달체계

어서 세포고사(programmed cell death), 노화, 유전자 발현, 기공의 개폐를 결정한다(그림 2.11).

건조해서 수분이 빠져나간 수목

건조하게 되면, 잎의 표면, 기공, 조직에서 물이 빠져나간다(Moore et al., 2009). 그림 2.12a-d는 SEM으로 찍은 *Myrothamnus flabellifolia* 사진이다. 그림 2.12a는 정상적인 잎 표면 사진이고, 그림 2.12b는 물이 빠져나간 건조 스트레스를 받은 잎 표면이다. 그림 2.12c는 정상적인 생장을 하는 단면의 사진이고, 그림 2.12d는 수분결핍된 단면의 사진으로 세포벽(cell wall-CW)이 접히고 세포질(cytosolic reorganization-CS)은 재배치된 것을 볼 수 있다. 그림 2.12e, f는 *Eragrostis nindensis*의 TEM 사진으로 정상 생장하는 세포와 건조에 의해서 수분이 빠져 나가서 세포벽과 세포질이 원형질분리된 것을 볼 수 있다.

건조한 환경에 적응한 수목은 수분이 많은 환경에서 자란 수목과 비교해서 형태적, 생리적으로 독특한 특징을 가진다. 잎의 크기는 작아지고, 두께는 두꺼워진다. 왁스층은 잘 발달한다. 이러한 특성은 증산량을 줄이고 수분소실을 최소화하기 위해서이다. 색깔도 흰색계열이 발달하여 잎의 뒷면이 흰색이다. 건조한 곳에서 광을 최대한 반사하여 증산을 억제할 수 있는 흰색계열로 발달한다. 잎에 많은 섬모가 발달하며, 기공은 왁스층으로 둘러싸여 음각 형태로 된다. 잎의 온도는 수분이 부족한 환경 때문에 높아진다. 줄기에서는 cavitation(embolism)이 많이 발생하고, 목재의 밀도가 높아지는데, 이는 목재가 건조한 경우 리그닌(lignin)과 셀룰로스(cellulose)의 발달이 잘 되기 때문이다. 뿌리에서는 잔뿌리가 잘 발달하고 수분을 찾기 위해서 뿌리가 토양 깊이 들어간다(표 2.1).

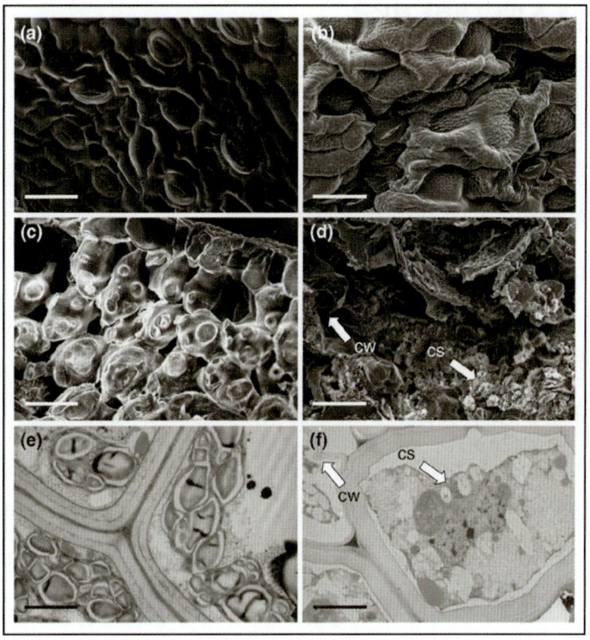

그림 2.12 수분 부족 수목의 조직 특성

표 2.1 건조에 직면한 수목에서 일어나는 변화

특징 \ 부위	잎	줄기	뿌리
크기	작음		
두께	두꺼움		
LMR(Leaf dry mass ratio) = 잎건물중/잎면적	높음		
SLA(Specific leaf area) = 잎면적/잎건물중	낮음		
왁스층	발달함		
색깔	흰색계열		
털	많음		
기공의 특징	왁스층에 쌓여 표면보다 들어감		
온도	높음		
세포벽	두꺼워짐	두꺼워짐	두꺼워짐
밀도		높음	
공동현상(기포발생; Embolism)		많음	
잔뿌리			많음
뿌리의 길이			길다

건조, 염분 스트레스에 대한 반응

건조 스트레스는 팽압의 소실, 수분 부족 등의 결과를 나타내면서 생리적인 장애를 유발하고 동시에 활성산소종의 생성을 동반한다. Polyamines은 낮은 농도로 수목에 존재하면서 체내의 pH 조절, 핵산, 세포막의 조절, 세포분열, 생장과 관련된 대사활동에 관여한다. Spermidine(Spd), spermine(Spm), 그리고 diamine 전구물질인 putrescine(Put) 등이 중요한 생리적인 역할을 한다. 또한, spermine은 스트레스에 반응하여 조절하는 역할도 한다. 귤나무(*Citrus reticulata Blanco*)에 spermine 처리를 하면 활성산소종의 생성이 현저하게 줄어든다(Shi et al., 2010). 세포막의 손상으로 인한 이온유출도 현저하게 줄어든다.

염분 스트레스에서 Put는 *Virginia pine*이 염분에서 견디는 능력을 향상시킨다(Tang and Newton, 2005). ROS가 형성되려면 전자를 공여하는 금속이온 Fe^{2+}이나 Cu^{2+} 등이 있어야 한다. 그러나 Spm이 인지질의 극성이 금속이온의 전자 발생을 지연시킨다. 그러므로 금속에서 전자가 발생되는 것이 적어지고, ROS의 환원이 일어나서 활성산소종의 제거에 기여한다(그림 2.13).

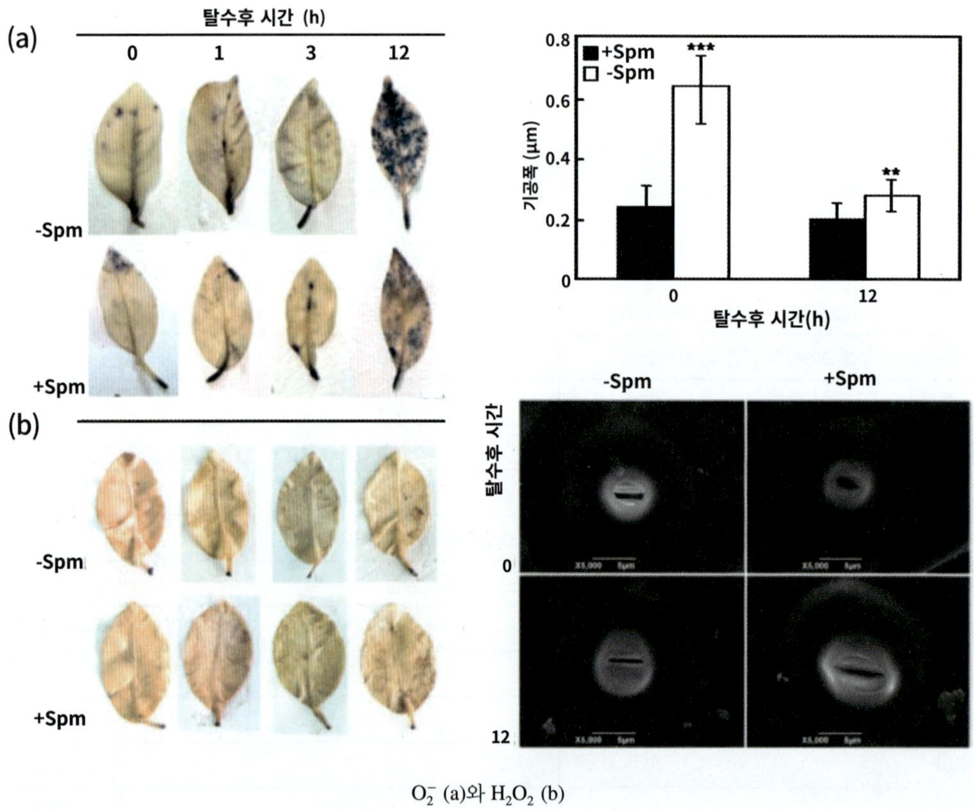

O_2^- (a)와 H_2O_2 (b)

그림 2.13 건조에 대한 Polyamines의 역할.

Spm은 기공의 역할에도 영향을 주는데, 기공의 크기를 작게 만들어서 건조 스트레스에 대해 즉각 반응을 할 수 있도록 한다. Polyamines은 기공의 개폐에 중요한 K^+ 이온의 통로를 조절하여 기공의 열리고 닫힘을 조절하는 데 관여한다. 건조 스트레스 동안 세포내 Ca^{2+}의 농도가 증가한다. 기공의 개폐에 K^+는 중요한 역할을 하는데, K^+ 이온의 손실은 수분포텐셜을 높이고, 삼투를 통해 다시 세포 밖으로 물의 확산이 일어난다. 이로써 세포의 원형질 분리가 일어나고, 기공이 닫히게 된다. 명반응에서 생성되는 ATP는 공변세포의 원형질막에 내재되어 있는 양성자 펌프(proton pump)를 가동시킨다. 따라서 H^+ 같은 이온은 공변세포 밖으로 방출되고, 공변세포 내부적으로는 음전하로 되어 주위 표피세포로부터 K^+ 이온이 공변세포로 유입된다. 세포 안에 K^+ 이온이 들어오게 되면, 세포 내 용질의 농도가 증가하기 때문에 주변세포로부터 물이 들어와서 기공이 열리게 된다. 그러나 식물이 수분을 많이 잃게 되면 K^+ 이온 수송 메커니즘이 바뀐다. 즉, 수분 스트레스를 받아 물의 손실이 심해지면 공변세포 주변의 세포에서 abscisic acid(ABA) 호르몬이 분비된다. ABA는 K^+의 흐름을 반대로 바꾸기 때문에 팽압이 감소하고 기공이 닫힌다.

기공의 열림

수목의 기공이 열리고 닫히는 과정을 간단히 정리하면 다음과 같다.

H^+ ATPase 작용 → H^+ 펌핑 → pH 증가, 공변세포 과다분극(hyperpolarization) → K^+ 유입으로 이온 불균형 → Cl^- malate 흡수 → 액포에 K^+, Cl^-, malate 축적 → 삼투압 증가 → 수분 흡수로 팽압 증가 → 기공의 열림 → 증산으로 수분 소실

기공의 닫힘

엽록체, 세포벽에 ABA 저장 → 세포막으로 ABA 이동 → Ca^{2+} 농도 증가 → 공변세포에서 탈분극(depolarization) → K^+ 흡수 채널억제로 K^+ 방출 활성화 → Cl^- 방출 → 이온 방출로 삼투압 감소 → 팽압 감소 → 기공의 닫힘 → 증산 감소로 수분 소실 감소

기공의 공변세포는 광 가운데서도 청색광에 민감하다. 광합성을 할 때 광도가 낮은 아침, 저녁에는 비교적 청색광계열이 많아서 민감하게 작용하여 공변세포가 열리는데, 이를 청색광효과라 한다. 공변세포 세포막의 청색광수용체가 활성화되어서 세포막에 있는 양성자 펌프를 가동하면 공변

세포 밖으로 H^+ 이온이 유출된다. 이때 이온의 농도 구배로 인해서 K^+ 이온이 유입되고, 삼투압이 증가하여 내부로 물이 유입되면 공변세포의 팽압이 증가하여 공변세포를 누르게 되어서 기공이 열리게 되는 것이다(표 2.2).

표 2.2 세포 내에서 분자의 이동에 관여하는 능동수송과 수동수송

	능동	수동
1차	운반체가 직접 ATP를 가수분해할 때 생기는 에너지 이용	농도 구배에 의한 이동, 물은 아쿠아포린 수송단백질을 이용해서 막을 통과 확산, 촉진확산(facilitated diffusion), 여과삼투
2차	다른 분자가 ATP를 가수분해할 때 생기는 에너지 이용 (Na^+, Ca^{2+}, H^+ 펌프)	

이온채널(통로)과 이온펌프는 세포 내의 농도 차이에 따라서 흡수하는 방법이 다르다. 이온채널의 벽 안쪽은 친수성이다. 세포는 수분에 둘러싸여 있고, 수분에는 각종 금속들이 이온 형태로 용해되어 있다. 세포의 제일 바깥쪽은 지질로 구성된 세포막인데, 지질의 낮은 통과율 때문에 전하를 띤 이온들이 원활하게 통과하지 못한다. 그래서 세포는 이온이 통과할 수 있는 막단백질을 생성하여 통과할 수 있도록 하는데, 이를 이온채널이라고 한다. 물이 통과할 때는 아쿠아포린(aquaporin) 수송단백질이 발현되어서 통과되는 것이다.

이온펌프는 농도의 구배를 거슬러서 이동하는 방법이다. K^+, Na^+ H^+ 펌프가 있으며, 가수분해를 촉진하는 ATPase가 중요한 역할을 한다. Na^+, K^+는 동물에서는 신장에서 작동하고, 식물의 경우는 뿌리의 끝까지 이온이 전달이 되면 수분이 흡수되어서 잎에서 형성된 당이 수목의 전체로 이동하는 데 작동한다. Ca^{2+}는 동물에서는 신경전달물질을 방출해서 다른 신경세포를 활성화하고, 식물에서는 뿌리가 중력 반대방향으로 생장하는 데 작용한다(표 2.3).

표 2.3 이온펌프의 역할

펌프 종류	역할 및 특징	이동 형태
Na^+, K^+ ATPase(NAKA)	• 3개의 Na^+를 외부로, 2개의 K^+를 내부로 이동	antiport: 다른 방향으로 이동 symport: 같은 방향으로 이동
H^+ (proton)	• membrane potential을 이용하여 이온 이동 • 뿌리에서 K^+ 흡수 • 미토콘드리아와 엽록체가 ATP를 합성할 때 사용	
Ca^{2+}	• 동물에서 1,000배 정도의 농도 차이를 극복 • 세포 내의 Ca 농도가 높아지면 작동하여 농도를 낮춤	

강수량 감소가 생장 감소에 영향

강수량과 토양의 수분과의 관계는 절대적이다. 기후변화로 인해 강수량이 줄어들어서 건조하면 생장량과 연륜의 생장률이 감소한다. 구주소나무(*Pinus sylvestris*)를 대상으로 5년간 조사한 결과를 보면 확실하게 알 수 있다(Dang et al., 2019). 2013년~2017년간 5년 동안 강수량을 조사한 결과 2013년은 정상, 2014년은 건조, 2015년은 아주 건조한 상황이었다. 임관의 수분조절에 관여하는 기공전도도를 조사한 결과에서 2015년이 가장 낮았다. 건조한 환경에서는 모든 수목들이 부족한 수분을 보전하고 수분 소실을 최소화하기 위해서 기공을 닫는다(그림 2.14).

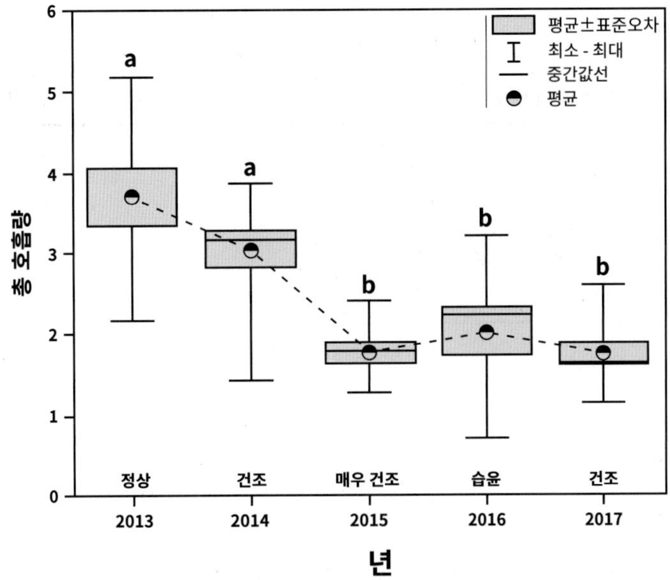

그림 2.14 강수량 감소와 물질생상량

기공이 닫히면 생장에도 부정적으로 작용하여 생장이 줄어든다. 또한, 구주소나무의 건조로 인한 생장 감소가 다음해에 회복이 되는지도 살펴보았는데, 첫째 해의 생장의 70% 정도 수준으로 밖에는 회복이 되지 않았기에 건조로 인해서 생기는 스트레스가 극복되기 위해서는 상당한 기간이 필요하다(그림 2.15).

수분이용효율을 평가하는 안정성동위원소

안정성동위원소 분석을 이용하면 수목의 수분이용효율을 판단할 수 있다. 여기에는 δ^{18}O와 δD의 평형식을 활용하여 두 변수의 관계를 활용한다. δD는 강우의 분석이고 δ^{18}O은 식물의 수간을 활용하여 분석하는 것이다. 그러므로 이 관계를 보면, 수목의 수분 이용이 어떻게 되는지 알 수 있다. 글로벌기후수분라인(Global Meteoric Water Line; GMWL, $\delta D = 8 \times \delta^{18}O + 10$)에 의하면 기울기가 8

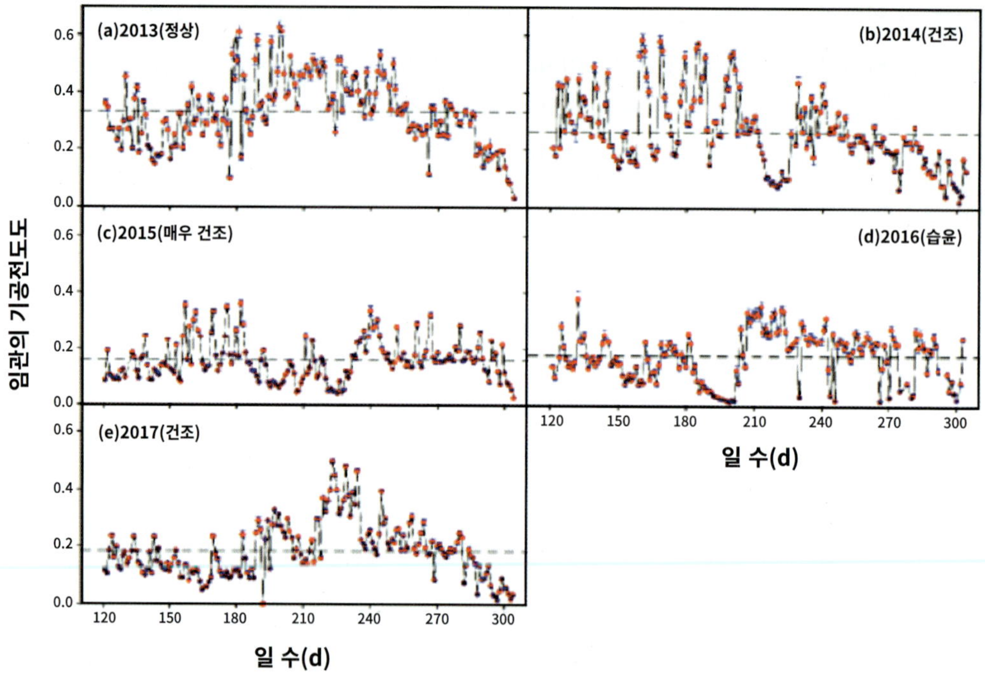

그림 2.15 구주소나무(*Pinus sylvestris*)의 시기별, 수분 함량에 대한 임관 기공전도도

이다. 이 기울기는 지역, 건조상황, 강수량의 변이, 토양에서의 수분의 양 등 변수에 의해서 조금씩 바뀐다. 중국지역을 대상으로 수목의 수분이용전략을 분석하면 기울기가 6~8 사이 정도가 나온다. 수목수간수분라인(plant stem water line; PSWL)은 건조지역으로 갈수록 완만한 기울기를 가진다(Zhao and Wang, 2018). 수분이 많은 습윤한 지역으로 갈수록 기울기가 가파르게 증가한다(그림 2.16).

토양의 깊이별 $\delta^{18}O$의 양은 지표면에서 깊이 20 cm 정도 사이에서 모든 지역별로 최대의 값을 가진다. 표토 근처에서는 증발량이 많아서 불안정한 상태이기 때문에 $\delta^{18}O$의 값이 큰 변이를 가진다. 건조지역에서, 여름의 건조한 환경에서는 지역별로 큰 변이를 보인다. 토양에서 증발산량이 많아져서 전체적으로 $\delta^{18}O$이 가장 높은 값을 가진다. 이는 표토에서 증발산으로 인해 토양 깊이 스며들 수 있는 수분이 거의 없다는 것을 의미한다(그림 2.17).

목부민감도

수목의 목부가 건조에서 회복되어 어느 정도의 수분 부족까지 견딜 수 있는지가 기후변화나 수분 스트레스를 받은 후에 중요하다(Meinzer and McCulloh, 2013). Embolism(cavitation)은 높은 기압

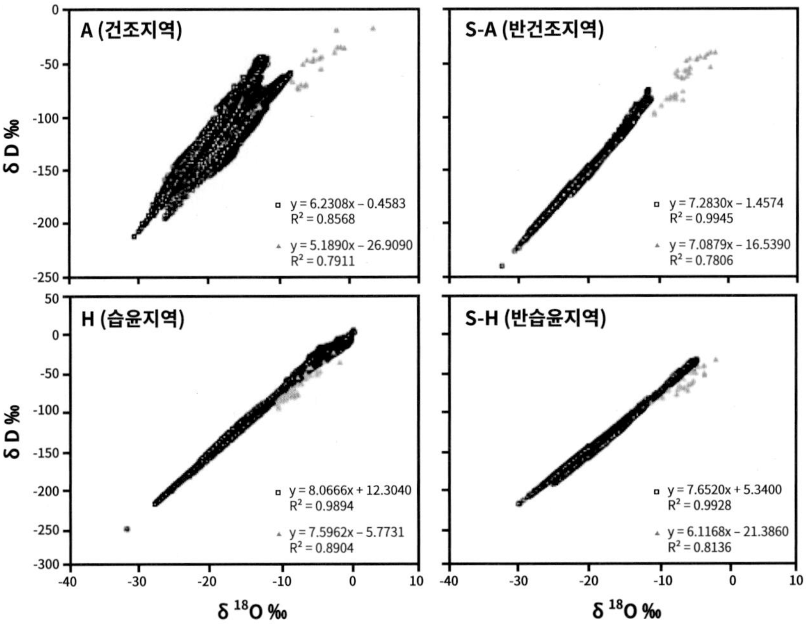

A; arid region, S-A; semi arid region, S-H; semi humid region, H; humid region

그림 2.16 안정성동위원소 분석을 통한 수분이용효율 평가

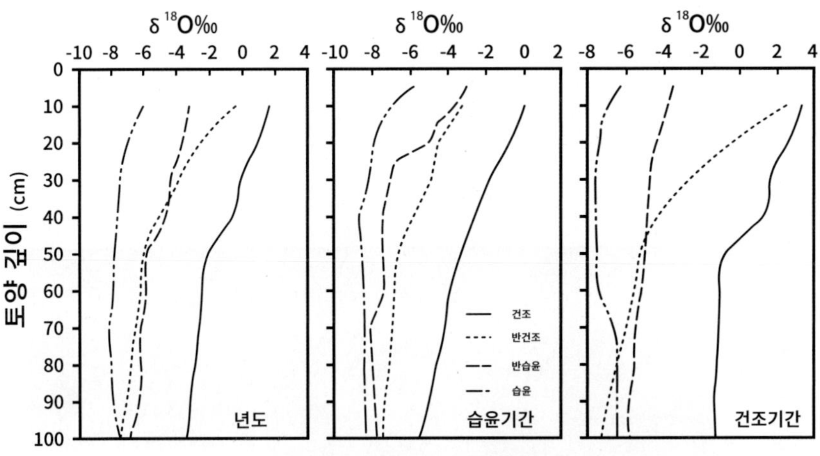

그림 2.17 토양수분 차이에 따른 깊이별 안정성동위원소의 함량

상태에서 공기가 도관 속에 많이 용해되어 있는 현상을 말한다. 그러한 상태하에 있던 수목이 여러 가지 환경의 변화로 인해 갑자기 평압상태(平壓狀態)로 되돌아오면, 도관 속 용액에 녹아 있던 가스가 기포를 만들어서 물의 이동을 막는다.

목부민감도곡선(xylem vulnerability curves)은 수분통도조직의 수리전도도(hydraulic conductivity;

수목의 기관에서 수분을 이동할 수 있도록 하는 유압을 말한다. 이는 수분이 잘 이동할 수 있는지를 평가하는 방법 가운데 하나이다)의 소실과 목부의 압력과의 관계를 나타낸다(그림 2.18의 윗 그림). P_e는 공기가 다시 도관으로 유입될 수 있는 압력이다. P_{50}, P_{88}은 embolism이 일어나는 목부의 압력과 수리전도도(hydraulic conductivity)의 상호관계이다. P_{50}은 50%의 수리전도도가 소실된 것을 의미한다. 또한, P_{50}에서의 목부의 압력을 넘어서면 수목이 수분 부족스트레스로부터 회복되는 데 어렵다. 윗 그림의 곡선과 직선의 접점이 아래 그림에서 붉은색 수직 점선이다. 목부에서 도관에서의 embolism으로부터 저항성과 수리전도도 소실이 크다면 목부가 다시 회복되는 데 어려움이 있다는 것을 의미한다. 푸른색 부분은 수목의 목부가 건조 스트레스로 인해서 피해를 받아도 어느 정도 높은 NSC의 양, 높은 유조직(parenchyma)의 형성 속도, 적거나 네가티브 값을 가지는 hydraulic safety margins(수목조직을 유지할 수 있는 목부의 최소압력과 P_{50}과의 차이; 수분통도조직의 여유), 낮은 목재의 밀도 등의 요인으로 인해서 회복이 가능한 영역이다(그림 2.18).

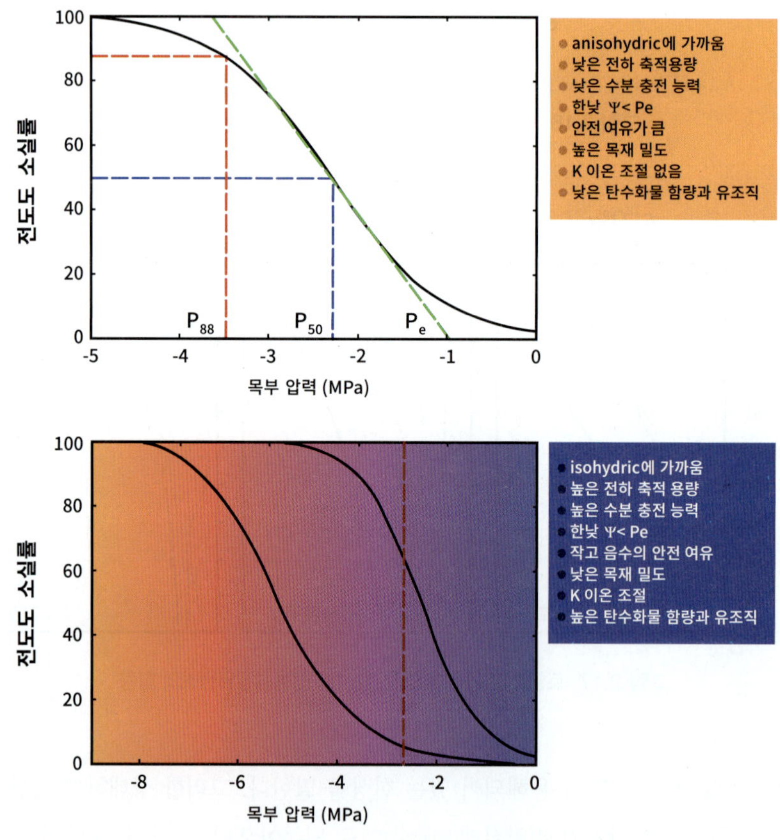

그림 2.18 수목 목부의 민감도 곡선

나자식물과 피자식물의 건조에 대한 안정성 차이

나자식물(그림 2.19a의 위 사진)과 피자식물(그림 2.19a의 아래 사진)의 목부단면도는 구조상 다르다(Choat, 2013). 나자식물의 95%는 가도관으로 구성되어 있고, 약간의 유조직으로 되어 있다. 피자식물은 도관이 대부분이고 안정적이며, 두꺼운 세포섬유들에 의해서 둘러져 있다. 그림 2.19b는 공동현상 혹은 도관폐쇄 저항값(P_{50})과 수분포텐셜의 최소값과의 상관관계를 보여준다. 점선과의 간격이 클수록 안전한계가 커지는 것이다. 파란선은 나자식물과 P_{50}과의 관계인데, 두 개의 선이 가깝다. 그러나 붉은색 선은 피자식물의 선인데, 이는 P_{88}에 가깝다. 즉, 나자식물은 건조에 대한 스트레스로부터 회복되는 데 있어서 피자식물보다는 안정적으로 되돌아 올 수 있다는 것을 의미한다. 일반적으로 나자식물은 건조에 견디는 능력이 높다. 이는 목질부의 구조와 깊은 관련이 있는데, 가도관으로 구성된 일정한 크기의 연속된 조직이다. 피자식물은 도관으로 되어 있고, 두꺼운 섬유조직은 넓고 깊은 도관이 물을 이동할 수 있게 한다. 넓은 도관은 더 높은 수리전도도를 요구한다. 피자식물은 좀 더 자주 강한 도관폐쇄를 경험할 것이고, 이는 더 빠른 도관폐쇄 피해복구를 해야 한다. 만약 나자식물이 P_{50} 근처에서 고사한다면, 이것은 도관에서의 문제보다는 잎이나 뿌리에서 도관폐쇄에 대한 저항이 작아서 일 것이다.

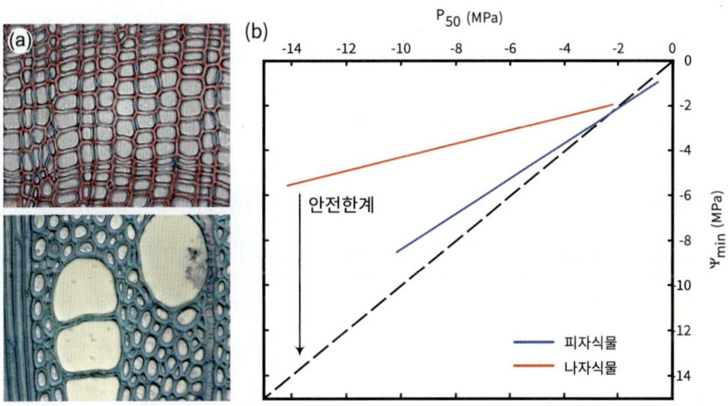

그림 2.19 나자식물과 피자식물의 건조에 견디는 능력 차이

막공과 공동화(空洞化; embolism) 현상

벚나무의 경우에는 종에 따라서 막공의 특징이 모두 다른데, 이것이 공동화현상(embolism 혹은 cavitation)에 대한 저항성과 관련이 있다(Scholz et al., 2013). P_{50}의 값이 사진의 오른쪽 위에 표시되어 있다. 막공막의 두께가 증가할수록 저항성이 낮아진다(그림 2.20).

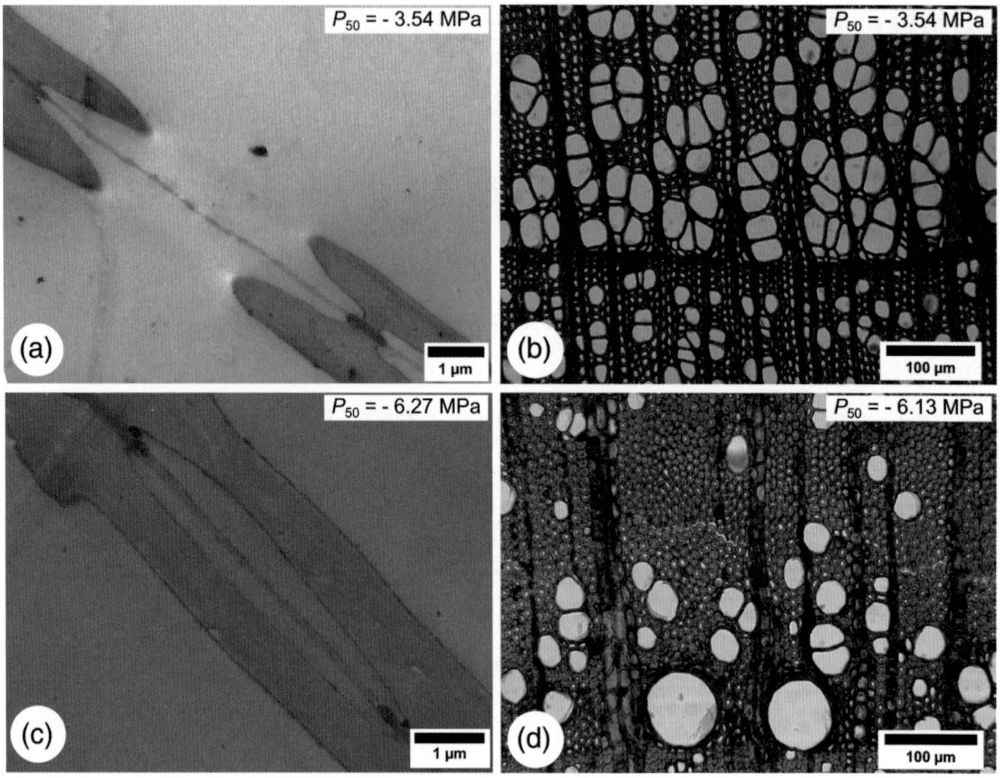

그림 2.20 벚나무류에서 막공의 사진. (a)와 (b)는 *P. padus*; (c)는 *P. cerasifera*; (d)는 *P. dulcis*을 나타낸다. 각 수종의 P_{50} 값은 오른쪽 사진 위에 있다. (a)와 (c)는 공동화저항이 증가할수록 막공막의 두께가 증가하는 것을 보인다. (b)와 (d)는 도관두께, 도관그룹의 변이를 볼 수 있다. (b)는 산공재, (d)는 반환공재.

같은 *Prunus cerasus*에서 수분에 따라 막공은 차이를 가진다. 그림 2.21a는 수분이 충분히 공급된 상태의 막공이고 그림 2.21b는 건조한 상태에서의 막공의 모습이다. 수목의 도관은 단독으로서 특징과 그룹으로서의 특징 모두 중요하다. 공동화현상(cavitation)에 대해서 저항성을 가지는 수목은 좀 더 단독으로 도관이 있는 경우가 많다. 또한 일반적으로 막공막이 얇은 구조가 공동화현상에 견디는 저항성이 크다(그림 2.21).

10가지의 다른 벚나무를 대상으로 P_{50}의 공동화현상 저항을 측정한 결과는 다양하다. 벚나무의 막공막의 두께와 공동화현상 압력은 반비례하고 그룹화된 형태로 도관이 모여 있는 도관의 형식과 공동화현상 압력은 비례하는 관계이다. 실선은 수분이 충분히 공급된 두께가 두꺼운 막공막이고, 점선은 건조한 환경에서의 막공막의 두께이다(그림 2.22).

두 종류(소나무와 노간주나무) 수목의 경우 건조처리를 하면 수리전도도에 변화가 생긴다. 건조 스트레스는 수리전도도를 감소시킨다(Anderegg and Anderegg, 2013). 노간나무는 완만한 유압수분통도전도도의 소실비율(percentage loss of hydraulic conductance, PLC)의 증가가 있고, 소나무(Isohydry의

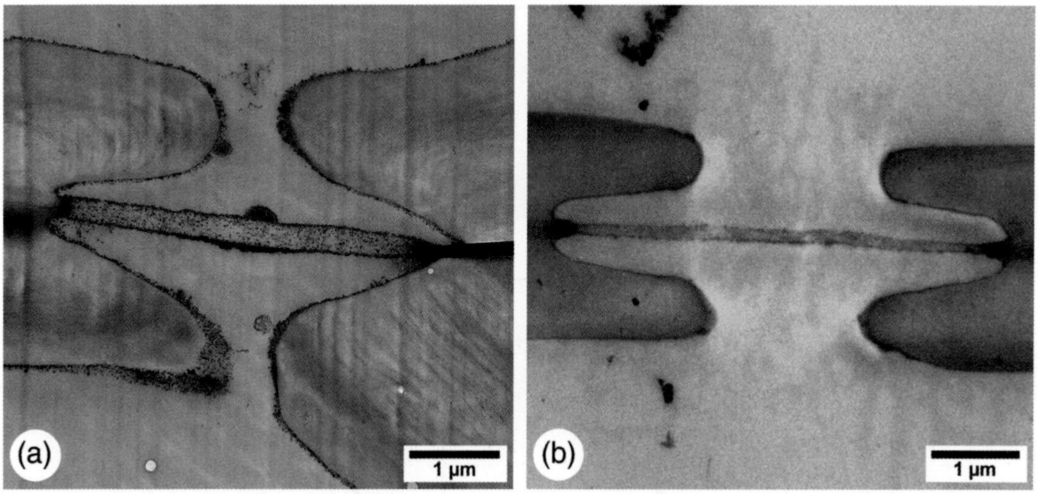

그림 2.21 *Prunus cerasus*에서 막공의 구조

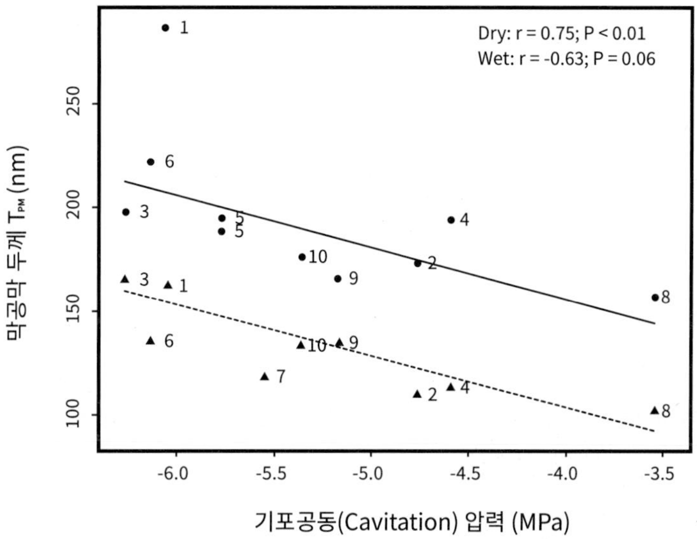

그림 2.22 10가지 벚나무류의 막공 두께와 공동화현상이 일어나는 압력

전형적인 생존 전략)는 가파른 PLC의 증가가 있는 것을 보면 수종마다 반응하는 경향은 약간씩 다르다. 공통적으로 이러한 변화는 지속되면 수분 흡수 능력에 변화를 초래해서 수목이 건조에 의해 죽게 된다(그림 2.23).

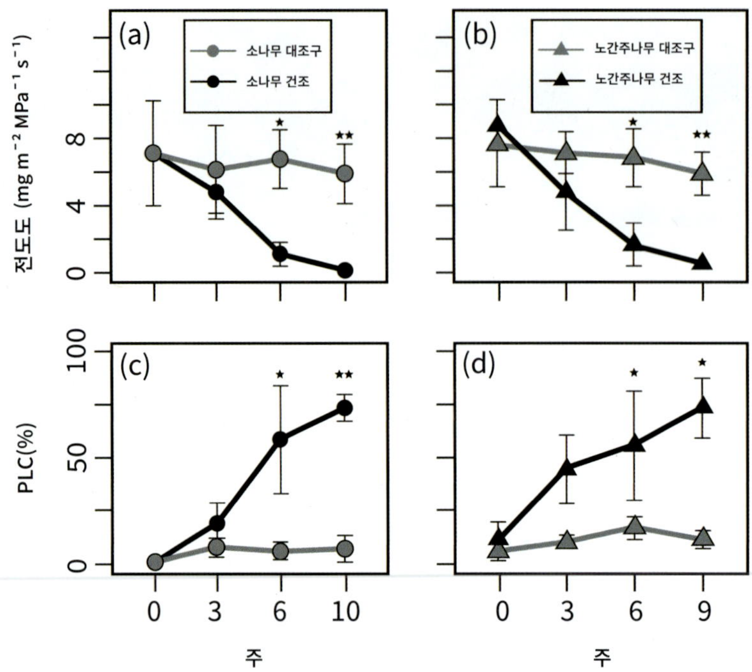

소나무(a)와 노간주나무(b)의 비수리전도도[specific hydraulic conductivity(mg·m^{-1} MPa·s)]. 소나무(c)와 노간주나무(d)의 수리전도도의 소실비율(Percentage loss of hydraulic conductivity).

그림 2.23 건조 스트레스에 대한 소나무와 노간주나무의 수리전도도(hydraulic conductivity)

넓은 탄소 여유와 좁은 탄소 여유

탄소(C) safety margin은 생장이 제로일 때의 수분포텐셜과 광합성이 제로일 때의 수분포테셜의 차이를 말한다. 건조지역에 분포하는 수목들이 건조에 적응하는 전략은 다양하다. *Eucalyptus globulus*(wider C safety margin)과 *Pinus radiata*(narrower C safety margin)은 서로 다른 전략을 가지고서 건조를 극복한다(Mitchell et al., 2014). 두 수종의 점선 화살표는 생장이 제로를 나타내는 것이고, 실선 화살표는 광합성이 제로를 나타낸다. 이들 화살표 간의 간격이 두 수종의 전략을 알게 한다. 화살표의 간격이 넓은 *E. globulus*은 넓은 탄소 여유를 갖고, *P. radiata*는 좁은 탄소 여유를 가진다는 것을 알 수 있다(그림 2.24). 건조 스트레스 기간 동안 토양과 잎의 수리전도도(hydraulic conductivity)를 보면, 유칼립투스는 삼투압의 변화가 크고 *P. radiata*는 적다(그림 2.25).

두 수종의 탄소 균형은 확연하게 다르다(그림 2.26). 건조기간 동안의 잎의 전분은 *E. globulus*에서 대조구보다 낮지만 다른 기관에서는 변화가 없다. 수용성 당의 양은 두 수종 모두 건조에 대해서 덜 민감하지만 뿌리에서는 건조에 대해서 그 양이 증가한다. *P. radiata*는 건조한 환경에 놓였을

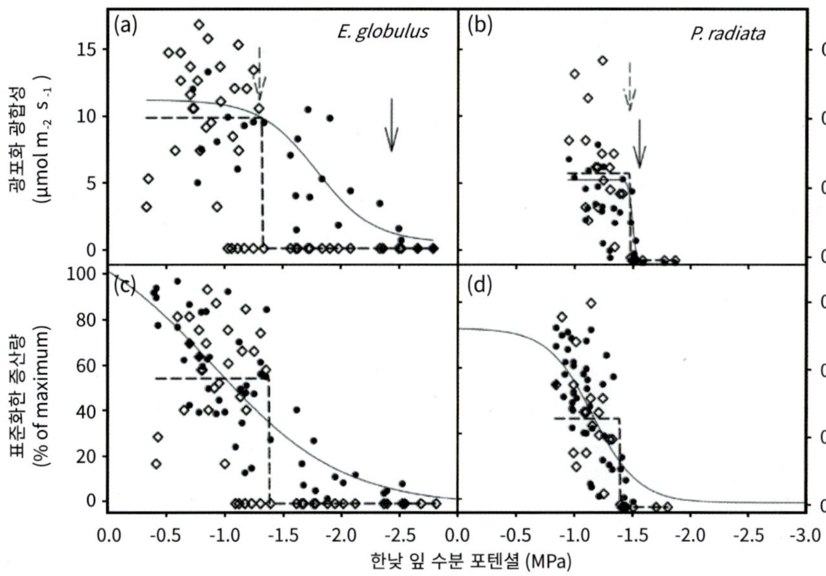

하루 나이테 생장량[열린 다이아몬드, 점선(a~d)], 광합성광포화점[*A*sat, 실선(a)와 (b)], 표준화한 증산량[% of maximum; 검은 동그라미, 실선 (c)와 (d)] 점선 화살표-생장이 제로, 실선 화살표-광합성이 제로

그림 2.24 넓은 탄소 여유와 좁은 탄소 여유

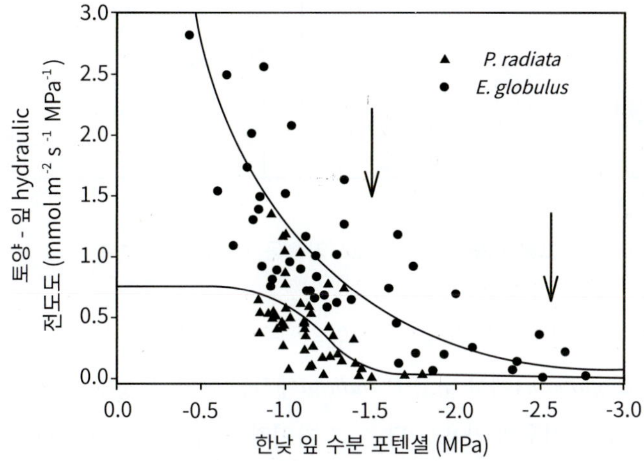

화살표-광합성포화점이 제로일 때의 수분포텐셜

그림 2.25 두 수종의 건조 스트레스기간 동안 토양과 잎의 수리전도도

때 잎, 수피, 뿌리에서 전분의 양이 급격하게 감소함을 볼 수 있고, 유의하지는 않지만 가지와 변재에서도 모두 낮은 것을 알 수 있다.

건조기간 동안, *P. radiata*의 잎에서의 가용성 당의 양은 큰 변화가 없다. 왜냐하면, 광합성을 통해서 탄소를 공급하고 다른 부위에 있던 탄소 소스를 잎으로 공급할 수 있기 때문이다. 이와는 반대로 *E. globulus*에서는 잎에서 건조기간 동안 가용성 당의 양이 생장하는 데 필요하므로 증가한다. 건조기간 동안 *E. globulus*의 잎과 뿌리에서 높은 양의 가용성 당이 많다는 것은 저장된 탄소를 가용성 당으로 전환한 것이며, 당 이동제한과 감소한 잎의 탄수화물의 요구를 줄이는 것이다.

전분 양의 변화는 건조로부터 탄수화물 이용전략을 알 수 있고, 전체 NSC의 저장고에서 활용하는 방식을 보여준다. *P. radiata*는 건조가 오래되면 전분의 양이 거의 모든 부위에서 감소하며, 광합성도 줄어든다. 건조기간 동안의 생장에 NSC가 필요하기 때문에 전분에서 가용성 당으로 전환하여 각각 다른 부위로 보내야 한다. 상대적으로 빠른 전분의 감소는 저장된 탄소의 양이 적거나 탄소를 완충으로 저장하고 있는 양이 적다는 것을 의미한다(그림 2.26).

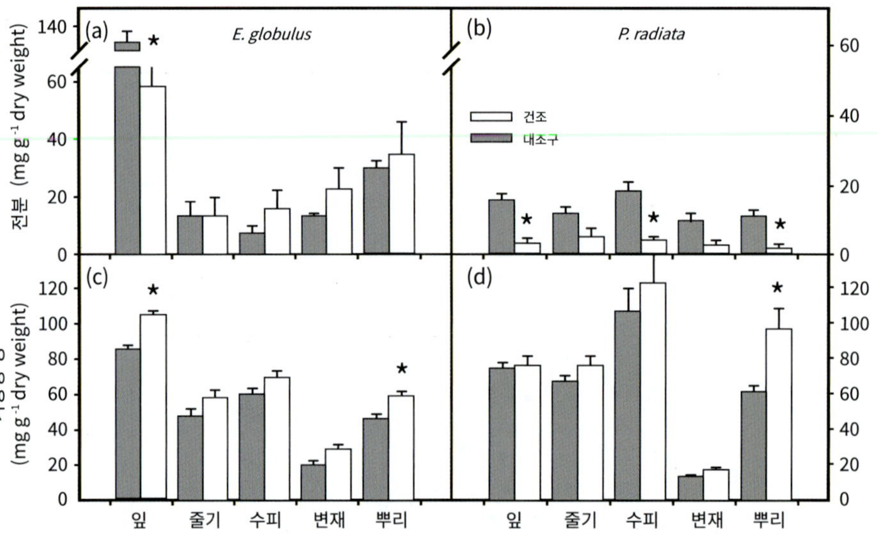

그림 2.26 건조 스트레스 기간 동안 탄수화물의 변화

두 수종의 생장이 제로일 때 한 낮(mid-day) 잎의 수분포텐셜(ψ_{leaf})과 광합성이 제로가 되는 선을 만들어보면, 확실히 *E. globulus*에서 넓고 *P. radiata*에서는 좁다. *E. globulus*에서는 건조가 시작되기 전의 가용성 당과 건조 이후의 가용성 당은 그 차이가 많다. 그러나 *P. radiata*에서는 건조가 시작되기 전의 가용성 당과 건조 이후의 가용성 당은 그 차이가 적다(그림 2.27).

두 수종에서 건조가 있으면 3단계를 거치면서 반응을 한다. 건조에 대한 1단계 반응은 생장이 멈추는 것이고 탄소의 생산이 호흡으로 사용되지만 여전히 탄소의 축적이 있는 것이고, 2단계는 광합성이 정지되어 탄소의 축적이 없는 단계로서 축적되는 탄소가 없는 것이고, 3단계에 이르면, 수리전도도가 제로가 되어 있던 탄소도 소모해야 한다. 이러한 과정을 거치면서 수목은 건조에 피해를 받게 된다. 두 수종의 탄소 여유는 다른데, *E. globulus*는 1.0 MPa(−2.4, −1.4의 차이)로 넓고, *P. radiata*는 0.1 MPa(−1.5, −1.4와의 차이)로 좁다(표 2.4).

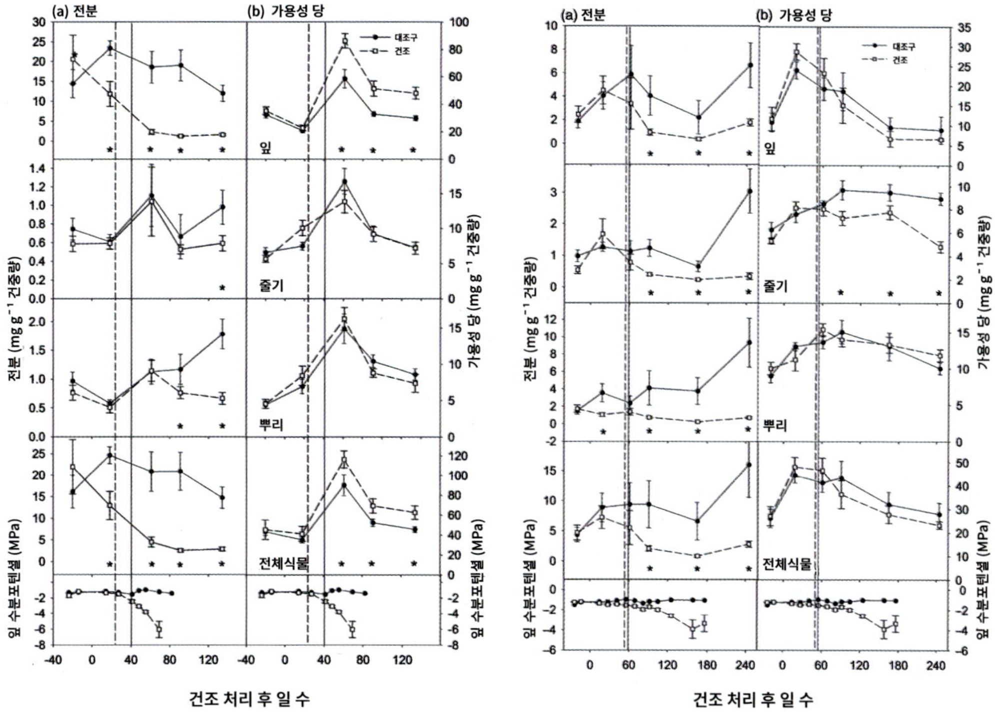

E. globulus *P. radiata*

그림 2.27 두 수종의 잎의 수분압력과 탄수화물의 변화

표 2.4 3단계의 수분포텐셜과 건조에 따른 탄소고정 관계

건조 단계 / 생리적 특성	과정	건조 단계		
		1단계	2단계	3단계
		생장과 탄소 흡수 –소스 제한	탄소 축적 –싱크 제한	탄소 기근–소스, 싱크 제한
탄소 균형	광합성 기간	에너지 제한	기공 제한	0
	생장	에너지 제한	0	0
	탄소 상태	안정적 축적	축적	기근
수분 균형	증산	제한 없음	기공/수분통도 제한	낮음
	전체 수목의 전도도	높음	중간	0에 접근
건조 말기의 수분 상태(MPa)	*E. globulus*	–1.4	–2.4	~ –4.3
	P. radiata	–1.4	–1.5	~ –2.8

결론적으로, *E. globulus*는 건조에 대해서 생장을 일찍 멈추고서 탄수화물의 요구를 줄이는 전략으로 가고, *P. radiata*는 건조에 대해서 생장을 어느 정도 유지하면서 광합성으로부터 공급되는

탄수화물이 줄더라도 생장을 조금씩 유지하는 전략으로 건조를 극복한다. 좁은 탄소 여유를 가진 *P. radiata*는 건조 스트레스로 인해서 전분의 양이 급격하게 감소한다. 그리고 전분은 가용성 당으로 전환되어서 수목의 각 부위로 보낸다. 고사될 시점에서는 각 부위에서 전분의 고갈 현상이 나타나게 된다.

건조가 수목에 주는 피해

건조 스트레스가 수목에 피해를 주는 과정은 복잡하고 다양하다(그림 2.28). 농업에서의 건조는 주로 생산성에 관련되어 있다. 경사, 토양 특성, 뿌리의 깊이, 건조에 적응하는 전략 등이 생존율에 영향을 준다. 수목이 건조에 의해서 노출되면, 양료 흡수의 변화, 건조 스트레스에 대한 방어 능력 저하, 양료 흡수 저하, 탄소 분배의 불균형 등의 생리적인 변화를 가져오고, 결국에는 고사하게 된다(Anderegg et al., 2013).

CO_2 농도, 온도 증가가 건조 스트레스에 미치는 여러 가지 결과를 정리하면 표 2.5와 같다. 특히, P_{50}은 건조 스트레스가 있을 경우에 수목이 가지는 수분포텐셜이기 때문에 온도, CO_2 상승과

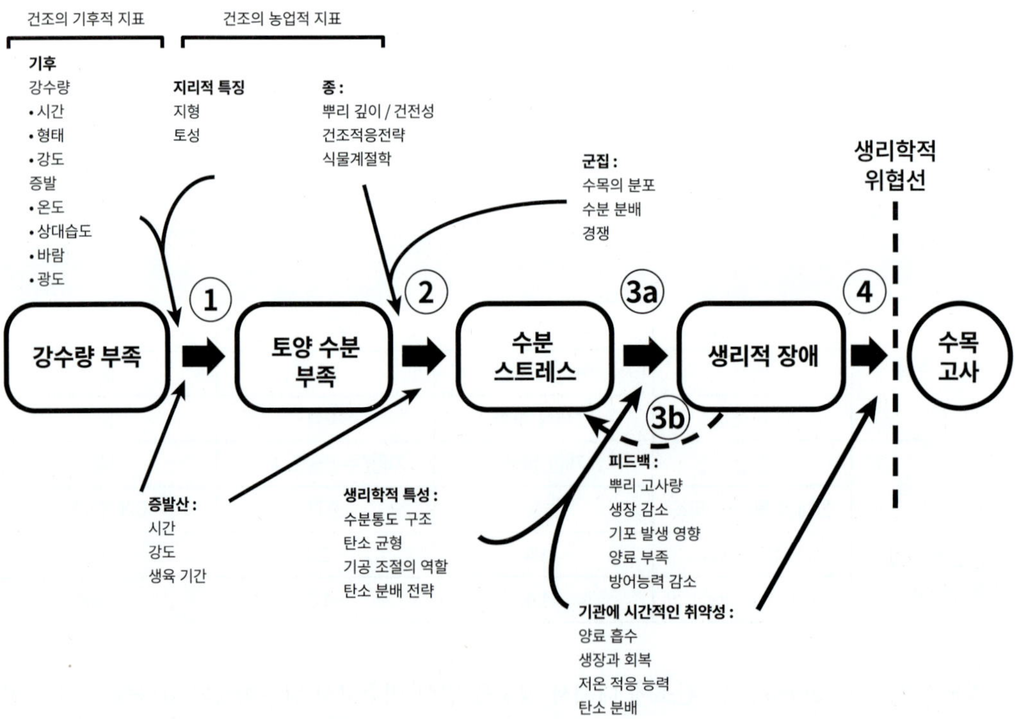

그림 2.28 건조 스트레스가 수목에 피해를 주는 과정(Anderegg et al., 2013)

표 2.5 온도와 CO_2의 상승에서 수목의 생리적인 변화

생리적인 특징 \ 환경 요인	온도 상승	CO_2 상승	온도 × CO_2 상승
순 광합성률	상승	상승	상승
호흡량	상승	–	상승
잎의 기공전도도	하강	하락	하락
임관의 기공전도도	하락	하락	하락
잎의 온도	상승	상승	상승
임관면적	상승	상승	상승
R/S	하락	–	–
도관 직경	상승	환공재-상승 산공재-변화 없음	–
가도관 직경	상승	상승	–
P_{50}	하락	하락	하락

연결된다. 수목의 뿌리(root, R)와 지상부(shoot, S)의 비율을 R/S 비율로 나타내었고, P_{50}은 조직에서 스트레스가 원인이 되어 소실됨에 따라 수분통도조직이 50% 정도 고사할 때의 수분포텐셜을 의미한다(Way, 2013).

Big data 활용 건조에 대한 방어기작 분석

건조에 대한 방어기작과 항산화 메커니즘에 관련한 효소, 비효소적인 요소들을 분석한 결과 최근 연구결과를 통합하여 메타분석을 한 결과 어느 정도 일관적인 방향을 보여준다(Wujeska et al., 2013). 건조에 대해서는 총 아스코르브산과 글루타치온, 제아잔틴(Zeaxanthin)의 함량이 알파토코페롤이나 잔토필(xanthophyll 혹은 VAZ; VAZ = violaxanthin + antheraxanthin + zeaxanthin)의 변화보다 큰 역할을 한다(그림 2.29).

건조 스트레스에 노출된 수목은 잔토필의 함량을 증가시키는 것이 분명하게 나타난다. 모든 잎은 모든 스트레스 상황에서 확실하게 VAZ의 양은 증가시킨다. 특히, 활엽수에서 잎에서의 농도 변화가 큰 것을 알 수 있다. 습윤한 지역이 건조한 지역보다 건조에 대한 반응으로서 농도의 변화가 크다(그림 2.30).

제아잔틴(Zeaxanthin)은 자연에서 가장 흔한 카로티노이드 계열 물질 중의 하나로 옥수수, 사프란(saffron), 진한 녹색의 잎이 무성한 겨자, 순무, 케일, 콜라드와 같은 색깔을 가진 식물에 많으며,

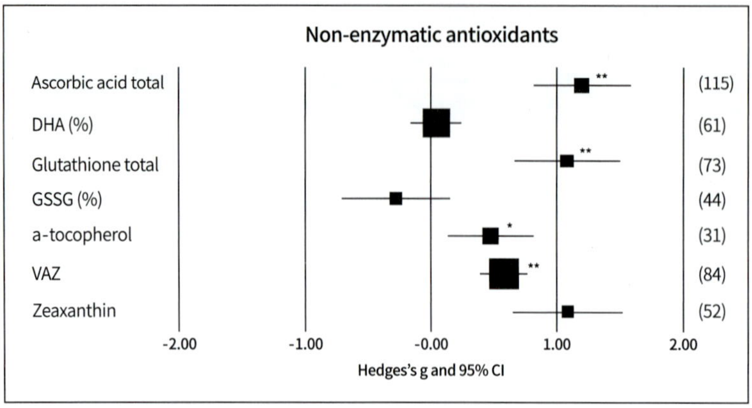

그림 2.29 건조 스트레스에 대한 항산화물질의 변화. [아스코르브산의 산화 형태(DHA), 글루타치온의 산화 형태(GSSH)를 나타낸다.]

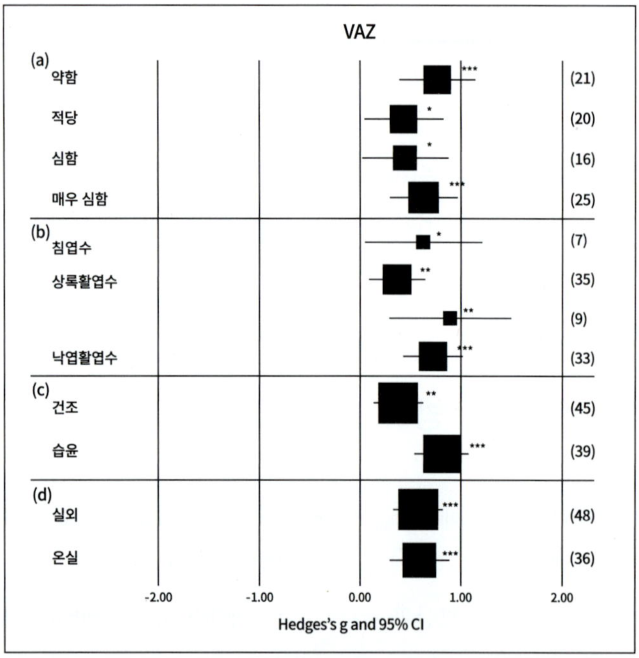

그림 2.30 건조 스트레스에 노출된 수목의 VAZ(xanthophyll) 함량

산화를 방지하는 역할을 하므로 노화방지를 위해 필요한 물질이다. 제아잔틴도 건조 스트레스가 있는 경우에 모든 수종과 잎에서 높아지는 것을 알 수 있다. 특히, 침엽수의 경우에 그 양이 다른 수종에 비해서 높은 영향을 받는다(그림 2.31).

건조환경에서, 특히 상록활엽수에서는 활엽수나 침엽수에 비해 알파토코페롤의 양이 증가한다. 건조한 환경에서 생장한 수종이 습윤한 환경에서 생장한 것에 비해서 더 증가하는 것을 알 수 있다(그림 2.32).

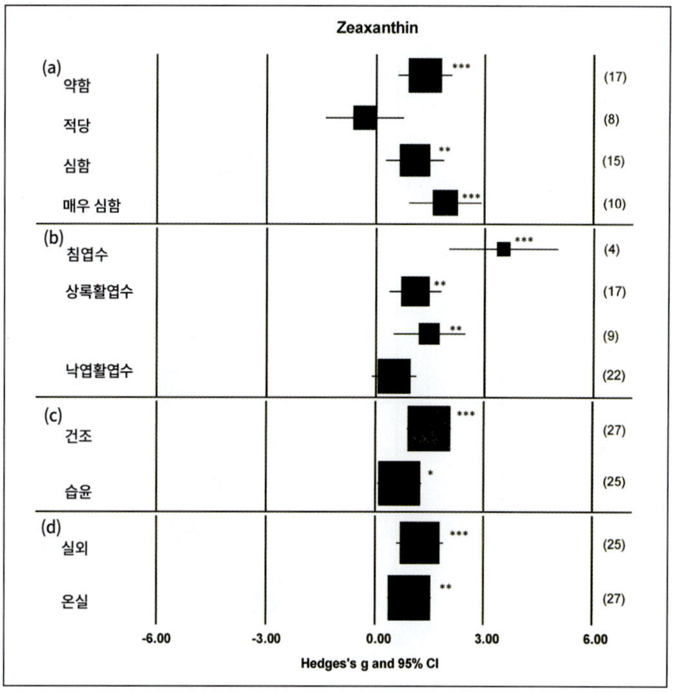

그림 2.31 건조 스트레스에 대한 제아잔틴(zeaxanthin)의 변화

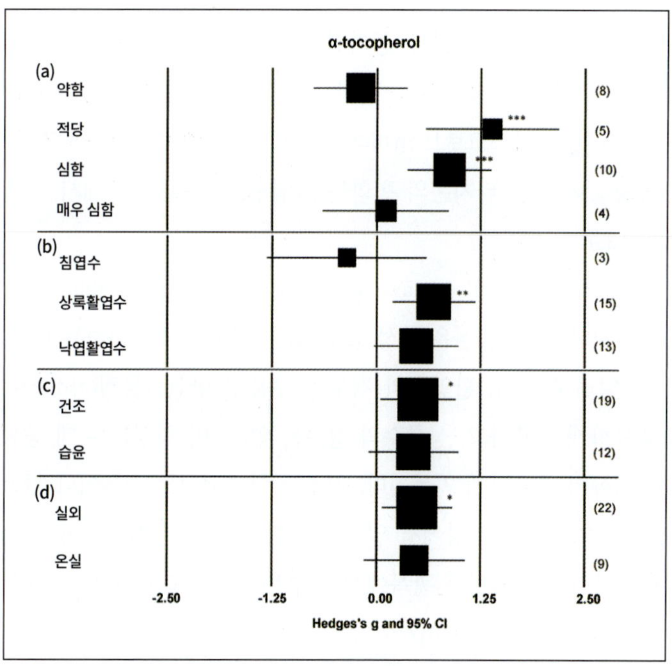

그림 2.32 건조 환경에서 알파-토코페롤의 변화

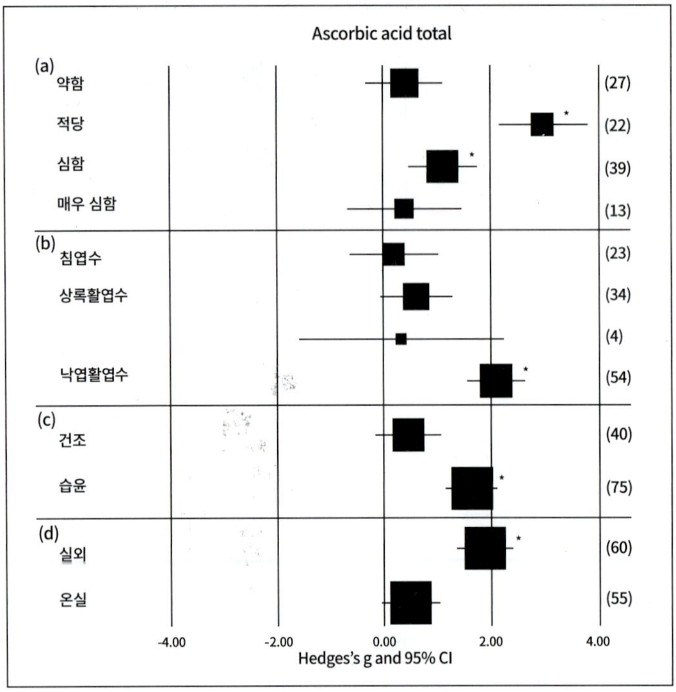

그림 2.33 건조 환경에서 아스코르브산의 변화

아스코르브산의 양도 건조에 대해서 증가한다. 잎의 형태에 따라서 변이가 크지만, 그중에서도 활엽수에서의 변화가 가장 크다. 특히 습윤한 환경에서 양의 변화가 크다(그림 2.33). DHA(dehydroascorbic acid)는 아스코르브산(비타민 C)의 산화형이다. 극심한 건조 환경에서 그 양의 변화가 가장 크다(그림 2.34). 글루타치온의 변화는 활엽수, 습윤한 환경에서 자란 수목일수록 활성의 변화가 크다(그림 2.35).

건조 환경에서 특히 xanthophylls(violaxanthin, antheraxanthin, zeaxanthin), 아스코르브산, 글루타치온의 변화가 두드러진다. 이들 물질은 활성산소종을 제거하거나 완화하는 데 결정적인 기여를 하는 항산화물질로 잘 알려져 있다. 활엽수의 경우는 수용성 항산화물질(아스코르브산, 글루타치온)이 항산화 역할에서 중요하게 작용하고, 상록수의 경우는 잎, 막이 형성되는 데 중요한 제아잔틴 같은 물질이 항산화 시스템에서 중요하게 가동된다. 건조한 환경에서는 수목이나 관목이 건조에 견디는 능력이 큰데, 이것은 티라코이드막 상에서 일어나는 항산화 관련 시스템이 우선 작동하기 때문이다. 습윤한 환경에서 자라는 수목이나 관목에서는 수용성 항산화효소 혹은 물질이 수분과 더불어 발현해야 하는데, 그 과정이 복잡하고 시간이 걸리기 때문에 건조한 환경에서 자라는 수목 혹은 상록수보다 건조에 견디는 능력이 떨어진다.

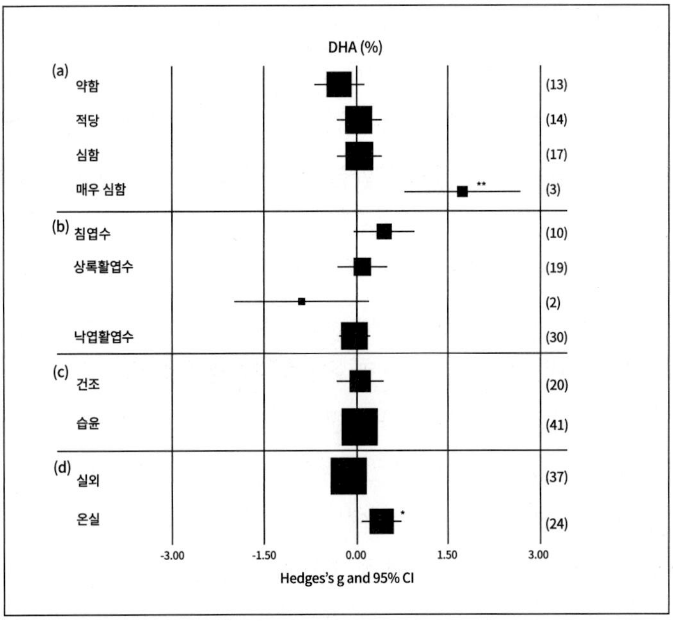

그림 2.34 건조 환경에서 DHA(dehydroascorbic acid)의 변화

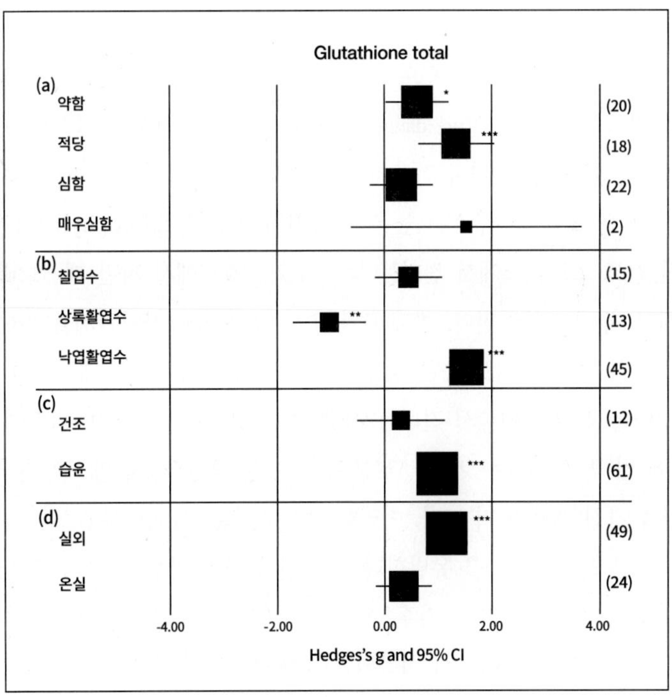

그림 2.35 건조 환경에서 글루타치온의 변화

온도 상승으로 인한 건조

온도 상승이 건조 스트레스 환경에서 어느 정도 수목에 작용하는지를 천근성 수종 가운데 하나인 블랙스프루스(*Picea mariana*)를 대상으로 관찰하면, 건조 스트레스에 대해서 더 민감하게 반응한다.

증가된 온도보다는 건조에 의한 스트레스가 블랙스프루스의 생존과 생장에 더 크게 영향을 미친다. 스트레스로부터 회복되는 능력이 건조보다는 증가된 온도에서 회복될 때가 더 쉽다. 증가한 온도가 스트레스로 작용하면, 온도가 정상으로 올 때까지 자체적으로 생장을 연기해서 목재의 밀도를 낮추거나 조절하여 견디다가 생장을 다시 한다. 그러나 건조 스트레스가 수목에 가해지면 목부 형성에 필요한 수분이 공급되어서 생장을 해야 하지만 그러지 못하고서 고사하는 경우가 더 많다(Way et al., 2013). 때로는 온도 상승이 수목에서 건조에 견디는 저항성을 증가시키기도 한다. 온도 상승에 노출된 광계 II의 열에 대한 안정성 기능이 증가되는데, 여기에는 샤페론 단백질 발현(chaperone protein expression)으로 인해서 "heat shock"를 줄이는 단백질이 발현되어서 이다. 또한, 티라코이드막의 포화 인지질의 성분과 양을 변경하여 저항성을 크게 한다. 그러므로 온도 상승과 건조가 스트레스로 같이 작용하면 온도가 높은 곳에서 자란 수목일수록 건조에 견디는 저항성이 더 클 수 있다.

낮과 밤의 온도를 22/16℃, 30/22℃로 조절하여 수목을 생육시키면, 건조처리 기간 동안 잎의 수분 함량이 해 뜨기 전 수분포텐셜(pre-dawn potential, ψ_{PD})에 따라서 직선적으로 감소한다. 그러나 온도가 높은 환경이나 현재온도이거나 건조처리에 따라서 통계적으로 차이는 있다(그림 2.36a). 높은 온도(30/22℃)에서 자란 블랙스푸루스는 높은 광계 II[maximal chlorophyll fluorescence (F_v/F_m)]로 인해서 주어진 건조 스트레스에서 견디는 능력이 22/16℃에서 자란 개체보다 높다. 흰색 삼각형이 높은 온도에서 자란 개체들인데, 광계 II와 수분 포텐셜(ψ_{PD})의 관계를 보여주는 점선이다(그림 2.36b). 점선의 개체들은 나름대로 높은 광계 II를 유지해서 대조구의 개체들과 비슷한 수준을 유지하려는 것인데, 이는 건조에 대해서 견디는 저항성을 높게 하는 것이다. 건조에 대해서 광계 II가 상대적으로 건조에 덜 민감하다는 것이다. 낮은 값의 수분 포텐셜(ψ_{PD})에 견디는 저항성은 높은 온도에서 생육한 잎을 가진 개체가 더 크다. 이러한 높은 온도는 블랙스푸루스의 잎의 저항성을 증가시키고, 낮아지는 수분 포텐셜(ψ_{PD})을 유발한다. 이러한 현상은 기후온난화로 인한 건조 스트레스가 나타나는 현재 중요한 의미를 가진다. 기후온난화로 인한 건조현상이 장기간이 아닌 짧은 기간 일어나거나 여름의 강우로 건조가 빠르게 회복되는 온대지역 혹은 블랙스푸루스 임분에서는 높아지는 온도가 오히려 건조 스트레스를 극복하고 생장을 유지하는 촉매로서 작용하기도 한다(그림 2.36).

구주소나무(*Pinus sylvestris*)는 건조에 대해서 견디는 능력이 다양한 요소들에 의해서 결정된다.

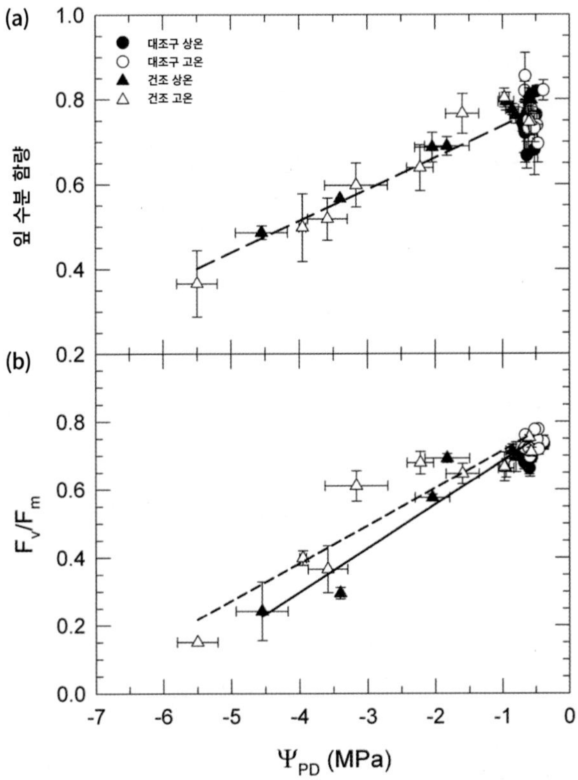

그림 2.36 온도 상승과 수분포텐셜(실선은 현재 온도, 점선은 증가된 온도에서 회귀식 적용)

높은 도관공동화현상(cavitation), 낮은 탄소저장량은 공통적인 현상이다. 건조에 대해서 도관공동화현상이 발생하므로 수목에서 물의 이동이 원활하게 되지 않는다. 건조한 환경은 기공의 폐쇄를 일어나게 하고, 이산화탄소의 흡수가 줄고 탄소고정도 줄어든다. 이로 인해서 탄소기근 현상이 일어난다. BAI(basal area increment)를 감소시켜 변재의 생장을 느리게 한다. 건조 스트레스는 또 다른 병원균의 감염을 쉽게 하므로, 호흡으로 인해 감염된 개체에 에너지를 많이 투입해야 함에 따라 탄소의 불균형이 일어난다(Aguad et al., 2015). 비구조탄수화물은 적당한 건조에서는 농도가 증가하다가 건조가 심해지면 잎에서 현격하게 줄어들고 건조 스트레스가 있는 6~8월 사이에 현격하게 감소한다. 비구조탄수화물이 어느 정도 수준 이하로 줄어들면(탄소기근) 수목은 죽는다(그림 2.37).

건조에 의해서 나타나는 전형적인 현상은 낙엽이다. 낙엽현상은 여러 가지 현상을 동반한다. (1) BAI를 감소, (2) 병원균에 의한 수목의 감염 증가 (3) 탄소기근, (4) 비구조탄수화물의 감소 같은 것이다. 특히, 수간에서의 변재의 양이 현저히 줄어든다. 구주적송에서 *Onnia*속에 의한 병원균의 감염이 많은데, 특히 감염된 개체 뿌리의 변재가 차지하는 비율이 감염되지 않은 개체에 비해서 현저히 줄어든다. 병원균 가운데 *Armillaria*속이나 *Heterobasidions*속에 감염되는 개체들이 많은데,

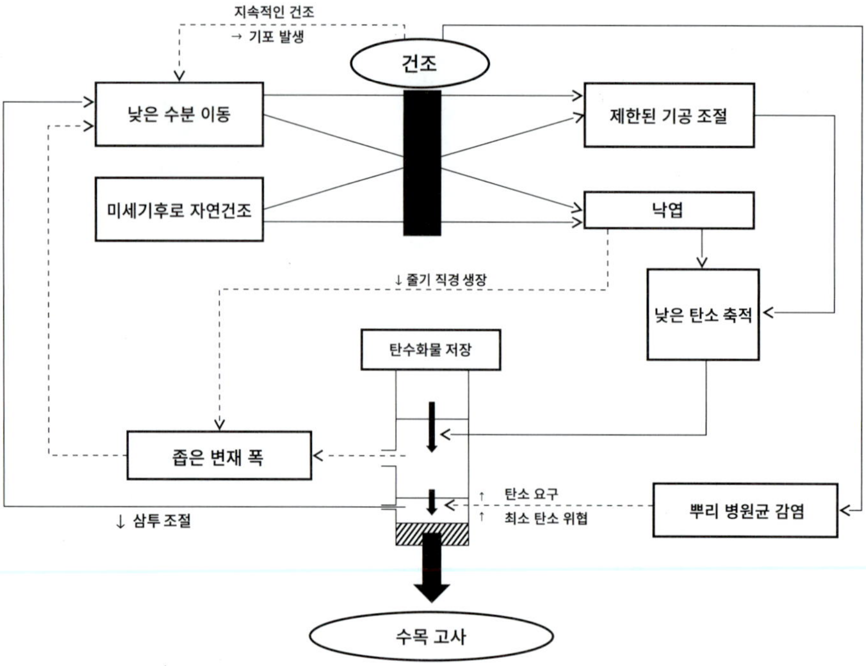

그림 2.37 구주소나무(*Pinus sylvestris*)에서 건조 후의 고사 과정

이들 개체에서도 비슷한 현상이 일어난다. 변재가 차지하는 비율이 적다는 것은 건조 스트레스가 지나고서 회복되는 과정에 변재가 차지하는 비율이 적으면, 목부의 수분통도조직에 문제가 생겨나서 그 만큼 회복이 느려지고, 결국에는 죽는 개체들이 많이 생기기 때문에 중요하다. 병원균에 감염되면 조직의 한계 능력이 줄어들어서 수목이 죽게 된다. 그러므로 건조에 대해서 수목이 받는 스트레스도 좋지 않지만, 건조로 인한 2차 피해, 즉 병원균에 대한 감염이 증가하는 것도 수목에게는 복합적인 피해를 줄 수 있다(그림 2.38).

건조와 ABA

산악지대에 주로 분포하는 수목은 건조기간 동안 ABA에 의해서 기공이 닫히는 전형적인 현상이 나타난다. 12-*oxo*-phytodienoic acid (OPDA)이 감소하고, 자스모네이트(jasmonates-jasmonic acid)와 jasmonoyl-isoleucine이 영향을 받는다(Morales et al., 2015). 잎에서 Fe, Si의 함량은 건조한 기간 동안 거의 변함이 없는 것으로 보아 항상성을 유지하는 역할을 한다. 이들은 ABA와 정의 상관관계, OPDA와는 부의 상관관계를 보인다. 특히 Fe, Si는 뿌리의 활력과 양료 흡수에 관여한다. 또한, 이들은 ABA 생합성에 필요한데, 건조 환경에서 9-*cis*-epoxycarotenoid dioxygenase가 필수

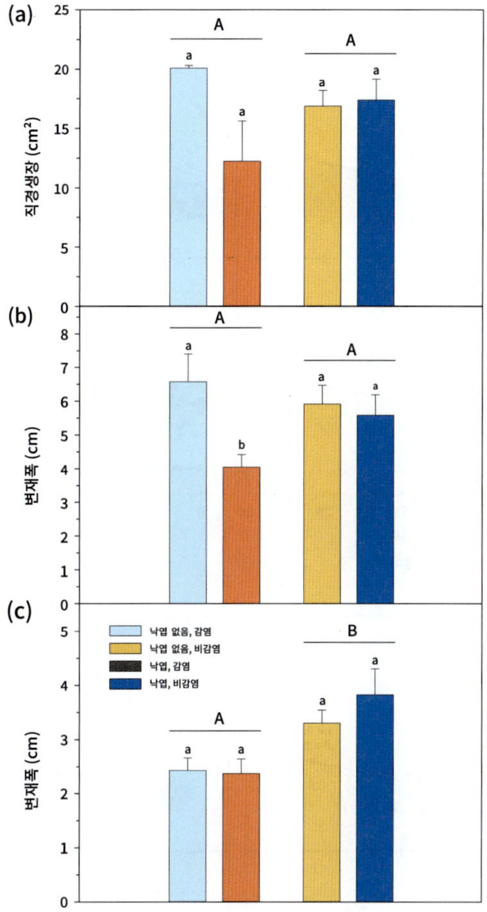

그림 2.38 건조 스트레스에서 수목의 변재 특성 변화(Aguad et al., 2015)

적이다.

H_2O_2는 ABA에 의해서 기공을 닫는 역할도 하지만, Ca^{2+} 채널을 통해서 신호전달을 하는 물질로서 역할을 한다. ABA와 비타민 E(토코페롤 계열)와의 관계는 상당히 높은 관계를 가지는데, ABA-H_2O_2의 관계보다 ABA-비타민 E의 관계가 더 높은 상관관계를 보인다. 토코페롤 생합성 유전자가 ABA와 관계가 있다는 것은 널리 알려져 있다(그림 2.39).

건조 환경에서 ABA는 중요한 역할을 한다. ABA가 기공을 닫으면 비타민 E의 축적이 시작된다. 건조 스트레스에 대한 방어에 관련된 작용을 하는 동시에 OPDA의 양을 낮추고 생물학적인 스트레스를 줄이는 작용을 한다. 비타민 E의 축적은 자스모네이트의 축적을 가져오는데, 이는 생물학적인 스트레스에 대한 저항성을 가지게 되는 과정이 된다(그림 2.40). 비타민 E는 비생물학적인 스트레스(예, 건조)보다는 생물학적인 스트레스(예, 병원균감염)에 더 강한 저항성을 나타내는 데에 기여한다(Morales et al., 2015).

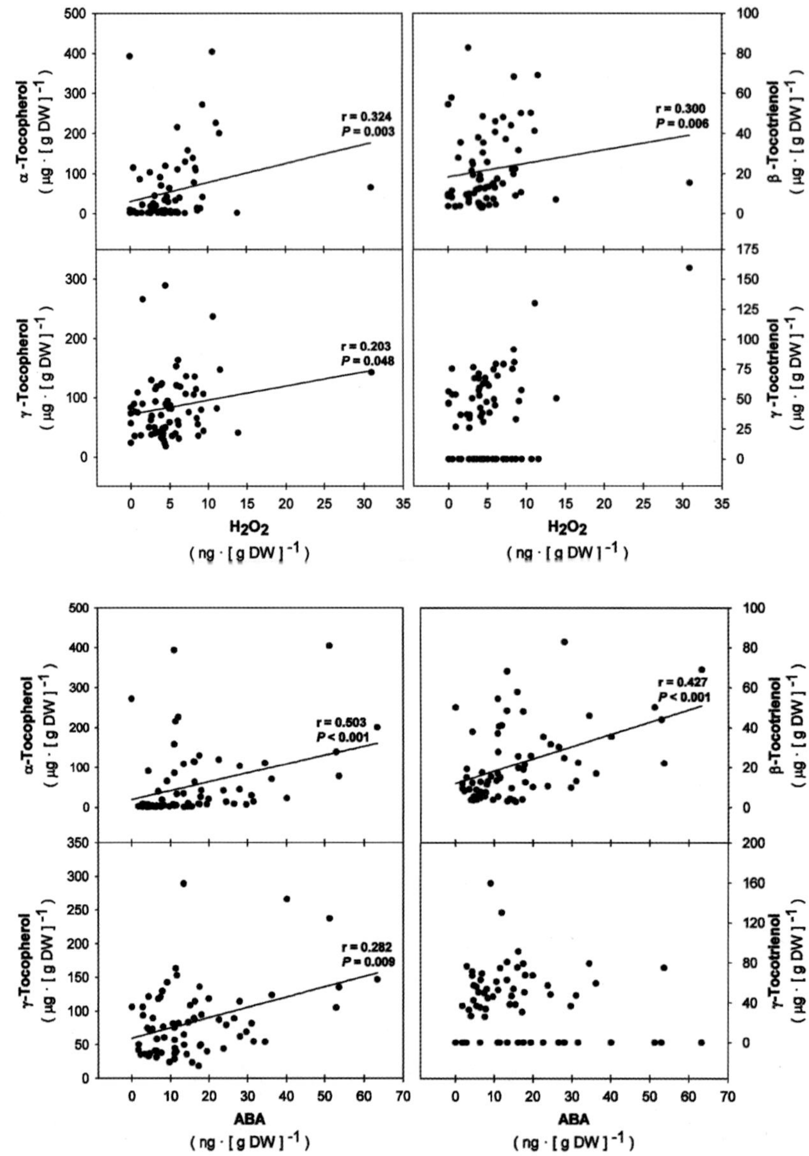

그림 2.39 건조와 ABA 함량의 변화

건조 스트레스 상황에서 목질부의 수분통도조직에서의 압력 차이로 인한 불균형, 탄소 기아, 수목의 활력이 약해짐으로써 생기는 다른 병원균으로부터의 공격 등이 단독 혹은 복합적으로 작용(그림 2.41a)하여 수목을 고사시킨다(Klein, 2015).

만약 기공이 닫히면, 수액의 이동, 탄소의 운반이 제한돼서 수목의 낙엽이 지는 것으로 반응할 것이다. 그러면 수목은 잎에 남은 수분과 뿌리에서 얻은 비구조탄수화물 소스를 활용하여 회복하

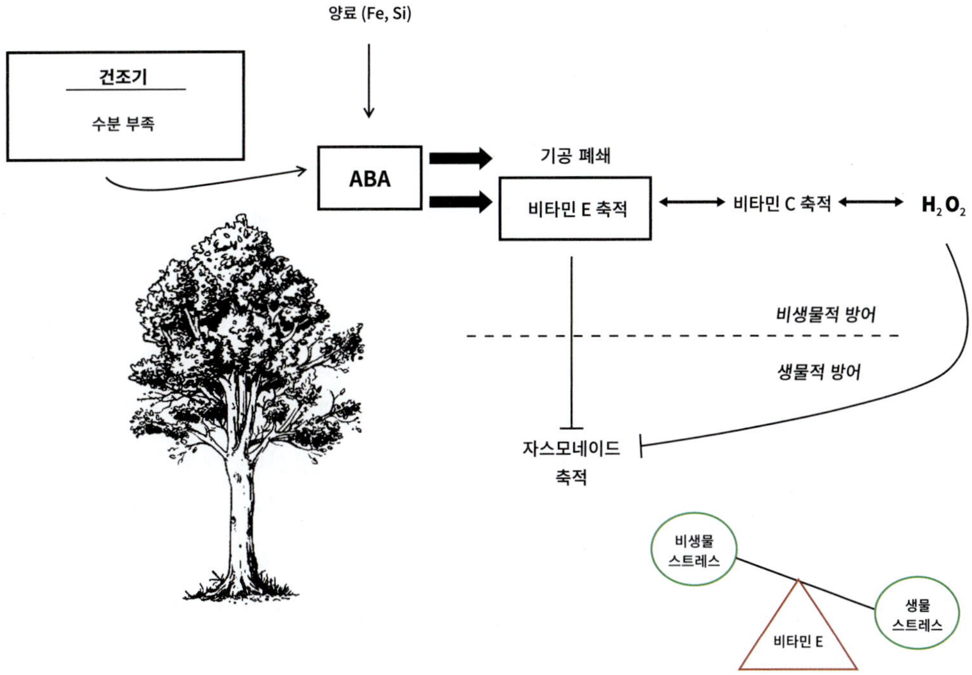

그림 2.40 건조 스트레스에서 ABA의 역할(비타민 E-토코페롤, 비타민 C-아스코르브산)

려 할 것이다. 병원균이 뿌리에 감염돼서 수분의 흡수를 방해하면, 이러한 요인들(수액 이동, NSC, 탄소의 이동)은 결국 수목이 고사하는 지점까지 도달한다. 이 경우에는 수액의 이동, 잎의 탈수, 탄소의 운반, 뿌리의 비구조탄수화물의 양이 수목이 고사할 때까지 소진된다(그림 2.41b). 이와는 반대로 도관공동화현상이 줄어들어서 수분통도 기능이 회복이 되면 잎의 탈수작용, 뿌리의 비구조탄수화물의 양은 회복이 될 것이다(그림 2.41c). 생물학적인 스트레스, 예를 들면 bark beetle은 수목의

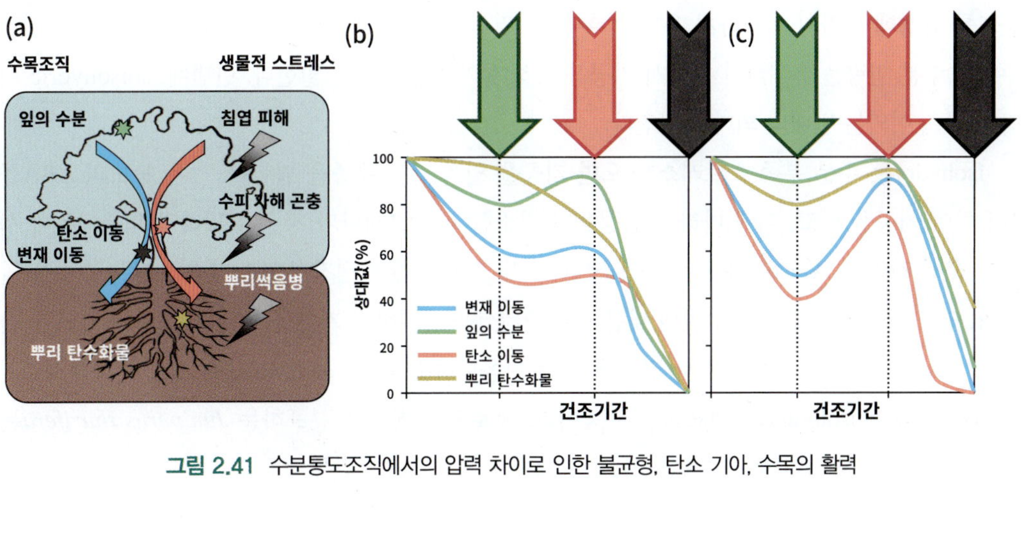

그림 2.41 수분통도조직에서의 압력 차이로 인한 불균형, 탄소 기아, 수목의 활력

사부를 가해해서 탄소의 이동을 방해한다. 만약 뿌리에서 당의 분비로 인해서 목부로 전달되어서 cavitation이 줄어들면 피해 받은 목부를 복구하는 데 적은 양의 탄수화물을 사용하고, 이는 수리전도도를 소실하는 결과를 가져온다. 탄소의 재활용 기능이 제한되면 비구조탄수화물이 남아 있어도 수목은 고사하는 지점까지 이르게 된다(그림 2.41c).

이러한 결과를 정리하면 다음과 같다. 1) 수분과 탄소의 건조 스트레스의 극복 과정은 밀접하게 연결되어 있다. 기공의 개폐, 수분 소실, 탄소의 고정은 서로 어느 것이 먼저 작용하는지 혼동될 정도로 밀접한 연관성을 가진다. 그러므로 어느 한 가지를 분리해서 건조 스트레스에서 고사하는 수목의 원인을 설명하는 것은 어렵다. 2) 이들의 관계를 서로 측정해서 수치화하거나 도식화하기가 어렵다. 3) 병원균은 수분 이용과 탄소고정에 있어 매개자로서 중요한 역할을 한다. 물론 온난화와 건조는 독립적으로도 수목과 생태계에 스트레스로 작용한다. 예를 들면, 곰팡이병원균은 건조와 더불어서 점차 줄어들지만, bark beetle의 경우에는 온난화로 증가한다. 대기 중의 CO_2 농도가 증가하면 수목이 건조에 대한 반응에 변화가 생긴다. CO_2 농도가 증가하면 수목의 광합성율은 증가하지만 증산량은 감소하므로 수목의 수분이용효율을 증가시킨다. 수분이용효율은 (WUE = Photosynthesis/Transpiration) 광합성률과 증산량과의 비율로 계산하기 때문이다. 이로 인해서 탄소화물 고정량이 증가하여 저장되고, 삼투압을 조절하는 용질 혹은 건조로부터 수목이 더 생존할 수 있는 탄소공급원이 된다. 이것이 대기 중의 CO_2 농도가 증가하면 오히려 수목은 건조에 대해서 저항성이 생긴다는 이론의 근거가 된다(그림 2.41).

Isohydry와 anisohydry

Isohydric[iso(같은) + hydric(수소이온)]이라는 말은 화학에서 사용하는 용어로, pH나 수소이온 농도를 환경에 따라서 일정하게 유지할 수 있는 것을 말한다. 생물학에서는 식물이 잎에서 일정한 수준의 수분 함량을 유지하기 위해서 기공을 통해 통제하는 식물을 말한다. 반면에, anisohydric 이라는 말은 이와는 반대의 의미를 가진다.

Isohydry는 수분 부족 스트레스가 오면 기공을 일찍 닫는 수종을 말한다. 높은 농도의 ABA를 활용하여 기공을 닫고, 이에 따라 광합성율이 감소한다. 건조하다가 강우가 내리면 회복되는데 시간이 오래 걸린다. Anisohydry는 건조 스트레스가 오면 천천히 점진적으로 기공을 닫는 수종을 말한다. 건조 스트레스에 대해서 잎의 낮은 수분포텐셜을 유지하여 기공을 닫는다. 목부의 밀도를 높이고, cavitation 저항성이 생겨서 건조에 대해 반응한다(Brodribb and McAdam, 2015). 유타지역의 *Pinus edulis*는 isohydry의 대표적인 수종이고, 모로코의 산림에 분포하는 *Juniperus thurifera*는 anisohydry의 대표적인 수종이다(표 2.5; 그림 2.42).

표 2.5 Isohydry와 Anisohydry 수목의 특징

구분 / 건조	기공 개폐 동력	건조 회복 속도	생리적인 변화	건조시 기공	줄기 비구조탄수화물 양	굵은 뿌리 비구조탄수화물 양	대표 수종
Isohydry	ABA	느림	초기 광합성 소실	닫힘	소모	증가	*Pinus edulis* *Liriodendron tulipifera*
Anisohydric	잎의 수 분포텐셜	빠름	cavitation, 높은 밀도의 목부	열림 (천천히 닫음)	유지 혹은 증가	증가	*Juniperus thurifera* *Quercus alba*

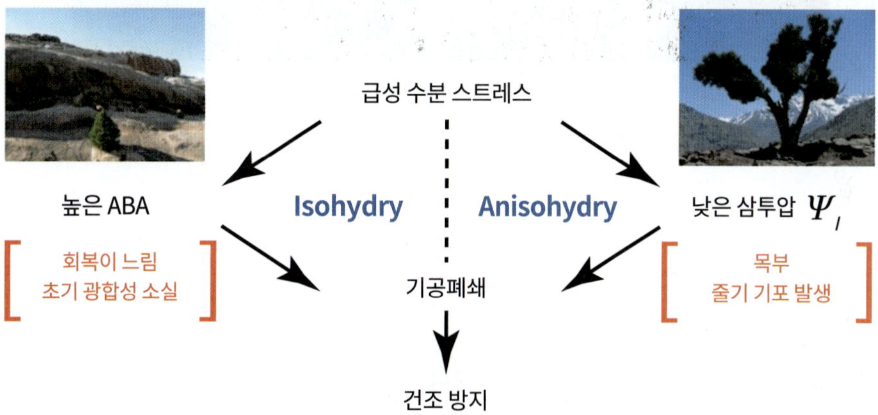

그림 2.42 Isohydry와 anisohydry 수목의 건조에 대한 전략

Isohydry의 또 다른 대표적인 수종인 백합나무(*Liriodendron tulipifera*), anisohydry의 대표적인 수종 *Quercus alba*를 대상으로 건조에 대해서 비구조탄수화물이 어떻게 반응하는지 보면 생존전략을 알 수 있다(Kannenberg et al., 2018). 건조에 대해서 *Liriodendron tulipifera*의 총 비구조탄수화물(non-structural carbohydrate)의 양에 큰 변화가 없다. 그러나 *Quercus alba*는 총 비구조탄수화물이 증가한다. 또한 *Liriodendron tulipifera*의 줄기 부분의 비구조탄수화물이 많이 감소하지만, 굵은 뿌리의 비구조탄수화물은 증가하므로 총 비구조탄수화물의 양에는 큰 변화를 가져오지 않았다. 이는 *Quercus alba*에서도 공통적으로 일어나는 현상이다. 즉, 건조 스트레스가 있는 경우 줄기에서는 비구조탄수화물이 줄어들지만 광합성 산물을 뿌리, 특히 굵은 뿌리로 보내 축적함으로써 탄소 기아를 해결하기 위한 균형을 유지하려 한다. 이것도 건조에 대한 수목의 생존전략이라고 할 수 있다. 건조 스트레스 환경에서 굵은 뿌리들이 하는 역할은 아주 크다(그림 2.43).

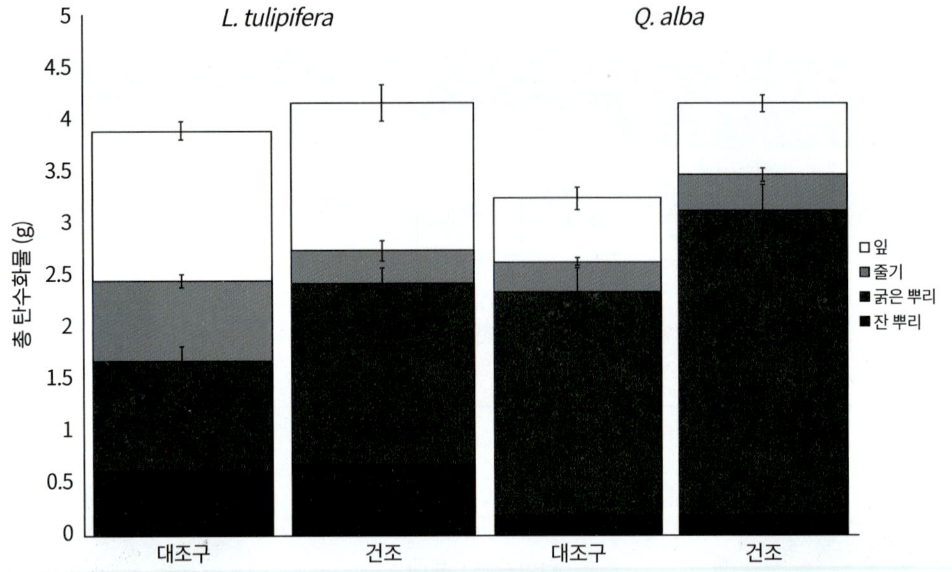

그림 2.43 두 수종의 건조에 대한 탄수화물의 변화

뿌리와 건조 스트레스

뿌리에서도 건조 스트레스에 견디기 위한 생리적인 변화가 일어난다. 뿌리에서 내피는 한층 혹은 아주 얇은 세포 간극 때문에 두껍지 않다. 원형질막(plasma membrane)은 세포벽과 인접하고 있어서 리그닌화(lignification) 혹은 슈베린화(suberization)가 잘 진행되는데, 수목이 스트레스를 받으면 이 부분이 슈베린화 되어서 물이 접근하지 못하도록 소수성의 성질을 가지게 한다. 외피는 내피와 비슷한 특징을 가지는데, 피자식물의 경우 성숙한 수목의 1차 뿌리에서 토양으로 물이 빠져나가지 못하도록 방해하는 장벽으로 보조역할을 한다. 건조에 의해서 뿌리가 슈베린화 되면, 도관공동화현상(cavitation)에 의해서 수간의 효율이 감소, 슈베린화된 방사상 수분이동통로의 감소로 인해서 기공의 개폐에도 영향을 준다. 뿌리의 형태적인 변화가 지상의 먼 곳에 있는 기공의 개폐에도 영향을 주니 수목의 생리적인 반응은 모두 연관성을 가진다.

건조 스트레스에 노출된 올리브나무(*Olea europaea*)의 뿌리는 수리전도도가 줄어든다. 이것은 중금속, 염분, 양료 과다 등의 스트레스에 대해서도 같은 반응을 보인다. 건조 스트레스가 진행되면, 뿌리의 조직에서 슈베린화 혹은 리그닌화되는 경향이 많아진다(Tataranni et al., 2015). 세포벽과 외피, 내피조직에서 슈베린화가 진행된다. 또한 건조로 인해서 생긴 슈베린은 수분을 다시 공급해 줘서 수목이 건조에서 회복이 되어도 슈베린은 축적이 되어 있다. 이렇게 슈베린화된 것은 물리적으로 장벽의 역할을 하여 조직에서 수분이 빠져나가는 것을 막아준다. 건조 스트레스가 심하게 진행되면, 슈베린화된 조직이 증가하여 뿌리에서 토양으로 수분이 빠져나가는 것을 방지함으로써 건조 스트레스를 줄이는 역할을 한다(그림 2.44, 2.45).

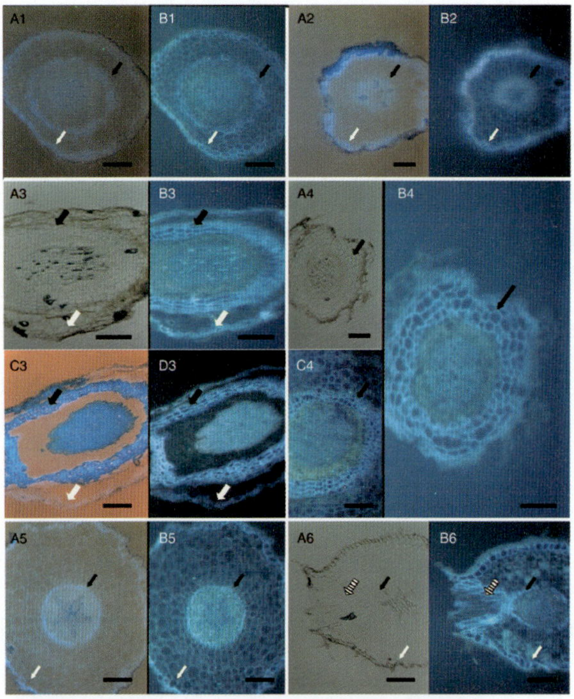

Epifluorescence microscopy에 의한 이미지 분석
A1, A2, C3, A5 빛과 수은램프 중복시킨 것, A3, A4, A6는 빛을 투과, B1, B2, B3, D3, B4, C4, B5, B6는 수은램프 투과
• 흰색 화살표: 외피 • 검은색 화살표: 내피
• 사선 화살표: 뿌리 원기
1) 정상 수목 2) 1단계 건조 스트레스
3) 2단계 건조 스트레스 4) 3단계 건조 스트레스
5) 1단계 회복 6) 2단계 회복

그림 2.44 건조 스트레스에 노출된 올리브나무(*Olea europaea*)의 뿌리

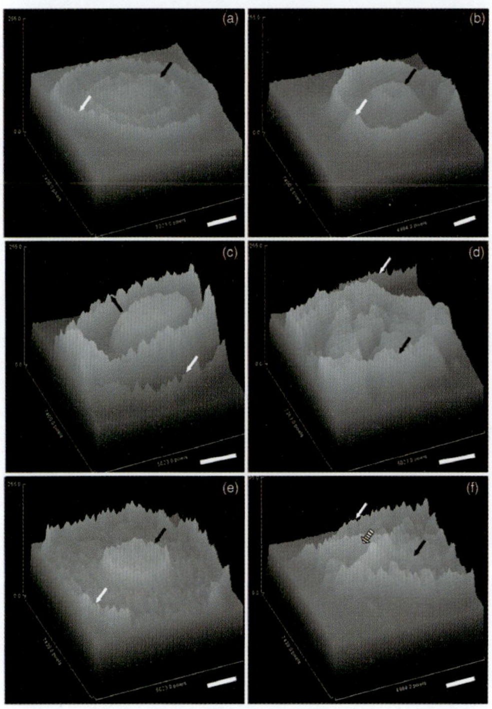

(a) 정상 수목, (b) 1단계 건조 스트레스,
(c) 2단계 건조 스트레스, (d) 3단계 건조 스트레스,
(e) 1단계 회복, (f) 2단계 회복

그림 2.45 수베린화(코르크화, suberization)

건조와 수목의 형태적인 차이

포플러(*Populus nigra*)의 형태학적인 차이가 건조 스트레스에 견디는 능력을 다르게 한다. 일반적으로 포플러는 강변이나 수분이 충분한 토양에서 무난하게 사는 것으로 알려져 있으나 건조한 토양에서도 오랜 기간 적응한다. 유럽의 남쪽(스페인, 프랑스)에서 적응한 포플러는 오랜 기간 동안 건조한 환경에서 적응해 왔고, 이탈리아를 중심으로 해서 적응한 포플러는 오랜 기간 동안 습한 지역에서 적응해서 살아 온 개체이다. 특히, 건조한 환경의 스페인 쪽에서 적응한 포플러는 잎의 크기가 작고, 건조에 대해서 생장이 크게 줄어들지 않는다. 또한 건조 스트레스가 오면 빠른 시간 안에 기공을 막아서 불필요한 수분의 소실을 방지함으로써, 수분이용효율이 다른 지역에서 적응한 포플러에 비해서 높다(Viger et al., 2016). 이러한 건조 스트레스에 대한 적응은 포플러에서 보는 것처럼 오랜 기간 살아온 환경에 따라서, 생태, 생리, 형태적인 특징이 달라진다는 것을 알 수 있다(그림 2.46).

건조와 수간

수목에서 수액이 이동하면서 수간(tree stem)의 지름에 변화가 생긴다. 건조 스트레스가 진행되면서 통도조직의 압력에 차이가 나고, 물이 흡수되면서 삼나무(*Cryptomeria japonica*)의 경우에 수간의 지름에도 변화가 온다(Himeno et al., 2017).

하루 동안의 수증기압차(vapor pressure deficit, VPD)는 광합성유효광량자속밀도(photosynthetic photon flux density, PPFD)의 변화와 상당히 유사하다. 새벽에 광도가 올라가면 수증기압차도 서서히 올라간다(그림 2.47a). 수목 잎의 온도도 이에 따라서 증가하고, 온도를 식히기 위해 기공을 통해 수분을 소실해서 잎의 온도를 낮춘다(그림 2.47b). 잎의 삼투압은 새벽에 최대가 되고 서서히 삼투압의 값이 낮아진다(그림 2.47c). 잎의 온도와 잎의 삼투압의 변화는 정반대이다. 잎의 수분 함량은 건조 스트레스를 받는 경우 건조를 극복하는 데 중요하다. 잎의 수분은 기공의 열림을 유지해서 증산을 일정기간 할 수 있도록 하고, 수간의 통도조직의 압력을 유지하며, 뿌리로부터 물을 흡수하는 것을 늦추어서 시간을 벌어주는 역할을 한다. 수목 수간의 직경은 삼투압 값이 최고로 높은 지점근처에서 최대로 되었다가 서서히 감소한다(그림 2.47d). 그런데 수간의 변화량(ΔR)은 아침 09:00시경(잎의 삼투압이 최고로 되는 지점)에 최소가 되고, 16:00시경에 최대로 된다. 즉, 수목의 직경이 16:00에 가장 작아진다는 것이다. 수목은 변제에 하루 증산할 물의 50% 정도를 가지고 있다. 수간에 물이 저장되어 있는 것은 수목이 증산하는 데도 일시적인 위조를 피할 수 있는 역할을 한다(그림 2.47).

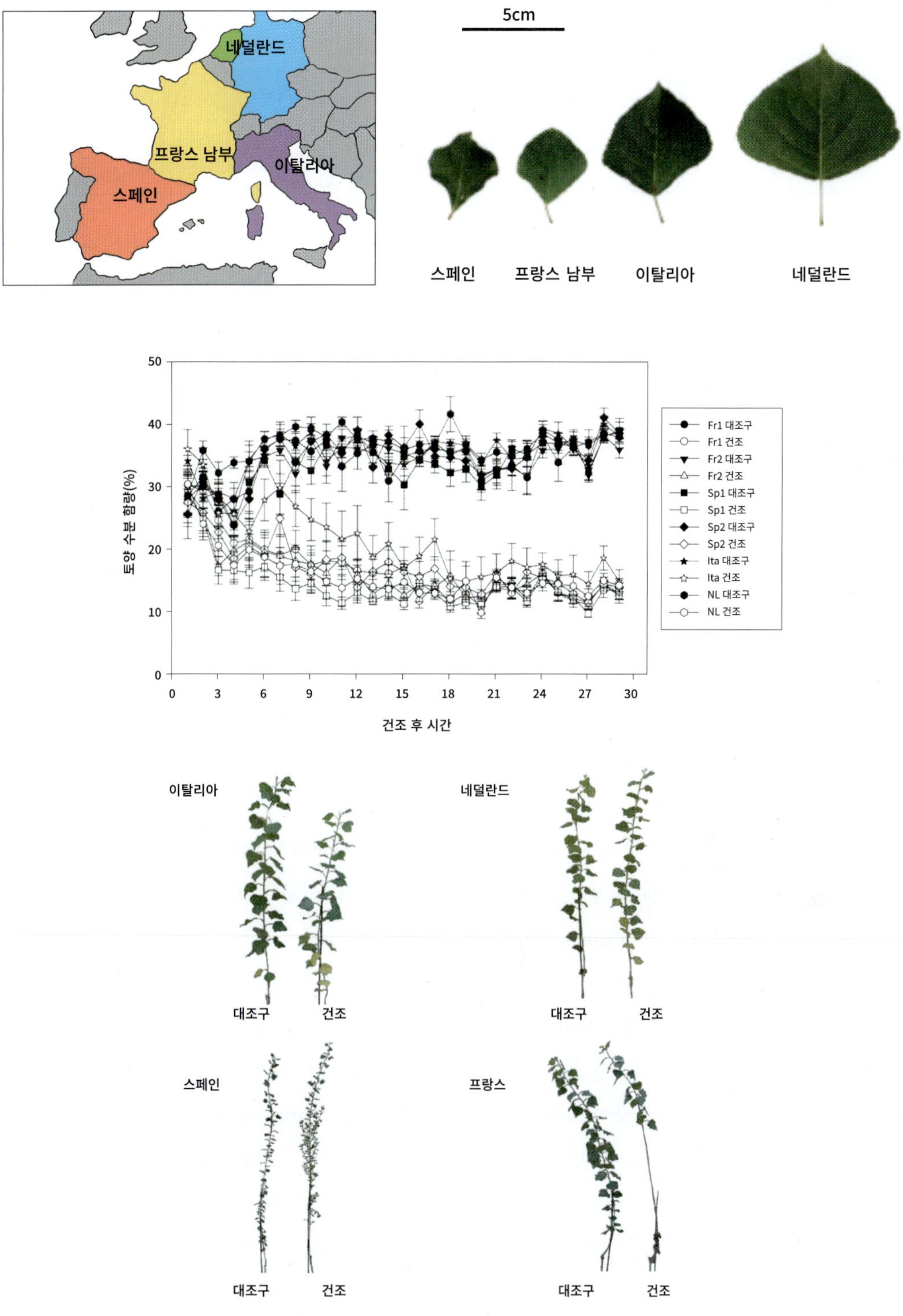

그림 2.46 수분의 양에 따른 포플러의 생장전략

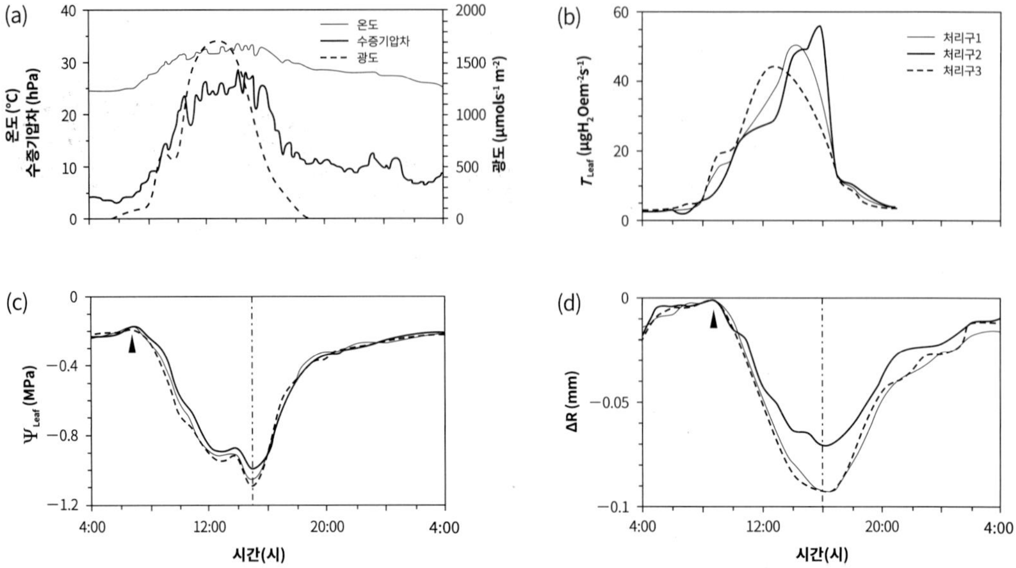

그림 2.47 건조와 수간의 변화

건조 스트레스와 유세포

건조 스트레스는 유세포(유조직 세포, parenchyma cell)에 영향을 준다. 수목의 대부분 부위는 기본적으로 3종류의 세포(유세포, parenchyma cell; 후각세포, collenchyma cell; 후벽세포, sclerenchyma cell)로 구성되어 있다. 유세포는 대체적으로 둥글며 커다란 액포를 갖고 있다. 식물의 가장 많은 부분을 구성하고 있는 유세포는 얇은 1차 세포벽을 갖고 있으며, 대사작용이 활발하고 성숙해서도 살아 있다. 유세포는 광합성, 호흡 등 다양한 기능을 수행한다. 광합성 산물 등 다양한 용질을 빠르게 수송하는 특수화된 유세포를 수송세포(transfer cell)라고 한다. 이 세포는 세포벽이 세포질 안으로 들어가 미로처럼 자라나서 원형질막의 표면이 크게 증가함으로써 수송 능력이 현저히 증가한다. 수송세포는 물관부와 체관부의 통도 세포 주위에 분포한다. 유세포들 사이에 간격이 생겨 만들어진 공간을 세포간극이라고 하는데, 이 공간은 물이나 공기로 채워져 있으며, 산소와 이산화탄소 등 기체가 이동하는 곳이기도 하다. 세포간극이 크게 발달한 조직을 통기조직(aerenchyma)이라고 하며, 공기순환을 촉진한다. 또한 통기조직의 유세포가 단단해져서 강도를 증가시킨다. 수생식물에서 통기조직의 유세포 사이의 공기는 부력을 제공하여 식물이 물에 뜨도록 한다.

실내 식물로서 많이 익숙한 목본식물 가운데 아프리카 원산인 *Dracaena marginata*을 대상으로 건조 스트레스를 가하면, 이 식물의 유세포가 풍부한 줄기는 다량의 물을 저장하므로써 건조 스트레스를 극복하는 메커니즘에 큰 역할을 한다(Jupa et al., 2017). 대다수의 잎은 아주 밀도가 높고 두꺼운 유조직으로 구성되어 있다(그림 2.48). 건조해지면 잎에서는 기공이 닫혀 수분 소실을 막아주

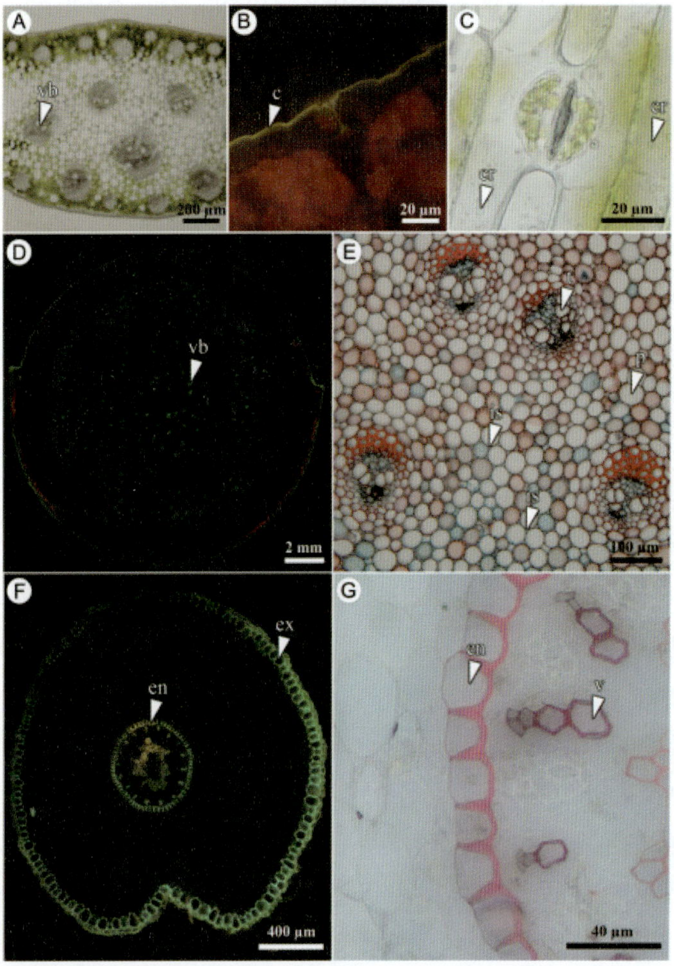

잎 (A~C), 주간(D, E), 일차뿌리(F, G)

(A) 잎의 중앙부의 횡단면 vascular bundles(vb)

(B) 잎의 표면에 기공을 큐티클층이 덮고 있는 사진

(C) Amaryllis-type stoma. calcium oxalate crystals(cr)이 덮고 있는 사진

(D) vascular bundles(vb)의 밀도가 중심주 가장자리로 가면서 높음

(E) 중심주의 횡단면. 수간이 얇은 유세포(p)로 구성. 많은 intercellulars(is)와 vb를 포함한 헛물관(t). 횡단면은 mixture of safranin와 alciane blue 염색, 리그닌화된 세포는 붉은색, 살아있는 세포는 푸른색 계통

(F) 잘 발달된 endodermis(en), exodermis(ex).

(G) 붉은색으로 염색된 리그닌화된 세포벽. endodermis(en). 뿌리의 중심주 목부도관(v) acidified phloroglucinol로 염색.

그림 2.48 건조 스트레스와 유세포

고, 추가적인 수분 소실을 막기 위해서 높은 삼투압을 유지한다. 수간(수목의 줄기: stem, trunk)은 비교적 얇은 유조직과 단순막공으로 구성되어 있다. 어떤 막공은 세포 사이로 발달되어 나와 있고 단순막공이다. 뿌리에서는 비교적 작은 중심주(stele)를 가지고 있고, 수간과 비슷하게 얇은 유조직 세포로 구성되어 있다. 외피는 항상 몇 층으로 구성된 리그닌이나 수베린(suberin) 층으로 덮여 있다.

건조기간 동안 수목은 저장하고 있던 물을 필요한 부분으로 보낸다. 이때 1000 kg·m^{-3} MPa^{-1}의 물을 수간과 뿌리로부터 다른 부분으로 이동할 수 있다. 예를 들면, 두 종류의 바오밥나무(*Adansonia rubrostipa, Adansonia za*)의 줄기는 전체 목부 면적의 76%를 차지하는 유세포에 우선적으로 저장된 1,430kg, 1,100 kg·m^{-3} MPa^{-1}의 물을 이동시킬 수 있다(Jupa et al., 2017). 또한 막공을 포함한 세포간의 간격은 물이 최대로 흡수되어서 팽창하여 부피가 최대로 되도록 한다(그림 2.48D, E)

수목의 유조직을 보면, 유조직의 얇은 세포벽은 저장된 물이 다른 부위로 이동할 때 건조를 극복하는 요인으로서의 역할을 한다. 잎의 유조직과 기공 주변의 세포벽은 두꺼운 반면(물이 대기 중으로 소실되는 것을 최소화하기 위함), 줄기와 뿌리의 유조직 세포벽은 얇아서 물의 이동이 다른 부위로 잘 이루어지도록 하며, 이것은 수목이 건조 스트레스에 적응하는 전략이다. 건조 스트레스가 오면, 뿌리에서 잘 발달된 세포벽 장벽은 수분통도조직을 분리시켜서 수분이 토양으로 빠져나가는 것을 막아준다(그림 2.48F, G).

수목에서 중심주(中心柱, stele, central cylinder)는 다양하다(강병화, 2012). (a) 원생중심주(protostele): 관다발은 단일이며 중앙에 물관부와 체관부 그리고 내피가 있다. (b) 관상중심주(siphonostele): 관다발은 관상이며, 관상의 물관부 내외에 체관부와 내피가 있다. (c) 진정중심주(eustele): 많은 병립 관다발이 관상으로 배열하고, 1개의 공통적인 내피로 둘러싸여 있다. 겉씨식물 속씨식물 줄기의 일반적인 형태이다. (d) 부제중심주(atactostele): 많은 병립 관다발 포위형 관다발이 불규칙적으로 산재하며, 일반적으로 내피가 결여되어 있다. 단자엽식물 줄기의 일반적인 형태이다(그림 2.49).

줄기의 유세포 횡단면(A, B)에서 세포가 단순막공(pi, simple pit)을 포함한 것을 볼 수 있다(그림 2.50). 어떤 막공은 세포간극(is, intercellular space)으로 발달하기도 한다. 유세포벽이 단순막공을 포함하기도 한다[Scale bars: 20 μm(A, B), 5 μm(C)].

건조와 BVOC 방출량

이소프렌(isoprene)은 건조 스트레스와 관련이 많다. 이소프렌은 methylerythritol 4-phosphate (MEP) pathway에서 합성되고, 이와 더불어 ABA도 만들어진다. 잎에서 ABA의 농도가 증가하면 기공의 닫힘이 일어나는데, 에틸렌의 합성은 방해된다. ABA와 에틸렌은 길항작용을 하는 것으로

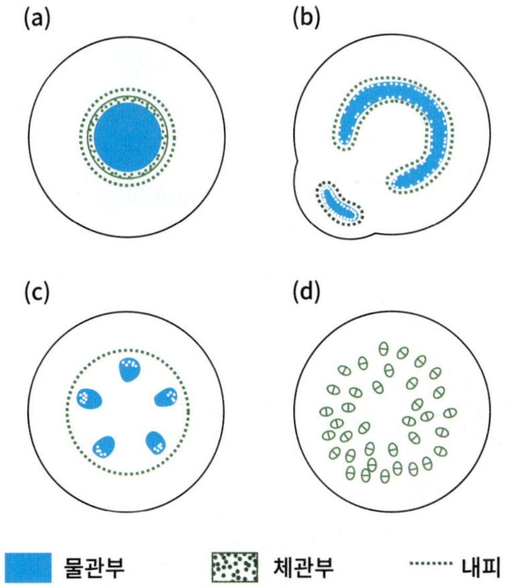

그림 2.49 여러 식물의 중심주

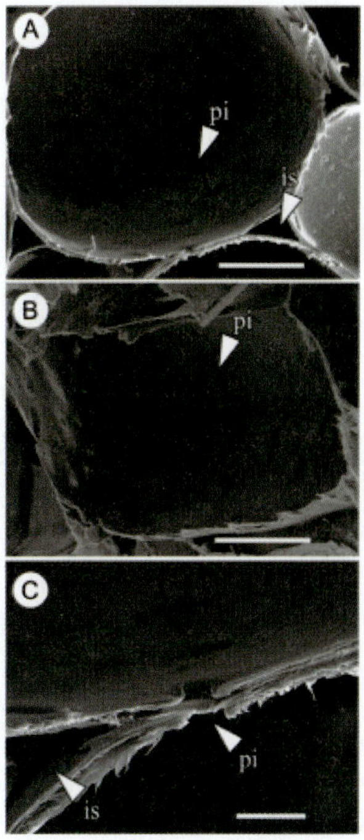

pi, 단순 막공(simple pit); is, 세포 간극(intercellular space)

그림 2.50 막공과 유세포

알려져 있다. 건조는 이소프렌의 증가를 확실하게 가져오고, ABA의 합성을 강화한다(Marino et al., 2017). 수분스트레스는 MEP pathway에서 새로운 동화된 탄소의 흐름을 향상시켜 이소프렌 방출을 증가시키고 ABA 및 ABA-GE(ABA-glucose ester)의 생합성에 기여한다(Mitchell et al. 2017). 잎에서의 높은 ABA 함량은 ACC_{ox}(ACC 산화효소, 1-aminocyclopropane-1-carboxylic acid oxidase)의 활성을 억제하고 에틸렌 생합성 및 방출을 감소시킨다. 뿌리 부분 건조 스트레스를 받은 식물(WD) 잎의 ABA 함량은 수분이 충분히 공급된 식물(WW)과 유사하다. 반면에 에틸렌합성은 강화된 ACC 수송과 증가한 ACC_{ox} 활성으로 인해 증가한다(그림 2.51).

포플러(*Populus nigra*)에서도 이와 같은 비슷한 결과를 얻을 수 있다. 건조 스트레스가 오래 갈수록 포플러에서 이소프렌의 방출량이 증가한다. 이는 ABA의 합성을 유도하여 기공이 닫히도록 한다. 에틸렌의 방출량도 건조처리에 따라서 위의 설명과 비슷하다. 그러나 물이 충분히 공급되는 경우에는 에틸렌의 방출량이 아주 높지 않으므로, 포플러(*Populus nigra*)에서는 ABA와 에틸렌이 길항작용을 하는지는 50% 정도 설명한다(그림 2.52, 2.53).

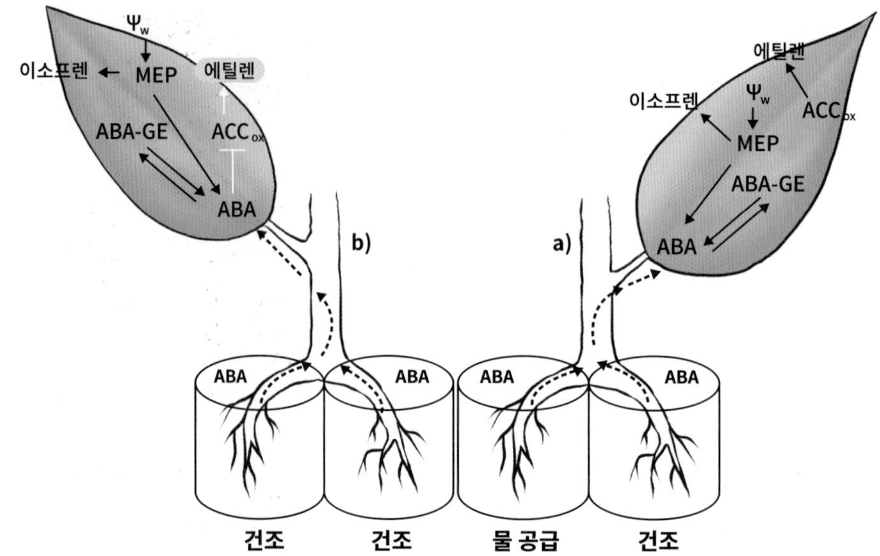

ψ_w = water potential;
MEP = methylerythritol 4-phosphate;
ABA = abscisic acid; ABA-GE = ABA-glucose ester;
ACC_{ox} = 1-aminocyclopropane-1-carboxylic acid oxidase.

그림 2.51 건조에서 BVOC 발생. 검은색 화살표는 증가, 흰색 화살표는 감소, 점선은 ABA 작용

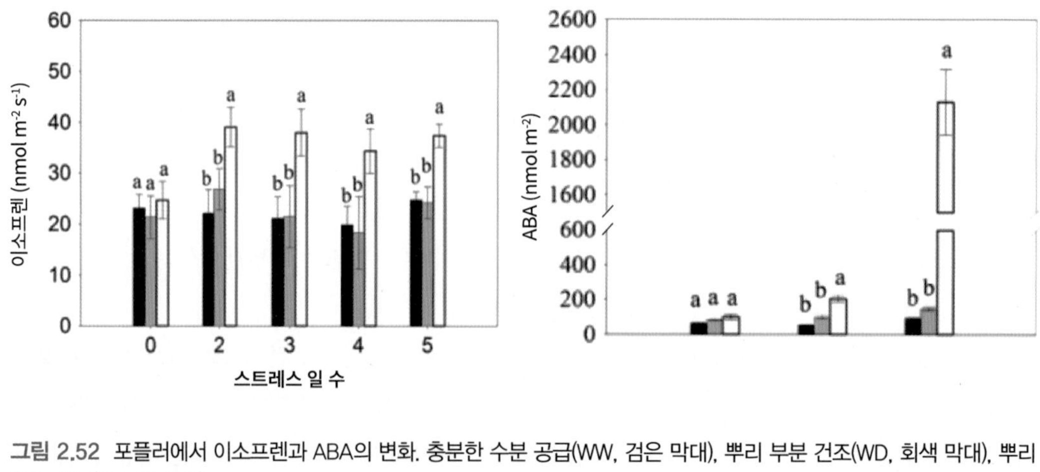

그림 2.52 포플러에서 이소프렌과 ABA의 변화. 충분한 수분 공급(WW, 검은 막대), 뿌리 부분 건조(WD, 회색 막대), 뿌리 완전 건조(DD, 흰 막대)

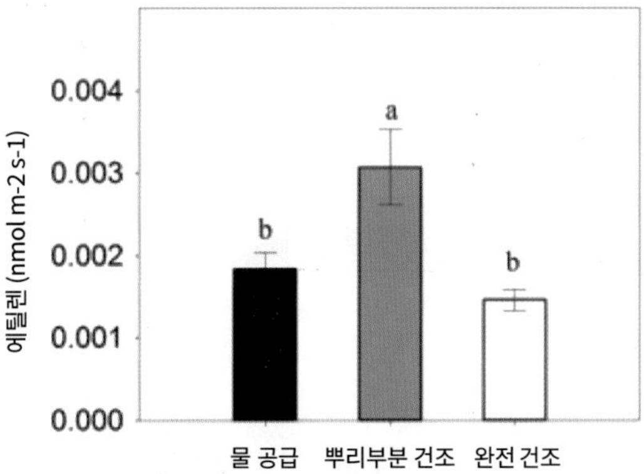

그림 2.53 건조에서 에틸렌의 변화

MEP pathway

이소프렌 방출량은 건조 스트레스를 받으면 증가한다. 수목이 건조 스트레스를 받으면 광합성 능력이 줄어들고 기공이 닫히지만, 엽면적은 증가한다. 이는 관련 유전자들의 연결된 경로를 통해서 이소프렌을 많이 방출하려는 생존전략이다(Parveen et al., 2019). 붉은색 화살표는 건조에 대해서 증폭(up-regulation)되는 것인데, MEP pathway에 관련하는 효소, 물질이 많이 생산되도록 유전자들이 증폭된다. 건조 스트레스는 활성산소종(ROS)를 생산한다. 그러나 이소프렌은 건조에 의해서 생산된 ROS의 사멸을 유도한다. ROS가 줄어드는 것은 다른 항산화효소가 ROS를 소거하는 데 들어가는 에너지를 줄일 수 있어서 APX, POD의 유전자 발현의 부담을 줄여준다(그림 2.54).

MEP pathway에서 이소프렌 방출을 유도하는 유전자들이 발현해서 이소프렌을 증가시키기 위해서는 isoprene synthase(IspS)의 증폭을 하는 유전자의 발현이 필수적이다. 그림 2.55의 사진에서 *Ficus septica*의 건조처리를 하고 약 5일 정도 지난 후에 IspS 단백질 발현이 증폭되는 것을 볼 수 있다. 그러므로 MEP pathway에서 IspS의 발현을 돕고 증폭시키면, 이소프렌이 방출되는 것이다.

건조에 의해서 발생한 ROS는 항산화효소의 증감을 조절한다. SOD, POD는 증폭되어 항산화 작용을 한다. 세포의 다양한 부분에서 SOD는 O_2^-를 H_2O_2로 POD, CAT, APX는 H_2O_2를 H_2O로 전환시키는데, 이 가운데서도 Mn-SOD1, Cu-ZnSOD2, POD2, POD4의 효소 활성을 조절하는 유전자들이 증폭되어서 활성산소를 제거한다(그림 2.56).

건조와 테르페노이드

건조 스트레스가 테르페노이드의 방출을 유도한다는 것은 침엽수인 Douglas fir(*Pseudotsuga*

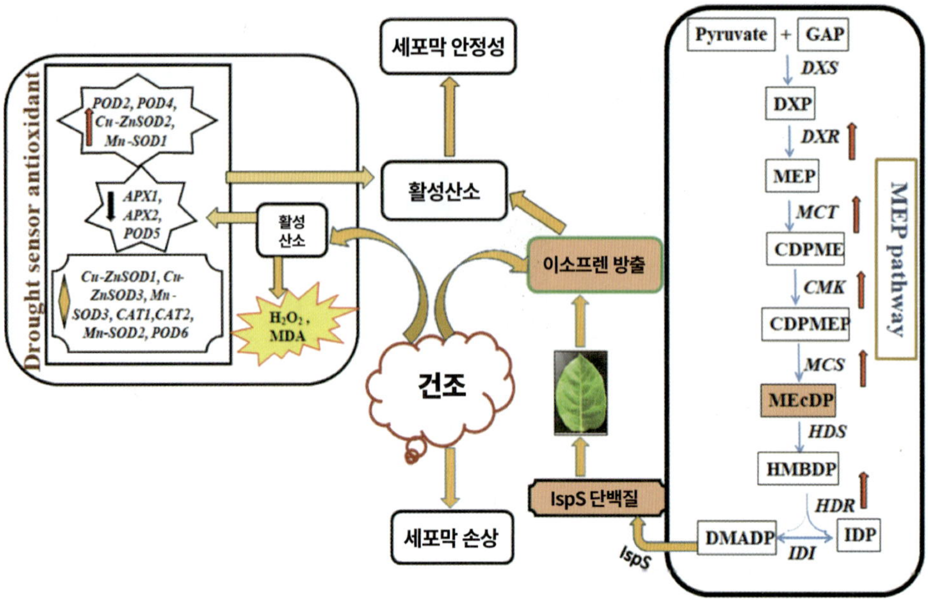

붉은색–증폭, 검은색–다운레귤레이션, 노란색–변화 없음

MEP pathway: DXS, 1-deoxy-D-xylulose-5-phosphate synthase; DXR, 1-deoxy-D-xylulose-5-phosphate reductoisomerase; MCT, 2-C-methyl-D-erythritol-4-phosphate cytidylyltransferase; CMK, 4-cytidine-5 -diphospho-2-C-methyl-D-erythritol kinase; MCS, 2-C-methyl-D-erythritol-2,4-cyclodiphosphate synthase; HDS, 4-hydroxy-3-methylbut-2-enyl-diphosphate synthase; HDR, HMBDP reductase; IDI, isopentenyl diphosphate isomerase; and IspS, isoprene synthase.

The metabolites are DXP, 1-deoxy-D-xylulose-5-phosphate; MEP, 2-C-methyl-D-erythritol 4-phosphate; MEcDP, 2-C-methyl-D-erythritol 2, 4-cyclodiphosphate; HMBDP, 4-hydroxy-3-methylbut-2-butenyl 4-diphosphate; DMADP, dimethylallyl diphosphate; and IDP, isopentenyl diphosphate. The antioxidant-related genes are: POD, peroxidase; SOD, superoxide dismutase; CAT, catalase; and APX, ascorbate peroxidase.

그림 2.54 MEP pathway

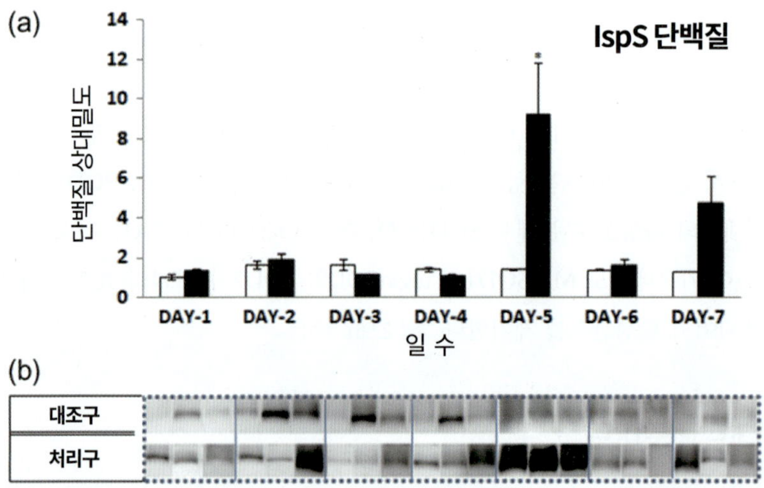

그림 2.55 MEP pathway에서 이소프렌 방출을 유도하는 유전자들이 발현

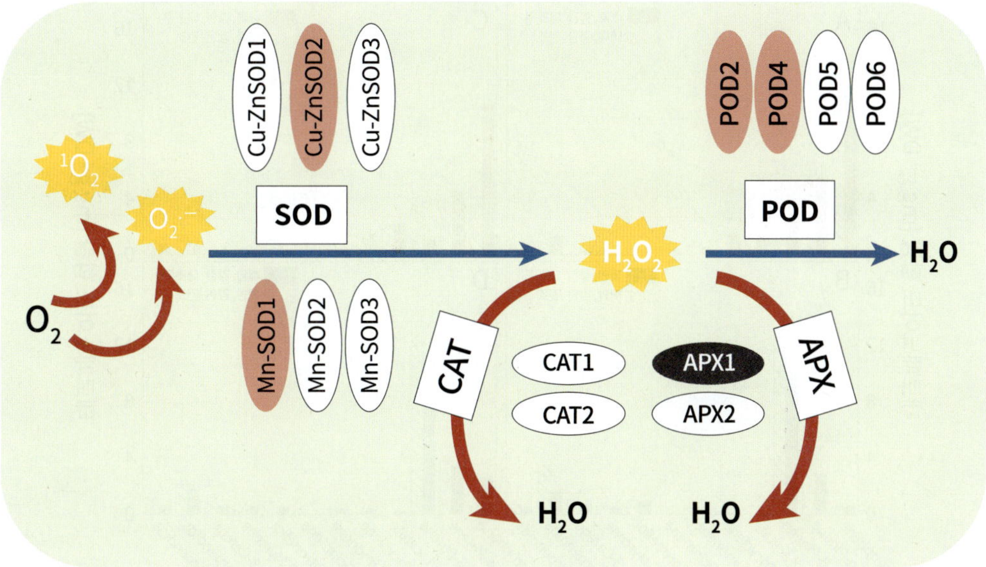

그림 2.56 건조에 의해서 발생한 ROS는 항산화효소의 증감을 조절(분홍색-증폭, 회색-감소, 흰색-변화 없음)

menziesii)에서 알 수 있다(Kleiber et al., 2017). Douglas fir를 내륙에서 자란 품종과 해안에서 분포하는 품종 2종류를 대상으로 강한 그리고 약한 건조 스트레스로 처리하여 잎과 뿌리로부터 생산되는 테르페노이드의 양을 비교하였다. 내륙에서 분포하는 Douglas fir는 건조 스트레스에 어느 정도 적응한 품종이고, 해안에 분포하는 품종은 건조 스트레스에 민감한 품종이다.

위의 실험에서, 잎에서는 테르페노이드(terpenoid)의 발생량이 건조 스트레스에 대해서 많은 양이 생성되었다. 반면 뿌리에서는 테르페노이드의 발생량이 잎보다는 적었다. 건조가 테르페노이드에 주는 영향은 뿌리보다는 잎에서 더 크다. 테르페노이드는 isopentenyl diphosphate(IPP)와 이들의 allylic isomer, dimethylallyl diphosphate(DMAPP)로부터 합성된다. 이들 물질들이 합성되는데는 2가지 경로를 거친다. 세포액(cytosol) 상의 MVA pathway(mevalonic acid pathway)와 색소체(plastid) 상의 MEP pathway의 두 가지이다. 테르페노이드는 침엽수에서 수지구(resin ducts)에 보관되는데, 잎 중량의 1~2% 정도를 차지한다. 테르페노이드는 수목이 생물적·비생물적 스트레스에 대해서 저항성을 가지게 하는 역할을 한다.

내륙과 해안지역에 적응한 품종의 잎에서 발생하는 테르페노이드에는 차이가 있다. 가장 큰 차이로는 camphene은 내륙에서 자란 품종에서, β-pinene은 해안에서 자란 품종에서 많이 생성되는 것이다. 지중해 연안에서 분포하는 코르크 참나무(*Quercus suber*)에서도 많은 β-pinene이 생성된다. 이는 장기간에 걸친 기후의 영향이다. 해안지역은 내륙에 비해서 일년 동안, 여름, 겨울의 일교차가 적다. 일년 동안 비슷한 온도가 일정하게 유지된다(그림 2.57, 2.58).

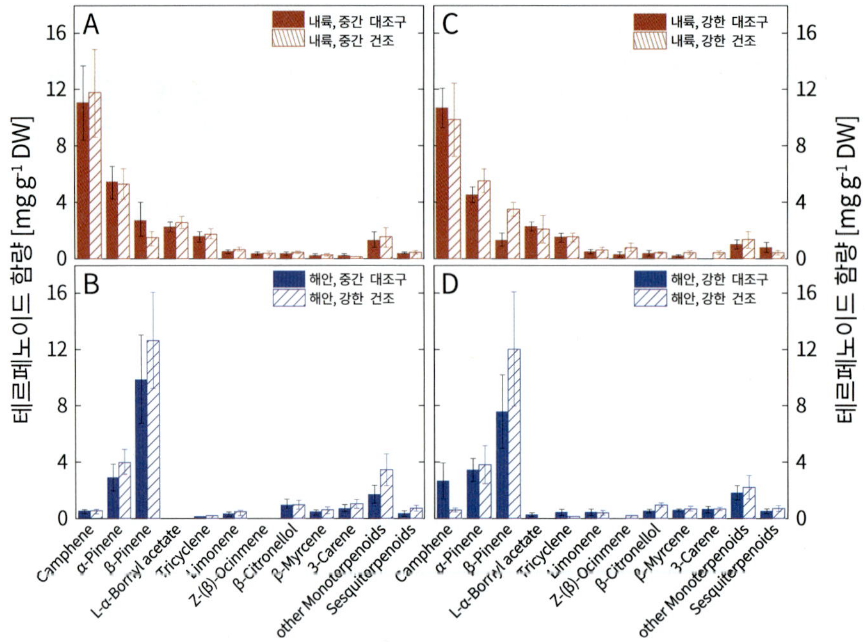

그림 2.57 잎에서 건조에 의한 테르페노이드 변화

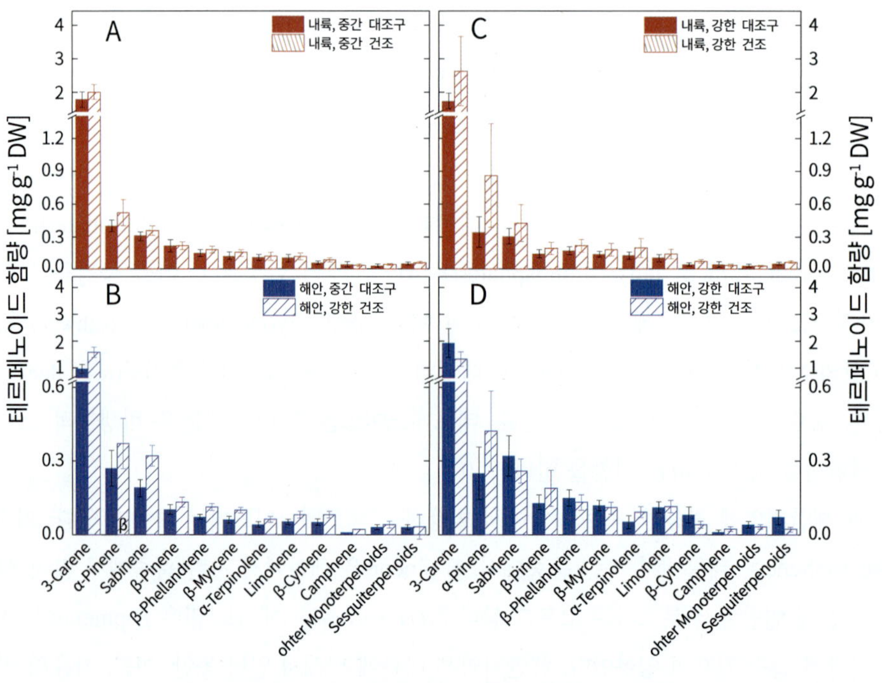

그림 2.58 뿌리에서 건조에 의한 테르페노이드 변화

높은 수고에서 수분 유지

높은 수고에서 나무가 어떻게 물을 함유하고 있는지는 관심거리다. 물이 중력을 거슬러 올라가서 잎에 남아 있는 것은 오랜 기간 동안 모두의 관심사였다. 삼투압의 차이, 광합성으로 인한 증산력, 줄기에서 수분이 가지는 응집력 등으로 인해 수고가 큰 나무의 잎에서 수분이 빠져나가지 않고 잎에 머문다. 세계에서 가장 큰 나무는 *Sequoia sempervirens*(Cupressaceae)로, 여전히 높은 가지의 잎에서는 수분을 유지하고 있다(Azuma et al., 2017).

이입조직(transfusion tissue)은 관다발과 내피 사이를 차지하고 있어, 엽육과 관다발 사이의 통로 역할을 한다. 소나무 속에서는 중앙에 있는 관다발과 내피 사이를 차지하는 2~3층의 조직으로 엽육과 관다발 사이의 통로 역할을 하고 있다. 이 조직은 수지(resin) 타닌 등을 함유하는 유세포와 세포 내용물을 상실한 세포벽이 얇게 목질화되고, 동시에 유연공(bordered pit)을 가진 세포로 되어 있다. 유연공을 가지고 있으므로, 물관부의 요소인 헛물관의 변형으로 볼 수 있으며 이입 헛물관이란 이름이 있다. 이 조직이 차지하는 위치나 헛물관의 성질을 가진 세포의 존재로 미루어 볼 때, 양치식물류나 고지질시대에 번성했던 소철양치류 등에서 볼 수 있는 구심목부(求心木部)의 흔적이다. 유조직과 가도관 세포로 구성되어 나자식물 잎의 유관속을 둘러싸고 있는 조직이다.

이입조직은 겉씨식물의 잎에서만 나타나는 특별한 양분의 통로조직이다. 이는 물의 저장 혹은 이동에 관여하고 잎에서 물을 저장하는 기능을 한다. 침엽수류에서는 잎에서 많은 부피를 차지한다. 수목의 꼭대기는 건조하고 물이 부족한 환경이기 때문에, 환경 적응 측면에서 보면 이입조직은 건조한 환경에서 물을 효율적으로 보관하고자하는 침엽수류의 적응전략이다.

*Sequoia sempervirens*와 비슷한 수종으로 우리나라와 비슷한 위도의 일본에서 삼나무(*Cryptomeria japonica*)가 있다. 물과 다당류(polysaccharides)에서 가장 수고가 높은 51 m에서 엽육이 차지하는 양이 다른 작은 수목보다 크다. 높은 수고에서는 수소결합을 하는 물분자에 의한 C-O 밴드가 있는 것을 말한다. 이것은 다당류가 유관속과 이입조직에서 높은 곳에 달린 잎에서 물을 잡고 있는 것을 설명해 준다(그림 2.59).

적외선 micro-spectroscopy을 사용하여 잎에서 성분, 물질별 흡수량을 보면, 물의 함유량과 펙틴(pectin) 위에 있는 OH 밴드에서의 흡수량은 서로 비례한다(그림 2.60, 왼쪽). 또한 OH 밴드(3700~3000 cm^{-1})와 CO 밴드(1190~845 cm^{-1})는 서로 정의 상관관계에 있다(그림 2.60, 오른쪽). 높은 수고의 잎 조직에서 물을 함유하는 중요 다당류는 셀룰로스와 펙틴이 대표적이다.

높은 수고에서는 삼투압에 의해서 물이 보유되는 것보다 잎에 포함된 불용성 당이 물을 보유하는 양이 더 많다. 일년 동안 높은 수고를 가진 수목(*C. japonica*)의 임관에서의 삼투압은 봄에 눈이 터질 때나 가을에 낙엽이 지는 때에도 거의 변화가 없이 일정하다. 잎의 횡단면을 통한 결과를 보면, 펙틴 같은 물질에서 가장 수분을 많이 보유하고 있는 것으로 보이며, 잎의 세포벽은 다당류로

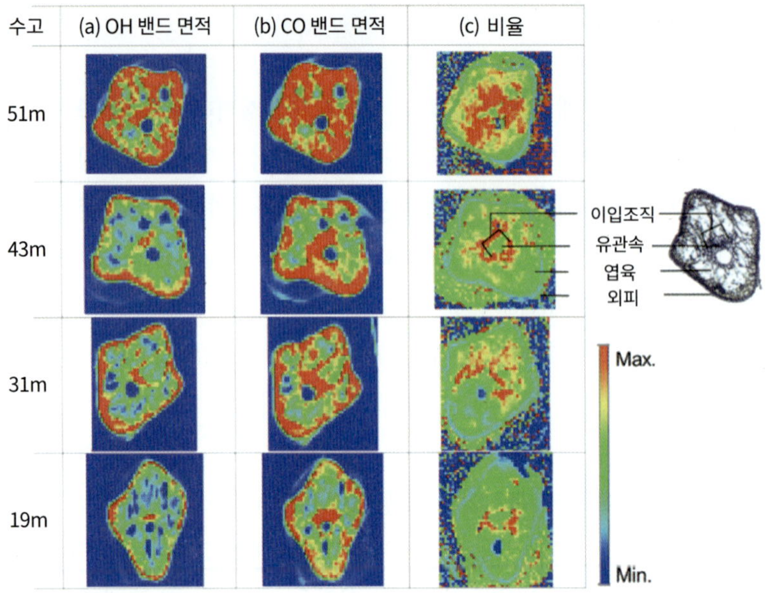

적외선 micro-spectroscopic 영상
(a) OH band area (3700~3000 cm^{-1}, abs: 0~150)
(b) C-O band area (1190~845 cm^{-1}, abs: 0~50)
(c) 비율

그림 2.59 수고별 물 분자의 보유 상태

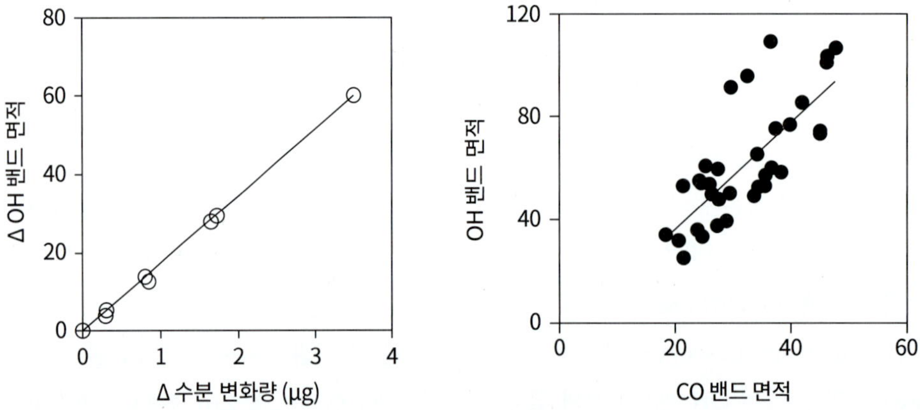

그림 2.60 IR micro-spectroscopy을 사용하여 잎에서 성분, 물질별 흡수량

이루어지는데, 셀룰로스, 헤미셀룰로스, 펙틴으로 구성되어 있다.

물을 보유하는 조직은 크게 3가지(엽육, 이입조직, 유관속)이며, 유관속이나 이입조직에서 엽육보다 더 많은 물을 보유한다. 그리고 이입조직(transfusion tissue)은 *C. japonica* 같은 키가 큰 수목에서 목부 수분 삼투압이 감소하지 않도록 수분통도 완충 역할을 한다(Azuma et al., 2017). 펙틴은 얇은 세포벽과 큰 엽육세포질에서 두꺼운 세포벽이나 작은 도관 같은 이입조직보다 물을 더 잘 보유한다.

수목의 세포벽은 셀룰로스로 구성되어 있다. 이러한 세포벽은 수목이 스트레스를 받을 때 완화하는 역할을 한다. 또한 셀룰로스 이외에도 헤미셀룰로스, 펙틴 같은 기타 다당류 및 단백질이 많이 들어 있다. 헤미셀룰로스는 포도당 및 기타 당류의 중합체로 셀룰로스 섬유를 상호 연결하는 역할을 한다. 포도당과 xylose를 포함한 중합체인 xyloglucan은 육상식물의 세포벽을 구성하는 중요한 요소이다. 펙틴은 물과 칼슘이온을 하나로 연결해 주고 젤리와 같은 기질을 형성하므로, 세포와 세포 간의 공간을 채우고 셀룰로스와 섬유의 사이를 채우는 역할도 한다. 이러한 젤은 사람들이 분리하여 젤리, 캔디 등으로 만들어 식품으로 활용하기도 한다.

카르복실기(Carboxyl groups, COOH)는 탈양성자화(COO−)되고, Ca^{2+}와 세포에서 결합하여 Ca가 연결된 pectin chain이 된다(그림 2.61a; Azuma et al., 2017). 만약 다당류가 높은 곳의 잎에서 수분 보유에 관여한다면, 물분자는 Ca 유래 펙틴 분자와 수소결합에서 C−O−C와 C−OH 한다는 것이다(그림 2.61b). 수고가 높은 수목에서 수분의 보유는 잎에서 다당류(펙틴, 셀룰로스, 헤미셀룰로스), 리그닌, 단백질(예, Rubisco), 지질 등에 의해서 이루어진다. *S. sempervirens*, *C. japonica*, *Pseudotsuga menziesii*, *Picea abies* 같은 수고가 큰 수목은 잎에서 다른 부위보다 물을 보유하는 양이 많다. *C. japonica* 같은 수목은 전체 수분보유량 가운데 10% 정도의 물을 잎에 보유하고 있다. 이것은 건조 스트레스에서 수고가 높은 환경(태양광이 직사광선이 많아서 증산이 많이 되는 환경)에서 보상하는 생존전략이다.

건조저항성과 유전적인 요인

건조에 대해서 수목이 반응하는 것은 환경과 유전적인 요인으로 나누어서 생각해야 한다(Reynolds et al., 2017). 또한, 환경과 유전적인 요인이 복합적으로 작용하여 건조에 대해서 다양한 반응을 볼 수 있다(그림 2.62). 수분 환경에 따라서 유전적인 원인만 반응한다면 그림 2.62a와 같은 것이다. 환경에 대해서만 일정하게 건조에 반응하면 대조구에 비해서 항상 일정한 생리적인 반응을 볼 수 있다. 그리고 종간의 차이도 없을 것이다(그림 2.62b). 유전적인 요인과 환경이 같이 건조에 대해서 반응하면, 아마도 건조에 대해서 저항성을 가지는 능력이 더 커질 것이다. 화살표와 회색 선의 간격이 건조에 대한 저항성이 더 커질 수 있다는 것을 보여준다(그림 2.62c). 실제로는 “환경 + 유전” 그리고 “환경 × 유전”의 복합적인 작용이 건조 스트레스가 작용한다. 이런 경우 수종마다, 개체마다 건조에 대한 다양한 저항성을 나타낼 수 있다(그림 2.62d).

건조 스트레스에 대해서 형태적, 생리적인 반응을 일반화하면 다음과 같다. 건조저항성이 있는

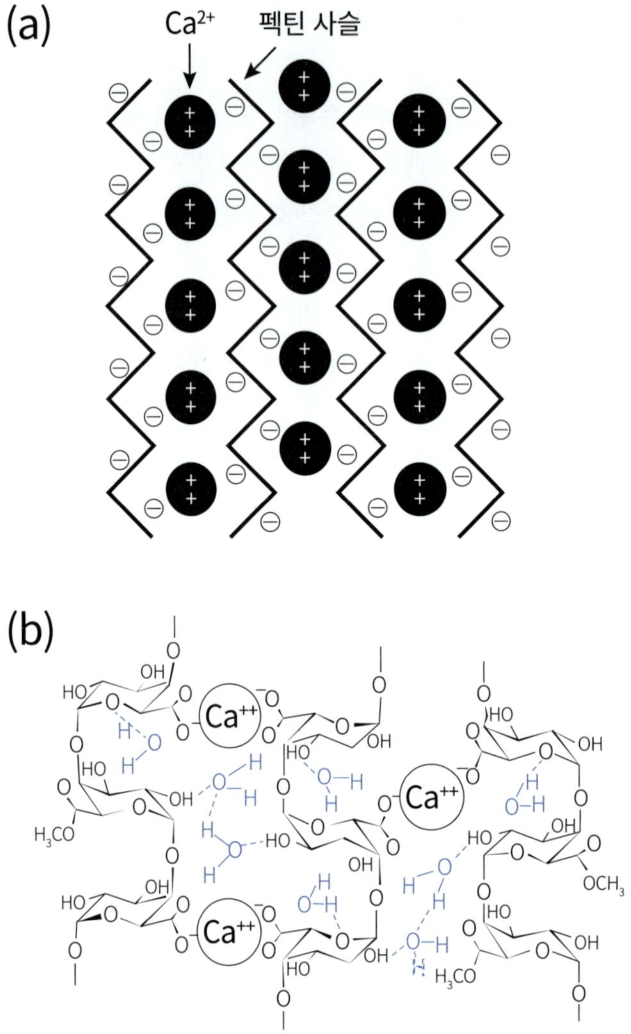

(a) carboxyl groups(COOH)이 (COO−) 형태로 되고, Ca^{2+}와 세포에서 결합하여 Ca가 연결된 펙틴 사슬이 된다.
(b) 물 분자는 Ca 유래 펙틴 분자와 수소결합에서 C−O−C와 C−OH

그림 2.61 펙틴이 물을 보유하는 방법

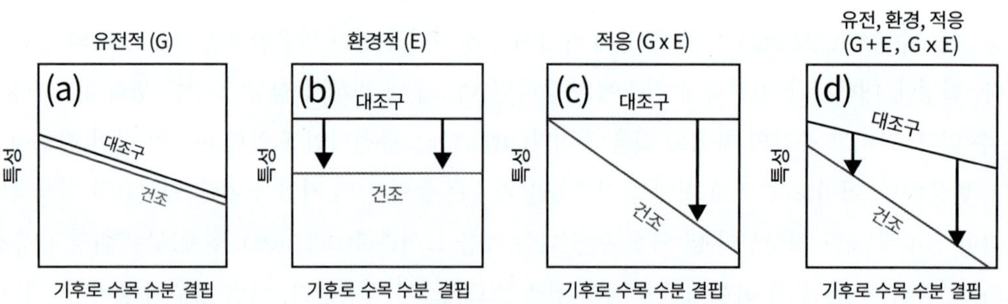

CMD: Climate Moisture Deficit(기후로 수목 수분 결핍)

그림 2.62 수목의 건조저항성과 유전적인 요인

수목은 더 많은 탄소를 뿌리로 분배한다. 지상부보다는 지하부로 보내고, 물의 흡수를 최대화하고, 통도조직의 효율을 높인다. 또한 수목은 건조에 노출되면 줄기에 물을 저장하려고 한다. 그러므로 수간에서 물이 차지하는 비율이 커진다. 건조한 환경에서 적응하여 생육하는 수종은 일반적으로 낮은 수분 함량을 가지고 광합성을 해야 하기 때문에 수분이용효율이 높다(표 2.6).

건조지역에 생육하는 4가지 *Brachychiton* 속의 수목은 모두 적당한 수분의 분포 공간(니치, niche)

표 2.6 건조 스트레스에 대한 수목의 반응

구분	특징	건조저항성 있는 수종 값(대조구와 비교해서)	설명	도식화
형태적	Above-to below-ground biomass	낮은값	건조저항성이 있는 수목은 더 많은 탄소를 뿌리로 분배한다. 지상부보다는 지하부로 보내고 물의 흡수를 최대화하고 통도조직의 효율을 높인다.	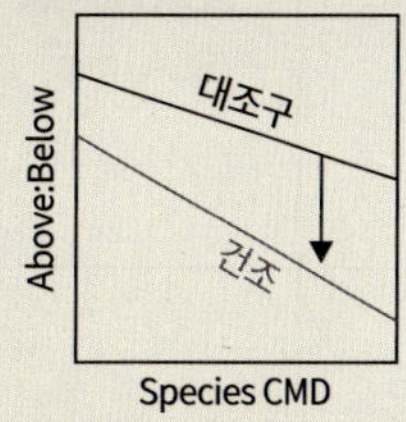
	Root-specific leaf area(RSLA)	낮은값	뿌리와 잎의 비율. 잎은 물을 요구하고 뿌리는 물을 흡수하는데, 건조에서 잎은 감소하고 뿌리는 증가하는 상쇄작용(trade-off) 현상이 일어난다.	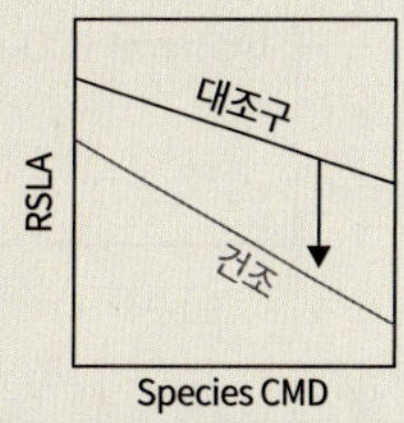
	Leaf area to sapwood area ratio (A_{leaf}: $A_{sapwood}$)	낮은값	잎의 양과 물을 이동할 수 있는 변재와의 관계. 건조가 심해지면 변재에 투자하는 비중이 늘어나서 낮은 값을 가짐	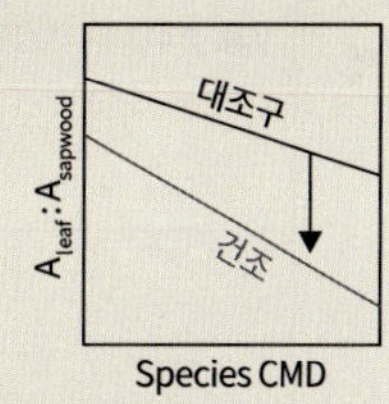
	Relative water content of stem(RWC)	높은 값	건조에 대해서 줄기에 물을 저장하고자 하는 능력이 늘어남	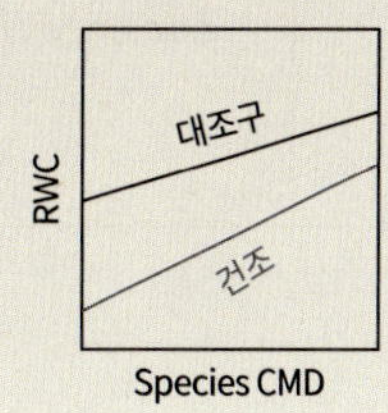

표 2.6 건조 스트레스에 대한 수목의 반응(계속)

<table>
<tr><th>구분</th><th>특징</th><th>건조저항성 있는 수종 값(대조구와 비교해서)</th><th>설명</th><th>도식화</th></tr>
<tr><td rowspan="2">형태적</td><td>Leaf dry matter content (LDMC, $mg \cdot g^{-1}$)</td><td>높은 값</td><td>잎의 평균 밀도를 의미하며, 1/SLA로 나타낼 수 있다. 건조에 대한 저항성을 가지기 위해서 구조적으로 강하게 하기 위한 잎으로의 투자량</td><td>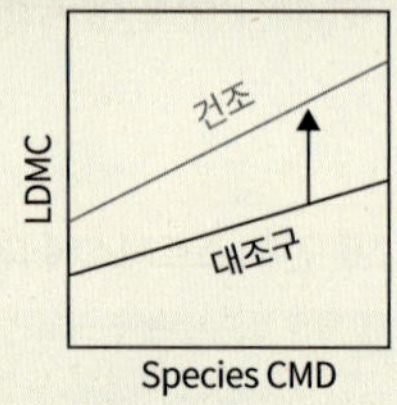</td></tr>
<tr><td>Specific leaf area (SLA, $mm^2 \cdot mg^{-1}$)</td><td>낮은 값</td><td>잎의 표면과 무게의 비율. 잎은 많은 빛을 포집하기 위해서 면적을 늘린다.</td><td>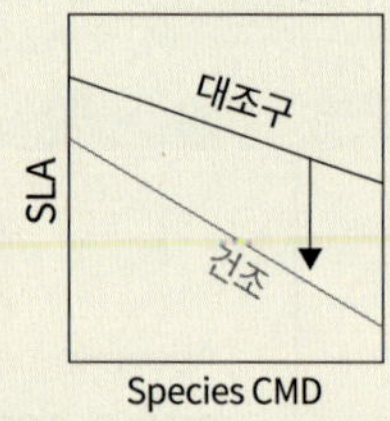</td></tr>
<tr><td rowspan="3">생리적</td><td>Assimilation (A, mmol $\cdot CO_2 m^{-2}s^{-1}$)</td><td>낮은 값</td><td>광합성 능력은 건조에 대해서 감소하는 반응을 보인다.</td><td>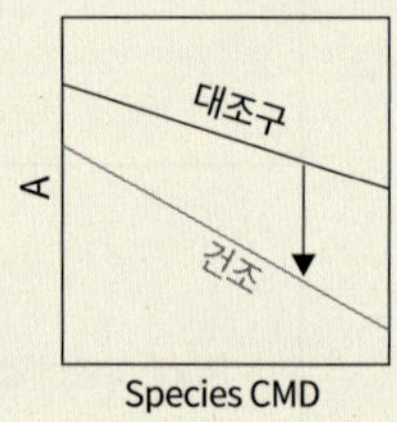</td></tr>
<tr><td>Stomatal conductance (g_s, mmol $\cdot H_2O m^{-2}s^{-1}$)</td><td>낮은 값</td><td>기공은 CO_2를 흡수하는 관문으로, 잎은 건조에 대해서 기공을 닫기 때문에 기공의 전도도는 줄어 든다.</td><td>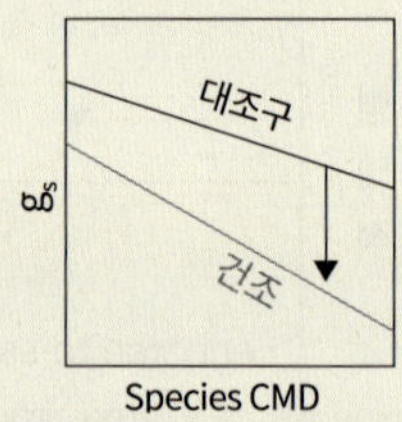</td></tr>
<tr><td>Intrinsic water-use efficiency(WUEi)</td><td>높은 값</td><td>수분을 이용하는 효율은 광합성/기공의 열린 정도(혹은 증산량)로 표현한다.</td><td>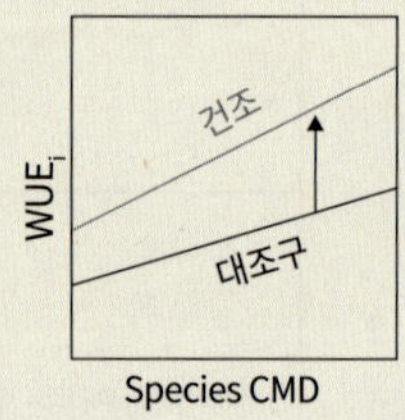</td></tr>
</table>

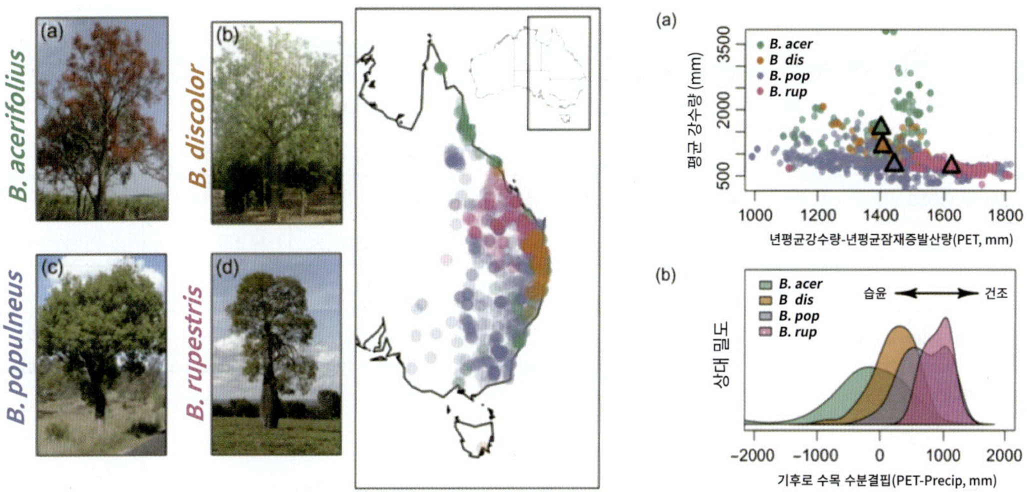

(a) *Brachychiton acerifolius*, (b) *Brachychiton discolor*, (c) *Brachychiton populneus*, (d) *Brachychiton rupestris*

그림 2.63 건조지역에 생육하는 4가지 *Brachychiton* 속의 수분의 니치(niche)

를 가지고 분포한다. 호주 동부에 분포하는 이들 수종은 건조한 환경에서 오랫동안 살아왔다. 고유한 형태적, 생리적인 특징을 구분할 수 있다. *Brachychiton rupestris*는 가장 건조한 지역에 적응한 수종이고 *Brachychiton acerifolius*는 강수량이 비교적 많은 지역에서 분포한다. 이들 수종은 낮은 광합성률, 기공전도도를 가지지만, 높은 수분이용효율을 가지면서 환경에 적응한다(Reynolds et al., 2017)(그림 2.63).

수목의 품종과 건조저항

올리브나무(*Olea europaea*)의 경우, 지리적인 분포에 따라서 유전적인 소질이 다르기 때문에 건조에 견디는 정도가 다르다. Arbequina, Blanqueta, Cobrancosa, Manzanilla, Negrinha 5개의 지역적인 품종이 있으며, 건조에 대한 반응이 다르다(Bacelar et al., 2009). Cobrancosa, Manzanilla, Negrinha 3가지 품종은 높은 광합성률을 가지고 있으나, Arbequina와 Blanqueta은 낮은 광합성률을 가지는 반면에, 높은 수분이용효율을 가진다. 지중해 같은 건조한 지역에서는 Arbequina와 Blanqueta 품종이 높은 생존율과 열매를 생산한다. 수분이용효율이 높은 수종일수록 건조에 대한 저항성이 높고 오랜 기간 동안 적응해 왔음을 알 수 있다. 새벽에 줄기 수분포텐셜(stem water potential at predawn)은 두 품종의 경우가 다른 품종에 비해서 음수값으로 더 가깝게 위치한다. 그러나 잎에서 상대수분함량은 다른 품종에 비해서 높다. 이러한 유전적인 특성들이 건조에 대해서 견디는 능력을 끌어 올린 것이다(표 2.7).

표 2.7 올리브나무의 품종별 수분포텐셜(MPa)

품종	Ψ_{PD}	Ψ_{MD}	Ψ_{PFT}	Ψ_{TLP}	RWC_{TLP}	Ψ_{max}
Arbequina	-1.03b	-2.68b	-2.46a	-2.99a	77.8a	7.61a
Blanqueta	-1.02b	-2.35a	-2.37a	-2.87a	76.8a	5.90b
Cobrancosa	-0.78a	-2.48a	-2.69ab	-3.21ab	70.9c	2.42d
Manzanilla	-0.82a	-2.49a	-2.99b	-3.41b	69.7c	2.78cd
Negrinha	-0.82a	-2.47a	-2.89b	-3.39b	73.9b	4.02c

Ψ_{PD} stem water potential at predawn, Ψ_{MD} stem water potential at midday, Ψ_{PFT} osmotic potential at full turgor, Ψ_{TLP} osmotic potential at turgor loss point, RWC_{TLP} relative water content at turgor loss point, Ψ_{max} maximum bulk modulus of elasticity
숫자 옆의 알파벳은 통계적으로 유의함.

건조와 뿌리분비물

건조 스트레스에서는 수목 뿌리에서의 분비물을 증가시켜서 건조에 대한 저항력을 키우려는 전략으로 생존한다(Preece, 2018). 지중해 연안에 분포하는 *Quercus ilex*의 뿌리에서 분비되는 분비물은 건조 스트레스와 회복되는 과정에서 비슷한 수준의 양이 발견된다. 뿌리에서 분비되는 물질은 두 가지로 나누는데, 용해성의 물질에는 당, 아미노산, 유기산, 효소 등이 있고, 불용성에는 수목세포점질물질, 죽은 세포, 죽어가는 뿌리 등이 있다. 광합성으로 고정된 탄소는 뿌리에서 소실이 2~11% 정도 된다. 그러나 뿌리에서의 탄소의 소실, 고정량보다 근권에서 활동하는 미생물의 활동이 더 중요하다. 뿌리 분비물은 근권미생물들에게 중요한 탄소 소스가 된다. 많은 식물들, ***Lolium perenne***, ***Festuca arundinacea***, ***Medicago sativa*** 등의 식물에서 건조에 따라 뿌리의 탄소분비물이 증가하는 것을 관찰하였다.

건조에서 탄소분비물이 증가하는 것은 뿌리가 생존하는 데 적응하는 생존전략이다. 점성물질을 분비하면 물 흡수를 더 잘할 수 있고, 유기산 혹은 효소 같은 분비물은 양료의 흡수가 폭발적으로 이루어지도록 뿌리의 길이를 크게 한다(그림 2.64).

수간의 초살도(taperness)와 건조

발육하는 수목의 새로운 기관에서 cavitation 저항성과 물의 이동효율은 수고와 도관의 크기와 관련이 있다. 수목은 생장할 때 아랫부분에서 위의 정단부로 갈수록 가늘어지는 "taper" 형태를 가

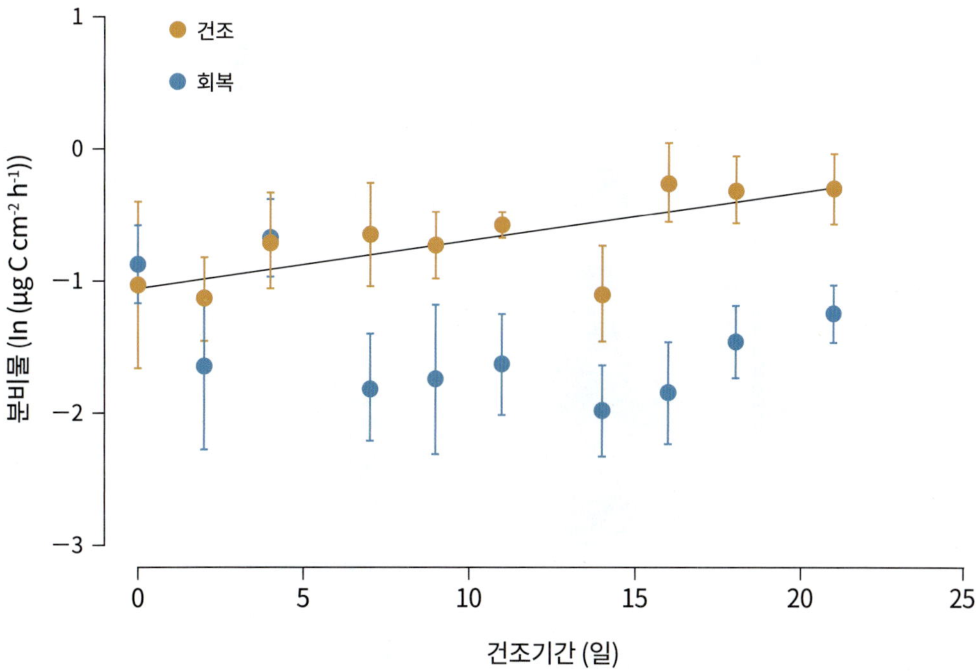

그림 2.64 건조에서 뿌리 분비물의 역할과 회복력

진다. 이는 기계적으로 안정된 구조를 가지는 것 외에도 수목이 건조에 대해서 저항성을 늘리고 수분의 효율적인 이동을 위한 적응전략이 된다. 수목이 수고가 커지면서 새로운 목재에 도관이 정상부에서 토양과 지접부로 갈수록 커진다. 이것은 수고가 가지는 긴 통로가 수분통도저항성을 커지게 하는데, 이는 잎의 면적당 전도도를 일정하게 하기 때문이다. 자연선택은 잎의 면적당 탄소 소모 비용을 최소로 하려는 전략과 일치하고, 수목의 위에서 아래로 갈수록 도관이 넓어진다(Pittermann and Olson, 2018)(그림 2.65).

천이 초기 및 후기 수종

아시아 북쪽 아한대(boreal) 산림지역의 건조지역에서 생육하는 여러 수종에 대해 건조에 견디는 저항성을 조사해 보면, 천이 후기를 차지하는 침엽수(*Pinus*, *Abies*, *Larix*)들의 건조에 견디는 저항성이 개척 수종에 해당하는 자작나무(*Betula pendula*) 같은 수종에 비해서 월등히 높다(Dulamsuren et al., 2018). 건조지역이면서 산불이나 기후변화로 인해서 개척수종이 들어오면 시간이 지나면서 침엽수로 대체된다.

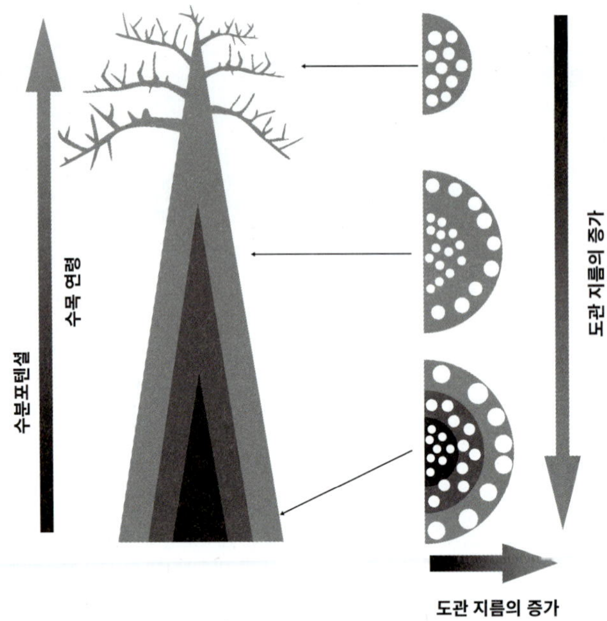

그림 2.65 수간의 초살도와 건조저항성

침엽수종들의 P_{12}(12% 고사시키는 cavitation conductivity), P_{50}, P_{88}을 비교해 보면, 확실하게 침엽수들이 건조에 대해서 도관의 수분 이동에 관여하고, 통도조직을 고사시키려면 높은 압력이 필요하다. 반대로 보면 자작나무 같은 수종은 도간의 지름이 크고, 수리전도도가 높다. 이것은 cavitation으로부터 수목이 피해를 받을 확률이 높다는 이야기다. 낮은 삼투압에서도 쉽게 건조 피해를 받을 수 있다는 것이다. 자작나무는 도관폐쇄로부터 취약하고, 잎의 수분포텐셜이 낮다는 것을 의미한다. 자작나무가 고사하려면 88% 정도의 수리전도도가 목부에서 문제가 생겨야 하는데, 침엽수에 비해서 낮은 삼투압에서도 이러한 현상이 발생한다는 것이다(표 2.8).

가지에서 수분통도조직과 목재 해부학적인 특성을 보면 다음과 같다. K_p(potential hydraulic conductivity), 도관의 지름(d), 수분통도조직의 지름(dh) 모두 침엽수가 낮다. 이는 건조에 견디는 능력이 클 수 있다는 것을 의미한다. 반대로 도관의 밀도는 자작나무 같은 개척수종이 낮다(그림 2.66).

도관의 특성을 결정하는 것이 lumen area(도관내부의 면적)이다. 침엽수가 자작나무에 비해서 높은 비율을 가진다(그림 2.67).

건조 스트레스 기간 동안의 질소 이용

약한 건조의 경우는 새로운 조직과 새로운 잎을 내는 데 뿌리로부터 흡수하는 양료를 사용하

표 2.8 수종별 목부의 12%, 50%, 88% 손실된 수리전도도의 압력(MPa)

수종	조사 지점	P_{12}	P_{50}	P_{88}
Abies sibirica	DT1	−3.01ab	−3.67a	−4.33a
Picea obovata	DT2	−3.38c	−4.13b	−4.88b
Pinus sibirica	DT1	−2.71d	−2.97c	−3.23c
Larix sibirica	LT1	−3.26ce	−3.59a	−3.29d
	SH1	−3.24ce	−3.61a	−3.99d
	SH2	−3.16ae	−3.69a	−4.22a
Pinus sylvestris	LT2	−2.87fbd	−3.33d	−3.80d
Betula pendula	DT2	−1.45f	−1.59e	−1.72e
	LT1	−1.50f	−1.66e	−1.83e
	LT2	−1.45f	−1.62e	−1.79e
	SH1	−1.71g	−1.89f	−2.07f

DT-dark tigar, LT-light tigar, SH-degraded light tigar
숫자 옆의 알파벳은 통계적으로 유의함

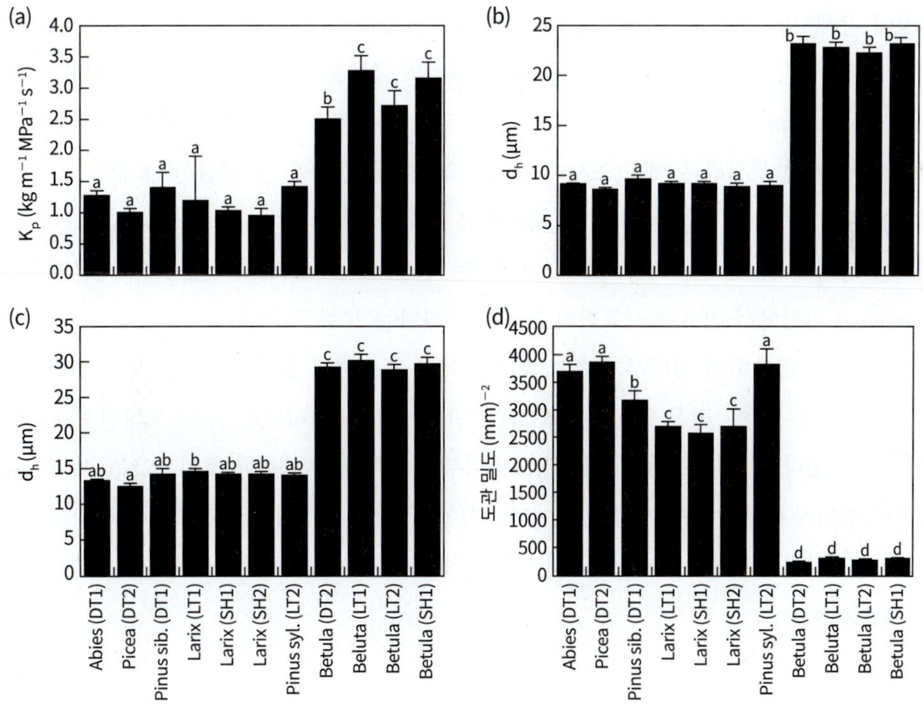

그림 2.66 가지에서 도관의 수분통도조직과 목재 해부학적인 특성

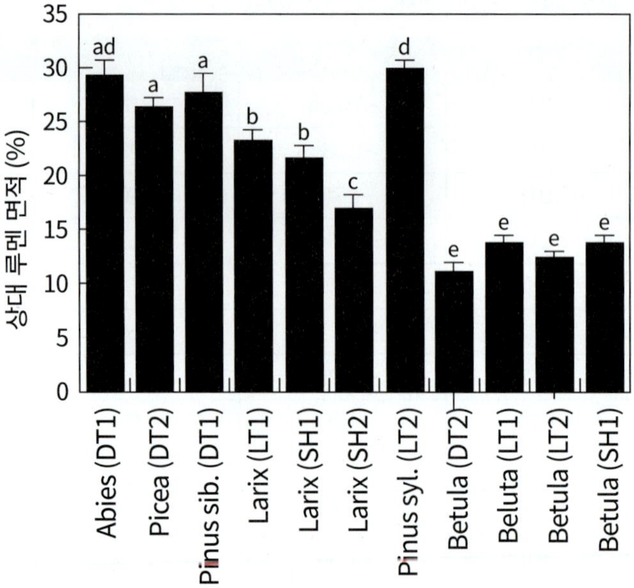

그림 2.67 수종별 도관의 특성을 결정하는 것이 루멘 면적

지 않고, 이미 수목의 체내에 들어있는 씽크(sink)에서 생장에 필요한 양료를 이끌어내서 사용한다. 건조현상이 강해지면 수목이 스트레스를 받아서 고사하게 되지만, 약한 정도의 건조 또는 높은 강도이지만 짧은 기간 동안 건조가 있는 경우에는 수목은 극복을 위해서 이러한 보상전략을 사용한다. *Quercus variabilis*의 경우에 12시간 건조 스트레스를 주고 건조한 환경에서 새로운 잎이 나거나 새로운 가지가 생장하는 것을 조사해 보면, 12시간 동안 물을 잘 공급한 개체와 비교해서 질소(N)의 활용에 큰 문제가 없이 새로운 잎을 내고 생육을 하였다(Wang et al., 2018). 그러나 건조 스트레스를 강하게 준 개체는 최종적으로 고사하는 현상이 나타났다. 이것은 N의 재분배 및 조정(remobilization) 과정에서 건조를 극복하기 위해서 나타나는 보상전략이다.

^{15}N(labeled)을 활용하여 참나무가 질소를 어디에서 흡수해서 활용하는지 조사한 결과, 새로운 잎, 새로운 가지에서 주로 많은 양이 검출되었다. 반면에, N(unlabeled)는 주로 오래된 가지, 뿌리에서 많이 검출되었다. ^{15}N(labeled)는 주로 씽크에서부터 끌어내서 사용한 것이고, N(unlabeled)은 토양에서부터 참나무가 흡수하여 사용한 것이다. 참나무의 경우, 12시간의 건조 스트레스를 받은 개체들이 봄에 생장하면서 필요한 질소를 체내에 축적되어 있는 것을 우선 사용하고 있다는 것을 알 수 있다(그림 2.68).

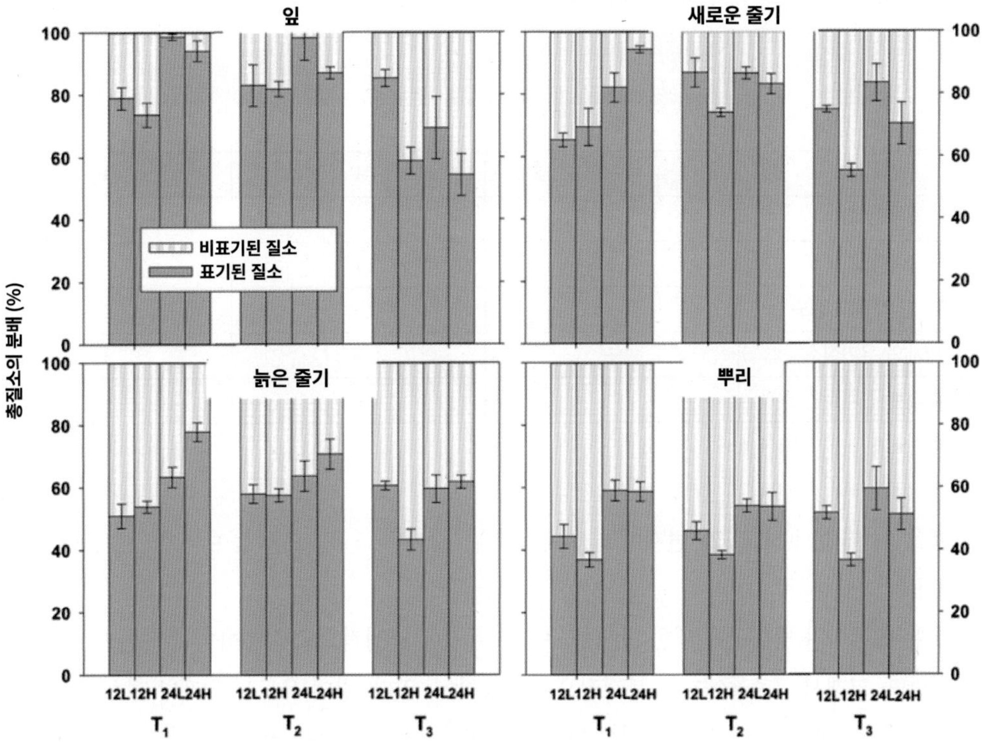

이식한지 T_1 = 4주, T_2 = 8주, T_3 = 12주 지난 *Quercus valiabilis* 묘목
12 L, 12 mg N + low watering;
12 H, 12 mg N + high watering;
24 L, 24 mg N + low watering;
24 H, 24 mg N + high watering

그림 2.68 건조 스트레스에서 잎과 줄기의 질소이용율

건조와 사부의 역할

건조 스트레스가 사부에 영향을 주거나, 곤충이나 병원균이 생존하기 위해서 사부나 수목의 변재에 가해하는 경우 다양한 결과를 볼 수 있다(Salmon et al., 2019). 수간을 가해하는 곤충이 나타나고, 이어서 병원균이 가해를 하면 수목의 고사율이 급증한다. 사부 가해 생물(phloem-sap feeders)은 *Hemiptera* 같은 것이고(Huberty and Denno, 2004; Pompon et al., 2011), 형성층 가해 생물(cambium-feeder)은 beetles(딱정벌레류) 같은 것이 있다(White, 2015). 변재 가해 곤충은 직접 대롱(stylet)을 내서 조직을 효율적으로 파고 들어간다. 이때 조직의 파괴는 최소화하지만, 당이나 질소의 고갈을 가져온다. 이러한 환경은 건조로 인해서 생기는 요인이기 때문에, 결국 변재 가해 곤충에게 부정적으로 작용한다. 그 이유는 1) 조직 파괴가 적은 이유로 낮은 유출이 이루어지므로 사관(sieve tube)을

표 2.9 곤충이나 병원균이 생존하기 위해서 사부나 수목의 변재에서 가해와 건조의 관계

생리적인 반응 \ 가해원인	건조에 대한 반응	변재 가해 (sap feeder)	형성층 가해 (cambium feeder)
지속적인 방어	+	−	−
방어유도	−	+	+
사부의 ABA	+	−	−
팽압	−	−	−
삼투압 적응과 점도	+	−	+
변재의 유기질소	+	+	+
건조에 대한 전체적인 효과		−	+

+ 긍정적인 효과, − 부정적인 효과

찾는 것을 더 어렵게 하고, 2) 변재에 대한 접근성을 줄이며, 3) 점도를 높여서 불균형을 초래하기 때문이다.

건조는 곤충이나 병원균에 대한 방어를 구성하는 것에 긍정적으로 작용하여 수목이 방어를 할 수 있도록 한다. 그래서 곤충들에게는 부정적으로 작용할 수 있다. 방어 유도는 심재나 형성층을 가해하는 병원균에 긍정적으로 작용한다. 형성층을 가해하는 곤충은 유충을 낳아서 형성층을 막거나 생장을 방해한다. ABA는 변재가해 병원균에는 부정적이고, 건조는 팽압에는 부정적으로 작용하며, 삼투적응이나 점도는 변재 가해균에 부정적이나 형성층 가해 병원균에는 긍정적이다. 초식동물에 의해서 가해가 되고, 건조에 의해서 단백질 합성에 불균형이 생기면, 변재 유기질소를 함유한 부분이 증가한다. 이는 변재 혹은 형성층 가해 병원균 입장에서 보면 모두 긍정적인 먹잇감이 되는 것이다. 건조는 전체적으로 심재 가해 병원균에는 부정적이고, 형성층 가해 병원균에는 긍정적이다(표 2.9).

수목은 광합성을 통해서 소스에서 씽크로 생산물을 이동한다. 건조 스트레스에 있는 수목은 탄소를 필요로 하는데, 이 경우 근처에 있는 탄소소스를 활용하여 건조를 극복하려고 한다. 탄수화물이 이동하는 속도는 도관 지름의 크기, 탄수화물의 농도로 인한 압력 차이로 인해서 영향을 받는다. 단기간의 건조 스트레스는 수목이 근처에 있는 탄수화물을 이용하고, 씽크에 있는 탄수화물까지 사용하지 않더라도 극복이 된다(그림 2.69).

수목의 부위별로 건조에 대해서 반응하는 생리적인 작용을 살펴보면 다음과 같다. 1) 잎이나 수관에서 보면 광합성은 건조에 대해서 잎의 생장에 비해서 덜 민감하다. 낮은 단계의 건조에서는 광합성이 더디게 감소한다. 이것은 anisohydric 종이 가지는 특징이다. 이 부류에 속하는 수종은 건조 스트레스가 오면 천천히 점진적으로 기공을 닫는다. 건조 스트레스에 대해서 낮은 잎의 수분포텐셜을 유지하여 기공을 닫는다. 호흡량은 광합성에 비해 덜 민감하다. 삼투조절이나 휘발성 유기화합물(volatile organic compounds, VOC)의 생산량은 심각한 수준의 건조가 이르기 전까지는 건조가 진

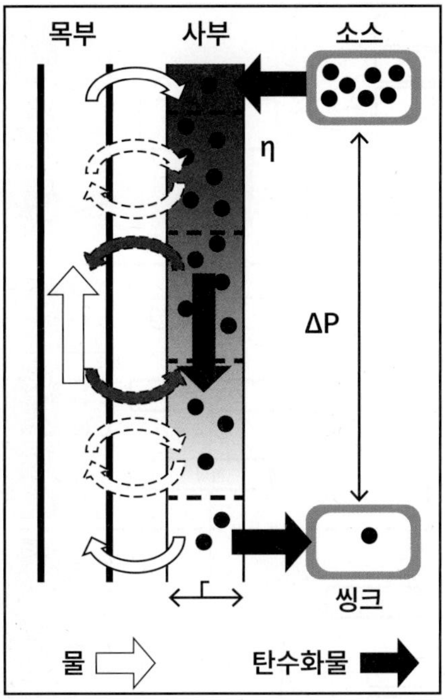

사부 적재 및 하적으로 인한 압력차이(ΔP), 이동속도(η), 도관 지름(r).
흰색 점선화살표–사부, 목부사이를 관통하는 사요소
검은 점선화살표–사부를 따라서 이동하는 용액안의 부분적재와 하적

그림 2.69 탄수화물의 소스와 씽크

행되면서 그 양이 증가한다. 2) 수목의 줄기에서 보면, 변재에서의 탄소 농도와 점도는 건조가 진행되면서 증가한다. 탄수화물의 이동과 적재는 적절한 균형을 이룬다. 건조가 진행되면, 이러한 균형이 깨지면서 생리적인 장애가 생긴다. 3) 뿌리에서는 탄수화물의 이동이 있기 때문에 운반과 적재가 동시에 비슷한 수준으로 일어난다. 건조가 아주 심해지면, 사요소(sieve element)의 직경이 탄수화물의 이동 속도에 영향을 준다. 또한 팽압이 붕괴되면서 분비물을 생산해 내지 못한다. 그림에서 낮은 수분포텐셜은 광합성에 부정적인 영향으로 작용하기 때문에 (–) 화살표로 표시한 것이다(그림 2.70).

건조 스트레스와 생장 및 생식

식물은 불리한 환경이나 스트레스를 받는 환경에서 생식하는 쪽으로 에너지를 투입한다. 수목은 이러한 불리한 환경에서는 생존과 방어에 많은 에너지를 투입해서 생존하려고 한다(Lauder et al., 2019). 탄소가 종자를 생산하는 쪽으로 분배되면, 잎, 목부, 줄기 생산에 투입하는 탄소가 감소한다. 이는 수분통도조직에 이상을 가져오고, 가도관의 크기, 수지의 형성으로 인해서 병원균 혹은 곤충에 대해 약해진다. 목부에서 물의 이동이 끊기고, 응집력으로 형성된 물기둥이 도관폐쇄(embolism)에 의해서 잘려지면, 기포가 물의 이동을 방해하는 hydraulic failure 현상이 일어난다. 또는 목부 내부의 삼투압이 너무 음수값이면 목부 세포를 찌르는 현상이 나타나는데, 이는 심각한 물이동 단

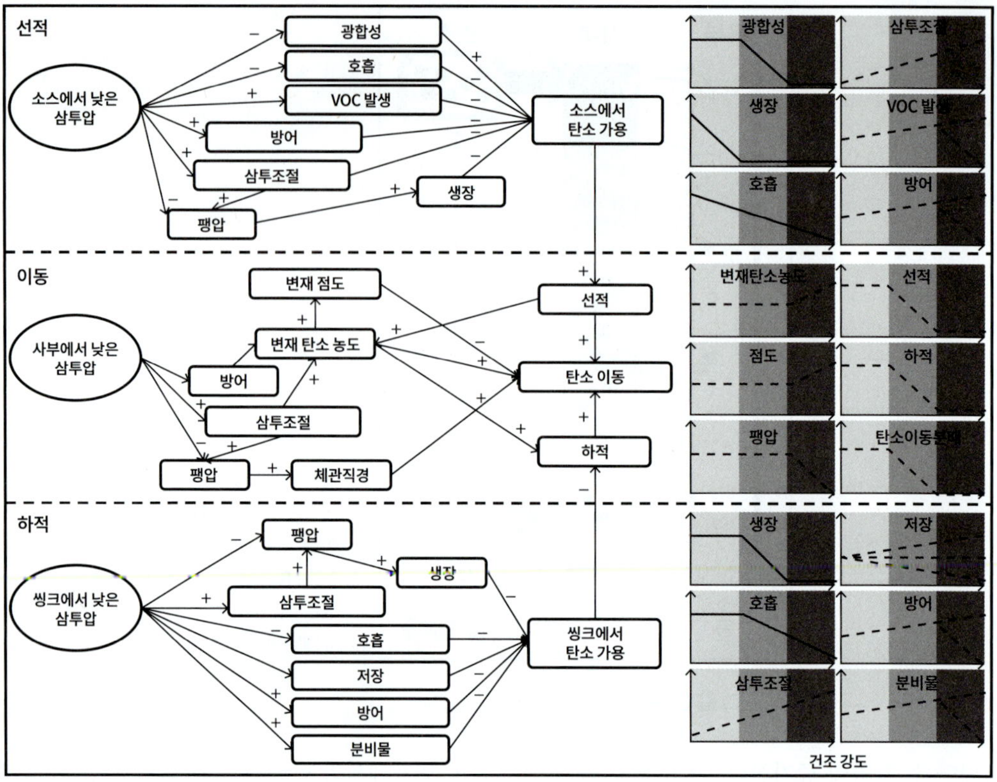

왼쪽 그림에서 제일 위는 잎, 중간은 수간, 제일 밑은 뿌리를 나타냄(anisohydric의 경우). 왼쪽 그림에서 다른 색깔은 건조의 강도. 점선은 추정한 경로, 실선은 확실한 경로

그림 2.70 수목의 부위별로 건조에 대해서 반응하는 생리적인 작용

절의 생리적인 장애를 유발한다. 이러한 장애를 수목에서는 막공이 물의 이동을 이웃한 세포를 통해서 이동할 수 있도록 하여 건조에 대한 저항성을 높인다. 두꺼운 목부 세포벽(t), 높은 목재밀도, 적은 목부 직경(D), 낮은 가도관사이 막공 면적을 가진 수목이 hydraulic failure에 견디는 능력이 크다. 그러나 높은 (t/D)의 비율을 가지면 낮은 수분통도 효율을 갖게 되는데, 적은 목부 세포가 큰 세포에 비해서 적은 물을 이동하게 된다. 두꺼운 세포벽을 가지는 것은 건조에 견디는 능력이 올라가서 좋지만, 반대로 높은 탄소 소모가 동반되기 때문에 서로 상반(trade-off)된다(그림 2.71).

가도관의 벽은 주로 셀룰로스와 헤미셀룰로스(primary cell wall), 리그닌(secondary wall)으로 구성되어 있다. 침엽수는 나이테 생장이 가도관의 밀도와 크기, 얇은 세포벽을 가진 가도관과 비례한다. 가도관의 세포벽의 두께는 리그닌의 농도와 비례한다. 리그닌이 포함하고 있는 에너지는 셀룰로스보다 약 30% 높다. 높은 리그닌 함량과 목재 바이오메스 생산과는 반비례의 관계를 가지는데, 이는 감소한 나이테 생장이 증가한 단위부피당 리그닌의 양과 관련이 있기 때문이다. 침엽수에서 리그닌 함량은 ψ_{50}(수분포텐셜을 50% 정도 잃었을 때의 압력)과 반비례의 관계를 가진다(그림 2.72). 이러

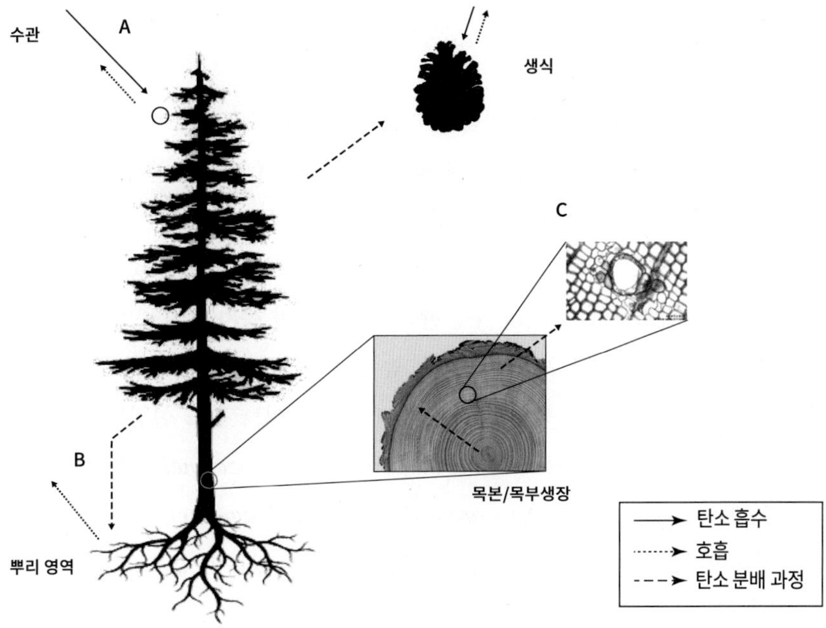

그림 2.71 건조 스트레스와 생장, 생식에 관한 탄소 분배

한 리그닌함량의 증가는 가도관벽을 보강하는 것이 되겠지만, 가도관에서 서로 수분 이동을 연결해 주는 막공 혹은 주변부에 리그닌을 축적시키게 되어서 도관폐쇄(embolism)에 대한 저항성을 약하게 만든다. 곤충이나 병원균으로부터 가해를 받아서 생산하는 수지(resin)도 탄소 소모를 해서 피해를 복원해야 한다(Lauder et al., 2019). 그러므로 곤충이나 병원균에 대한 저항성이 높은 수목은 탄소의 소모가 그만큼 큰 것이다. 건조에 노출된 수목에서 수지가 증가하는데, 이는 탄소소스로부터 많은 양의 인(phosphorus)을 빼앗는 현상으로 나타난다.

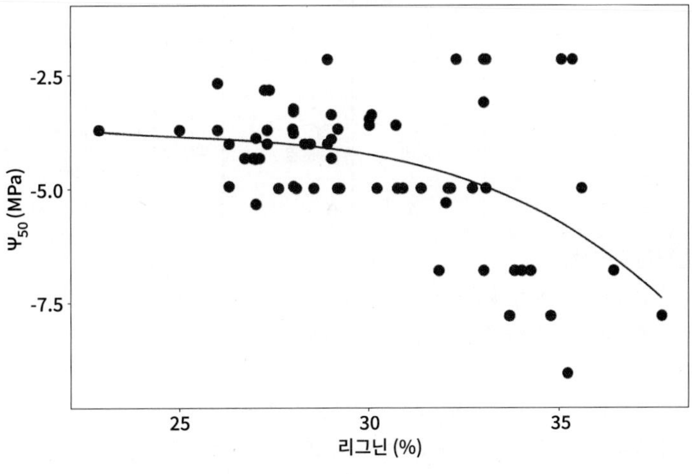

그림 2.72 리그닌 함량과 수분포텐셜

Fight(투쟁형)와 flight(회피형)

T년도를 기준으로 T 이전 연도에 여름과 가을에 건조한 스트레스가 있었고(그림 2.73A), T년도 봄에 건조 스트레스가 있었던 경우 직접적인 영향을 종자 1, 종자 3에 준다. 종자 1은 탄소의 제한, 종자 3은 질소의 제한으로 생산량이 감소한다. 간접적인 영향은 종자 2에 주는데, 탄소가 증가하여 생산량이 증가한다. T년도의 봄의 건조는 직접적으로 탄소의 제한으로 종자 1, 이로 인한 열악한 감수분열로 종자 2가 감소한다. 그러나 수분현상은 증가하여 종자 2는 증가한다. 간접적으로는 낮은 생산의 종자 1로 인해서 종자 2가 증가하고, 높은 종자 2로 인해서 종자 3은 감소한다. 이와 같은 현상을 주의 깊게 정리하면, 수목이 가지는 격년 결실을 어느 정도 설명할 수 있다. 이러한 현상은 *Pinus halepensis*, *Pinus pinaster*, *Pinus banksiana*, *Abies sachinelensis*에서 관찰되었다. 그리고 격년 결실이 아니더라도, *Abies lasiocarpa*, *P. menziesii*, *Tsuga mertensiana*, *Picea*, *Pinus* spp.에서 구과가 큰 것이 생산되는 해는 나이테 생장이 크게 되지 않는 현상을 보인다. 그래서 생장과 생식이 탄소 분배에서 서로 상반되는 현상으로 나타난다(그림 2.73).

Fight(투쟁형) 전략형은 건조에 대한 방어를 위해서 화학물질(수지, 이소프렌 등)을 생산하여 방어를 하고 생장에 많은 탄소를 분배함으로써 건조에 대한 저항성을 높인다. 또한 비대생장을 하려면 도관직경의 크기가 늘어나야 하는데, 탄소의 분배가 너무 많고 크기 때문에 큰 도관을 만드는 것보다는 직경이 작은 도관을 많이 만드는 것으로 불리한 환경을 극복하고, 목부의 수리전도도를 유지

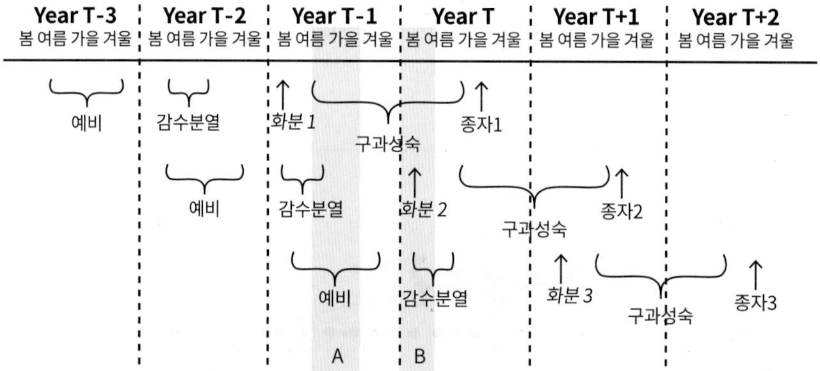

A) 건조한 여름 / T−1년 :

직접 효과 : ↓ **종자 1** (탄소제한) ↓ **종자 3** (질소제한)

간접 효과 : ↑ **종자 2** (탄소가용도 증가)

B) 건조한 봄 T년 :

직접 효과 : ↓ **종자 1** (탄소제한) ↓ **종자 3** (열악한 감수분열) ↑ **종자 2** (좋은 수분)

간접 효과 : ↑ **종자 2** (낮은 종자 1) ↓ **종자 3** (높은 종자 2)

그림 2.73 수목에서 연도별 종자의 결실(격년 결실 등)이 생기는 이유

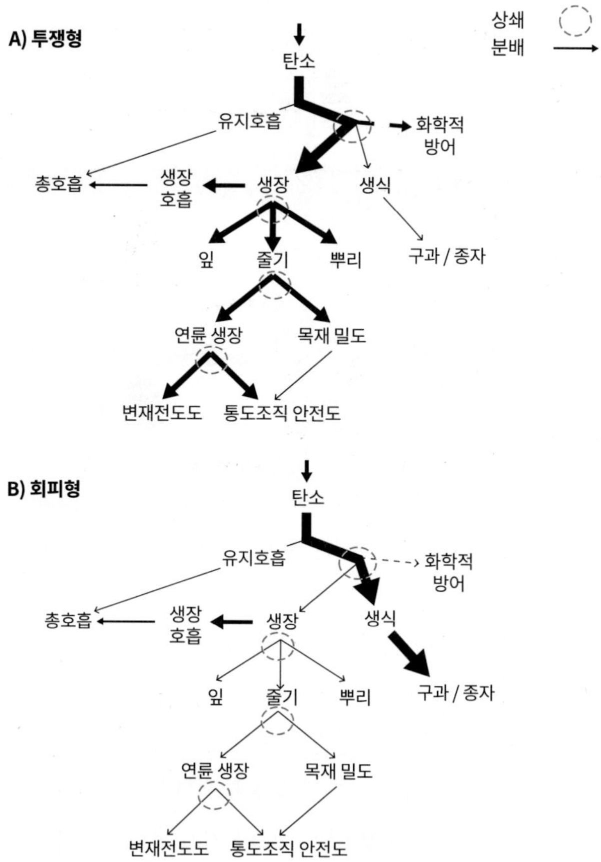

그림 2.74 투쟁형과 회피형의 차이

하는 전략을 가지고 있다. 건조에 대해서 flight(회피형) 전략형은 화학적인 방어, 종자 생산을 해서 생식하는 방향으로 탄소를 분배한다. 많은 비구조탄수화물이 뿌리에 강화되고, 지하부 탄소의 균형 변화가 거의 없다. 건조에 대해서 생장하면서 만들어지는 탄수화물을 수동적으로 이동해서 탄소 저장 하던 것을 능동적인 탄소 저장으로 바꾼다(그림 2.74).

그러면 언제 투쟁형 전략으로 건조 스트레스에 대해서 반응하고, 어떤 때는 회피형 전략으로 가는 것인가는 환경에 따라서 다양하다. (A)에서는 만약 건조가 구과가 형성된 다음에 오고 건조에 대해서 방어하기 위해서 구과의 불염, 자원의 재분배를 한다. 이러면 3년차에는 구과가 열리지 않지만 줄기와 뿌리의 생장이 계속되고, 목부의 리그닌화가 증가하게 된다. (B)에서는 만약 구과가 형성되어 유지되고, 건조 환경에서 성숙하는 단계가 되면 회피형 전략으로 간다. 이 단계에서는 생장이 아주 적게 되고, 리그닌화되는 것에 변화가 없게 된다. (C)단계는 마지막 건조 환경이 회피형 전략으로 가고, 뿌리와 새순의 생장이 거의 없으며, 리그닌화되는 것에 변화가 없다(그림 2.75).

생태적인 측면에서 보면, 갑작스런 환경 변화로 인해서 수목이 불리한 환경이 되면 수목 개체는

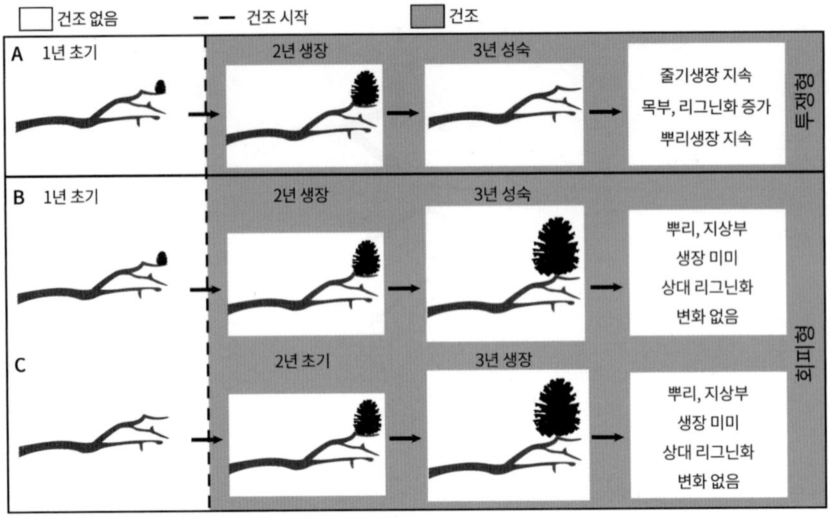

그림 2.75 투쟁형 전략, 회피형 전략으로 건조 스트레스에 대해서 반응

빠르게 환경에 적응을 하던지 그러지 못하면 군집의 크기나 개체의 크기가 줄어들게 된다. 이처럼, 상대적인 적응 혜택이 줄어들게 되는 것이다. 생장 초기단계에서 종자 생산을 위한 자원의 분배는 건조, 산불 후 갱신을 하기 위해서 장기간 생존하는 수목에서는 필수적이다.

건조에 대해서 적응과 수목의 고사율과의 관계를 투쟁형 전략형과 회피형 전략형으로 나누어서 보면 서로 상반되는 모습을 볼 수 있다. 건조의 강도와 기간이 증가하여 건조 스트레스가 강해지면, 투쟁형 전략형은 건조 방어에 대한 저항성이 낮아져서 고사율이 증가하고, 탄소의 분배를 수간, 뿌리 등으로 모두 분배하기 때문에 수목이 생식을 하기 전에 죽게 된다. 회피형 전략형은 낮은 고사율에서 적응에 대한 이득이 약간 증가한다. 그러나 건조 스트레스에 대해서 고사율이 증가하면 생식으로 에너지를 분배하여 잠재적으로 새로운 묘목이나 종자를 생산하는 적응을 높인다(그림 2.76).

수목이 불리한 자원과 환경에 적응하는 전략 가운데 하나를 'Bet hedging strategy'라고 한다. 가장 적당하게 적응하고 불리한 환경에서는 다음해 혹은 다른 연도에 생장 혹은 생식을 하고자 남겨놓은 것이다. 그림 2.77과 같이 수목도 bad year(나쁜 해)에 적응한 수종이 있는 반면, 열악한 환경에서 다음해를 기약하는 수종들도 있다. Hedge(분산)는 원래 경제, 경영학 용어로, allocation(분배)와는 약간 다르다. 자본 투자를 함에 있어서 한 바구니 혹은 한 울타리에 담지 않고 여러 군데 분산해서 나누어 담는 방법이다.

획득할 수 있는 자원을 나누어서 에너지를 투입해 생존하는 데 위험성을 줄이는 방법을 분배라고 한다. 수목이 한 토양구역을 점유하고 그 지역의 양료가 고갈하면 그 옆의 지역으로 생육공간을 넓혀서 종자를 비산하여 양료가 충분한 지역에서 생육공간을 차지하는 것을 자원 분배라고 한다. 또한 매년 발아하지 않고 휴면을 유도하여 다른 해에 발아하도록 해서 생존확률을 높이는 전략도

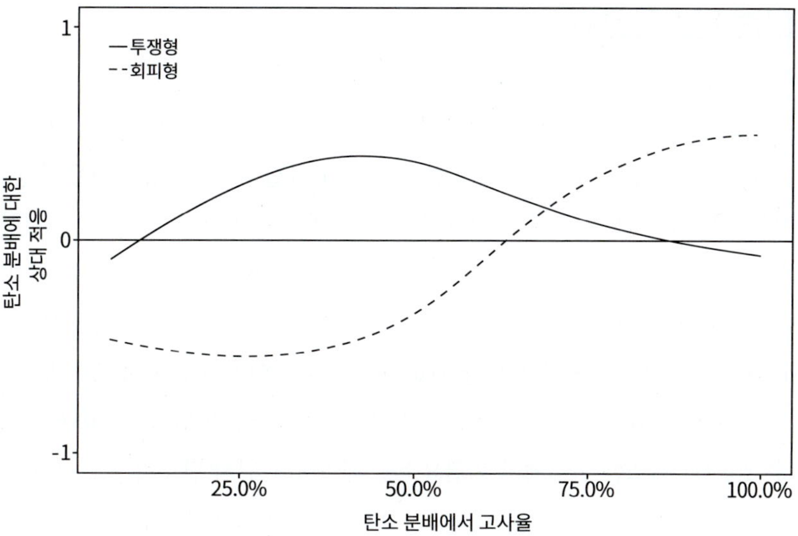

그림 2.76 회피형 전략과 투쟁형의 탄소 분배에 대한 생존율

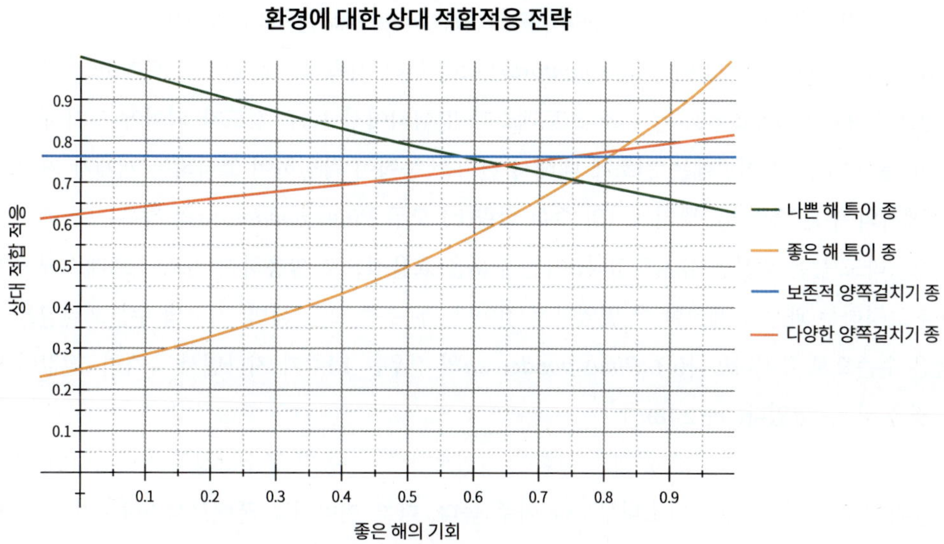

그림 2.77 나쁜 환경에 대해서 적응하는 정도

자원의 효율적인 분배가 된다. Hedge에는 생존력을 높이기 위해서 에너지를 절약하는 방법도 이에 해당한다. 가을에 열매를 달고 매년 성숙한 종자로 발달하는 경우에 수목 개체목 입장에서 보면 에너지 낭비가 너무 심하다. 이러한 경우 수목이 매년 결실하지 않고, 격년, 혹은 몇 년에 한 번씩 결실하는 전략도 자원을 효율적으로 hedge하여 생존확률을 높이는 전략이 된다.

건조에 견디는 탄소고정효율

소나무는 일반적으로 건조에 대해서 생존율이 높다. 그래서 습한 토양보다는 건조한 토양에서 주로 분포한다. 왜 이러한 높은 생존율을 건조한 환경에서 가질 수 있으며, 소나무 수종 간의 차이는 어디에서 오는가? 라는 질문은 아주 오래된 숙제이다. 많은 요인이 소나무의 건조저항성에 관여하겠지만, 탄소의 효율적인 고정을 위한 수분이용효율의 극대화가 하나의 답이 될 수 있다. 종자가 성숙하여 모두 임상(forest floor)에 떨어졌을 때, 건조한 기후가 직면하면 발아해도 모두 죽는다. 그러므로 환경에 적응하기 위해서 종자는 토양(seed bank)에서 발아하지 않고서 숨어 있는 전략을 가지는데, 이를 우리는 흔히 'Bet hedging strategy'라고 한다. 소나무의 탄소고정효율도 이러한 전략으로 설명할 수 있는데, 건조한 환경에서 위험요소를 제거하기 위해 탄소의 효율적인 고정을 유도하는 것이다.

건조에 대해서 저항성을 가지는 것은 탄소고정을 어느 수종이 효율적으로 하느냐에 따라서 결정된다. 두 가지 침엽수 *Pinus contorta*와 *Pinus ponderosa*에 건조 스트레스를 주는 경우, *P. contorta*는 건조에 대해서 견디는 능력이 적고, *P. ponderosa*는 건조에 견디는 능력이 강하다 (Augustine and Reinhardt, 2019). *Pinus contorta*는 5주부터 지속적으로 건조 스트레스로 인해서 고사하였으나, *Pinus ponderosa*는 건조 스트레스가 진행되어서 12주 정도가 되어야 고사하기 시작하였다(그림 2.78d). 그 이전에는 건조에 대해서 견디는 능력이 탁월하여 고사하는 개체가 거의 없었다. 잎에서의 수분 함량(a), 뿌리에서의 수분 함량(b) 모두 *Pinus ponderosa*의 경우는 건조 스트레스가 오더라도 높은 수분을 유지하였다. 이는 수분을 효율적으로 활용하여 건조 스트레스에 필요한 탄소를 고정하는 과정을 계속할 수 있었다는 것이다. 두 수종 모두 새벽, 정오의 수분포텐셜을 상당히 높은 수준으로 유지하였다(c). *Pinus ponderosa*의 경우는 13주가 지나면서 급격히 그 값이 떨어지는 것을 알 수 있었다(그림 2.78).

같은 크기의 수목으로 건조에 대한 실험을 하였으나 두 수종의 탄소고정량이 다르다. 탄소고정량은 폰데로사소나무가 콘톨타소나무보다 아주 높다. 다른 이야기로 폰데로사소나무가 건조 환경에서도 크게 자랄 수 있다는 것이다. 이는 잎, 뿌리에서의 수분 함량이 폰데로사소나무가 높기 때문이라고 앞에서 설명했다. 하루당 많은 탄소 획득을 하는 능력이 폰데로사소나무에서 건조에 대한 저항성을 높였다(그림 2.79).

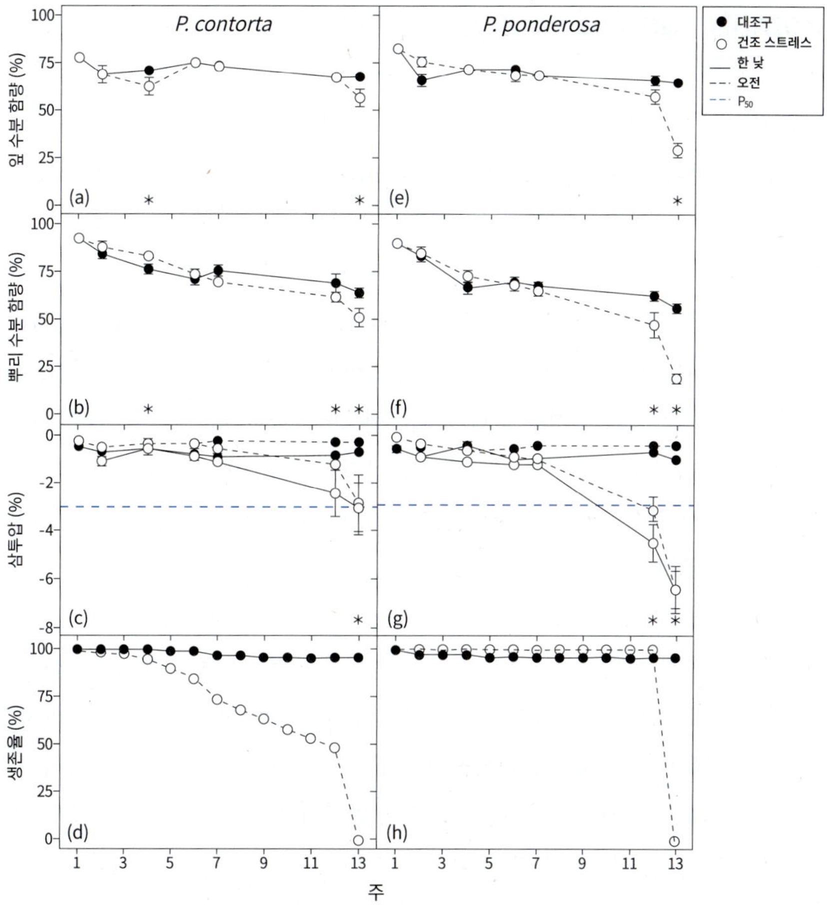

그림 2.78 건조에 견디는 탄소고정이 생존율에 영향

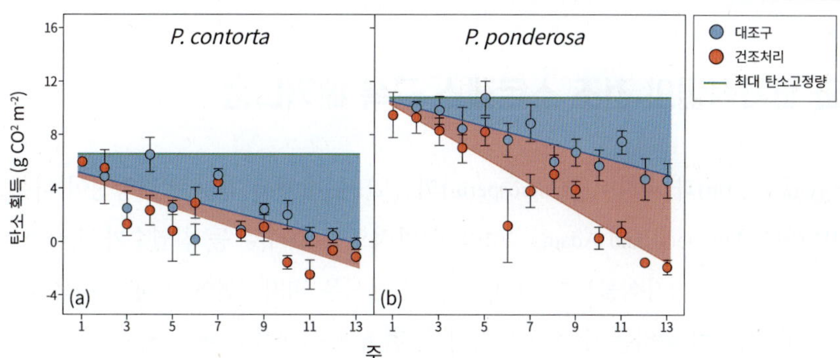

그림 2.79 폰데로사소나무와 콘톨타소나무의 건조환경에서 탄소고정 능력

건조와 aromatic amino acids의 생산

건조에 의해서 소나무는 생리적으로 많은 영향을 받는다. 건조에 대응해서 일반적으로 방어를 위해서 대사물질의 분비에 변화가 생긴다. *Pinus sylvestris*가 건조한 환경에 처하면, 방향족 아미노산(aromatic amino acid)이 증가하고 이차대사산물은 감소한다(MacAllister et al., 2019).

건조처리에 의해서 티로신(tyrosine)의 양이 최고로 증가한다. 이러한 현상은 *Inga umbellifera*의 잎에서도 나타나는데, 이는 곤충의 유충을 감소시키는 역할을 한다고 알려져 있다. 트립토판(tryptophan)의 증가도 나타나는데, tryptophan의 합성단백질의 증가가 수목에 활성산소(ROS) 농도가 높아져서 방어기작이 작동되는 경우에 나타나는 현상이다. 방향족 아미노산(티로신, Tyr; 트립토판, Trp; 페닐알라닌, Phenl)의 증가는 다른 작물에서도 건조 스트레스에 직면하는 경우 공통적으로 나타난다. 반면 침엽수에서 탄소 관련 이차대사산물, 테르페노이드와 페놀 화합물은 상대적으로 방향족 아미노산에 비해서 증가량이 많지 않다.

일반적으로 건조 스트레스가 있으면, 수목은 탄소 관련 이차대사산물을 증가하거나 아로마틱 산물을 증가시켜서 발생하는 활성산소를 소거하는 현상이 공통적으로 나타난다. *Pinus sylvestris*의 경우, 건조에 대해서 방어하는 기작에서 아로마틱 산물의 증가가 이차대사산물의 증가보다 많다. 이것은 건조에 대해서 이차대사산물보다 아로마틱 산물이 더 중요한 역할을 수행한다고 할 수 있다. *Pseudotsuga menziesii*의 경우에도 건조한 환경에서 생장하는 개체들에서 아로마틱 산물이 이차대사산물보다 유의적으로 높게 올라가는 것을 알 수 있다. 그러나 *Pinus sylvestris*에서는 *Pseudotsuga menziesii*보다 아로마틱 산물의 증가가 아주 크지 않다. 그 이유는 아마도 *Pinus sylvestris*는 전 지구적으로 그 분포가 넓어서, 건조, 습윤지역할 것 없이 잘 적응한 결과라고 할 수 있다(그림 2.80).

나자식물과 피자식물의 건조 스트레스 극복 메커니즘

나자식물(gymnosperm)과 피자식물(angiosperm)의 건조에 대해서 견디는 저항성이 다른 것을 여러 가지로 설명한다(Hammond and Adams, 2019). 일반적으로 소나무 등 침엽수가 속하는 나자식물이 건조에 대한 저항성이 피자식물보다 크다. 붉은색 점선은 피자식물에 속하는 수목의 특징이고, 푸른색 점선은 나자식물이 속하는 수목의 특징이다. 건조가 심해져도 어느 정도까지는 나자식물은 견딜 수 있다. 푸른색 영역으로 된 부분은 수목이 건조 스트레스를 받지만 어느 정도 생장에 변화가 거의 없이 생존할 수 있는 범위이다. 이 범위에서 건조가 오면 기공을 닫고, 목부의 수리전도도를 변화시키며, 팽압을 변화시켜서 생존한다. 붉은색 영역은 수목이 고사할 수 있는 위기에 들어가

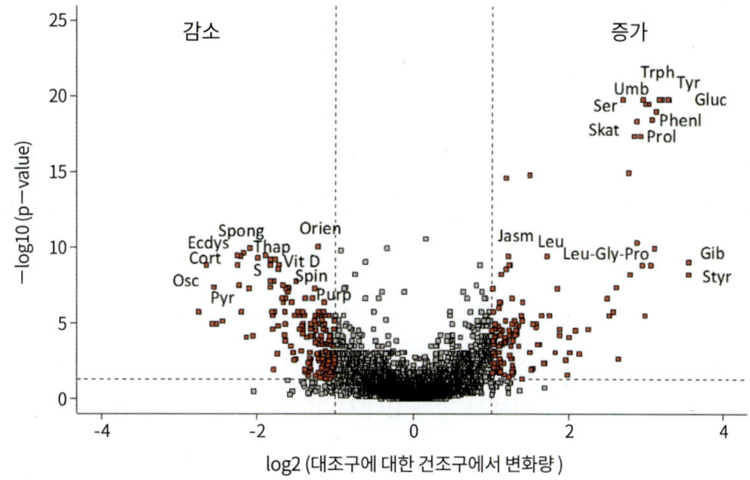

Trp, tryptophan; Tyr, tyrosine; Umb, umbelliferone; Gluc, dihydrozeatin riboside glucoside; Pro, proline; Phe, phenylalanine; Skat, skatole; Ser, serine; Jasm, jasmonate; Leu, leucine; Leu-Gly-Pro, leucine, glycine, proline; Gib, gibberelline; Styr, styrene; Pyr,pyrole; Spong, spongipregnoloside; Orien, iso-orientin; Ecdys, dehydroecdysone; Thap, thapsigorgin; Osc, oscillatoxin; Spin, gentibioside spinosin; Cort, hydrocortisone caproate; Purp, purpurescin; Vit D, vitamin D; Acr, acronycine.

그림 2.80 건조에 대해서 생성하는 아로마틱물질. 대조구에 대한 처리구에서의 변화량. 오른쪽의 증가한 것은 건조처리에서 증가한 성분. 왼쪽의 감소한 부분은 건조에서 감소한 성분

는 범위인데, 여기서는 잎에서 수분의 함량을 얼마나 가지고 있을 수 있는지, 최소의 기공전도도 등이 중요하다. 이 부분에서는 광합성이 제로가 되어서 탄소의 고정 및 호흡으로의 소모가 균형이 맞지 않고, 비구조탄수화물의 사용도 없어진다. 그래서 돌아올 수 없는 한계 지점을 넘으면 수목은 회복하지 못하고 고사하는 것이다. 한계지점은 수목의 종류에 따라서 달라진다(그림 2.81).

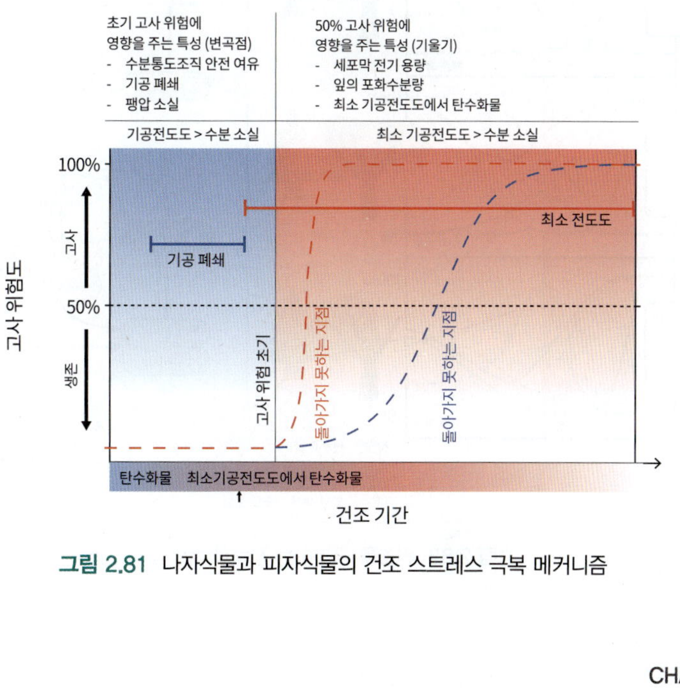

그림 2.81 나자식물과 피자식물의 건조 스트레스 극복 메커니즘

스트레스 극복 속도

수목이 스트레스를 받고 회복이 되는 속도는 스트레스의 강도, 기간, 수목의 건강성 등 많은 요인에 의해서 영향을 받는다(Ruehr et al., 2019). 스트레스가 약한 경우는 약간의 생리적인 역할이 변화가 생겨서 기능적 불균형(S_{rep})을 가져 온다(그림 2.82a). 만약 건조 스트레스가 있다가 물이 공급되면 이러한 불균형은 원래의 기능을 찾고 되돌아온다. 스트레스가 중간 정도(그림 2.82b)이면 회복되는 데 걸리는 시간이 오래 걸린다. 스트레스가 이보다 더 심한 경우(그림 2.82c), 기능적 불균형뿐 아니라 구조적 손상(S_{dmg})을 초래하여 부분적으로 회복되지만 일부는 손상을 입어 회복되지 못한다. 이 경우에 손상된 구조를 복원하기 위해서 광계 II에서 고정한 비구조탄수화물(NSC)를 회복하는 곳으로 투입해야 한다.

건조 스트레스에서 회복되는 데 가장 먼저 나타나는 것 중에 하나가 ABA를 발현하는 단백질의 역할 축소이다. ABA를 발현하는 단백질의 유전자를 감소(down regulation)하는 것이다. 물을 공급해 주면, 잎에서 수리전도도가 회복이 되고, 기공이 열리면서 회복을 위한 준비를 하며, 광합성률이 점차적으로 회복된다. 높은 온도에 스트레스를 받은 수목이 회복되는 과정에서는 광계 II의 회복이 가장 괄목하다(그림 2.83).

잎의 수분포텐셜이 큰 음수로 내려갈수록 회복되는 데 시간이 걸린다. 건조 스트레스가 약하고

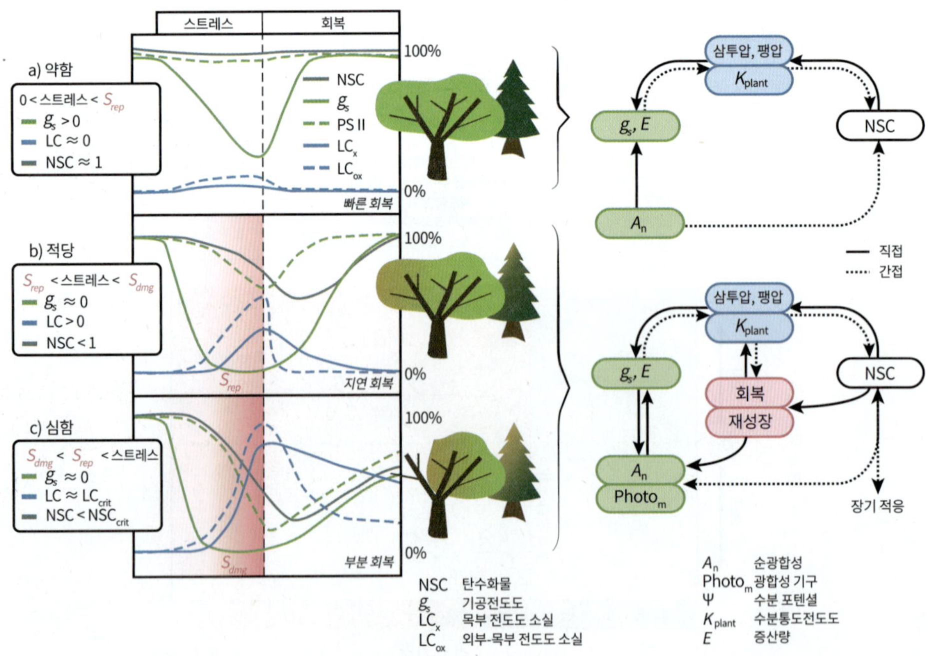

그림 2.82 건조를 극복하는 전략과 차별성

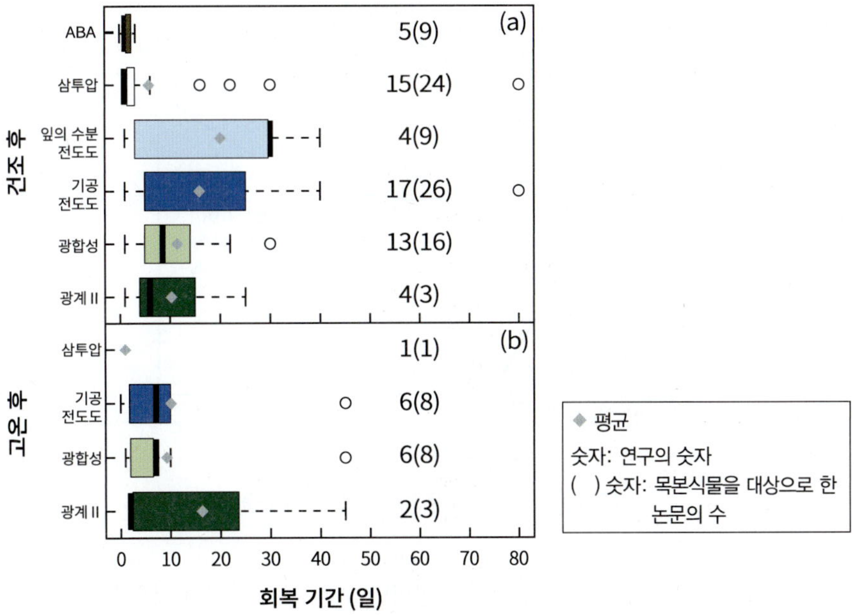

그림 2.83 건조 극복에 관련하는 수목생리적인 특성

짧은 기간 동안만 작용하면, 잎의 수분포텐셜이 음수 값으로 크게 내려가지 않는다. 그러면 회복되어서 정상적인 생장을 하는 데 많은 에너지를 소모하지 않아도 된다(그림 2.84).

건조 스트레스를 받았을 때 수목에서 비구조탄수화물의 양은 스트레스로부터 회복되는 데 중요한 소스이다. 일반적으로 수리전도도의 소실이 증가하면서 비구조탄수화물의 소실도 동반한다. 즉,

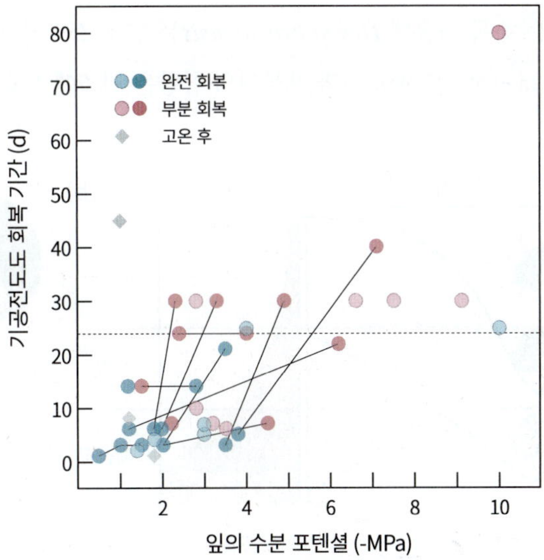

그림 2.84 건조에 대한 회복 능력과 수분포텐셜

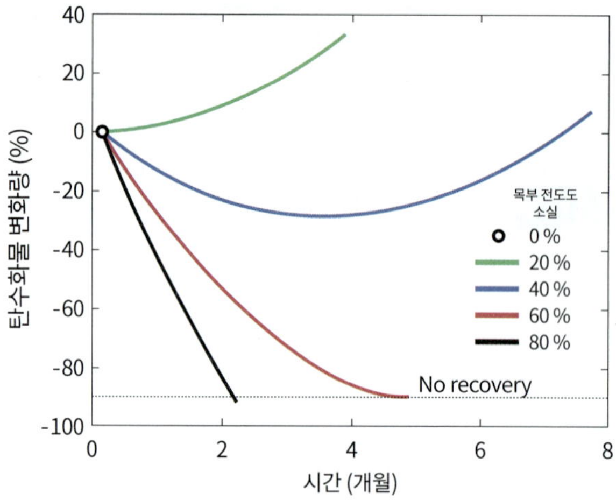

그림 2.85 건조에 대한 회복 능력과 탄수화물

건조 스트레스로 인해서 수목이 하나의 생리적인 변화만 오는 것이 아니라 복합적으로 생리적인 변화가 일어난다. 여기서도 비구조탄수화물의 감소, 수리전도도의 감소 같이 여러 가지 생리적인 변화가 동시에 작용한다. 수리전도도(hydraulic conductivity)의 소실이 크면(60% 이상), 수목이 회복되는 데 어려움이 있어서 수목은 죽게 된다(그림 2.85).

스트레스가 작용하는 경우에 그 정도에 따라서 탄소의 소비가 중요해진다. 낮은 수준의 스트레스를 극복하는 데 적은 양의 탄소를 소모해도 되지만, 심각한 스트레스로 인한 손상을 극복하기 위해서는 많은 탄소를 소모해야 한다. 이는 회복하는 기간 동안 많은 양의 탄소를 사용해야 한다. 결국 탄소의 소모가 제대로 이루어지지 않으면 수목은 죽게 된다(그림 2.86a, b).

열대지역에서 자라는 수목 가운데 *Hevea brasiliensis*는 건조 스트레스에서 회복하는 데 생리적인 변화를 나타낸다(Chen et al., 2010b). 당과 프롤린의 함량은 건조에 노출되면서 증가한다. 그러다

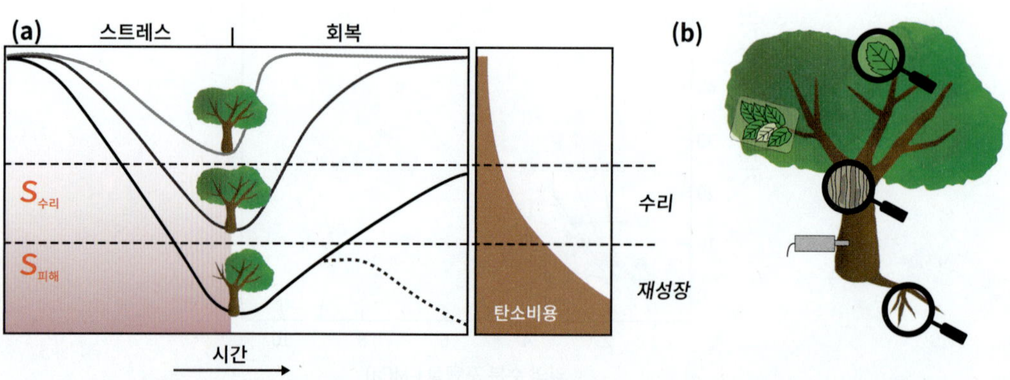

그림 2.86 건조 스트레스와 회복에서 탄소 소비 전략

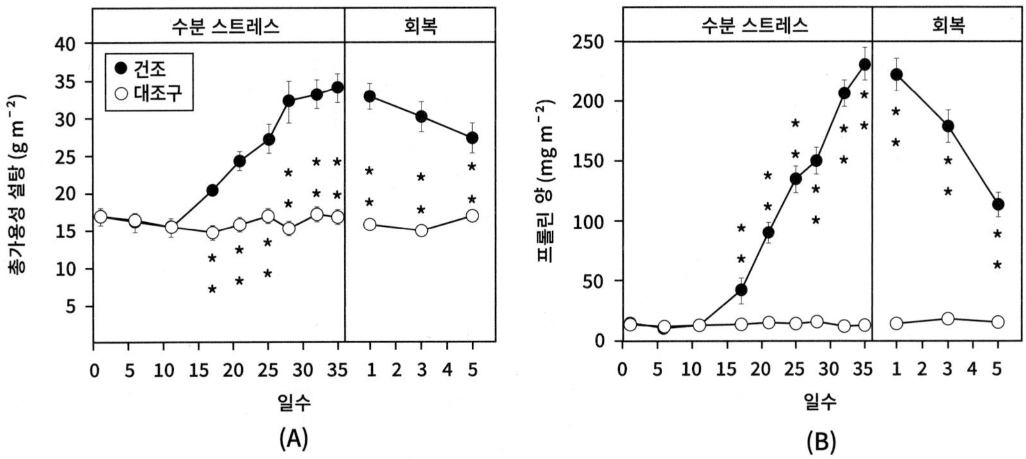

그림 2.87 건조 스트레스 회복에서 프롤린과 가용성 당의 변화량

가 회복이 되면서 그 양이 점차 줄어든다. 건조 스트레스를 받으면, 프롤린의 양이 증가하여 건조에 대한 저항성을 높이는 역할을 한다. 또한 당의 양을 높여서 탄수화물의 저장을 높인다. 수목이 회복되면서 광합성이 회복이 됨에 따라 저장된 당의 다른 부분으로 분배가 시작이 되고, 이로 인해서 수목이 회복되면서 당의 양이 점점 줄어든다(그림 2.87).

기공이 대조구에 비해서 50%, 20%일 때 수분포텐셜은 각각 1.27, 1.93 MPa이다. K_{leaf}가 대조구에 비해서 50% 소실이 되었을 때 수분포텐셜은 1.68 MPa이다. 그리고 줄기의 전도도(PLC)가 대조구에 비해서 20%, 50%일 때 수분포텐셜은 각각 1.27 그리고 2.42 MPa이다. 다시 정리하면, 건조가 진행이 되어서 기관별로 그 기능이 50%씩 감소했을 때, 기공은 1.27, 잎은 1.68, 줄기는 2.42 MPa의 수분포텐셜을 유지하고 있다. 이렇게 되면 물이 충분한 경우의 정상적인 수목의 기공, 잎, 줄기의 수분포텐셜과는 반대의 경향을 가지게 되는 것이라서 건조 스트레스 동안 물의 소실을 최소화하고, 다시 물이 재공급되면 줄기에서 생긴 도관폐쇄(embolism)을 빠르게 제거하기 좋은 압력 구배를 유지하는 것이다. 기공을 개폐를 조절하는 호르몬으로 ABA가 큰 역할을 하지만, 호르몬보다 이러한 수목의 여러 기관에서 일어나는 수리전도도의 역할이 더 크게 작용한다(Chen et al., 2010b)(그림 2.88).

건조가 진행되어서 수목이 스트레스를 받으면 기공은 닫히고 잎의 수리전도도는 줄어든다. 건조가 진행될 때 기공이 닫히는 것은 줄기에서 도관폐쇄가 일어나는 것을 지연시킬 수 있다. 그러나 기공을 닫는 것으로 도관폐쇄를 모두 차단하지 못한다. 도관폐쇄가 있게 되면 줄기에서 물의 이동이 방해를 받게 된다. 이 수종에서는 50% 기공이 닫힐 때 약 20%의 줄기에서 수리전도도가 감소하는 것으로 관찰되었다(Chen et al., 2010b). 건조 후 물을 다시 공급하면 기공이 빠르게 열린다. 이는 건조로 인해서 생긴 공기를 물을 빠르게 흡수해서 없애기 위해서이다. 잎은 도관폐쇄를 제거하

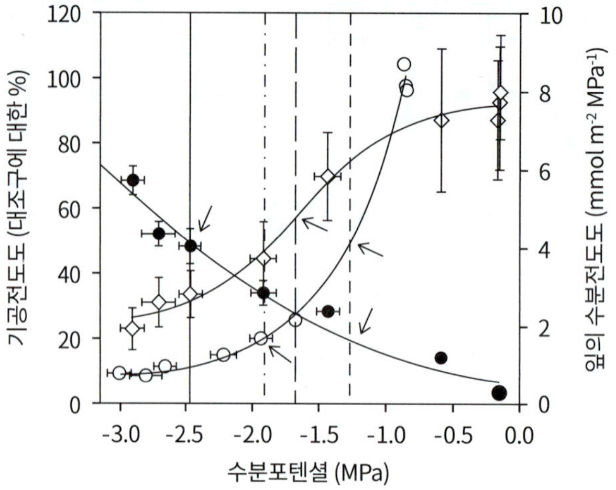

기공전도도(○), 줄기에서 수리전도도 감소율(●), 잎의 수분 전도도(◇)
제일 오른쪽 위 화살표: 50% 기공이 닫혔을 때 수분포텐셜, 20% 수리전도도 감소,
그 옆선 50% K_{leaf} 감소일 때 수분포텐셜, 그 옆선 80% 기공닫힘, 왼쪽의 실선: 50% 줄기
수리전도도가 감소할 때 수분포텐셜.

그림 2.88 건조 스트레스에서 회복될 때 PLC 변화

는 데 가장 좋은 기관이다. 증산을 통해서 물을 채워주고, 잎에 포함된 무기물, 다른 물질들이 삼투압을 높이고 이로 인해서 이온의 이동이 원활하게 이루어지기 때문이다.

수목이 건조에서 회복이 되는 속도에는 크게 두 가지 요인이 크게 작용한다. 첫째는 도관의 크기이고, 둘째는 건조 스트레스 동안 생성된 화합물이다. 작은 도관을 가진 줄기에서 먼저 도관폐쇄가 제거되어 빠르게 회복이 되고, 상대적으로 큰 도관을 가진 줄기에서는 시간이 지난 다음에 도관폐쇄이 제거된다. 또한 건조로 인해서 생성된 여러 가지 화합물이 회복이 되는 데 영향을 준다. 건조기간 동안 생성된 타일로스(tyloses), 점액분비물질(mucilage), 송진(resins) 등이 막공을 막아서 이웃 도관으로 물을 이동하여 보내는 과정에서 장애물 역할을 한다.

상록참나무의 건조로부터의 회복

지중해 연안에 분포하는 상록참나무인 *Quercus ilex*(holm oak)와 *Quercus suber*(cork oak)가 건조에 어떻게 적응하는지 보면 다음과 같다. 지중해지역은 여름이 건조하고, 가을과 겨울이 되면 비가 약간 오는 환경이다. *Q. ilex*가 *Quercus suber*보다 잎의 새벽 수분포텐셜이 높다(Vaz et al., 2010). 건조기간이 9월까지 지속되는데, 이 기간에 광합성률이 감소하면서 겨울 우기가 오면 서서히 올라간다(그림 2.89).

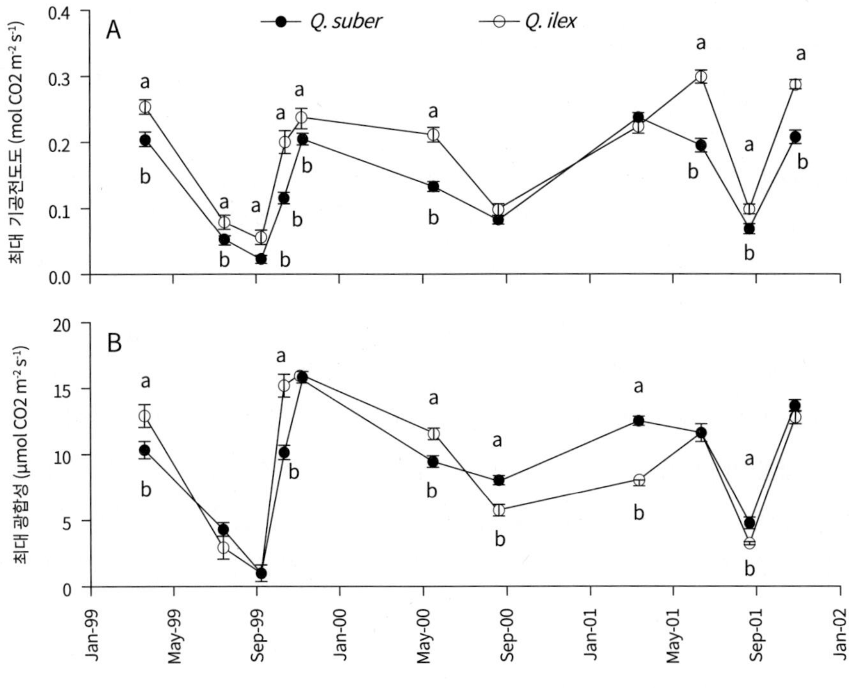

그림 2.89 건조 환경에서 상록참나무의 시기별 광합성 양과 기공전도도

건조기간이 지나고 우기가 되면, 최대카르복실화율(V_{cmax})과 최대전자전달율(J_{max})을 가진다. 이는 모두 RuBisco 활성과 밀접한 관련성을 가지는데, 질소의 양 및 엽록소 함량과 밀접한 관련이 있다. 삼인산화율(triose-phosphate utilization, TPU)의 농도와 잎의 가용성 당의 농도가 증가한다(그림 2.90).

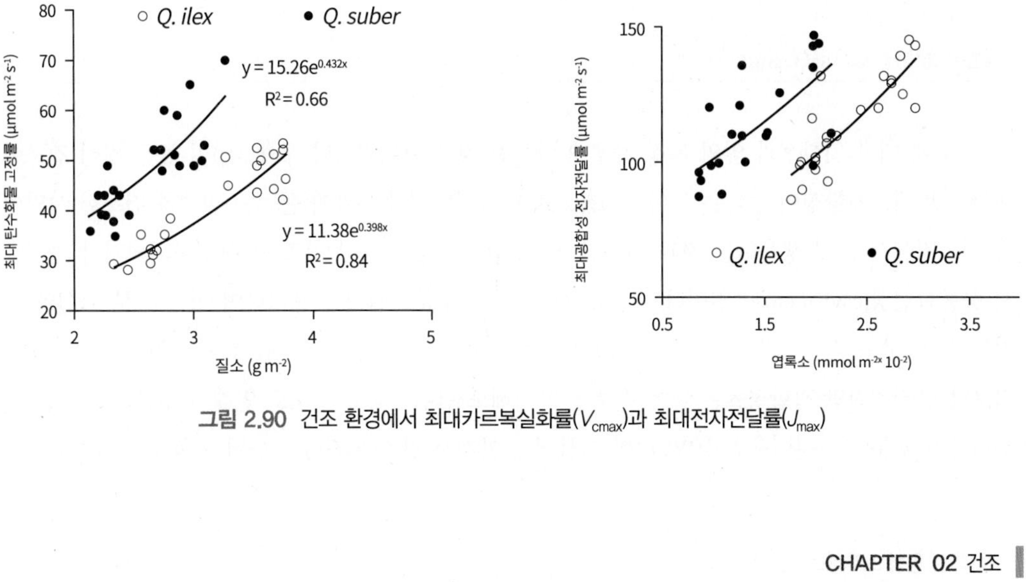

그림 2.90 건조 환경에서 최대카르복실화률(V_{cmax})과 최대전자전달률(J_{max})

낙엽활엽수, 상록수의 건조 스트레스

지구상에 존재하는 낙엽활엽수, 상록활엽수, 상록침엽수를 대상으로 연구한 논문들을 DB로 조사하여 big data 분석을 하여 건조 스트레스와 저항성에 관한 관계를 구명하면 서로 상관관계가 높다(Hallik et al., 2009). 수목의 생리적인 저항성에 영향을 주는 요인 가운데 ① 잎의 수명, ② 잎의 무게, ③ 잎 무게당 질소함량, ④ 중량당 광합성 능력 등을 변수로 해서 건조에 대해서 견디는 정도를 점수화하여 건조 및 광 부족에 대한 저항성을 계산하였다. 건조에 대한 저항성은 낙엽활엽수(deciduous broad-leaved tree, DB), 상록활엽수(evergreen broad-leaved tree, EB), 상록침엽수(evergreen coniferous tree, EC)를 대상으로 저항성이 있다는 연구결과를 대상으로 해서 건조에 대해서 견디는 능력은 점수화한 이후에도 큰 차이는 없다. 상록수의 경우, 상록활엽수는 약 24개월 정도, 상록침엽수는 약 55개월에 잎이 떨어지고서 새로 나오는 것을 확인할 수 있다. 상록수의 경우도 침엽수, 활엽수에 따라서 2~3년 정도의 주기로 잎이 새로 교체가 되고, 단지 겨울에 잎이 상록을 띈다는 것을 알 수 있다(표 2.10).

표 2.10 낙엽활엽수, 상록수의 건조 스트레스 극복 특징

특성	활엽수	상록활엽수	상록침엽수
음지저항성	2.5	2.8	2.8
건조저항성	2.7	3.1	3.2
잎의 평균 수명(개월)	5.2	24	55
잎의 면적당 건중량(g/m^2)	79	144	247
잎무게당 질소함량(%)	2.2	1.33	1.22
잎면적당 질소함량(g/m^2)	1.7	1.9	3.1
잎의 중량당 광합성 능력(nmol/g^2/s)	121	64	31
잎의 면적당 광합성 능력(μmol/m^2/s)	9.6	8.7	7.8
광합성 능력당 질소이용효율(μmol/g^2/s)	6.1	5.0	2.6

건조에 대한 저항성과 잎의 특징 가운데 확실한 것은 단위면적당 무게(M_a)이 높은 것이 건조에 대한 스트레스저항성이 높다는 것이다(그림 2.91d). 단위면적당 무게가 큰 수종일수록 건조한 사막이나 건조지에서 많이 생육하는 것과 일치한다. 이러한 현상은 잎이 건조 때문에 붕괴되거나 줄기에서 공동화현상(cavitation)이 일어나거나 할 경우, 낮은 수분포텐셜을 유지하여 적은 수분 소실을 하려는 잎의 구조 때문이다. 큰 단위면적당 무게를 가지는 수목은 광합성을 효율적으로 할 수 있다. 더구나 단위면적당 광합성률은 같은 수준을 유지해도 단위면적당 무게로 인해서 수분의 소실을 최소화하기 때문에 수분이용효율(WUE)이 더불어 높아져서 건조에 견디는 능력이 향상된다(그림 2.91).

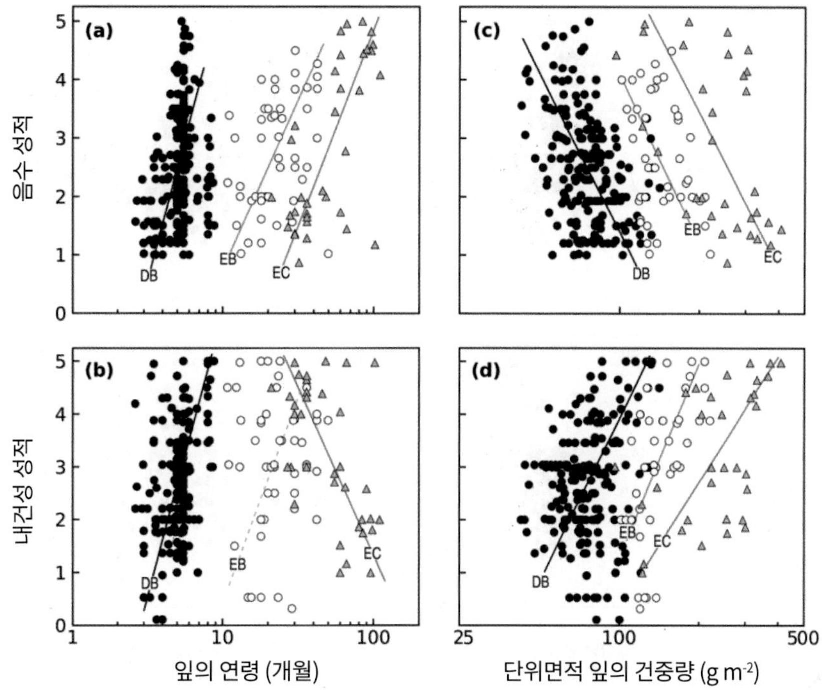

낙엽활엽수(DB, ●), 상록활엽수(EB, ○), 나자식물과 상록침엽수(EC, △)

그림 2.91 건조에 대한 저항성과 잎의 단위면적당 무게(M_a)

단위무게당 광합성률, 단위면적당 광합성률, 광합성 질소이용효율이 낙엽활엽수에서 상록침엽수나 상록활엽수보다 아주 높다. 이러한 것은 낙엽활엽수의 건조 스트레스는 생육기간 중(1년 5개월 중 단기간) 스트레스를 경험하는 경우가 아주 짧고 적은 횟수의 건조가 올 것이기 때문에 최대로 광합성을 높여서 생육을 하는 것이다. 반면 상록수의 경우는 잎이 2~3년 정도 달려 있고, 오랜 기간(2~3년에 긴 기간, 혹은 해를 바꿔서도 오는 건조)의 건조에 대처하기 위해서 광합성 질소이용효율이나 다른 생리적인 활성이 낙엽활엽수보다 낮은 것이다(그림 2.92).

잎의 긴 수명은 높은 양의 물질을 세포벽에 투입하기 때문에 상대적으로 낮은 잎의 무게당 질소량, 중량당 광합성 능력을 가져온다. 잎의 긴 수명은 단위면적당 무게를 증가하게 한다. 그러나 잎의 연령이 높아질수록 단위면적당 광합성률은 감소한다. 어린잎에서 광합성율이 높고, 성숙한 잎에서 광합성율이 낮은 것은 다른 수종에서도 나타나는 현상이다(그림 2.93).

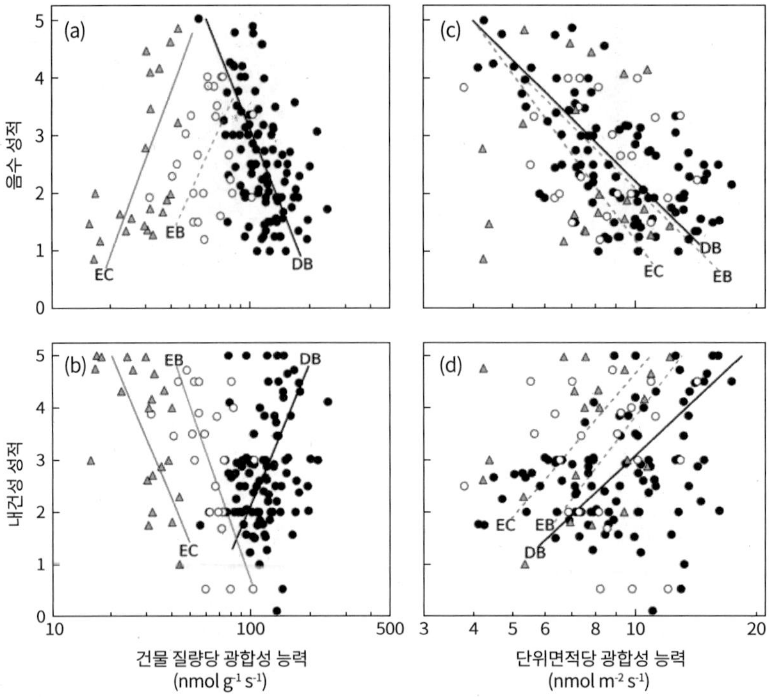

그림 2.92 음수성질 수목의 건조와 광합성 능력

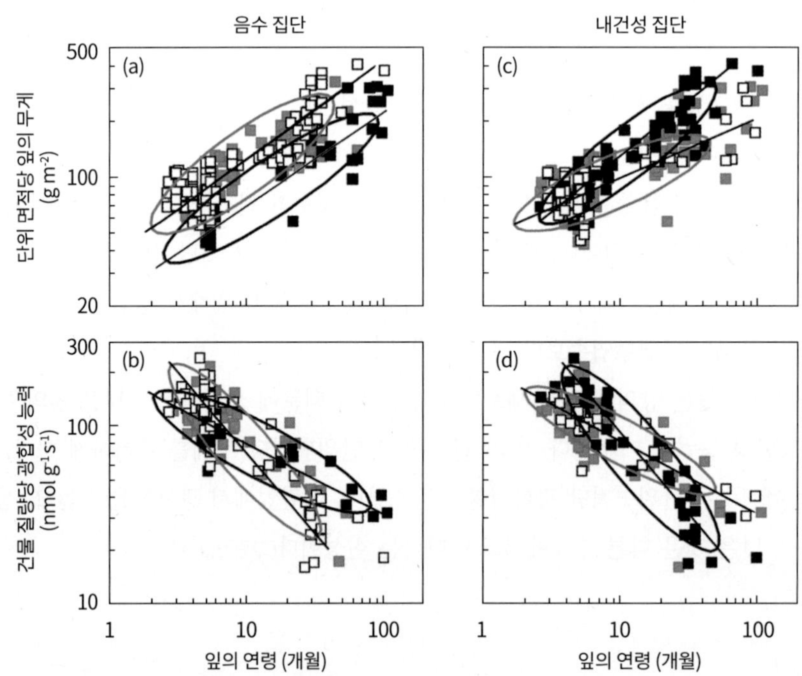

그림 2.93 건조에 대한 수목의 단위면적당 무게(M_a)와의 관계

상록참나무

상록참나무가 분포하는 지중해지역은 7~10월은 건조하고, 겨울은 비가 오는 습윤한 기후이다. 건조한 환경에서도 비가 약간 내린다. 아래의 그림처럼 7월~11월 정도의 기간 동안 내리는 비를 모두 차단하고, 그 다음해는 3월~8월까지 내리는 모든 강우를 차단하고서 건조에 대해 상록참나무가 어떻게 반응하는지를 조사하였다. 모든 생리적인 기능이 다음해 봄의 강우를 차단한 경우에 심각하게 감소하는 것을 볼 수 있었다. 건조기간 동안은 참나무가 이미 건조에 대비해서 여러 가지 기능적인 준비를 하기 때문에 건조기간의 강우(약 100mm 정도)를 차단하여도 참나무에게 비교적 큰 피해를 가져오지 않는다. 봄에는 참나무가 강우로부터(약 500mm 정도) 필요한 물을 공급받고 생육을 해야 하는데 수분이 부족했기 때문이다. 또한 전년도의 건조 스트레스가 누적이 되어서 다음해에 건조에 대한 생리적인 기능이 떨어졌다. 그러므로 건조 스트레스가 연속적으로 수개월, 수년, 수십 년이 지속되면 수목은 그 기능이 누적되어 감퇴되는 현상이 나타난다(그림 2.94).

지중해지역에 분포하는 상록참나무인 *Quercus ilex*가 건조에 대해서 반응하는 것을 보면 일관성이 있다. 광합성률, 기공의 전도도, 엽육세포의 전도도, 최대 카르복실화율 모두 잎의 삼투압과 관련성을 보인다. 건조 스트레스가 심한 토양, 즉 잎의 수분삼투압이 음수 쪽으로 갈수록 생리적인 기

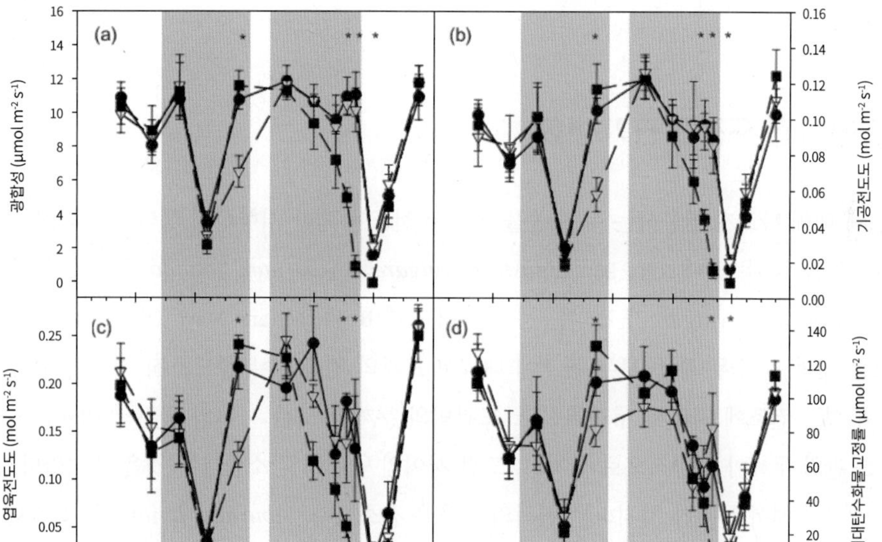

(a) 순광합성률, (b) 기공전도도, (c) 엽육전도도, (d) 최대 탄수화물고정률. 회색 부분은 전년도 가을과 다음해 봄.

그림 2.94 건조지역에서 계절별 상록참나무의 광합성, 기공전도도, 엽육전도도, 최대 탄수화물고정률 변화

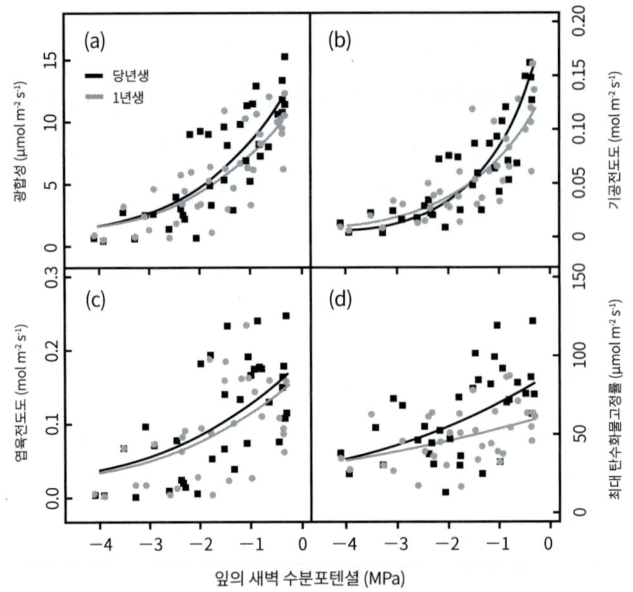

(a) 순광합성률, (b) 기공전도도, (c) 엽육전도도, (d) 최대 탄수화물고정률

그림 2.95 상록참나무의 수분포텐셜과 광합성, 기공전도도, 엽육전도도, 최대 탄수화물고정률

능이 떨어진다(Misson et al., 2010). 어린잎에서 모든 생리적인 기능이 1년이 지난 후 잎의 생리적 기능보다 높다(그림 2.95).

건조에 대한 도관의 크기 변화

건조에 대해 다르게 반응하는 두 수종을 통해서 건조에 대한 저항성이 생리적인 특징 때문에 결정된다는 것을 알 수 있다(그림 2.96). *Ligustrum vulgare*와 *Viburnum lantana* 두 수종 가운데 건조에 대해서 *Ligustrum vulgare*가 견디는 능력이 더 크다(Beikircher and Mayr, 2009). 그림 2.96의 사진에서 보는 것과 같이 두 수종 모두 건조에 대해서 도관의 지름, 수분통도조직 지름이 줄어든다. 도관벽의 두께는 건조에 따라서 두꺼워진다. 도관벽의 두께와 도관 사이의 공간의 비율은 증가한다. 이것은 도관의 두께가 상대적으로 커지고, 도관 사이의 공간이 감소한다는 것을 의미한다. 전체 나이테의 면적 중에서 목부가 차지하는 면적의 비율은 감소한다. *Viburnum lantana*는 특성이 건조에 대해서 나타나는 일관성이 약하다(표 2.11).

건조 환경에서 수목은 작은 막공과 두꺼운 세포벽을 만든다. 이러한 전략은 공동화현상(cavitation)에 대해서 저항성을 키우기 위해서이다. 도관이 큰 수목은 공동화현상에 대해서 약한데, *Ligustrum vulgare*는 건조에 대해서 도관의 크기를 약간 줄이고 막공의 전도도를 낮추어서 공동화현상을 방지하는 역할을 한다. 도관의 세포벽을 두껍게 하는 것은 건조에 대해서 수리전도도를 증

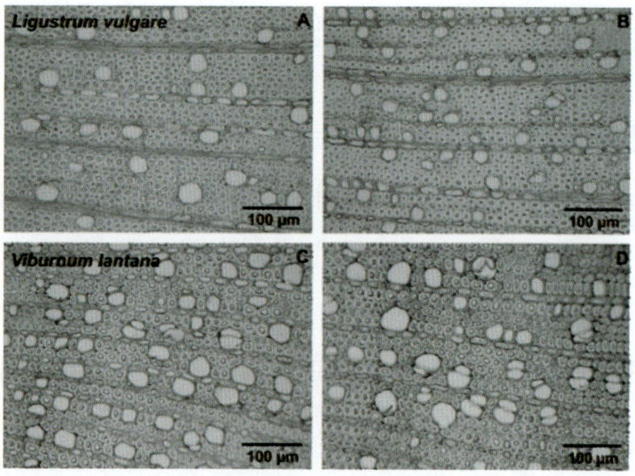

그림 2.96 *Ligustrum vulgare*(a: 관수, b: 건조)와 *Viburnum lantana*(c: 관수, d: 건조)의 도관

표 2.11 건조처리에 대한 *Ligustrum vulgare*와 *Viburnum lantana* 두 수종의 도관의 특성

특성 \ 수종	*Ligustrum vulgare*		*Viburnum lantana*	
	관수	건조	관수	건조
평균 직경(μm)	19.22	17.44	21.39	23.55
평균 수분통도 직경(μm)	26.46	25.55	28.15	32.53
도관벽 두께(μm)	2.94	3.81	1.71	1.81
$(도관벽 두께/도관벽 사이 공간)^2$	0.016	0.024	0.004	0.002
수분 이동 면적/전체 면적(%)	12.31	10.52	12.31	10.72

가시켜서 ψ_{50}(50% 정도 고사할 때의 압력)이 아주 높은 수분포텐셜에서 발생하도록 한다. 이러한 특성을 가지는 수목은 건조에 견디는 능력이 커진다. 건조 환경에서는 목부의 물기둥에 공기가 들어와서 공동화현상(cavitation)이 생겨서 물기둥을 끊어지게 한다. 이때 기공이 닫히면서 물기둥에서 생기는 공기 유입을 최소화해서 이러한 현상을 줄이려고 하지만, 기공만 닫아서는 강도가 강하고 긴 건조 스트레스를 극복하기 힘들다. 그렇기 때문에 수종에 따라서, 특히 피자식물의 경우 막공의 표면장력이 공기의 유입을 막지만, 수분포텐셜(ψ)이 어느 수준 이상으로 내려가면 이러한 것은 작동이 안된다. 그러므로 안전하게 기공 닫힘과 공동화현상 사이의 시간 차이가 나도록 하는 것이 필요하다. 그렇기 때문에 수리전도도가 관련할 수 있도록 수목의 목부 구조를 공동화현상이 발생하지 않게 한다. 그래서 수목마다 세포벽의 두께, 목부 벽의 두께 등을 두껍게 만들어서 압력을 높이는 것이다.

건조 스트레스는 저온 스트레스를 줄인다

건조 스트레스는 어떤 식물에서는 저온 스트레스에서 생존율을 높이는 역할을 한다(Medeiros and Pockman, 2011). *Larrea tridentata*는 추운 건조지역에 분포하는 식물인데, 건조한 환경에 대해서 오래 적응한 식물이다. 낮은 기온과 더불어서 건조한 환경으로부터는 스트레스를 받는 식물이다. 건조 스트레스를 받는 식물 중에는 −19°C 정도까지 온도가 내려가도 생존하는 개체가 있다. 수분 스트레스를 받은 개체의 잎은 온도가 내려가도 줄기에 달려서 생존한다(그림 2.97).

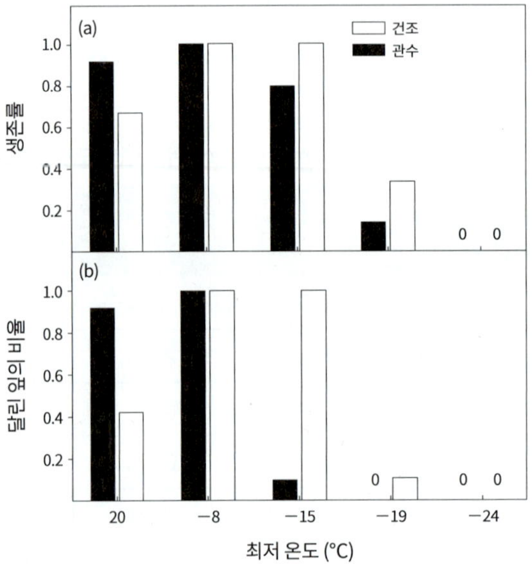

그림 2.97 건조 스트레스와 저온 스트레스 복합 스트레스에서 생존율

이렇게 건조 스트레스를 받은 개체가 저온에서 생존할 수 있는 이유는 상대전기전도도(relative electrical conductivity)가 잎과 줄기에서 훨씬 적은 것을 볼 수 있다(그림 2.98). 이온이 유출된다는 것은 세포막이 파괴되어서 세포막이 역할을 못한다는 것을 의미하는데, 건조 스트레스를 받아 잎과 줄기에서 수분이 빠져나가서 없어지면 저온에서 이온의 유출이 상대적으로 적게 된다(그림 2.98a, b). 또한 건조 스트레스를 받은 개체의 경우, K_l(leaf-specific hydraulic conductance; mmol·kPa^{-1}·s^{-1}·m^{-2})이 높게 유지된다(그림 2.98c). 달리 이야기로 하면, K_l의 변화량이 수분을 많이 함유하고 있는 정상적인 세포에서 더 크다는 것이다(그림 2.98d). 이것이 저온에서 수분을 많이 함유한 세포를 죽이는 이유가 된다. 낮은 온도에서 조직의 고사는 주로 줄기의 유세포(xylem parenchyma cells)에서 일어난다. 낮은 온도나 건조 스트레스에서는 도관폐쇄(embolism)가 증가한다. 도관폐쇄가 생기면 이 빈 공기를 다른 것으로 채워야만 스트레스를 극복하는데, 이때 당의 충전도 이루어지는데 이것이 온도가

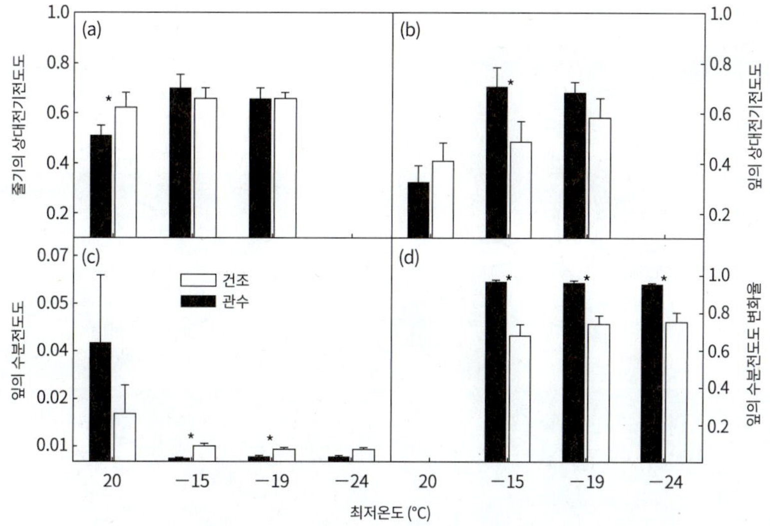

그림 2.98 저온, 건조 스트레스에 견딜 수 있는 상대전기전도도(relative electrical conductivity)의 특성

올라가면 저온에 대한 저항성을 극복하는 에너지가 된다. 당은 건조 환경에서 살아 있는 세포뿐만 아니라 목부수액도 충전한다.

활성산소종(ROS)와 항상성

건조 스트레스에서는 수목 세포에 수많은 ROS가 발생한다(Miller et al., 2010). 수목은 활발한 물순환에서 O_2^-과 H_2O_2를 무독화시킨다(그림 2.99). 미토콘드리아에서는 대체산화효소(alternative oxidase; AOX)가 환경 스트레스 자극에 반응하여 스트레스 유도 단백질을 발현한다. 대체산화효소(AOX)는 활성산소, 건조, 병원체 감염, 냉해, 상처, 삼투 스트레스, 영양분 고갈 등의 각종 환경 스트레스 조건에서 발현된다.

대체산화효소는 유비퀴논(ubiquinone는 Q 또는 Coenzyme Q라고 불리는데, 이는 자연계의 생물체에 널리 분포되어 있는 저분자 수준의 전자전달체이다. 세포소기관인 미토콘드리아 내막에 많이 함유되어 있으며, 플래빈 효소 등에서 전자를 수용하여 사이토크롬 B에 전달하는 역할을 한다. 양성자 펌프 기능에 관여한다.)으로부터 전자를 전달받아 산소 산화-환원효소로서 작용한다. 환원된 유비퀴논, 미토콘드리아 피리딘, 피루브산 또는 다른 유기산들이 축적되는 조건에서는 탄소 대사와 전자전달 사이의 균형을 맞추기 위해서 대체산화효소를 통한 전자전달이 촉진되고, 이에 따라 에너지 과흐름 현상이 발생할 수 있다. 저온 등의 스트레스 조건에서는 ATP의 축적으로 인해 전자전달계의 과환원이 발생하게 되고, 초과산화물(superoxide)과 같은 활성산소종(reactive oxygen species)의 발생 가능성이 높아짐에 따라

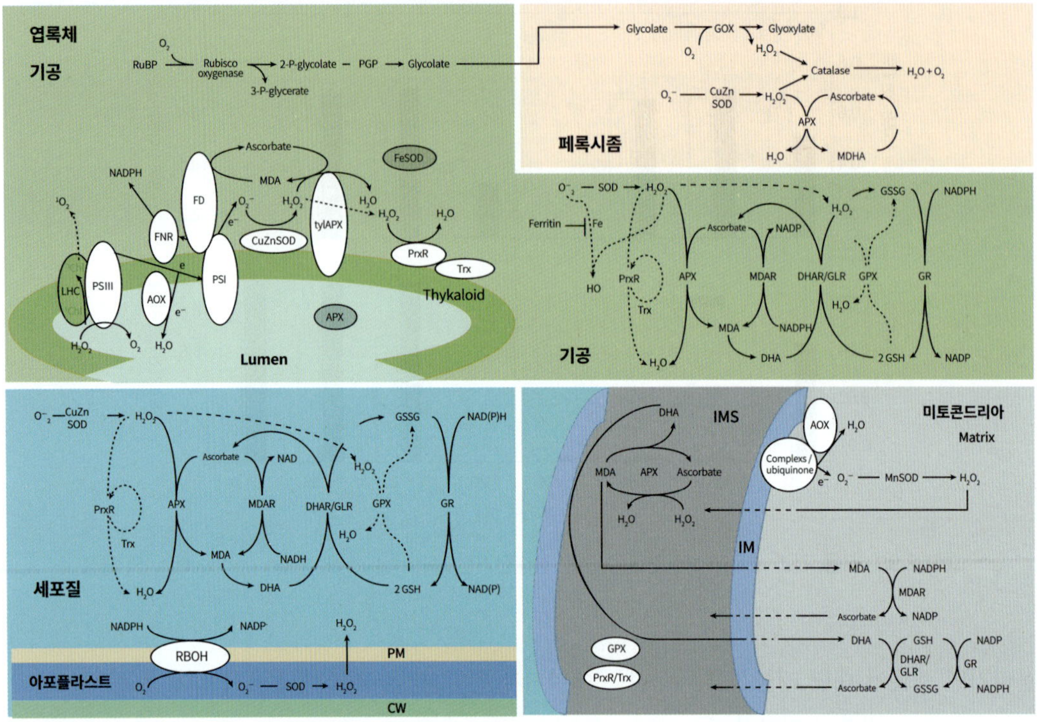

DHA, dehydroascrobate; DHAR, DHA reductase; FD, ferredoxin; FNR, ferredoxin NADPH reductase; GLR, glutaredoxin; GR, glutathione reductase; GOX, glycolate oxidase; GSH, reduced glutathione; GSSG, oxidized glutathione; IM, inner membrane; IMS, IM space; MDA, monodehydroascorbate; MDAR, MDA reductase; PGP, phosphoglycolate phosphatase; PM, plasma membrane; PSI, photosystem I; PSII, photosystem II; RuBP, ribulose-1,5-bisphosphate; Rubisco, RuBP carboxylase oxygenase; Trx, thioredoxin; tyl, thylakoid.

그림 2.99 건조 스트레스 환경의 수목 세포에서 발생하는 ROS

서 산화적 스트레스의 가능성이 높아지게 되는데, 대체산화효소 활성을 통해 이러한 가능성을 낮출 수 있다.

시토크롬 산화효소는 시안화물(CN^-), 일산화탄소(CO), 그리고 아지드(N_3^-)에 의해 억제된다. 동물의 경우에는 이 세 가지 억제제가 호흡에 의한 산소 흡수를 완전히 억제한다. 산소가 부족하여 환경 스트레스로부터 피해를 받게 된다. 그러나 이와는 대조적으로, 대부분의 식물은 이들 억제제에 대해서 높은 저항성을 보인다. 이는 대체산화효소가 활성산소종(ROS)을 소거하여 독성이 있는 물질을 독성이 없는 물과 같은 것으로 전환시켜 독성을 줄이기 때문이다(그림 2.99, 미토콘드리아 부분). 대체 산화효소는 틸라코이드에서 O_2^- 생산을 줄인다. 어떤 식물에서는 FeSOD가 CuZnSOD를 엽록체에서 대체한다(왼쪽 위). 여기에서 탈출한 ROS는 SOD에 의해서 기공에서 무독화되고, ascorbate-glutathione 사이클에서 독성이 완화된다. Peroxiredoxin(PrxR)과 glutathione peroxidase(GPX)도 역시 기공에서 H_2O_2 제거에 관여한다(중간 오른쪽). 광계의 여기된 엽록체(excited chlorophyll-Chl)에서 전자전달체인이 과도하게 환원되면 $^1O_2$가 생산된다. 페록시좀(peroxisome)에서 SOD(superoxide dismutase), catalase(CAT), ascorbate peroxidase(APX)에 의해서 지방산 분해, 광호흡 등 다른 반응 과정에서 활성산소종이 발생한다(오른쪽 위). Ascorbate-glutathione cycle에서 SOD와 다른 구성요소들이 미토콘드리아에 존재한다. 미토콘드리아에서 AOX가 산화를 방지한다(오른쪽 아래). 세포질은 기공에서 작용하는 효소와 같은 효소들이 작용한다(왼쪽 아래).

NADPH oxidases(respiratory burst oxidase homologs, RBOHs)는 생물학에서 넓게 작용하는 중요 활성산소종 신호전달자이다. 이 효소는 apoplast와 세포벽에서 활성산소종을 무독화하는 데 중요한 작용을 한다. 또한, 이 효소는 활성산소종 소거 작용을 액포와 핵에서 하는 데 중요한 역할을 한다. 그림 2.99에서 막과 결합한 효소들은 기공과 세포질에서 흰색으로, GPX pathways는 긴 점선, PrxR pathways는 작은 점선으로 나타내었다. H_2O_2는 세포막을 통해서 쉽게 확산 및 이동이 된다. 동시에 글루타치온, 아스코르브산 같은 항산화효소들이 작용한다(그림 2.99).

건조, 오존, ABA, 에틸렌의 상호작용

호르몬 및 대기오염이 건조와 함께 수목에 영향을 주는 경우 상당히 복잡한 상호작용이 발생한다. 대기오염은 수목의 생장을 방해하지만, 건조 스트레스가 작용하면 오히려 기공이 닫혀 오존 흡수를 줄이기 때문에, 건조 스트레스는 오존 스트레스와 같이 작용하는 경우에는 어느 정도의 강도에서는 생장에 도움이 된다. 건조토양은 ABA를 유도하여 수목의 기공을 닫고 생장에 방해를 준다. ABA와 에틸렌은 서로 길항작용을 한다(Wilkinson and Davies, 2010). ABA 생산이 이루어지면, 에틸렌 생산은 감소하여 수목의 노화를 지연시킨다. 건조토양은 아쿠아포린 수송체를 통한 물의 이동을 유도하며 수분포텐셜에 영향을 미친다(그림 2.100).

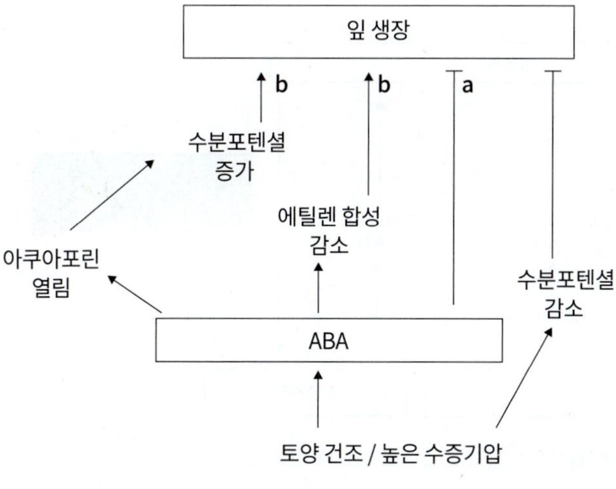

그림 2.100 건조, 오존 스트레스에서 ABA와 에틸렌의 상호작용. a는 직접적인 영향을 나타내고, b는 간접적인 영향을 나타낸다.

에틸렌은 여러 형태의 스트레스를 받으면 생산이 증가한다. 에틸렌은 식물 호르몬의 일종으로 전구물질은 ACC(1-aminocyclopropane-1-carboxylic acid)이다. 1800년대 가스관에서의 가스 누출로 인하여 근처 나무들의 잎이 일찍 떨어지는 현상이 발생되었고, 이후 1901년 러시아의 과학자 넬류보프(Dimitry Neljubow)는 이 현상이 에틸렌으로 인한 것임을 밝혀서 세상에 알려지게 되었다. 스트레스가 작용하면 뿌리에서 에틸렌의 전구물질인 ACC가 ACO(ACC oxidase)에 의해서 에틸렌으로 전환된다. 건조가 진행되면 토양이 딱딱해지고, 이로 인해서 질소의 흡수가 감소하고 토양의 염분이 증가하며 뿌리가 피해를 받게 된다. 이러한 상황은 에틸렌이 증가해서 스트레스로 작용하기 적합한 환경이다.

그러나 여기에 오존 스트레스가 작용하면, 다른 발현 양상을 보인다. 생장이 줄어드는 것은 오존이 광합성을 방해하여 피해를 주고, 활성산소종을 소거하기 위해서 많은 에너지를 소모하기 때문이다. 오존은 활성산소종을 많이 생산한다. 그러나 에틸렌이 생산이 되면 오존 스트레스가 있어도 활성산소종(ROS)과 산화질소(NO, nitric oxide)의 생산을 방해한다. 높은 농도의 NO는 생장을 억제하지만, 낮은 농도의 NO는 수목 잎의 확장을 촉진하기 위해서 기공을 열게 한다. ABA와 에틸렌은 상호 길항작용을 한다. 건조 스트레스는 기공을 닫게 하지만, 오존 및 에틸렌이 같이 스트레스로 작용하면 오히려 기공이 열려서 수목의 생장에 도움이 된다(그림 2.101).

정리하면, 에틸렌 농도가 높아지면 ABA의 존재는 생장에서 다른 양상을 보인다. ABA가 같이 작용하는 경우, 기공을 열어서 수목의 생장을 촉진하는 역할을 한다. 그러나 ABA가 없는 경우에는 기공이 닫히고 생장이 감소한다. ABA 및 에틸렌은 단독으로는 수목의 기공을 닫아서 생장을 억제하지만, 오존과 함께 ABA, 에틸렌이 같이 작용하면 이러한 예기치 않은 결과를 나타낸다. 이처럼, ABA가 에틸렌과 함께 공변세포에 협동관계로 작용하면 대기오염으로 인한 오존의 피해로부터 극복할 수 있다(그림 2.102).

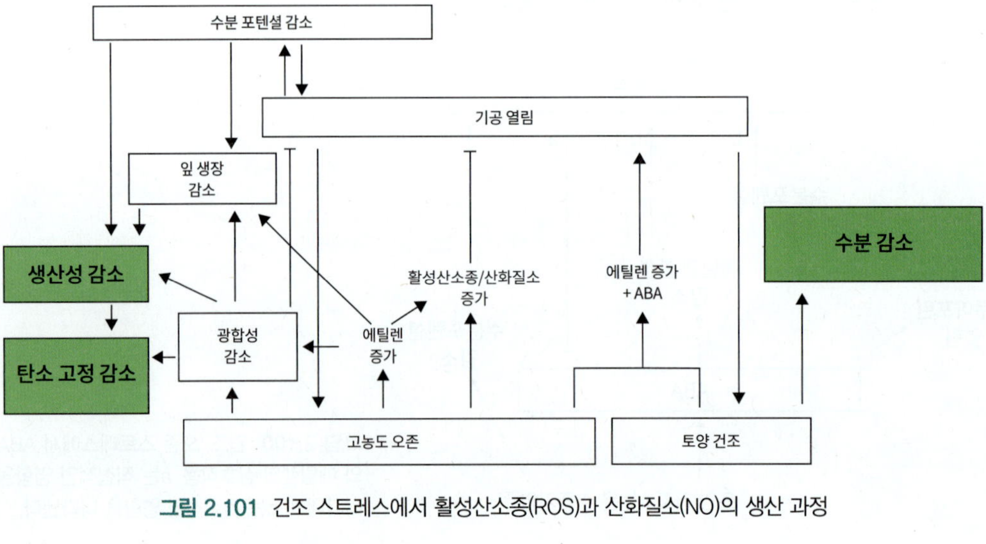

그림 2.101 건조 스트레스에서 활성산소종(ROS)과 산화질소(NO)의 생산 과정

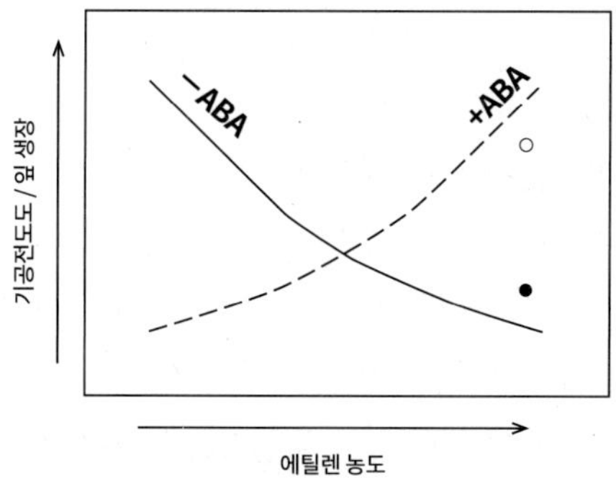

그림 2.102 건조 스트레스에서 에틸렌과 기공전도도의 관계

건조 스트레스와 탄소기아

건조 스트레스는 탄소 전체 생산량에 영향을 미친다(McDowell, 2011). 그림 2.103의 화살표 1은 비구조탄수화물(NSC)의 일시적인 증가를 표시한다. 건조 스트레스를 받으면, 비구조탄수화물의 양은 증가하고 전분의 양은 감소한다. 광합성률이 저하하는 지점에서 일시적으로 증가했다가 건조가 지속되면 감소한다. 화살표 2는 호흡량이 최소화되는 지점이다. 호흡은 생장호흡과 유지호흡 2종류가 있는데, 유지호흡만이 있고 생장호흡은 최소화되는 지점이다. 만약 유지호흡이 더 심해진다면 탄수화물 풀(carbohydrate pool)은 급격하게 감소할 것이다. 증가하는 선은 탄수화물 소비량이다. 화살표 3은 비구조탄수화물과 탄수화물 소비량이 만나는 지점인데, 이 지점 아래에서는 탄소 기아 현상이 생긴다. 화살표 3은 NOC(noncarbohydrate organic compounds)의 축적을 나타낸다(그림 2.103).

탄소 기아 현상은 건조와 같은 스트레스가 지속되면서, 수리전도도와 탄수화물 사이에서 나타

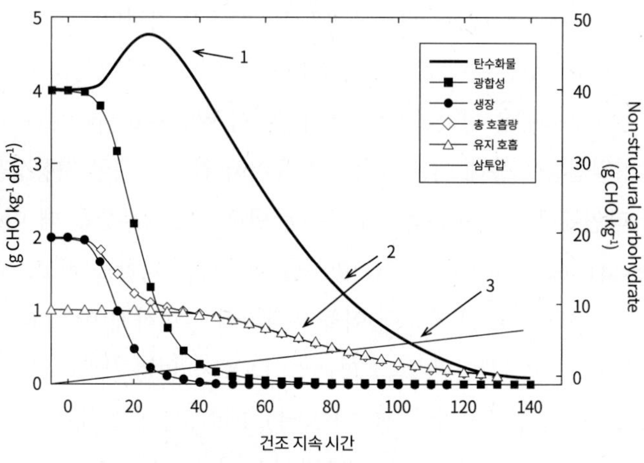

그림 2.103 건조 스트레스와 탄소 전체 생산량과의 관계

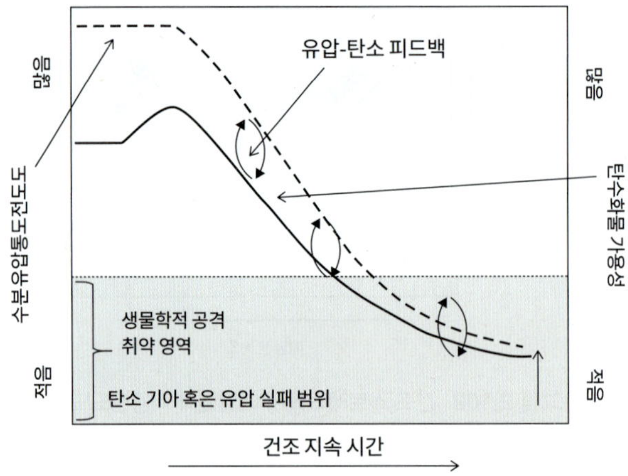

그림 2.104 건조, 탄소 기아 현상과 수리전도도, 탄수화물 관계

난다. 줄기에서 도관폐쇄(embolism)가 발생하면 물이 이동되어 공기를 없애고 광합성을 하여 탄수화물을 생산해야 하는데, 수리전도도가 감소하고 소스(source)에 남은 탄수화물이 급감하면 탄소 불균형 때문에 탄소 기아 현상이 나타난다(그림 2.104).

형질전환과 내건성

탱자나무(*Poncirus trifoliata*)를 형질전환해서 내건성을 높이는 방법도 최근에 도입되고 있다(Huang et al., 2011). 유사분열촉진 단백질 인산화효소[mitogen-activated protein(MAP) kinase, MAPK]는 생장과 스트레스에 반응할 때 중요한 신호전달을 한다. 탱자나무에서 MAPK(PtrMAPK)를 과발현(overexpression)시키면 건조에 대한 저항성을 가지는 성질을 가진다.

세포막에서 이온의 유출량은 수목이 스트레스를 받는지 그렇지 않은지를 판단하는 좋은 기준이다. 전체적으로 이온의 유출량은 형질전환을 한 라인에서 WT(wild type-대조구)보다 비교적 낮게 나타났다(그림 2.105). 형질전환을 통해 이온 유출량을 줄여서 건조에 대한 저항성을 높였다고 할 수 있다. 형질전환을 한 라인에서 활성산소종을 소거하는 방해자를 첨부했을 때 이온 유출량이 다시 높아졌다. DDC(diethyldithiocarbamate)는 SOD 활성을 방해하는 역할을 하고, NaN_3는 POD 활성을 방해한다. OE-2 라인, OE-19 라인 가운데 이들 방해자를 발현하게 한 결과에서 이온의 유출량이 다시 증가하였다. DDC를 발현시키면(그림 2.105A–C) DDC가 없는 세포막보다 이온 유출량이 증가하였고(그림 2.105B), NaN_3를 발현시키면(그림 2.105D–F). NaN_3가 없는 세포막보다 이온 유출량이 증가하였다. WT(wild type-대조구)보다는 이온 유출량이 낮지만, DDC, NaN_3가 건조 환경에서 발생하

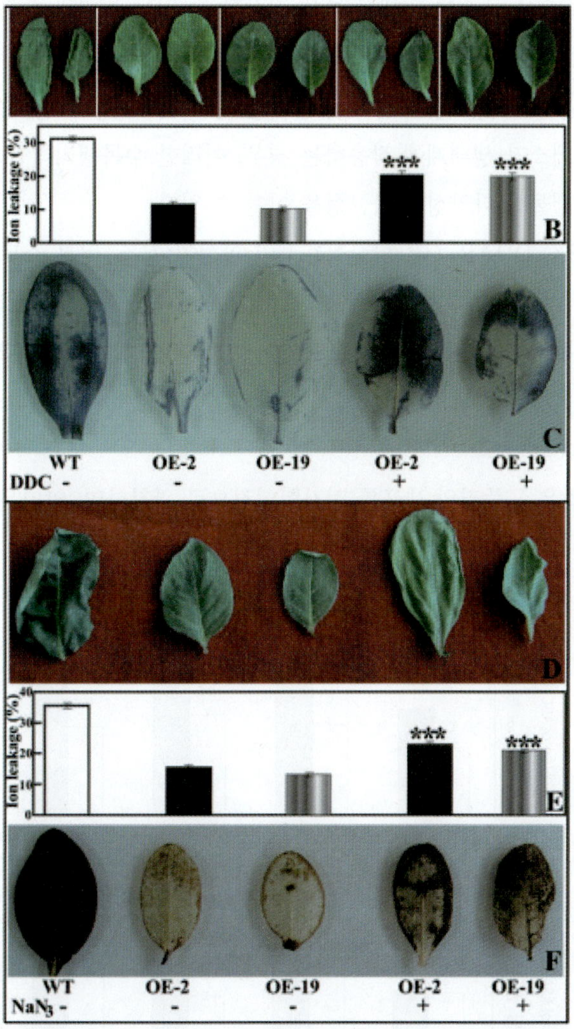

그림 2.105 탱자나무(*Poncirus trifoliata*)를 형질전환하여 내건성을 높이는 실험

는 활성산소를 제거하지 못하도록 한 것이다. 즉, 건조 스트레스 때문에 많은 활성산소가 발생할 수 있고, 활성산소를 제거하는 효소의 발현이 항산화 역할을 할 수 있다는 것을 알려 준다(그림 2.105).

건조저항성과 성(性)

수분 부족과 염분 스트레스로부터 적응하는 수목의 전략이 포플러(*Populus yunnanensis*) 수목의 성에 따라서 약간 다르다(Chen et al., 2010c). 암나무(female)는 생식에 많은 에너지와 탄소 자원을 투입해야 하기 때문에, 수분 부족에 대해서 물을 저장할 수 있는 능력과 수분을 효율적으로 활용할 수 없다. 다시 말하면, 수나무(male)는 암나무에 비해서 수분을 효율적으로 활용할 수 있다. *Populus cathayana*, *Acer negundo*, *Hyphopae rhamnoides* 등의 수목에서도 이와 같은 현상을 볼 수 있다. 지속적으로 건조 스트레스가 생태계에 작용하는 경우, 이러한 수목생리적인 차이로 인해서 군집의 성비가 바뀔 수 있고, 생물종 다양성도 불균형을 이룰 수 있다.

수나무(male)의 APX, DHAR, GR 항산화효소의 활성이 건조, 염분 스트레스에 대해서 공통적으로 암나무(female)에 비해서 높다. 이는 스트레스에 대해서 항산화효소의 활성을 수나무가 높여서 견디는 능력을 키운다는 것을 말한다. 염분 스트레스에 대해서도 암나무가 Cl^-를 잎에 저장한다. 반면 수나무는 잎에 Cl^-을 균형적으로 저장하는 능력을 가지고 있어서 염분 스트레스에 대해서도 수나무가 강하다(그림 2.106).

건조 스트레스를 받은 포플러의 세포를 전자현미경으로 관찰하면, 암나무와 수나무에서 현미경

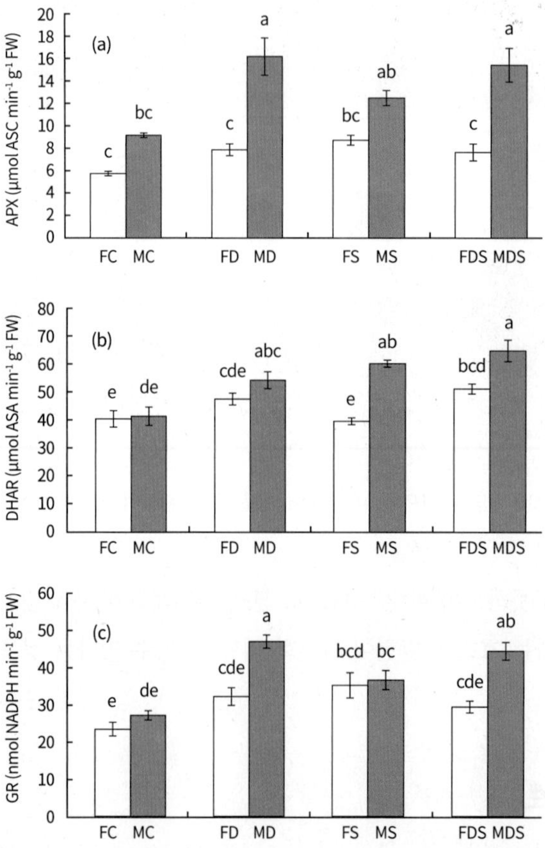

암나무 대조구(FC: female control), 수나무 대조구(MC: male control), 암나무 염분 스트레스(FS: female salinity), 암나무 건조 스트레스(FD: female drought)

그림 2.106 포플러 암수에 따른 건조저항성

적인 차이를 관찰할 수 있다. 건조 스트레스가 없으면 암나무의 엽육세포가 정상이다. 8~18개 정도의 그라나(grana)가 있고 틸라코이드막에 건전하게 배열되어 있다. 건조 스트레스에 피해를 받은 나무에서는 티라코이드막이 재배열된 것을 볼 수 있다. 유사그라나(pseudograna)의 0.5~0.8 μm의 길죽한 bundle이 발달한다. 정상적인 나무에서는 0.3 μm 정도의 길이이다. 이러한 늘어진 구조에서는 엽록체의 그라나와 티라코이드막이 압축되어야만 광합성을 효율적으로 할 수 있는데, 늘어난 bundle 때문에 광합성 효율이 떨어지게 된다. 암나무의 엽록체의 모양은 정상적일 때는 균형잡힌 타원형이지만, 건조 스트레스를 받은 암나무의 엽록체는 찌그러진 타원형으로 변형되어 있다. 또한 암나무에서 많은 양의 플라스토글로불리(plastoglobuli)가 관찰되는데, 이 물질은 수목이 스트레스를 받거나 해충의 침입이 있는 경우 전형적으로 나타나는 물질이다. 플라스토글로불리는 빛을 좋아하는 엽록체의 기질에서 발견되는 지질이 주성분으로 된 작은 구형 구조물로서, 엽록체가 나이들면 커져서 카로티노이드가 충만하거나 유색체로 변하기도 한다.

스트레스를 받은 암나무에서 틸라코이드막의 붕괴와 엽록체 안에서 그라나의 숫자가 3~6개 정도 줄어드는 것을 볼 수 있다. 또한 미토콘드리아에 액포가 크게 남고 미토콘드리아의 외벽만 남는다. 반면에 수나무는 스트레스에서도 미토콘드리아의 내벽이 많이 남아 있다(그림 2.107).

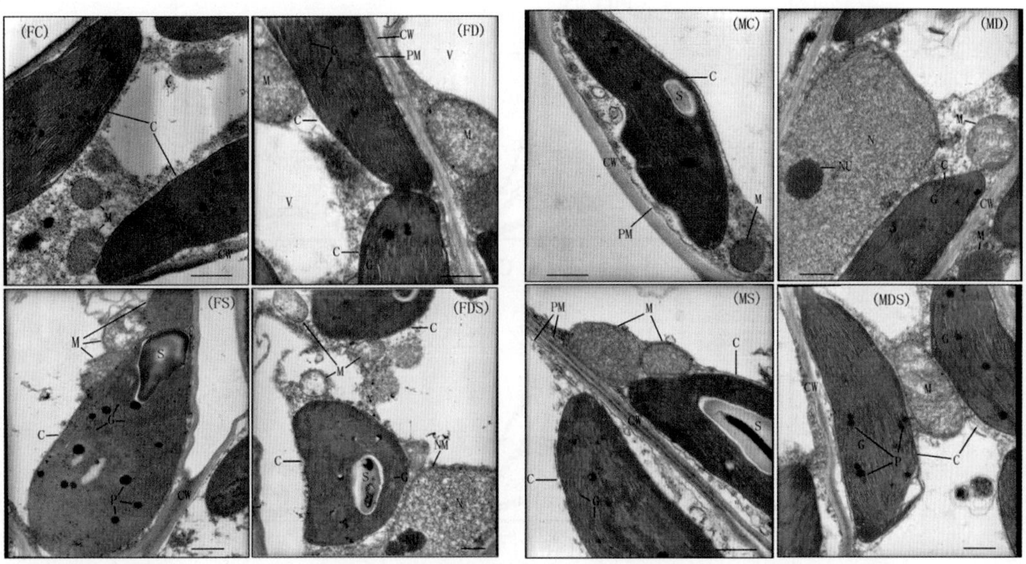

수나무 대조구(MC, male control), 수나무 건조 피해(MD, males under drought), 수나무 염분 피해(MS, males under salinity), 수나무 건조+염분 피해(MDS, males under combination of drought and salinity). Scale bars: 500 nm. C, chloroplast; CW, cell wall; G, granum; M, mitochondrion; N, nucleus; NM, nuclear membrane; NU, nucleolus; P, plastoglobulus; PM, plasma membrane; S, starch granule; V, vacuole.

그림 2.107 건조 스트레스를 받은 개체의 틸라코이드막 현미경 사진

수고와 증산량

수고에 따라서 수분이 얼마나 증산이 되는지를 살펴보면, 수고가 낮은 곳의 증산량이 수고가 높은 곳에서의 증산량보다 높다. Redwood(*Sequoia sempervirens*)는 100 m 이상 자라는 수목으로, 72, 94, 111 m 높이에서 증산량과 기공전도도의 일변화를 비교하면, 비가 많이 올 경우나 건조한 경우에 증산량의 차이는 있지만, 공통적으로 수고가 낮은 72 m 높이에서 가장 많은 증산을 하고 기공이 열린다(Ambrose et al., 2010). 변재면적과 엽면적(변재면적 : 엽면적)가 수고가 높이 올라 갈수록 감소한다. 수고가 큰 나무는 변재의 면적은 감소하고 엽면적은 크게 감소하지 않기 때문에 전체적으로 변재면적 : 엽면적의 비율은 감소한다. 수고가 높아질수록 수분포텐셜은 낮아진다. 수분이 아주 높은 나무의 끝까지 올라가기에는 수분포텐셜이 충분하지 않은 것이다. 이는 *Abies balsamea*, *Pinus ponderosa*, *Quercus garryana* 같이 수고가 아주 크게 자라는 수목에서 공통적으로 나타나는 현상이다(그림 2.108).

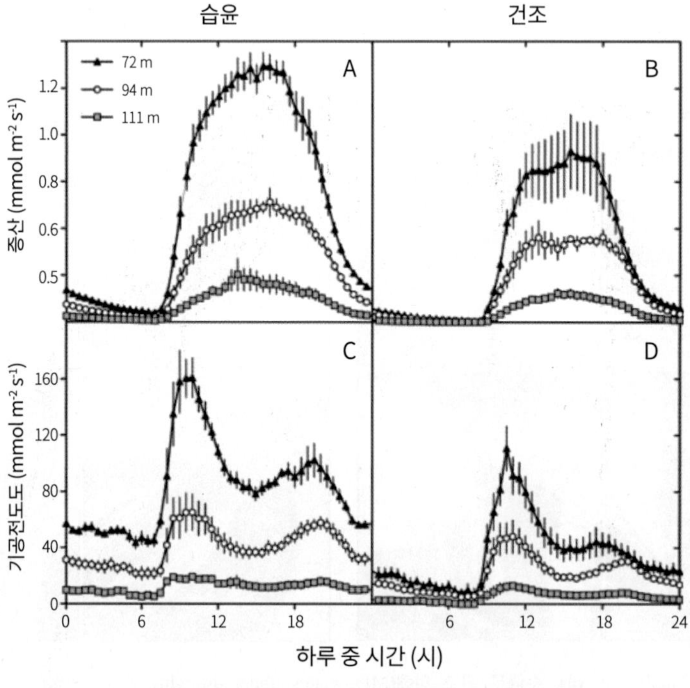

그림 2.108 수고에 다른 시간별 증산량의 차이

CHAPTER

03 온도

온도와 관련된 수목의 스트레스는 고온과 저온으로 나눌 수 있다. 높은 온도가 지속되거나 강한 광이 비춰지게 되면 피소(sunscald)현상이 나타나기도 한다. 온도가 증가하면 일반적으로 호흡량이 증가한다. 그리고 저온 스트레스가 지속적으로 유지되면, 세포 동결, 원형질 분리 등의 현상이 일어난다.

고온

온도가 높은 환경에서 수목은 호흡량이 증가한다. 호흡은 생장을 하면서 필요한 생장호흡(growth respiration)과 수목이 생장을 유지하는 데 필요한 유지호흡량(maintained respiration)으로 나눈다. 특정 수목의 조직에서 발생하는 유지호흡량은 온도계수 Q_{10}으로 표시한다. 온도가 10℃ 증가할 때 변화하는 호흡률을 말한다. 온도에 대해서 유지호흡량이 생장호흡량보다 덜 민감하다고 가정하면, 일반적으로 생장호흡은 Q_{10}의 값을 감소시킨다.

Q_{10}

수목은 일반적으로 온도 상승에 따라서 호흡량이 증가한다. 피스타치오(*Pistachio vera*)의 경우에서도 호흡량은 온도가 증가할수록 일반적으로 증가한다(Francesco et al., 2009). 꽃이 피는 생식 활동이 활발해지면 호흡량도 줄어든다. 수종, 연령, 환경의 상태에 따라서 약간씩 다르지만, 수목이 탄소

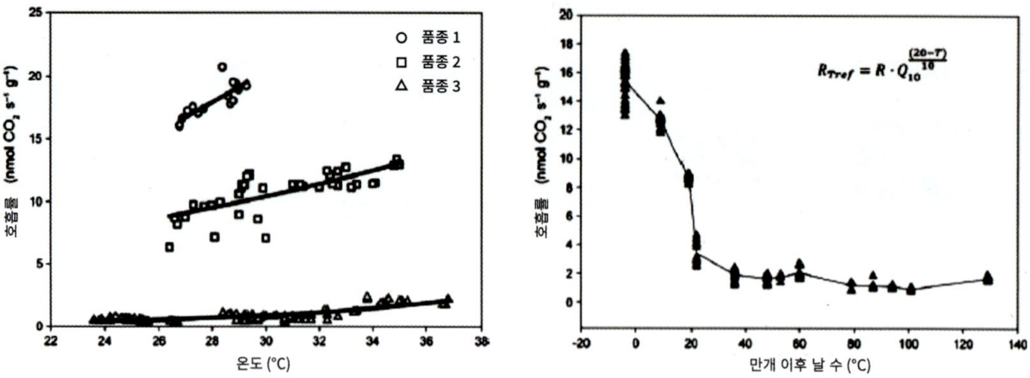

그림 3.1 온도와 호흡량과의 관계

를 고정하면 30~50%의 탄소를 호흡으로 소실한다. 호흡량으로 소실되는 탄소의 양이 수목의 경우에 아주 크다. 수목이 유령기에서 성숙목으로 전환되는 시점, 생식 활동을 시작하는 발달 단계로 가는 전환점 등에서 호흡량의 급격한 변화가 생긴다. 피스타치오(*Pistachio vera*)의 경우에서도 꽃이 피는 시점에서 호흡량이 급격하게 감소하는 것을 볼 수 있는데, 이는 탄소 분배에서 호흡으로의 탄소 분배를 줄이고, 생식으로 탄소의 분배를 변화시키는 수목의 전략 때문이다(그림 3.1).

온도는 수목에서 밀접한 연관성을 가진다. 단기간의 온도 변화와 호흡량 변화량이 거의 일치하는 것을 볼 수 있는데, 이는 대다수의 수목에서 나타나는 현상이다(그림 3.2).

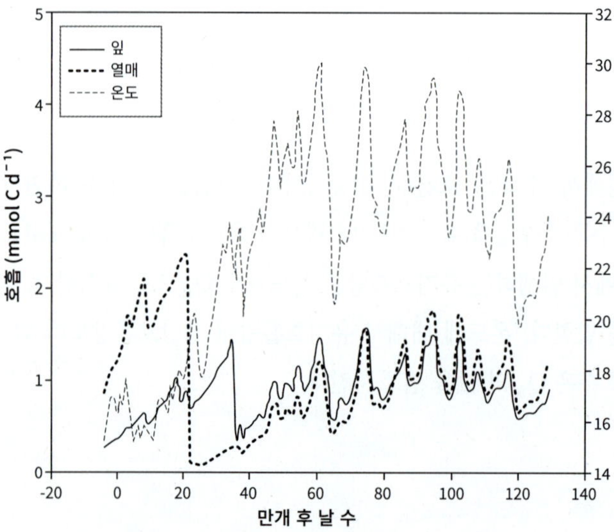

그림 3.2 단기간의 온도 변화와 호흡량 변화량

꽃이 피고서 생식생장을 많이 하게 되면, 건중량, 즉 영양생장률이 감소한다. 이것은 수목의 탄소 분배 차원에서 보면, 영양생장과 생식생장의 적절한 조화를 이루는 전략이다(그림 3.3).

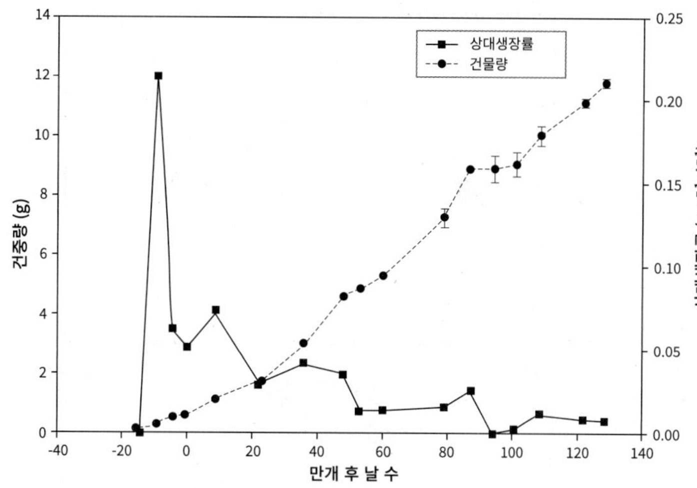

그림 3.3 영양생장과 생식생장과의 관계

고온과 광합성

온도는 수목이 광합성을 하는 데 중요한 루비스코(rubisco) 활성에 영향을 준다. 포플러의 경우에도 수종에 따라서 활성이 차이가 나는데, *Populus balsamifera*와 *Populus deltoides*의 경우도 약간씩 온도에 따른 활성이 다르지만 경향은 같다. 루비스코는 잎을 대상으로 직접 측정한 것이나 분리하여 온도에 따라서 측정한 것이나 거의 비슷하다. 일반적으로, 온도 30°C 근처에서 가장 활성이 높은데, 일반적으로 C3 식물은 이 온도 부근에서 광합성률이 가장 높다. 수종 간에는 약간의 차이가 있는데, *Populus deltoides*의 활성이 *Populus balsamifera*보다 약간 높다(Hozain et al., 2009). 이것은 같은 온대지역이지만, 유전적인 차이가 수종 간에 존재하기 때문이다(그림 3.4).

루비스코 활성과 광합성률의 정도를 비교해 보아도 수종 간에 차이가 있으며, *Populus deltoides*의 활성이 *Populus balsamifera*보다 약간 높다(그림 3.5).

차나무의 경우, 온도에 따라서 엽록소 a의 형광 반응이 달라지는 것을 알 수 있다. 온도가 빛과 함께 엽록소 a의 형광 반응에도 영향을 준다는 것이다. 형광 반응을 판단할 때, OJIP 커브를 활용한다. 이 방법은 ① 비파괴적으로, 수목의 잎에 엽록소 a의 양과 활성 반응을 측정할 수 있고, ② 쉬우며, ③ 빠른 결과를 얻을 수 있다는 점에서 많이 활용한다. OJIP는 O, J, I, P 단계로 구분한다. 광계 II에서 산화환원 반응의 결과로 광계 I에서 전자전달계의 효율적인 수용 정도를 평가하는 방법으로 사용한다. 예를 들면, 적색광(650 nm, 3500 molm^{-2}s^{-1})에서 1초간 빛을 조사한 후 나타나는 형광 수준을 말한다. P는 최고점에 올 경우의 형광 값인데, 이는 500 ms에서 상태이다. J는 O와 P 사이의 중간 값인데, J는 ~2에서 3 ms, I는 ~30 ms의 값을 가리킨다. 확실하게 온도가 낮아질수록 OJIP 커브에서 형광 반응이 아주 낮은 값에서 형성된다. 또한 안토시아닌의 양을 비교해 보아도 온

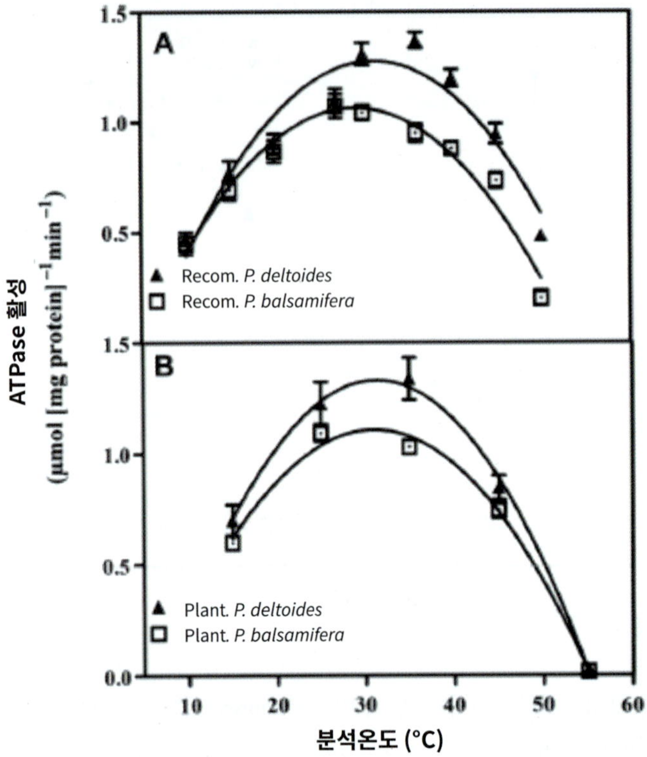

그림 3.4 온도와 최적 효소 활성(Recom.은 Recombinant를 의미하는데 효소를 재조합한 활성)

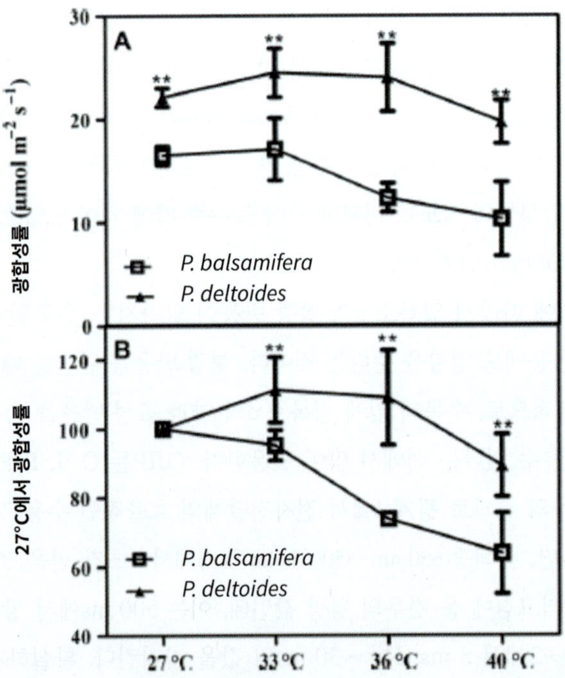

그림 3.5 온도와 최적 광합성 능력과의 관계

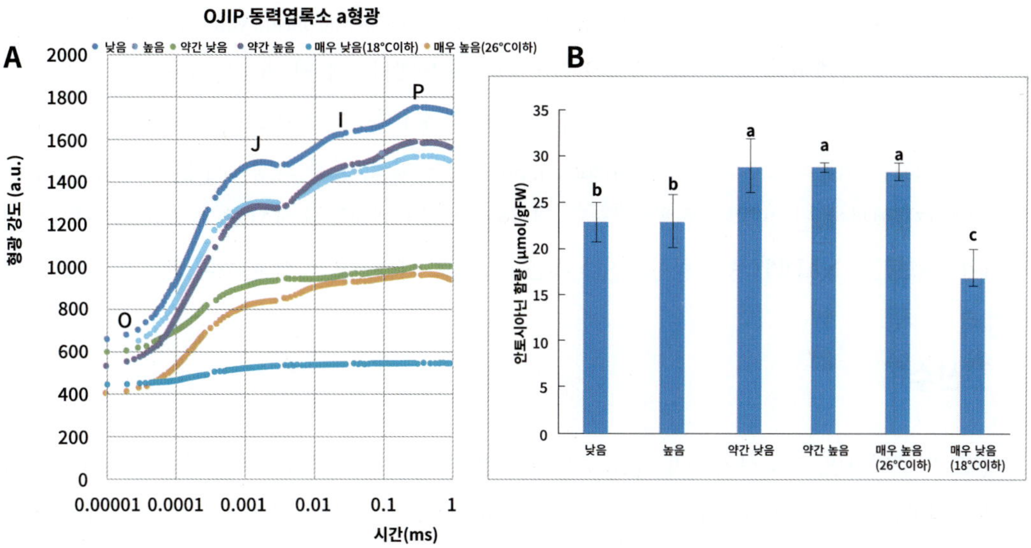

그림 3.6 시간의 흐름에 따른 수목의 OJIP 커브

도가 스트레스가 되면 컨트롤보다 높은 값을 유지한다. 이는 온대지역에서 수목이 겨울에 가까워서 주위의 온도가 낮아지면 낙엽을 준비하면서 안토시아닌의 함량을 높이는 생리적인 경향과 같은 것이다(그림 3.6).

OJIP 형광 반응의 원리는 수목이 빛을 받고 광합성을 시작하는 생체 내 엽록소 형광 양자 수율의 빠른 상승을 기반으로 한다. 어두운 환경에 적응된 수목의 잎에서 모든 광합성 반응은 이완된 상태에 있으며, 이는 기저 상태에 있는 전자의 완전한 보완을 의미한다. 동시에, 광계 II와 광계 I 사이의 전자 수송 사슬도 이완 상태에 있다. 이것은 플라스토퀴논 A(QA), 플라스토퀴논 B(QB) 및 광계 II 반응 중심 뒤의 유리 플라스토퀴논(PQ) 풀이 완전히 산화됨을 의미한다. 즉, "개방"(O) 상태(= F_0)에서는 들어오는 광자가 반응 중심 중 하나에서 전하 분리를 시작할 수 있는 최대 기회를 갖기 때문에 시스템의 형광 양자 수율은 최소화된다. 광 시스템의 화학 조명이 시작되면 전하 분리가 발생하고, 전자는 QA 및 QB를 통해 PQ 풀로 이동한다. 이것은 더 이상 들어오는 광자가 부분적으로 포화된 전자 수송 사슬에 의해 더 이상 쉽게 받아들여질 수 없기 때문에 형광 양자 수율을 증가시킬 것이다. 잎의 다양한 반응 중심에 있는 전자의 대부분이 이러한 반응 중심에 있는 QA 분자를 감소시키면 형광 역학의 "J" 상태에 도달한다. QB도 감소하면 형광 양자 수율의 다음 수준 "I"에 도달한다. PQ 풀이 감소 피크에 도달하면 형광 양자 수율도 피크인 "P" 수준에 도달한다.

광계 II의 반응 중심인 P_{680}이 빛 에너지를 흡수하면 전자가 들뜬 상태가 된다. 들뜬 상태의 전자는 페오피틴(pheophytin)과 플라스토퀴논 A(QA) 및 플라스토퀴논 B(QB)를 거쳐 시토크롬 복합체로 전달된다. 시토크롬 복합체에서는 전자가 가진 에너지를 이용하여 전자 2개당 4개의 양성자를 틸라코이드 내강으로 수송한다. 에너지를 소진한 전자는 플라스토시아닌(plastocyanine, PC)을 거쳐 광계 I으로 전달된다. 광계 II는 물을 광분해하여 얻은 전자를 통해서 손실된 전자를 보충한다.

광계 I의 반응중심인 P_{700}이 빛 에너지를 흡수하면, 광계 II와 마찬가지로 전자가 들뜬 상태가 되며, 들뜬 전자는 최종적으로 페레독신(ferredoxin, Fd)에 전달되고, 중간 과정에서 틸라코이드 내강으로의 양성자 펌핑이 일어난다. 페레독신으로 전달된 전자는 페레독신-NADP 환원효소(FNR)로 전달되어 $NADP^+$를 NADPH로 환원시키거나 혹은 P_{700}으로 되돌아오는 전자 순환 반응이 일어난다.

고산수목

온도가 증가하면, 아고산지대의 산림 수종에도 영향을 미친다. 그러나 수종별로 증가한 온도가 미치는 영향은 다르다. *Abies faxoniana*와 *Picea purpurea* 두 수종을 대상으로 한 연구에서, 현재의 온도보다 2°C 정도 높은 환경에서 반응은 두 수종에서 조금 달랐다(Yu et al., 2019). 건물질생산량은 온도 증가에 따라서 증가한다. 두 수종이 경쟁하는 환경에서는 *Picea purpurea*가 물질생산량, 광합성 능력, 수분이용효율, 비구조탄수화물(non-structural carbohydrate) 농도, 토양에서의 질소흡수률 등이 월등하여 생존하는 데 유리한 특성을 가진다. 기후변화로 온도가 증가하면, 아고산지역에서 같이 생존하는 두 수종 가운데, *Abies faxoniana*는 사라지고 *Picea purpurea*는 생존할 가능성이 크다. 이러한 결과는 기후변화로 인한 온도 증가가 침엽수 산림의 종구성과 기능을 변화시킬 수 있다는 것을 시사한다. 특히, *Picea purpurea* 세근의 양과 무게가 증가하여 수분 흡수와 수분이용효율, 질소의 흡수량을 증가시켜 수목의 생육을 개선함으로써 물질 생산을 유지한다. 증가된 온도에서 두 수종의 경쟁구도 하에서 *Picea purpurea*의 엽면적(잎의 무게 × SLA)은 광합성 능력을 증가시켜서 전체적인 생장에 영향을 준다. 온도가 증가하면, 스트레스 요인이 되어 아고산대 수종의 전분과 비구조탄수화물의 양은 감소한다. 특히, 엽육세포, 클로로플라스트 내에서, 전분 양과 비구조탄수화물의 양은 감소한다. 호흡으로 사용하는 전분의 양이 증가해서 축적량이 줄어드는 것이다.

한국에서는 한라산과 덕유산 일부에 분포하는 구상나무(*Abies koreana*)의 임분이 쇠퇴하는 현상이 오래전부터 관찰되었다. 여러 가지 이유가 있지만, 기후온난화로 인한 고산수목의 생리적인 장애도 한 원인이다. 한라산에서 분포하는 구상나무를 대상으로 해서 15°C, 20°C, 25°C의 온도에서 광포화, 광보상커브를 만들어 보았는데, 건전한 임분에서(그림 3.7a, c)는 온도에 따른 광합성 커브에 큰 변화가 없었지만, 쇠퇴하는 군락에서는 광합성 커브가 광합성 능력이 건전한 임분에 비해서(그림 3.7b, d) 현저하게 낮아지는 것을 확인할 수 있었다(Woo et al., 2008). 이는 한라산 영실 · 성판악지역에서 나타나는 산림쇠퇴 현상을 설명할 수 있는 것이다. 구상나무는 오랫동안 고산지역에 분포하여 정착한 침엽수로서 서늘한 환경의 대기온도를 선호하지만, 온도가 높은 환경에서는 광합성 능력과 다른 생리적인 활성이 현저하게 저하됨에 따라 개체목의 고사를 가져 왔으며, 군락 차원에서 산림

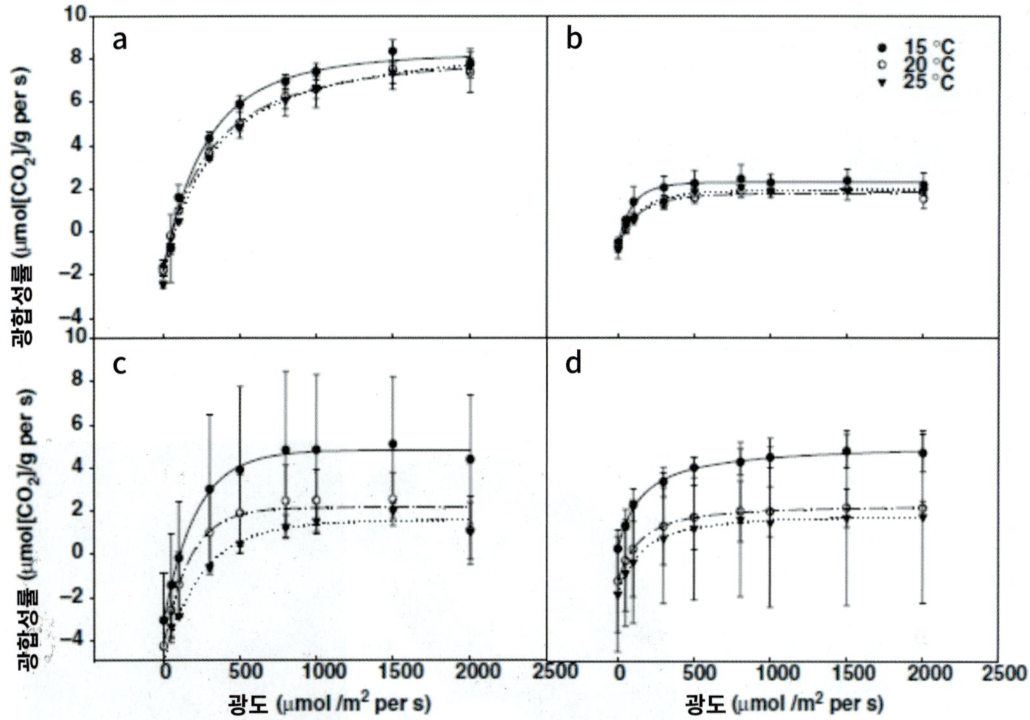

그림 3.7 고산 수목의 온도에 따른 광합성 능력의 차이. 고산 수종일수록 온도가 높아지면 광합성 능력이 줄어든다.

쇠퇴 현상을 초래하게 되었다고 할 수 있다.

호르몬

고온 스트레스는 라디아타소나무(*Pinus radiata*)에도 영향을 미치는데, 고온에 대해서 견디는 능력은 호르몬의 기능에 달려 있다. 고온에 노출된 라디아타소나무에서는 가장 먼저 기공의 폐쇄 현상이 일어나며, 기공을 닫는 데 앱시스산(abscisic acid, ABA), 살리실산(salicylic acid, SA)가 가장 중요한 역할을 한다(Escandón et al., 2016). 또한 고온으로 인한 항산화되는 세포의 산화를 방지하기 위해서 단기적으로는 ABA, 식물호르몬(phytohormone), MDA(malondialdehyde)의 함량이 증가하고, 장기적으로는 프롤린(proline), 가용성당(soluble sugar), 옥신(indole-3-acetic acid, IAA), 사이토키닌(cytokinin) 함량이 큰 역할을 하여 고온으로부터 회복하는 데 중요한 생리적인 기능을 한다(표 3.1).

그림 3.8의 현미경 사진을 살펴보면, 대조구(c)에 비해서 초록색으로 염색된 ABA의 함량이 현저하게 증가하는 것을 알 수 있다(그림 3.8). 특히, 고온 처리 시간이 지날수록 초록색이 많아지는 것을 알 수 있다. 현미경 사진에서 ABA와 IAA의 변화 양상은 반대로 나타난다.

표 3.1 고온 스트레스가 가해지는 경우에 수목에서 함량의 급격한 변화

단기간 노출 (2~3일)	ABA, 옥신(auxin), malondialdehyde(MDA), 항산화효소, 자당(sucrose)	높은 수준을 유지
장기간 노출 혹은 회복되는 수목	프롤린(proline), 포도당(glucose), 과당(fructose), 만니톨(mannitol), IAA, 사이토키닌(cytokinin), 가용성당(soluble sugar)	높은 수준을 유지

ABA의 함량은 대조구에서 고온 처리기간(T1, T2, T3)이 증가할수록, mesophyll cell, endodermis에서 집중적으로 증가하는 것을 볼 수 있다. 그러나 오랜 기간 고온 노출(T5), 고온 노출 후 회복되는 개체(R)에서는 그 양이 모든 세포로 고르게 나타나는 것을 확인할 수 있다(그림 3.8).

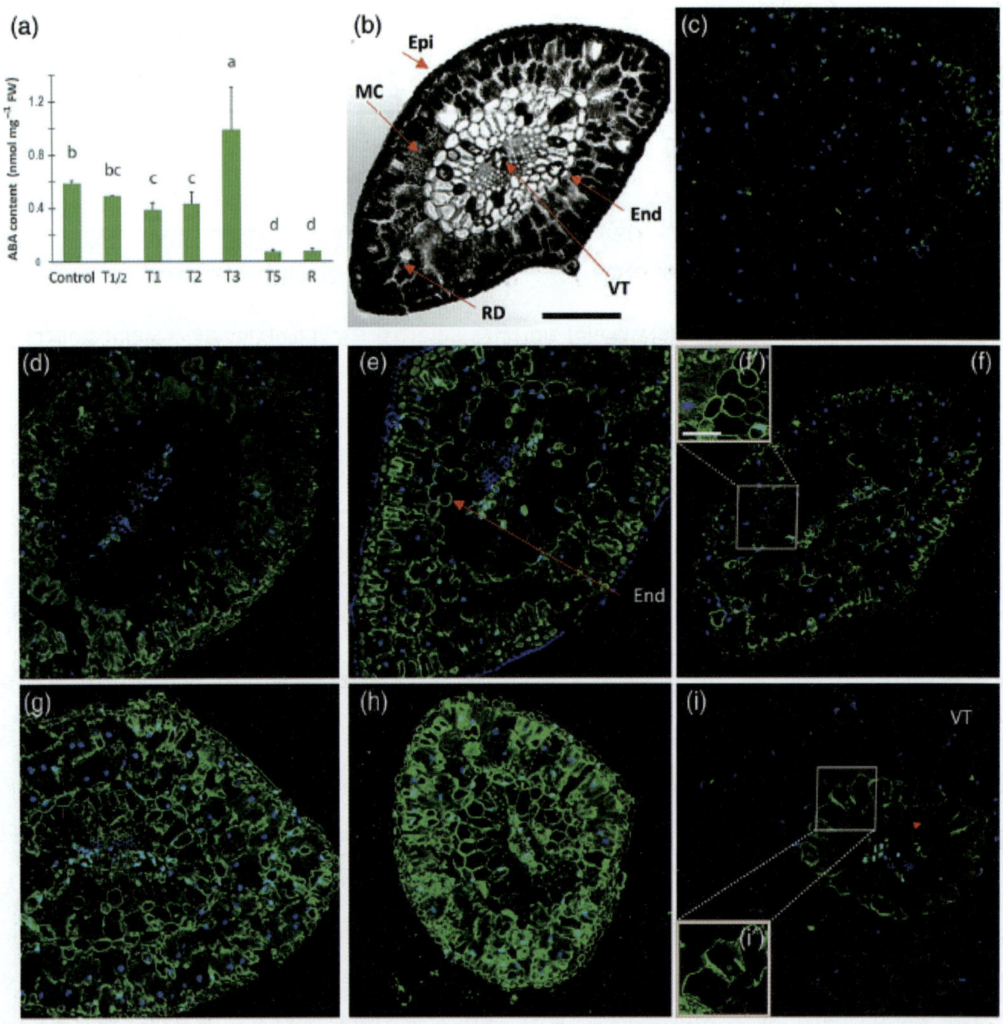

그림 3.8 고온과 ABA 호르몬의 변화[Epi-epidermis(표피), MC-mesophyll cell(엽육세포), RD-resin ducts(수지구), VT-vascular tissue(유관속조직), End-endodermis(내피)]

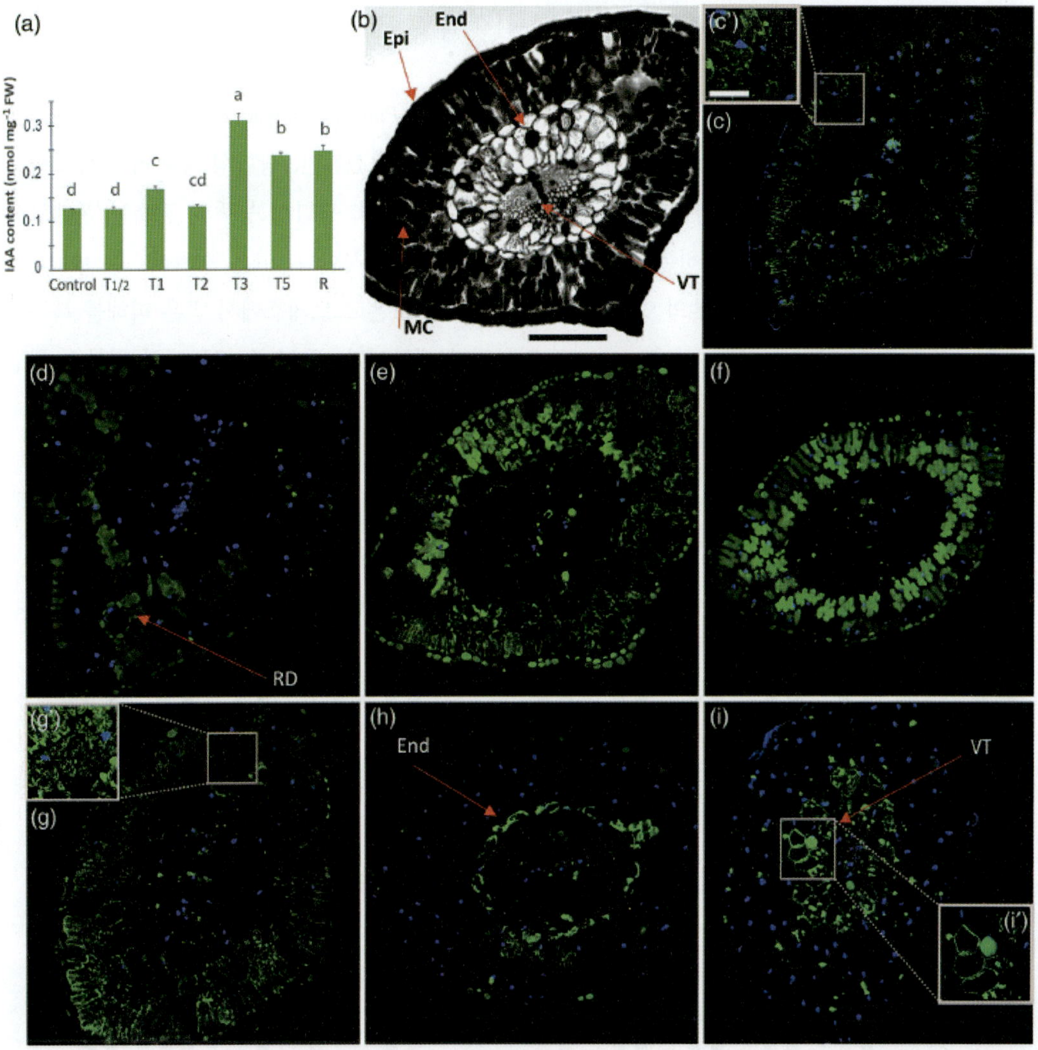

그림 3.9 고온과 IAA 호르몬의 변화(Escandón et al., 2016)

현미경 사진에서 DAPI(4′,6-diamidino-2-phenylindole; 푸른색), IAA(초록색)의 양도 고온 스트레스가 지속될수록 그 양이 증가한다. 그러나 그 증가되는 부위는 ABA와는 다르다. IAA의 양은 고온 처리 초기단계(T1, T2)를 지나고서 오랜 기간 고온 노출(T5)이나 회복되는 개체에서는 증가한다(그림 3.9a). 현미경 사진에서도 고온 시간이 지날수록 전체적으로 초록색의 면적은 줄어들지만, 엽육세포에서만 집중적으로 높은 초록색을 볼 수 있다. 이것은 생장에 관여하는 옥신 양의 증가 양상과 일치한다. T1, T2까지만 옥신 양도 증가하는데, 이는 엽육세포에서 옥신이 생장에 관여하는 활동이 가장 활발하기 때문이다(Escandón et al., 2016). T3 시기부터는 IAA의 신호는 세포질보다는 소포체, 아세포 옥신 구획화와 깊은 관련성이 있는 것을 알 수 있다

탄수화물과 온도

미송(Douglas-fir, *Pseudotsuga menziesii*)은 폰데로사소나무(*Pinus ponderosa*)보다 온도 스트레스에 견디는 저항성이 높다(Marias et al., 2017). 여러 가지 요인이 있겠지만, 광합성 능력이 폰데로사소나무에서 많이 감소한다. 수분이용효율과 더불어서 고려해 보면, 광합성 능력의 감소는 폰데로사소나무의 건조한 토양에서 고사하는 확률이 더 높다는 것을 시사한다. 고온 스트레스는 glucose, fructose의 양을 증가시키나 전분의 양은 감소시킨다. 이는 고온 스트레스에서 받은 피해를 복구하기 위해서 전분의 함량을 glucose, fructose로 전환했기 때문이다. 두 수종 모두에서 엽록소 형광(F_V/F_M)이 줄어들었다(그림 3.10).

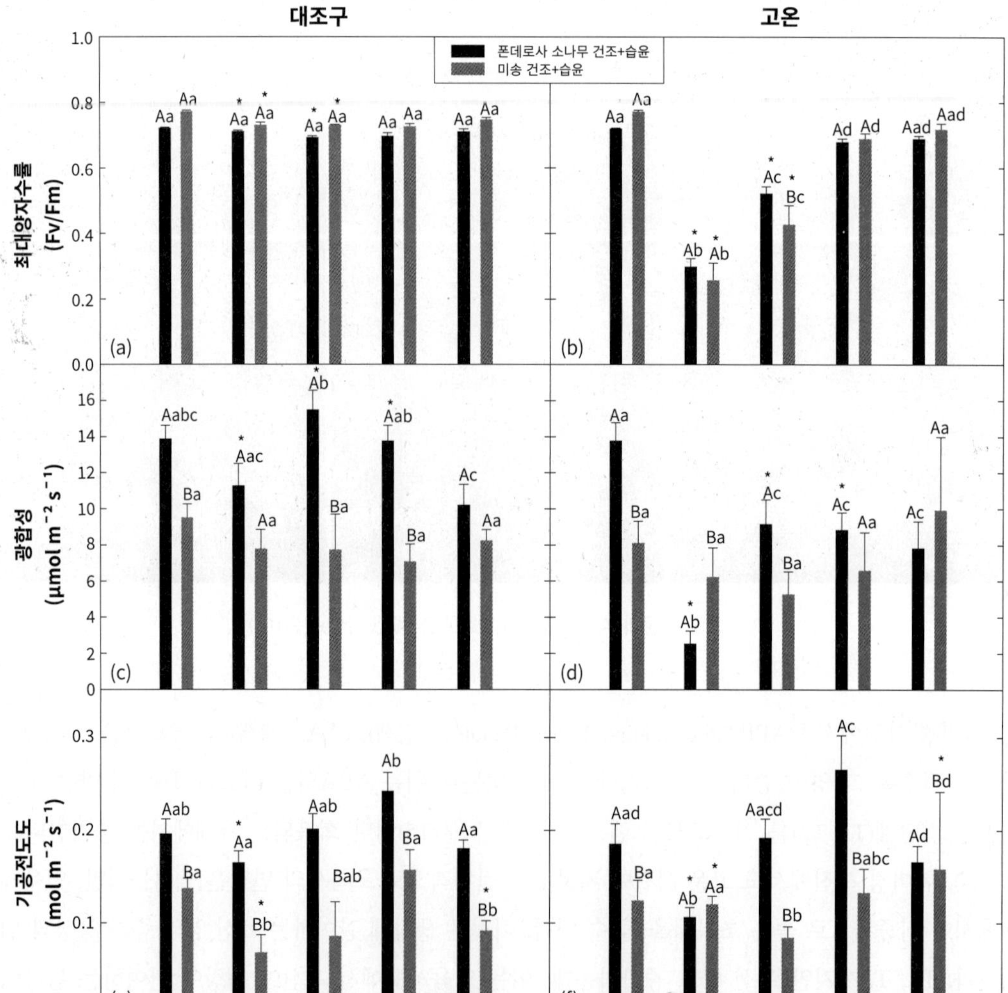

그림 3.10 수종별 온도에 따른 생리적인 변화량

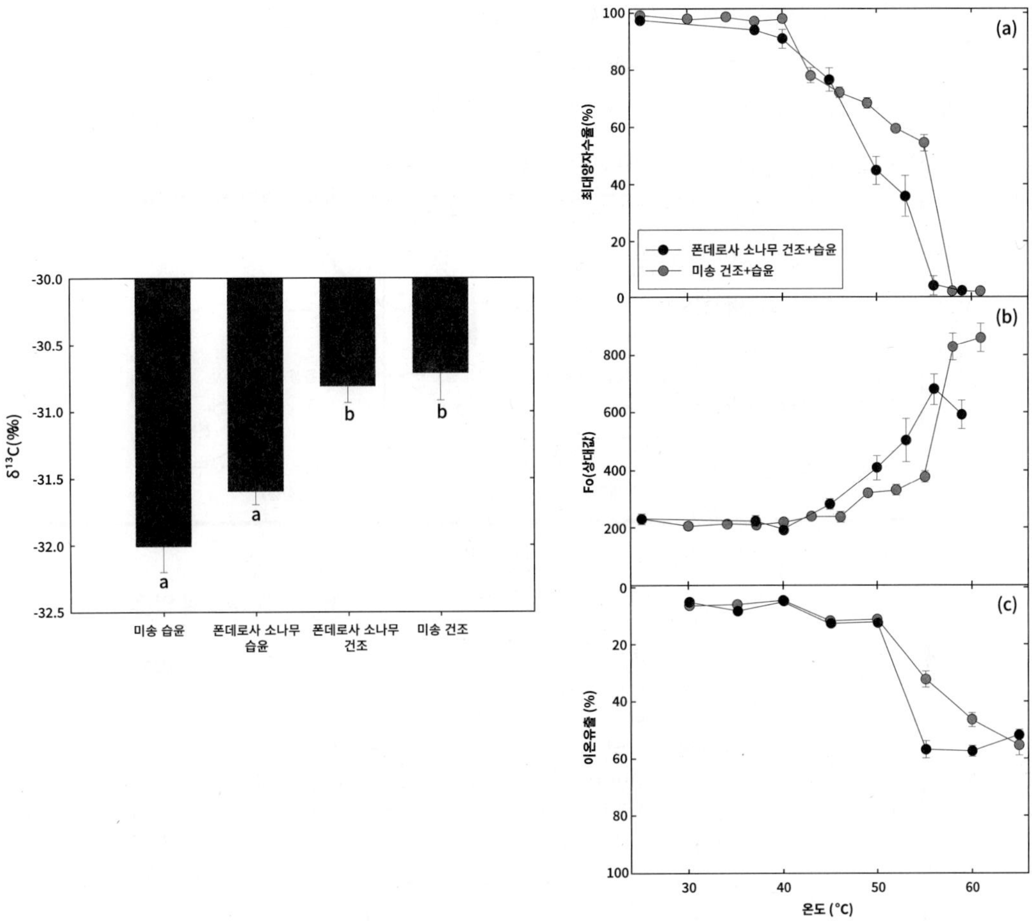

그림 3.11 온도에 따른 수분이용효율, 형광 반응과 에틸렌 유출량 변화

수분이용효율 측면에서 볼 때, 건조한 토양에서 미송의 수분이용효율이 현저하게 높아지는 것을 알 수 있다. 건조한 토양과 환경에서 분포하는 집단이 공통적으로 습윤한 토양에서 분포하는 집단보다 수분이용효율($\delta^{13}C$)이 높은데, 이는 온난화로 인해 건조한 토양이 높은 수분이용효율을 유도하기 때문이다. 더불어 세포벽에서의 이온의 유출량도 폰데로사파인에서 더 높은 것을 확인할 수 있다(그림 3.11).

온도 변화는 수목의 눈이 깨어나는 것에 영향을 준다. 수목의 생리적인 변화에 따라서, 그리고 수목의 위치에 따라서 탄수화물의 양이 변화된다. 일반적으로, 줄기의 끝부분이나 그루터기 쪽의 밑 부분에 붙어 있는 눈이라도 수피 부분에 있던 전분이 대다수 가용성 당으로 전환된다. 또한, 도관 부분에 있던 가용성 당은 목부수액으로 대규모 이동한다(그림 3.12).

4~5월에 수목의 눈(bud)이 생장할 때 나타나는 탄수화물의 변화 가운데, 가장 괄목할 것은 눈(bud)으로 빠른 glucose의 직접적인 아포플라스트(apoplast, 세포벽과 세포외 공간) 경로를 통한 이동이

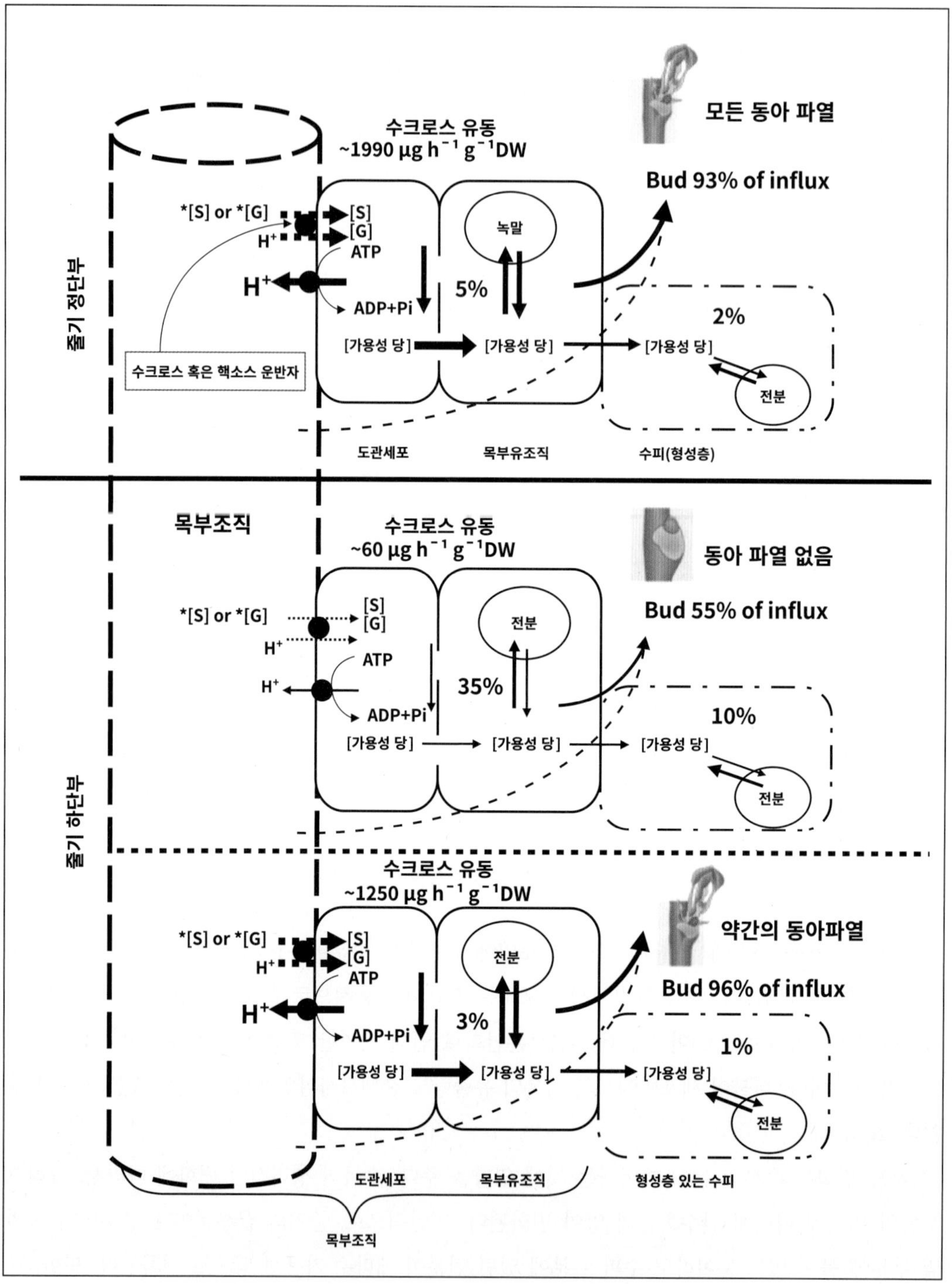

그림 3.12 온도에 따른 탄수화물의 이동과 역할

다(Bonhomme et al., 2010). 호두나무를 대상으로 한 연구에서 12월에서 3월 사이에 목부를 통한 자당(sucrose)의 흡수가 대규모로 일어난다. 가장 흡수가 큰 시기는 눈(bud)이 파열되기 한 달 전이다. 가용성 당의 이동은 씽크(sink)로 탄수화물이 수목의 목부, 눈(bud), 수피, 유조직 등 수목의 부위에 얼마나 저장되어 있는지에 따라 다르다. 호두나무의 경우, 눈이 파열되는 시점에서 눈에서 높은 양의 헥소스(hexose) 농도가 조사되었고, 탄소의 형태별로 다른 농도를 보인다(그림 3.13).

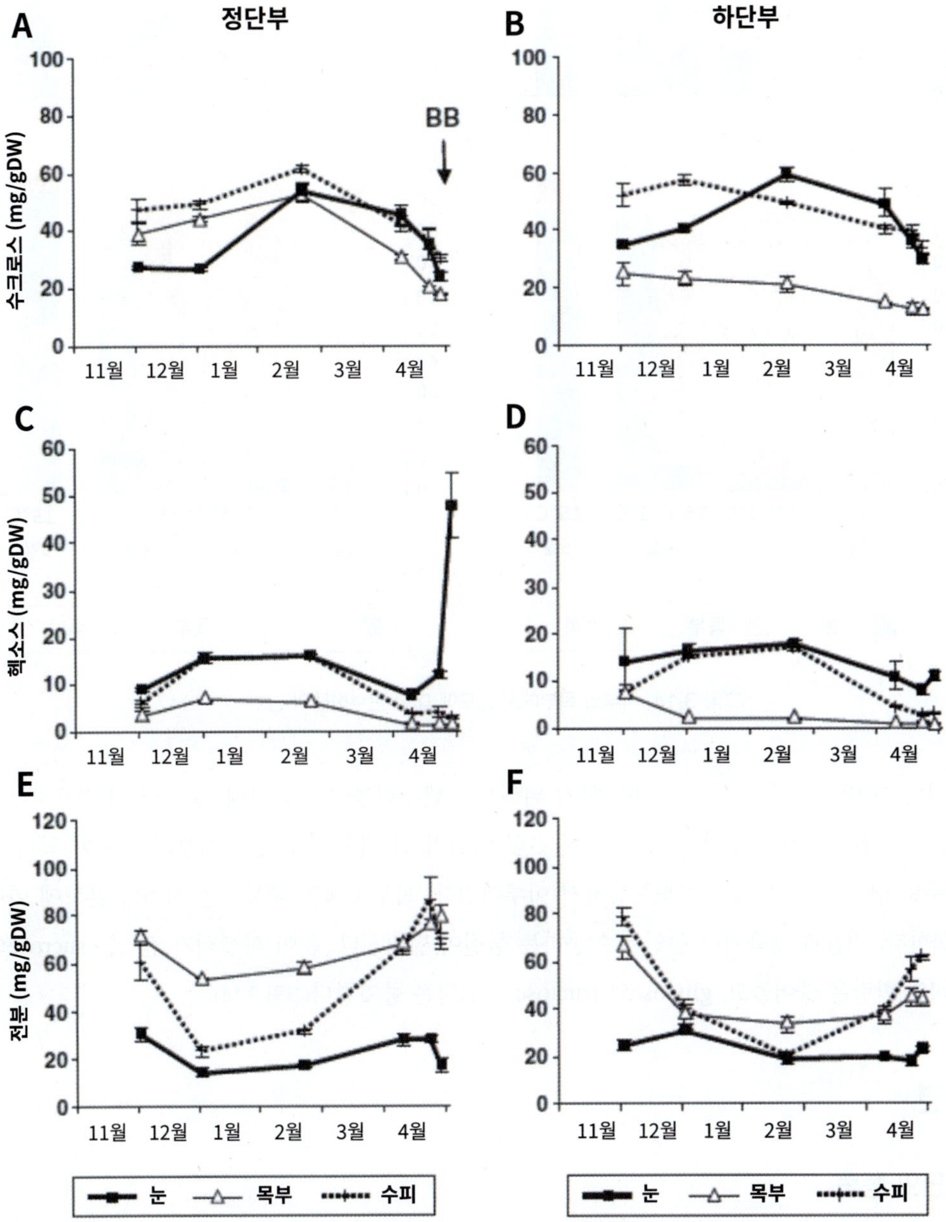

그림 3.13 온도에 따른 탄수화물의 변화(BB는 Bud Burst-눈 파열)

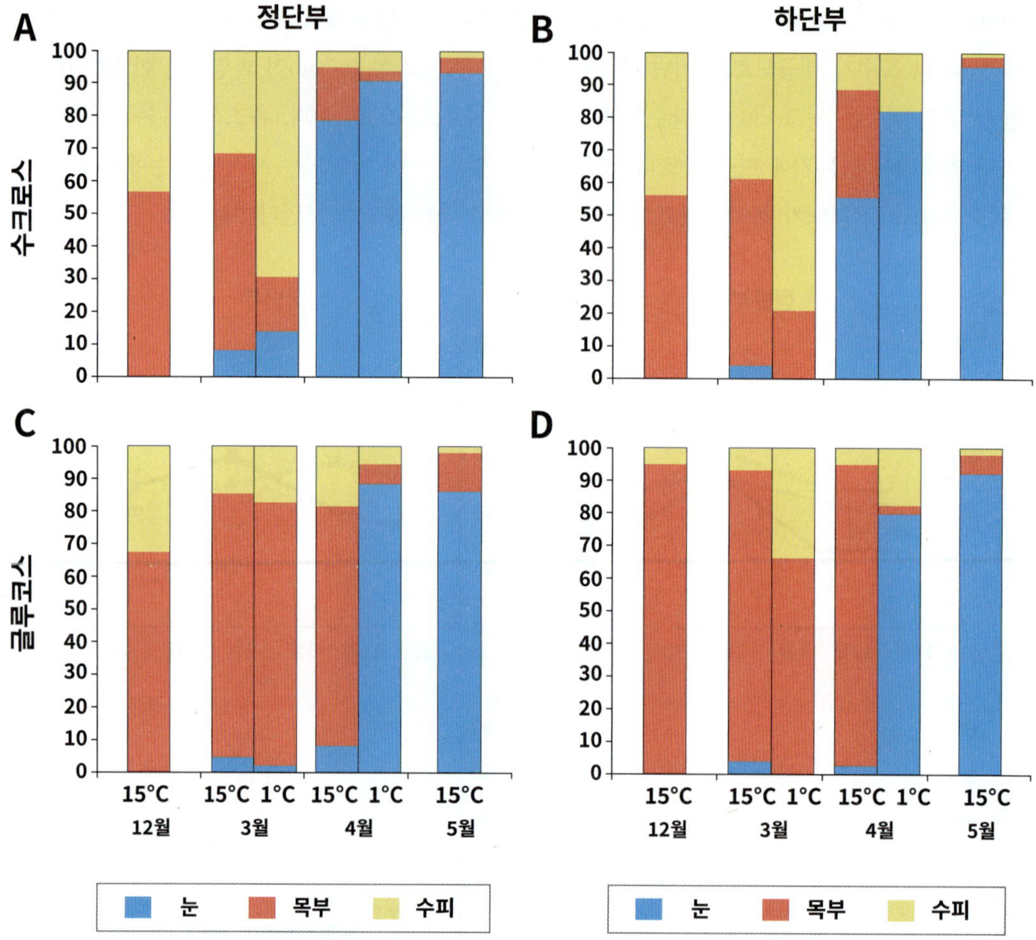

그림 3.14 사부와 목부에서 온도에 대한 탄수화물의 변화

줄기나 가지에 붙어 있는 눈을 파열하기 위해서는 탄수화물이 필요한데, 눈에서 먼 곳으로부터 이동하여 공급하는 것은 무리가 있다. 특히, 3월 이전의 긴 겨울 동안에는 사부의 활동이 적기 때문에, 주로 당의 공급은 목부수액을 통해서 이루어진다. 목부수액의 내용물은 시기와 온도에 따라서 변화한다. 겨울과 생육기간 동안에 이동하는 물질이 달라진다. 눈이 파열되기 전에는 sucrose와 sorbitol의 함량은 줄어들고, glucose와 fructose의 함량은 증가한다(그림 3.14).

휴면

휴면의 종류

휴면에는 여러 종류가 있으며, 3가지의 형태로 구분할 수 있는데, 외재휴면(paradormancy)

표 3.2 수목가지의 눈(bud)에서 생리적 휴면의 종류

구분	외재휴면	내재휴면	환경휴면
원인	눈 이외의 기관	휴면할 눈 자체	불리한 환경(봄철 저온)
시기	낙엽 전까지	낙엽 후~내재휴면 완료	내재휴면~발아기
타파 방법	장일, 고온, 잎 따주기(과수의 경우)	저온요구도 충족, 생장조절 물질 처리	보온, 가온

은 휴면에 들어간 눈 이외의 기관 때문에 발아가 불가능한 상태로 되는 것을 말한다. 내재휴면(endodormancy 혹은 자발휴면, innate dormancy)은 겨울 동안 환경조건을 적당하게 유지해 주어도 눈 자체의 원인 때문에 발아하지 못하는 상태의 휴면을 말한다. 환경휴면(ecodormancy 혹은 타발휴면, exogenous dormancy)은 부적당한 환경요인 때문에 발아하지 못하는 상태이다. 외재휴면은 적엽(잎따기) 등의 처리로 눈을 크게 할 수 있다. 내재휴면은 주로 일장과 온도에 의해서 깨질 수 있다. 환경휴면은 저온이나 수분 부족으로 인해서 발생하기 때문에 이러한 요소들을 제거해 주면 된다(표 3.2).

휴면과 눈(bud)의 종류

휴면과 밀접한 관련이 있는 수목의 눈(bud)에는 여러 가지 종류가 있다. 눈의 형성과 상태는 기후, 주변 온도, 전년도의 환경과 수목의 영양 상태에 따라서 달라진다. 눈이 달린 위치, 위상, 형태, 기능에 따라서 다음과 같이 구분한다.

1) **위치에 따라서**, ① 정아(terminal bud; 가지의 가장 끝에 형성), ② 액아[axillary bud 혹은 lateral bud; 가지와 엽병 사이에 형성. 줄기의 옆쪽 잎 기부의 상부에 생기는 눈으로, 곁눈(側芽)의 일종. 양치식물의 곁눈은 잎과 관계없이 나옴], ③ 부정아[adventitious bud; 뿌리나 줄기와 토양이 닿는 곳, 호흡근 등에 형성. 정아와 액아를 정아라 하고, 이외에 생기는 눈을 부정아(不定芽)라고 함. 어떤 이유로 잎면이나 뿌리의 일부, 그 밖에 원래는 눈이 생기지 않는 기관이나 조직에서 나오는 눈을 말함]로 구분한다.

2) **수목에서 눈이 차지하는 위상에 따라서**, ① 덧눈[accessory bud; 부아(副芽)라고도 함. 식물의 잎겨드랑이에 생기는 잎눈이 보통은 하나인데, 2개 이상일 때에는 가장 크고 정상적인 잎눈을 제외한 나머지를 덧눈이라 함. 가장 큰 보통의 눈이 위에 있고, 그 밑에 덧눈이 세로로 늘어선 것(실거리나무, 국수나무), 위에 세로로 늘어선 것(인동과), 또 좌우로 늘어선 것이 있음], ② 가정아(pseudoterminal bud 혹은 false terminal bud; 액아가 정아의 기능을 하게 되는 눈을 말함. 정아가 죽으면 측아가 정아의 역할을 하면서 생장하는 것을 sympodial growth라고 하는데, 이러한 생장에서 작용하는 눈을 말함. 너도밤나무, 감나무, 플라타너스 등이 여기에 해당), ③ 잠아(dormant bud 혹은 latent bud; 잠복아라고 하며, 가지의 기부에서 충실하게 발달하지 못하였거나 발아할 수 있는 조건이 되지 못하여 봄에 발아하지 않고 있는 숨은 눈을 말함. Epicormic bud도 여기에 속함)로 구분한다.

3) 형태에 따라서, ① 비늘눈[scaly bud 혹은 covered bud; 식물의 액아의 잎이 양분을 저장해서 살이 많아져서, 액아 전체가 거의 동그랗거나 알 모양으로 된 눈을 말하며, 인아(鱗芽)라고도 함. 액아 전체가 땅에 떨어져서 발아(發芽)하여 영양번식을 함. 참나리에서 볼 수 있음], ② 털눈(hairy bud; 비늘이나 다른 기관으로 덮여 있는 눈), ③ 나아[naked bud; 털이나 비늘(인편) 등 다른 기관의 보호 없이 그대로 드러난 눈. 소나무, 냉이, 범의귀 등에서 볼 수 있음]로 구분한다.

4) 기능에 따라서, ① 영양아(vegetative bud 혹은 leaf bud; 동아 속에 다음해에 발생할 잎의 엽원기를 갖고 있어서 영양생장을 하는 눈을 말함), ② 생식아(reproductive bud 혹은 generative bud; 동아가 다음해에 발생할 꽃의 화아원기를 갖고 있는 꽃눈을 말함), ③ 혼아(mixed bud; 꽃이 될 눈과 잎이 될 눈이 함께 있는 겨울눈)로 구분한다.

휴면과 온도

생육기간 동안 증가하는 온도는 휴면을 깨뜨리는 중요한 한경요인이다. Epicormic bud(잠아)는 adventitious와 preventitious의 2가지 형태로 나눈다. Preventitious는 눈의 원기가 외부기관에서부터 시작되어 가지의 정아 부분에서 내려오며, adventitious는 내재적으로 조직에서부터 시작이 되는 것이다. 수목의 줄기나 가지의 단면을 잘라보면 눈의 흔적을 알 수 있다(그림 3.15). 줄기 혹은 가지에서 맹아가 발생했거나 죽지 않은 흔적이 선명하게 남는다(그림 3.15b). 눈이 죽은 것도 확인할 수 있다(그림 3.15d). 갑작스럽게 눈의 출현으로 남은 흔적은 맹아의 형성증거이다(그림 3.15c).

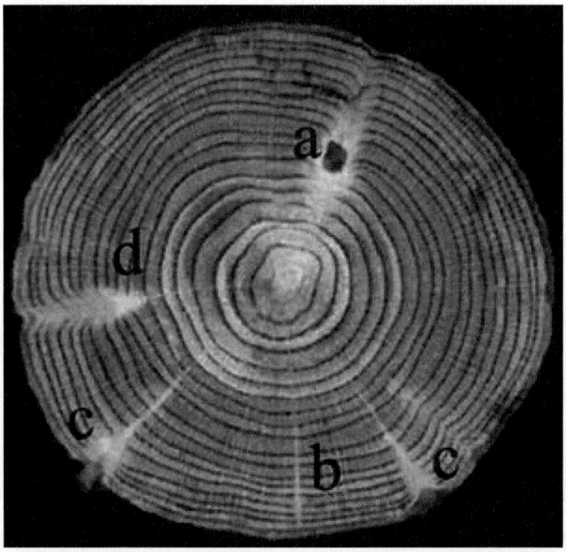

a: 가지흔적, b: 싹이 나지 않은 1차 잠아, c: 형성층까지 싹이 난 잠아, d: 7년 후에 싹 나고 죽은 1차(잠아에서 발생한) 맹아

그림 3.15 나이테에 나타난 눈(bud)과 가지의 흔적(Meier et al., 2012)

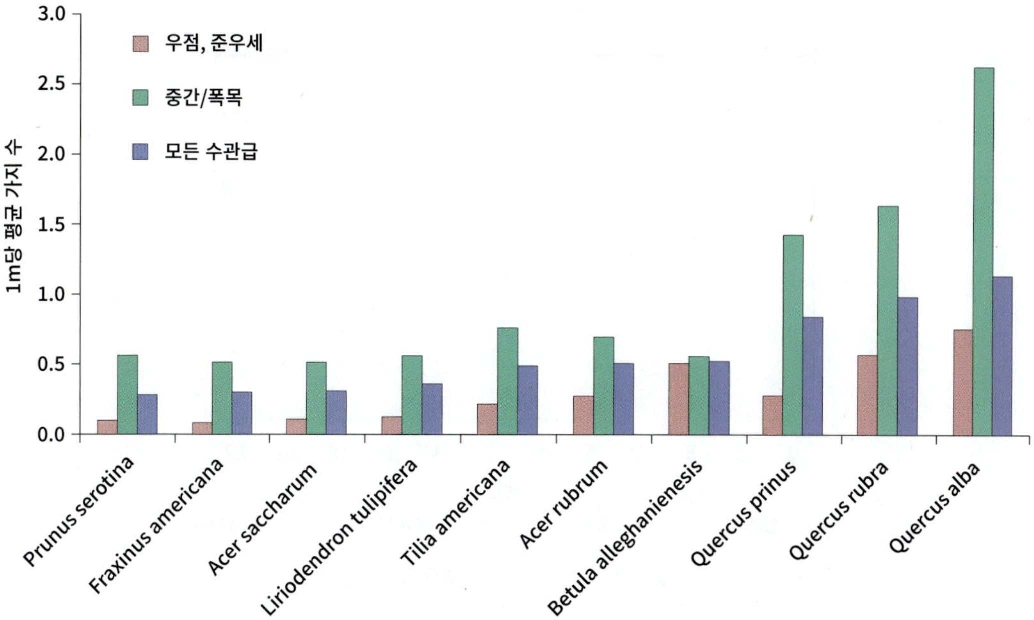

그림 3.16 수종별로 그루터기에 나타나는 맹아의 차이

잠아에서 발생한 맹아는 수목이 스트레스를 받은 증거다. 경쟁, 건조, 낮은 토양 양료 조건, 급격한 온도의 변화, 해충의 가해, 도관폐쇄 등의 조건에서 많이 발생한다. 맹아가 많이 발생할수록 수목의 활력은 떨어진다. 가지치기를 강하게 하면 맹아가 발생하고, 수목의 활력이 일시적으로 감소하는 것과 같다(Meier et al., 2012). 중간목 혹은 피압목들에서 우세목이나 준우세목보다 많은 맹아의 발생이 나타난다. 우세목은 상대적으로 적은 휴면 가지를 가진다. 피압목에서 맹아지의 발생이 많은 것은 빛의 수용이 다른 나무에 비해서 유리하기 때문이다. 광은 수목에서 눈의 휴면을 깨우는 중요한 환경요인인데, 다른 개체에 비해서 광을 받을 수 있는 높이와 면적이 넓다는 것은 맹아지의 발생이 다른 개체에 비해서 높을 수 있다(그림 3.16).

Epicormic bud(잠아)란 가지를 자르면 새로운 가지가 나오는 맹아지나 도장지를 만드는 것을 말한다. 두목 작업을 하면 잘려진 줄기에서 맹아가 발생하는 것은 잠아가 있어서 가능한 것이다. 잠아의 휴면은 상자 그림에서 볼 수 있다. 그래프에서 상자 밖에 있는 선은 휴면에서 깨어나서 눈의 생장이 왕성한 정도를 나타낸다. 그래프의 선이 상자 안에 있는 경우는 휴면의 생리적인 현상에 영향을 받는 정도이다. 1은 휴면이 시작되는 시기이고, 2, 3시기는 점차적으로 휴면에서 벗어나는 정도를 나타낸다(그림 3.17).

옥신과 사이토키닌은 휴면에 절대적인 역할을 하는 호르몬이다. 두 호르몬은 휴면을 깨뜨리는 역할을 한다. 가지치기 혹은 환상박피는 맹아 발생을 유도하는데, 옥신이 휴면을 깨뜨리는 역할을 해서 맹아 발생에 기여한다. 생육기에는 어린잎이나 수목의 원기에서 옥신이 수목의 위에서부터 아

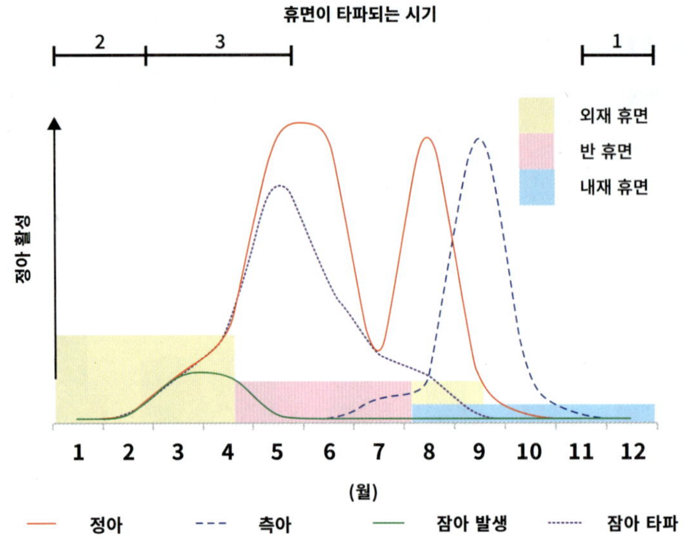

그림 3.17 정아의 활력과 휴면의 관계

래로 이동하는데, 가지 끝에서 거리가 멀어지면 휴면이 발생한다. 사이토키닌은 세포분열과 신장에 관여하는 중요한 역할을 한다. 사이토키닌은 생장을 유도하며, 옥신의 기능과 더불어서 뿌리로부터 가지 끝까지 이동하면서 생장촉진 역할을 한다. 사이토키닌은 옥신에 비해 휴면을 깨고 생장을 촉진해서 맹아를 발생시키는 능력이 조금 낮은 것으로 알려져 있다. 그러나 사이토키닌은 눈의 형성과 크기에 크게 기여한다. 옥신과 사이토키닌의 비율은 수목이 이용할 수 있는 토양 양료의 상태와 더불어 휴면을 깨고 생장을 유도하는 신호전달에서 중요한 역할을 한다.

수목의 생장에서 옥신의 감소는 사이토키닌의 증가를 가져오고, 사이토키닌이 액아 등으로 전달되어서 눈의 생장과 성장을 가져오도록 한다(그림 3.18). 또한 사이토키닌은 직접적으로 눈의 생장에 관여하기도 하고, 높은 온도 스트레스를 감지해서 눈의 생장에 관여하는 많은 호르몬을 자극하는 신호전달 역할을 한다.

호르몬 가운데 ABA는 *Phellodendron amurense* var. *wilsonii*의 종자 발아와 거의 반비례의 관계에 있다(Chen et al., 2009). ABA 농도가 높은 단계에서는 종자의 발아가 거의 안 되다가 1~2주 사이에 농도가 급격하게 낮아짐에 따라 종자의 발아가 시작되었다(그림 3.19).

코팅한 종자도 종자의 휴면을 유발하며 발아를 지연시킨다. 종자 코팅이 발아를 지연시키는 것은 코팅이 투수 능력을 저하시키기 때문이다. GA_1, GA_3, GA_4, GA_{4+7} 등은 종자의 휴면을 깨고 발아를 촉진시킨다. 일반적으로 GA_4, GA_{4+7}는 GA_3 보다 발아에 더 긍정적인 영향을 준다. 24개월간 저장한 종자에서는 GA_3만이 검출된다. 그러나 적장한 온도에서 발아 환경을 조성해 주면 GA_4가 나타나기 시작하고, 유근이 나오는 발아 완성 단계로 갈수록 GA_4, GA_7의 농도가 증가하는 것을

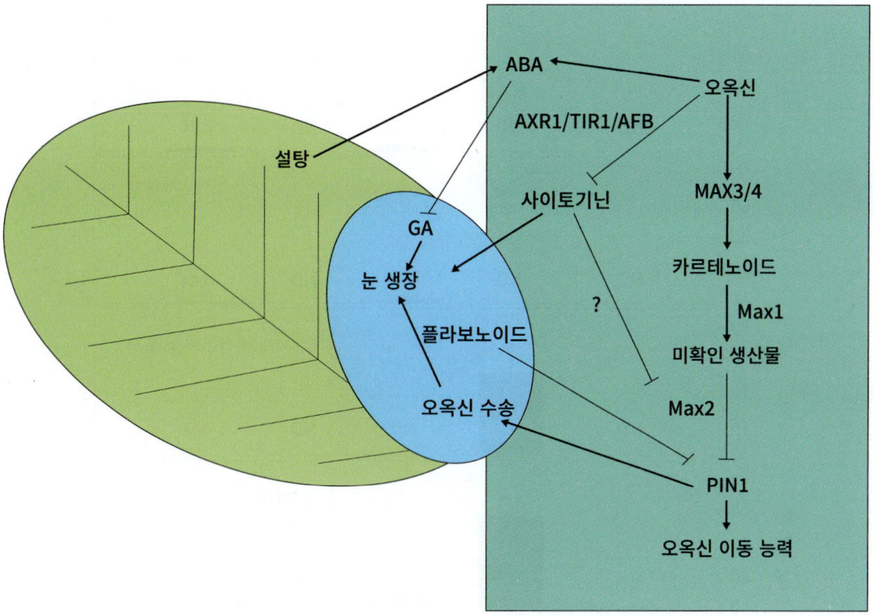

그림 3.18 옥신의 휴면에서의 역할

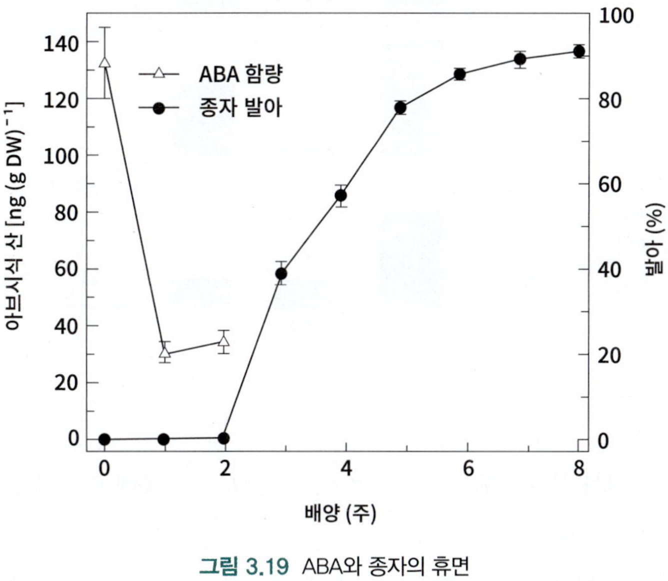

그림 3.19 ABA와 종자의 휴면

확인할 수 있다(그림 3.20).

종자의 코팅은 발아에 영향을 미친다. GA_4, GA_{4+7}는 GA_3보다 극성이 강하여 흡수되는 데 유리한 구조를 가지지만, 종자 코팅이 되면 흡수력이 현저하게 저하된다. 종자 코팅이 GA_4의 흡수를 방

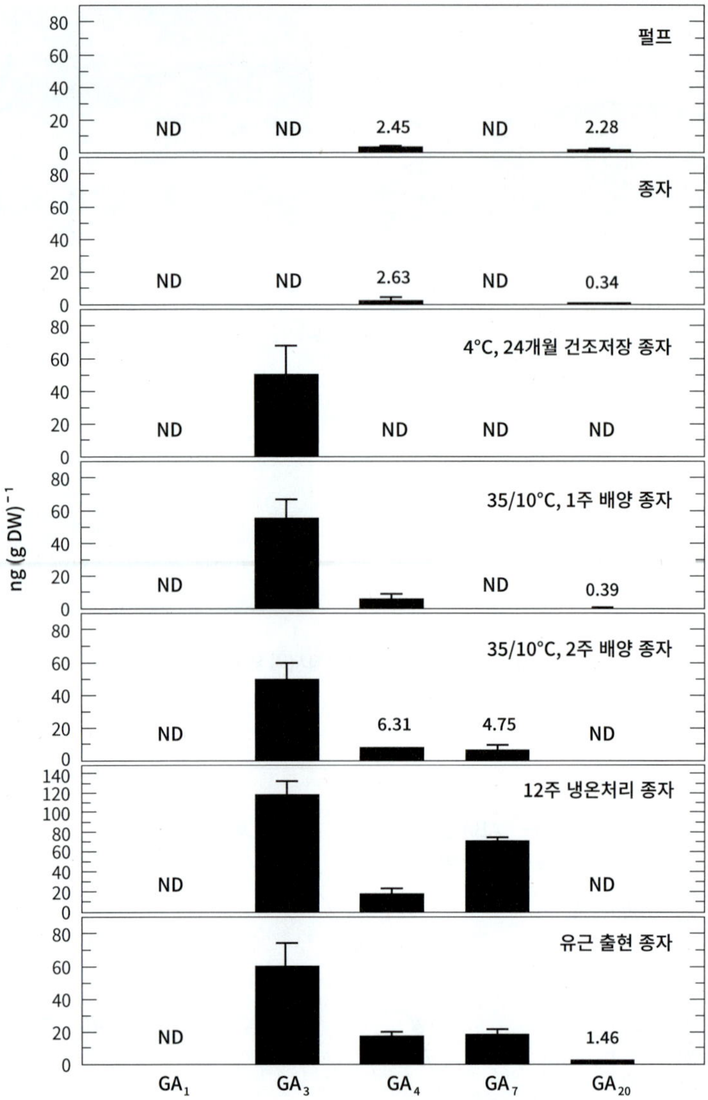

그림 3.20 지베렐린이 종자의 휴면에 미치는 영향

해하고, GA_4는 또한 발아보다는 배의 성장을 촉진하기 때문에 수종에 따라서 종자 코팅은 종자의 발아율을 저하시키기도 한다.

종자는 저장 유형에 따라서, 진정 종자(orthodox), 비진정 종자(recalcitrant), 중간 형태 등 3가지 형태로 구분된다. ① 진정종자(orthodox)는 생중량 기준 5% 이하의 수분 함량을 가지고서 거의 0°C 온도에서 저장하더라도 발아율은 낮아지지 않는 것이고, ② 비진정종자(난저장성 종자, 건조 민감 종자: 수분이 부족하거나 온도가 낮아지면 발아가 잘 안되는 종자)는 저장 기간 동안 15~30% 정도의 수분 함량을 유지해야 종자의 활력을 잃지 않는 것이다. ③ 중간 형태는 7~12% 정도의 수분 함량까지 종자발아에 영향을 주지 않지만, −20℃ 정도의 온도에서 저장하면 종자로서의 기능을 상실한다. 그러므로 이러한 종자의 특성을 알고 있으면, 장기간 종자를 저장하는 경우에서 수종에 따라서 저장전략을 세우는 데 도움이 된다.

수목가지의 휴면과 대사활동

수목 가지의 눈은 저온에 의해서 외재휴면이 시작된다. 그 이후에 내재휴면으로 전환되고, 내재휴면은 저온을 거치면서 서서히 타파된다. 가시적인 생장은 환경휴면 때문에 발아가 진행된 이후에 볼 수 있다. 호흡, 수분 함량, 효소의 활성, 생장촉진물질(지베렐린, 사이토키닌, 옥신)은 외재, 내재휴면의 개시와 함께 점차 감소하다가 내재휴면의 말기에 급격히 증가한다. 반대로 생장억제물질인 ABA의 양, 저장물질(탄수화물, 전분, 저장단백질)은 정반대로 내재휴면의 말기에 급격하게 감소해서 생장에 방해가 되지 않도록 한다. 휴면이 시작되는 시기에는 가지 내의 탄수화물, 특히 전분(starch)의 농도가 증가되어 최대치가 되고, 휴면이 완료되는 시점에 점차로 감소한다. 전분은 포도당으로 분해돼서 발아 후 생장하는 눈(bud)에 탄소를 공급한다. 이와 비슷한 현상은 단백질에서도 나타난다(그림 3.21).

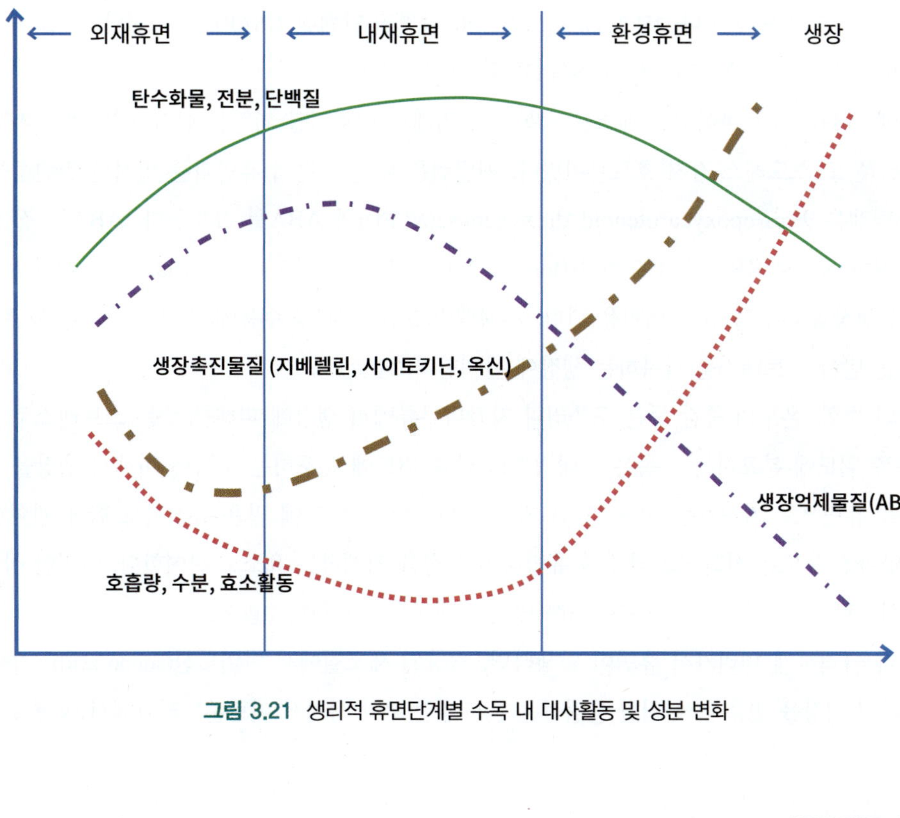

그림 3.21 생리적 휴면단계별 수목 내 대사활동 및 성분 변화

저온

겨울철에 온도가 아주 낮게 내려가면 세포 결빙이 일어나서 조직이 동결된다. 수목의 경우, 수간이 얼어서 반경 방향으로 터지는 현상을 상렬(frost crack)이라고 한다. 묘포장이나 어린 묘목이 자라는 곳에서 온도가 급격하게 내려가면, 상주(서릿발, frost heaving) 현상이 발생한다. 상주 현상은 뿌리가 토양과 닿는 부분에서, 온도가 내려가면 토양의 수분이 얼고, 온도가 올라가면 토양의 수분이 해빙하는 현상이 반복될 때 땅속에 있어야 하는 뿌리가 땅 위로 들려 올라오는 현상이 생긴다. 이렇게 되면, 묘목의 뿌리가 공기 중으로 노출되게 되어서 결국에는 죽게 된다. 또한 겨울에 대기의 온도는 높게 유지되는데, 땅의 온도가 하강하게 되면 토양에서 수분이 공급되지 않아 고사하는 경우가 생긴다. 온도가 높은 온도에서 낮은 온도로 하강하면 물의 점성은 배로 증가하며, 땅속에 수분이 있어도 수목의 근계에 공급 능력이 감소한다(임경빈 등, 2009). 한여름에 차가운 비가 내려 근계를 냉각시키면 식물에 위조현상이 온다. 이는 논에 찬물을 공급하면, 벼가 낮은 온도로 인해 스트레스를 받아서 불화합성이나 일시적인 냉각으로 위조현상이 일어나는 것과 유사하다.

수목에서 생성되는 많은 물질 가운데, sorbitol이 수분 부족과 저온 스트레스를 극복하고서 발아와 휴면을 깨는 역할을 한다(Lloret et al., 2018). 복숭아(*Prunus persica*)나무의 경우에 sorbitol-6-phosphate dehydrogenase(S6PDH) 효소가 휴면 중인 눈에서 sorbitol을 생성하게 만들어서 동결방지 및 생장에 필요한 GA를 자극하여 휴면에서 발아로 전환시켜줌과 동시에 수분 부족 및 저온에 대한 저항성을 가지도록 한다(그림 3.22). 스트레스와 관련된 단백질 1(SAP1)은 조절단백질로서 어디에나 존재하며, 수분 손실이나 생장에 S6PDH와 함께 작용한다.

수목에서 여러 호르몬이 스트레스를 극복하기 위해서 신호전달 역할을 한다. 에틸렌은 가장 먼저 발견된 온도 스트레스 감지 호르몬이었다. 에틸렌은 확실히 눈의 휴면과는 밀접한 관련성을 가진다. 에틸렌은 9-*cis*-epoxycarotenoid dioxygenase(*NCED*)와 ABA를 유도한다. ABA는 잘 알려진 생장 저하 물질로 KRP1을 유도한다(Horvath, 2010). 자스모닉산(jasmonic acid, JA)는 저장 물질을 자극하여 생장과 휴면을 깨는 역할을 한다. 지베렐린(GA) 역시 빛 수용에 관련된 중요한 호르몬으로, 자극을 받아 스트레스를 극복하는 생장에 관여한다(그림 3.23).

일장의 변화, 온도의 증감 등은 포플러나 자작나무류에서 생장에 피해를 주는 스트레스로 작용한다. 북쪽 위도에 분포하는 수목은 상대적으로 남쪽 위도에 분포하는 수목에 비해서 생장을 멈추고서 눈을 휴면으로 가져가는 데 훨씬 긴 기간이 필요하다. 여기에 많은 유전자도 함께 관여한다. 갑자기 낮아진 온도는 산화 스트레스를 유발하여 생장을 저해하는 요소로 관여한다. 이러한 상호작용은 생식으로 에너지를 더 투입해서 개화 및 생식생장을 유도한다(그림 3.24).

온도가 급격하게 내려가서 휴면이 발생하면, 저장된 세포질에서 아미노산(amino acid), 지질 등을 사용하여 생장을 멈춘다. 이러한 물질들은 온도에 변화가 생겨서 미토콘드리아에서 발아로 전환

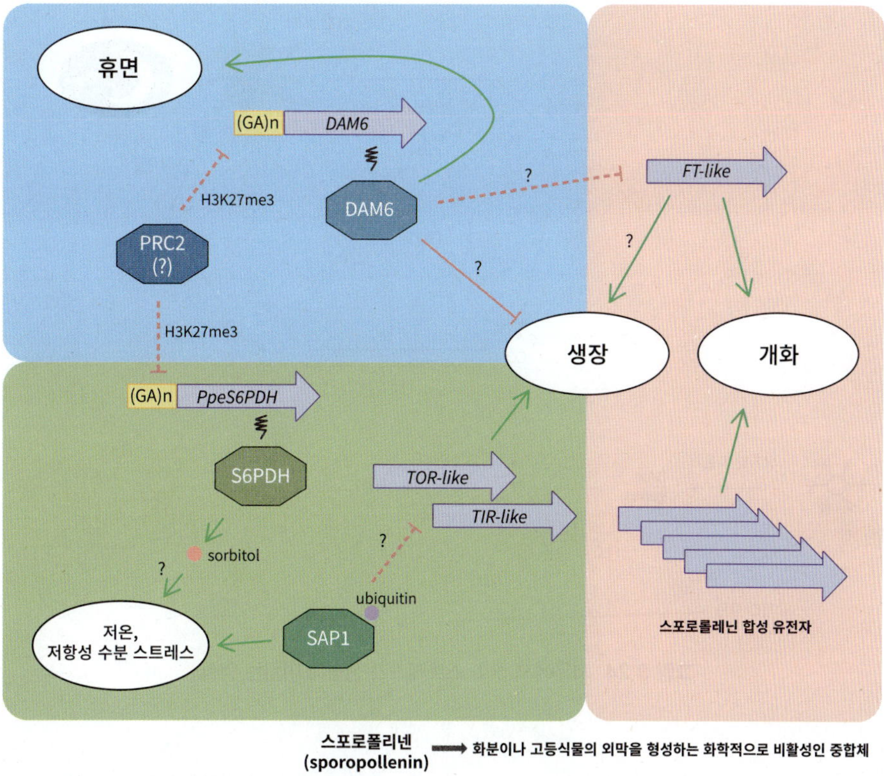

그림 3.22 저온과 휴면의 관계. 푸른색 바탕은 휴면에 관한 내용이고, 초록색 바탕은 스트레스 저항에 관한 내용이며, 분홍색은 개화에 관한 내용이다. 휴면 관련 MADS-box 6(DAM6)는 개화와 생장을 위한 과정에서 긍정적으로 작용한다. 스트레스 관련 단백질 1(SAP1)은 조절단백질로서 수분 손실이나 생장에 관여한다. 생장에 관여하는 TOR 같은 유존자와 액포 조절 TIP 같은 유전자는 능력이 저하되어(down regulation) 환경에 대한 반응과 생리적인 신호 발생으로 생장과 개화에 관여한다. 다른 스포로폴리넨(sporopollenin; 화분이나 고등식물의 포자의 외막을 형성하는 화학적으로 비활성인 중합체) 합성 유전자와 화분 성숙에 관한 유전자 역시 휴면과 생장에 연관되어 있다.

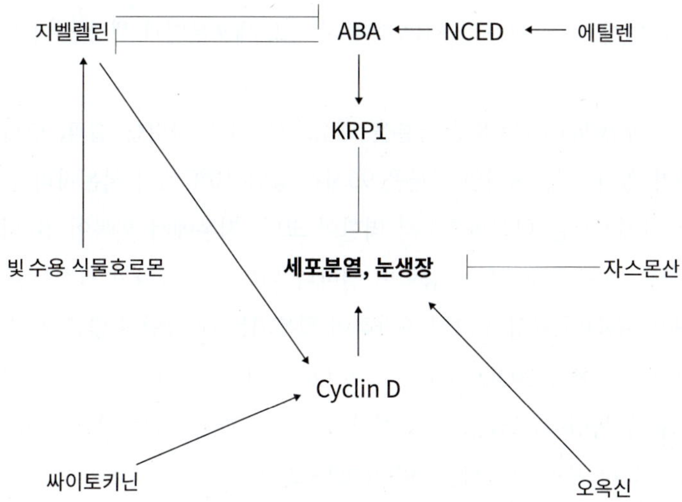

그림 3.23 저온에서 에틸렌이 신호전달하는 기능

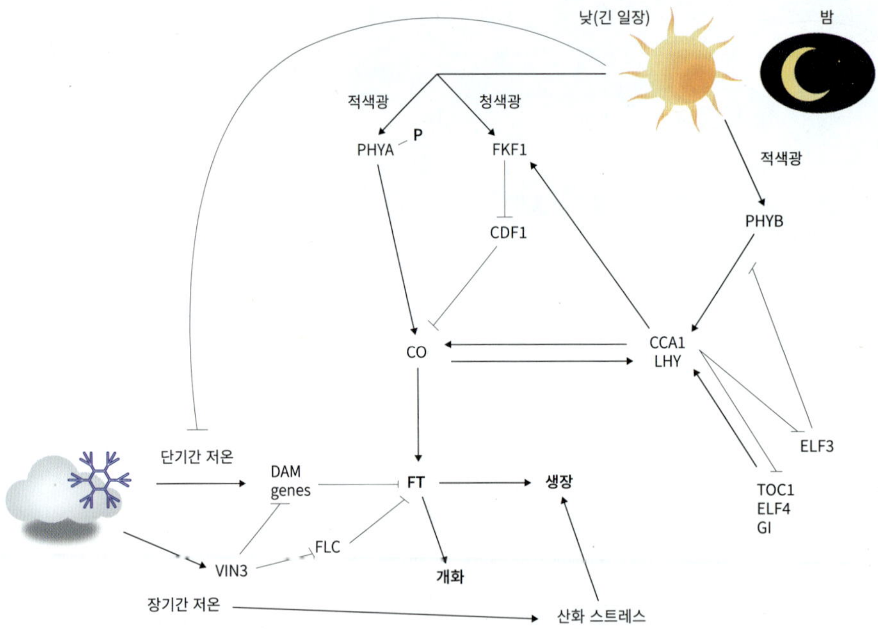

그림 3.24 저온에서 산화 스트레스가 생장에 미치는 영향

되는 시점에 생장과 더불어서 산화작용이 일어나는데, 세포질에서 항산화 작용을 작동해서 산화 스트레스를 최소화하려는 작용을 한다. 휴면의 단계를 보면, 제일 먼저 외재휴면(paradormancy), 내재휴면 혹은 자발휴면(endodormancy), 환경휴면 혹은 타발휴면(ecodormancy)의 3단계로 나눌 수 있다. 특히, 내재휴면은 온도가 생장에 적합하지 않으면 수목의 종자나 눈에서 발생한다. 특히, 외재휴면은 옥신 호르몬을 발생하지 못하도록 했을 때 일어나는 휴면이다. 일단 수목에서 충분한 저온이나 내재휴면이 깨어지는 단계가 되면 환경휴면 단계로 되는데, 이 단계는 휴면이지만 바로 생장을 시작할 수 있는 전 단계라 할 수 있다. 높은 농도의 ABA가 유지되고, 세포분열과 생장을 억제하는 것이 이 단계의 가장 큰 특징이다.

열대 식물 가운데 *Hevea brasiliensis*는 8개 클론을 대상으로 저온 처리한 결과, 항산화효소의 역할이 크다는 연구결과가 있다. 이들 8개의 클론을 96시간 동안 10°C에서 저온처리를 하고서 28°C의 온도로 회복시키는 단계에서는 항산화효소의 역할이 크다. 저온에서 회복이 잘 되느냐는 항산화효소의 역할로 산화물을 빠르게 소거하는 능력이 얼마나 되느냐에 따라서 결정이 된다(Mai et al., 2010). IRCA707 클론은 SOD의 활성이 크게 증가하여 회복되는 데 상당히 많은 기여를 하여 저온에 대해서 저항성을 가지도록 한다. SOD 효소는 특히 O_2^-를 H_2O_2 형태로 전환하는 역할, 즉 독성이 가장 강한 활성산소종을 독성이 조금 낮은 활성산소종으로 전환시키는 역할을 하므로, 이 클론이 저온에 대해서 저항성을 나타내도록 하는 것이다(그림 3.25).

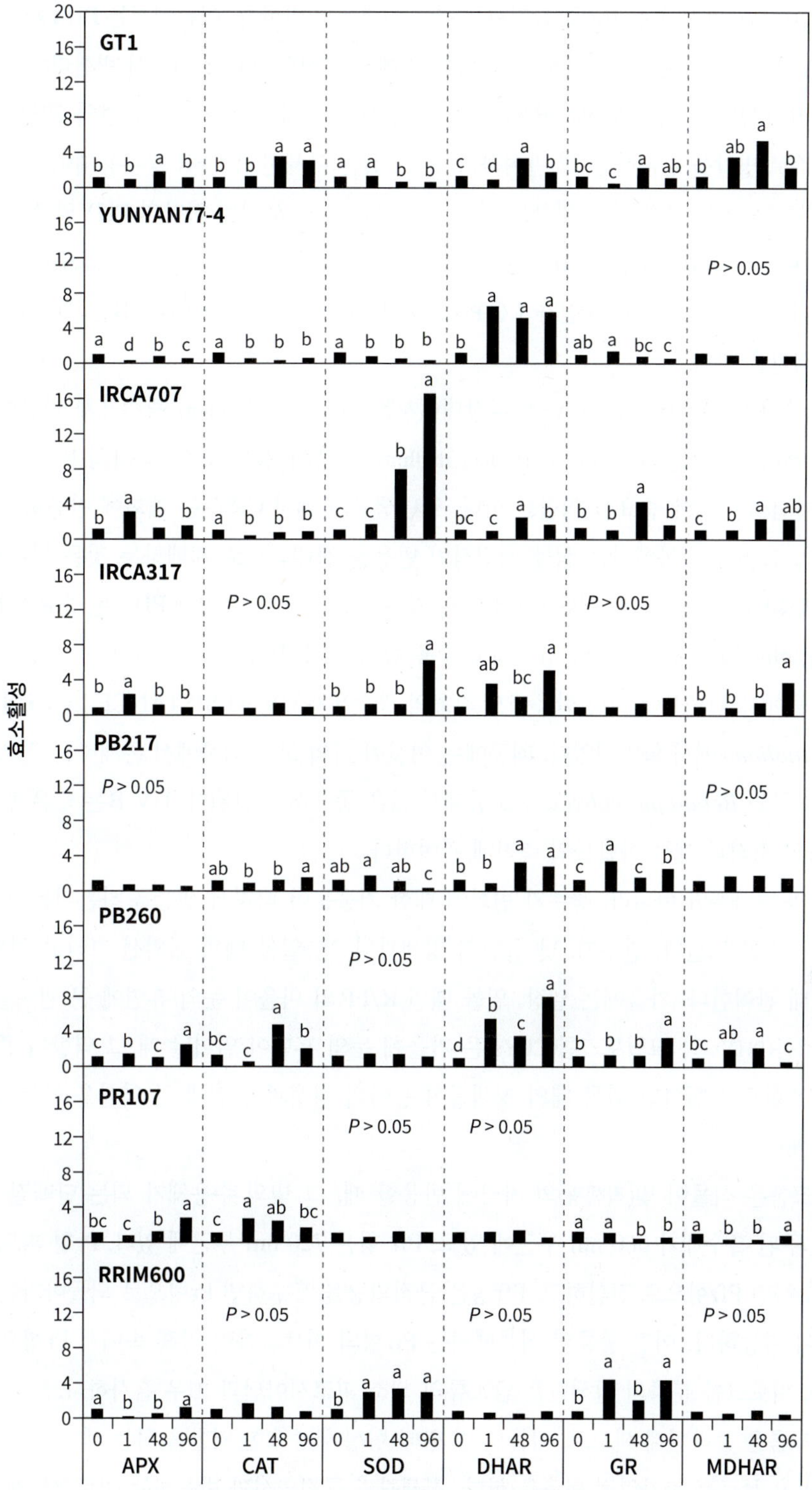

그림 3.25 저온에서 항산화효소의 활성 변화

피토크롬(PHYs)는 R 혹은 FR을 감지하는 광수용체를 의미한다. 어둠에서는 PHYs가 적색광(red light)에서 합성되어 흡수된다(Pr = 660 nm). 다른 면에서는 적외선(far-red)에서 변한다(Pfr = 730 nm). 높은 R : FR 비율은 높은 PHYs 평형(∮)을 가져온다. 식물에는 5가지 유형의 PHY가 있으며, PHY A는 주로 명암을 감지하는 데 관여하고, PHY B는 우세한 R : FR 광수용체이고, PHY C~E는 R을 감지하는 데 비교적 적은 역할을 한다. *Populus tremula*에는 하나의 PHY와 2개의 PHY B 유전자가 있다. *Picea abies*에는 PHY A 및 PHY B와 유사한 2가지 유전자가 있고(PHY N 및 PHY P), PHY C/PHY A와 유사한 유전자 1개(PHY O)가 있다. PHY A와 PHY B는 식물의 개화 조절에 중요한 역할을 한다.

또한, 광수용체 가운데 blue/UV-A 파장대에서는 (최대 A = 450 nm) 광수용체 반응이 있다. 크립토크롬(CRYs) 1과 2는 생체 리듬(circadian rhythm), 배축의 길이 신장, 종자의 발달, 플라보노이드, 안토시아닌의 축적에 중요한 역할을 한다. 일년생 식물에서 CRYs는 개화에 반응하는 광주기의 조질을 한다. 그러나 수목에서는 식물 계절적인 반응을 절대적으로 지배하는 것은 아니지만, 부분적으로 청색광(blue light) 하에서 PSII에서 생체 리듬을 조절한다. 그러나 PHY는 중요한 R : FR 광수용체이며, blue/UV-A 스펙트럼 영역에서 수용 능력을 가진다.

많은 식물에서, UV-B에 대한 반응에서 최초의 광수용체 UV RESISTANCE LOCUS 8 (UVR8)에 의해 *A. thaliana*에서 확인되었다. 최근에는 이것이 거의 모든 식물에서 존재하는 것으로 알려졌으며, 목본식물인 *Betula platyphylla*를 포함해서 많은 종에서 관찰된다. UV-B는 낮은 광도에서 플라보노이드의 축적과 페놀 화합물의 축적에 관여한다.

R : FR의 변화뿐만 아니라, 광주기 변화에 대한 겨울눈이 터져서 생장을 하는지는 봄의 온도와 광주기가 큰 역할을 한다. 광주기, 낮 동안의 청색광의 양, 일몰 때의 적외선 그리고 일광 등이 눈이 깨지는 데 관여한다. 가을에는 일장, 일몰 때의 R/FR의 비율이 눈의 휴면에 큰 관여를 한다. 또한 파이토크롬(PHYs)과 크립토크롬(CRYs)은 가을에 눈의 휴면이 일어날 때 그 역할이 증가하는데, 이는 다른 표현으로 한다면 일몰 때의 청색광이 동아의 형성과 휴면에 큰 역할을 하는 것을 알 수 있다(그림 3.26).

파이토크롬은 식물이 빛(적색광)의 자극에 반응할 때, 그 빛의 수용체가 되는 단백질 색소를 말한다. Pr은 주된 흡수대가 660 nm 부근에 있고, Pfr 형은 720 nm 부근에 있다. Pr형 피토크롬은 적색광을 흡수하면 Pfr형으로 전환하고, Pfr형은 근적외광을 흡수하면 Pr형으로 되돌아가는 상호가역적인 전환이 가능하다. 어떤 종류의 식물에서는 Pfr형의 피토크롬이 암흑 속에서 Pr형으로 되돌아갈 수 있다. 피토크롬 분자의 발색단은 남조류의 색소 피코시아닌과 매우 흡사하다.

크립토크롬은 플라빈계 색소로, 식물의 빛 형태 형성에 중요한 역할을 하는 색소 단백질이다. 청색광 효과라고 부르는 불가역적 반응을 한다. 적색광과 근적외선과 반응하는 피토크롬계 색소와 함께 형태형성에 관여한다. 활성화되면 줄기의 성장을 억제하며, 안토시아닌의 합성을 촉진해서 단파

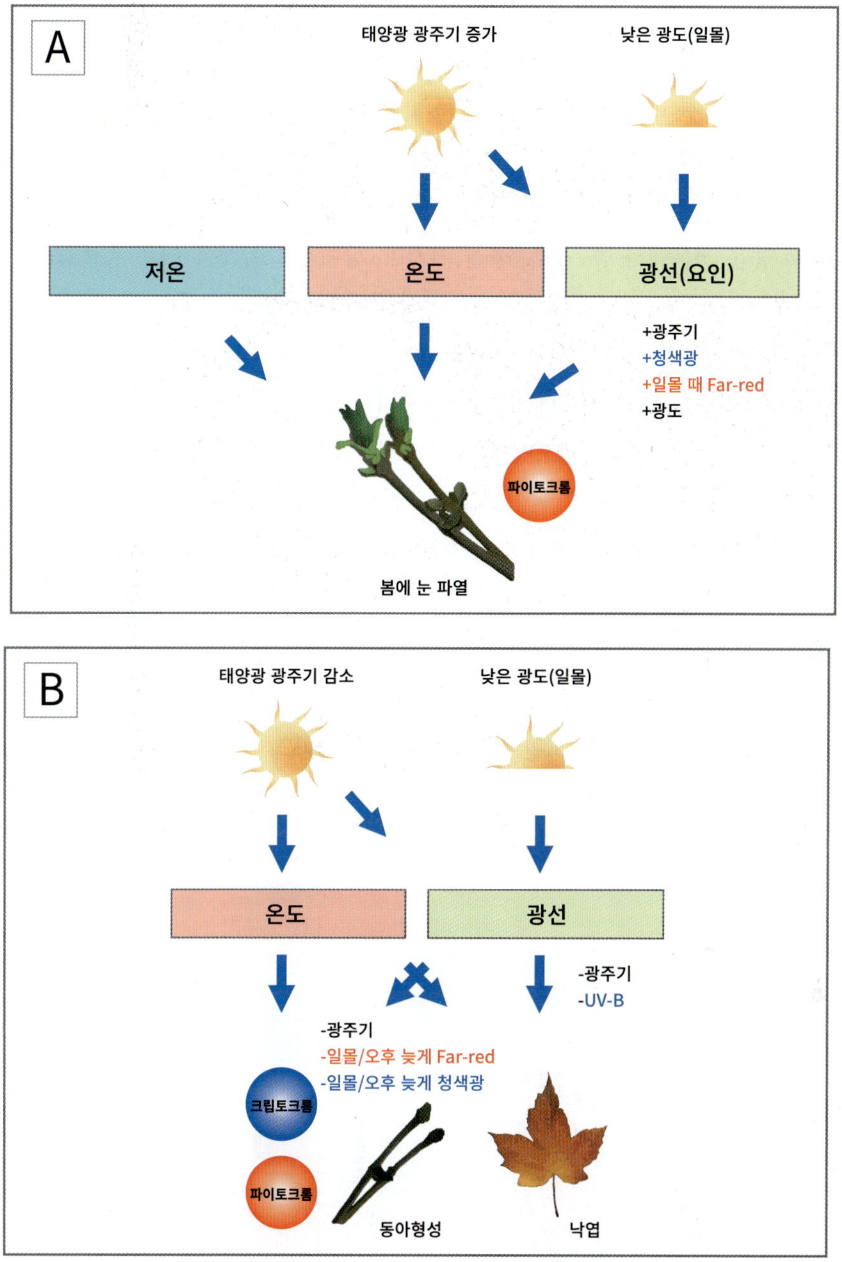

그림 3.26 개화에 있어 R 혹은 FR 광수용체의 역할

장 빛 스트레스에 대응한다. 또한, 식물의 날짜 주기를 재설정하기도 한다.

이온 유출량

저온이나 겨울철 동결 스트레스에 대한 수목의 저항성 여부는 이온 유출량으로 판단할 수 있다. 수종별로 저온 스트레스를 극복하는 정도는 다르다(Fernández-Pérez et al., 2018). 낮은 이온 유출량과 가용성 당의 양이 저온동결에서 살아남는 데 큰 영향을 준다. *Pinus nigra, Pinus sylvestris, Pinus uncinata* 등은 저온에서 높은 생존율을 가지며, 상대적으로 낮은 이온 유출량을 가진다. 가용성 당의 농도는 세포막 손상, 도관폐쇄로부터 손상을 극복, 삼투압 조절을 하는 데 중요한 역할을 한다. 또한 겨울철의 생육과 이른 봄의 생장에도 중요한 역할을 한다. 일반적으로 가용성 당 농도는 생체량이 증가하는 가을 그리고 겨울에 최대치가 된다. 그러다가 봄이 되면 낮은 온도에 적응하면서 낮아진다. 낮은 가용성 당 값은 세포막의 손상이 심하게 되어서 이것을 정상적으로 극복하는 데 많은 양을 소모했기 때문이다.

목질부의 도관폐쇄는 목부수분포텐셜(ψ)이 감소하면 증가한다. 스트레스로 인한 도관폐쇄는 낮은 삼투압(ψ)이 공기를 포함한 세포에서 발생한다. 막공을 통해 흡수되는 공기로 채워진 물이 수목의 세포에 채워질 때, 목부 도관은 공기로 가득 차게 되고, 이 공기가 목질부의 도관을 막아 기포가 형성된다. 서리로 인해 도관폐쇄가 발생하는데, 저온으로 물이 약간 얼었다가 녹을 때 기포가 발생하며, 목부 도관이 확장되어서 목부 도관이 막힌다. 낮아진 해뜨기 전 새벽 수분포텐셜(ψ_{pd}) 값은 저온동결로부터 잎의 손상을 증가시키고 생존율을 낮춘다(그림 3.27).

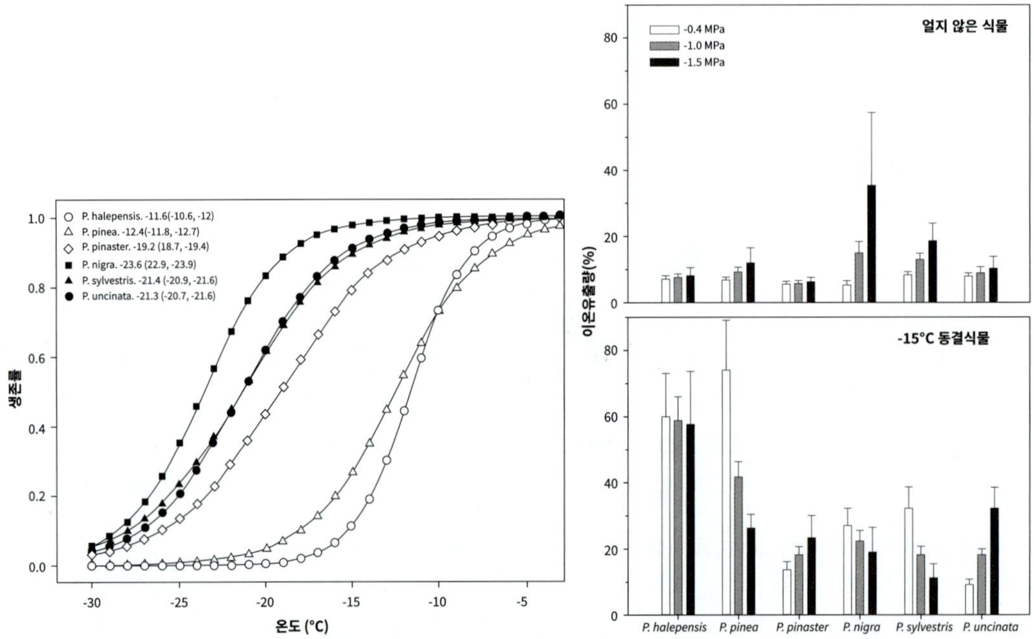

그림 3.27 저온에 대한 이용 유출량과 생존율

저온과 동아 파열

저온 스트레스에 의해서 봄에 눈이 깨지는 시기를 수목을 대상으로 조사해 보면 수종마다 다르다(Nanninga et al., 2017). 최고온도, 최저온도, 하루 온도의 변화로 수목의 눈이 깨지는 시기를 예측하면, 온도의 변이가 지역별로 많이 다르기 때문에 GDD(Growing Degree Days; 생육도일)를 활용한다.

$$GDD = \frac{(T_{max} + T_{min})}{2} - T_{base}$$

T_{base}: 0°C로 추정, T_{max}: 최고온도, T_{min}: 최저온도

*Acer rubrum*이 온도의 변화에 따라서 가장 가파른 변화를 가져왔다. 이는 저온현상이 가장 많이 지속될수록 많은 눈의 깨짐이 있었다는 것을 의미한다. 낮은 온도에 적응된 고산수종의 경우는 반대로 저온이 비정상적인 가지의 발생을 줄이고, 생존율을 높이며, 물질생산량을 일정 수준으로 유지한다. 그러나 남쪽지역에서 오랫동안 적응한 수목은 저온에 의해서 식물계절적인 변화에 많은 영향을 받을 수 있다(그림 3.28).

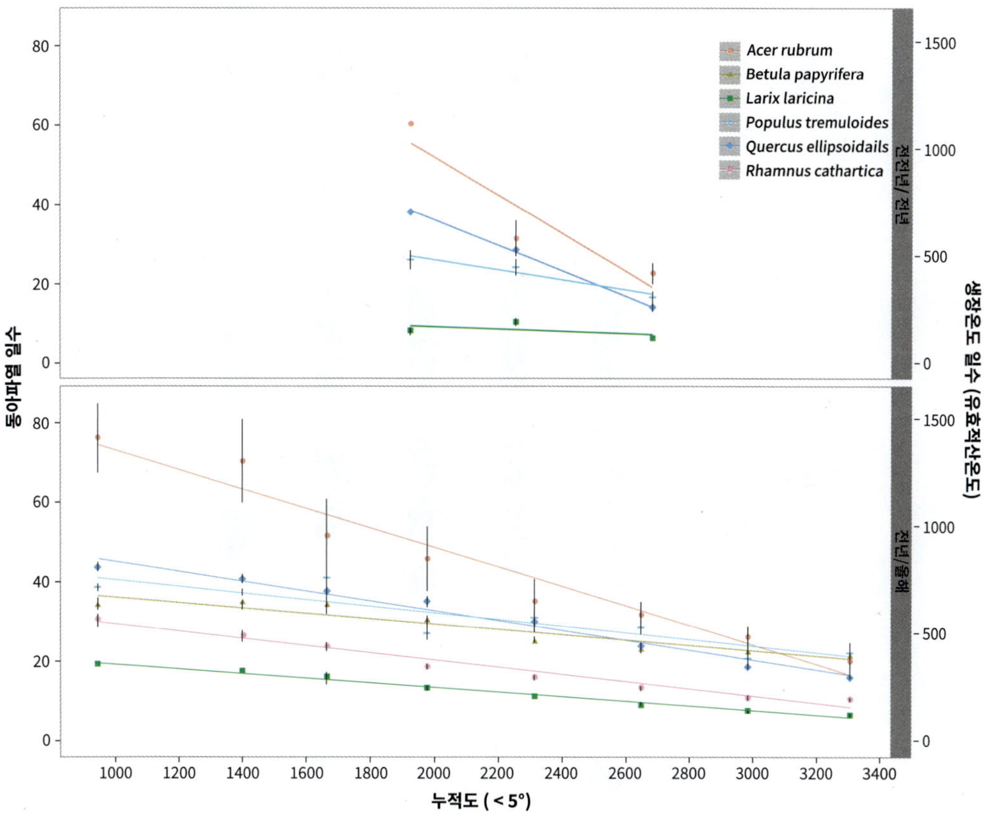

그림 3.28 수종별 저온과 동아파열 관계

저온과 도관폐쇄

수목이 저온에 적응해서 살아남기 위해 도관폐쇄에 의한 목질부에서 얼 수 있는 수분의 배출은 줄기에서 급작스러운 온도를 감소시키고, 줄기에서 잎으로의 동결현상을 막을 수 있다(Arias et al., 2017). 올리브나무(*Olea europaea*) 5개 품종을 대상으로 한 낮은 온도 적응 실험에서, 낮은 온도는 세포벽, 세포벽의 두께, 기공의 전도도를 증가시키고, 잎의 수분 함량, 잎의 삼투압, 수액 흐름(sap flow), 줄기의 수분 이동을 위한 통도조직의 유압(hydraulic conductivity; Ks)를 감소시킨다. 저온환경에서 낮은 잎이 삼투압과 높아진 기공전도도는 낮은 뿌리의 활력을 유도하는데, 이는 도관폐쇄에 의해서 낮은 줄기의 수분 이동을 위한 통도조직의 유압을 조성하게 된다. 5개 품종 모두 겨울에 삼투압이 더 낮다(그림 3.29).

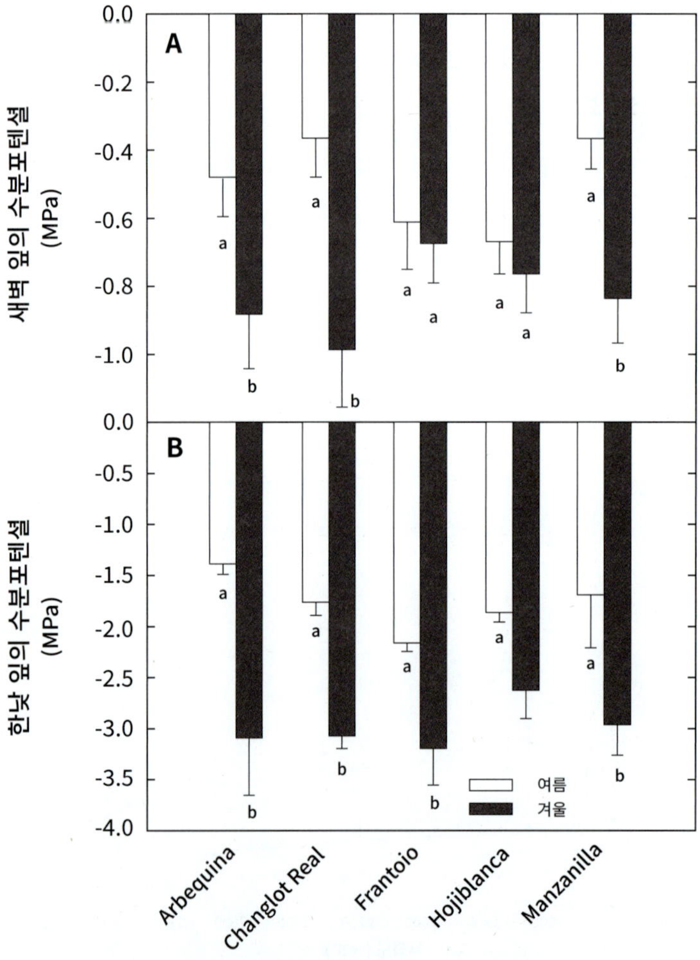

그림 3.29 저온에서 품종별 수분포텐셜

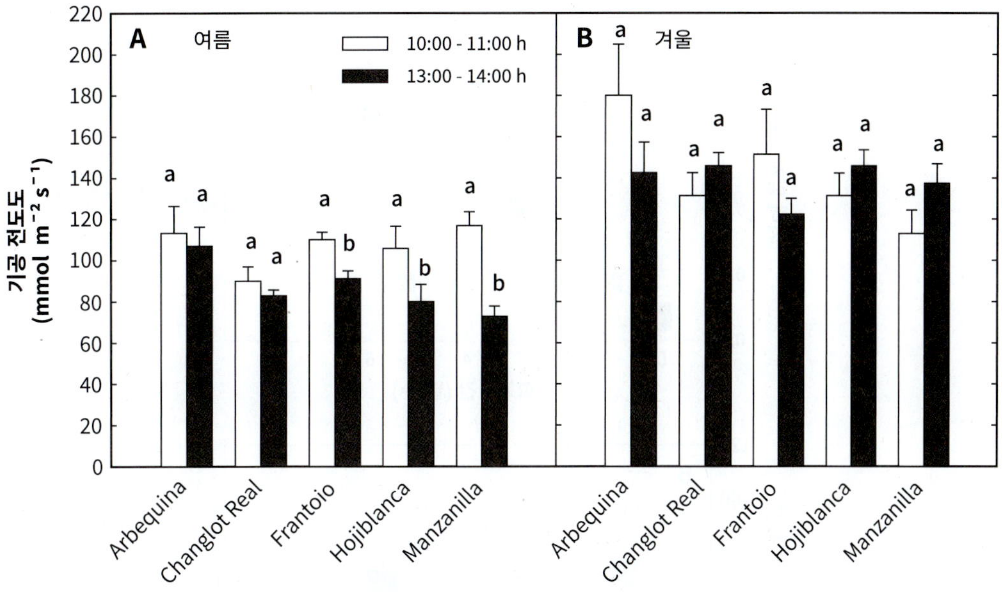

그림 3.30 저온에서 기공전도도

여름에 비해 겨울의 기공전도도가 훨씬 높은 것을 알 수 있다(그림 3.30). 겨울에는 수분을 이동하는 데 필요한 통도조직의 유압(Ks)의 값이 아주 낮다(그림 3.31). 여름에는 통도조직의 유압이 높다.

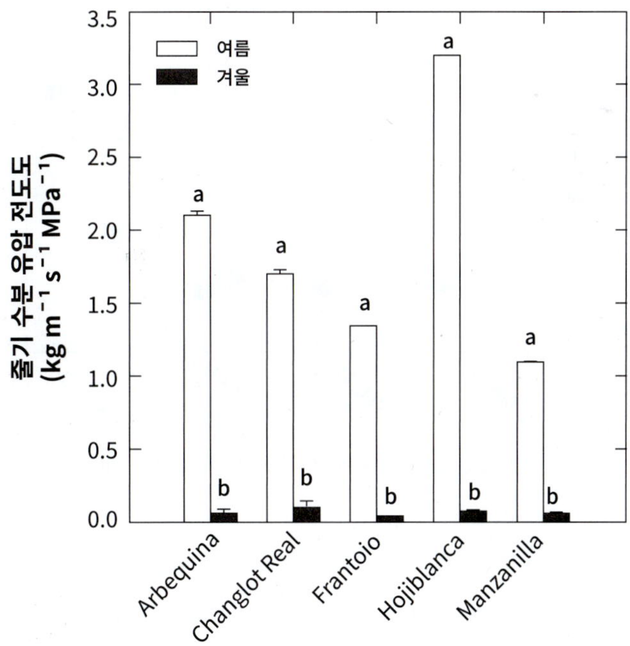

그림 3.31 저온에서 수분을 이동하는 데 필요한 통도조직의 유압(Ks)

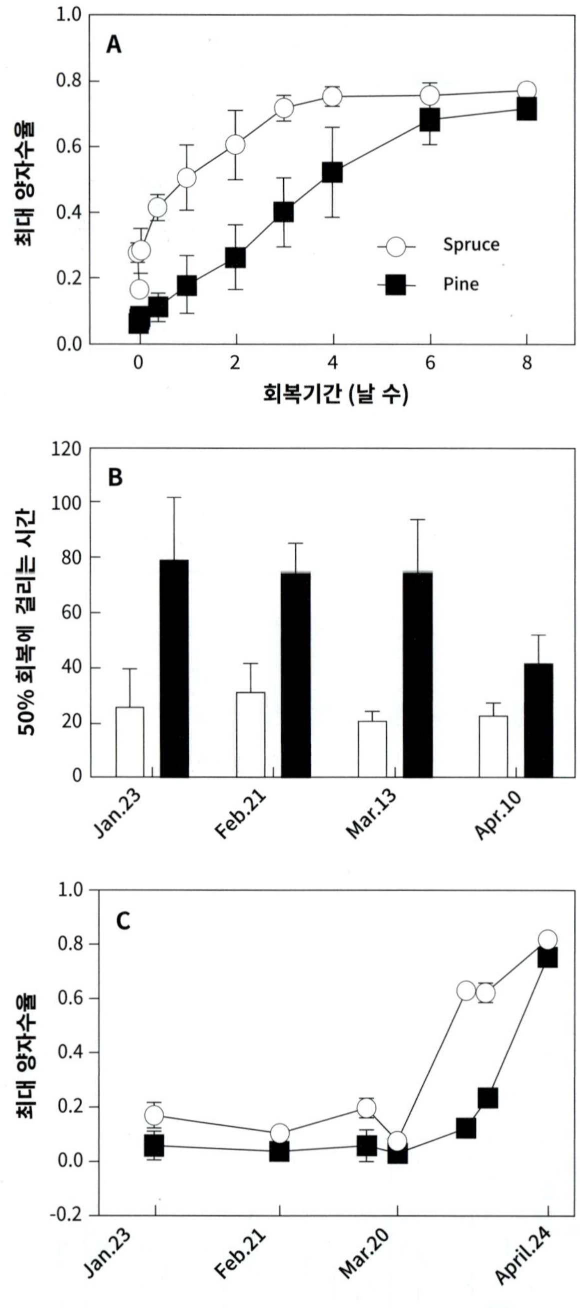

그림 3.32 저온에서부터 회복되는 데 걸리는 차이

저온 스트레스에서 회복되는 정도는 수종마다 다르다. *Picea glauca*는 침엽수로서 낮은 온도 환경에서 분포한다(그림 3.32). 그러나 저온 스트레스에서 회복될 때는 *Pinus strobus*(pine)와 *Picea glauca*(spruce)보다 약 3배 정도 느리다.

빛과 온도

낮은 온도에서 회복될 때는 빛의 양도 회복되는 속도에 영향을 준다. 스트로브잣나무의 경우, 어둠(D)에서 측정한 광합성 관련 단백질은 빛이 낮거나(LL), 높거나(HL)에 상관없이 공통적으로 회복되는 데 시간이 적게 걸린다. 이는 틸라코이드 상에서 수목이 광합성을 할 때 광계 II에서 광계 I으로 넘어가는 단계에서 많은 LHC II(light-harvesting complex II)를 생산하여 에너지가 전달되기 때문이다. 결국 저온에서 수목이 회복되는 경우에 빛도 중요한 역할을 한다는 것을 알 수 있다. 여름의 경우, 빛이 충분하고 강하기 때문에 남쪽 사면에 분포하는 두 수종이 거의 비슷한 형태의 LHC II를 유지한다. 그러나 북쪽 사면에 분포하는 두 수종은 여름과 겨울의 LHC II가 다르다. 겨울의 경우, *Picea glauca*에서는 경우 LHC II의 변화가 거의 없다. 겨울은 북쪽 사면의 경우 광도가 낮고, 하루 동안 수목에 다다르는 빛의 조사 각도도 적으며, 절대적으로 빛에 노출되는 시간이 적다. *Picea glauca*의 경우에서 LHC II의 변화가 거의 없다는 것은 저온, 특히 겨울 동안 빛이 부족한 환경에서도 일정 수준 광계의 생산물을 유지함으로써 저온으로부터 회복되는 데 스트로브잣나무보다 3배 정도 빠른 속도를 유지할 수 있게 한다(그림 3.33).

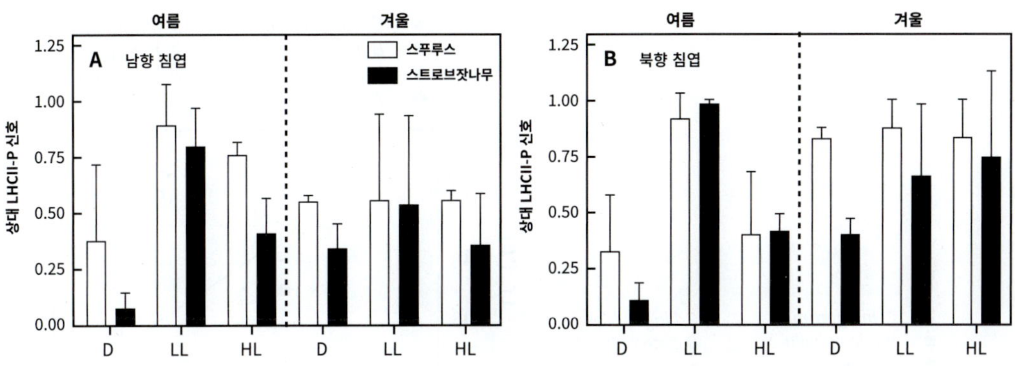

그림 3.33 사면, 계절에 따른 두 수종의 저온 반응

도관

수목의 목질부 도관의 크기가 작을수록 저온 스트레스에 대해서 견디는 능력이 크다. 낮은 온도에서 결빙되어 얼음 결정이 생성되는 경우, 목질부의 도관 지름이 작은 수목일수록 견디는 능력이 크다. 이는 도관의 지름이 작을수록 과냉각(supercooling)시키는 능력이 크기 때문이다. 저온으로 인해서 줄기에서 잎으로 결빙이 진행될 때, 큰 도관을 가진 수목은 도관 속의 물이 많기 때문에 큰 얼음 덩어리로 결빙될 가능성이 크다. 잎의 빙핵온도(INT; ice nucleation temperatures)가 줄기의 빙핵온

도보다 2~4℃ 정도 낮으면, 줄기에서 잎으로 결빙이 되어서 진행되는 것을 막을 수 있는 장벽 역할을 하는 것이다. 수목의 도관이 커서 물이 많이 차있고, 저온에서 얼음이 얼면 높은 온도에서 빙핵온도가 형성이 되어서 저온에서 견디는 능력이 감소한다. 아로마테라피에 많이 사용하는 향기 나는 수목의 경우(*Acantoliphia seriphioides*)에는 이러한 내용과 약간 다른 경향을 보이는데, 이 식물의 특성상 thymol(항균, 방부 역할하는 물질)이나 carvacrol(방부, 살균 역할하는 물질) 같은 essential oils이 어는점을 내리기 때문에 예외적인 경향을 보인다.

또한, 세포벽이 두껍고 단단한 수목일수록 저온 스트레스에 견디는 능력이 크다(Zhang et al., 2016). 저온에서는 세포질이 얼어 얼음처럼 결정이 되어서 엽육조직이나 잎에 피해를 주는데, 세포벽이 단단하면 얼음이 되어 결빙하는 경우에도 그 피해를 최소화할 수 있고, 얼음결정이 옆으로 번지는 것을 방지할 수 있다. 세포벽 안쪽에 세포막이 있는데, 세포벽이 저온에서 얼면 부피가 팽창해서 세포막을 변형시킨다. 세포벽이 두꺼우면, 어는 동안 아주 미세하고 얇은 세포막에 주는 변형을 최소화하여 피해를 줄일 수 있고, 세포벽이 물리적으로 얼었다가 녹는 과정에서 원래의 모습으로 빠르게 돌아갈 수 있기 때문에 세포막의 피해를 최소화할 수 있다(그림 3.34).

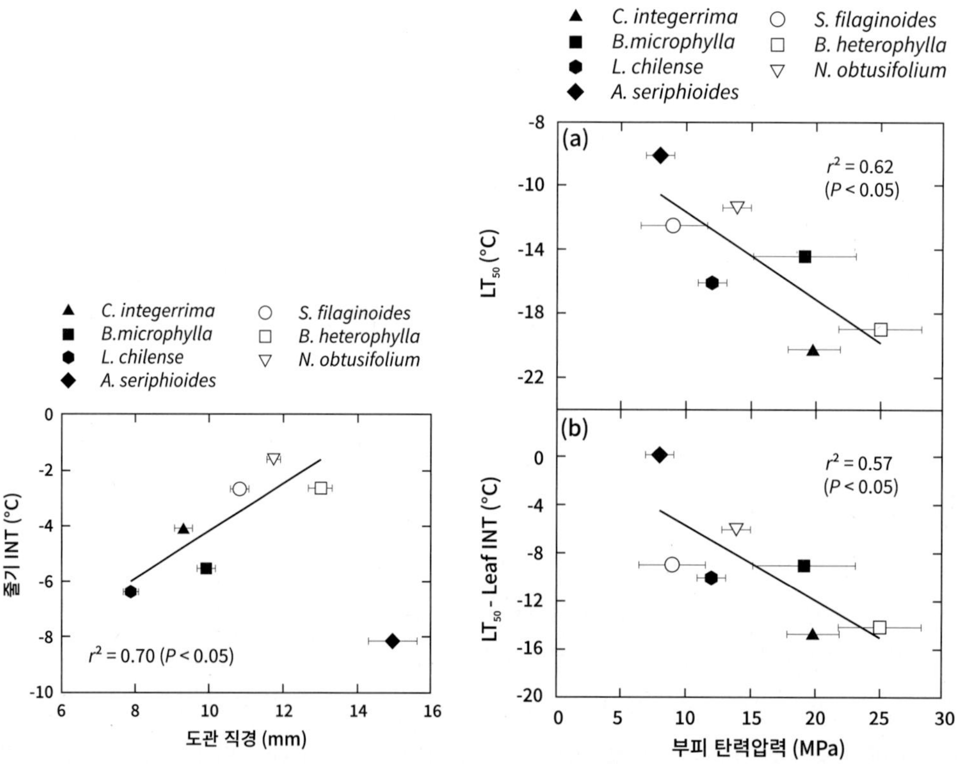

그림 3.34 수종별 저온에 대한 도관의 반응

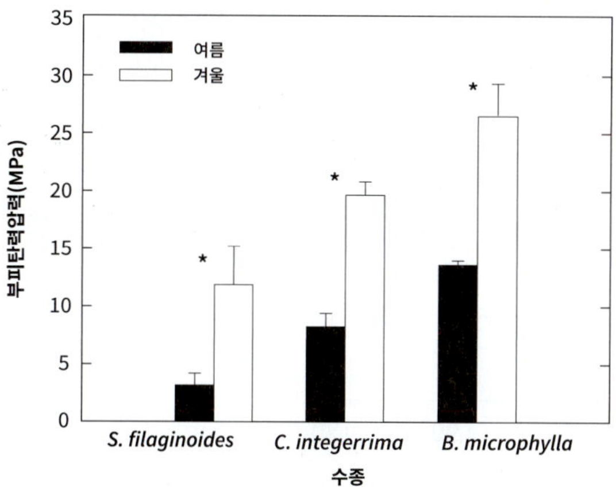

그림 3.35 수종별 계절에 따른 세포의 무게감

고산지대에 분포하는 몇몇 수종을 보면, 여름보다는 겨울에 세포들이 가지는 세포벽의 무게감이 더 크다. 이는 겨울의 낮은 온도에 적응하기 위해서, 세포벽의 두께, 무게를 크게 함으로써, 동결에 의해 세포벽이 받는 피해를 최소화하기 위한 전략이다(그림 3.35).

상록수와 온도

상록수의 경우는 겨울 동안의 서리 내리는 날수가 많을수록 단위면적당 건물질의 무게가 높아진다. 모든 수목은 낮은 온도에서 세포의 무게를 늘리는 전략을 가진다. 또한 단위면적당 무게와 질소의 양을 낙엽수보다 낮은 수준을 유지한다(Niinemets, 2015). 낙엽수인 *Quercus faginea*와 *Q. pyrenaica*의 경우 또는 상록수인 *Q. suber, Q. ilex, Pinus pinaster*의 경우 질소의 함량은 단위면적당 무게와 반비례의 관계를 가진다. 그러나 인산은 모든 종에서 상관 관계를 볼 수는 없고 종 내에서만 비례의 관계를 보인다(그림 3.36).

겨울에는 저온으로 인한 결빙이 목질부의 도관폐쇄를 발생시켜서 잎으로의 수분 이동을 막는다. 혹은 높은 광도하에서 따뜻한 온도가 되면 얼어 있던 조직이 녹는데, 이때 얇은 잎을 가진 수목은 피해를 입게 된다. 저온에서 적응하는 수목의 잎은 세포벽을 두껍게 하고, 엽육세포를 다층 구조로 하며, 표피조직을 두껍게 해서 전체적으로 잎의 두께를 두껍게 한다. 세포벽 섬유, 셀룰로스, 헤미셀룰로스의 양을 증가시킨다. 잎이 달린 각도가 광을 받는 정도를 결정하게 하고, 얇은 잎을 가지면 잎이 쉽게 말리기 때문에 저온과 같은 스트레스에 대해 취약하다. 상록수는 긴 생애주기 동안 겨울의 저온을 경험하게 되고, 이로 인하여 잎의 구조가 낙엽수와 다르게 단단해져서 저온에 대한 저항성을 키운다(그림 3.36).

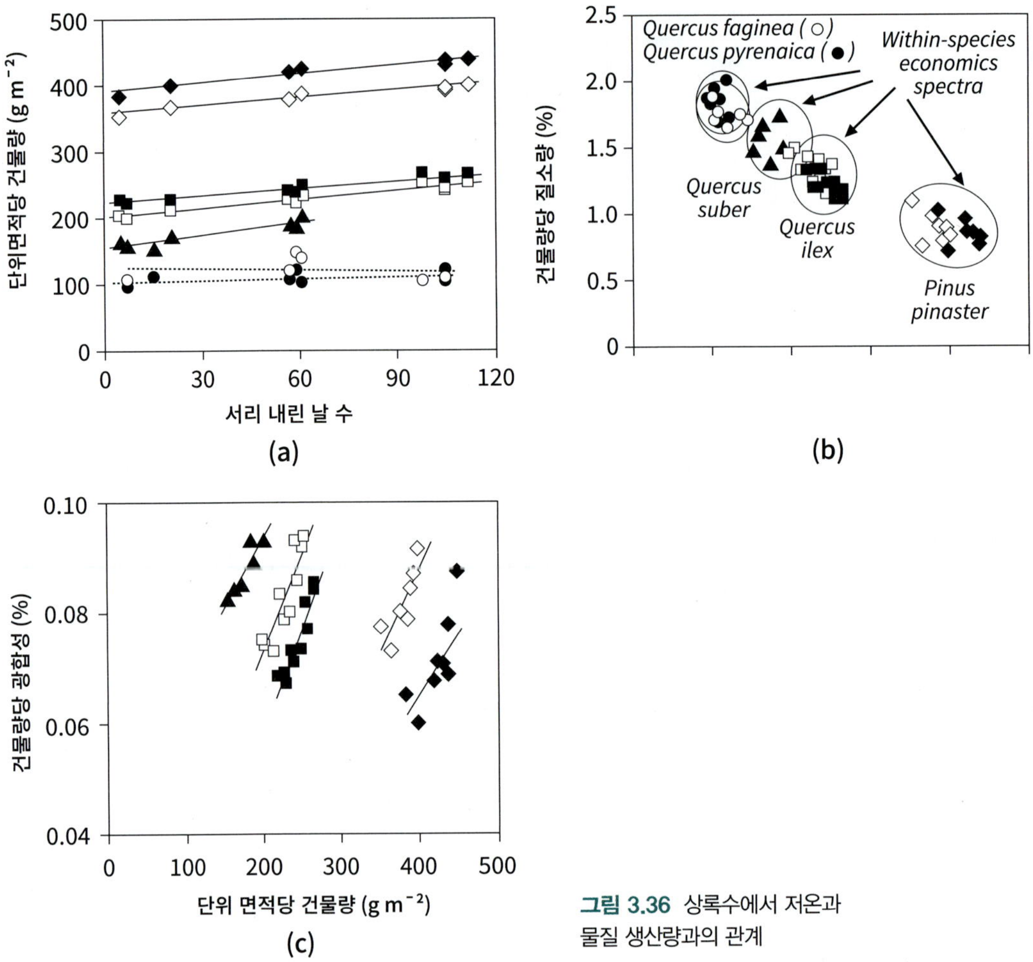

그림 3.36 상록수에서 저온과 물질 생산량과의 관계

저온저항성

호두나무(*Juglans regia*)는 기관별로 저온 스트레스에 대해서 저항성의 정도가 다르다(Charrier et al., 2013). 지상부보다는 지하부가 저온 스트레스에 견디는 능력이 크다. 지상부에서는 눈이 가장 민감하고, 수피가 저온이나 동결 스트레스에 대해서 가장 둔감하다. 동결이나 겨울의 저온에 대한 저항성은 크게 2가지 요인에 의해서 결정되는데, 조직에 남아있는 수분의 양과 탄수화물의 양이다. 수분의 양이 적을수록 저온 저항성이 커진다. 달리 말해서, 아주 낮은 온도에서도 조직에서의 수분의 양이 적으면 견딘다는 것이다. 탄수화물(glucose + fructose + sucrose)의 양이 높을수록 저온에 견디는 능력이 커진다. 가을과 겨울기간 동안은 전분의 함량이 점점 줄어들고, 가장 낮아지다가 눈이 파열되는 시점이 되면 전분의 양은 다시 증가한다. 전분의 양은 지하부에서 지상부로 곧은 원뿌리(tap root), 굵은 뿌리, 잔뿌리, 그루터기, 가지로 올라오면서 줄어든다. 특히, 겨울에서 봄 사이에는 지하

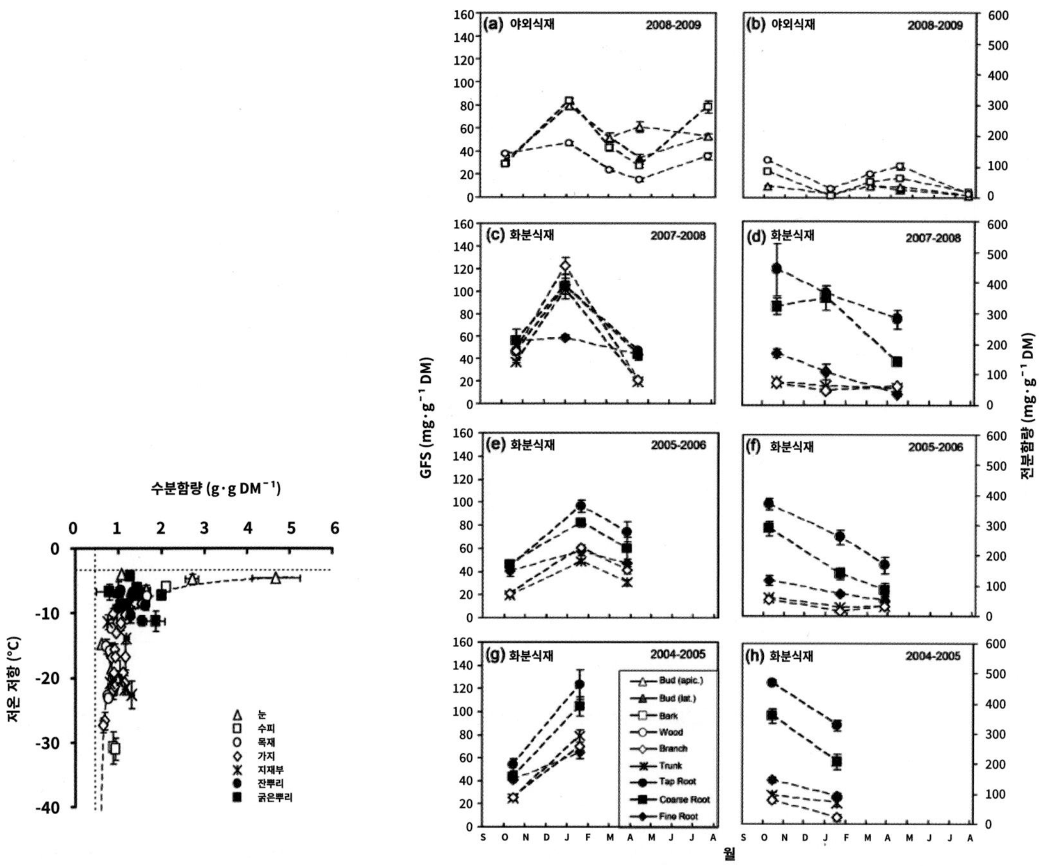

그림 3.37 수목의 부위별 저온 저항성

부의 전분의 양이 줄어든다. 반대로 탄수화물(glucose + fructose + sucrose)의 양은 가을에서 겨울 사이에 증가하고, 겨울에서 봄으로 가면서 그 양이 줄어드는 상호 비교되는 양상을 보인다. 거의 모든 수목은 저온 스트레스가 오면 수분을 배출해서 체내의 수분을 최소화하고, 탄수화물의 양을 높여 용질의 양을 많게 함으로써 어는점을 내리는 전략으로 생존한다. 이러한 메커니즘이 잘 작동되는 수목은 저온과 동결 스트레스에 대해서 높은 저항성을 가질 수 있다(그림 3.37).

블루베리(*Vaccinium corymbosum*)에 대해서도 비슷한 양상을 보인다(Lee et al., 2012). 탄수화물의 양이 많은 품종은 저온에 대해서 저항성이 있다. 특히, β-amylase를 발현하는 유전자를 보유한 품종은 저온에 대해서 상당한 저항성을 나타낸다. 2개의 품종 가운데 Jersey가 Sharpblue보다 저온 환경에서 견디는 능력이 크므로 생존율이 높다. 탄수화물, 가용성 당의 함량이 겨울철에 높고, 반대로 전분의 양은 겨울철에 낮은 것을 알 수 있다. 가용성 당, 글루코스, 프록토스, 라피노스의 양은 두 품종 가운데 Jersey가 높아서 동결에 대해 견디는 능력을 높인 것이다. 라피노스는 올리고당에 속하는 복잡한 탄수화물로서, 글루코스, 프록토스 등으로 이루어져 있고, 세포 사이에 그 양

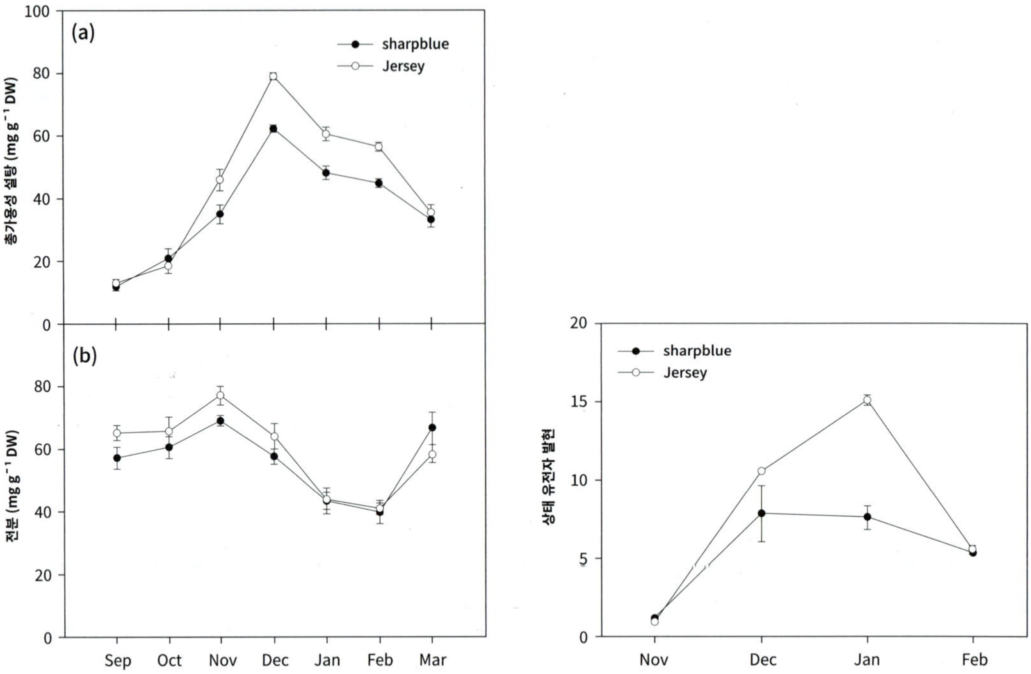

그림 3.38 블루베리 품종별 저온에 대한 생리적인 변화

이 축적되는 것은 많은 식물에서 낮은 온도에 견디는 능력을 크게 해준다. Alfalfa, arabidopsis, cabbage, salt grasses, spruce, Japanese white birch 등과 같이 이러한 저온 저항성을 가지는 개체에서 라피노스의 축적을 볼 수 있다. β-amylase를 발현하는 유전자도 Jersey 품종에서 훨씬 높게 발현되는 것을 알 수 있다. 이러한 유전자 발현은 왕성한 생육을 한다는 증거이기도 하다(그림 3.38; 3.39).

포플러(*Populus trichocarpa*)를 대상으로 해서 겨울철의 성장 정지기와 여름철 생장이 왕성한 시기의 줄기 황단면을 관찰해 본 결과, 겨울에는 목질부와 부름켜의 구분이 명확하여 잘 볼 수 있었지만, 여름철 생장기 동안에는 목질부와 부름켜의 구분이 명확하지 않았다(Ko et al., 2011). 이는 세포분열이 계속해서 일어나서 생장하기 때문에 그 경계가 명확하지 않은 것이다. 또한, 카로틴의 함량도 여름보다 겨울철에 증가한다. 카로틴은 항산화물질로서 세포 안에서 세포, 조직의 동결 방지 역할을 한다(그림 3.40).

수목에서 세포벽은 저온과 동결 스트레스에 저항하는 중요한 인자이다. 세포벽의 단당류의 양이 세포벽의 두께, 형태를 결정하는 중요한 요소이다. 겨울철에 거의 모든 단당류, 즉 arabinose, fucose, galactose, glucose, mannose, rhamnose, xylose의 양이 여름철에 비해서 높다. 또한 겨울에는 셀룰로스 합성 유전자의 활동이 낮아져서 오히려 셀룰로스의 양이 많아지는 것을 알 수 있다

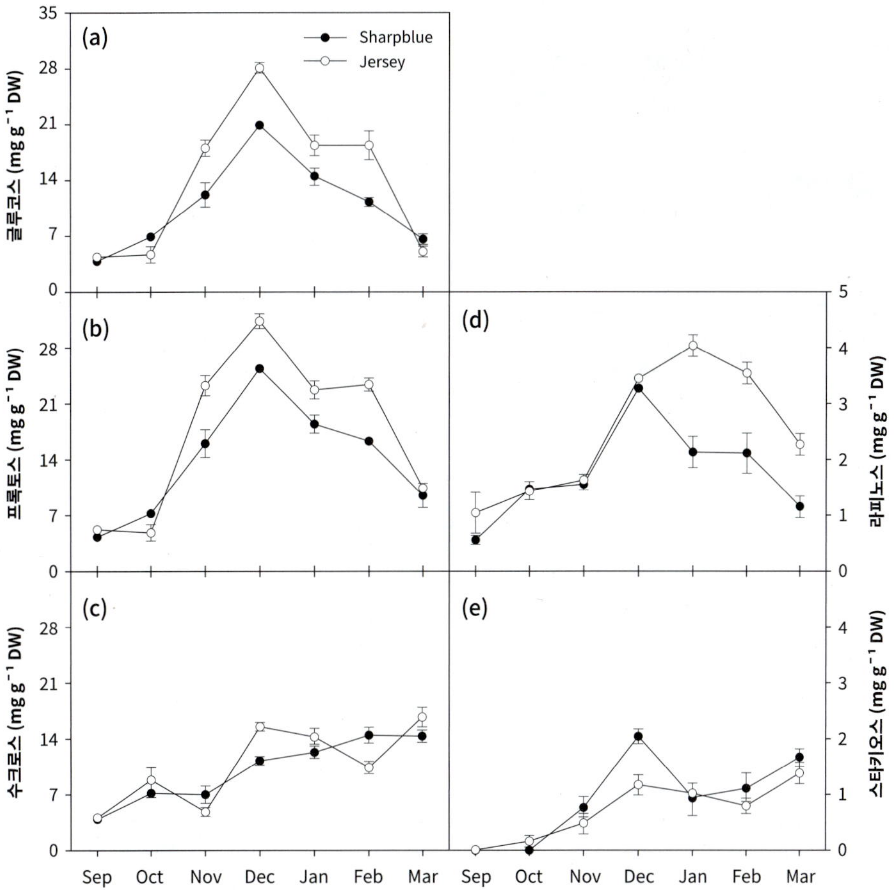

그림 3.39 블루베리 품종별 저온에 대한 탄수화물의 변화

(그림 3.41).

낮과 밤의 온도가 수목에 미치는 영향은 약간 다르다. 포플러의 경우, 낮의 온도는 휴면을 유발하는 정도에 영향을 주고, 밤의 온도는 휴면의 깊이와 생장 정지에 관련한 생리적인 요소를 결정하는 데 중요하다(Junttila and Hänninen, 2012). 경우에 따라서는 낮은 온도처리(chilling)가 휴면을 타파하고 생장을 건전하게 유도하는 역할을 한다. 자작나무의 경우, 낮은 온도 처리가 눈(bud)의 터짐을 유도하여 생육에 도움을 주기도 한다. 생육하는 데 적당한 저온은 생장에 도움이 되지만, 너무 낮은 온도는 스트레스가 되는 것이다. 적당한 저온이 오랫동안 유지되면 긍정적으로 수목의 개엽에 크게 도움이 된다(그림 3.42).

참나무의 줄기에서 목질부가 어떻게 결빙하는지를 현미경으로 관찰한 결과, 수분이 많다면 도관의 크기가 큰 것부터 결빙이 일어난다는 것을 알 수 있다(Neuner et al., 2010). 수목이 결빙이나 저온에 대해서 저항성을 가지게 되는 요인 가운데 중요한 것은 도관의 크기이다. 도관의 크기가 클수

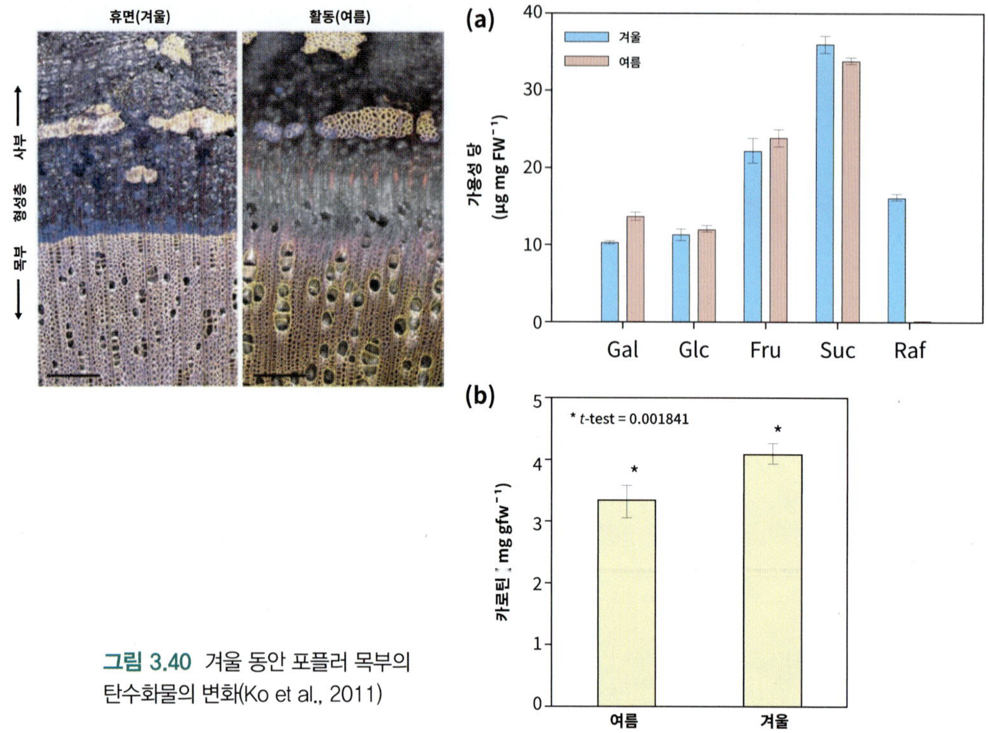

그림 3.40 겨울 동안 포플러 목부의 탄수화물의 변화(Ko et al., 2011)

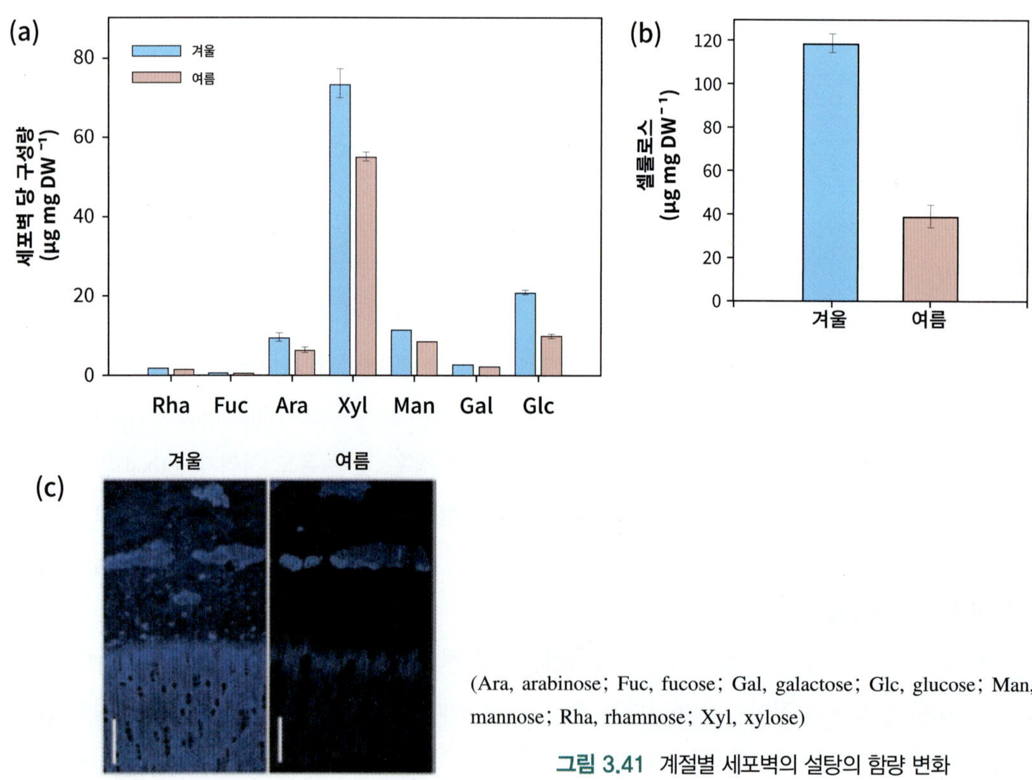

(Ara, arabinose; Fuc, fucose; Gal, galactose; Glc, glucose; Man, mannose; Rha, rhamnose; Xyl, xylose)

그림 3.41 계절별 세포벽의 설탕의 함량 변화

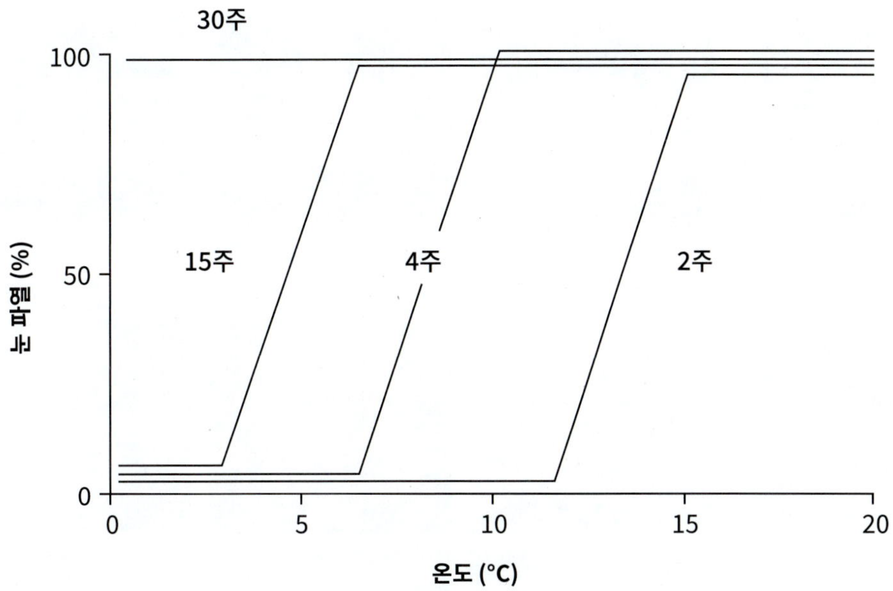

그림 3.42 온도와 눈파열 시기

록 도관 내의 수분이 많이 있게 되고, 이것이 결빙하는 데 결정적인 역할을 한다. 목질부 유조직 세포에서 과냉각 현상이 발생한다. 수목에서의 결빙은 2가지로 나눌 수 있다. 첫 번째 결빙은 비교적 높은 결빙 온도에서 수피, 살아있지 않은 조직 혹은 목질부 도관에 있는 물이 결빙되는 것이고, 두 번째는 −20~−40°C 정도 되는 아주 낮은 온도에서 결빙 현상이 일어나는 것이다. 낮은 온도에서 일어나는 결빙 현상은 일반적으로 목질부 유조직 세포의 결빙에서부터 유래한다. 수목은 피층(cortical) 혹은 형성층 조직이 살아있어도 세포 조직의 결빙(extracellular equilibrium freezing)으로 인해서 수목이 고사하게 된다. 이러한 피해를 받는 현상을 "black heart damage"라고 한다(그림 3.43).

저온에 의해서 결빙되는 정도를 보면, 수직적으로 연결된 도관에서 가장 많은 결빙이 일어나는 것을 알 수 있다. 이는 도관을 통해서 물이 서로 연결되어 있어서 결빙하는 데 영향을 주는 것이다. 도관은 가용성 당, flavonol glycosides 등 얼음이 어는 것을 방해하는 여러 가지 물질들을 포함하고 있다. 이러한 물질이 도관에서 과냉각을 유발하는 데 기여한다(그림 3.44).

포플러(*Populus tremuloides*)의 경우, 저온 혹은 동결 스트레스를 받으면 가장 현저하게 나타나는 현상이 낙엽이다. 실제로 6월에 갑작스런 한파로 포플러 군집의 대부분이 낙엽이 지는 경우가 있다. 포플러는 자유생장을 하기 때문에 낙엽 후 다시 잎이 나와서 생장을 하는데, 이렇게 새로 생성된 잎은 처음 잎과는 여러 가지로 다르다. 수목이 다시 잎을 내는 경우는 잎이 두꺼워지며, 수크로스의 함량이 낮아지고, 잎의 양료 성분이 낮아지며, 높은 광합성률을 보이고, 페놀글리코시드(phenolic glycosides)와 응축된 탄닌의 농도가 높아진다. 이러한 현상은 수목이 스트레스로부터 벗어나서 생

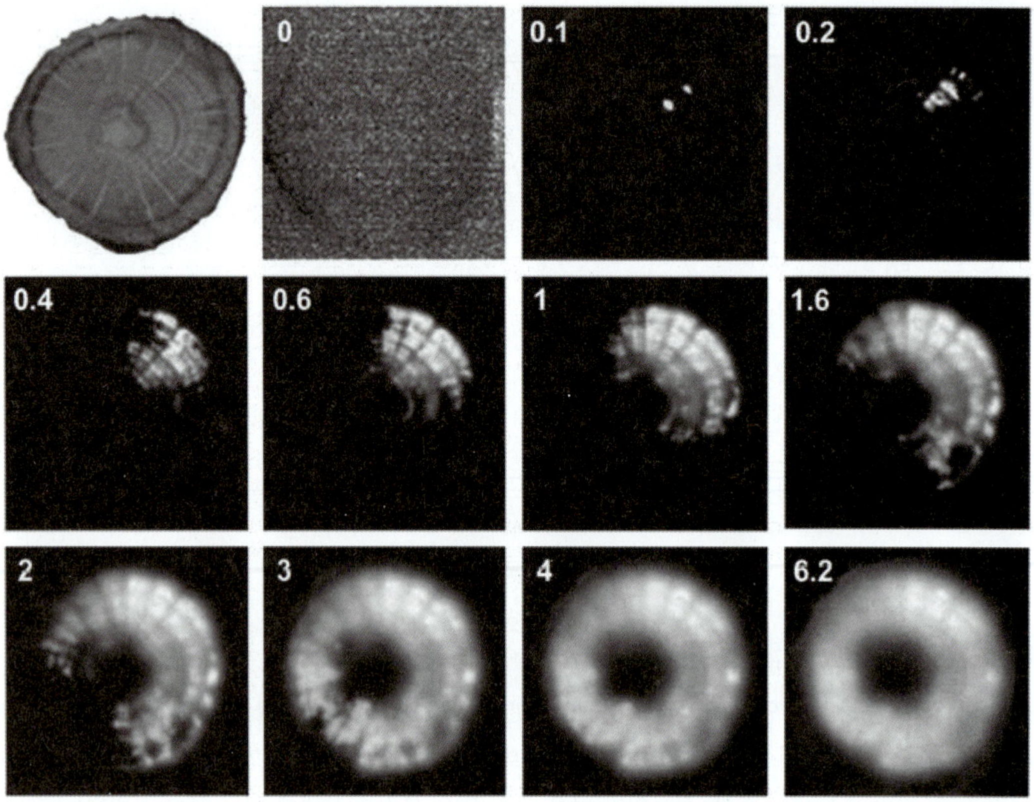

그림 3.43 참나무(*Quercus robur*)의 결빙 현상을 현미경으로 관찰. 흰색은 어름이 언 부위이고 검은색 부분은 아직 얼음이 얼지 않은 부분이다. 숫자는 −7.3℃에서 방치한 시간.

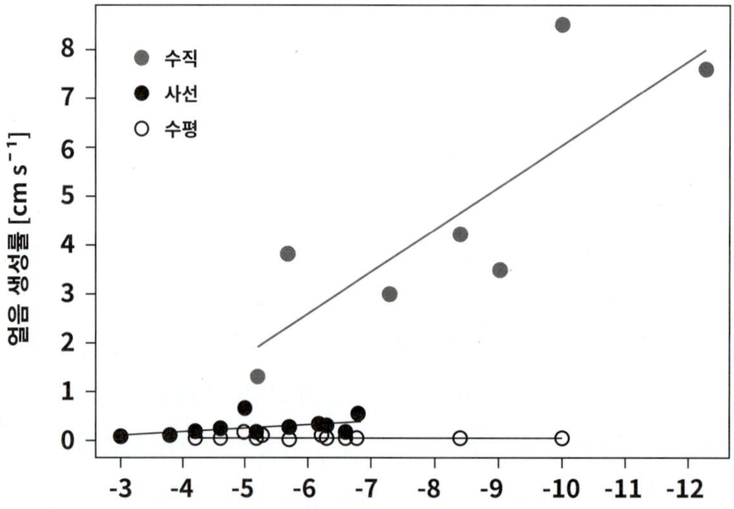

그림 3.44 수목의 목부에서 온도에 따라 얼음이 생기는 비율

존하기 위해서 하는 보상작용이다. 잎의 광합성율은 높아지는데, 잎의 양료 수준은 높아지지 않으므로 이러한 보상작용은 어느 정도 시간이 지나면 끝이 나고 수목이 죽게 된다(그림 3.45).

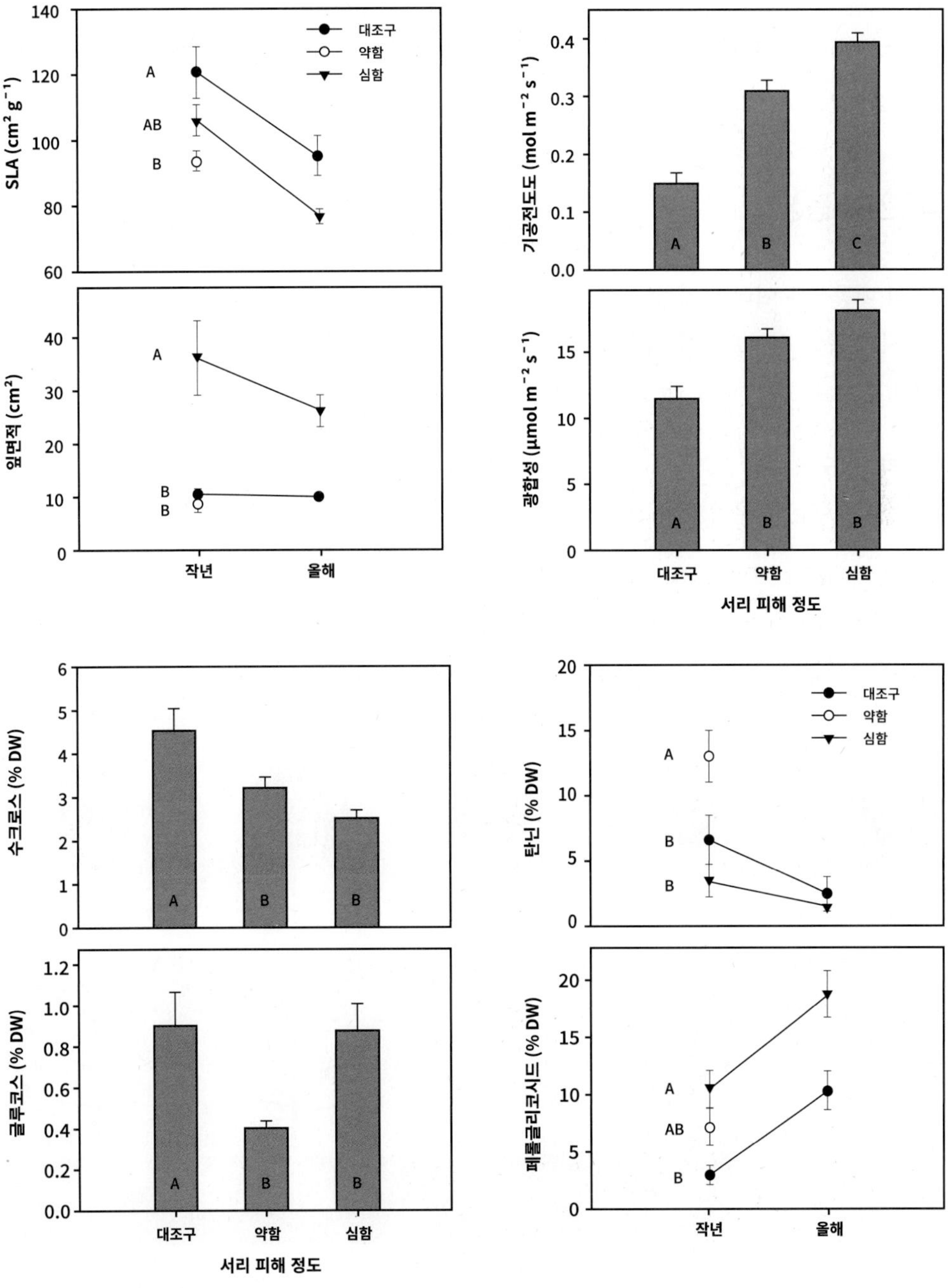

그림 3.45 저온에 대한 잎의 반응 특성

결빙과 해빙

추운 날씨가 지속되면, 나무는 얼었다가 녹는 과정을 반복한다(Charrier et al., 2017). 이러한 현상이 일어나는 공통적인 2가지 방향은 다음과 같다. 1) 수목의 정상부에서 밑으로 내려가면서 얼기 시작한다. 2) 수분량에 따라서 일반적으로 가는 가지가 먼저 얼고, 그 다음에 굵은 가지로 가면서 언다(그림 3.46).

수목의 내동성

수목의 내동성은 여러 가지 요인에 의해서 달라진다. 수목은 겨울의 낮은 온도에서 견디기 위해서 오랜 시간 동안 살아오면서 많은 적응 전략을 가지고 있다. 이에 따라서 수목의 내동성에 차이가 생긴다(표 3.3).

① 수목 내 수분 함량

수목의 세포에는 많은 양의 물(free water)이 있다. 온도가 내려가서 결빙 현상이 일어나면, 세포

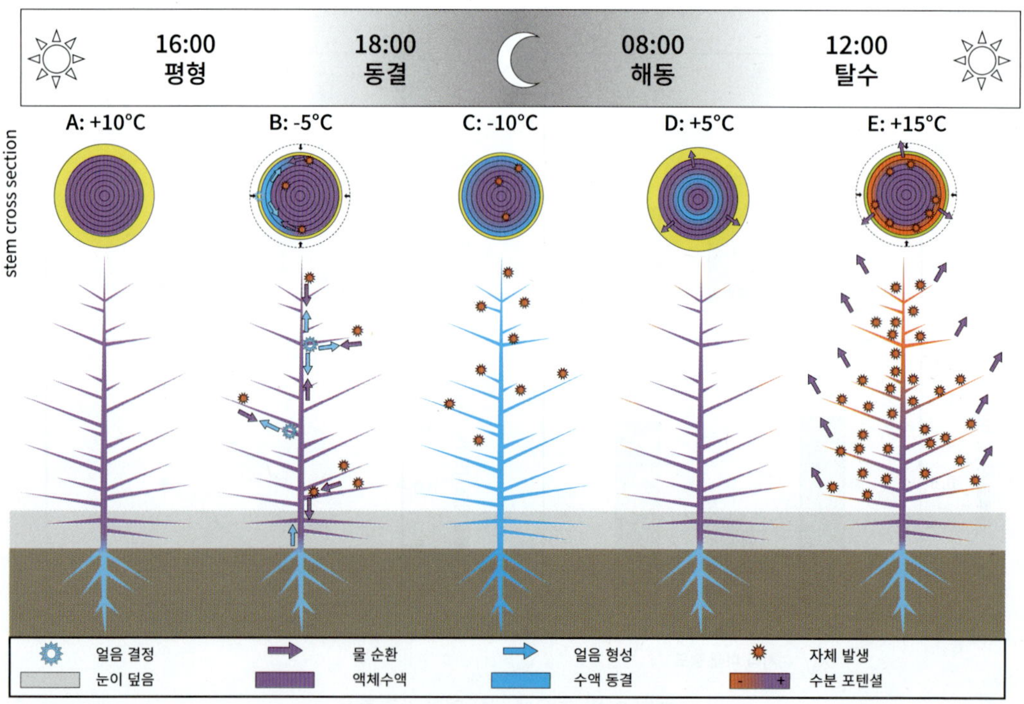

그림 3.46 겨울 동안 수목의 결빙과 해빙 과정

표 3.3 내동성이 있는 수목

수종 / 견디는 수준	수종
추위에 강한 수종	계수나무, 고로쇠나무, 단풍나무, 독일가문비, 목련, 서양측백, 산벚나무, 은행나무, 자작나무, 잣나무, 전나무, 주목, 버즘나무, 피나무, 매자나무, 산철쭉, 수수꽃다리, 개나리, 진달래, 화살나무
추위에 약한 수종	가시나무류, 감나무, 굴거리나무, 녹나무, 동백나무, 자귀나무, 왕벚나무, 후박나무, 대다수의 난대수종

가 그 기능을 할 수 없다. 가을이 지나고 겨울이 오면, 활엽수의 경우는 일반적으로 수분을 가지지만 줄기에서 모두 빼내고, 다음 초봄에 뿌리를 통해 수액을 이동시켜서 생장을 시작한다. 이것은 겨울 동안 물이 결빙되는 것을 막고 내동성을 키우기 위한 생존전략이다.

② 황화수소의 함량

황화수소(−SH)는 내동성을 크게 한다. 내동성이 높은 수목은 황화수소기가 달린 단백질이 상대적으로 많다. 내동성이 약한 수목에는 −SH기 대신 disulfide(−S−S−) 단백질이 주로 많다.

③ 당의 함량

당분 함량은 내동성에 관여한다. 당이 많은 수목은 겨울의 낮은 온도에서도 결빙 현상이 적다. 수목 내부에 당의 함량을 높이면, 낮은 온도에서 삼투압이 낮아 있는 상태이므로 결빙하는 온도가 많이 내려가야 한다. 수목이 가을까지 생장을 해서 많은 양의 당을 축적하는 것은 이와 관련이 있다.

④ 친수 콜로이드

내동성이 있는 수목은 친수 콜로이드의 양이 높다. 친수 콜로이드 양이 높으면, 조직 내에 수분이 적어지고 콜로이드에 녹은 것이 많아지므로 결빙에서 조직을 보호하는 역할을 한다.

⑤ 세포막의 특성

세포막의 투과성이 좋아지면 내동성이 높아진다. 세포막의 투과성이 크면 세포 밖으로 수분을 투과시켜 결빙 환경이 되더라도 투과성이 좋아서 물을 밖으로 밀어낼 수 있다. 반대로 결빙이 해동되는 경우에는 투과성이 좋아서 세포 내로 수분을 빠르게 흡수하여 수목의 기능이 빠르게 회복할 수 있도록 한다.

⑥ ABA 함량

생장억제제에 해당하는 ABA의 함량이 높으면 결빙이 어렵다. 수목 내부에 ABA를 처리하면, 새로운 단백질이 형성돼서 수목의 내동성이 높아진다.

⑦ 낮은 온도에서 순화

낮은 온도에서 여러 차례에 걸쳐서 순화 과정을 거치면, 수목은 낮은 온도 환경에 적응해서 낮은 온도에서도 쉽게 결빙하지 않는다.

온도와 수목의 호흡

온대지방에 분포하는 수목은 수종에 따라서 차이가 있지만, 순광합성률이 최대가 되는 온도의 범위는 15~25°C이다. 온도가 25°C 이상 높아지면 광합성률이 증가하지만, 온도가 40°C 이상 넘어가면 광합성률이 감소하고 호흡률은 증가한다(임경빈 등, 2009). 낮은 온도에서는 총생산량이 증가하고, 생육최적온도에서는 순생산량이 최대가 되며, 온도가 한계온도를 넘으면 호흡량이 증가하여 순생산성이 감소하는 것이다(그림 3.47). C3 식물과 C4 식물의 최대 광합성을 하는 온도의 범위가 다르기 때문에, 이들 식물이 최대의 광합성을 해서 최대의 생산성을 가지게 되는 온도의 범위는 수목과 식물마다 다르다.

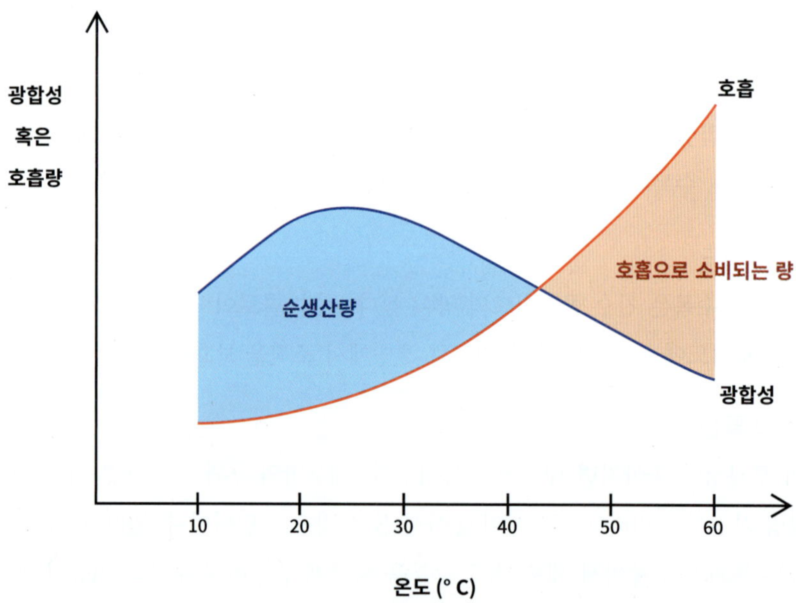

그림 3.47 온도 증가에 따른 광합성과 호흡량과의 일반적인 관계

CHAPTER

04 광

수목은 광이 부족하면 광합성에 필요한 에너지가 부족해서 어려움을 겪을 수 있다. 따라서 수목은 낮은 광 환경을 극복하기 위한 내음성(shade tolerance) 정도가 모두 다르다. 낮은 광 조건에서 내음성 기작을 활발하게 발휘하는 수목은 그 환경에 적응을 하지만, 그렇지 않은 수목은 도태된다. 이와 같이 수목의 생존이 내음성 기작에 달려있으므로 매우 중요하다. 여러 수목은 각기 다른 광 환경에 적응해 가면서, 각기 다른 정도의 내음성 기작을 발달시켰다. 그 결과 내음성이 강한 수목을 음수, 보통인 수목을 중용수, 적은 수목을 양수(shade intolerance)라고 한다(표 4.1).

표 4.1 수목별 내음성 비교

분류	기준	침엽수	활엽수
극음수	전광의 1~3% 생존 가능	금송, 개비자나무, 나한백, 주목	굴거리나무, 백량금. 사철나무, 식나무, 자금우, 호랑가시나무, 회양목
음수	전광의 3~10%에서 생존 가능	가문비나무류, 솔송나무, 전나무류	너도밤나무, 녹나무, 단풍나무류, 서어나무류, 송악, 칠엽수, 함박꽃나무,
중용수	전광의 10%~30%에서 생존 가능	잣나무류, 편백, 화백	개나리, 노각나무, 느릅나무류, 때죽나무, 동백나무, 마가목, 목련류, 물푸레나무류, 산사나무, 산초나무, 산딸나무, 생각나무, 수국, 은단풍, 참나무류, 채니목, 철쭉류, 탱자나무, 피나무, 회화나무
양수	전광의 30~60%에서 생존 가능	낙우송, 메타세콰이어, 삼나무, 소나무류, 은행나무, 측백나무, 향나무류	가중나무, 과수류, 느티나무, 라일락, 모감주나무, 무궁화, 밤나무, 배롱나무, 벚나무류, 산수유, 오동나무, 이팝나무, 자귀나무, 주엽나무, 쥐똥나무, 백합나무, 플라타너스
극양수	전광의 60% 이상에서 생존가능	낙엽송, 대왕송, 방크소나무, 연필향나무	버드나무, 자작나무, 포플러류

광에 의한 기공의 개폐

기공은 가스 교환을 하는 장소이다. 기공은 표피에서 2개의 공변세포에 의해 생성된 기관을 말한다. 공변세포가 세포 안으로 수분을 흡수하면 기공이 열리게 되는데, 기공의 개폐는 빛에 의해 조절된다. 가시광선의 적색광에 의해 공변세포의 막에 존재하는 어떤 물질이 제아크산틴으로 전환된다. 또한 빛의 청색광에 의해서 이 제아크산틴이 활성형으로 전환되어 특정 물질과 반응한다. 이 물질이 ATP를 이용해 H^+ 이온을 공변세포 밖으로 방출시키는데, 양성자를 밖으로 방출시켰기 때문에 공변세포 내에 전하의 균형이 맞지 않게 된다. 이를 해결하기 위해서, K^+ 이온 펌프를 작동시켜 K^+ 이온을 다시 내부로 흡수한다. 이때, K^+ 이온과 함께 Cl^- 이온도 함께 이동된다. 이 때문에 전하의 균형이 맞지 않아 전분을 분해하여 세포질 내에 있는 말산 이온 농도가 증가하는데, 이때 삼투압이 증가해 수분을 흡수하게 된다. 공변세포는 수분을 흡수했기 때문에 팽압이 증가하여 기공이 열리게 된다. 이처럼, 빛은 기공의 개폐에 크게 관여하는데, 내음성을 갖는 식물은 약한 자극의 빛에도 기공이 쉽게 반응한다(그림 4.1).

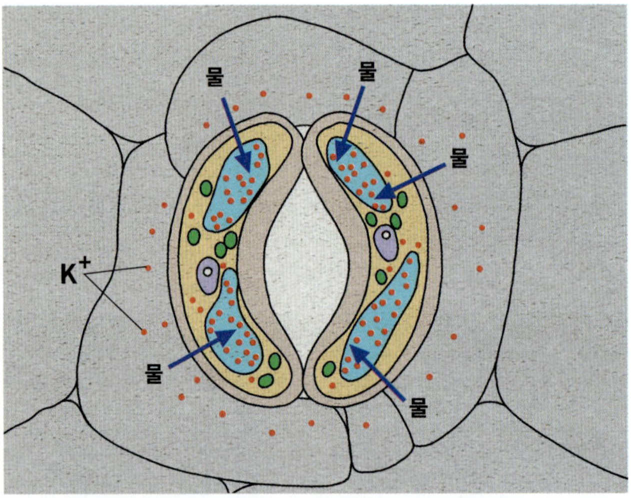

그림 4.1 공변세포의 내부로 수분이 들어와 기공이 열리는 기작

광과 수목 군락

한 개체 내에서 뿐만 아니라, 식물 군락의 개념에서 볼 때 천이를 관찰하더라도 광 부족에 대한 식물의 적응을 흔히 발견할 수 있다(우수영 등, 2002). 식물 군락의 천이 중 건성 천이는 맨땅에서 시

작하여 지의류, 선태류가 자라고 그 후에는 초원이 형성된다. 그 다음 비교적 크기가 작은 관목림이 주를 이루고, 그 때문에 햇빛(광)의 양이 많은 상황에서 양수림이 형성된다. 양수림이 형성된 이후에는 혼합림이 형성되고, 그 후 음수림이 형성된다. 주목해야 할 것은 양수림 → 혼합림 → 음수림 과정이다. 이 과정에서 혼합림이 형성될 때, 양수림 밑에서는 이미 많이 자란 나무 때문에 낮은 세기의 광이 전달된다. 하지만 그 밑에서 이런 환경에서도 잘 자랄 수 있는 수목이 선택적으로 자라게 된다. 그런 수목이 조금씩 자라서 혼합림을 형성하게 되고, 다른 나무들과 광 경쟁에서 비교적 자유로울 수밖에 없는 수목이 더욱 크게 자라면서, 양수림은 경쟁에서 패배하여 점차 줄어들게 되고, 결국 음수림을 형성하는 것이다.

수목이 발아하고, 생장하며, 번식에 이르기까지 수많은 광 부족 상황과 마주한다. 식물 군락의 개념으로 볼 때, 천이 과정 중 양수림 → 혼합림 → 음수림 과정에서 특정 식물종은 부족한 광 환경에서 효율적으로 성장하기 위한 특징이 존재한다. 또한, 한 개체 내에서도 높이 혹은 특정 부위마다 도달하는 광도가 다르기 때문에, 식물체는 광 부족 환경에 적응하게 될 것이다. 잎 하나하나의 차원에서 적응이 일어나기도 하고, 가지 혹은 식물체 자체에서 일어나기도 한다(그림 4.2).

내음성은 대부분의 음수에서 어린 수목에 나타난다. 수목은 점점 생장하면서 내음성을 잃게 되지만, 음수들은 자신의 내음성을 활용해서 낮은 광도에서도 생존한다. 음수들은 정아 우세를 적극적으로 활용하여 생장한다(우수영 등, 1999). 내음성을 가지고 있는 어린 수목은 부족한 광 환경에서 버티며 에너지를 생성한다. 이때, 생성된 에너지와 물질을 모두 지상부의 생장을 위해 사용한다. 지상부 생장에 에너지를 사용한 음수는 주변 다른 수목보다 키가 커지고, 내음성을 잃게 되더라도 충분한 양의 햇빛을 받을 수 있게 된다. 이를 통해서 극상을 차지할 수 있다.

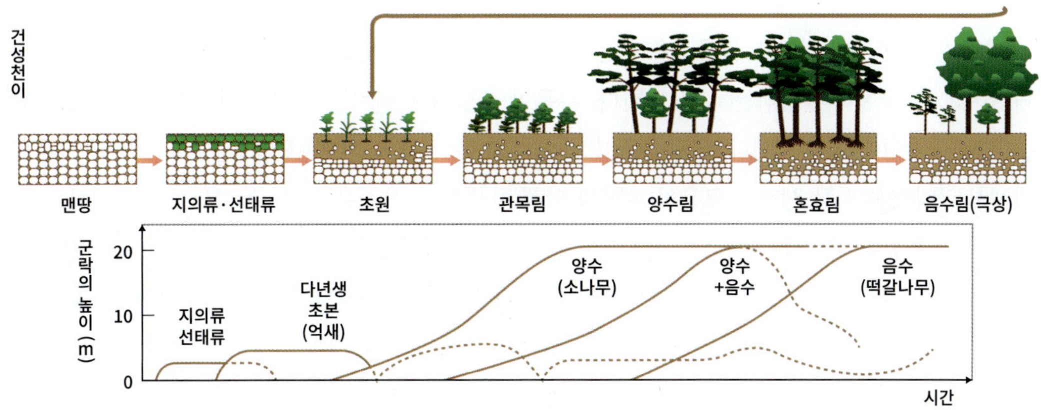

그림 4.2 천이 과정 도중에 광이 수목의 군락에 미치는 영향

옥신에 의한 생장 촉진 원리

세포질로 유입된 옥신은 세포막에 있는 H^+ 펌프를 활성화한다. H^+ 펌프가 활성화되면, 세포질의 H^+은 H^+ 펌프가 작용해서 세포벽으로 수송된다. H^+이 수송된 세포벽에서는 H^+이 증가하여 pH가 감소하게 되는데, 이 영향으로 섬유소 분자 간의 결합을 끊어 주는 효소가 활성화된다. 이 효소가 세포벽에 있는 섬유소의 연결을 느슨하게 하면 삼투 현상에 의해서 세포질로 물이 유입된다. 물이 유입된 세포질은 압력이 높아지면서 팽창하기 때문에 식물 세포가 늘어나게 된다. 이후 얇아진 세포벽의 안쪽 면에 새로운 셀룰로스 미세섬유가 첨가돼서 세포벽은 정상 두께를 유지한다(그림 4.3).

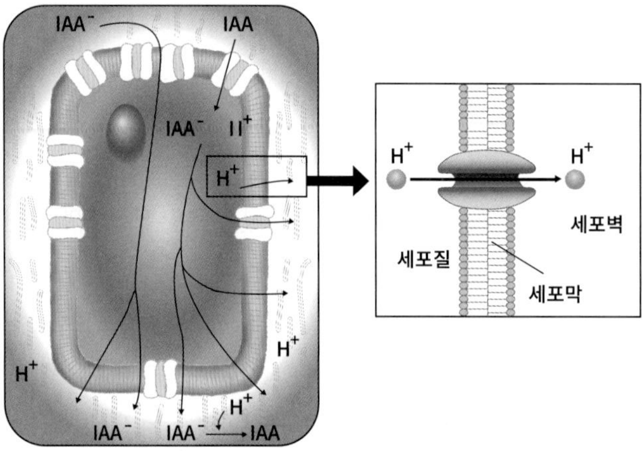

그림 4.3 옥신에 의한 수목의 생장 촉진 현상

굴광성을 통한 부족한 광 환경 극복

수목은 정아우세 말고도 굴광성을 이용하여 부족한 광을 보완한다. 굴광성은 식물의 줄기가 빛의 방향으로 굽어져 생장하는 것을 말한다. 수목이 햇빛이 비춰지는 쪽으로 가지가 무수히 발달되는 것도 굴광성에 의한 것이다. 굴광성은 빛 중에서도 특히 청색 가시광선에 의해 유도된다. 식물체 내에서 굴광성은 식물 생장 호르몬인 옥신에 의해 발생한다. 옥신은 식물 세포 생장에 관여하는 호르몬으로, 옥신이 활성화되면 식물 세포의 세포벽이 느슨해지는데, 느슨해진 세포벽 때문에 세포의 부피가 늘어난다. 이 옥신은 주로 빛에 많이 접촉하지 못한 부위에서 활성화된다. 따라서 빛을 받지 못하는 부분만 세포 생장이 일어나므로, 빛이 오는 쪽으로 식물체나 가지가 기울게 된다(그림 4.4)

굴광성은 식물의 굴성을 의미하지만, 어두운 환경에서는 덜 어두운 영역으로 줄기나 잎을 위치시키는 역할을 하므로, 수목이 광이 부족할 경우 극복하기 위한 생리적 반응이라 할 수 있다. 굴광

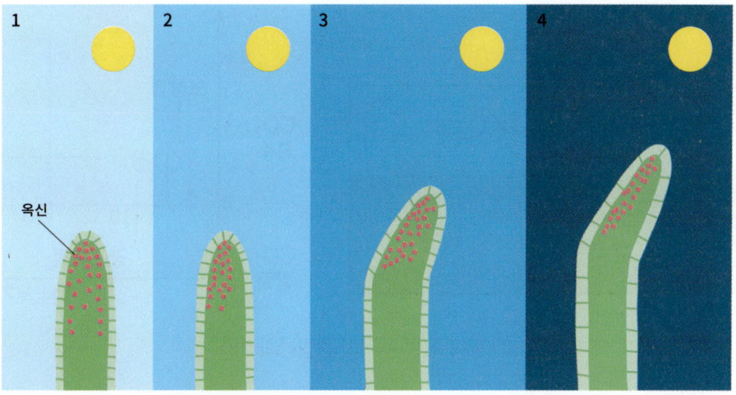

그림 4.4 분홍색 점은 옥신이며, 옥신이 빛이 없는 쪽으로 몰려 굴광성을 유도한다.

성이란 굴성의 하나로, 식물체가 빛의 자극에 반응하는 성질을 말한다. 줄기, 잎, 꽃 등이 빛이 오는 방향으로 굽는 성질을 '양굴광성', 뿌리가 빛의 반대 방향으로 굽는 성질을 '음굴광성'이라고 한다. 줄기 안에 있는 식물의 생장호르몬인 옥신(auxin)에 의해 일어난다. 옥신은 줄기 끝에 있는 생장점에서 합성되며, 위에서 아래로, 빛이 있는 방향과는 반대 방향으로 이동하고, 세포의 신장을 촉진한다. 굴광성이 없다면, 빛이 부족한 환경에서 빛을 향한 줄기 및 잎의 생장이 필연적으로 일어나지 않아 공간의 이용이 한정적인 수목은 효율적인 광합성을 하지 못해 그늘 아래에서 생존율이 줄어들 것이다. 또한 그림 4.5처럼, 한 개체의 가지끼리의 광합성 방해를 어느 정도 방지하는 효과를 볼 수 있다. 수관이 고르게 넓게 펼쳐져서 광을 최대한 많이 받을 수 있도록 생장하는 것이 수목의 특성이다(그림 4.5).

수목이 광합성을 통해 생산하는 유기물의 총량을 총생산량이라 하는데, 이 중 일부는 호흡에 사

그림 4.5 상층의 수관이 고르게 넓게 펼쳐져서 광을 최대한 많이 받을 수 있도록 생장하는 것이 수목의 특성이다.

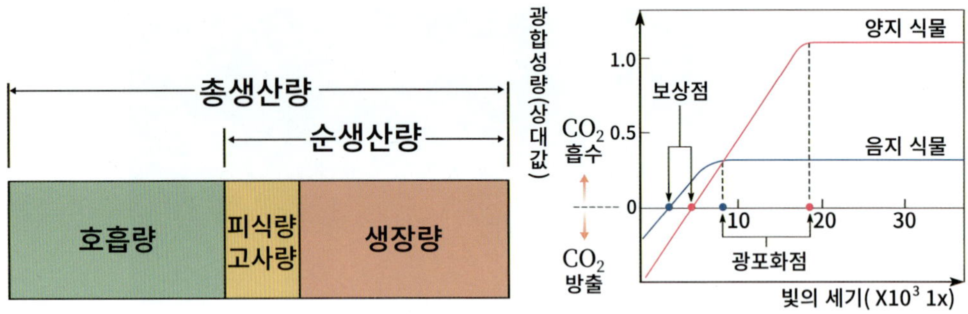

그림 4.6 광에 의한 수목의 광합성과 가스 교환

용되고 나머지는 스스로의 생장에 사용되거나 소비자에 의해 섭취된다. 여기서 호흡에 사용되는 호흡량을 제외한 생산량을 순생산량이라 하며, 이는 개체가 함유하고 있는 양분(생장량)과 소비자에 의해 섭취되거나(피식량) 개체에서 떨어져 나가는(고사량) 양분을 포함한다. 따라서 순생산량을 구하는 식은 [총생산량 − 호흡량 = 순생산량]으로 광도가 낮은 환경 아래의 수목은 광합성량이 적어서 총생산량 자체가 줄어들기 때문에 호흡량이 일정할 경우에는 순생산량이 줄어 들 수밖에 없다. 식물체의 순생산량이 줄어들면, 생장에 문제가 발생하므로 이 양을 최대한 일정하게 유지하는 것이 중요하다. 따라서 음수림의 경우에 호흡속도를 감소시켜 광보상점을 낮춤으로써 정상적인 순생산량을 유지한다. 여기서 광보상점이란 광합성에서 호흡에 의한 이산화탄소의 방출량과 흡수량이 같아지는 시점이며, 외관상 광합성량이 0이 되는 점의 광도이다. 식물이 물질대사를 통해서 생존할 수 있는 최소한의 유효점이다(그림 4.6).

이러한 음수림의 특성을 통해서, 수목이 광 부족 환경에 놓였을 때 음수림과 같이 기존의 호흡속도보다 호흡하는 속도를 낮춤으로써 이전보다 부족한 총생산량에서도 순생산량을 안정적으로 유지할 것이라고 유추할 수 있다.

엽록소 형광 반응의 원리

엽록소 형광(chlorophyll fluorescence) 반응을 설명하면 다음과 같다. 식물의 광합성에 관여하는 광계(photosystem)에는 광계 I과 광계 II가 있다. 엽록소 형광은 광계 II에서만 일어나는데, 광계의 전자 전달 과정 중 불필요한 에너지를 방출하는 과정에서 나타나는 현상이다. 광계 I과 광계 II에는 각각 반응 중심(reaction center)이 있는데, 먼저 광계 II의 반응 중심에서 빛 에너지를 흡수한다. 이때, 물이 광분해되면서 얻은 전자가 반응 중심을 통해 전자 전달 과정을 거치게 되고 광합성이 진행된다. 광합성의 초기 단계에 해당하는 광계 II는 680 nm의 빛을 흡수하는데, 전자를 전달하는 데 필

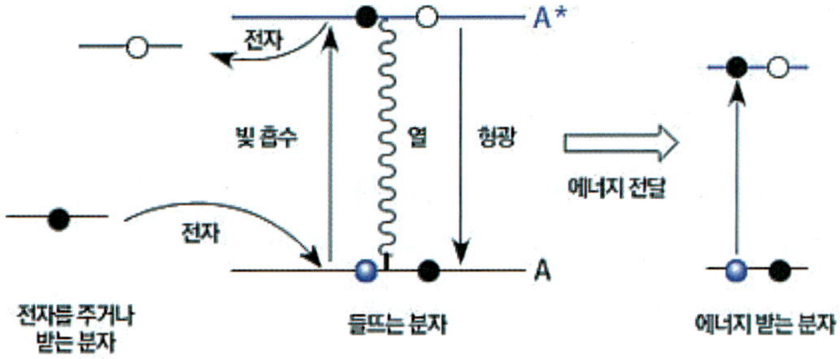

그림 4.7 수목이 스트레스 받는 정도를 평가를 위한 지표로서 엽록소에서 형광 반응을 측정하는 원리

요한 빛 에너지 이외에 불필요한 잉여 에너지는 형광의 형태로 엽록소에서 방출된다. 식물의 엽록소 형광은 수목이 스트레스를 어떻게 극복하고 있는지를 판단하는 중요한 지표로 사용한다(그림 4.7).

광과 이소프렌의 발생량

수목 가운데 참나무 계열은 생장을 하면서 이소프렌을 발생한다(Wang et al., 2017). 그런데 빛을 많이 흡수할 수 있는 양엽과 음엽의 경우에서 발생하는 이소프렌의 양이 다르다. 양엽의 경우, 이소프렌의 발생량이 음엽에 비해 많다. 점선은 잎의 엽면적을 나타내고, 실선은 이소프렌의 발생량을 나타내는데, 양엽의 경우 엽 면적이 증가할수록 이소프렌의 발생이 증가한다. 시기적으로 보면, 천이 초기에는 이소프렌의 발생량이 많지 않지만, 참나무류가 성숙한 숲으로 자라나서 태양에 노출되는 잎이 많을수록 그 발생량이 증가한다(그림 4.8).

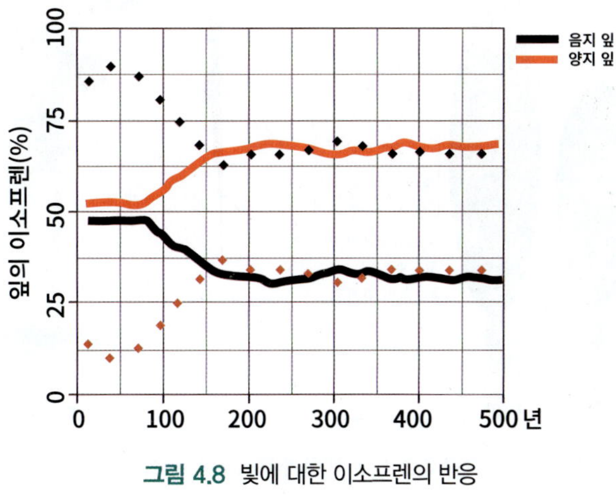

그림 4.8 빛에 대한 이소프렌의 반응

광과 수목의 반응

어린 나무에서 성숙한 나무로 성장함에 따라서 가지에 달린 잎의 변화가 많아진다. 우세목이 될수록 엽면적 지수가 증가하고 깊은 수관을 가진다. 깊은 수관은 수평적으로 적은 공간을 차지하지만 많은 수직적인 공간을 가진다. 과숙한 숲(old growth)에서 성숙한 개체가 되면서 심재의 부후가 어려운 밀도로 성장한다. 어린 개체일수록 심재가 부후하기 쉽다. 침엽수의 경우, 어린 나무와 과숙한 숲에서 성숙개체는 여러 가지 측면에서 다른 특성을 가진다(Van Pelt et al., 2016). 특히, *Sequoia sempervirens*의 경우에 큰 성숙 개체가 되면서 나무의 정단부로 갈수록 잎의 면적과 무게의 비율(LMA)가 증가한다. 이는 광도에 영향을 받아서 정단부로 갈수록 잎의 크기는 작아지지만 무게는 무거워지고, 나무(수관)의 아래로 갈수록 잎의 면적은 넓어지지만 무게는 가벼워지는 특성을 가진다. 임관의 밑으로 갈수록 빛이 부족하여 수광량을 많게 하기 위해서 잎의 면적이 넓어진다. 심지어는 임관의 아래쪽 잎은 떨어져서 없어진다(그림 4.9; 표 4.2).

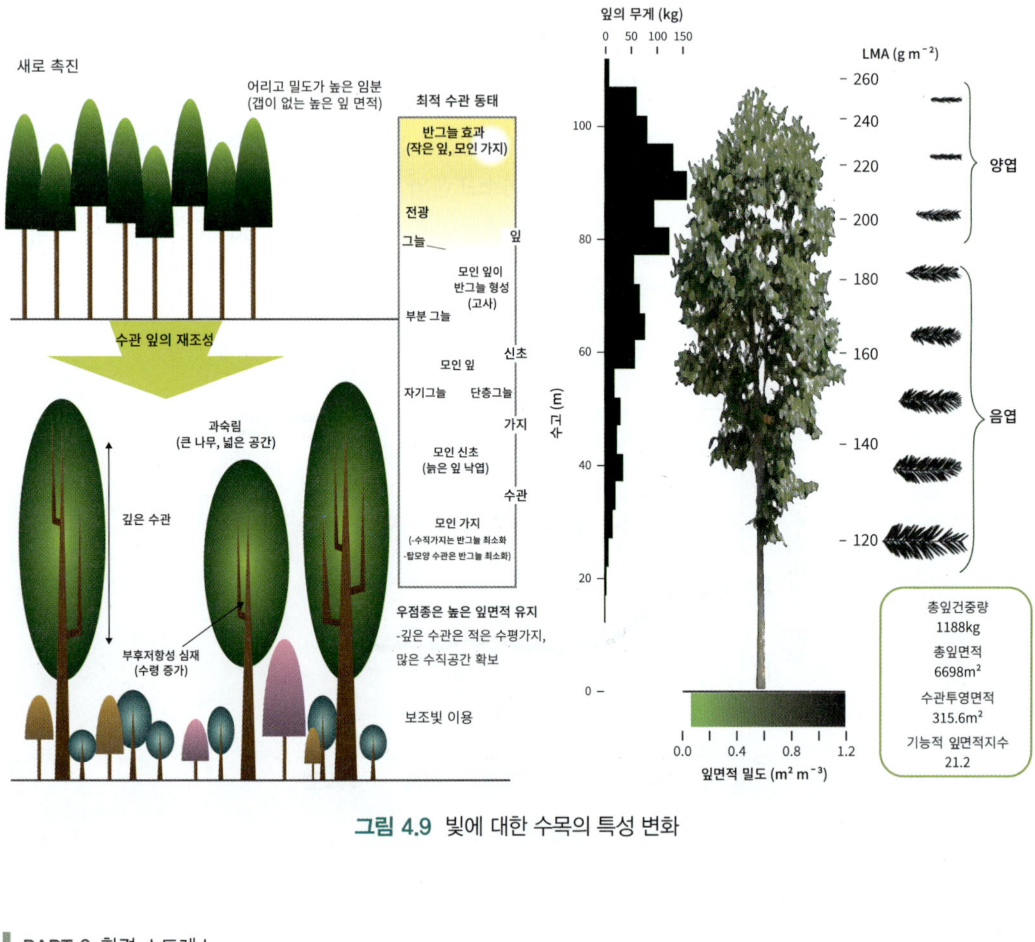

그림 4.9 빛에 대한 수목의 특성 변화

표 4.2 음수(음엽의 양엽에 대한 비교) 잎의 특성(Valladares and Niinemets, 2008).

특징	양엽에 대한 비교
잎의 생리, 생화학적 특성	
광보상점	낮음
양자수율	높음
암호흡률	낮음
순광합성률	낮음
Sunfleck 사용효율	높음
전자 전달률	낮음
광저해에 관한 민감도	높음
기공전도도	낮음
카복실화 효율	낮음
Rubisco 량	낮음
단위면적당 질소량	낮음
단위무게당 질소량	높음
단위면적당 엽록소 함량	높음
단위무게당 엽록소 함량	높음
엽록소 a/b 비율	낮음
Xanthophyll 순환 색소	낮음
Lutein epoxyde cycle (단풍 빛깔을 만드는 과정)	높음
Antiherbivore metabolism (해충에 대한 물질분비)	높음
잎의 해부학적, 형태학적 특성	
LMA (잎의 무게/면적)	낮음
Lamina 두께 (핵 막의 구조에 관여)	낮음
조직에 대한 잎의 무게	낮음
기공밀도	낮음
잎면적	큼
잎끝의 거칠기	낮음
임관 수준	
잎의 인접도(clumping)	낮음
잎의 순환률(재생률)	낮음
정아우세	낮음
수관의 광 투과율	낮음
가지의 발생빈도	높음

표 4.2 음수(음엽의 양엽에 대한 비교) 잎의 특성 (계속)

특징	양엽에 대한 비교
그늘에 대한 생장율	낮음
목재밀도	높음
잎이 달린 가지의 층수 (layer 숫자)	낮음
잎의 각도	낮음
전체 수목	
R/S (root/shoot)	낮음
RGR(상대생장율)	높음
잎에 대한 수목의 무게	높음
잎의 면적률(LAR)	높음
탄소화물 저장량	높음
새로운 가지의 발생률	낮음
수명	높음

도시화되면서 빛이 야간에도 계속 남아 있게 된다. 즉, 수목이 야간에도 빛에 노출되는 것이다. 식물에 장일, 단일 식물이 있듯이, 수목에도 야간의 빛에 대한 민감도가 수종에 따라서 다르다. 수목도 야간에 빛이 있는 경우, 일반적으로 생장이나 생리적인 영향을 받는다. 이와 같은 수목의 특성을 감안해서, 가로수, 도시녹지의 녹화수목을 선정하는 것이 필요하다(표 4.3).

수목이 광합성을 하는 동안, 광계와 엽록체의 티라코이드막에서 상당한 양의 활성산소종이 발생한다. 그리고 이러한 활성산소종을 제거하기 위해서 복잡한 과정이 이루어진다. 광계 II(PS II)에서 O_2^-, H_2O_2, singlet oxygen($^1O_2$), hydroxyl radicals(• OH)이 생성된다. 수목이 활성산소종에 어떻게 반응하여 산화-환원 과정을 통해서 제거하는 방법을 설명하면 다음과 같다(그림 4.10).

1 Superoxide가 Fd-NADPH 산화 과정 동안 광계 I(PS I)에서 생성된다. $^1O_2$도 PS I에서 생성된다.

2 O_2^-는 superoxide dismutase(SOD)에 의해서 hydrogen peroxide(H_2O_2)로 전환된다. $^1O_2$는 굉장히 반응성이 높고 짧은 반감기를 가지는데, 단백질, pigment, 지질 등의 분자가 만들어지면서 반응하여 없어진다. 최근에는 높은 광도하에서 $^1O_2$이 가장 큰 광-산화 스트레스의 원인이라는 것이 알려졌다. 티라코이드막의 반응 중심과 -tocopherol(T(OH)) 막에서 카로티노이드에 의해서 갑자기 낮아진다. 단백질과 엄청난 양의 $^1O_2$ 반응으로 인해서 단백질의 붕괴와 PS II 활성의 소실을 가져온다(photoinhibition). 아직도 반응기가 살아 있는 $^1O_2$는 지질과산화의 원인으로 작용한다.

3 신호전달 물질을 통해서 $^1O_2$는 NO가 peroxynitrite (ONO_2^-) 생성을 유도하게 한다. 방어 유전자 발현의 시발점이 된다. $^1O_2$와 OH는 ascorbate(Asc), tocopherols, glutathione(GSH)에 의해서

표 4.3 수목이 인공조명 및 가로등 같은 인공광선에 대해 영향을 받는 정도

높은 영향을 받음(민감함)	중간	둔감
Acer ginnala (Amur maple)	*Acer nigrum* (Black maple)	*Fagus sylvatica* (European beech)
Acer negundo (Boxelder)	*Acer palmatum* (Japanse maple)	*Fraxinus americana* (White ash)
Acer platanoides (Norway maple)	*Acer rubrum* (Red maple)	*Fraxinus nigra* (Black ash)
Betula alleghaniensis (Yellow birch)	*Acer saccharum* (Sugar maple)	*Fraxinus pennsylvanica* (Green ash)
Betula lenta (Sweet birch)	*Cercis canadensis* (Redbud)	*Fraxinus quadrangulata* (Blue ash)
Betula nigra (River birch)	*Cornus sanquinea* (Bloodtwig dogwood)	*Ginkgo biloba* (Ginkgo)
Betula papyrifera (Paper birch)	*Gleditsia triacanthos* (Honeylocust)	*Ilex opaca* (American holly)
Betula pendula (European white birch)	*Ostrya virginiana* (Ironwood)	*Liquidamber styraciflua* (Sweetgum)
Betula populifolia (Gray birch)	*Phellodendron amurense* (Corktree)	*Magnolia grandiflora* (Southern magnolia)
Carpinus caroliniana (Hombeam)	*Quercus alba* (White oak)	*Malus sargenti* (Sargent's crabapple)
Catalpa bignonioides (Southern catalpa)	*Quercus rubra* (Red oak)	*Picea engelmanni* (Engelmann spruce)
Catalpa speciosa (Northern catalpa)	*Quercus montana* (Rock chestut oak)	*Picea glauca* (White spruce)
Cornus florida (Folwering dogwood)	*Quercus stellata* (Post oak)	*Picea glauca densata* (Black Hills spruce)
Cornus sericea (Redosier dogwood)	*Sophora japonica* (japanese pagoda tree)	*Picea mariana* (Black spruce)
Fagus grandifolia (American beech)	*Tilia cordata* (Littleleaf linden)	*Picea pungens* (Colorado blue spruce)
Liriodendron tulipifera (Tuliptree)	*Tilia cordata* (Littleleaf linden)	*Pinus banksiana* (Jack pine)
Platanus hybrida (London planetree)		*Pinus flexilis* (Limber pine)
Platanus occidentalis (Sycamore)		*Pinus nigra* Austrian pine)
Populus deltoids (Cottonwood)		*Pinus ponderosa* (Ponderosa pine)
Populus tremuloides (Quaking aspen)		*Pinus resinosa* (Red pine)
Robinia pseudoacacia (Black locust)		*Pinus rigida* (Pitch pine)
Tsuga canadensis (Hemlock)		*Pinus strobus* (White pine)
Ulmus americana (American elm)		*Pyrus calleryana* (Bradford pear)
Ulmus pumila (Siberian elm)		*Quercus palustris* (Pin oak)
Zelkova serrata (Zelkova)		*Quercus phellos* (Willow oak)

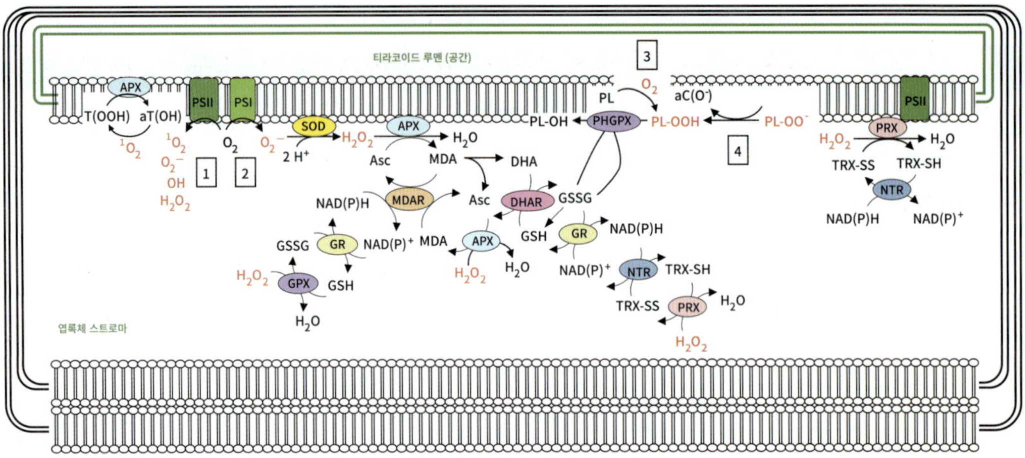

C(O), -chromanoxyl radical; APX, ascorbate peroxidase; DHA, dehydroascorbate; DHAR, dehydroascorbate reductase; GR, glutathione reductase; GSH, reduced glutathione; GSSG, glutathione disulfide; GPX, glutathione peroxidase; MDA, monodehydroascorbate; MDAR, monodehydroascorbate free radical reductase; NTR, NADPH-thioredoxin reductase; T(OOH), hydroperoxytocopherone; TRX, thioredoxin; TRX-SH, reduced thioredoxin; TRX-SS, thioredoxin disulphide.

그림 4.10 빛에 반응하여 수목의 세포에서 일어나는 현상

소거된다. H_2O_2는 스트레스 환경에서 엄청나게 생성되며, 더 위험한 활성산소종(ROS) 물질도 함께 발생한다. 이러한 것은 3가지의 다른 활성산소 제거 과정으로, Asc, GSH, peroxiredoxin(PRX) 사이클이라 한다. 이 3가지 사이클은 서로 연결되어 있는데, 지질과산화의 원인이 되고, 이는 phospholipid peroxy radicals(PL-OO)을 만드는 결과가 된다.

[4] PL−OO는 산화된 −T(OH)에 의해서 phospholipid hydroperoxide(PL-OOH)로 전환된다. PL−OOH는 PHGPX(phospholipid hydroperoxide-dependent glutathione peroxidase)에 의해서 phospholipid alcohol(PL-OH)로 환원된다. 효소들은 수분이 있는 조직(기공 같은 환경)에서 대사물을 만드는 것을 조절하고, 틸라코이드 지질막에 관여한다. 지질과 수분이 있는 항산화 연결은 −T(OH)와 PHGPX 활성의 Asc 중화재생(Asc-mediated regeneration)을 통해서 서로 연결된다. 비슷한 항산화 반응이 세포질이나 다른 기관에서 일어난다(그림 4.10).

수목의 내음성 판단 방법

직접적인 방법

광도를 달리하는 숲에 수목을 식재한 후에 상태를 관찰하여 내음성 정도를 결정하는 방법이다.

간접적인 방법

① 수관의 밀도

수관이 빽빽할수록 음수로 판단하는 방법이다. 수관이 밀하게 되어 있다면 광선을 받지 못하는 환경에서도 생육을 하는 것이다. 양수의 경우에는 수관이 밀하지 않고 많은 광을 받을 수 있는 수관을 유지한다.

② 자연전지의 속도

수관 밑에 존재하는 가지가 줄기에 붙어 있는 정도는 양수와 음수에서 다르다. 양수의 경우는 가지가 붙어 있는 기간이 짧고 전지가 자연적으로 잘 되는 반면에, 음수의 경우는 낮은 광도에서도 오랜 기간 견디는 가지를 많이 가지고 있기 때문에 자연 전지가 느리게 이루어진다.

③ 지서의 수

지서란 측지가 나온 숫자를 말한다. 침엽수의 경우, 지서의 숫자를 헤아려서 연령을 알 수 있는 구조를 가진다. 예를 들어, 30년생 침엽수의 경우 정상적인 생육을 했다면 지서가 29개 나온다. 실제로 공간이 부족하든지 광선이 부족한 환경에서는 측지가 고사하는데, 고사하는 정도가 양수에서 심하다.

④ 임분의 자연간벌

숲에서 수목의 자연간벌이 이루어진다. 음수의 경우, 높은 밀도의 개체목이 서로 인접한 환경에서 자연간벌이 이루어져야 하는 경우에 자연간벌의 속도가 양수에 비해서 느리다. 양수는 자연간벌의 속도가 빠른 편이다. 그러나 간벌 속도는 광도 이외에 경쟁, 인접 수목과의 관계 같은 다른 요인도 작용하기 때문에 내음성을 판단하는 경우에는 주의를 해야 한다.

⑤ 인공비음법

광도를 알고 있는 환경에서 묘목을 키워 생장 정도를 판단하는 방법이다. 낮은 광도에서 견디는 능력이 큰 수목일수록 음수의 성질을 가진다. 양수의 경우는 낮은 광도에서 생존하지 못하고 죽게 된다.

⑥ 수고 생장속도

양수와 음수를 같은 공간에 생육하도록 한 후에 수고의 생장속도를 관찰하는 것이다. 양수는 음수의 수고 생장보다 일반적으로 빠르다.

⑦ 최소수광률

최소수광률(relative light mininum; RLM)을 조사해서 내음성을 판단할 수 있다. 최소수광률은 식물이 살아갈 수 있는 최저의 빛 세기를 전광(全光) 밑에서의 비율로 나타낸 것으로, 독일의 위즈너에 의해서 처음 사용되었다. 최소수광량은 각 지역의 숲에서 실제로 측정된 비교 수광량(바깥 빛의 세기에 대한 측정 장소의 빛의 세기로 단위는 %)을 기준으로 한다. 위도에 따른 전광 세기의 차이나 기온의 고저, 또는 토양형의 차이 등에 따라 수치가 변할 수 있다. 최소수광률이 적을수록 내음성이 크다. 양수에 해당하는 낙엽송은 1/5, 포플러는 1/15, 소나무는 1/10, 전나무는 1/30, 너도밤나무는 1/60, 회양목은 1/100 정도이다.

CHAPTER

05 이산화탄소

CO_2 농도는 최근에 계속 증가하여 지구온난화의 원인으로 되고, 수목의 생리적인 측면, 산림의 생태적인 측면에서 영향을 준다. 온도 상승, 수분 결핍, 양료순환의 변화를 초래한다(Lukac et al., 2010). 이산화탄소의 농도가 대기 중에 높아지면, 수목은 광합성 소스가 많아지므로 생장이 일시적으로 증가한다. 열대림의 수목은 대기 중의 이산화탄소 농도가 증가하면 물질생산량이 급격히 증가한다. 그러나 그 농도가 어느 정도 수준을 넘으면, 오히려 수목의 광합성에 부정적인 영향을 미쳐서 스트레스로 작용한다(그림 5.1).

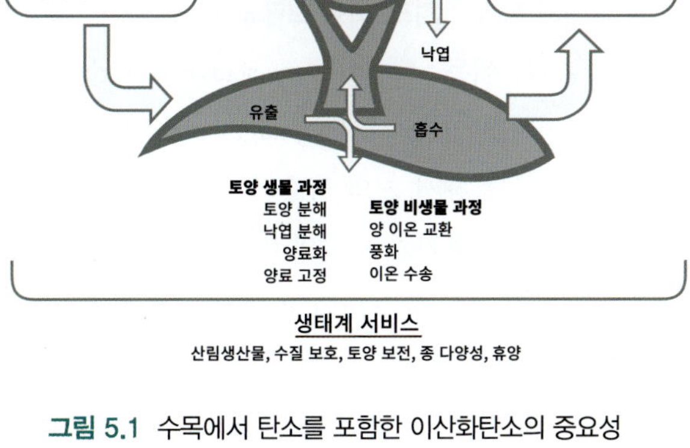

그림 5.1 수목에서 탄소를 포함한 이산화탄소의 중요성

양료순환 가운데 질소는 수목의 생장에 영향을 주는 중요한 요인인데, 대기 중의 CO_2가 증가하면, 질소(N) 양료순환에 변화가 생긴다(그림 5.2). 회색 숫자는 CO_2 농도에 따라서 변화되는 것이고, 검은색 숫자는 CO_2 × 온도의 영향을 받는 것이다. C/N 비율, 토양 유기물(Soil Organic Matter; SOM) 분해는 대기 중의 CO_2 농도가 증가하면서 직접 영향을 받고, N 유입, 수목의 N 요구도, 토양 유기물 전환, 미생물 생장률 등은 CO_2 농도와 온도 변화에 따라서 직접 영향을 받는다. 수목에서 질소의 흡수는 토양의 낙엽분해률, 흡수율 같이 낙엽을 분해하는 환경에 영향을 받는다. 아한대 산림에서는 질소가 거의 모두 낙엽에 들어있고, 온대산림에서는 질소가 살아있는 수목의 물질생산량에 들어 있다. 이와 같이, 산림의 위치나 형태에 따라서 질소의 존재가 다르고, 미래에 온도가 증가하면 미생물의 활동에 영향을 주고 질소의 제한에 영향을 미친다. 질소의 부족은 대기 중에서 일어나는 질소 축적에 의해서 어느 정도 해소된다고 국지적으로는 알고 있지만, 지구 차원의 규모에서는 확실한 것은 아니다.

대기 중의 CO_2 농도가 증가하면, 수관의 밀도는 증가하지만 잎의 단위면적당 질소의 양은 감소한다. 밀도가 높은 C3 수목의 수관은 많은 광합성을 유도하고, Rubisco의 활성을 높이기 위해서 더 많은 질소를 요구한다. 광합성 질소이용효율(Photosynthetic N Use Efficiency; PNUE)는 잎의 단위 면적당 질소의 양과 CO_2 고정량의 비율인데, CO_2 농도가 높아지면 같이 증가한다. 질소의 재분배보다 CO_2 흡수가 훨씬 빠르게 이루어지기 때문이다. 대기 중의 CO_2 증가는 PNUE를 증가시키고, 이를 위해서 CO_2 흡수가 증가되어야 한다.

산림의 수종에 따라서 대기 중의 CO_2가 수목의 생장을 감소시키기도 한다. 활엽수 가운데 하나인 *Liquidambar styraciflua*의 경우 속성수인데, 대기 중의 CO_2가 증가하면 미세뿌리가 증가하고 질소의 흡수를 촉진하여 토양의 질소의 가용성을 줄여서 결국 수목의 물질생산량이 약간 줄어든다. 그러나 상록수인 *Pinus taeda* 숲에서는 N의 가용성과 흡수와의 feedback으로 인해서 질소의 부족 현상이 나타나지 않는다. 질소고정하는 수목의 생산성도 CO_2 농도가 증가하면 향상된다. 또한 CO_2가 증가하면, 산림에서 진균(Fungi) 군집은 C/N 비율이 박테리아 군집생태보다 높다. 이는 진균 군집은 적은 양의 질소를 사용해서도 물질을 생산할 수 있기 때문이다. 진균 군집은 C를 N으로 전환하는 속도가 박테리아보다 느리기 때문이기도 하다(그림 5.2).

인(P)는 수목에서 에너지 저장, 이동, 핵산(nucleic acids), 조효소(coenzymes), 뉴클레오타이드(nucleotides), phosphoproteins, 인지질(phospholipids), sugar phosphates 같은 수목의 구조를 만드는데 중요한 역할을 한다. P는 토양을 통해서 거의 흡수되기 때문에, 수목에는 직접적인 영향보다는 간접적으로 주는 영향이 더 크다. CO_2 증가가 토양의 P에도 영향을 준다. CO_2 농도가 증가하면 포플러 집단에서 토양 P의 용해도가 증가한다(Khan et al., 2008). 빠른 포플러 생장에도 토양에서 P가 부족하지 않고, 오히려 토양에서의 P가 증가하는 경향이 있다. 이는 대기 중의 CO_2 농도가 증가하여 토양에서 빠른 풍화를 유도하고, 이로 인해서 P가 감소하지 않는 것이다.

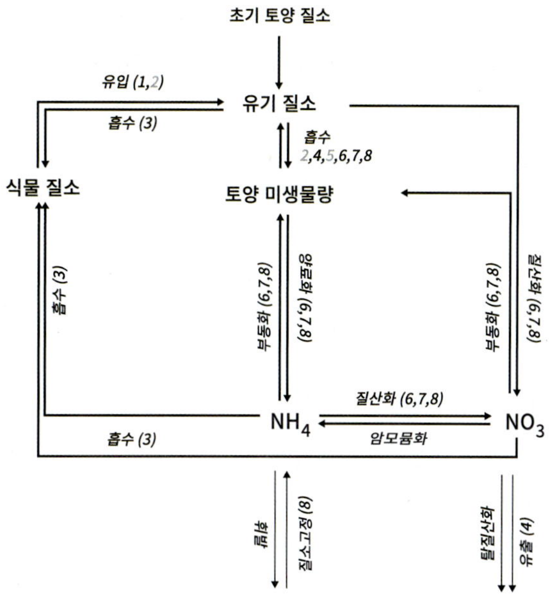

(1) N 유입; (2) 유입 C/N ratio; (3) N 요구; (4) SOM; (5) SOM 분해 능력; (6) 미생물 생장율;
(7) 미생물 전환; (8) 미생물 분해

그림 5.2 산림토양에서 질소의 순환

CO_2 농도와 기공

대기 중의 CO_2 농도가 증가하면 포플러(*Populus deltoides*) 기공의 밀도는 증가하고 목재의 밀도는 낮아진다(표 5.1). 이러한 두 가지 특징 때문에 건조환경이 되면 수목에서 목부 공동화현상이 쉽게

표 5.1 이산화탄소의 농도에 따라서 변화하는 포플러(*Populus deltoides*)의 특징.

특성	대조구	고농도 CO_2
목재밀도(kg/m^2)	577	504
루멘면적/목재면적(mm^2/mm^2)	0.23	0.23
도관의 지름(μm)	64.1	62.5
기공밀도(개/mm^2)		
잎의 뒷면	219	256
잎의 윗면	167	199
공변세포 길이(μm)		
잎의 뒷면	23.3	23.0
잎의 앞면	23.9	24.0

일어난다(Bobich et al., 2010). 이와 비교해서 기공전도도는 CO_2 농도가 증가하면 감소한다. 기공전도도가 감소하면 증산량도 감소한다. 수액이동(sap flow)이 감소하여 결국 잎의 수분포텐셜을 증가시킨다. *Fagus sylvatica*, *Castanea sativa*(Heath, 1998)에서 CO_2 농도가 증가하면 기공의 전도도가 감소하여 이와 같은 현상이 나타난다.

CO_2 농도와 눈 파열(bud break)

CO_2 농도가 증가하면, 수목의 눈은 확실하게 일찍 터져서 잎이 나온다(Kitao et al., 2012). Sakhalin spruce(*Picea glehnii*)를 대상으로 360 ppm과 720 ppm의 농도에서 반응을 관찰한 결과, 높아진 이산화탄소 환경이 잎을 빠르게 나오게 하였다(그림 5.3a). 또한 높아진 CO_2 농도는 잎에서 초기에 전분의 양을 높인다(b). 비슷한 연구 결과가 *Pinus sylvestris*에서도 나오는데, 높아진 이산화탄소의 농도가 잎을 빨리 나오게 한다. 전분의 양이 높은 것과 bud break는 밀접한 관련을 가진다. 특히, 엽록체 내의 전분 함량이 기여한다. 잎이 나오기 직전의 높은 함량의 전분은 새로운 잎이 나오는 데 이로운 점이 있다. 일반적으로 대다수 수목은 봄철에 가장 높은 전분 함량을 가진다. 높은 CO_2 농도에서 자란 수목의 낮은 광합성률, 이로 인한 낮은 최대 Rubisco(V_{cmax}) 활성이 전분의 함량을 높이는 결과를 가져왔다. 높은 양의 전분 함량은 광합성이 높아지고, 생장을 할 때 필요한 탄수화물을 잎에 저장하고 있다가 장차 줄기나 다른 기관에서 필요한 양을 공급하는 역할을 한다. 다른 말로 하면, 높은 전분 함량은 광합성이 저하되지 않도록 도와준다(그림 5.3).

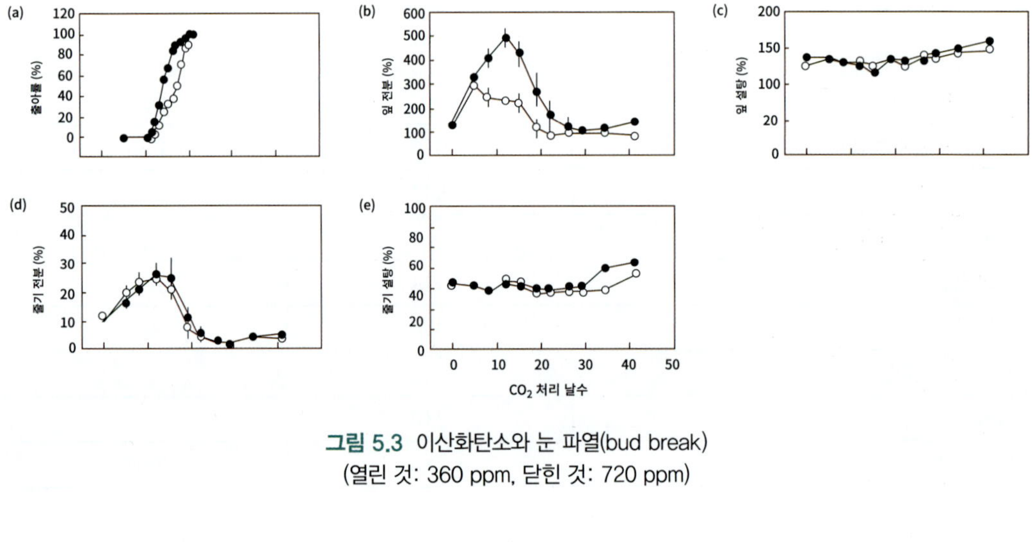

그림 5.3 이산화탄소와 눈 파열(bud break)
(열린 것: 360 ppm, 닫힌 것: 720 ppm)

CO_2 농도와 수분

목부의 CO_2 농도와 사부의 수분은 불가분의 관계를 가지고 있다(Diaz-Espejo and Hernandez-Santana, 2017). 외부에서는 기공이 CO_2와 수분의 통과를 결정하는 중요한 관문이다. 광합성에 관여하는 신진대사는 주로 두 가지가 중요한 역할을 한다. 1) 최종산물인 Triose-Phosphate를 활용하는 것, 2) 엽록체에 있는 여러 물질을 활용하여 신호전달로 활용하여 외부의 CO_2 농도가 변화해도 항상성을 유지하려는 방향으로 작용하는 것이다. 당을 활용하여 기공을 개폐하는 작용은 탄수화물의 sink-source 관련해서 이해할 수 있는데, 한 수목에서 열매를 맺는 가지와 열매를 맺지 않는 가지에서 기공의 개폐가 다른 것을 보면, 광합성을 하는 데 있어서 당이 중요한 역할을 한다는 것을 알려 준다.

엽육전도도(mesophyll conductance; gm)에 관한 조절도 두 가지로 설명한다. 1) 탄산무수화효소(carbonic anhydrase): CO_2가 잎의 엽록체에서 세포 사이로 액체 상태로 확산되는 것이다. 또한 탄산무수화효소 활성은 Rubisco의 활성과 밀접한 관련이 있고 광합성을 조절한다. 공변세포에서 CO_2 조절 촉진자로 알려져 있다(Hu et al., 2010). 2) 아쿠아포린(aquaporin): 아쿠아포린은 잎에서 CO_2 확산을 막는 조절자로 작용한다. 그러면서 동시에 기공의 개폐에 영향을 주는 통도조직수분유압전도도(xylem hydraulic conductance)를 조절한다. 엽육전도도는 잎의 수분유압전도도(hydraulic conductance)와 연관되어 있고 기공은 CO_2와 수분에 의해서 조절된다(그림 5.4).

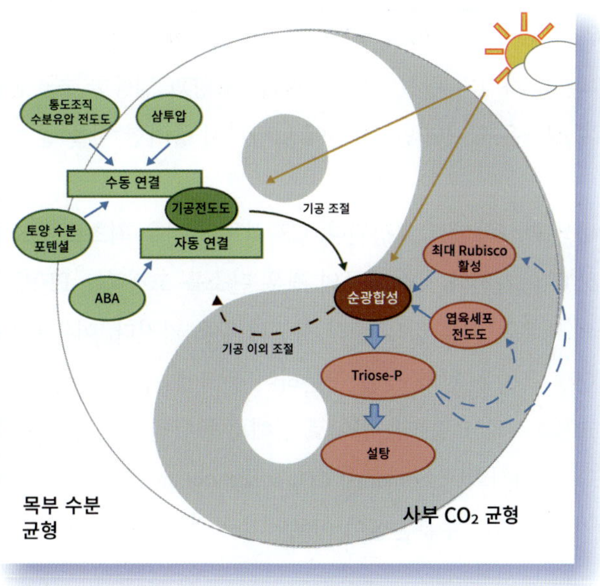

굵은 화살표: 물질의 이동
가는 화살표: 신호전달
점선: 조절하는 신호전달 관련
당은 최종 생산물

그림 5.4 이산화탄소와 수목 내부의 수분 균형

동위원소와 화석 증거를 활용한 고생식물의 광합성능력 추정

대기 중 CO_2는 자연상태에서 ^{12}C, ^{13}C, ^{14}C가 모두 존재하는데 각각, 98.9%, 1.0999999999%, 0.0000000001(10^{-10})%로 구성되어 있다. ^{14}C는 원래 너무 조금 존재하므로 무시해도 되는 정도이다. 그러나 ^{13}C와 ^{12}C는 수목에서 이용하는 정도가 다르다. ^{12}C는 원자량이 ^{13}C보다 작으므로, 수목은 ^{12}C를 이용하는 데 더 익숙하다. 수목은 상대적으로 무거운 ^{13}C를 이용하는 양이 적다. 수목에서 탄소 동위원소의 구성을 비교해 보면, 이들 차별화된 흡수 비율을 알 수 있다(권영명 등, 2003).

탄소 동위원소의 구성비는 다음과 같이 표현한다.

$$R = \frac{^{13}CO_2}{^{12}CO_2}$$

식물의 동위원소 조성 $\delta^{13}C$는 퍼밀(‰)로 산출된다.

$$\delta^{13}C‰ = \left(\frac{R_{샘플} - R_{표준}}{R_{표준}}\right) \times 1000$$

동위원소의 공기 탄소 동위원소의 비율은 다음과 같다.

$$\delta^{13}C‰ = \left(\frac{R_{공기} - R_{수목}}{R_{수목}}\right) \times 1000$$

이러한 식을 통해서 일반적으로 C3 식물은 −23‰, C4 식물은 −14‰ 정도 된다. 음의 값을 가진다는 것은 두 가지 식물 모두 동위원소 표준물질보다 적은 값의 ^{13}C를 갖는다는 것을 말한다. 우리가 사용하는 화석연료인 석탄의 경우, $\delta^{13}C$이 약 −30‰ 정도이다. 이것은 화석연료가 C3 식물(−23‰)로부터 유래한 것이라는 것을 말한다. 화석의 탄산염을 포함하는 토양과 멸종한 초식동물의 치아화석에 있는 $\delta^{13}C$을 측정하면, C4 식물은 약 700만 년 전에 나타나서 증가한 것을 알 수 있다(그림 5.5).

대기 중의 탄소는 수목을 통해서 확산하면서 고정된다. C3 식물의 경우 최초로 탄소를 고정하는 효소인 Rubisco는 −30‰의 $\delta^{13}C$을 가진다. C4 식물의 경우 탄소를 고정하는 PEP는 −6‰ 정도의 $\delta^{13}C$을 가진다. CAM 식물의 경우는 이들 값의 중간 정도의 값을 가진다. 이는 CAM 식물이 C3 식물과 C4 식물의 2가지 광합성 특성을 밤과 낮을 구분하여 동시에 가진다는 점을 고려할 때 이해가 된다. 2종류의 다른 탄소고정효소의 고정효율 차이로 인해서 동위원소의 양이 달라진다. C3 식물에서 동위원소의 구성은 세포 내 이산화탄소(internal CO_2 concentration)의 농도와 비례한다. 세포내 이산화탄소 농도가 높으면 기공은 열려 수분손실이 이루어지고 수분의 이용효율이 낮아진다.

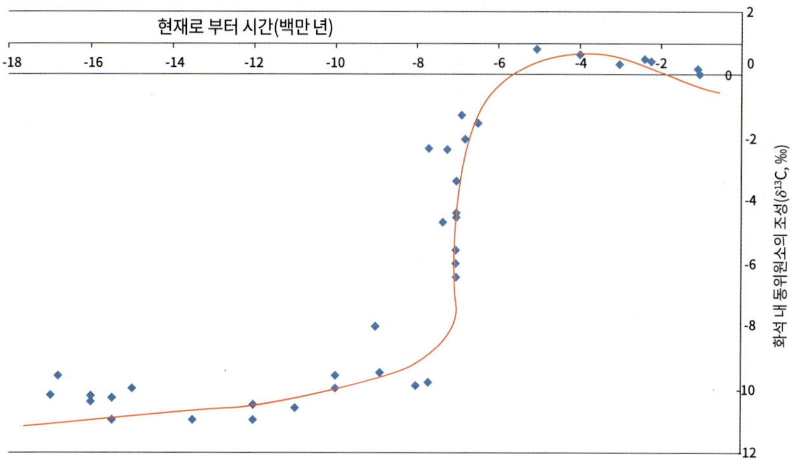

붉은 선은 화석토양의 탄산염, 푸른 점은 초식동물의 치아 화석

그림 5.5 화석 토양과 화석 동물 치아에서 동위원소의 조성 변화. 7백만 년 전을 기준으로 C4 식물이 대거 출현하는 것을 알 수 있다.

CO_2 농도와 온도

고산지대의 침엽수는 CO_2 농도와 온도의 증가로 인해서 2가지 생장을 보인다. 높아진 CO_2 농도와 온도 때문에 생장이 촉진되는 것과 생장이 쇠퇴하는 것을 동시에 관찰할 수 있다(Weigt et al., 2017). 400년 이상된 과숙림 *Larix decidua*의 경우 스위스에서 CO_2 농도 증가와 더불어 나이테 생장이 증가하였다.

안정성동위원소 $\delta^{13}C$와 $\delta^{18}O$를 장단기 기후 변화에 따른 생장영향을 평가할 때 나이테 분석을 통해서 많이 사용한다. 나무의 나이테를 분석하면, 나이테 간격이 넓은 연도는 생장을 많이 한 것이고 광합성을 통해서 많은 CO_2 산물을 축적했다고 추정하는 것이고, 주변의 온도가 높았고, 대기 중의 CO_2 농도가 높았으며, 기공의 열림 현상이 많았고, 수분을 많이 흡수하여 생장에 많이 소모했다고 가정할 수 있다. 탄소, 산소 동위원소는 광합성 과정 중에 외부의 환경에 의해서 영향을 받는다. $\delta^{13}C$의 변화량은 기공의 열림을 추정하는 척도로 활용한다. 이것은 수목의 잎에서 세포내 탄소/공기의 탄소(Ci/Ca)의 변화를, $\delta^{18}O$는 잎의 세포사이의 수분의 증기압(vapor pressure) 변화를 추정할 수 있다. 그러므로 나이테에 있는 $\delta^{13}C$와 $\delta^{18}O$의 변화량은 그 당시의 기후를 반영하는 지표로서 활용될 수 있다.

수목의 나이테에 있는 $\delta^{13}C$는 다음과 같이 계산할 수 있다.

$$\delta^{13}C_{나무} = \delta^{13}C_{공기} - a - (b - a)ci/ca$$

a는 공기 중으로 확산되는 $^{13}C/^{12}C$ 용해도(4.4‰),

b는 C3 식물에서 탄수화물화되는 동안 $^{13}C/^{12}C$ 용해도(27‰),

ci는 잎에서 CO_2 압력

ca는 대기 중의 CO_2 압력

수목의 해당 연도의 수분이용효율은 다음과 같이 계산할 수 있다.

$$i_{WUE} = [CO_2]_{공기}/1.6\ (1 - (\Delta\delta^{13}C - a)/(b - a))$$

$[CO_2]_{공기}$는 대기 중 CO_2 농도, $\Delta\delta^{13}C$은 대기 중 $\delta^{13}C$의 차이

이러한 과정을 통해서 수목의 수분이용효율을 분석한 결과, 현재에 가까울수록 수분 이용효율은 증가한다. 특히, 1960년대 이후에는 수분이용효율이 급격하게 증가한다. 이는 대기 중의 CO_2 농도 증가와 관련성을 가진다. 개별 수목을 대상으로 증가한 CO_2 농도에 대해서 수분이용효율(WUE)은 증가한다. 개체목뿐만 아니라 과숙림, *Larix decidua*의 경우에서도 수분 이용효율이 증가한다. CO_2 농도 증가는 수목에서 기공을 닫는 역할을 하고, 기공이 닫히면 소실되는 수분의 양이 줄어든다. 이렇게 줄어든 수분은 수분이용효율을 높이는 결과를 가져온다. 그러므로 대기 중의 이산화탄소가 증가하면 수분이용효율이 증가한다(그림 5.6).

종합하면, 증가한 대기 중의 CO_2 농도는 광합성율을 높인다. CO_2는 기공을 닫기 때문에 수분

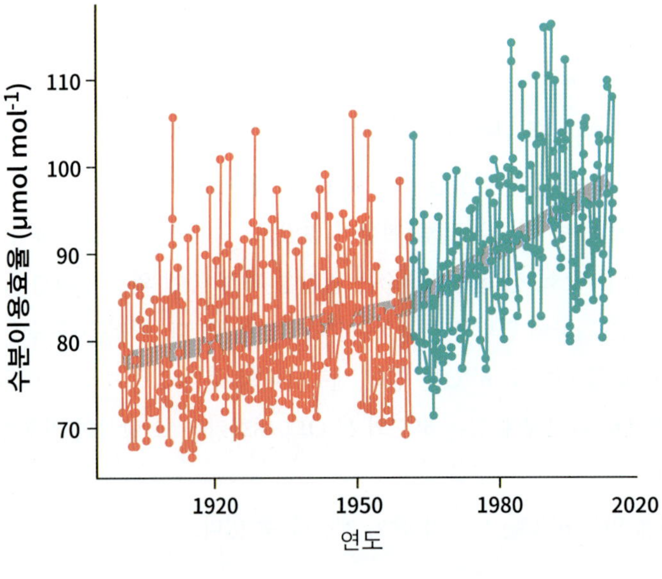

그림 5.6 시기별 수분이용효율

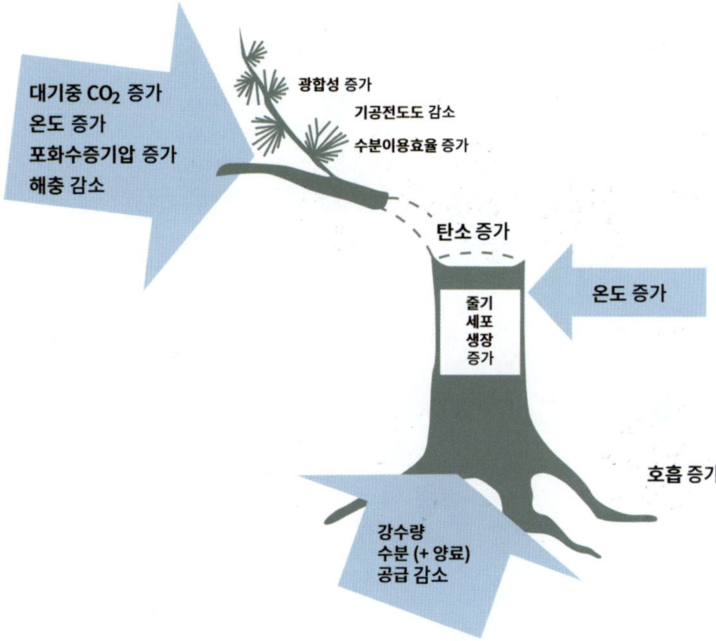

그림 5.7 이산화탄소가 수목생리에 미치는 영향

이용효율은 증가한다. 수목의 생장이 좋아지기 때문에, LBM(Larch Bud Moth)는 발생량이 감소한다. 최근에 강수량이 감소하여 토양에서 충분한 수분이 공급되지 않으므로 잎의 수증기압차(VPD)를 높인다(그림 5.7).

증가한 온도, CO_2의 농도가 수분 스트레스와 더불어서 수목에 영향을 준다. 대기 중 증가된 CO_2는 기공을 닫게 한다(Duan et al., 2018). 광합성은 증가하고 탄수화물의 생산량도 증가한다. 탄소 기아 현상도 줄어들고, 그로 인해서 고사하는데 걸리는 시간도 늘어난다(a). 온도가 증가하면, 수증기압차가 증가하고 잎의 면적도 증가한다. 증가한 잎의 면적은 증산량이 증가해야 하고, 이로 인해 수분의 소실이 증가한다. 뿌리에서는 수분이 충분히 공급되지 않기 때문에 줄기에서 도관공동화 현상이 발생한다. 건조한 수목의 조직은 야간의 호흡량이 증가하고 탄소 기아 현상이 증가해서 고사하는 데 걸리는 시간이 줄어든다. 즉, 빨리 고사할 수 있다는 것이다(그림 5.8).

증가한 온도, CO_2와 더불어서 건조에 대한 스트레스가 증가하면 복합적인 현상이 나타난다. 건조현상은 확실하게 잎의 포텐셜, 광합성률, 기공전도도가, 온도나 CO_2 농도에 비해서 감소한다. 야간의 호흡량은 건조, 온도, CO_2 증가에 대해서 비슷하게 나타난다. 광합성률은 CO_2 농도가 증가할수록 (640 ppm 처리구) 높게 유지한다(d, e, f). 반면 기공전도도는 수분이 충분히 공급된 처리구에서 CO_2 농도가 증가할수록 낮은 수준을 유지한다(g, h, i). 이러한 현상은 일반적으로 볼 수 있는 현상이다(그림 5.9).

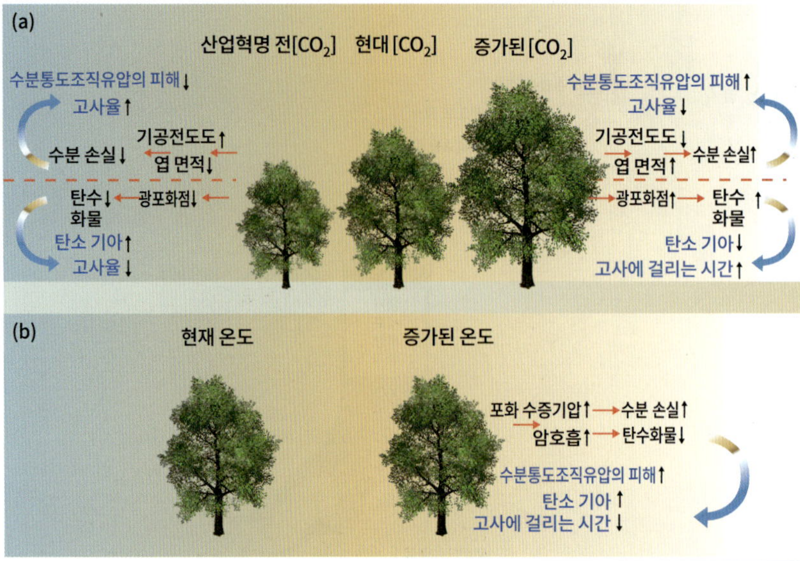

그림 5.8 증가한 이산화탄소가 수목에 미치는 영향

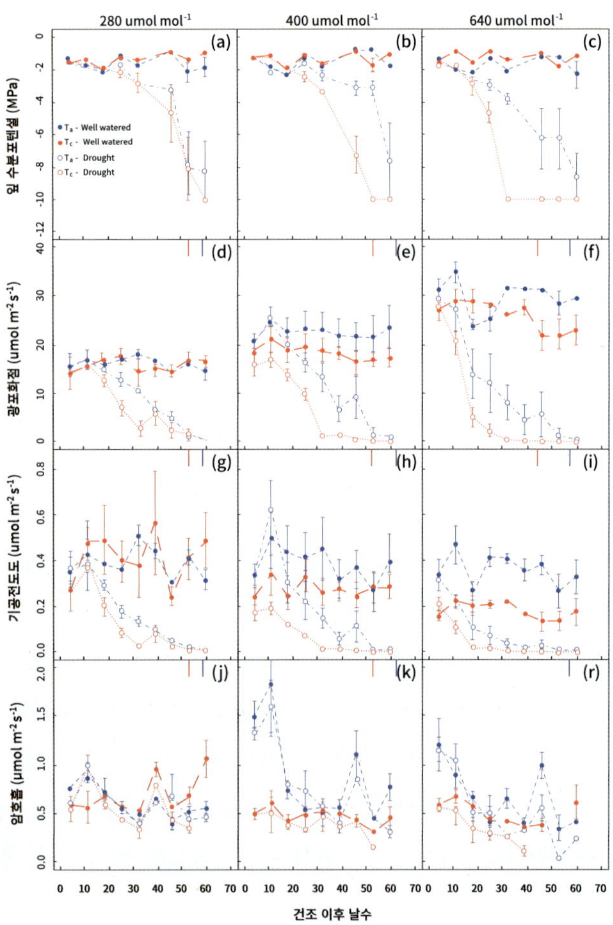

그림 5.9 증가한 이산화탄소의 역할

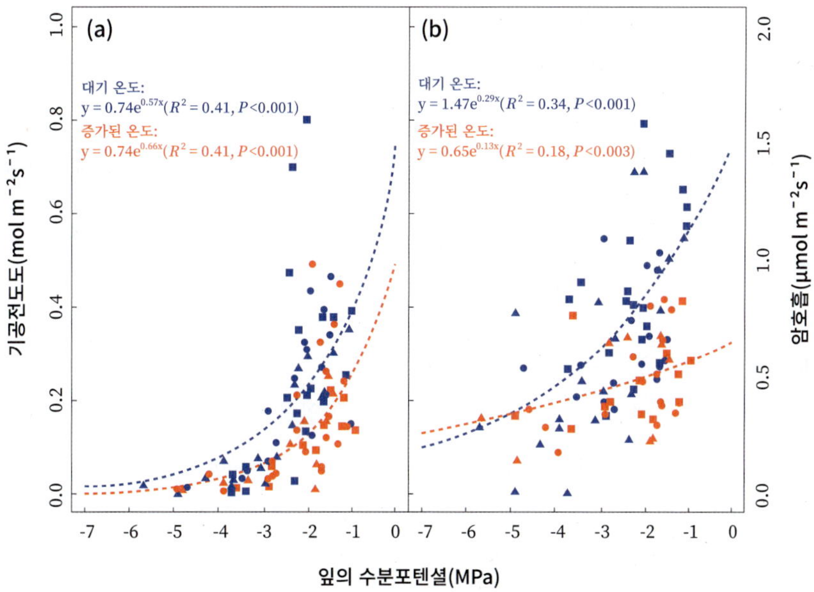

그림 5.10 증가된 이산화탄소가 잎의 수분포텐셜과 기공전도도에 미치는 영향 (3가지 CO_2 농도; 280(원형), 400(사각형), 640(삼각형)ppm)

잎의 수분포텐셜이 증가할수록 기공전도도는 감소한다(a). 증가한 온도에서 그 변화는 줄어든다. 야간의 호흡량도 수분이 공급되면 증가한다. CO_2 농도가 증가할수록 야간의 호흡량은 건조에 영향을 적게 받아서 낮은 CO_2 농도에 비해서 큰 변화가 없다(b)(그림 5.10).

CO_2와 초기 광합성 유도

수목은 CO_2를 흡수하면서 광합성을 준비한다. 수목이 광합성을 유도하는 데 3가지 주요 제한 요인들이 있는데, 1) Rubisco 재생, 2) Rubisco 활성 3) 기공의 움직임이다. 이러한 3가지 요소는 수목의 상태에 따라서 달라지고, 점차적인 환경에 적응하는 능력에 따라서도 달라진다. 초기에 Rubisco를 재생하기 위해서 Rubisco의 양보다는 활성을 높이는 준비를 한다. 광합성에 필요한 fructose-1, 6-bisphosphatase(FBPase) 같은 총단백질의 양이 감소한다. 광합성을 하기 위해 초기에는 기공을 최대한 닫는다. 높은 CO_2 농도가 수목에 직면하게 되면, 일반적으로 기공이 닫히는 현상을 이러한 단계로 설명할 수 있다.

CO_2가 서서히 광합성을 유도하는 과정은 크게 3단계로 나눈다. 첫째 단계는 1~2분 정도의 짧은 시간에 이루어지고, 이 단계는 이미 가지고 있는 효소의 활성을 이용하여 빠른 CO_2 고정을 위한 빛에 의한 활성화를 이룬다. 이 단계는 강한 빛이 오히려 수목에게 스트레스로 작용한다. 이 단계에

서는 광합성 전자전달계가 중요한 역할을 하는데, 빛의 스트레스를 피하기 위해서 광합성에 필요한 빛을 조절하여 받아들인다. 둘째 단계는 5~10분 정도의 시간에 이루어지는데, 이 단계는 ATP가 필요하며 온도와 CO_2 농도가 영향을 준다. 또한 Rubisco 억제자를 제거하며, Rubisco 활성이 증가하기 위해서 준비하는 단계이다. 셋째 단계는 10~30분 정도 걸리고 기공의 개폐를 통해서 광합성에서 필요한 CO_2를 흡수하여 생장에 필요한 탄수화물을 고정하기 시작한다(그림 5.11).

C3 식물에서는 대기 중의 이산화탄소의 농도가 증가하면 생장이 크게 증가한다. 그러나 C4 식물의 경우는 큰 변화가 없다. 이미 대기 중의 이산화탄소에 대해서 포화되거나 포화된 상태이므로, 생장에 크게 도움을 주지 않는다. C4 식물은 광 보상점이 0에 가깝거나 0이므로 광호흡이 상당히 낮게 되고, 낮은 광호흡이 호흡으로 소모하는 탄수화물의 양을 줄여준다.

CO_2 농도가 너무 많이 증가하면, 포플러(*Populus koreana* × *trichocarpa*)에서 초기 광합성을 빠르게 유도한다. 1020 ppm의 CO_2 농도에서 광합성률이 급격하게 초기에 증가하는 것을 확인할 수 있다(왼쪽 그림 A). 시간이 지나면서, 높은 CO_2 농도는 오히려 700 ppm의 CO_2 농도일 때보다 광합성율이 감소한다(Tomimatsu et al., 2019). 아주 높은 농도의 CO_2는 초기 광합성 유도는 하지만, 시간이 지나면서 적절한 농도의 CO_2 농도일 때 보다는 광합성이 감소하여 유지된다(그림 5.11).

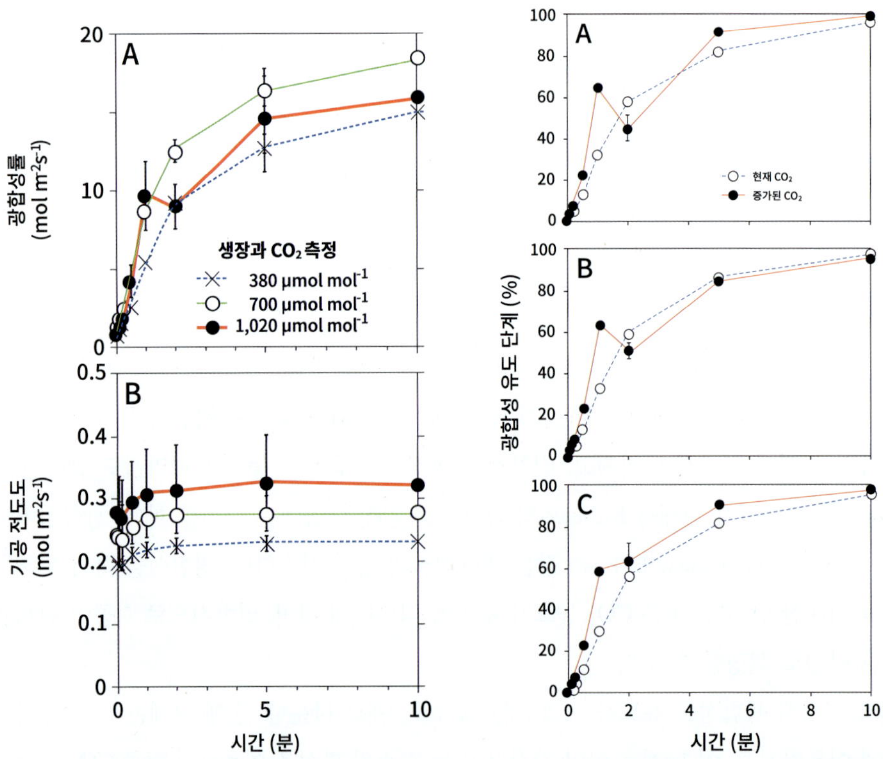

그림 5.11 이산화탄소 농도 변화가 포플러(*Populus koreana* × *trichocarpa*)에서 광합성 변화

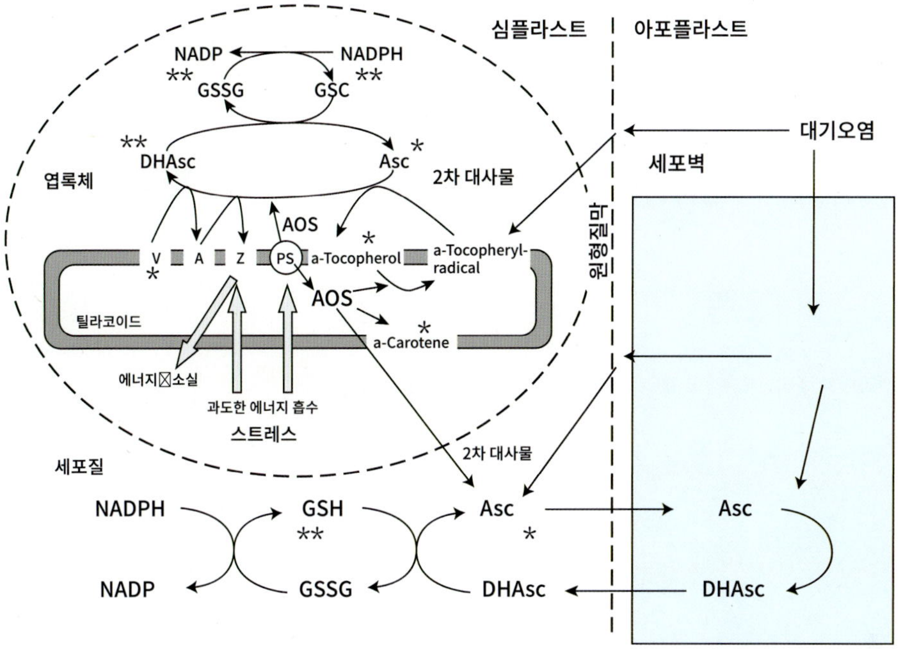

[AOS 활성산소종(active oxygen species); Asc 아스코르베이트(ascorbate); DHAsc 산화된 아스코르베이트(oxidized ascorbate); GSH, glutathione; GSSG, 산화된 글루타치온(oxidized glutathione)]

그림 5.12 이산화탄소의 유입 후 수목세포에서 일어나는 신호전달 변화

CO_2도 산소 분자를 가지고 있기 때문에 수목의 기공을 통해서 유입되면 활성산소로 전환될 가능성이 높다. 이러한 활성산소는 수목의 항상유지 능력에 의해서 소거되는데, 수목의 세포에서 일어나는 항산화 시스템은 여러 가지 과정이 복잡하다. 아스코르베이트(Asc)의 즉각적인 산화산물은 monodehydro ascorbate(MDHAsc)이다. MDHA는 티라코이드막에서 직접 아스코르베이트를 생산한다(Tausz et al., 2003). 엽록소에서 활성산소를 소거하기 위해 아스코르베이트가 작용한다(그림 5.12).

CHAPTER

06 기후온난화

기후온난화가 수목생리에 미치는 영향은 크다. 기후온난화가 수목의 생장에 도움을 주기도 하고, 대기 오염화돼서 수목생장에 부정적으로 작용하는 경우도 있다. 이산화탄소는 대기 중에서 기후온난화의 가장 큰 원인이고, 메탄, 할로카본 등이 온난화의 주요 요인으로 작용한다(Bytnerowicz et al., 2007). 에어로졸도 기후변화, 온난화의 주요 원인이 된다. 증가한 이산화탄소는 수목의 생장을 촉진하고 수분이용효율을 증가시킨다. 또한 질소의 생태계에서의 축적은 토양과 수목에 큰 영향을 준다. 대기 중의 요인들은 서로 복합적으로 작용하여 수목 생리에 영향을 준다. $CO_2 + O_3$, CO_2 + 온도 상승 등의 여러 요인이 비생물적인 스트레스로 작용한다. 온도가 상승하고 대기오염이 증가

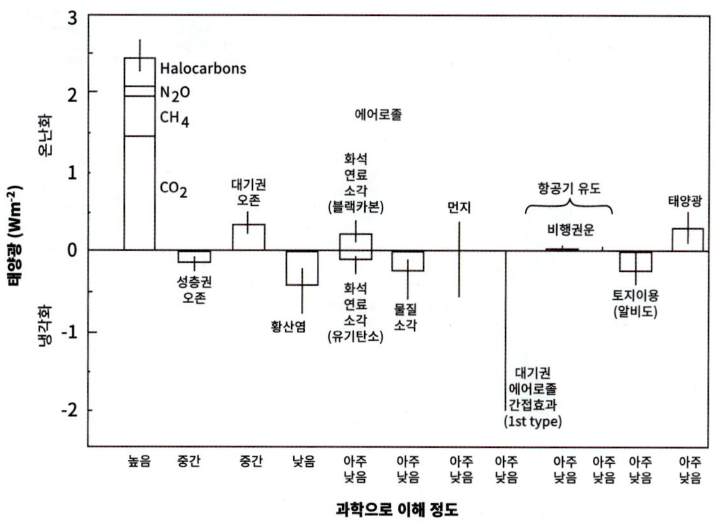

그림 6.1 기후온난화 유발에 대한 과학적인 이해 정도

하면, 해충이 수목을 가해하는 확률도 높아진다. 또한 심한 건조, 높은 오존농도, 질소의 축적 등은 임상(forest floor)에서 불에 탈 수 있는 연료를 축적하는 것이어서 산불 같은 자연재해에 취약해진다. 건조 현상은 수목의 생육기간을 단축한다(그림 6.1).

기후변화와 수목생리

기후변화가 있으면 수목의 상태가 많이 변한다. 특히, 수목이 단풍이 들게 하는 원인물질 가운데 하나인 안토시아닌의 발현이 달라진다(Nicotra et al., 2010). 광도, 온도 같은 환경의 영향을 받아서 수목이 반응을 하게 되고, 신호전달체계를 거쳐 안토시아닌을 발현하게 된다(그림 6.2a). 환경과 유전적인 요인이 함께 작용하여 안토시아닌의 발현이 이루어진다(b1, c). 환경적인 요인이 유전적인 요인에 영향을 주지 않으면, 일부는 환경적인 요인에 의해서 안토시아닌이 발현된다(b2, c). 환경에 대해서 유전적인 요인이 다르게 반응하면, 유전적인 요인에 의해서 안토시아닌의 발현이 증폭이 되면 더 짙은 색을 내는 유전자로 인해서 안토시아닌의 활성이 높아진다(b3, c). 이러한 것을 가소성(plasticity)이라 하는데(그림 6.2), 이는 환경변화가 사라져도 환경 때문에 형성된 형질이 그대로

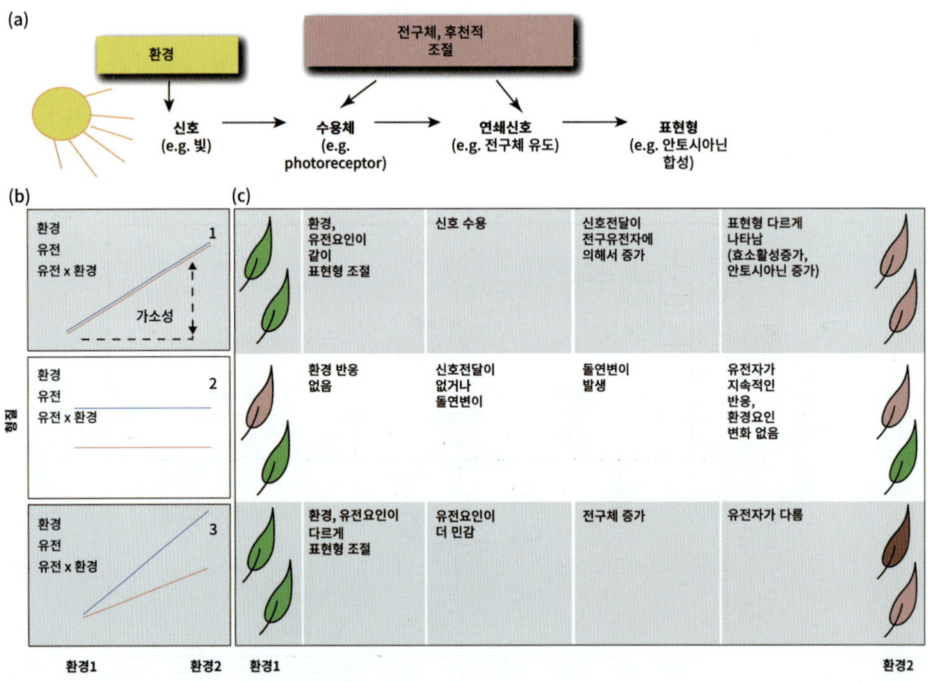

가소성 (환경변화가 사라지면 환경 때문에 형성된 형질이 그대로 있는 것)

그림 6.2 기후변화가 수목의 생리적인 측면에 미치는 영향

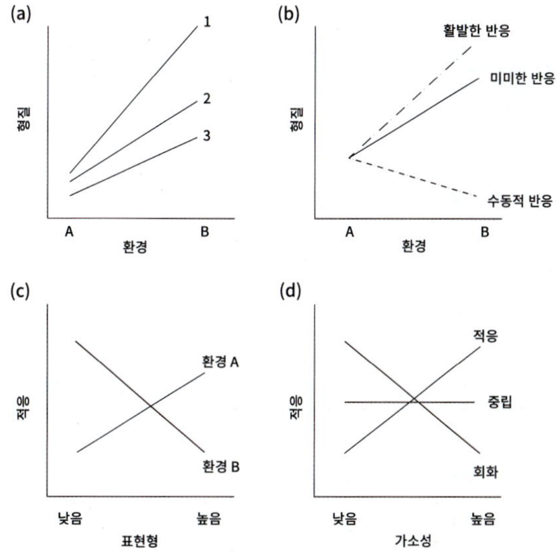

그림 6.3 유전적인 요인과 환경적인 요인의 상호관계

남아 있게 되는 것을 말한다.

환경요인 A, B가 독립적으로 수목에 작용하면, 1, 2, 3과 같은 반응을 한다(a). 실선 1, 2, 3은 독립적으로 반응하는데, 실선 1이 가장 높은 발현을 한다. 환경요인에 대해서 수동적으로 반응하는 경우 환경 B에 대해서 형질의 발현이 줄어들게 된다(b). 환경요인에 대해서 반대로 형질이 발현되는 것도 있다(c). 또한 생태학적인 관점에서 보면, 수목이 환경에 어떻게 적응하는지를 볼 수 있다(d). 환경 A에서는 형질발현이 안 되다가 환경 B에서는 높은 수준의 형질이 발현되는 것도 있다. 반대로 환경 B에서는 발현이 안 되다가 환경 A에서는 발현이 증폭이 되는 경우도 있는 것이다. 기후변화는 환경의 변화인데, 수목의 종류, 유전적인 구성 등 여러 가지 요인에 의해서 기후변화에 없어지는 형질이 있을 수 있고, 반대로 오히려 강화되어서 과거에 나타나지 않던 형질이 나타나는 경우도 있다(그림 6.3).

기후변화로 인해서 나타나는 수목에서 변화는 너무 많다. 기후의 환경적인 변화와 더불어 수목이 가지는 유전적인 요인이 작용하여 기후변화에 반응하는데 이것은 수목마다 다르다. 여러 형질이 기후변화에 대한 비교척도로 활용될 수 있다(표 6.1).

기후변화와 수목에서 수분 이동

상록성 두 수종(*Eucalyptus parramattensis*와 *Angophora bakeri*)의 하루 동안 증산량을 비교하면 비슷한 경향을 가진다. 밤 동안 (21시~06시 정도) 수분이 줄기로 흡수되어서 수간을 채우고, 해가 뜨면

표 6.1 기후변화로 나타나는 수목의 특징

형질	생물학적 의미
잎의 단위 면적당 무게 (반대로 SLA; specific leaf area)	생육과 광합성이 서로 연관
기공의 크기, 밀도	생육하면서 기후변화에 대해서 기공의 크기와 숫자는 기후변화를 판단하는 기준
성숙했을 때 수고	경쟁하는 수목의 생육공간의 차이로 인한 수고는 좋은 척도
꽃피는 시기, 꽃의 크기, 식물 계절	기후변화로 인한 개화시기 변화, 생식기의 크기
종자의 크기, 숫자	번식을 하려는 수목의 기후변화에 따른 종자의 생산 양식
수분이용효율	기후변화로 인해서 부족한 수분을 효율적으로 활용
잎의 크기, 모양, 두께	탄소 균형을 위한 잎의 형태학적인 변화
R/S	지상부와 지하부의 생육 특성 변화
뿌리	잔뿌리의 형태와 양
수목의 화학물질 방어	기후변화로 인한 황산화물질의 변화
잎의 광합성 관련 색소체	안토시아닌 같은 색소체의 발현 양상
종다양성	고산수목, 침엽수의 높은 고도에서의 감소로 종 구성 변화

수관에서 증산이 이루어져서 수분이 소실된다. 밤 동안과 낮 동안의 줄기 지름이 수목마다 다르다. 해가 뜨기 직전 줄기의 지름이 가장 확장되어 있는 상태이다. 다른 말로 하면, 물이 가장 줄기에 많이 충전이 되어서 수관에서 기공이 열리면 증산을 시작하는 준비가 되는 것이다(Zeppel et al., 2010). 수관에서의 증산량이 나무 아래 부분보다 증산량이 훨씬 많다. 수목은 낮 동안 증산을 하고, 밤 동안 줄기에 물을 채운다. 기후변화가 생기면 낮 동안의 온도도 올라가지만, 밤 동안의 온도도 증가하여 높은 수준을 유지한다. 밤의 온도가 내려가지 않으면 호흡량도 증가하고, 수목이 증산에 필요한 수분을 뿌리로부터 흡수하여 줄기에 채우는 작업이 늦어지거나 줄어들게 된다. 그러면 온도 상승으로 인한 밤 동안의 증산량이 수분의 줄기 재충전량보다 커져서 수목에서 궁극적으로 수분 균형이 깨지는 것이다(그림 6.4).

기후변화와 수목

빙하기를 거치면서 지구 수목의 종 풍부도에 영향을 준다. 빙하기와 빙하기 사이에 나타나는 수목을 보면, 초기에는 자작나무, 소나무류, 극상으로 가면 전나무, 너도밤나무 같은 수종이 우점하게 된다. 온도뿐만 아니라, 토양 양료 측면에서 보면 빙하기 이후에는 토양으로 풍화되는 N이 부족하고, P는 특히 열대지역이나 사바나지역에서 더욱 부족하게 되어 고갈된 상태가 된다. 토

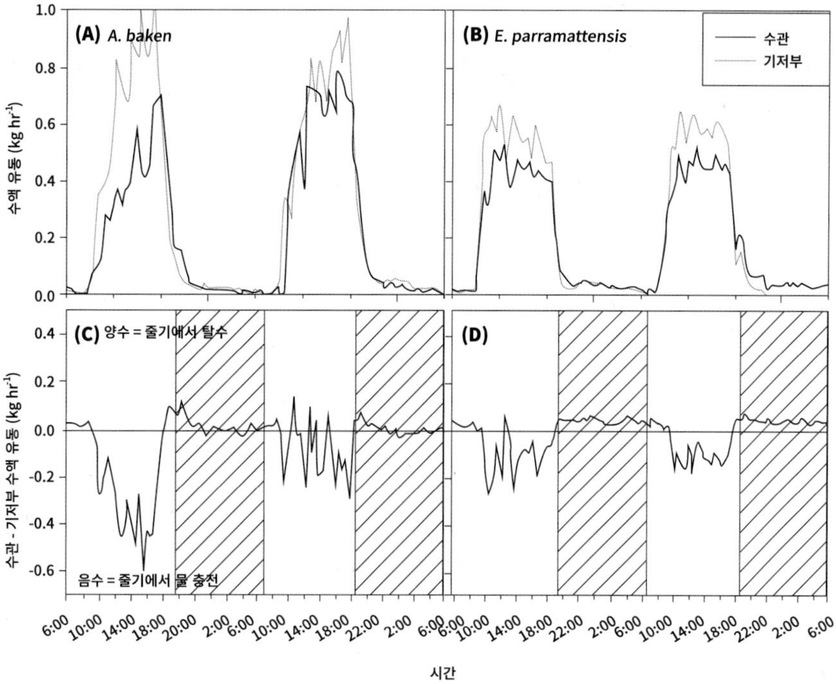

그림 6.4 시간에 따른 수액의 이동량 변화.

양에서 P가 부족한 경우에는 수지상균근(arbuscular mycorrhiza)이, N이 부족한 경우에는 외생균근(ectomycorrhiza)이 들어오게 된다. 간빙기 수목의 번성 순서를 보면 다음과 같다.

(1) Glaciation(빙하기)

(2) Cryocratic—no trees

(3) Protocratic—*Betula*, *Pinus*

(4) Mesocratic—*Quercus*, *Fraxinus*, *Tilia*, *Ulmus*

(5) Oligocratic—*Abies*, *Carpinus*, *Fagus*, *Picea*

(6) Telocratic—*Betula*, *Picea*, *Pinus*

(7) Cryocratic—no trees

(8) Glaciation(빙하기)

수목은 380만 년 전 데본기를 거치면서 출현한다. 양치류(pteridophyte)에 해당하는 양치식물의 형태에서 다원성(polyphyletic) 조직이 분화되어서 초기 수목의 형태인 나자식물이 출현하게 되고, 그 이후로 다양한 조직이 분화돼서 피자식물의 전형이 된다(Raven and Andrews, 2010). 토양 양료에서도 큰 변화가 일어나는데, 데본기에서 실루기아기로 넘어가면서 범람원지역을 보면 곰팡이류와 난초류(saprophyte), 수지상균근(arbuscular mycorrhiza) 등이 식물 양료를 재활용하여 토양을 비옥하

표 6.2 고생태학적 시기별 식물의 특징

지질시기	특성	증거자료
Pleistocene(홍적세, 4기 전반)		
Pliocene(플라이오세, 3기 5번째)		
Miocene(마이오세, 3기 4번째)		
Oligocene(올리고세, 3기 3번째)		
Eocene(에오세, 3기 2번째)		
Palaeocene(신생대, 팔레오세, 3기 1번째)	뿌리 공생 흔적	분자생물학적 증거
Cretaceous(백악기)	열매 (속씨식물)	화석
	뭉쳐진 뿌리	화석
	외생균근(수목)	화석
	Actinorhizal 공생(방선균, 질소고정)	화석
	겉씨식물의 기생뿌리(Parasitic angiosperms)	뿌리에서 흡수하는 기능의 증거
Jurassic(쥬라기)	양치식물	
Triassic(트라이아스기)	소철에서 시아노박테리아 흔적	공생의 증거
	CAM (소철에서 흔적)	소철에서 화석증거 출현
Permian(페름기)	대멸종시대, 겉씨식물일부, 고사리류, 양치류 생존	
Carboniferous(석탄기)	내피(Endodermis)	화석
Late Devonian(후기 데본기)	종자 (겉씨식물)	화석
	단순 관속, 부름켜 식물	화석
Middle Devonian(중기 데본기)	관엽수목	화석
	관엽식물의 뿌리	화석
	양면 관속, 부름켜 식물	화석
	2차 목부	화석
	2차사부	화석
	양성화(Heterospory, 예, 소나무)	화석
Early Devonian(초기 데본기)	균근(Arbuscular mycorrhizas)	화석
	세포간 간극	화석
	헛뿌리(선태류, 조류)	화석
	석송문(lycophytes)의 뿌리	화석
	진엽식물의 잎(Megaphylls in euphyllophytes)	화석
	석송문의 관엽	화석
	목부(Xylem)	화석
	기공	화석
	세포 간극에 가스가 존재	화석
	큐티클	화석

게 한다(표 6.2).

기후변화와 수고 생장

기후가 변해서 온도가 상승하면, 일반적으로 수고가 커진다(Ryan, 2010). 이는 온대지역의 수목에서 더 잘 나타난다. 열대지역에서는 수고의 증가가 온대지역에 비해서 약하다. 온도가 상승할 때 수고가 증가하는 것은 수목이 더 많은 광합성을 해서 탄소를 고정해 수고 생장에 사용하고, 수분을 더 효율적으로 이용하여 수목의 생장에 도움이 된다. CO_2 농도가 상승해서 대기 중의 이산화탄소 농도가 증가하면, 온도 상승과 더불어 수목의 수고가 증가하는 데 기여한다(그림 6.5).

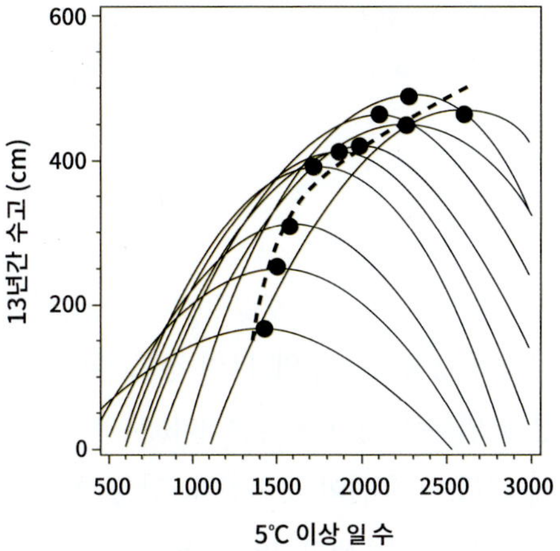

그림 6.5 온도와 수목의 수고 변화

기후온난화와 광합성

*Populus nigra*는 25°C에서의 광합성률이 35°C일 때의 광합성률보다 일반적으로 높다. 극심한 가뭄일 때 중간 정도의 가뭄이 온도와 같이 *Populus nigra*에 환경요인으로 작용할 때 수목의 광합성 감소율이 심하다(Centritto et al., 2011). 그러나 수분이 부족해지면 수분이 충분할 때보다는 광합성률이 감소한다. 포플러도 C3 식물이므로, 기후변화로 인해서 온도가 증가하면 광합성의 적정온도가 28°C 정도이기에 생리적 활성이 감소한다. 이러한 현상은 고산지대에 분포하는 침엽수의 경우에도 볼 수 있다. 침엽수는 오랫동안 고산지대, 한랭한 지역에 적응하여 분포하는 수종인데, 온도가 상승하면 오히려 광합성이 감소해서 산림 쇠퇴 현상이 일어날 수 있다(그림 6.6).

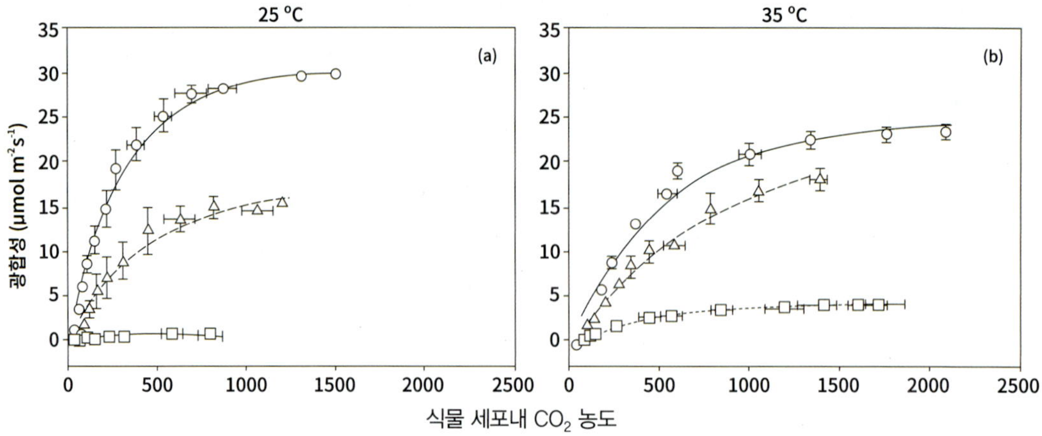

토양수분이 많은 경우(원형), 토양수분이 중간수준(삼각형), 토양수분이 부족한 경우(사각형)

그림 6.6 온도 변화에 따른 광합성 능력

기후온난화와 개화

기후가 변해서 온도가 상승하면 수목의 식물계절학(phenology)이 변한다(Way, 2011). 이미 1960년대 이후에 온도 상승으로 인해서 생육기간이 약 11일 정도 길어지고 있다. 온도가 상승하여 생육기간이 길어지면, 가을에 성장을 멈추는 시기가 늦춰진다(온난화 1). 생장이 늦게 끝나면 낙엽 지는 시기가 늦어지고, 종자가 늦게 열리며, 휴면이 늦어진다. 깊은 휴면이 겨울 동안 일어나면 봄에 개화시기가 늦어진다. 개화가 늦어지면 모든 생리적인 현상이 같이 늦어지므로 큰 문제가 없지만, 기후가 변하면 봄철의 따뜻한 온도로 인해서 개화시기가 빨라진다(온난화 2). 이렇게 되면 이른 봄의 서리 피해를 쉽게 받을 수 있고, 수목이 일 년 동안 생장과 생리적으로 활성을 가지면서 생장하는데 영향을 준다. 이러한 현상이 반복적으로 일어난다면 수목은 탄소 분배, 휴면타파 등의 생리적인 장애를 가지게 될 것이다(그림 6.7).

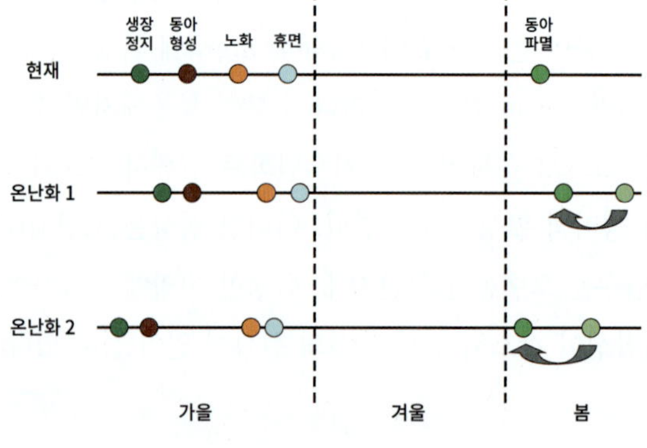

그림 6.7 개화와 온도

표 6.3 수목을 가해하는 곤충, 병원균, 온도 변화에 대한 반응

수목의 특성	곤충 가해 잎의 피해	병원균 가해 잎의 조직 피해	CO_2 + 기후변화
C/N	↓	↓	↑
광합성	↓	↓	↑
암호흡	↑	↑	↓
기공전도도	↑		↓
지상부/지하부 탄소 분배 (R/S)	↑	↑	↑
잎의 수명	↑	↑	
잎의 무게당 면적(SLA)	↑	↑	↓
수분이용효율	↑		↑
잎의 질소	↑	↑	↓
지상부 바이오메스	↓	↓	↑

↑상승, ↓감소

기후가 온난화되면 수목의 특성에 변화가 생긴다. 온난화는 곤충이나 병원균의 발생을 늘린다. 곤충이나 곰팡이 등이 잎을 가해하게 되면 복합적인 특성이 나타난다(Pinkard et al., 2011). 곤충이나 병원균이 지상부를 가해하면 잎의 질소 함량이 증가하고, 이로 인해 C/N의 비율은 감소한다. 그러나 기후가 온난화되면 C/N 비율은 오히려 증가한다(표 6.3).

토양 온도 증가와 양료

토양 온도가 증가하면, 수목의 잔뿌리에서 질소 함량이 증가한다. 이것은 토양 온도가 증가하면서 토양의 질소 농도도 증가하기 때문이다. 잔뿌리의 물질생산량은 줄어든다. 지하부로 탄소의 공급은 줄어드는 것이다. 그러므로 온난화로 인해서 토양의 온도가 증가하면 토양 질소의 함량은 증가하지만, 탄소의 저장 장소인 잔뿌리의 중량은 줄어든다. 살아있는 잔뿌리와 죽은 잔뿌리의 비율(Biomass: necromass)은 생태계에서의 활력도를 나타내는 지표로 활용된다. 일반적으로 1.0~1.3 정도는 정상적인 수목에서, 0.5~0.7은 온난화된 지역에서 볼 수 있다. 낮은 비율은 잔뿌리의 수명이 짧아진 것을 의미한다. 토양 온도가 높은 지역에서 잔뿌리는 높은 고사율을 나타낸다. 토양의 온도가 증가하면, 수목이 질소 흡수를 많이 하고 직접적으로 아미노산 같은 형태로도 흡수한다. 그러면 C/N의 비율이 감소한다. 질소의 함량이 수목의 살아있는 잔뿌리에서 많아지고, 결국 낮은 C/N을 나타낸다. C/N은 수목의 토양에서 분해속도와 잔뿌리의 수명에 영향을 준다. 토양 온도가 높아지면, 잔뿌리의 고사율이 높아지고, 수명이 짧아지며, 토양의 호흡률이 증가한다. 줄어든 탄소 소스와 미생물의 축적으로 인해서 호흡률이 증가한다(그림 6.8; 표 6.4).

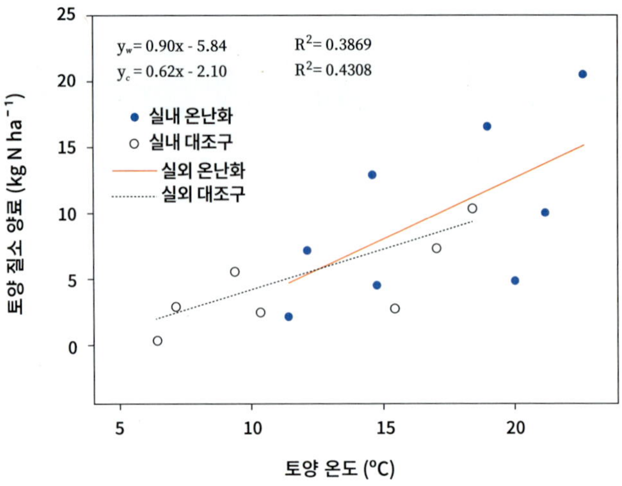

그림 6.8 토양 온도와 토양 질소의 활용도

표 6.4 토양의 온도가 증가하면 나타나는 지하부에서 현상

잔뿌리에서 현상	증감	비고
C/N	감소	온대지역 38~92 열대지역 22~32
토양 호흡률	증가	
탄소의 축적	감소	
잔뿌리의 수명	감소	
산 뿌리/죽은 뿌리	감소	< 2mm 잔뿌리; 일반지역 1.0~1.3, 열대지역 0.5~0.7
잔뿌리의 고사율	증가	
토양의 질소 함량	증가	

기후변화로 인한 성비율의 변화

기후가 변화하여 환경 스트레스가 증가하면 수목의 성비율도 변화한다. 수나무는 환경 스트레스에 비교적 강한 측면이 있고, 암나무는 약한 측면이 있다. 암나무는 자원을 더 필요로 하는데, 그 이유는 생식으로 에너지를 많이 소모해야 하고 종자 혹은 다음 세대(offspring)을 생산하여 후계를 만드는 작업을 해야 하기 때문이다. 그로 인해서 환경스트레스에 견디는 능력이 수나무에 비해서 떨어진다. 기후변화가 지속적으로 일어나면, *Populus*, *Salix* 같은 수종이 우점할 가능성이 있고,

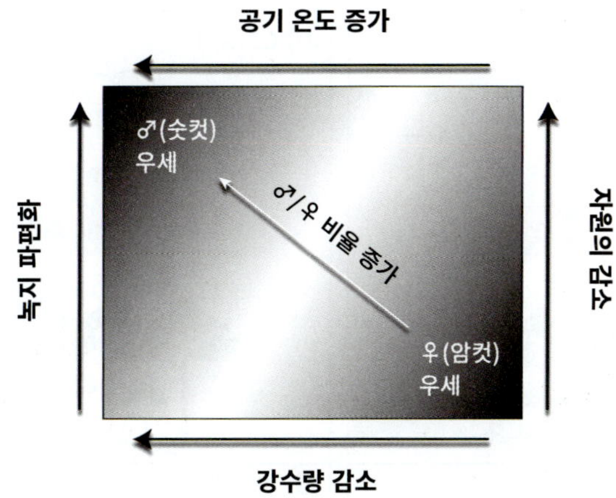

그림 6.9 기후변화와 수목의 암수 변화.

이 가운데서도 수나무 우점현상이 뚜렷하게 나타날 수 있다(Tognetti, 2012). 실제로 *Salix arctica*와 *Populus tremuloides*를 높은 온도, 높은 CO_2 농도에서 생육한 결과, 수나무의 광합성 능력, 생존율이 암나무에 비해서 아주 높았다(Wang and Curtis, 2001)(그림 6.9).

기후변화와 열대지역

기후변화로 인해서 열대 산림지역에서는 호흡량의 증가가 나타난다. 증발산량이 증가하면서 수목이 활용하는 수분의 균형에 문제가 생긴다(그림 6.10a). 증발산량의 증가로 구름이 많이 생기면, albedo가 감소하고, 광이 임상에 충분하게 오지 않으며, 증가한 이산화탄소로 인해서 수목의 기공이 현저하게 닫혀서 광합성을 충분히 하지 못하기 때문에 탄소 불균형이 생긴다(b). 그리고 대기 온도가 상승하여 토양 수분이 부족해지고, 토양의 질소 순환 등에 불균형이 생긴다(c). 온도가 상승한 여파로 건조한 토양과 대기가 형성된다(Zhou et al., 2013). 건조한 환경이 되면, 수목의 기공이 닫히고 생장이 감소하게 된다(그림 6.10).

온도 실험 챔버

여러 형태의 온실과 시설을 활용하여 온도가 수목생리에 미치는 영향이 무엇인지에 대한 실험이 진행되고 있다. 그림 6.11은 적외선 카메라로 촬영한 사진으로, 주황색은 대조구이고, 노란색은 온도가 상승한 실험구이다. 최근에는 식물환경조절설비(phytotron)를 이용하여 기후변화를 연구한다.

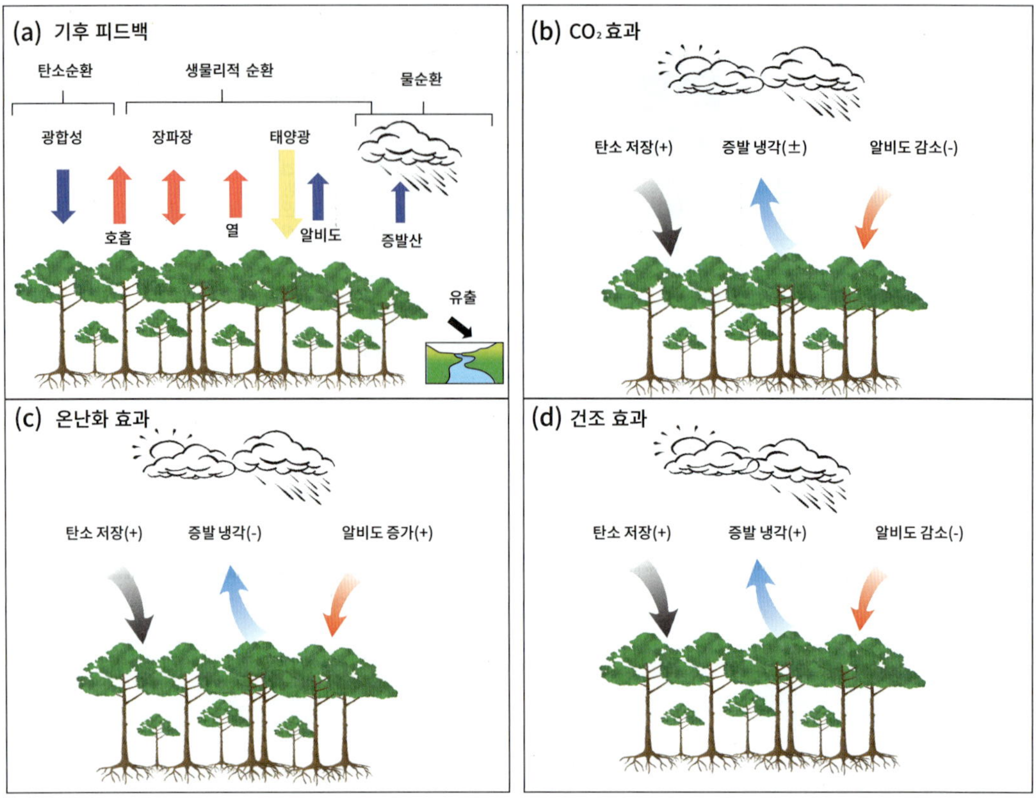

그림 6.10 열대 산림지역의 기후변화 영향

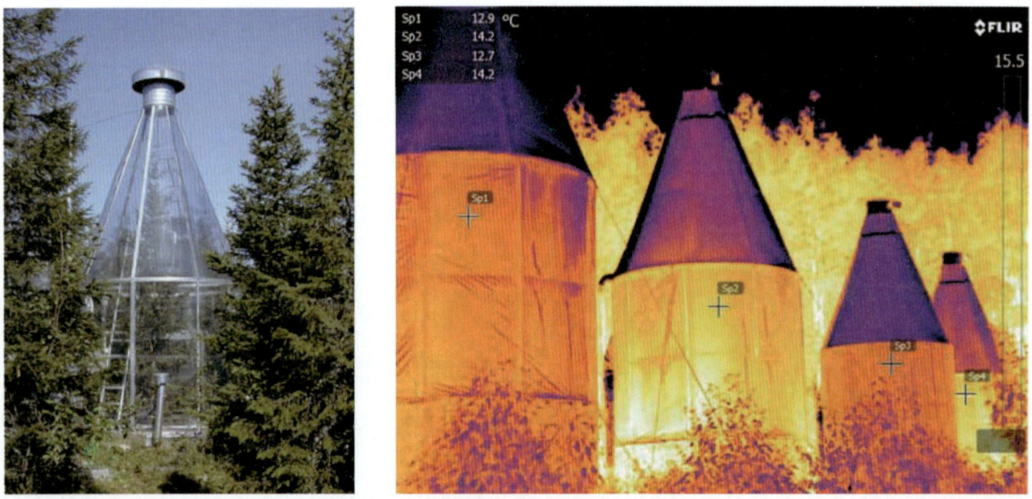

그림 6.11 온실 내의 온도 구배 및 변화
(Hawkesbury Institute for the Environment at the University of Western Sydney–사진 J. Marshall)

기후변화와 몬테인 산림

기후변화는 높은 고도의 산림지역에도 영향을 준다. 기후변화는 몬테인 산림에 영향을 준다(그림 6.12). 오른쪽은 정상적인 산림에서 구름과 안개가 형성되고, 잎에서 구름의 수분을 흡수하면 구름은 물이 되어 수간을 타고 토양으로 흘러 들어가 토양에 충분한 수분을 공급하게 된다. 토양의 수분포텐셜도 수목이 물을 흡수할 수 있도록 한다. 그러나 기후가 변해 왼쪽과 같이 되면, 구름과 안개가 감소해서 수분을 수관에 충분히 공급하지 못하게 된다. 수간을 타고 토양으로 내려오거나 토양으로 직접 떨어지는 수분의 양이 감소된다. 이로 인해, 수목의 기공이 닫히고 생장에 부정적인 영향을 준다(Tognetti, 2015).

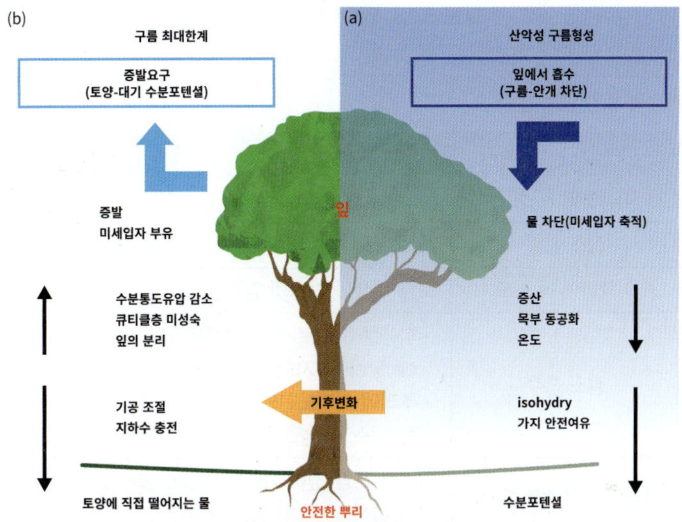

그림 6.12 몬테인 산림지역에서 기후변화의 영향

기후 온난화와 질소이용효율

산림지대에서 생육하는 Norway spruce(*Picea abies*)는 서늘한 온도에 적응하고 있는 수목이다. 대기의 온도가 상승하여 25°C 이상이 되면, 질소이용효율이 낮은 온도에 생육하는 개체와는 다른 양상을 보인다(Stinziano et al., 2015). 낮은 온도에 적응한 개체는 온도가 올라가면 질소이용효율을 높이면서 적응한다. 질소는 최대카르복실화(V_{cmax}), 최대전자전달율(J_{max}) 등과 같이 광합성을 하는데 중요한 역할을 하는 Rubisco의 활성과 최대량을 결정하는 요인이다. 온도가 상승해도 Norway spruce의 질소이용효율은 변함이 없다. 아마도 질소이용효율은 온도 상승에 따라서 독립적으로 수

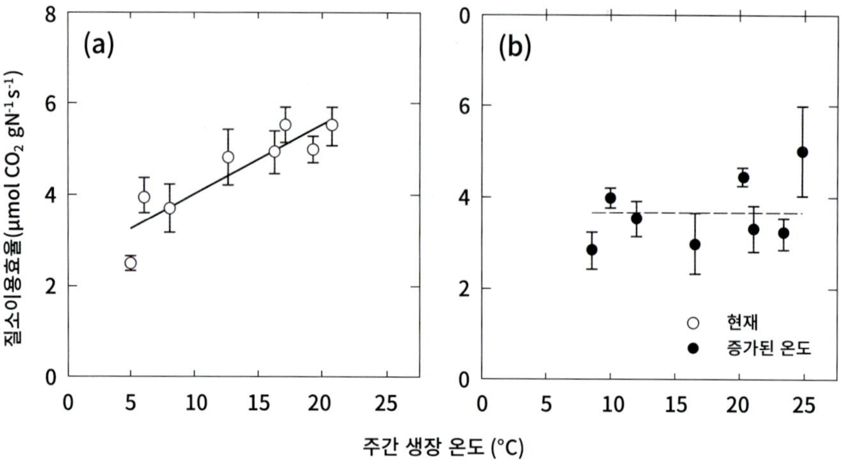

그림 6.13 기후변화와 질소이용효율

표 6.5 수목의 스트레스와 토양 양료 흡수

요인	과정	효과
온난화/고온	미생물이 N 소모	mineralization의 증가 → 증가한 무기 질소 → nitrification 감소
	질소 흡수	nitrate 흡수 증가(ammonium과 비교해서)
건조	미생물이 N 소모	토양 미생물 활성의 감소
	질소 흡수	• 미생물 고사로 인한 용존유기질소의 증가 → 수목의 N 흡수 증가 → nitrification 저해 • 뿌리에 아미노산의 축적으로 nitrate 흡수 감소 → 뿌리의 바이오매스량 감소 → 양료 흡수 뿌리의 표면적의 감소
	식물 간 경쟁(N 흡수)	뿌리가 토양 깊이 들어가서 질소 흡수를 도움 토양 미생물끼리의 경쟁 완화 유도
과습 혹은 홍수 (flooding)	미생물이 N 소모	nitrification의 감소로 ammonium 증가, nitrate의 감소
	질소 흡수	양료 흡수 저해

목에서 작용하는 것으로 해석될 수 있다. 대기온도가 상승할 때 질소이용효율을 높이지 못하는 수목은 온도 상승에 대해서 취약해진다(그림 6.13; 표 6.5).

NSC(Non-Structural Carbohydrates; 비구조탄수화물)

수목은 생육기 동안 동화산물을 전분 형태로 보관하는데, 이는 겨울 동안 생존을 높이고, 봄에는 새로운 기관과 조직을 만들기 위해서이다. 광합성을 통해서 CO_2가 고정되어 수목의 유조직과 뿌리 등으로 이동한다(Tixier et al., 2019). 겨울 동안에 NSC(당과 전분)는 체세포를 유지하려는 호흡, 활성

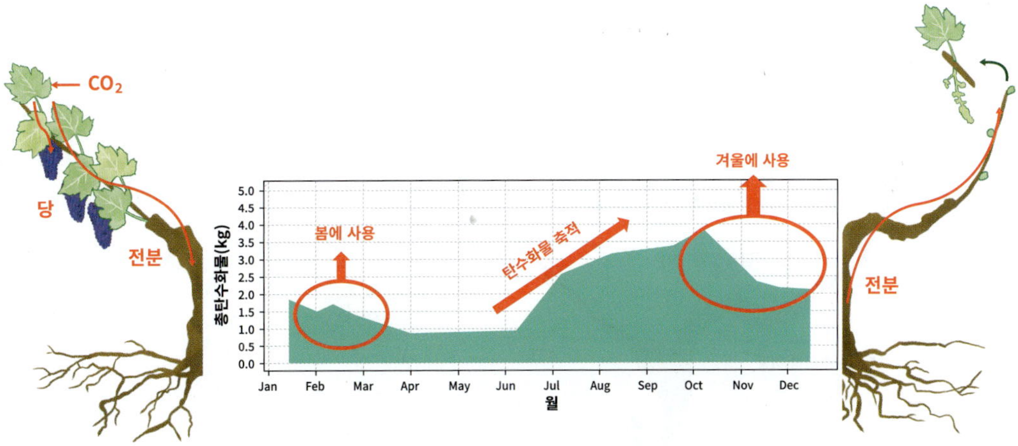

그림 6.14 시기별 탄소화물의 변화

산소(ROS)를 소거하는 것, 서리, 도관폐쇄으로부터 안정한 구조를 유지하는 데 소모된다. 봄이 되면 뿌리에 저장되어 있던 전분이 지상부로 이동하여 수목의 생장에 재분배된다(그림 6.14).

온난화되어서 겨울의 온도가 증가하면, 수목은 생장을 빠르게 준비한다. 이로 인해, 동아가 빠르게 파열되고 봄철의 서리에 대한 피해 확률이 높아진다. 증가한 온도는 뿌리에서 지상부로 비구조탄수화물을 이동하는 중요한 기작을 시작한다. 온도가 신호전달 역할을 하여 전체 수목이 생장을 하는 동기가 된다. 겨울의 낮은 온도는 저장된 전분을 가용성 당이나 다른 물질로 전환하여 세포의 삼투압을 낮춘다. 겨울 동안의 낮아진 삼투압과 수분이 없어진 세포로 인해서 아주 낮은 겨울 동안의 온도에서도 생존할 수 있도록 한다. 겨울 동안의 전분의 변형 속도는 유전자에 의한 것도 있지만 효소의 활성에 의해서 당으로 전환되기도 한다. 목부수액이 겨울 동안 얼면 용해되지 않는 기체가 도관에 채워지게 된다. 이러한 도관은 공기로 인해서 수분이 이동할 수 없는 구조로 변화된다. 봄에 도관이 녹기 시작하면, 뿌리에서 당을 포함하고 있는 수분이 목부 아포플라스트로 이동하는 것이 가능하도록 해 준다. 이와 같은 원리로 1~2월 정도에 특정 수목에서 수액이 많이 이동하게 되는데, 사람이 이를 채집하여 마시기도 한다. 고로쇠나무, 느릅나무, 자작나무 등은 이 시기의 수액에 당이 많이 포함되어 있어서 채집하는 경우가 많다(그림 6.15).

온난화

온난화가 진행되면, 지구생태계에서 숲이 아닌 비산림지역의 증가를 볼 수 있고(그림 16.16A), 탄소의 축적과 유동은 열대림에서 가장 높다(그림 16.16B, C). 또한 눈은 albedo에 영향을 주는데, 눈으로 쌓여 있는 경우에 albedo가 증가한다(Bonan, 2008). 밀, 옥수수, 낙엽수, 방크스소나무, 참나무의 순서로 갈수록 임관의 저항성은 커지고, 증발산량은 감소한다(그림 16.16E).

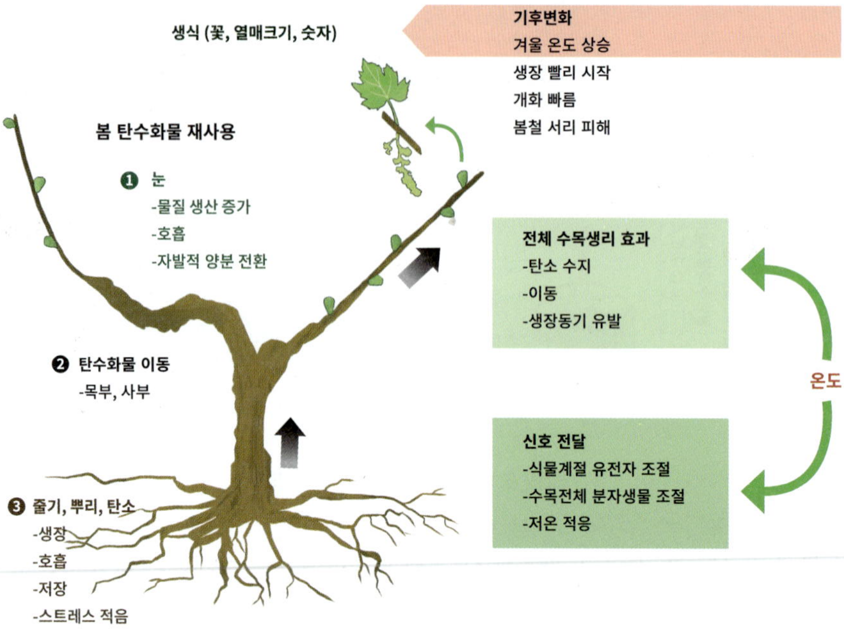

그림 6.15 온난화와 탄수화물 이동, 수목의 생리학적인 변화

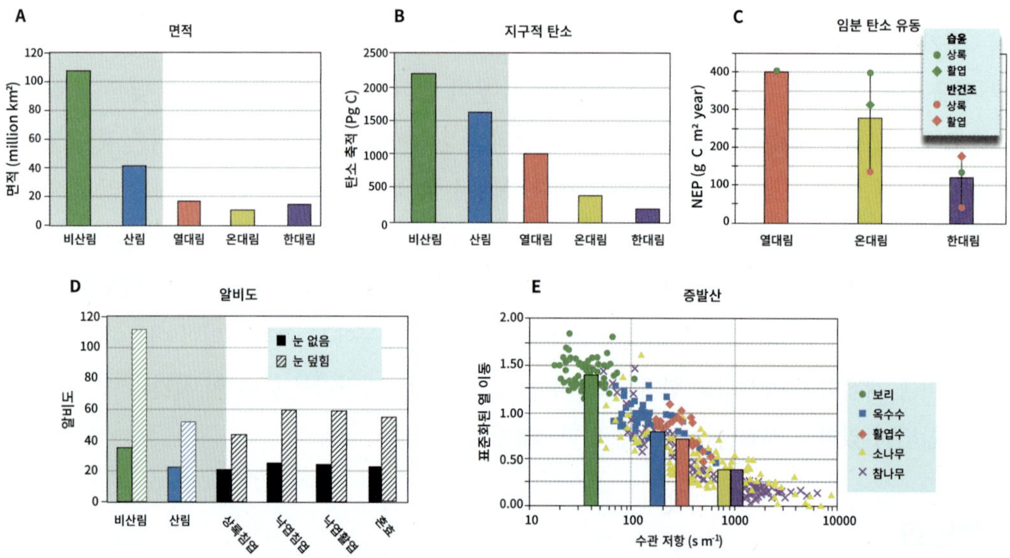

그림 6.16 온난화로 인한 면적, 탄소, 알비도, 증발산량의 변화

CHAPTER

07 대기오염

도시화가 진행되어 인구가 증가하고, 차량과 산업시설이 늘어나면서 증가한 대기오염은 사람뿐만 아니라 수목에 미치는 영향이 커졌다(우완기와 손종렬, 2000). 대기오염 물질을 1차와 2차 대기오염물질로 나눌 수 있다. 1차 대기오염물질은 자동차나 산업시설로부터 직접 배출되는 오염물질을 말하고, 2차 대기오염물질은 1차 대기오염물질이 대기 환경에서 합성하여 만들어지는 오염물질이다. 1차 오염물질을 후진국형 오염물질이라 하고, 2차 대기오염물질을 선진국형 오염물질이라고 한다(표 7.1).

표 7.1 수목에 주는 스트레스의 종류

요인 / 병의 원인	생물적 요인	비생물적 요인
병의 원인	곰팡이, 박테리아, 바이러스, 겨우살이, 선충, 마이코플라스마, 곤충, 진드기	**대기오염(오존, PAN, NO_x, SO_2, 불화수소, 염소, 염화수소, 황화수소, 산성우, VOC, 미세먼지, 꽃가루)**, 건조, 염분, 토양의 물리, 화학적 특성의 불균형, 양료 부족 및 과다, 경쟁, **미세먼지**
상처의 원인	곤충, 진드기, 설치류, 포유동물, 새, 인간	바람, 산불, 극한 온도, 번개, 화산 폭발, 산사태, 눈사태, 수확, 살충제, 제초제, 얼음, 빙하, 눈, 염분, 화학약품, 방사선

대기오염 발생원의 분류

대기오염원의 발생원을 구분해서 3가지로 나누면, ① 점오염원(point source), ② 면오염원(area source), ③ 이동오염원(mobile source)으로 구분할 수 있다. 점오염원은 화력발전소, 산업시설, 대형 아파트단지, 학교, 호텔 등이 포함되고, 분진, SO_2, CO, HC 등을 연간 일정 비율 이상으로 배출하는 시설을 점오염원이라고 한다. 면오염원은 대기오염물질을 배출하는 다수의 점오염원이나 불확실한 고정오염원을 말한다. 산불에서 발생하는 연무, 난방용 연료를 사용하는 일반 주거지, 농업, 산림 분야에서 소각하는 작업, 상업용 보일러나 소각로, 비산먼지 배출원, 휘발성 화합물 배출원 등을 말한다. 이들 점오염원과 면오염원은 고정된 장소에서 배출하므로 고정 배출원이라고 한다. 이와는 달리, 각종 차량, 선박, 비행기 등은 이동하면서 오염물질을 배출하므로 이동 배출원이라고 한다.

대기오염물질이 독성을 가지는 종류와 피해 현상

대기오염물질은 거의 대부분이 산소 분자와 결합하고 있다. 산소 분자는 수목의 체내로 유입되면 산소 원자로 분리된다. 수목이 광합성을 하는 동안 물을 광분해하는데, 이 과정에서 전자가 엄청나게 많이 발생한다. 이 전자는 전자전달계에서 신호전달 역할을 하면서 생장 관련 효소의 활성, 항산화물질의 생성, 노화 방지를 위한 물질의 분비, 2차 대사물질의 생성 등에 관여하여 생리적으로 중요한 역할을 한다. 전자와 산소 분자가 결합하면 활성산소종이 생성되는데, 활성산소(ROS; Reactive Oxygen Species)는 독성이 매우 강하여 수목 체내에서 산화작용을 한다(표 7.2).

표 7.2 대표적인 활성산소종과 독성

활성산소종	독성
O_2^-	활성 산소 발생원, 가장 독성이 강함
$O_2[^1\Delta g]$	지질산화
$\cdot OH$	세포막 기능 저하
H_2O_2	효소 활성 방해
$O_2 \cdot$	세포막 기능 저하

활성산소종에는 여러 종류가 있고, 산화작용, 세포막의 기능 저하, 생장 관련 효소 활성 저해, 지질막의 산화 등 수목에 피해를 준다. 이처럼 수목에서 활성산소가 많이 발생하지만, 이를 제거하는 항산화효소의 역할을 통해서 생장을 어느 정도 유지하는 항상성(Homeostasis) 작용을 한다.

Superoxide dismutase(SOD)는 독성이 최대인 O_2^-을 다음과 같은 과정을 거치는 동안 hydrogen peroxide로 전환시키는 역할을 한다.

$$O_2^- + O_2^- + 2H^+ \longrightarrow H_2O_2 + O_2$$

이때 생성된 H_2O_2는 엽록체에 대해서 O_2^-보다는 적은 피해를 주지만, CO_2 고정을 억제하는 역할을 한다. O_2^-와 H_2O_2가 OH를 생성하게 한다. OH는 막의 파괴, 엽록체 지질의 유출을 유인하게 되는데, 다음과 같은 과정을 거치게 된다(우수영, 2002).

$$Fe^{3+} + O_2^- \longrightarrow Fe^{2+} + O_2$$
$$Fe^{2+} + H_2O_2 \longrightarrow Fe^{3+} + \cdot OH + OH^-$$
$$H_2O_2 + O_2^- \longrightarrow O_2 + \cdot OH + OH^-$$

Glutathione(GSH)은 엽록체에 미량 있는 효소로서, 다음과 같이 H_2O_2를 산화시키는 역할을 한다.

$$RH_2 + H_2O_2 \longrightarrow 2H_2O + R$$

Ascorbic acid는 역시 독성이 있는 superoxide radical을 다음과 같은 과정을 거쳐서 물 분자로 전환하는 역할을 한다.

$$O_2^- + 2H^+ + \text{아스코르브산} \longrightarrow \text{데히드로아스코르브산} + H_2O_2$$
$$H_2O_2 + \text{아스코르브산} \longrightarrow \text{데히드로아스코르브산} + 2H_2O$$

α-tocopherol은 지질의 과산화를 막아 주는 역할을 한다. OH 때문에 지질이 과산화되어서 세포막의 파괴, 지질이 산화돼서 aldehyde나 다른 산물이 또 세포막을 산화하거나 용질의 유출이 생기게 되는데, 이때 작용하여 해독 역할을 한다.

APTI(air pollution tolerance index)

수목이 대기오염에 대한 생리적 활성의 초기 감소는 노출 후 차이가 있다. 또한, 형태학적 및 생화학적 활동으로 인한 지속적인 대기오염 노출에 의해 부정적인 영향을 받는다(그림 7.1).

도시 지역에서 흔히 식재된 수목에서 APTI(air pollution tolerance index)와 API(anticipated performance index)를 사용하여 수목이 대기오염에 반응하는 정도를 평가할 수 있다(Pandey et al., 2015). 이 두 지표를 바탕으로, 장기간 대기오염 저감을 위해 여러 도시에서 도시 숲 개발에 가장 적합한 식물 종을 확인하고 권고하는데 활용한다. 수목의 대기오염에 대한 내성 평가를 위해서, 대기오염 내성지수(APTI)를 다음과 같이 수치화할 수 있다. 각 분석 항목인 ① 아스코르빈산 함량(ascorbic acid content), ② 잎 pH, ③ 총 엽록소 함량(total chlorophyll content), ④ 상대수분 함량(relative water content)을 식물의 대기오염에 대한 감수성을 나타내는 지표인 APTI의 변수로서 이용한다(Thambavani and Sabitha, 2011).

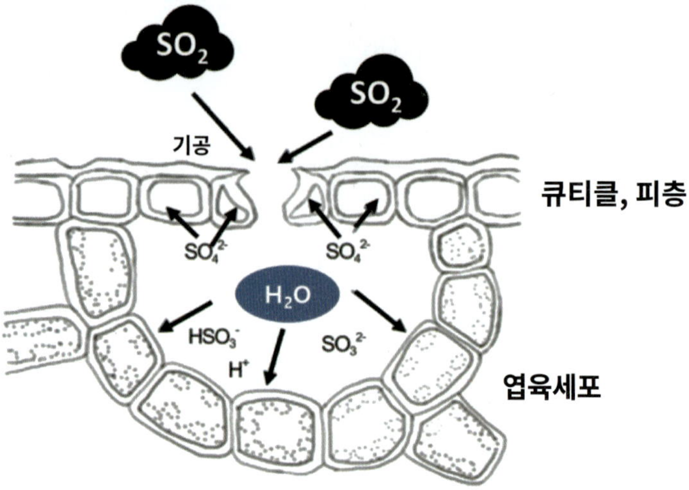

그림 7.1 수목 잎 내 대기오염(SO_2) 해독작용 도식화(Guderian, 2012).

$$APTI = \frac{[A(T+P)+R]}{10}$$

A: 아스코르빈산 함량, P: 잎의 pH, T: 총 엽록소 함량, R: 상대수분 함량

주요 오염물질과 피해 현상

오존

오존은 높은 온도에서 고농도의 질산화합물과 자외선의 환경하에서 발생한다. 이러한 1차 대기오염원으로부터 생성되기 때문에, 이를 2차 대기오염물질이라고 한다. 최근에는 도시화가 진행되면서 강한 자외선이 많은 환경이 조성되고 있기 때문에, 오존으로 인해 수목이 스트레스를 받는 일이 많아 졌다. 특히, 대도시에 있는 가로수, 공원수, 노거수 등이 오존에 노출되는 일이 많아져서 피해를 받는다. 농촌지역과 산악지역에서는 낮은 농도의 오존 농도로 인해서 장기적인 만성적 피해 현상이 나타날 수 있고, 도시에서는 농도가 갑자기 높아지는 급성 피해가 나타날 수 있어서 수목이 받는 피해의 강도가 다르다.

오존에 대한 수목의 전형적인 피해 현상은 오래된 조직에서 먼저 나타난다는 것이다. 오존 농도가 높아지면 수목의 잎이 떨어지는 현상이 나타나는데, 어린잎보다 오래된 잎의 낙엽이 현저하게 먼저 나타난다. 또한, 잎맥을 따라서 붉은 갈색 반점이 많이 형성이 돼서 가시적인 피해 현상으

로 나타난다. 잎의 뒷면 보다는 앞면(책상조직)에서 갈색 반점이 심하게 나타난다. 그늘에 가려진 잎이나 같은 가지에서도 잎에 가려진 그늘이 진 잎에서는 갈색 반점이 나타나지 않지만, 오존 농도가 아주 높아지면 갈색으로 변한다. 오존 농도가 높아지거나 오존에 오랜 기간 노출되면 반점은 점점 커져서 검은 반점으로 변화한다. 잎의 조직이 괴사 되고 황화현상이 나타난다. 세포막에서 이온 유출량이 증가하여 세포막에 손상을 가져오게 한다. 일반적으로 소나무가 오존에 대해서 민감한 경향을 보인다.

오존은 다른 스트레스와 작용하여 복합적으로 수목에 피해를 준다. 오존 단독으로 피해를 주는 경우도 있지만, 토양 내 질소 축적(N deposition)이 같이 작용하면 적당한 농도의 질소 때문에 긍정적으로 작용하는 경우도 있다. 건조 스트레스도 오존과 각각 수목에 작용하는 경우에는 부정적으로 피해를 주는 상황이지만, 동시에 수목에 작용하면 긍정적인 역할도 있다. 건조 스트레스가 수목에 작용하면 기공을 닫고, 닫힌 기공으로 인해 오존의 유입이 감소돼서 일시적으로 수목의 방어 메커니즘에 도움을 주기도 한다(표 7.3).

표 7.3 오존, 질소, 건조 스트레스가 수목에 미치는 영향(Grulke and Heath, 2019)

반응 \ 대기오염	O_3	O_3 + 질소 축적	O_3 + 건조
생장			
잎의 바이오매스		↑	↓
수고 생장		↑	↓
직경 생장	↓	↑	↓
잔뿌리 바이오매스	↓	↓	↑
기공 폐쇄	↑		
딱정벌레(bark beetle) 침입		↑	↑
곰팡이 침입	↑		
균근의 바이오매스	↑		
가스교환			
낮은 임관의 최대 광합성율(A_{max})		↑	↓
전체 임관의 최대 광합성율(A_{max})	↓		↓
기공전도도	↓	↓	↓
잎의 호흡량		↑	↓
토양 호흡량	↓		
수목 내 O_3 흐름동태	↓		↓
잎과 조직의 생화학적 특성			
총 아스코르베이트	↓	↓	↑

반응 \ 대기오염	O_3	O_3 + 질소 축적	O_3 + 건조
산화 아스코르베이트	↑		↓
총 글루타치온	↓	↑	↓
산화 글루타치온	↑	↑	↓
α-Carotenoids	↑		↓
잎의 질소량	↓	↑	↓
잎의 C/N	↑		↓
전분		↓	↑
엽록체	↓	↓	↓

(빈칸은 변화 없음)

PAN(peroxyacetylnitrate)

PAN는 오존과 같이 강한 산화력을 가지고 있다. 피해 현상은 피해를 받은 잎의 뒷면에 광택을 지닌 은회색을 가지는 것과 청동색으로 변하는 두 가지 형태로 나뉜다. 어린잎이 피해를 받으면 발육이 억제되고, 잎이 작아지는 왜성화 현상이 나타난다. 오존과는 달리, 어린잎에 주로 피해 현상이 강하게 나타나고 오래된 성숙한 잎에서는 피해 현상이 거의 나타나지 않는다. PAN에 의해서 피해를 입은 잎은 시간이 지나 괴사가 진행된다.

질소화합물

주로 차량의 배기가스나 공장에서 발생하는 오염이 주원인이다. 특히, 질산화합물은 수목에 주는 직접적인 피해보다는 광화학스모그현상이나 산성우의 원인이 돼서 수목에 피해를 준다. 질산화합물이 오랜 기간 수목에 노출되면 잎의 표면에 반점이 나타나고, 낙엽, 낙과 현상이 현저하게 나타난다. 잎의 가장자리에 괴사현상이 나타나고, 심해지면 잎이 죽는다.

질산화합물은 대기오염원으로서 수목에 스트레스를 준다. 하지만 NO는 수목에 있어서 자외선으로 인해 자극을 받아 생성되는데, 수목에서 Nitrate reductase(NR)이 NO를 생성해서 활성산소종을 제거하는 데 중요한 역할을 한다(Gupta et al., 2011). 이것은 오존이 성층권에서는 자외선을 차단하는 중요한 역할을 하지만, 지상에서는 대기오염원으로 작용하는 양면성을 가지고 있는 것과 비슷하다.

자외선(UV)에 의한 수목조직의 손상은 활성산소종(ROS)과 산화질소(NO) 같은 자유 라디칼의 생성을 수반한다. 그러나 수목은 항산화 방어 시스템으로 대응한다. 아스코르베이트 및 글루타티온과 같은 다양한 항산화물질도 중요한 역할을 한다. 또한 잎 표면이 두꺼워지면서 형태학적으로도 적응이 나타난다. 자외선 화학 물질을 반사 혹은 흡수하면서 적응한다. 예로서, 플라보노이드는 페닐 프로판올 파장의 빛을 효율적으로 흡수할 수 있는 화합물인데, 240~545 nm의 범위의 빛을 흡수한다. 세포 손상을 예방하는 데 플라보노이드가 중요한 역할을 하며, 엽육조직 내로 자외선 흡수를 최소화하기 위해서 표피 세포의 액포에 축적된다. 수목의 돌연변이나 스트레스에 관여하는 UV-B에서 산화질소가 중요한 역할을 한다. 수목은 자외선으로부터 자신을 보호하기 위해서 복합 페놀프로파노이드(polyphenylpropanoid)를 생산하는데, 여기에는 칼콘합성효소(chalcone synthase; CHS)와 칼콘이소머라이즈(chalcone isomerase; CHI) 유전자가 관여한다.

페닐프로파노이드(phenylpropanoids)는 플라보노이드 전구물질을 만든다. 이 전구물질을 통해서 다양한 화학적 변화 과정을 거쳐 다양한 플라보노이드 계열의 물질이 생성된다. 안토시아니딘 합성효소(anthocyanidin synthase; ANS) 활성에 의해서 안토시아니딘이 생성되고, 이후 다양한 당전달 효소에 의해 여러 형태의 당이 결합함에 따라 다양한 종류의 안토시아닌이 합성된다.

칼콘합성효소(chalcone synthase)의 활성은 조직 특이적으로 결정되어 있고, 외적 요인에 의해서도 크게 좌우된다. 외부환경의 산화질소 등의 대기오염물질, 식물체의 상해, 병원균의 감염, 자외선 등에 의해 상승된다. 이 효소의 유전자는 대부분의 경우 다중유전자족을 형성하는 복잡한 과정에 관여한다. 칼콘이소머라이즈(chalcone isomerase)는 화학 반응을 촉매하는 효소이다. 칼콘이 플라보노이드로 전환한다. 이 효소는 분자 내 분해 효소에 관여한다. 이 효소의 다른 이름은 플라보노이드 분해 효소이다. 이 효소는 칼콘-플라보논이소머라이즈(chalcone-flavanone isomerase)라고도 한다. 이 효소는 플라보노이드 생합성에 관여한다.

안토시아닌은 플라보노이드(flavonoids) 계열의 물질이다. 안토시아닌은 안토시아니딘(anthocyanidine)에 하나 이상의 당이 결합되어 있는 구조이다. 안토시아닌은 수분매개자를 유인하기 위한 다양한 꽃 색깔을 나타내는 성분이며, 초식곤충으로부터 식물을 방어하기 위한 방어물질로도 작용한다. 예를 들어, 안토시아닌의 한 종류인 시아니딘-3-글루코시드(cyanidin 3-glucoside)는 담배나방의 애벌레로부터 목화 잎을 보호하는 기능을 수행한다.

Nitrate reductase(NR)은 프라보노이드를 생산하여 자외선이나 산화질소로부터 받는 피해를 줄인다. 산화질소 합성이 어떻게 이뤄지는지가 매우 중요하다. 산화질소는 산화, 환원 과정에서 모두 발생한다. NAD(P)H에 연결된 nitrite 환원은 세포질 내의 질산환원효소에 의해서 이루어진다. 산화질소 생산이 원활하게 되려면, NR에 낮은 농도의 nitrite가 필수적이다. 왜냐하면, NR은 nitrate(질산염)보다 nitrite(아질산염)와 3배 정도 높은 친화력을 갖기 때문이다.

아황산가스

아황산가스는 수목의 기공을 통해서 유입되고, 유입된 아황산가스는 엽육세포의 수분에 용해되어서 황산염 혹은 황산으로 변해서 잎에 피해를 준다(우수영 등, 2003). 아황산가스의 피해 현상 가운데 가장 특이한 것은 어린 조직에서 피해가 오래된 잎에서보다 심각하게 나타나는 것이다. 그리고 잎의 엽맥 주변보다는 엽육세포에 큰 검은 반점이 나타나고, 피해 현상이 더 진행되면 잎을 검은색으로 변하게 만들어 죽게 만든다. 이는 오존의 피해 현상과 확실하게 구분할 수 있는 방법이다. 황은 수용성이 다른 분자에 비해서 아주 높기 때문에, 비가 오는 날이나 분수가 있는 지역에서는 아황산 오염원이 물에 쉽게 용해되어서 수목에 큰 피해를 주지 않는다. 그러나 토양이 척박하거나 양분이 결핍된 지역에서는 아황산가스의 피해가 증폭될 수 있다. 특히, 칼슘과 마그네슘이 부족하면 피해가 크다. 낮은 농도의 아황산가스는 수목이 기공을 통해서 흡수하고 양료로 사용하기도 하는데, 여기에는 시스테인 단백질이 큰 역할을 한다. 은행나무, 편백, 향나무 등이 강한 수종이다.

불화수소

주로 제련 공장, 인광석을 원료로 하는 비료 공장 등에서 발생한다. 불소는 수용성이 강해서 수목의 잎으로 유입되면 수분에 의해 용해되므로, 잎의 선단부에 피해 증상이 나타난다. 피해를 받은 부위와 받지 않은 부위의 경계 차이가 분명하게 나타난다. 황화, 백화 현상도 나타나고, 심해지면 엽록소를 분해하여 세포를 괴사하게 한다. 가스는 아니지만, 미세한 불화소듐 등의 분말이나 수정석, 형석 등이 기공을 통해서 식물에 유입되면 피해를 줄 수 있다. 식물에 미치는 영향은 기체 상태의 불화물 〉 입자 상태의 수용성 불화물 〉 입자 상태의 난용성 불화물의 순서이다. 약한 식물로는 소나무, 진달래, 옥수수, 글라디올러스, 살구, 복숭아 등이 있고, 강한 식물로는 개나리, 장미, 라일락, 민들레, 시금치 등이 있다.

염소(Cl) 및 염화수소(HCl)

SO_2에 비해서 상당히 강한 피해를 줄 수 있다. 수목에 따라서 약간의 차이는 있지만, 잎이 담황색 또는 갈색으로 변한다.

황화수소(H_2S)

일반적으로 어린 잎에서 피해현상이 발생한다. 생장을 하는 어린 조직에서 피해현상이 나타난다. 약한 식물로는 코스모스, 무, 토마토 등이 있고 강한 식물에는 복숭아, 사과, 딸기, 카네이션 등이 있다.

산성우

산성우의 정의

수증기가 응결되어서 내리는 빗물에는 산소, 질소, 탄산가스 등이 녹아 있다. 일반적인 빗물의 pH는 5.6~5.7 정도인데, 산성우는 보통 pH 5.6 이하의 농도를 가진 빗물을 의미한다. 대기오염, 자동차의 증가, 산업시설의 증가로 인해서, 대기 중의 아황산가스, 질소화합물 등이 빗물에 녹아서 내리면 산성우가 된다. 산성우는 작물뿐만 아니라 수목에도 직간접적으로 영향을 미친다.

산성우의 형성

산성우를 형성하는 원인은 질소산화물이다. 공장과 자동차에서 배출되는 질소산화물은 대기 중에서 OH와 반응하여 초산이 된다. 초산은 대기 중의 안개, 물과 결합하여 비로 내리는데, 다음과 같은 과정을 거치면서 산성우가 되어 토양에 내린다.

$$NO_2 + OH \longrightarrow HNO_3$$
$$NO_2 + O_3 \longrightarrow NO_3 + O_2$$
$$NO_3 + NO_2 \longrightarrow N_2O_3$$
$$N_2O_3 + H_2O \longrightarrow 2HNO_3$$

산성우를 만드는 원인 가운데 다른 하나는 황산화물이다. 대기 중에 배출된 SO_2는 대기 중의 OH와 결합하여 반응한다.

$$SO_2 + OH \longrightarrow HOSO_2$$
$$HOSO_2 + O_2 \longrightarrow SO_3 + HOO$$
$$SO_3 + H_2O \longrightarrow H_2SO_4$$

이와 같은 과정을 통해서 황산이 형성된다. 이것이 빗물과 같이 내리면 산성우가 된다. 비 및 안개와 같이 결합하면 습성강하물이 되어 SO_4^{2-}가 되어서 내린다.

산성우가 수목에 미치는 영향

산성우가 내리면 수목의 잎 표면이 탈색되거나, 특히 잎의 표면에 큐티클층이 발달되어 있는 수목의 경우에서는 왁스층이 녹아서 마모되고 잎에서 염기의 용탈 등이 일어난다. 수목의 잎에는 무기이온, 아미노산, 단백질, 탄수화물 등이 잎 표면에 분비되어서 스트레스를 완충하는 작용을 하게 되는데, 산성우가 내리면 이러한 성분을 용탈시킨다. 이러한 연유로 잎의 백화 현상이 일어나게 되고, 갈색의 반점을 생성해서 괴사된다. 산성우가 오랜 시간 내리면 잎의 접촉각의 변화를 초래하여 생리적인 변화를 가져오게 한다.

산성우가 장기간 지속되면 토양 산성화가 진행되어서 산림이 쇠퇴하거나 도시 지역 토양의 상태를 악화시키기도 한다. 강우 중에 용해된 산은 유기물 분해를 방해한다. 콩과식물의 경우는 질소고정미생물의 역할을 방해하고, 균근과 같은 토양미생물의 활동을 제한한다. 토양의 양료 저장 능력에도 영향을 미친다. Ca, Mg는 토양의 표면에 강력하게 부착되어 있는데, 산성우가 내리면 이들 양료를 용탈시키는 작용이 촉진되어서 양료의 탈리현상이 가속화된다. 특히, 산성우는 토양의 가용성 알루미늄 농도를 증가시키는데, 가용성 알루미늄은 토양에서 Ca, P의 흡수를 방해하여 양료 결핍현상이 일어나게 하고, 세포분열을 지연시켜서 수목의 생장에 부정적인 현상을 일으킨다.

BVOC

수목에서는 많은 양의 비메탄 유기화합물이 생장하면서 다량 방출되는데, 이를 BVOCs(biogenic volatile organic compounds)라고 한다. 이러한 화합물에는 이소프렌(isoprene), 모노테르펜(monoterpenes; $C_{10}H_{16}$), 쎄스퀴테르펜(sesquiterpenes; $C_{15}H_{24}$), 산화화합물인 메타놀(methanol), 2-methyl-3-buten-2-ol, 6-methyl-5-hepten-2-one 등 다양하다(Atkinson and Arey, 2003). 이러한 물질은 hydroxyl radicals(•OH), nitrate radical(•NO_3), 오존(O_3) 등과 화합하여 다른 형태의 물질로 전환된다. 메탄올은 수명이 아주 길지만, BVOC는 길면 며칠, 짧으면 몇 분 동안만 대기 중에 존재하면서 질산화합물 등과 결합해 오존이 돼서 대기오염원으로 작용한다(표 7.4). 이소프렌, 모노테르펜, 쎄스퀴테르펜, hexene derivatives, 2-methyl-3-buten-2-ol, linalool, 6-methyl-5-hepten-2-one 등은 지상권에서 반응성이 높다. 식생에서 방출되어서 오존이 형성되는 알파피넨(α-terpinene), β-caryophyllene, α-humulene 등은 아주 빠르게 반응하여 없어지는데, 어느 지역에서는 거의 방출되지 않는다.

수목은 잎의 형태에 따라서 테르펜 같은 BVOC를 발생하는데, 그 양상이 다르다(Loreto and Schnitzler, 2010). 참나무(*Quercus robur*)나 포플러 같은 활엽수는 테르펜, 이소프렌, 모노테르펜, BVOCs을 저장할 수 있는 기관이 잎에 없기 때문에, 엽육세포에서 온도와 광도에 영향을 받아 직접 방출한다. Norway spruce(*Picea abies*) 같은 침엽수는 광도에 영향을 받아서 광합성 조직에서 방출하고, 온도에 영향을 받아서 수지구에서 테르펜류를 저장하고 있다가 방출한다. Lamiaceae (예, *Ocimum basilicum*; basil) 같은 식물은 온도에 영향을 받는 외부 글랜듈라세포(external glandular cell)에서 테르펜류를 방출한다. 글랜듈라 세포(glandular cell)은 수동적 식물 방어로서 박테리아 같

표 7.4 대기 중에 있는 BVOC의 구성과 존재 기간

BVOC	화합물과 반응한 후 존재 기간		
	OH	O_3	NO_3
이소프렌	1.4시간	1.3 일	1.6시간
모노테르펜			
Camphene	2.6시간	18일	1.7시간
2–Carene	1.7시간	1.7시간	4분
3–Carene	1.6시간	11시간	7분
Limonene	49분	2시간	5분
Myrcene	39분	50분	6분
cis-trans-Ocimene	33분	44분	3분
α-Phellandrene	27분	8분	0.9분
β-Phellandrene	50분	8.4시간	8분
α-Pinene	2.6시간	4.6시간	11분
β-Pinene	1.8시간	1.1일	27분
Sabinene	1.2시간	4.8시간	7분
α-Terpinene	23분	1분	0.5분
γ-Terpinene	47분	2.8시간	2분
Terpinolene	37분	13분	0.7분
세스퀴테르펜			
β-Caryophyllene	42분	2분	3분
α-Cedrene	2.1시간	14시간	8분
α-Copaene	1.5시간	2.5시간	4분
α-Humulene	28분	2분	2분
Longifolene	2.9시간	33일	1.6시간
Oxygenates			
Acetone	61일	4.5년	8년
Camphor	2.5일	235일	300일
1,8–Cineole	1일	110일	1.5년
cis-3-Hexen-l-ol	1.3시간	6.2시간	4.1시간
cis-3-Hexenyl acetate	1.8시간	7.3시간	4.5시간
Linalool	52분	55분	6분
Methanol	12일	4.5년	2.0년
2-Methyl-3-buten-2ol	2.4시간	4.5년	7.7일
6-Methyl-5-hepten-2-one	53분	1.0시간	9분

은 병원균을 막거나, 또는 자신의 신체 조직을 침입자에게 맛없게 만들거나 독성을 만드는 등의 물리적, 화학적 장벽들로 구성된다. 식물의 외부 표면은 표피(epidermis)와 매끈한 상피(cuticle)로 덮여 있으면서, 동시에 "모상체(털, trichome)"라고 알려져 있는 가시와 같은 털을 가지는데, 이들은 곤충에 의해서 먹히는 것을 방지하거나, 또는 곤충의 유충에 구멍을 내서 죽이기도 한다. 다른 어떤 trichome은 끈적끈적하고 샘을 가지고서 곤충을 효율적으로 잡아 가둬서 꼼짝 못하게 한다. 이러한 기능을 하는 것을 글랜둘라 세포(glandular cell)라 한다(표 7.5). 글랜둘라 세포(glandular cell, 선세포)는 분비를 주된 기능으로 하는 분비세포라고도 한다. 분비란 일반적으로 세포내에서 특정의 물질을 합성하고 이것을 세포 밖으로 방출하는 것을 말한다. 분비물의 생산에 필요한 소재는 선조직으로 운반되어, 선세포의 기저부로부터 세포내로 받아들여져 그곳에서 분비물로 합성하고 밖으로 분비한다.

표 7.5 수종별 BVOC 저장 장소

분류 / 수종	BVOC 저장 장소	BVOC 발생 장소
활엽수	없음	엽육세포
침엽수	수지구	수지구
Lamiaceae(꿀풀 같은 식물)	글랜둘라 세포(선세포)	글랜둘라 세포(선세포)

미세먼지

미세먼지의 국내외 기준

미세먼지는 TSP(total suspended particle), PM10, PM2.5로 나누어진다. 입자가 작은 PM2.5는 수목이나 식물뿐 아니라 인체에도 영향을 줘서 부정적으로 작용한다. 한국은 최근 선진국과 같이 미세먼지의 농도 기준치를 강화하여 관리하고 있다(표 7.6; 7.7).

표 7.6 각 국가의 미세먼지($PM_{2.5}$) 환경 기준($\mu g/m^3$)

구분	한국	주요 선진국		기타		
		미국	일본	WHO	EU	중국
연평균	15	15	15	10	25	35
일평균	35	35	35	25	(없음)	75

표 7.7 미세먼지($PM_{2.5}$) 예보 기준(일평균)($\mu g/m^3$)

구분	좋음	보통	나쁨	매우 나쁨
개정	0~15	16~35	36~75	76 이상

수종별로 미세먼지의 흡착정도가 차이가 나는 이유는 잎 표면의 주맥과 측맥의 굴곡성, 트라이콤(trichome; 털) 형태, 밀도, 크기, 잎표면 거칠기 혹은 홈(groove) 정도, 왁스층의 발달 정도 때문이다. 잎의 특성이 어떻게 미세먼지를 흡착하는지 정리하면 다음과 같다.

① 잎 표면의 미세구조 특성은 미세먼지 침착과 관련된다.

② 잎 표면에 홈(groove)과 털(trichome)의 높은 비율은 미세먼지를 흡착하고, $PM_{2.5}$ 오염이 기공에 미치는 영향을 완충시킨다.

③ 미세먼지 흡착의 종 특이적 특성은 주로 잎 크기 및 표면 거칠기, 기공 밀도 및 털 길이에 의해 기여한다.

④ 미세먼지는 작은 잎 크기, 짧은 엽병, 표면 거칠기, 특히 잎 표면의 털, 왁스, 홈 및 점액(mucilage)질, 점질성 다당류를 가진 잎에 쉽게 흡착된다.

⑤ 소수성 털 및 왁스층은 잠재적으로 미세먼지 흡착을 방해한다.

⑥ 잎 크기, 모양 및 미세 형태는 PM_1, $PM_{2.5}$ 및 PM_{10} 축적에 큰 영향을 준다.

⑦ 기계적 및 화학적 마모에 의해 표피 왁스가 파괴될 때 발생하는 습윤성 증가는 잎의 미세먼지 흡착의 계절적 변화를 일으키는 주요 요인이다.

또한, 수목의 잎에 부착되었던 미세먼지는 크게 3가지 형태로 소거되거나 감소한다. ① 빗물과 바람에 의해서 토양으로 흘러내려 간다. ② 기공을 통해서 식물의 잎으로 흡수되거나 용해되어 식물이 사용할 수 있게 한다. ③ 왁스층에 떨어진 미세먼지는 식물의 잎이 발달함에 따라 미세먼지가 왁스층에 고정되어서 영구히 잎의 일부가 되기도 한다.

꽃가루

수목은 꽃가루를 생산하는데, 공기 중의 꽃가루는 수천 킬로미터 이상으로 운송될 수 있으며, 이는 중요한 생태학적, 진화적 및 임상적 영향을 미친다(Bogawski et al., 2019). 식물계절학은 꽃가루의 방출과 대기에서의 존재 사이에 대한 관계를 연구한다. 꽃가루는 식물의 생존전략과 효과적인 번식에 있어 가장 중요한 부분이기도 하지만, 인체에 계절성 알레르기 관련 질환(알레르기성 비염, 결막염, 기관지 천식 등)을 유발하는 주요한 원인이 되기도 한다. 최근 지구온난화, 이산화탄소 농도의 증가와 같은 기후변화는 도심지역 식물의 꽃가루 발생 농도, 지속기간 및 알레르겐 활성 등에도 영향을 미친다.

꽃가루가 인간의 건강에 미치는 영향을 정의하고 정량화하기는 어렵다. 꽃가루에 노출되어 알레르기 증상을 일으키는 것을 감작률(sensitization rate)이라고 한다. 감작률은 식물의 종류, 개화 시기 및 계절적인 영향에 따라 달라지며, 특히 꽃가루가 대체로 많이 발생하는 시즌에 알레르기 유발 빈도가 집중되기 때문에 꽃가루에 대한 정확한 정보가 필요하다(Toro et al., 2015).

ROS(reactive oxygen species; 활성산소종)와 항산화효소

수목에 가장 큰 피해를 주는 활성산소종은 O_2^-이다. 독성이 가장 강하고, SOD에 의해서 독성이 조금 약한 H_2O_2로 전환된다. 다른 활성산소종에는 OH가 있어서 수목에 피해를 준다. 이러한 활성산소종을 소거하기 위해서 수목은 자체적으로 항산화작용을 하는데, 항산화효소의 활성이 중요하다. 대기오염은 산소 분자를 거의 모두 매달고 있기 때문에 활성산소종이 많이 발생된다(표 7.8).

표 7.8 항산화효소, 물질의 종류 및 역할

항산화효소	항산화물질	생리적인 지표
APX, GR, SOD, Catalase, PO(peroxidase)	MDA, 알파토코페롤(α-tocopherol), 베타카로틴(β-carotenes), 글루타치온, 아스코르빈산, 플라보노이드, 폴리아민, 호르몬(지베렐린, 옥신 등)	엽록소 형광, 엽록소 함량, 광합성률, 기공전도도, 수분이용효율, 안정성 동위원소

ROS는 염색약을 이용해서 가시적으로 볼 수 있게 염색할 수 있다. Nitroblue tetrazolium (NBT)는 활성산소(O_2^-)를 3,3′-diaminobenzidine(DAB)는 H_2O_2를 염색해서 볼 수 있다(Ryang et al., 2009).

APX

아스코르빈산은 비타민 C로도 불리며, 다양한 생물체에서 발견되는 수용성 비타민의 일종이다. 아스코르빈산은 식물의 아스코르빈산 과산화효소(ascorbate peroxidase)의 기질로서, 이 효소는 아스코르빈산을 이용해서 독성의 과산화수소(H_2O_2)를 물로 전환하는 활성을 가진다(우수영 등, 2004).

GR

글루타치온(glutathione, GSH)은 글루탐산(glutamate), 시스테인(cysteine), 글리신(glycine) 3개의 아미노산이 결합된 트리펩티드(tripeptide)이며, γ-L-glutamyl-L-cystenyl-glycine으로도 불린다. 시스테인의 thiol(-SH)기가 산화되어 이황화결합(disulfide bond)을 이루게 되면, 산화형 글루타치온(GSSG) 형태로 존재하게 된다. 자연계에 널리 분포하여 생체 내의 산화환원 반응에서 중요한 역할을 한다. 1921년 F.G. 홉킨스에 의해 효모에서 분리되었는데, 글루탐산과 황을 함유한 데에서 이 이름이 붙여졌다. 그 후 1935년 C.R. 해링턴이 합성에 성공함으로써 구조를 확정하였다. 생체 내의 산화환원 반응에 중요한 역할을 한다. 효소 글리옥살라아제의 조효소로, SH기를 가진 효소(카텝신 등)의 활성화에도 관여한다. 식물의 조직에서는 탈수소효소와 산화효소를 결부시키는 일을 한다. 반응은 비가역적이며, Mg^+ 또는 Mn^{2+}을 첨가하면 활성화된다. 식물 조직에서는 탈수소효소와 산화효소를 결부시키는 역할을 한다. 글루타티온환원효소와 GSSG, NADP를 엽록체와 혼합하여 빛을 조사시키면 산소가 발생한다. 즉, 힐반응을 일으키므로 주목되고 있다.

SOD

이 효소는 안정된 부동변화(dismutation)를 촉진하여 활성산소를 H_2O_2 혹은 O_2로 전환하는 역할을 한다. 중금속 협동요소에 따라서, CuZnSOD, FeSOD, MnSOD 3가지로 나눈다. CuZnSOD는 세포질, 색소체, 세포벽 공간에 존재한다. FeSOD는 세포질, 색소체, 박테로이드(bacteroids)에 존재한다. MnSOD는 박테로이드, 미토콘드리아, 페록시좀(peroxisome)에 존재한다. 활성을 분석하는 경우, 활성산소는 nitroblue tetrazolium(NBT)로 염색이 되어서 어느 정도 수목의 조직에서 발현되는지 시각화할 수 있다. H_2O_2는 3,3′-diaminobenzidine(DAB)로 염색이 가능하다.

Catalase

H_2O_2를 물이나 O_2로 분해하는 것을 촉진한다. 주로 페록시좀(peroxisome)과 글리옥시좀(glyoxysome; 식물 미세체로 지방 분해효소 가짐)에 존재한다. Apx에 비해서 catalase는 H_2O_2를 물로 전환하는 데 비효율적이다. 왜냐하면, 높은 수준의 H_2O_2가 존재할 경우에만 작동하기 때문이다. 따라서 catalase는 높은 농도의 H_2O_2가 있을 경우, 산화 스트레스 과정에서 단지 산화, 환원 균형만 유지한다. Catalase 및 peroxidase를 hydroperoxidase라는 이름으로 부른다.

$$2H_2O_2 \longrightarrow 2H_2O + O_2$$

흡수 스펙트럼은 629, 540, 500, 405 nm이고 프로토 헤마틴의 Fe와 효소-기질 결합한다.

PO(peroxidase)

산화제(수소수용체)로서 과산화수소를 이용해 기질을 탈수소화시키는 반응을 촉매하는 효소이다. 1942년 A. H. 테오렐이 서양고추냉이에서 처음으로 결정화했으며, '과산화효소'라고도 한다. 기질의 탈수소 반응에서 과산화수소 H_2O_2를 이용해서 $AH_2+H_2O_2 \rightarrow A+2H_2O$의 반응을 촉매한다.

α-tocopherol

토코페롤(비타민 E)은 항산화제로서, 산소 및 다른 활성산소종을 제거하는 역할을 한다. 소수성이므로 생체 내부의 지질 및 세포막, 그리고 혈액 속 지질단백질과 결합하고 있다. 세포막의 지질이 산소 및 활성산소종에 의해 과산화 작용이 일어나는데, 이때 토코페롤이 존재하면 페놀 고리가 활성산소종과 반응하여 세포막 지질의 산화를 막아서 세포 손상을 감소시키는 역할을 한다. 이러한 토코페롤의 기능은 세포막의 지질뿐만 아니라, 효소나 여러 단백질이 붙어 있는 지질 이중층을 보호한다. 대부분의 토코페롤은 알파 토코페롤(α-tocopherol)인데, 베타, 델타 및 감마 토코페롤은 거의 배출되어 사라진다.

β-carotenes

카로티노이드의 한 종류인 베타-카로틴은 비타민 A의 전구체이다. 베타카로틴은 비타민 A의 전구체로 가치가 있을 뿐만 아니라, 항산화제와 활성산소종 제거 역할을 한다. 카로티노이드는 효과적으로 활성산소와 페록시 라디칼을 제거하기 때문에 활성 산소종(ROS)의 형성에서 기인된 자외선에 의한 손상을 보호한다.

글루타치온

수목에서 글루타치온(glutathione, GSH)이 없으면 생존하기 어렵다. 생물학에서 이야기하는 글루타치온은 g-glutamylcysteinylglycine과 g-glutamylcysteine 포함한 화학적 구조가 비슷한 화합물을 모두 포함한다(Noctor et al., 2011). 특히, 글루타치온은 수목이 스트레스를 받으면 발현되는 중요한 역할을 한다. 또한 thiol-disulphide의 합성 과정에 많이 관여하고, 호르몬 합성에서 신호전달의 역할을 한다. 일반적인 글루타치온의 합성, 산화환원 반응, 대사, 신호전달은 다음과 같이 이루어진다. 글루타치온은 세포에서 낮은 분자량의 티올 합성물이다. GSH는 ROS에 의해서 산화된다. 또한 산화된 GSH는 세포질에서 환원된다. 스트레스가 없는 경우, GSH : GSSG 비율은 일반적으로 20 : 1 정도를 유지한다. 이것이 스트레스를 받고 있는 상태인지 아닌지를 판단하는 지표로 사용된다. 세포질에서는 이 비율이 높고, 액포에서는 이 비율이 낮다. 산화된 형태인 GSSG가 많다는 것은 스트레스에 의해서 산화 형태의 세포 물질이 많다는 것을 의미한다(그림 7.2).

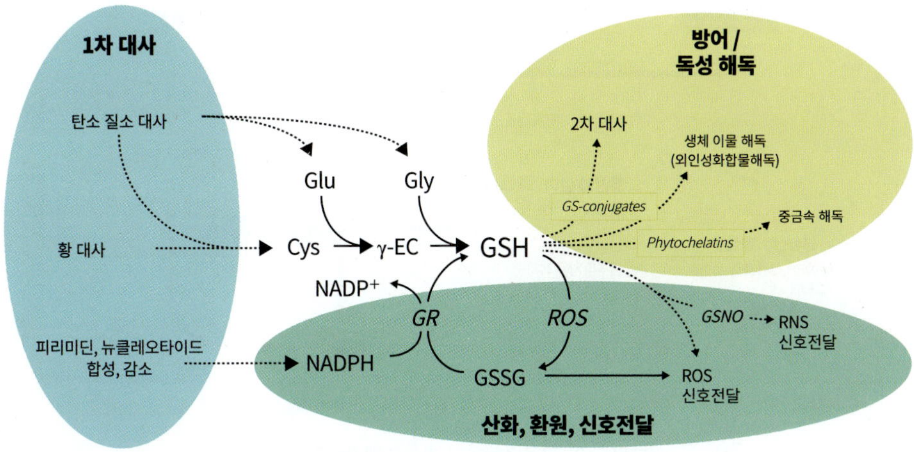

(Cys, cysteine; g-EC, g-glutamylcysteine; GS-conjugates, glutathione S-conjugates; GSNO, S-nitrosoglutathione; Glu, glutamate; Gly, glycine; RNS, reactive nitrogen species; ROS, reactive oxygen species).

그림 7.2 수목에서 글루타치온의 변화 과정

글루타치온의 역할

중금속을 흡수한 수목이 항상성을 유지하기 위해 저항성을 키우는 과정에서 글루타치온은 중심적인 역할(hub)을 한다(Seth et al., 2012). 글루타치온이 항산화효소의 작용을 통해서 환원된 형태로 유지하려 한다. ROS 생산량이 많고 항산화효소의 역할이 약해지면, 엽록체, 미토콘드리아 등에서 수목에 피해를 나타내게 된다. 또한 글루타치온은 신호전달 역할도 하는데, 산화환원에 관여하는 물질을 생산하는 데 신호전달을 하여 피해를 최소로 줄이기 위해서, 살리실산, 자스몬산 등의 물질을 만드는 데 기여한다. 중금속을 파이토젤라틴에 의해서 무독화하거나 불용성의 형태로 전환한다(그림 7.3).

탄닌, 플라보노이드

탄닌, 플라보놀 등은 항산화와 관련이 있는 대사산물이다. 칼빈사이클에서 발생한 ROS가 엽

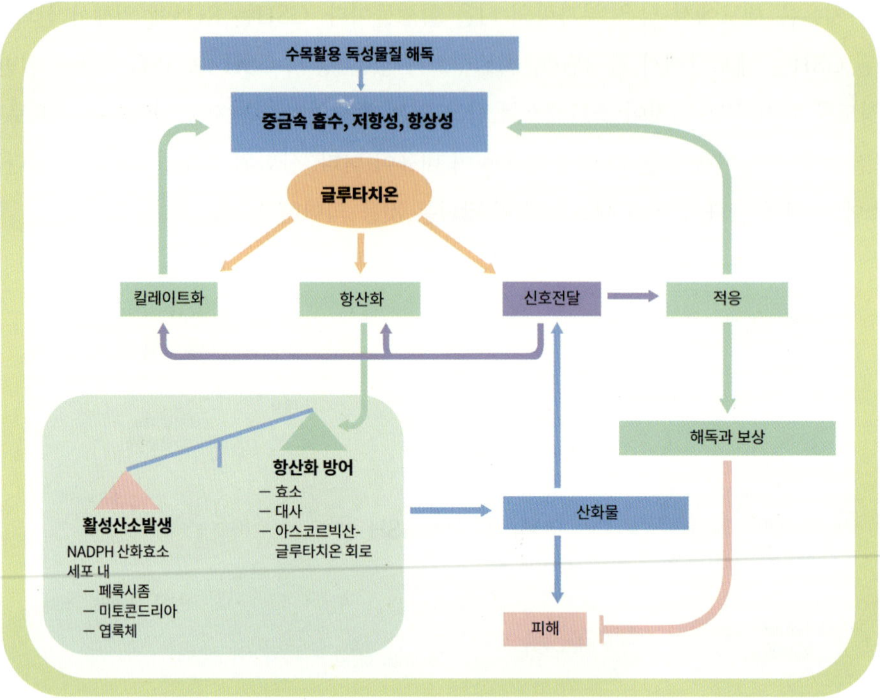

그림 7.3 글루타치온과 파이토젤라틴의 역할

록체에서 광계II의 중요한 신호전달물질이 되어서 세포의 죽음에 이르게 한다. 플라보놀은 탄닌(tannin)의 축적을 가져와서 낙엽이 떨어져서 양료 순환이 돌아가게 한다. 또한, 다년생 수목에서 중요한 영양단계 상호작용을 통해서 페놀글리코사이드(phenolic glycosides; PGs)의 영향을 받아서 양료 순환이 이루어지게 한다(Harding, 2019). 탄닌은 초식동물로부터의 보호, 낙엽 분해 속도의 조절이라는 기능 이외에도 생장하는 데 있어서 여러 가지 스트레스에 대한 반응의 결과로 나타난다.

탄닌은 프로안토시아니딘(proanthocyanidins; PAs)이라고도 알려져 있고, 플라보노이드 합성 과정의 산물로 본다. UVB로부터 수목을 보호하고, 이때 발생한 활성산소종을 없애며, 하이드로시나메이트(hydroxycinnamates)가 프라보노이드(flavonoids)를 자극하여 탄닌을 축적한다. UVB를 흡수한 프라보노이드는 활성산소종을 제거하는 데 주요 역할을 한다. 프라보놀은 DNA가 활성산소종으로부터 피해를 받는 것을 막아주는 역할을 한다. 액포에서 프라보노이드가 축적된다. 액포에서 UVB를 걸러주면, 세포에서 활성산소종을 소거하는 기능이 활발하게 이루어진다.

특정한 환경 스트레스에서, 예를 들어 토양의 양료 수준이 낮은 경우, CT와 salicinoid phenolic glycoside(PG)는 서로 반대 역할(trade off)을 한다. 버드나무나 포플러가 속하는 Salicaceae는 넓은 유전적인 변이를 가지고 있는데, CT와 salicinoid phenolic glycoside(PG)는 서로 상호 반대의 기능을 한다. 스트레스나 활성산소종이 나타나는 경우, CT의 농도가 높아지면 PG의 농도가 낮아지는

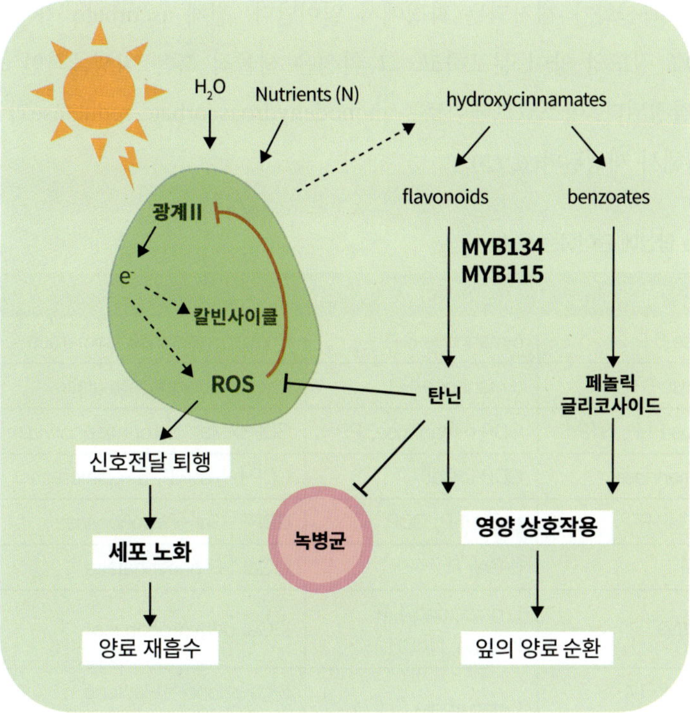

그림 7.4 탄닌과 플라보노이드의 기능

현상이 나타난다. 포플러의 저항성과 CT의 양이 정의 상관관계를 rust(Melampsora larici-populina) 피해로부터 볼 수 있다. 사시나무(*Populus tremuloides*)에서 상당량의 UVB는 잎의 표피에서 걸러지는데, 잎과 UVB가 만나는 잎의 윗면, 책상조직에서는 탄닌의 축적이 적다(그림 7.4). 이 책상조직에서 광합성을 통해 가장 많은 ROS가 발생한다.

Ascorbate

비타민 C로 알려져 있는 것으로 수목에 어디든지 분포한다. 특히, 질소고정하는 수목 뿌리혹에 1~2 mM, 잎에 5~25 mM, 엽록소에 25~50 mM의 농도로 분포한다. 이것은 수용성 형태로 존재하며 ROS를 작접 소거하는 역할을 한다. 아스코르베이트-글루타치온 경로[ascorbate glutathione(GSH) pathway]를 통해서 직접 활성산소종을 소거한다. 프라보노이드나 호르몬 proline hydroxylation의 생성에 공동기질로 작용한다. D-mannose L-galactose(or Smirnoff-Wheeler) pathway에 관여하는 물질은 다양하다(표 7.9). 관련한 용어를 정리하였다. 세포 내에서 ascorbate의 농도는 산화되는 정도에 따라서 결정된다. 생리적인 산화과정에서 ascorbate가 monodehydroascorbate 혹은 dehydroascorbate으로 변하는 것을 촉진시킨다. 세포질이나 엽록체에서 아스코르베이트-글루타치온 경로에 의해 과산화가 제거되는 과정에서 일어난다. 전체 ascorbate 가운데 세포 간극 주변(apoplast)에 10% 정도의 양이 분포하고, 그 활성은 생물적 혹은 비생물적인 스트레스가 외부에서 작용할 때 결정된다. 아스코르베이트는 monodehydroascorbate reductase과 dehydroascorbate reductase에 의해서 재생된다(표 7.9).

표 7.9 Ascorbate 합성에 관여하는 효소

단계	기질	산물	효소	약자
1	D-fructose-6-P	D-mannose-6-P	Phosphomannose isomerase	PMI
2	D-mannose-6-P	D-mannose-1-P	Phosphomannose mutase	PMM
3	D-mannose-1-P, GTP	GDP-D-mannose, PP	GDP-D-Man pyrophosphorylase	GMP/VTC1
4	GDP-D-mannose	GDP-L-Gal	GDP-D-Man 3′, 5′-epimerase	GME
5	GDP-L-Gal, P	L-Gal-1-P, GDP	GDP-L-Gal phosphorylase	VTC2/VTC5
6	L-Gal-1-P	L-Gal, P	L-Gal-1-P phosphatase	VTC4
7	L-Gal, NAD^+	L-galactono 1,4-lactone, NADH	L-Gal dehydrogenase	GalDH
8	L-galactono-1,4-lactone	L-ascorbate	L-galactono-1,4-lactone dehydrogenase	GalLDH

Thiols

티올 3중결합[GSH(γGlu-Cys-Gly)]은 수용성 항산화물질이며, 산화환원 과정 가운데 황(S)의 전달, 스트레스에 대한 저감, 중금속의 완충제 역할을 한다. 질소고정하는 수목에서는 티올이 스트레스를 극복하는 데 중요한 역할을 하는데, homoglutathione(hGSH; γGlu-Cys-bAla)은 GSH로 전환된다. GSH의 합성은 ATP가 필요하고 γ-glutamylcysteine synthetase(γECS)와 glutathione synthetase(GSHS)에 의해서 촉진된다. γECS와 GSHS 같은 유전자는 NO에 의해서 신호전달을 통해서 발현된다. *Lotus japonicus*에서 GSHS는 옥신(auxins), 싸이토키닌(cytokinins), 폴리아민(polyamines) 등에 의해서 활성화된다. 질소고정 수목에 H_2O_2, γECS, hGSHS를 처리하면 티올이 활성화된다. 또한, 티올이 부족하면 측근 혹은 주근의 분열이 감소한다. GSH가 일반적으로 hGSH 보다는 질소고정하는 수목에서 더 중요한 역할을 한다.

Ascorbic-glutathione pathway(아스코르베이트-글루타치온 경로)

이 과정은 항산화 시스템의 핵심이다. Ascorbate-GSH 혹은 Halliwell-Asada pathway에

는 ascorbate peroxidase(Apx), monodehydroascorbate reductase, dehydroascorbate reductase, glutathione reductase 등의 효소가 NAD(P)H의 힘을 통해서 다양하게 관여한다. 이들 4가지 효소들은 세포질, 색소체(plastids), 미토콘드리아, 페록시좀(peroxisomes)에서 발견된다. Ascorbate-GSH pathway는 특히 질소고정하는 수목에서 이들 효소의 활성 및 질소고정 뿌리 혹 노즐과의 상관관계가 높다. 노즐의 ascorbate의 함량과 항산화 능력은 정의 상관관계를 가진다.

Thiol peroxidases: glutathione peroxidases와 peroxiredoxins

Thiol peroxidases는 peroxiredoxins(Prxs)와 glutathione peroxidases(Gpxs) 2개의 효소를 포함한다. Prxs와 Gpxs는 비교적 작은 단백질(17-24kDa)로 구성되었다. 세포질, 색소체, 미토콘드리아 등에 존재한다. Prxs는 H_2O_2 혹은 alkyl hydroperoxides(ROOH)를 환원하여 thioredoxin(Trx)를 전자수용자로 활용하여 물 혹은 알코올(ROH)로 각각 만든다.

$$ROOH + Trx\text{-}(SH)_2 \longrightarrow ROH + Trx\text{-}S_2 + H_2O$$

Protein disulfide reductases: thioredoxins와 glutaredoxins

Trxs는 12-14kDa의 작은 단백질이다. 티올그룹이 산화되면, 엽록체와 세포질 Trxs는 ferredoxin-Trx reductase와 NADPH-Trx reductase에 의해서 각각 재생된다. Trxs는 ROS에 의해서 손상된 조직을 재생하는 역할을 한다. Grxs는 직접 peroxides를 환원하여 dehydroascorbate로부터 ascorbate를 재생하는 역할을 한다.

Glutathione S-transferases

Glutathione S-transferases(GSTs)는 제노바이오틱(xenobiotics)를 해독하는 역할을 하고, 특히 아트라진(atrazine)같은 제초제로부터 받은 피해를 줄이는 역할을 한다. 질소고정하는 수목은 일반적으로 산화스트레스에 대해서 저항성을 보이는데, 이러한 제초제 성분을 무독화하는 것처럼 질소고정하는 수목에서는 ROS나 RNS가 스트레스로 작용한다. 그러나 질소고정하는 수목에서 이들이 긍정적으로 작용하면, 신호전달물질로서 뿌리의 노즐 생성, 생장에 긍정적으로도 작용한다(Becana et al., 2010). 특히 RNS는 질소고정하는 수목에서 발생한다.

Ascorbic acid

오존에 대해서 아스코르브산의 반응을 여러 가지 식물을 대상으로 확인해 보면 다양하다. 아스코르브산의 전구물질인 비타민 C 또는 L-아스코르브산(Asc)은 비타민의 한 종류이다. 강한 환원제로서 콜라겐의 합성 효소 활성화 등 생물에 있어 필수적인 성분 중 하나이다. 비타민 C는 아스코르브산과 그것의 염, 몇몇의 디히드로아스코르브산과 같은 산화된 형태의 분자를 포함한다. 아스코르브산염과 아스코르브산은 pH에 따라 그 형태가 상호전환되고, 그들 중 하나가 세포 내로 삽입된다면, 자연적으로 체내에서 보존된다. 아스코르브산은 또한 산화를 방지하는 항산화물질로 작용한다.

Phytohormone

옥신(auxin), 싸이토키닌(cytokinins), 지베렐린(gibberellins), 살리실산(salicylic acid), 아브시식산(abscisic acid) 등은 건조, 염분 스트레스에 대해서 높은 농도의 발현으로 나타난다. 특히, 살리실산은 저항성 메카니즘에서 신호전달 역할을 하는 것으로 밝혀졌다. 식물에서 N-6-benzyladenine 또한 오존에 대해서 농도가 높아졌고, 잎에 시비 형식으로 뿌려주면 오존에 대해서 피해가 줄어든다. 제아틴(zeatin; 옥수수 배젖에서 분리한 싸이토키닌) 용액도 잎에 뿌려주면 같은 효과를 나타낸다. 싸이토키닌은 오존 농도가 높아지는 환경에서 엽록소 소실을 막아주고 생장이 잘되도록 도와준다.

Polyamine

폴리아민은 수목의 세포에 아주 작은 양을 포함하는 물질이다. 오존에 대해서 활성산소종을 포집하여 소거하는 능력을 가졌다. 페룰산(free ferulic; 세포벽에 있는 타감작용하는 항산화물질), 커피산(caffeic acid) 같은 물질이 대표적인 것이다. 이러한 폴리아민은 오존뿐만 아니라, 건조, 병해충에 대해서 저항성을 가지는 수목에서 흔히 볼 수 있다. 반면에 폴리아민 중에서 푸트레신(putrescine), 스페르미딘(spermidine), 스페르민(spermine) 등은 대기오염에 약한 수목에서는 그 농도가 아주 낮아진다. 폴리아민은 수목의 타감 물질에 많이 포함되어 있어서 토양에 독성을 주기도 하고, 토양미생물의 생장을 억제하는 것으로 알려져 있다. 또한 농도가 아주 높으면 동물에도 영향을 미친다. 그러므로 오존에 대해서 저항성을 가지는 수목을 선발하는 경우에 폴리아민의 농도가 높은 수목만을 고려한다면 생태계에 영향을 줄 수도 있다.

대기오염에 대한 피해 과정을 설명하는 모델

수목이 공해에 대해서 쇠퇴현상을 보이는 과정은 표 7.10과 같다. 대기오염이나 중금속에 대해서 수목이 노출되면 개체목이 가지는 약점들 때문에 내성의 수준이 달라지기도 하지만, 만성적인 생태적인 요인 때문에 (기후, 토양 수분과 양료, 개체목의 유전적인 형질, 경쟁 등) 오염물질에 대해서 약점을 나타낸다. 오염원은 이러한 요인들을 제일 먼저 자극하여 수목이 가지는 저항성을 떨어뜨리고, 더욱이 서리, 고온, 건조, 염분, 쓰레기, 기계적인 상처 등이 이들에 대한 저항성을 떨어뜨린다. 또한 바이러스, 해충, 뿌리썩음병 등이 대기오염에 대한 내성을 더욱 떨어뜨리도록 하는 요인으로 작용한다(표 7.10). 개체목이 오염원에 대해서 약한 모습을 나타내는 이유는 대기오염이나 중금속 등에 대한 스트레스를 받은 후 복합적인 요인들이 함께 작용함으로서 나타나는 결과이다(McLaughlin, 1985).

표 7.10 스트레스로서 대기오염과 만성, 방아쇠 역할, 가속화 기능을 하는 환경 요인

스트레스 요인	만성적인 약화 요인	방아쇠 역할 요인	피해 가속화 요인
대기오염	기후 토양 수분 유전적인 특성 토양 양료 경쟁	서리 건조 염분 물 기계적 상처	바이러스 뿌리부후균 Bark beetles

수목이 오존에 대하여 저항성을 나타내는 이유는 여러 가지이다(Winner, 1994). 육종 분야에서는 저항 요인을 대상으로 대상목을 평가하여 공해에 견디는 수종에 대한 연구가 진행되고 있고, 이와 같은 요인들을 극대화시킬 수 있는 접근법이 있어야 한다. 예를 들어, boundary layer가 많이 생길 수 있는 수종 혹은 기상 상태를 유지시키는 것도 필요하고, 기공의 경우도 수종마다 그 행태가 다르므로 이에 대한 고찰이 필요하다. 기공의 열림이 크고, 오염물질에 견딜 수 있는 능력이 크다면, 이러한 수종은 직접적으로 내공해 수종의 선발과 직결되는 것이며, 오염물질의 최대흡수 또한 이룰 수 있다. 수목이 오염물질에 견디는 능력은 1) 잎의 상태, 즉 ① 바운더리 두께(잎의 경계층, boundary layer), ② 기공(Stomata), ③ 세포 간 간격, ④ 엽육세포와 세포내 CO_2 농도, ⑤ 큐티클층, ⑥ 잎 표면의 상태, ⑦ 접촉각 그리고 2) 항상성을 유지하려는 식물체의 능력(Homeostasis)에 의해서 차이가 난다. 수목이 대기오염물질에 대해서 차이를 내면서 피해를 나타내는 경우에 오염물질에 노출된 강도(Magnitude)와 지속기간(Duration)에 의해서 좌우된다.

대기오염 연구를 위한 도구

대기오염 연구를 위해서는 많은 도구가 필요하다. 식물에 대한 실험을 야외에서 하기 힘든 경우에는 식물을 키워서 온실이나 실내 환경에서 실행한다. 마찬가지로, 대기오염에 대한 연구를 위해서 큰 수목의 경우는 야외에서 수행하기가 어렵다. 이러한 어려움을 극복하기 위해 여러 가지 도구를 만들어 실행한다(표 7.11).

표 7.11 대기오염 연구 시설과 장비의 장단점

종류 \ 특성	장점	단점
Cuvettes	• 간단한 조작 가능 • 규모가 작으므로 취급이 간단	• 잎을 1개 혹은 작은 조직에 대해서만 조사 가능 • 작은 잎에서 얻은 결과를 큰 수목에 적용하기 어려움
Portable greenhouse chamber	• 이동할 수 있기 때문에 공간적인 제약을 받지 않음	• 실내 환경 같은 조건에서 제어 가능하므로 실외와 편차가 있음
Portable field chamber	• FACE의 축소판 • 야외에서 이동이 될 수 있음 • FACE에 비해서 비용이 적게 소요	• 큰 수목에 대해서 적용하기 어려움
Tunnels	• 자연식생 고려 가능 • 사람이 이동하면서 실험이 가능 • 비용이 적게 소요	• 오염원에 대한 정확한 결과를 얻기가 어려움 • 시설이 하층 토양에 많이 분포하므로, 상층목에 대한 결과를 얻기 어려움 • 무게가 무거운 오염원에 대해서는 취급이 어려움
FACE (Free Air CO_2 Environment)	• 바람의 방향을 고려함 • 자연 상태를 가장 고려한 설계 • 자연식생, 수목을 대상으로 실험이 가능 • 장기간 실험이 가능	• 건설에 많은 비용이 소요됨
Branch chambers (Branch bags)	• 성숙목의 가지를 대상으로 오염 연구의 보편적인 기구 • 시간이 지나면 백(bag) 안의 온도가 상승해서 호흡량이 증가	• 가지를 통해 얻은 결과를 전체 성숙목의 결과로 적용하기에 어려움
Open-top chamber	• 값이 저렴한 시설 • 설치가 용이함 • 어린 묘목, 종자에 대한 연구 • 성숙한 개체에 대해서는 실험이 어려움	• 윗부분이 개방형이라서 오염물질이 밖으로 나갈 수 있음 • 큰 수목을 대상으로 연구하기 어려움
Phytotron	• 온도, 습도, 광도 등을 자유로이 제어할 수 있음 • 정교한 자료를 얻을 수 있음	• 많은 계측기, 제어기가 필요함 • 비용이 많이 소요됨

큐벳

큐벳(Cuvette)은 1개의 잎에 대한 환경 제어를 통해서, 잎에서 가장 정확한 자료를 얻을 수 있는 도구이다. 이 도구는 잎을 대상으로 정교한 측정은 할 수 있지만, 전체 성숙목에 대해서는 불가능하다는 단점이 있다. 또한 작은 챔버를 활용하여 토양의 호흡량이나 식물의 형광 반응 등도 측정할 수 있다.

가지 챔버(branch chambers 혹은 branch bags)

성숙목의 가지를 대상으로 오염 연구를 할 수 있는 보편적인 기구이다. 성숙한 나무의 가지에 플라스틱 혹은 테플론 재료로 백을 만들어서 가지에 오염물질이 노출될 수 있도록 고안한 것이다. 이 도구는 비용이 적게 든다. 가지를 감싸는 백을 바람이 통하게 설계할 수도 있지만, 그렇지 못한 채 전체를 모두 감싼 경우에서는 시간이 지나면서 가지를 감싼 백 내부의 온도가 올라가 수목의 호흡률이 매우 많이 증가하는 문제점이 발생한다. 최근에는 식물에서 BVOC가 얼마나 발생하는지를 연구하는 경우에 이와 같은 장비를 사용한다. BVOC가 발생하는 것을 일정기간 동안 백에 포집하여 그 농도를 측정하는 방법을 쓴다.

이동형 소규모 온실(portable greenhouse chamber)

이동이 가능한 소규모 온실을 활용하여 연구가 가능하다. 이동식 챔버 안에 환경을 제어할 수 있는 설비를 하는 것이다. 광도, 온도, 습도 등을 조절하는 간단한 설치를 통해서 대기오염 연구가 가능하다. O_3, SO_2 등의 대기오염 물질을 조절할 수 있는 장치를 이용하기도 한다.

이동형 야외 챔버(portable field chamber)

이동이 가능한 형태로 야외에서의 대기오염 연구를 위해서 고안된 설비이다. FACE와 비슷해서 이의 축소판이라고 한다. FACE는 상당히 큰 수목집단에 대해서도 연구가 가능한 반면에 비용이 많이 소요되는 단점이 있지만, 이 설비는 적은 비용을 들여서 설치할 수 있는 장점이 있다. 또한 작은 형태이지만 자연식생을 고려한 연구를 할 수 있다는 장점이 있다.

터널(tunnels)

자연식생의 경우, 식생이 분포하는 지역으로 터널 형태의 기구를 늘어뜨리고 오염물질을 노출시키는 장비이다. 자연식생을 따라 터널이 지나가면서, 터널에 만들어진 구멍을 통해 특정 오염물질을 노출시킨 후 식생에서 나타나는 생리적인 변화를 관찰하는 도구이다. 하지만 오염물질 가운데 무거운 분자량을 가진 물질은 이러한 기구에서 임상으로 가라앉기에 명확한 연구결과를 얻기가 어려운 단점이 있다.

FACE(free air CO_2 environment)

원래는 고농도 CO_2 농도에 따른 식생의 생리적인 변화를 관찰하는 목적으로 고안된 시설이다. 그러나 최근에는 오존 등 다른 오염원에 대해서도 노출이 가능하기 때문에 복합적인 오염연구를 하는 데 사용한다. 이 장비의 가장 큰 장점은 바람의 방향을 고려한 자연 상태를 반영할 수 있는 설계이다. 바람의 방향을 고려해서 식생에 고르게 오염물질이 노출될 수 있도록 하는 것이다. 개체 수목 하나를 대상으로 생리적인 변화를 관찰할 수 있고, 군집으로 모여 있는 집단에 대해서도 연구결과를 얻을 수 있는 장점이 있다. 이 설비를 구축하기 위해서는 많은 비용이 발생한다.

오픈탑 챔버(open-top chamber)

설비의 위가 오픈되어있는 것이기 때문에 이름이 붙은 설비이다. 무엇보다도 값이 저렴한 시설이고, 간단히 설비를 만들 수 있다. 설비의 위가 열려 있기 때문에 오염물질이 위로 나갈 수 있다. 그리고 작은 묘목을 대상으로만 연구할 수 있는 것이기 때문에 큰 나무를 대상으로 하는 연구에서는 한계가 있다. 최근에는 작은 오픈탑 챔버를 활용하여 토양에서 발생하는 이산화탄소 등 다른 기체상 물질을 연구하는 데도 많이 활용된다.

환경제어시설(phytotron)

작은 규모의 정교한 온실이라고 볼 수 있다. 자연광으로 설계한다면 보다 자연에 가까운 환경을 만들 수 있다. 온도, 습도 등을 자유로이 제어할 수 있어서 정교한 자료를 얻을 수 있다. 따라서 정교한 수목의 생리적인 메커니즘을 규명하는 연구에 활용이 가능하다. 그러나 설비를 구축하는 데 비용이 많이 들고, 정교한 기술이 필요하다.

CHAPTER

08 경쟁

춘재, 추재의 특성

수목이 경쟁을 하면, 나이테 생장에 영향을 준다. *Abies pinsapo*의 경우 서로 경쟁하는 개체에서는 생장을 시작하는 시점이 느려진다. 수목 간의 경쟁이 있으면, 수목은 목부 생성에 영향을 받는다. 세포의 생장(ec; enlarging cell, wt; wall-thickened)이 경쟁하는 개체의 경우 느리게 시작한다. 또한 춘재(ew; early wood)의 경우 빠르게 생장이 멈추고, 추재(lw; late wood)로의 생장으로 빠르게 전환된다(Linares et al., 2009). 경쟁이 없는 개체는 춘재의 생장을 8월말까지 하고 추재로 전환되는 반면에, 경쟁하는 개체는 춘재의 생장을 7월경에 멈추고 추재로 전환된다(그림 8.1).

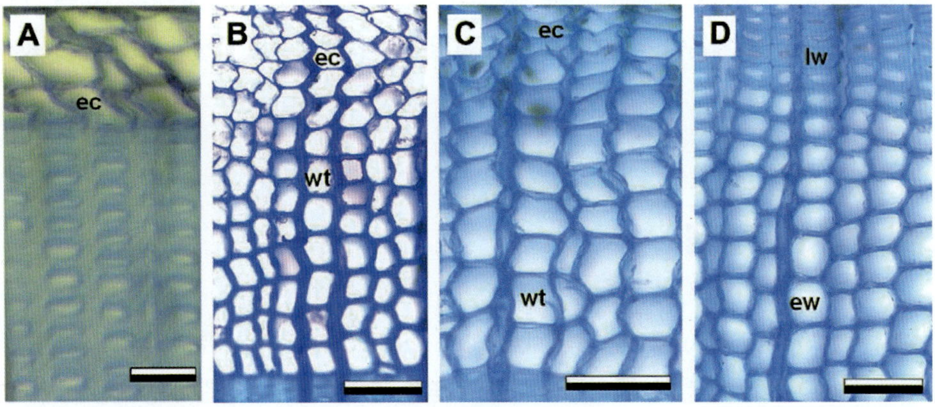

그림 8.1 *Abies pinsapo*의 춘재, 추재의 특성(A, C, D 막대 = 200 μm, B 막대 = μm)

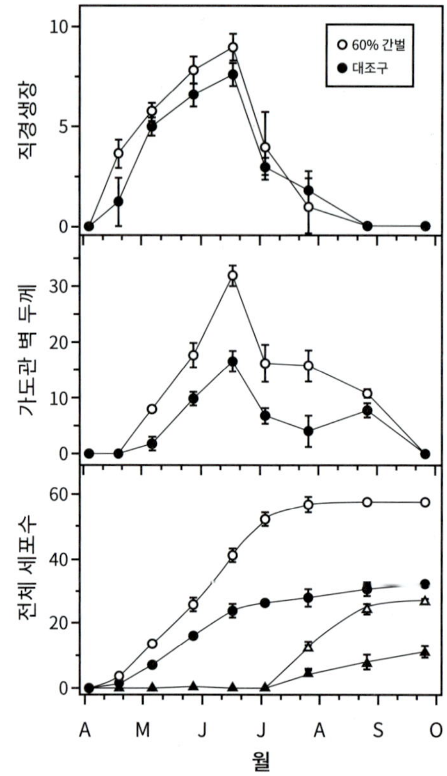

그림 8.2 경쟁이 있는 경우에 나이테의 생장 특성

경쟁하는 개체의 경우, 나이테의 생장량, 가도관의 숫자, 전체 세포의 숫자가 경쟁이 없는 개체에 비해서 적다. 특히, 전체 세포의 숫자가 경쟁이 없는 경우 경쟁하는 개체에 비해서 더 많다. 수목이 성장하면서 세포의 숫자가 늘어나는데, 경쟁이 없는 경우 생장이 왕성하여 세포의 분열로 숫자가 증가하는 것이다. 간벌을 하면 경쟁을 완화시켜 준다. 간벌을 통해서 생육 환경이 개선되면 수목의 생장이 촉진되고, 세포분열의 촉진으로 춘재의 성장이 많아진다. 간벌 없이 경쟁하는 산림에서는 빠른 추재로의 전환 때문에 생육기간이 실제로 단축된다. 경쟁을 완화시켜줌으로써 생육기간을 연장하는 것이다(그림 8.2).

뿌리의 형태와 호흡량

졸참나무(*Quercus serrata*) 뿌리의 형태에 따라서 호흡량이 달라진다. 뿌리의 평균 지름이 작을수록 뿌리의 호흡량이 증가한다. 특히, 2 mm 이하 되는 잔뿌리에서 호흡량이 증가한다. 뿌리의 길이(specific root length; SRL)에 따라서는 호흡량이 비례해서 증가한다. 또한 토양의 질소 함량이 많

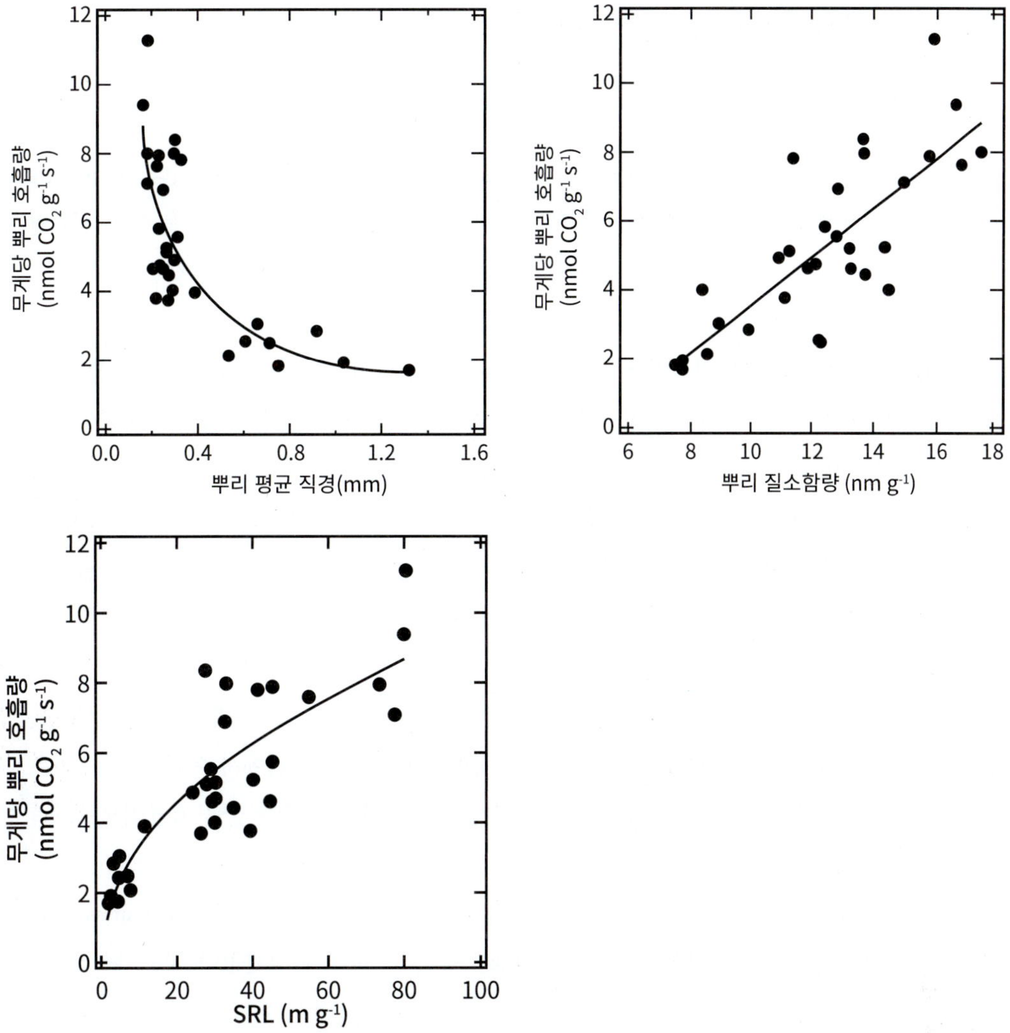

그림 8.3 졸참나무(*Quercus serrata*) 뿌리의 직경과 질소 함량에 따른 호흡량

을수록 뿌리의 호흡량이 증가한다(Makita et al., 2009). 토양에 질소가 많으면, 단백질과 대사 기능이 증가하는 생리적인 활성이 증가하고, 호흡량도 더불어서 증가한다. 뿌리의 연령, 형태에 따라서 호흡량이 달라지는 것은 SRL과 연관이 있다. 뿌리의 길이가 길어지면, 양료 흡수와 고정에 탄소를 많이 소모해야 한다. 이러한 양료의 흡수와 고정에 들어가는 호흡량이 잔뿌리에서 굵은 뿌리에 비해서 훨씬 많기 때문이다. 활엽수에서 침엽수보다 SRL이 아주 높다. 토양에서 미생물, 마이코라이자(균근)와의 공생관계가 길고 가는 뿌리에서 많이 이루어진다(그림 8.3).

상층임관에서의 SMA(잎의 신초무게/면적)

수고가 큰 나무의 상층부와 하층부는 여러 가지 경쟁을 피하기 위해서 생리적으로 다르게 환경에 적응한다. Red wood(*Sequoia sempervirens*)는 29~113 m까지 자라는 수목이다. Shoot mass : area(SMA)를 활용하여 수목이 무게 중심의 적응을 하는지 또는 면적 중심의 적응을 하는지를 알 수 있다. 수고가 증가할수록 SMA(신초무게/면적)의 비율은 증가한다(그림 8.4). 검은색은 수관의 상층, 흰색은 수관의 하층을 나타내는데, 상층으로 갈수록 수고와 SMA가 비례한다(Mullin et al., 2009). 수관의 위쪽으로 갈수록 잎의 면적이 작아지고, 잎의 무게가 늘어난다는 것이다. 수관의 상층에서는 빛보다는 물이 생리적인 현상에 결정적으로 작용하고, 수관의 밑으로 올수록 물보다는 광이 생리적인 활성을 유지하는 데 중요한 요인이 된다. 최대 광합성률(A_{max}), 표준화된 광합성률(A), 내부 CO_2 농도(gi)는 수고가 증가할수록 감소한다. 그러나 광보상점, 광포화점, 암호흡량은 수고와 SMA가 높아질수록 증가한다. 낮은 내부 CO_2 농도, 높은 암호흡이 상층임관에서 광합성과 생장효율을 감소시킨다. 상층임관에서는 높은 광도로 인해 높은 호흡을 요구한다. 상층에서 높은 광보상, 포화점을 요구하는 것도 탄소고정량을 줄이는 역할을 한다. 상층임관에서는 두꺼운 엽육조직이 있고, 낮은 엽면적이 광합성을 낮게 한다. 낮은 임관에서는 비교적 그늘이 지고, 빛이 부족한 상황이라서 순광합성률은 높은 임관에서보다는 높다. 그러므로 최대 광합성률은 낮은 임관에서 이루어진다. 높은 임관에서는 수분이용효율이 낮은 임관에 비해 높은 수준을 유지해서 부족한 물을 효율적으로 활용한다(그림 8.4).

Beech(*Fagus sylvatica*)의 경우도 이와 비슷하다. 상층임관에서 높은 LMA[Leaf mass : area(잎무게/면적)]를 관찰할 수 있다. 낮은 고도(*L*), 중간(*M*), 높은 고도(*H*)에 상관없이 질소, 탄소의 함량

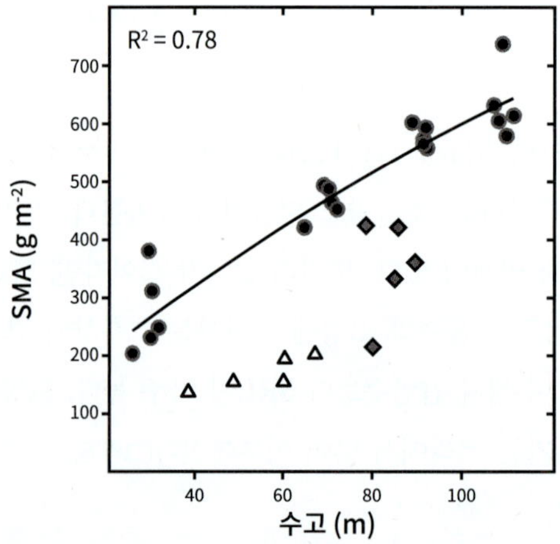

그림 8.4 수고와 shoot mass : area(SMA) 관계(검은색: 상층, 흰색: 하층)

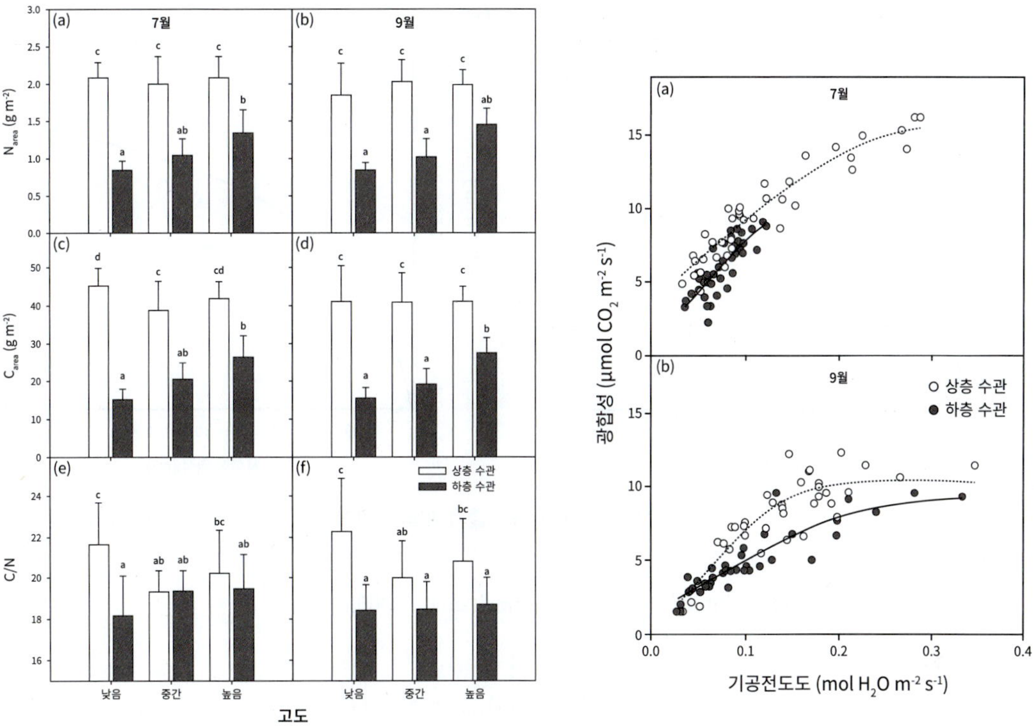

그림 8.5 상하층 임관의 수고별 C/N 율

은 높은 임관에서 많다. 또한 C/N 비율도 낮은 임관보다 상층임관에서 더 높다(Rajsnerová et al., 2015). 고도가 올라갈수록 침엽수 잎에서 질소의 함량이 증가하는 것은 아니지만, 일반적으로 고도가 높아질수록 활엽수 잎에서는 질소의 함량은 증가한다. 높은 임관에서 높은 고도로 인한 낮은 온도의 환경임에도 불구하고 높은 광합성률을 유지하는 것은 잎에서의 질소 함량과 밀접한 관련성이 있다. 높은 광도로 인한 상층임관에서의 수광량의 증가는 Rubisco 활성이 상층임관에서 낮은 임관보다 높게 한다. 이러한 질소의 역할이 고도가 높은 상층임관에서 높은 광합성을 유지하는 결과를 가져온다. 침엽수의 경우에도 상층임관의 잎에서 광합성률이 하층임관의 잎의 광합성률보다 높다. 생육기인 7월뿐 아니라 9월에도 상층임관에서 광합성율이 높다(그림 8.5).

경쟁을 나타내는 social area와 생장

Social area(사회적 면적)는 다음과 같이 계산할 수 있는데, 일정한 면적 안에 얼마나 많은 이웃한 수목들이 있는지를 객관적으로 평가하는 것이다. A_{bas_s}는 샘플한 나무(Social area와 경쟁이 얼마나 되는지 알고 싶은 나무)이고 A_{bas_i}는 각각 이웃한 수목을 가리킨다. *di*는 수목 간의 거리를 나타낸다. 샘플링한 나무의 이웃에 얼마나 많은 다른 개체가 경쟁을 하고 있는지를 나타내는 지표이다. 주변에

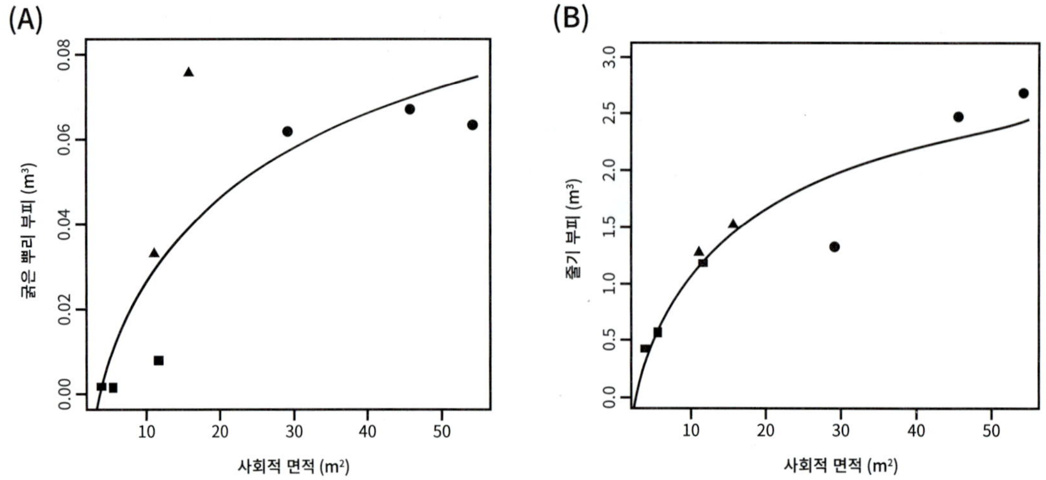

그림 8.6 Social area와 줄기, 뿌리의 관계

이웃한 나무가 적으면, social area는 증가한다(Cermak et al., 2006).

$$A_{social} = \pi\left(\sum_{i=1}^{n} di\left[\frac{A_{bas_s}}{A_{bas_s} + A_{bas_i}}\right]\right)^2$$

건전한 생장을 하는 수목은 지상부와 지하부의 생장이 비례한다(그림 8.6). Social area가 증가할수록 수목의 생장은 촉진된다. 뿌리의 크기, 수간의 직경 모두 social area가 증가할수록 동반해서 증가한다. 식재 간격이 넓어지거나 간벌 같은 산림 작업을 통해서 공간이 충분히 확보되면, 많은 양의 광, 양료, 수분이 확보되서 수목의 생장에 도움을 준다(Butler et al., 2010).

초식동물에 대한 활엽수와 침엽수의 반응

수목은 다양한 경쟁을 경험한다. 경쟁이 증가하면 활엽수와 침엽수가 방어하기 위해서 약간 다른 반응을 한다. 특히, 초식동물이 가해하는 경우 경쟁이 증가하여 광과 양료가 부족하면 천이초기에 해당하는 활엽수(aspen 종류)가 침엽수(fir 종류)에 비해서 더 큰 영향을 받는다. 2종류 모두 경쟁에 대해서 탄소의 양을 방어하는 쪽으로 투자를 하는데, 오래 사는 상록성 침엽수가 활엽수에 비해서 훨씬 많은 투자를 한다. 또한 질소의 경우에도 경쟁을 완화하기 위해서 침엽수에서 많은 양을 경쟁에서 회복하는 데 투자해야 한다. 초식동물의 가해가 증가하거나 경쟁이 증가하면 침엽수에서 질소의 고갈 현상이 활엽수보다 많이 나타난다. 활엽수는 질소를 줄기와 뿌리에 저장하지만, 침엽수는 접근 가능한 잎에 질소를 저장하는 전략을 가지고 있기 때문에 이러한 차별적인 전략이 나온다(Millard and Way, 2011). 활엽수는 질소를 초식동물이 가해하는 잎으로부터 멀리 저장함으로써, 피

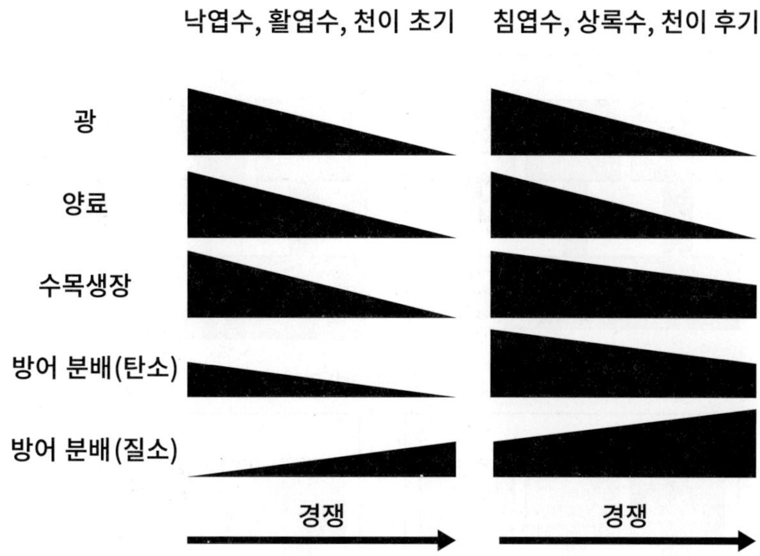

그림 8.7 초식동물에 대한 활엽수와 침엽수의 반응

해를 덜 받게 되고 적은 방어물질(phenolic glycosides와 고농도 탄닌)을 생산한다. 수목은 경쟁에서 이기기 위해서는 질소와 탄소를 방어에 투자해야 되기 때문에 질소를 적게 저장하게 되고, 또 겨울에는 저장한 질소를 사용하기 때문에 봄에 생장을 시작할 때 질소 부족이 일어난다(그림 8.7).

경쟁과 탄소 분배

수목이 광, 대기 중의 이산화탄소 환경요인이 있을 때, 다음과 같은 4가지의 경우를 가정할 수 있다(Franklin et al., 2012). 경쟁이 없는 얕은 토양, 깊은 토양, 경쟁이 있는 얕은 토양, 깊은 토양의 4가지이다(그림 8.8). 수목의 생장은 광, 광합성을 위한 탄소의 가용성, 뿌리가 이용할 수 있는 질소의 가용성에 따라서 달라진다. 얕은 토양에서는 수목뿌리의 중첩도가 증가하고 토양질소에 대한 경쟁이 심해지기 때문에 수목이 더 심한 경쟁하는 환경에 처하게 된다. 반면에 깊은 토양(심토)의 경우 수목의 경쟁이 있더라도 토양깊이에 따른 질소의 가용성이 크므로 수목뿌리의 중첩이 심하지 않고 경쟁을 어느 정도 완화시킬 수 있다.

토양의 깊이가 깊은 환경 조건에서 질소가 많은 토양에서는 수목이 수간이나 잎에 탄소를 저장한다. 뿌리에 저장하는 탄소는 토양에서 질소의 농도가 높아질수록 낮아진다(그림 8.9a, b). 광합성을 통해서 탄소를 고정한 이후에 탄소의 분배는 토양이 깊은 곳에서 많이 이루어진다(그림 8.9c, d). 깊은 토양일수록 경쟁 지수가 낮아진다(그림 8.9e, f). 토양 깊이가 얕은 곳에서는 경쟁이 심한데, 특히 탄소에 대한 경쟁이 질소에 대한 경쟁보다 심하다.

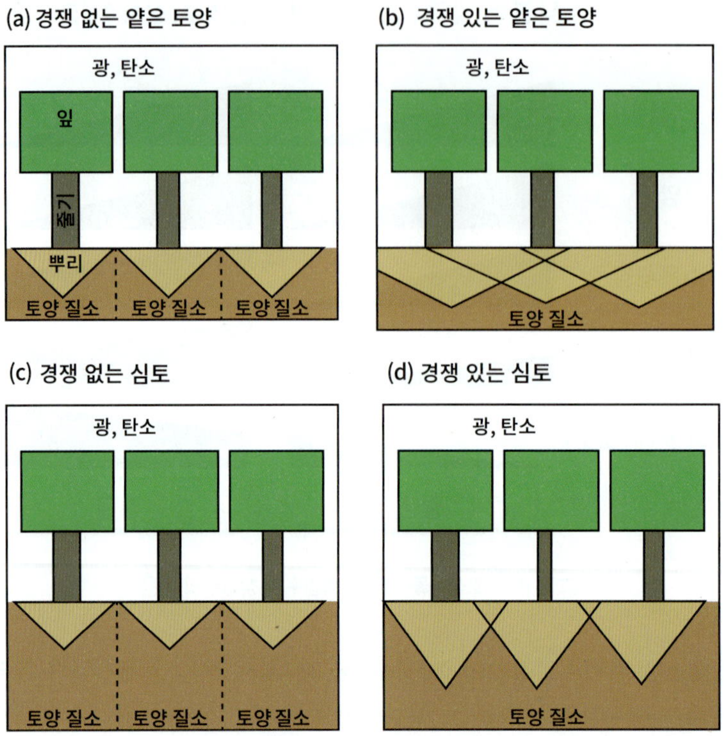

그림 8.8 다른 토양 깊이에서 경쟁과 탄소 분배

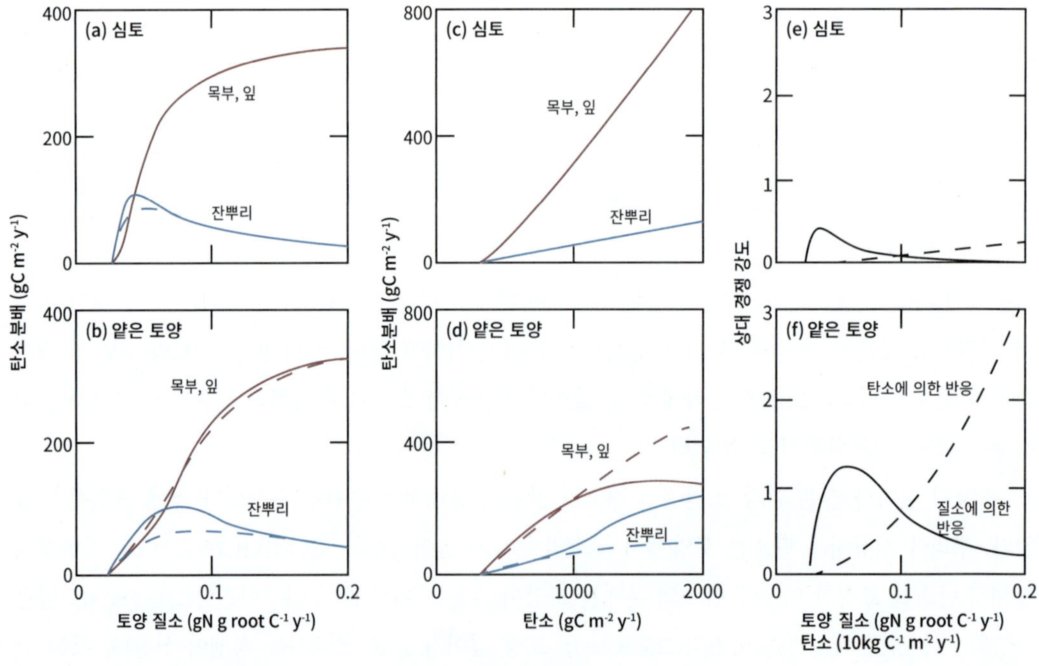

그림 8.9 토양 깊이별 탄소고정량

수분 경쟁에서 항상성을 유지하는 전략

하루 혹은 계절마다 수목의 잎에서 수분포텐셜은 많이 변화한다. 증산과 탄소의 흡수를 조정하는 기능을 기공이 담당한다. 수목은 특성상 수분을 놓고 2종류의 다른 이용 전략을 가지는데, 이는 수분에 대한 경쟁으로부터 항상성을 유지시키기 위한 전략이다. “Isohydric”은 증산량을 최소로 증가시키고, 최소한의 기공전도도의 변화를 가지며, 기공을 작게 조절해서 잎의 수분포텐셜을 일정하게 유지한다. 건조 조건에서 기공과 증산량의 변화에 따라 잎의 수분포텐셜을 일정하게 유지한다. 그러므로 토양의 수분포텐셜이 잎의 수분포텐셜보다 낮게 되는 경우에도, 수목은 광합성을 위해 물을 거의 빨아들이지 못한다. “Anisohydric”은 건조가 진행되어서 포화수증기압(VPD)이 증가하면 잎의 수분포텐셜이 감소하므로, 더 낮은 잎의 수분포텐셜이 물을 충분히 공급한 수목보다 더 낮아진다. 그래서 이러한 전략은 잎의 수분포텐셜과 토양의 수분포텐셜의 구배를 가져오게 된다. “Anisohydric” 수목은 수분이 부족하더라도 장기간의 광합성을 유지할 수 있으므로, 건조에 대해서 “Isohydric” 수목보다 저항성이 있다(Domec and Johnson, 2012).

Isohydric 수목의 대표적인 예는 포도(*Vitis vinifera*)인데, 토양의 수분이 극단적으로 부족하여 수분포텐셜이 증가해도 일정 수준의 기공전도도를 유지하는 것이다. Anisohydric 수목은 뿌리에서 생성되는 ABA가 기공의 닫힘에 직접적으로 작용하고, 이 호르몬의 증가가 기공의 개폐에 많은 영향을 미친다(그림 8.10).

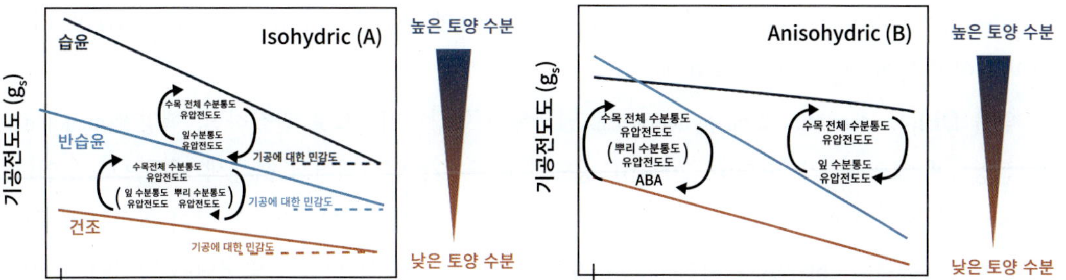

그림 8.10 Anisohydric과 isohydric 형의 경쟁에서 수목의 광합성과 기공전도도

경쟁으로 인한 단풍나무의 낙엽 과정

수목이 다른 개체와 경쟁을 하게 되거나 계절의 변화를 따라서 나이가 들면 낙엽이 진다. 단풍나무(*Acer pseudoplatanus*)의 경우에 잎의 색깔이 변하면서 낙엽이 지는데, 엽록체 발현 cpDNA의

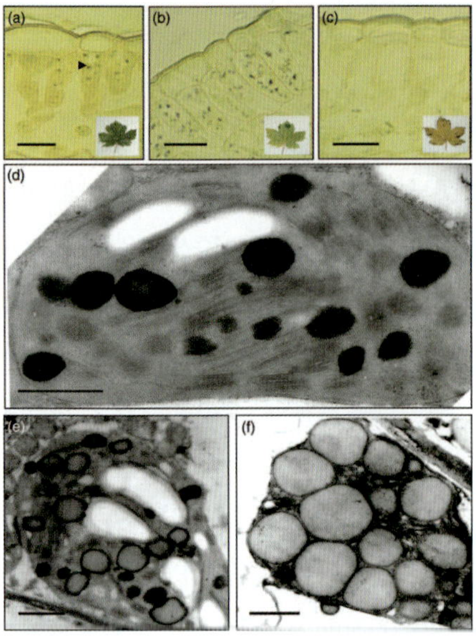

그림 8.11 단풍나무(*Acer pseudoplatanus*)의 잎의 색깔 변화

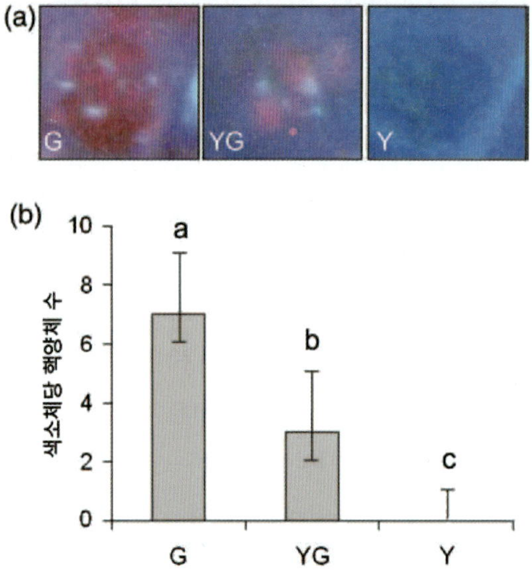

그림 8.12 단풍이 들면서 나타나는 잎의 핵양체

변화와 밀접한 관련이 있다. 핵양체(Necleotid) 안에 있는 cpDNA의 변화는 확실하게 단풍이 지는 과정을 설명한다(Fulgosi et al., 2012). 단풍 색깔은 Green(a), Yellow Green(b), Yellow(c)의 3단계로 나뉜다. 화살표(그림 8.11a)는 전분의 양을 표시하는데, Yellow 단계에서는 거의 사라진 것을 알 수 있다. 엽록체가 검은색으로 표시되는데(d, e, f) Green에서 검은색의 엽록체가 Yellow(f)로 가면 거의 없어진 것을 알 수 있다(그림 8.11).

잎을 DPI(4,6-diamidino-2-phenylindole)로 염색해서 형광현미경으로 관찰하면, 핵양체(nucleoids)가 선명하게 보인다. 약 70%(a), 20%(b) 정도의 핵양체가 염색되어서 붉은색 계통으로 보인다. Yellow에서는 핵양체(nucleoids)가 거의 보이지 않는다. 단풍이 들면서 전분의 양이 확실하게 줄어들고, 핵양체에서의 cpDNA가 사라지면서 경쟁으로 인한 단풍의 색깔이 발현되어 낙엽이 형성되는 것을 알 수 있다(그림 8.12).

겨우살이와 경쟁

구주소나무(*Pinus sylvestris*)에 겨울살이(*Viscum album*)가 부착되어 같이 생존하는 경우에 수목은 많은 스트레스를 받는다(Mutlu et al., 2016). 지구온난화로 인해서 겨우살이가 활력을 얻고 수목에 부착하는 경우가 늘어난다. 온난화로 인해서 수분이 토양에서 부족하게 되고, 이에 따라 수목은 수분의 소실을 최소화하기 위해서 기공을 닫는다. 그러나 겨우살이는 증산을 통해 수분을 소실하게 되므로, 기주 수목은 계속해서 수분을 잃게 된다. 더불어서 겨우살이로 인해서, 이온 유출량, MDA 함량, O_2^-, H_2O_2, OH의 함량도 증가한다. 이것은 전형적인 스트레스로부터 야기된 활성산소종의 증가라고 할 수 있다. 또한, 이들 활성산소종을 소거하는 데 필요한 항산화효소의 활성(SOD, CAT, POX 등)이 겨우살이가 없는 개체보다 높은 것을 볼 수 있는데, 이는 겨우살이가 수목에 엄청난 스트레스를 준다는 것을 알게 한다. 결국에는 활성산소의 양이 높아지게 되고, 수목이 이를 극복하지 못하면 온난화로 인한 겨우살이의 증가가 수목을 죽이는 결과로 이어진다(그림 8.13).

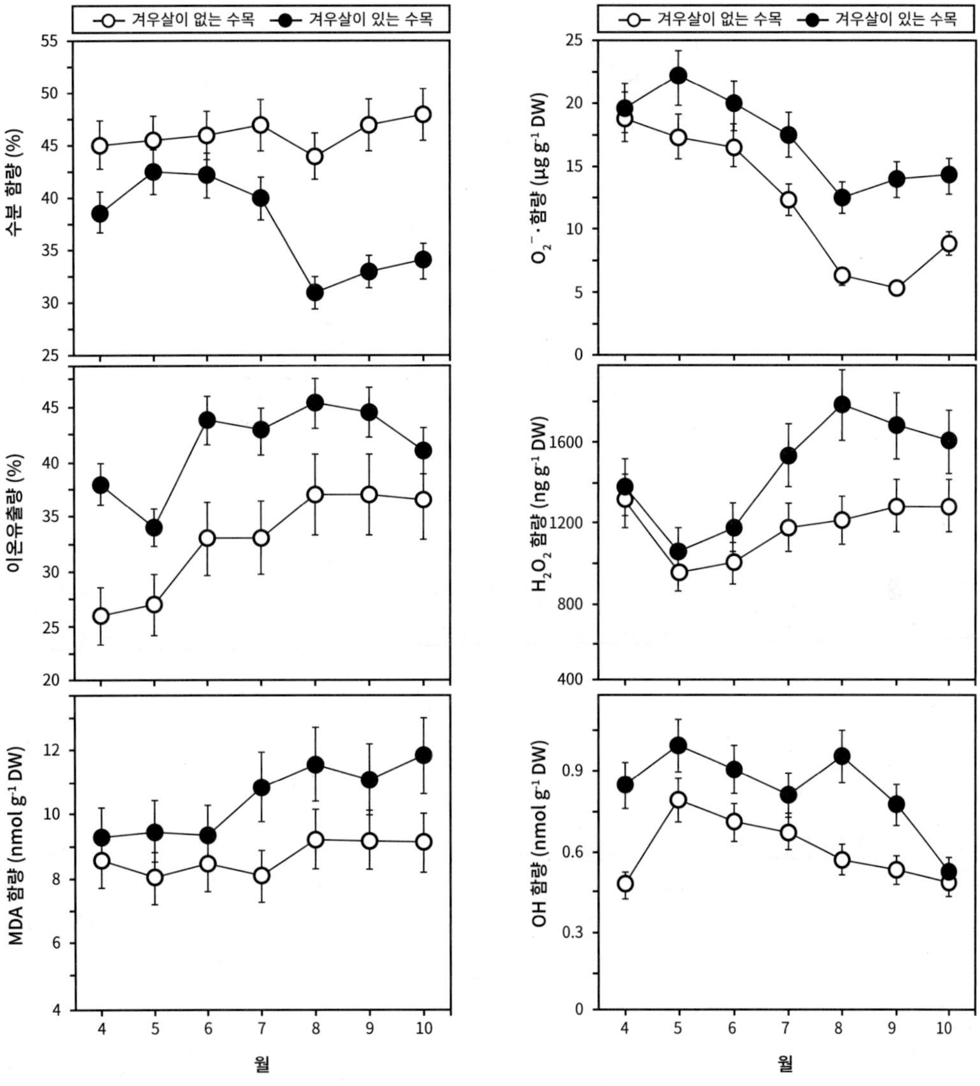

그림 8.13 겨우살이로 인한 항산화물질의 변화

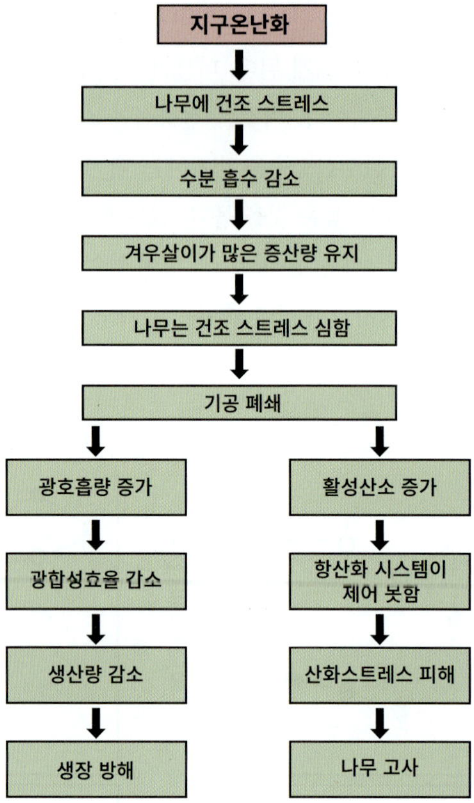

그림 8.14 겨우살이와 기후온난화로 인한 생리적인 변화

겨우살이가 수목과의 경쟁으로 인해서 수목의 생장을 방해하는 방법에는 두 가지가 있다. ① 겨우살이가 수목의 광호흡을 높여서 탄소 분배의 불균형을 가져오고, 이로 인해서 생리적인 활성이 줄어서 광합성을 감소시키면 생장에 방해를 준다. ② 겨우살이가 활성산소종을 생산하여 항산화시스템을 돌아가게 하고, ROS를 효율적으로 제거하지 못하면 수목은 활성산소종으로 인해 고사를 맞이하게 된다(그림 8.14).

리그닌과 holocellulose의 함량

구주소나무(*Pinus sylvestris*)에 겨울살이(*Viscum album*)가 부착되면 뿌리를 내서 부착한다(Hu et al., 2017). 겨우살이에 의해서 목재보다 수피에서 글루코스, 프록토스의 양이 증가한다. 이러한 증가는 광합성 산물을 뿌리로 보내는 대신에 겨우살이로 인해서 수피로 먼저 분배하는 전략 때문이다. 목재에서 낮은 가용성 당의 양은 겨우살이가 광합성을 하면서 부족한 탄수화물을 흡수해가기 때문이다(그림 8.15; 8.16). 이러한 비슷한 결과는 *Abies alba*에서도 나타나는데, 탄수화물의 25% 정도가

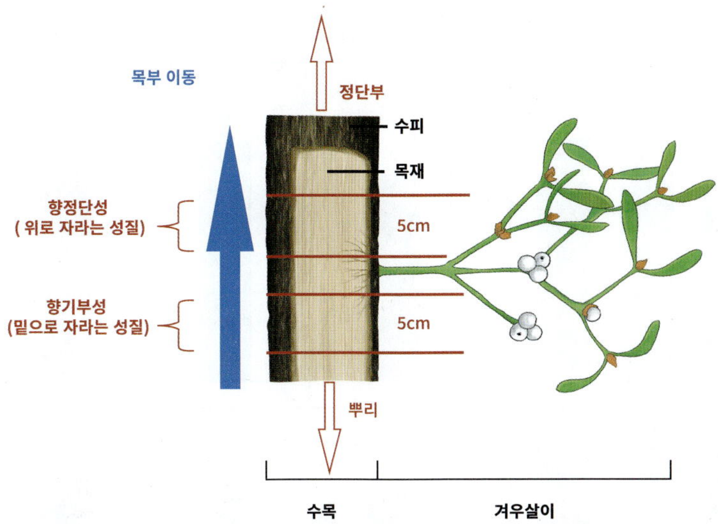

그림 8.15 구주소나무(*Pinus sylvestris*)에 겨울살이(*Viscum album*)가 부착된 구조

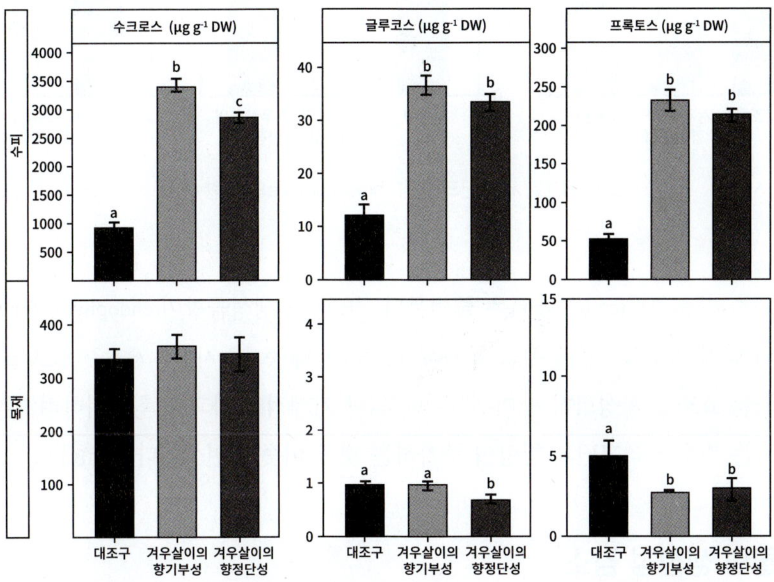

그림 8.16 구주소나무(Pinus sylvestris)에 겨울살이(*Viscum album*)가 부착되어서 나타나는 탄수화물의 변화

변재에서 겨우살이에 의해서 줄어든다.

겨우살이에 의해서 수피에서 리그닌의 함량이 증가하고, holocellulose(셀룰로스와 헤미셀룰로스의 혼합)의 양은 큰 변화는 없다(건물질 가운데 수목의 구조적인 지탱을 하는 건물질량을 기준으로 비교). 리그닌이 증가하는 것은 겨우살이에 의해 받게 되는 기계적인 뿌리의 침투를 막기 위해서, 세포의 리그닌화, 슈베린화가 급속히 진행되어서이다. 리그닌의 함량은 증가한 반면에, 셀룰로스의 합성과 수

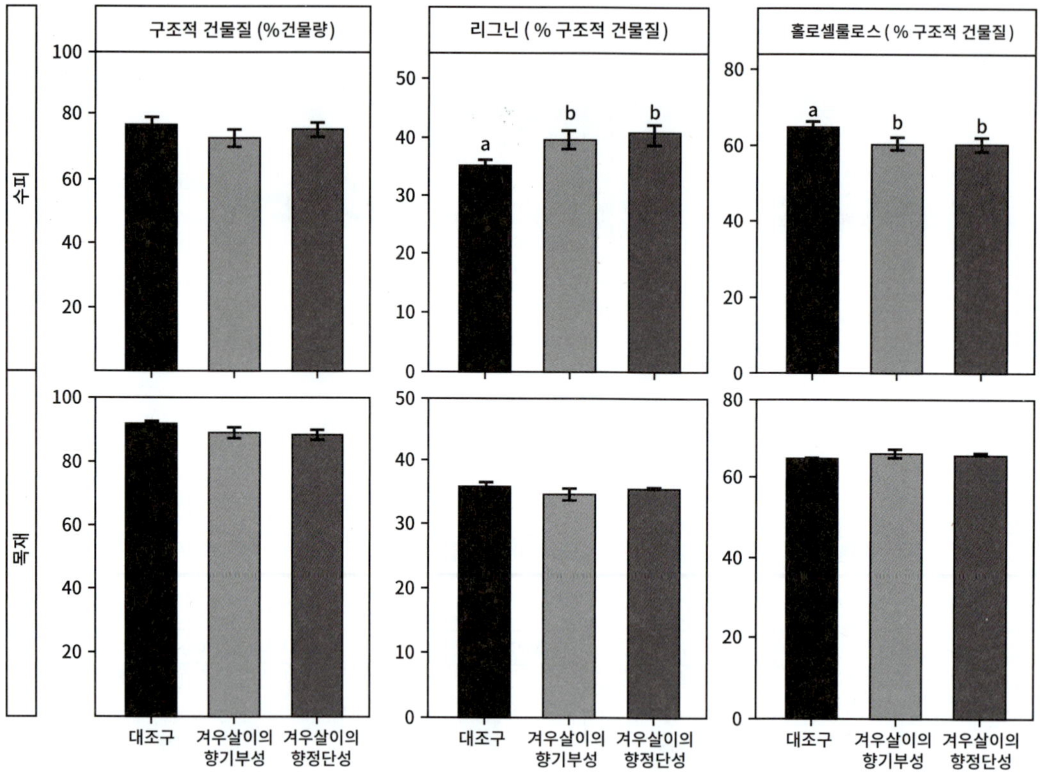

그림 8.17 리그닌의 함량, holocellulose의 함량 변화

피에서 셀룰로스되는 과정(celluloysis)은 줄어든다. 또한, 기생성곰팡이(endophytic fungi; 예를 들면, *Gliocladium*)와 함께 겨우살이가 목부를 통과해 피층(표피와 중심주 사이의 세포층)으로 들어가면서 셀룰로스를 만드는 효소를 활성화하여 겨우살이에 의한 기계적인 파괴를 최소화하려 한다. 병해충이 수목을 가해하는 경우에 리그닌의 함량이 증가하는 것도 비슷한 현상이다(그림 8.17).

기주식물의 생산성 감소

겨우살이가 많이 자라는 기주수목의 생산성은 겨우살이에 의해서 감소한다(Kollas et al., 2018). 구주소나무에 부착한 겨우살이는 구주소나무의 수분이용효율을 감소시킨다. 수목이 흡수한 수분을 탈취하여 높은 증산량을 겨우살이가 유지해서 수목의 수분소실을 유발한다. 또한, 이로 인해 수분이용효율이 급격히 감소하여 순생산성을 감소하게 하는 원인이 된다. 겨우살이 군집의 크기가 커지면서 기주수목으로부터 수분을 더 많이 사용하게 된다(그림 8.18).

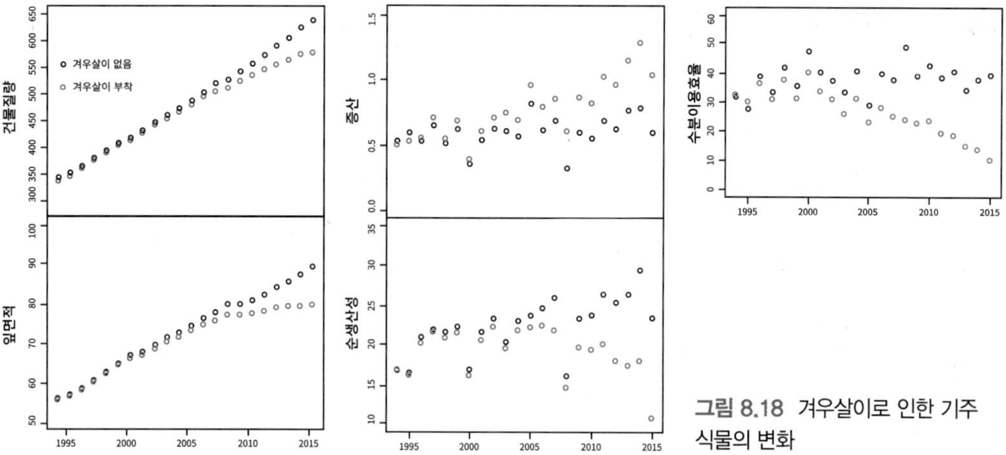

그림 8.18 겨우살이로 인한 기주 식물의 변화

기주수목의 방어 능력 감소

겨우살이가 많으면 기주수목의 외부 스트레스 방어 기작에 영향을 준다. 모노테르펜, 수지(resin)의 생산량이 겨우살이가 많은 기주수목에서는 감소한다(Klutsch and Erbilgin, 2018). 기주수목은 두 가지 형태의 방어 전략을 가지는데, 1) 화학적 물질 생산과 2) 해부학적인 방어 전략이다. 모노테르펜은 수지(resin)의 중요 구성성분이고, 높은 농도에서는 곰팡이나 곤충에게 독성으로 작용한다. 수목은 사부와 목부에서 수지를 생산해서 수지구(resin duct)에 저장한다. 유럽에서, bark beetle이 가해하는 수목에서 높은 농도의 수지구가 횡방향, 축방향 모두 해부학적 기능에 공통적으로 발견되는 것은 곤충의 가해나 경쟁에서 수목이 방어 전략으로 수지구를 형성한다는 것이다. 경우에 따라서는 수지구가 형성되기 전에 화학물질이 분비되기도 하지만, 이들 화학물질은 수지구에서 유래한다(그림 8.19).

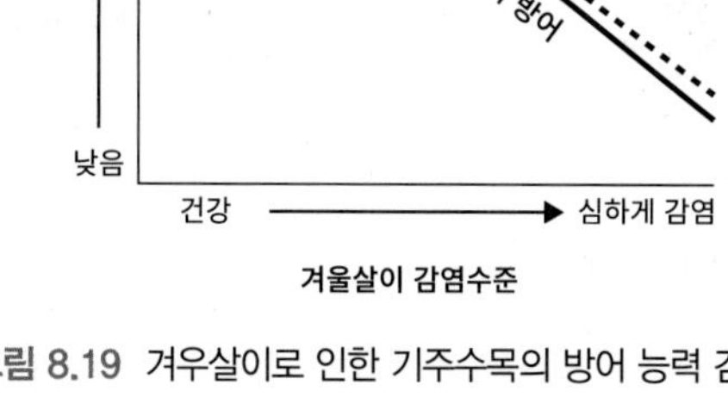

그림 8.19 겨우살이로 인한 기주수목의 방어 능력 감소

식물의 가지 구조와 경쟁

식물의 가지 구조와 모양이 경쟁과 관련이 있다. 경쟁을 피하려는 식물은 가지를 최대한 넓게, 수관을 크게, 밀도를 견밀하게 만든다. 그리고 이웃하는 다른 개체와의 거리를 최대한 멀리 한다(Guzmán and Cordero, 2016). 이웃한 식물이 많아서 광합성률이 감소하면, 탄소 획득률이 감소하여 경쟁에서 불리한 상황이 된다. 숲에서 음수인 두 가지 다른 식물(*Palicourea padifolia*와 *Psychotria elata*)을 대상으로 해서 가지의 구조와 관련된 조사를 해보면 이와 같은 결과를 알 수 있다. 빛을 효율적으로 받을 수 있는 척도인 STAR(silhouette to total area ratio)를 기준으로 광합성률, 가지에 달린 잎의 퍼진 정도를 비교해 보면, STAR의 각도가 커질수록 광합성률, 잎의 퍼지는 각도가 커진다. 이는 식물이 음지에서 견디고, 이웃하는 식물 개체와의 경쟁에서 최대한 많은 공간을 차지하기 위해 스스로 만드는 경쟁에 대한 구조적인 변화라고 볼 수 있다(그림 8.20a,c).

STAR는 대양광이 숲에 들어오는 경우 나무가 볼 수 있는 태양과의 모든 각도의 평균치이다. 수관의 울폐도가 다르므로 성숙한 숲과 어린 숲의 STAR가 다르다. 일반적으로 어린 숲과 성숙한 숲에서 나타나는 현상은 다음과 같다. ① 이웃한 나무의 크기 증가와 거리 감소는 수목 수관의 구조(tree branch architecture)에 변화를 가져온다(높은 수관밀도 및 더 큰 잎 분산). 이는 STAR를 낮추고 이후 탄소 획득 량을 낮추는 데 기여한다. ② 수광량의 감소는 이웃하는 나무들의 광합성을 줄여서 탄소고정을 감소시킨다. STAR는 어린 숲과 성숙한 숲에서, 또한 생장행태가 다른 수종들에서 숲의

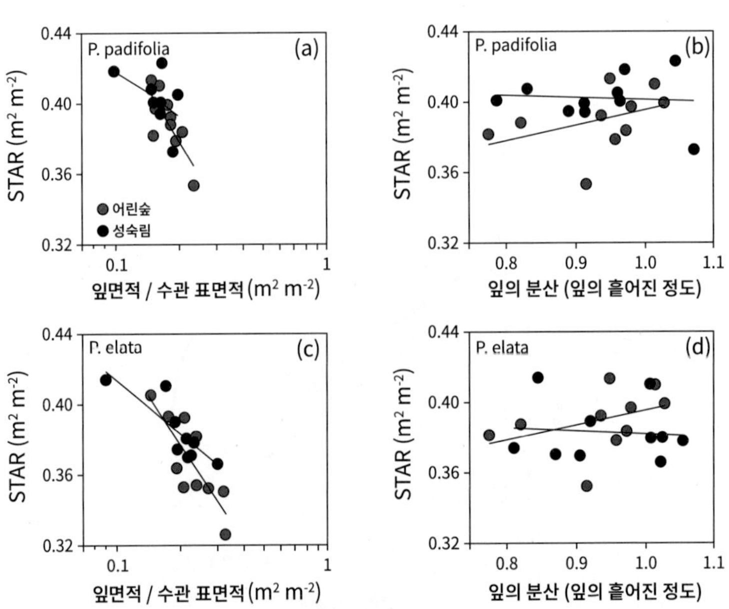

그림 8.20 *Palicourea padifolia*와 *Psychotria elata* 두 수종의 경쟁을 판단하는 STAR(silhouette to total area ratio)

하층 가지의 구조적 변화를 초래한다(그림 9.4, 두 수종의 가지와 잎의 배열이 다름). 이러한 현상은 수목이 경쟁에 대응하여 나타나는 일반적인 기능적 변화이다. STAR와 탄소 증가는 여러 수목의 생장특성 및 환경적 특성에 따라 달라진다. 이러한 변화는 매우 다양한 산림에서 흔하게 나타난다. ③ STAR는 잎의 분산(leaf dispersion; 잎의 흩어진 정도)과도 관련이 있다(그림 8.20, b, d). 잎의 분산이 큰 수목일수록 STAR가 증가한다. 그래서 수목 입장에서는 많은 양의 태양광이 하층으로 올 수 있게 한다. 수관의 표면적에서는 많은 양의 태양광을 받기 위해서 빠르게 울폐되도록 생장을 하게 된다.

경쟁과 증산량

수목이 서로 경쟁하면 증산량이 줄어든다. 가지의 연령이 오래된 것일수록 증산량은 떨어진다. 구주소나무(*Pinus sylvestris*)의 경우, 경쟁에서 피압된 개체는 증산량이 개방된 장소에서 자란 개체보다 낮다(Grönlund et al., 2016). 수목이 서로 경쟁하다가 수관이 상층으로 올라가면 광도를 충분히 받는다. 높은 수준의 광도는 수목이 증산을 활발하게 할 수 있는 환경이 되고, 수목이 피압이 되면 수관이 상층수관에 의해서 가려진다. 음지에서 생육하는 환경이 되어서 낮은 광도에서 낮은 증산을 하게 된다. 낮은 증산량은 낮은 생산성으로 연결된다. 수목의 물질 생산량은 여러 요인에 의해서 결정되지만, 높은 광합성과 증산을 통해서 이루어지는데, 피압된 수목은 불리한 환경에 직면하게 된다(그림 8.21).

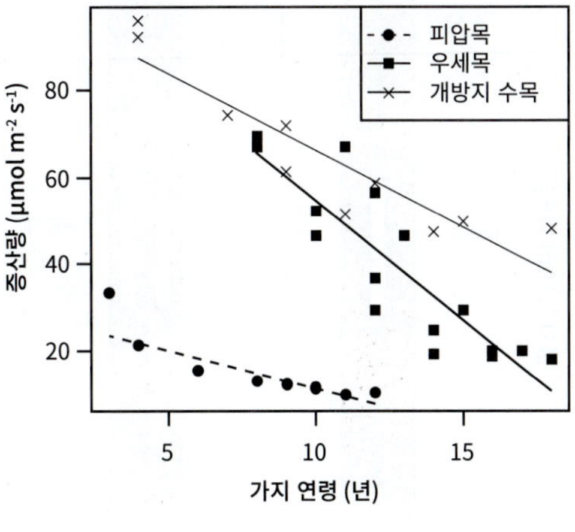

그림 8.21 경쟁하는 수목의 증산량 비교

생장이 다른 수종도 비슷한 수분 이동을 추구

속성수의 경우는 빠르게 생장을 하기 때문에, 물의 이동이 뿌리에서 많아야 한다. 속성수이므로, 형성층이 크게, 넓게 자란다. 느리게 생장하는 수목은 생장 속도가 느리므로 형성층의 넓이가 속성수의 것보다 좁다. 그러나 느리게 자라는 수목에서도 속성수와 같은 정도의 수분을 뿌리로부터 흡수하여 잎에 전달하려 하는 보상현상이 일어난다(Sterck and Zweifel, 2016). 궁극적으로, 같은 엽면적당 수분의 증산량은 비슷한 수준을 유지하려 한다. 그러므로 수간의 올해 형성된 형성층을 통해서 생장을 하고, 작년에 만들어진 목부의 한 줄기를 수분 이동에 활용한다. 그렇게 되어서 그림 8.22와 같이 나이테와 나이테 간의 기능이 2개가 같이 활용된다. 느리게 생장하는 수목은 정아 부분에 가까운 줄기에서 수분 이동의 "병목현상"이 일어난다. 정상부에 있는 가지, 잎, 엽병 등이 수분 이동에 있어서 큰 저항을 가지게 된다. 느리게 생장하는 수목은 속성수에 비해서 광합성 산물을 목부보다는 잎에 먼저 분배한다. 이러한 개체는 짧은 가지에 많은 잎을 달리도록 한다. 좁고 적은 숫자의 나이테를 생산하지만, 속성수보다 넓은 도관을 가지에서 가진다. 가지에서의 이러한 넓은 도관은 도관의 전도도를 상승시킨다. 줄기 목부에서 도관의 지름이 크면, 공동화현상(cavitation)이 발생해 수분의 이동을 방해하는 기포가 형성이 되기 쉽다. 그러나 정상에 가까운 가지에서 도관이 넓어지는 것은 줄기에서 기포가 발생하는 것 보다는 수분 이동을 방해하는 공동화현상의 발생 확률이 상대적으로 낮다(그림 8.22).

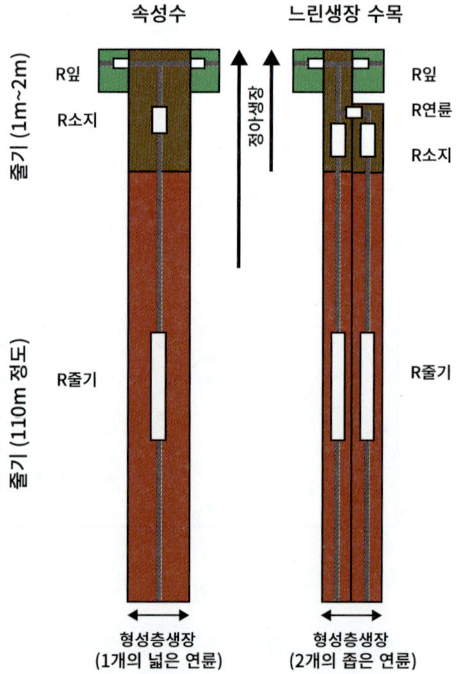

그림 8.22 생장이 빠른 수목과 느린 수목의 수분 이동 비교

경쟁과 산림의 형태

전통적인 관점에서, 질소 순환에 관한 수지는 외부에서 질소는 낙엽을 통해 많이 유입되고, 질소는 포화될 정도로 증가하고 있다(그림 8.23A). 양료가 충분하면 수목은 지상부의 생장을 유도하게 되고 신초/뿌리(S/R)의 비율이 증가한다(de Andrés, 2019). 그러나 질소가 과잉되거나 질소 축적이 있는 산림에서는 오히려 수목이 고사하는 경우도 있다. 높은 농도의 질소는 궁극적으로 토양에서 유출되고, 토양 산성화, 양료 불균형, 생물, 비생물적인 스트레스에 대한 저항성 감소 등을 초래하게 된다. 그러나 온대지역의 산림은 일반적으로 *N*이 필요하고, 열대지역은 유출이 심해 특히 *P*가 부족한 토양이 많다. 지중해 지역의 산림은 건조로 인한 수분 부족이 산림에서 많이 나타난다. 질소가 과잉되면 *P*의 감소가 생기는데, 생장에 중요한 잔뿌리 생장과 토양미생물 가운데 마이코라이자(균근) 군집에 투자하는 자원이 줄어든다. 대기 중의 CO_2 증가, 혹은 수분 스트레스에 의한 수분이용효율과 수목의 생장률은 양료가 추가되면 수목의 생장률은 증가하지만, 만약 수분과 양료 문제로 인해서 스트레스가 아주 강하면 수목의 생장은 감소한다(B). 이러한 피해를 최소화하기 위한 보상전략으로 수목은 생장을 유지하려고 한다(그림 8.23).

기후변화보다 수목 간의 상호관계가 더 큰 영향을 미친다. 산림에서 수목은 양료, 수분, 빛을 놓고 경쟁한다. 종 내에서의 경쟁이 종간의 경쟁보다 더 나쁜 영향을 수목생장에 미친다. 종다양성에 적응과 자원분배(경쟁을 완화)의 두 가지 요인이 긍정적으로 작용한다. 푸른색은 수분 관련, 노란색은 빛 관련, 주황색은 양료 관련, 보라색은 생물적인 요인을 표시한다. 완화하는 경우는 낙엽량과 분해 속도를 통해서 양료를 빠르게 흡수한다(그림 8.24A). 자원을 분배하는 쪽은 물의 공급원을 다양하게 확보하고, 빛에 대한 경쟁의 경우에도 생리적, 식물계절적인 차이를 유도함으로써 경쟁을 줄이는 자원 분배를 한다(그림 8.24B).

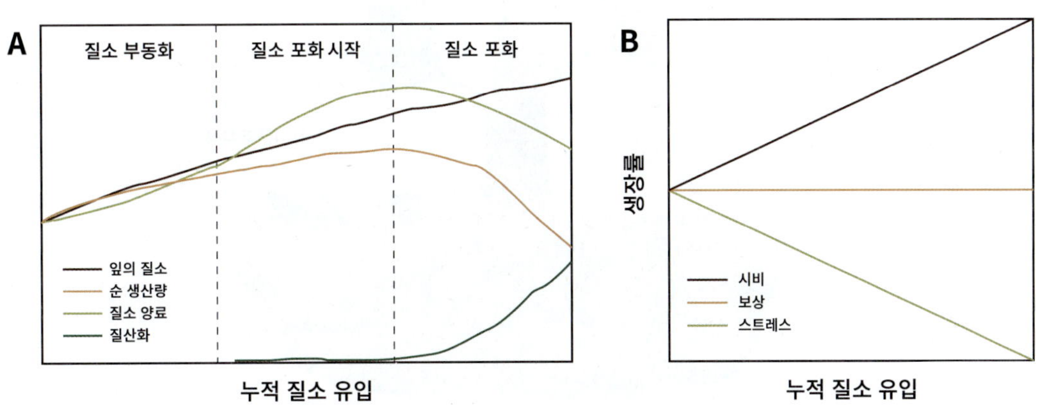

그림 8.23 외부에서 질소는 낙엽을 통해서 유입되고, 수분이용효율과 생장은 경쟁에서 차이가 난다.

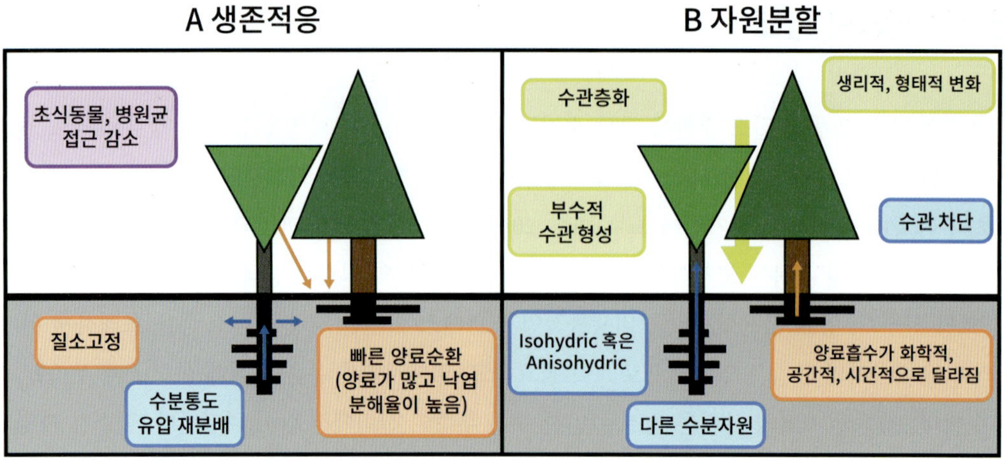

그림 8.24 종 내에서의 경쟁이 종간의 경쟁보다 더 나쁜 영향을 수목생장에 미친다.

타감작용

수목과 식물은 여러 가지 방법으로 타감작용을 한다. 화학물질은 다음과 같은 경로를 통해서 작용한다. 1) 빗물이나 물에 씻겨서 분비물이나 침적물이 토양으로 돌아가는 경우, 2) 수목의 잎이나

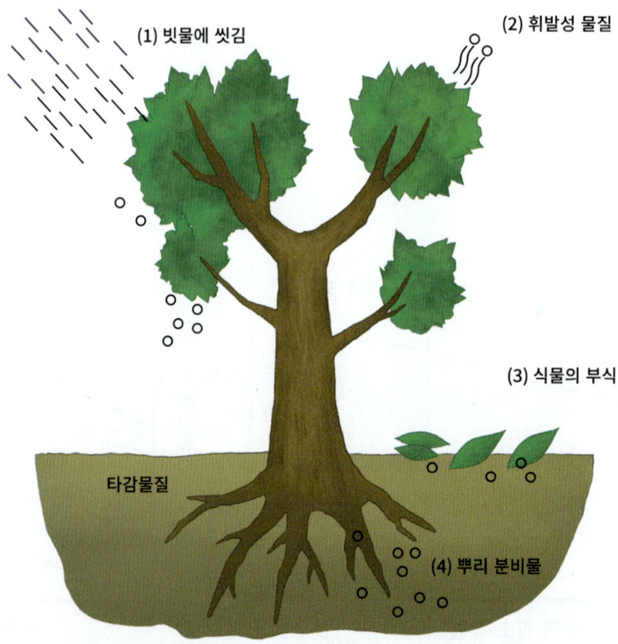

그림 8.25 타감작용의 경로

살아 있는 조직에서 VOC로 휘발되는 경우, 3) 낙엽이나 죽은 수목의 뿌리가 부후되면서 발생하는 경우, 4) 수목의 뿌리에서 직접 발생하는 경우 등으로 나눌 수 있다(de Albuquerque et al., 2011). 이러한 화학물질은 수목과 수목의 경쟁에서만 발생하는 것이 아니고, 수목이 각종 스트레스에 직면하게 되면 발생하기도 한다. 예를 들어, 자외선, 고온, 해충, 건조, 양료결핍 등의 환경 스트레스가 수목에 가해지면 화학물질이 형성된다(그림 8.25).

농작물이나 초본류에서는 많은 화학물질을 분비해서 상호 간에 많은 경쟁을 완화해 주는 역할도 하는데, 수목에서는 대표적인 물질이 호두나무(*Juglans nigra*)에서 발생하는 Juglone(5-hydroxy-1,4-napthoquinone)이다. 주글론은 다른 인접한 식물의 생장과 활력을 감소시키고, 토양에서 미생물의 활력을 변화시키는 역할을 한다. *Leucaena leucocephala*는 황폐한 토양에 수분과 토양 복원을 위해 많이 조림하며 인도에서는 동물 사료로서 중요 수목이다. 이 수종은 미모신(mimosine)을 분비하는데, 독성이 있는 비단백질 물질이다. *Eucalyptus*는 건조지역에 잘 적응하는 중요한 수목인데, 독성이 있는 페놀 성분을 잎, 줄기, 심지어는 뿌리에서도 많이 분비해서 다른 하층식생이 발아되지 못하도록 막는 역할을 한다.

CHAPTER

09 간벌 및 벌채

간벌은 나이테 성장 촉진

산림에서 간벌을 하면 많은 변화가 일어나는데, 그 가운데 가장 큰 변화는 나이테의 생장이다(Diaconu et al., 2016). European beech(*Fagus sylvatica*)는 극음수에 해당하는 수종이다. 북동, 남서 방향의 사면에 분포하는 개체를 대상으로 강한간벌, 아주 강한간벌을 하면, 대조구와 비교해서 나이테의 증가가 눈에 띈다. 반대로 간벌을 하면 도관의 크기는 줄어드는데, 이는 물의 효율적인 수송을 위한 것이다. 또한 작은 도관은 도관폐쇄현상(embolism)을 방지하고 건조나 다른 스트레스로부터 회복되는 데 시간이 적게 걸리게 한다(그림 9.1).

나이테의 증가가 줄기 도관의 수분이동 특징을 결정짓는 중요한 요인이 된다. 간벌로 공간이 확보되면, 광, 증발산량이 증가하여 생장에 도움이 되어 나이테는 증가하지만, 도관의 크기, 밀도는 감소한다. 밀도, 도관의 면적은 목부 사이에 있는 루멘(lumen)의 공간이 차지하는 비율로 인해서 직접 모재의 밀도에 영향을 준다. 간벌로 줄어드는 전체 도관면적비율은 수목이 가지는 생존전략인데, 간벌로 개선된 생장으로 얻은 잉여 탄소를 유세포 혹은 섬유세포 등 다른 목부 세포에 투자하여 생장을 더 촉진하고자 한다. 섬유세포의 증가는 도관에서 도관의 삼투압을 조절해서 도관에 공기 기포가 발생하는 air-seeding(cavitation의 원인)을 줄인다(그림 9.1).

간벌과 xylogenesis

간벌을 한 이후에 수목은 줄기와 뿌리에서 목부를 만들어서 직경 생장을 한다. Black spruce

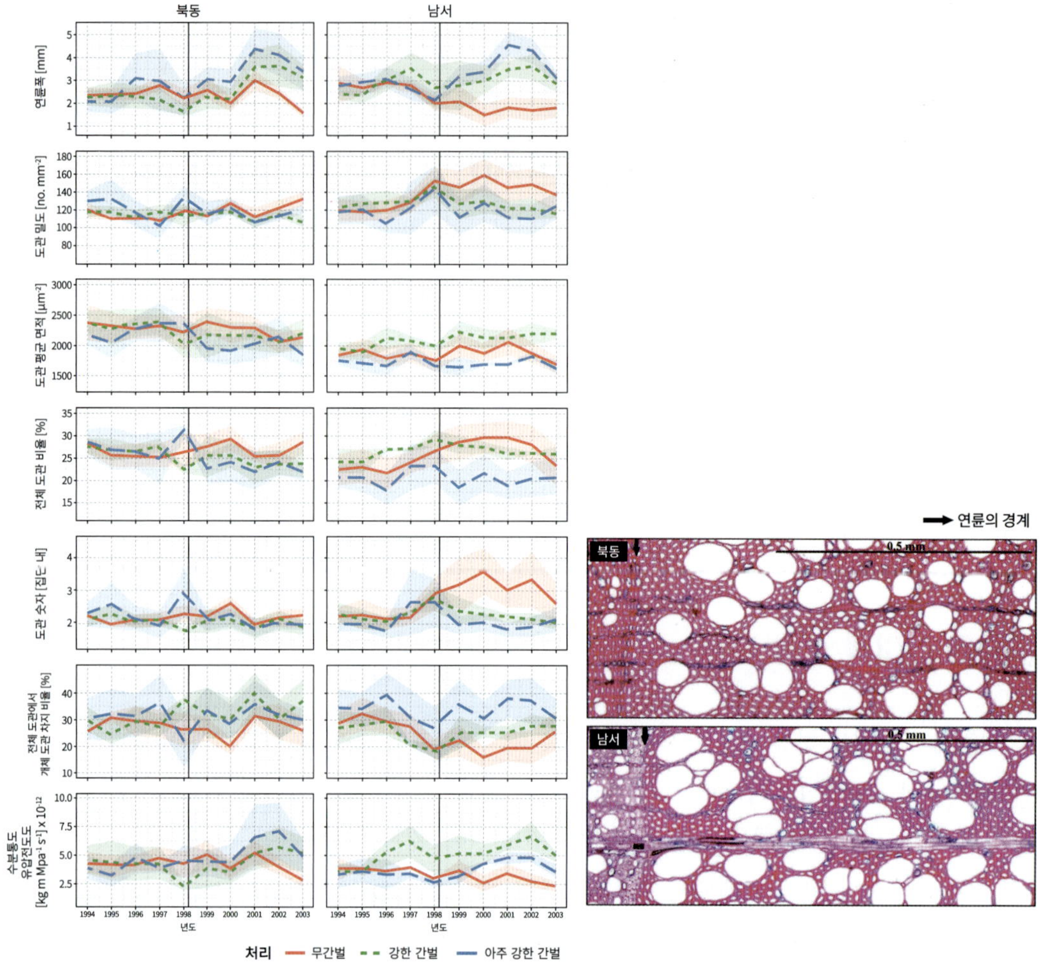

그림 9.1 간벌과 나이테 생장

(*Picea mariana*-느리게 생장하는 수종)와 balsam fir(*Abies balsamea*-음수)를 대상으로 간벌을 하고, 줄기와 뿌리에서 나타나는 생장에 관련한 변화 가운데 가장 현저한 것은 세포수의 증가 비율이다. 간벌 이후 4년 정도 후에 두 수종에서 공통적으로 세포의 수가 형성층을 중심으로 급격하게 증가한다(Lemay et al., 2017). 경쟁이 줄었을 때 수목에서 나타나는 전형적인 현상이다. 간벌이 수목의 생장을 촉진하는 것은 세포의 수가 늘어나는 비율이 증가하기 때문이다. 가도관의 양이 간벌을 통해서 증가한다. 그러나 임분에서 간벌로 인해서 개체수가 줄고, 공간의 확보가 토양 수분의 증발량을 증가시켜서 토양 수분포텐셜을 변화시킨다. 또한 토양의 온도가 약 2°C 정도 상승해서 미세기후를 변화시킨다. 광량이 임상에 많이 도달하므로, 음수의 경우에 sunfleck 현상이 일어난다(그림 9.2).

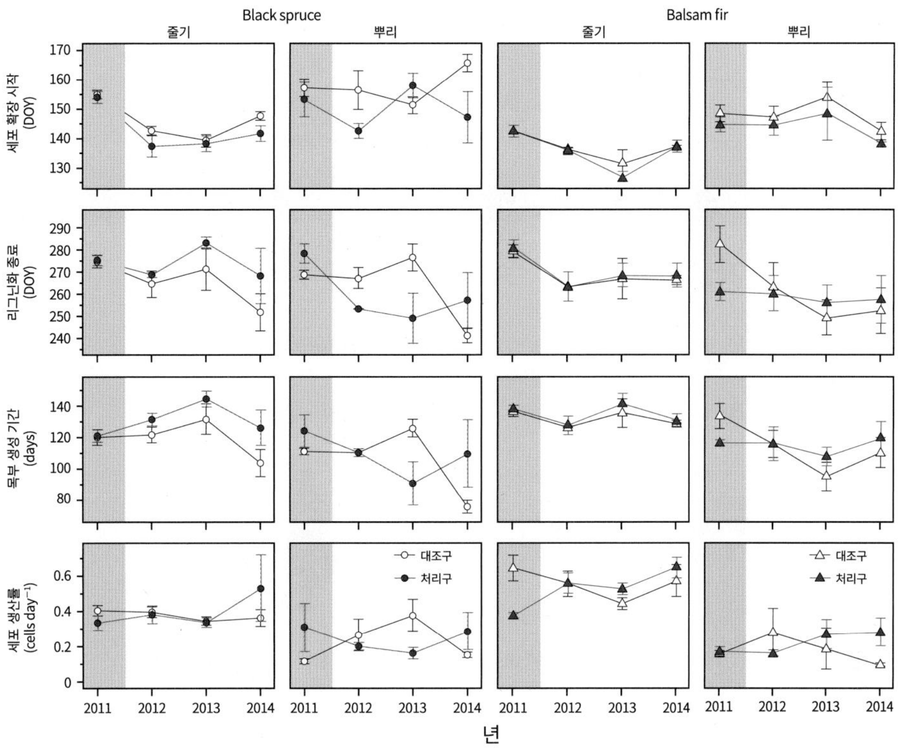

그림 9.2 간벌 후 목부의 재생

간벌 쇼크

밀집한 임분에서 갑자기 너무 많은 양의 임목을 간벌하면, 일시적으로 임상이 열려서 강한 광선이 임상으로 들어온다. 음지에 적응하여 생장하던 많은 수목은 일시적으로 많은 광선이 유입되고 바람이 심하게 임분으로 들어오게 되고, 토양이 갑자기 노출되게 되는 경우 수목의 생장이 정지되거나 활력이 떨어지는 경우가 생긴다. 이를 간벌 쇼크(shock)라고 하고, 잔존 임분의 수목이 충격을 받게 되는 현상이다.

Sunfleck과 sunpatch

Sunfleck(광반)은 간벌이나 다른 산림 이벤트를 거치면서 밀도가 조절이 되면, 하층식생에 도달하는 광량의 양이 달라지는 현상이다(Smith and Berry, 2013). 광도가 달라지면, 하층식생의 밀도, 형태, 생장, 종구성에 영향을 미치고, 하층식생의 미세기후를 변화시킨다. Sunpatch는 수관에 형성되는 광의 동태(dynamic)를 말한다(그림 9.3).

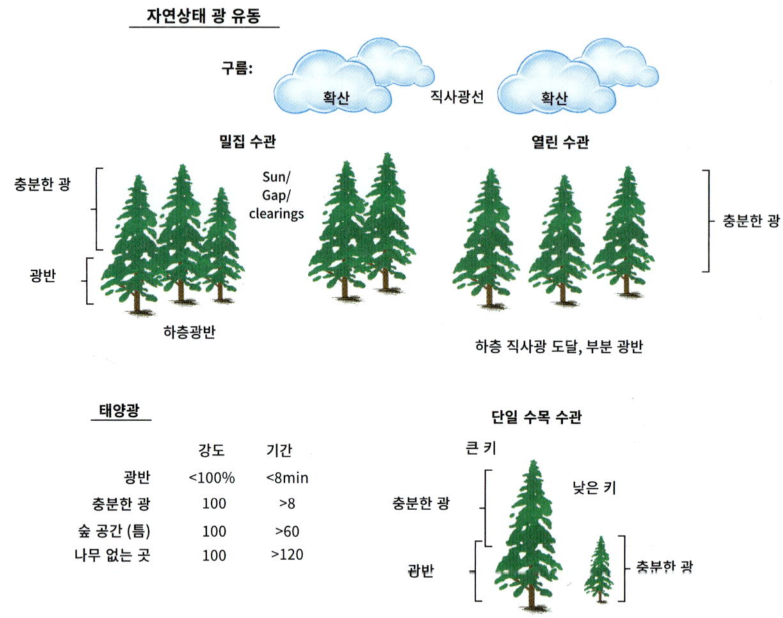

그림 9.3 Sunfleck(광반)과 sunpatch(광 동태 혹은 광 유동)의 특징

Sunfleck(선플랙 혹은 광반)은 햇빛이 토양에 직접 도달 할 수 있을 때 생태계에서 발생하는 태양 복사에너지를 증가시킨다. 나뭇가지 또는 수관의 잎이 바람에 의해서 움직이는 경우 그리고 낮 동안 태양이 움직일 때 발생한다. 선플랙은 한 번에 몇 초 또는 몇 분 동안 만 지속되지만 하층식생에 도달하는 광자의 80% 이상과 탄소 고정의 최대 35%를 차지할 수 있다. 이것은 숲 속의 식물에 중요한 에너지원이다. 태양광이 제공하는 에너지의 양은 기간, 광합성활성 광 에너지(photosynthetic active radiation)의 강도에 따라 달라지며, 이는 그 자체가 수목이 가지는 수관의 배열과 하늘에서 태양의 위치에 따라 달라진다. 태양광은 숲 내부와 외부 사이에서 크게 달라진다. 나무의 수고와 잎 면적 지수가 증가함에 따라 광반의 빈도와 강도가 달라진다.

Sunpatch는 적어도 한 시간 동안 지속되는 경향이 있고 광합성활성 광 에너지의 강도는 햇빛의 전체 수준에 도달하는 반면 sunfleck의 광합성활성 광 에너지 강도는 거의 이것에 도달하지 못한다. 산림 토양에 도달하는 산란광의 양은 산림의 유형에 따라 다르기 때문에 태양광으로 인정되는 직사광선의 강도를 정량화 할 수 있는 방법은 쉽지 않다.

Sunfleck에 의해서 달라진 형태의 침엽수를 하층에서 볼 수 있다. *Abies amabilis*(그림 9.4, 왼쪽)와 *Tsuga heterophylla*(오른쪽)의 다른 형태의 잎의 배열을 통해서 광도에 반응하는 수종들의 다양한 모양을 볼 수 있다(Ishii et al., 2009). *Abies amabilis*는 광합성률이 *Tsuga heterophylla*에 비해서 1/2 정도 낮다. 그러나 가지와 잎이 몇 년 더 오랫동안 달려 있어서 낮은 광도에서 생존하는 보상전략으로 생존한다(그림 9.4).

그림 9.4 *Abies amabilis*(왼쪽)와 *Tsuga heterophylla*(오른쪽)의 다른 형태의 잎 배열

심재와 이차대사산물

수목은 수종에 따라서 다르지만, 전체적으로 줄기에는 75% 정도의 탄소를, 뿌리에는 20% 정도를, 잎에는 5% 정도를 저장한다(Celedon and Bohlmann, 2018). 죽은 세포로 알려진 심재는 페놀, 테르펜 같은 이차대사산물의 풍부한 발전소이다. 변재와 심재의 경계선에서는 세포사멸(PCD)가 끊임없이 일어나고 있다(그림 9.5).

심재와 변재의 경계에서 심재 방향으로 일어나는 세포의 고사는 3가지 대표적인 모델로 설명한다. 1) Type I(*Robinia* 속)은 아무런 생화학적인 합성이 없이 진행되는 것이다. 2) Type II(*Juglans* 속)는 심재와 변재의 경계에서 낮은 농도의 이차대사산물이 생성이 되고, 높은 농도로 축적이 되면서 심재 방향으로 고사해 가는 것으로, 경계에서 가장 높은 농도의 이차대사산물이 형성되고, 방사유조직세포(ray parenchyma cell)에서부터 세포사멸이 진행되는 것이다. 3) Type III(*Santalum* 속)은 변재와 심재의 경계에 있는 최소의 유세포에서 테르펜 생합성이 진행되고, 궁극적으로는 테르페노이드(terpenoid)의 축적이 심재에서 일어나는 것이다(그림 9.6).

심재에서 이차대사산물이 축적되면, 목재의 강도, 색깔, 병해충에 대한 저항성, 목재의 향기 같은 성질이 달라진다. santalol, nootkatone 등은 향기를 결정하는 성분인데, 심재에서 축적되면 다양한 향기를 만들어낸다. santalol은 sandalwood에서 생산하고, nootkatone은 Nootka cypress(*Callitropsis nootkatensis*)에서 생산된다. 또한, western red cedar와 teak(*Tectona grandis*)는

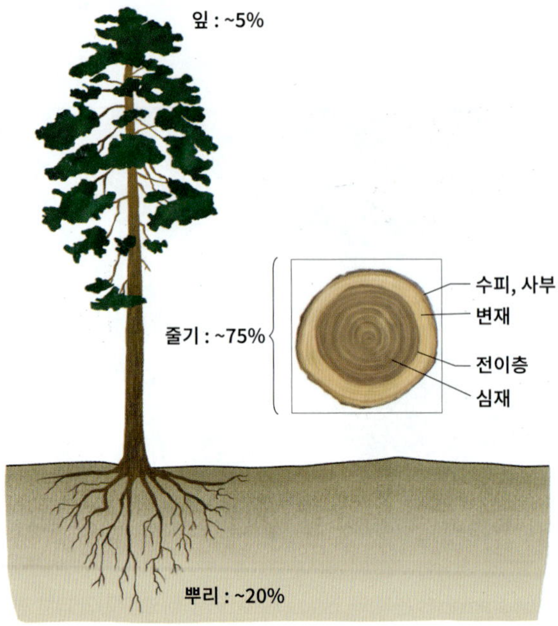

그림 9.5 심재의 구조

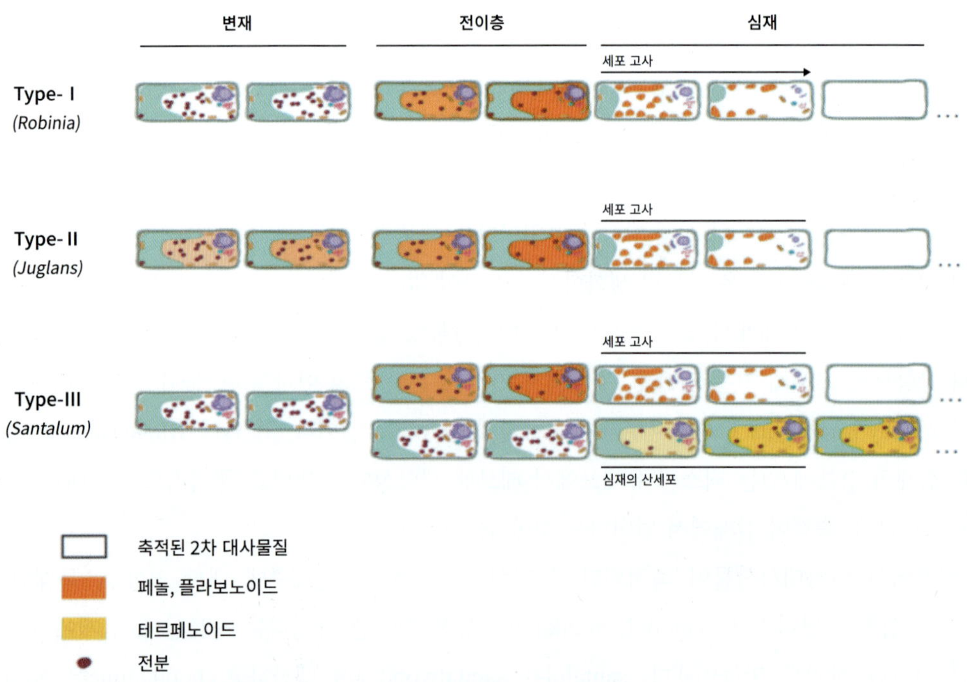

그림 9.6 심재와 변재의 경계에서 심재 방향으로 일어나는 세포의 고사

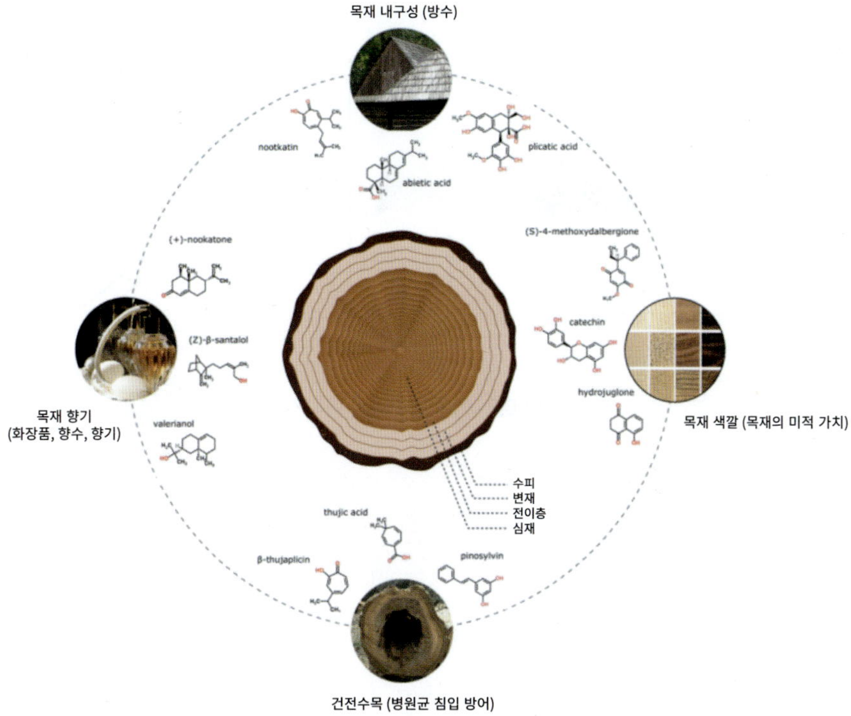

그림 9.7 심재에서 이차대사산물의 축적

수목이 부후되는 것을 억제하는 이차대사산물을 많이 만들어내서 다른 수목에 비해 부후를 더디게 한다. 특히, 티크(teak)는 열대지역의 습도가 높은 환경에서 미생물의 공격을 많이 받는데, 이러한 이차대사산물을 만들어 미생물의 공격에 대비해서 견딘다(그림 9.7).

생육 공간과 생장

수목은 수고, 직경의 관계가 일반적으로 비례를 보인다(그림 9.8). 간벌을 통해서 수목이 차지하는 생육 공간이 커지면, 수고와 직경 생장관계가 정도의 차이를 가져 온다(Sumida, 2015). 밀식한 수목은 가는 직경에 큰 수고를 가지고, 간벌을 하면 굵은 직경에 작은 수고의 형태로 수목의 생장이 변한다. 여름철의 건조로 인해서 토양의 수분이 부족하게 되면, 수고와 직경이 공통적으로 감소하게 된다(그림 9.8). 여름철에 SWD를 통해서 이를 알 수 있다(soil water deficit in summer; summer SWD = 수분 스트레스의 정도를 나타내는 지수).

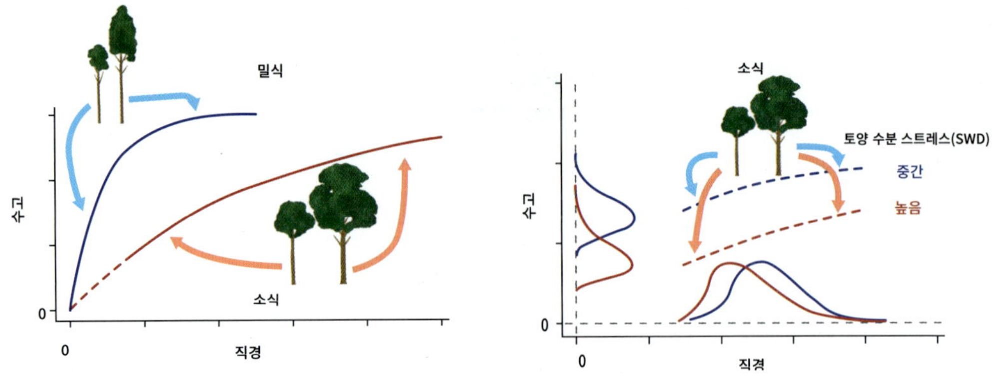

그림 9.8 생육 공간과 수목의 생장

CHAPTER

10 가지치기

가지치기 후 도관에서 수분 이동

가로수나 산림에서 수목을 관리하기 위해서 줄기를 자르는 두목작업이나 가지치기를 할 때, 잘려진 가지에서 물이 어떻게 이동하고 새로운 도관이 생성되는지가 수목의 생리적인 측면에서 중요하다. 수목 중에서 *Paraserianthes lophantha*를 대상으로 염색약을 이용하여 도관에서 물이 이동하는 경로를 관찰하면, 이웃한 도관이 서로 연결되어 물이 이동한다(Halis et al., 2019). 수목은 가지치기를 한 이후에는 살아 있는 도관을 막고 새롭게 성숙한 도관을 형성하여 지속적으로 생장한다. 이 두 가지를 구분하기 위해서, 먼저 safranin-O 염색액으로 살아 있는 닫힌 도관을 염색(붉은색)하고, 얼마 후에 toluidine blue O 염색액으로 새롭게 형성된 도관(푸른색)을 염색한다(그림 10.1).

현미경 사진을 관찰하면, 도관은 서로 연결되는 형태로 물을 뿌리에서 가지로 이동한다. 도관의 길이가 짧고, 직경이 작은 것이 서로 연결되어서 수분을 흡수하는 것은 스트레스로 인해서 형성될 수 있는 도관폐쇄(embolism)를 방지하고, 침투하는 병원균을 차단하기 위해서이다. 도관의 직경이 크면 물의 이동이 쉽게 이루어지지만, 공동화현상(cavitation)이 발생할 확률이 높다. 도관이 서로 연결되어지면 막공의 역할이 매우 중요하게 된다. 도관과 도관이 서로 이어져서 연결된 도관을 통해 물과 녹아 있는 양분이 이동할 때, 막공이 폐쇄되거나 제대로 기능하지 못하면 원활한 이동이 이뤄지지 않는다.

새롭게 형성되는 도관에는 분자량이 큰 물질들, 즉 효소, 단백질, 탄수화물 찌꺼기 등이 남아 있는데, 이들은 막공의 세포막을 막거나 또는 축적돼서 물이 이동하지 못하도록 방해하는 역할을 한

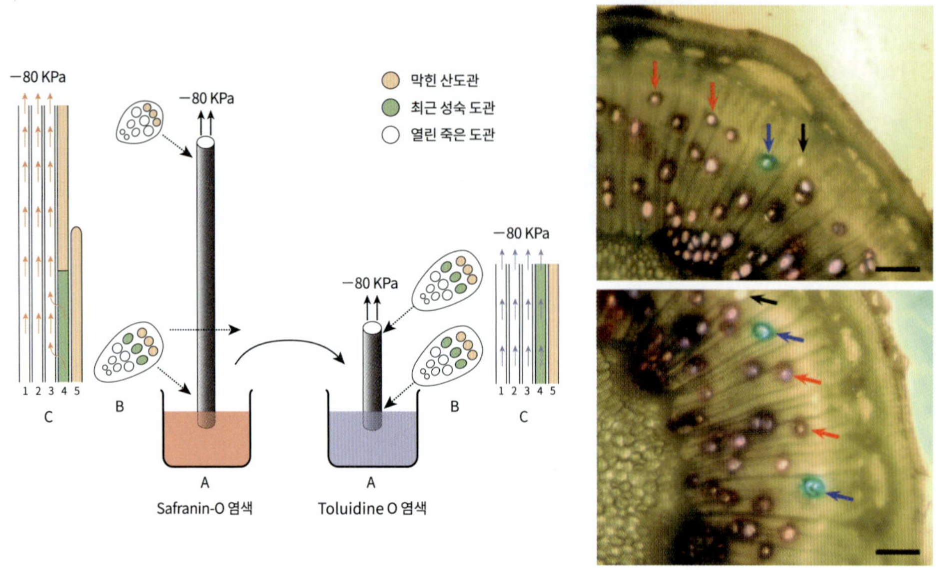

그림 10.1 가지치기 이후 수분의 이동. 도관의 번호는 수(pith)에서부터 가까운 순서이다. 붉은색으로 염색된 도관(붉은색 화살표)은 서로 인접한 도관끼리 연결성을 가진다. 새롭게 성숙한 도관(푸른색 화살표)은 독립적으로 형성되기도 한다. 검은색 화살표는 미성숙한 도관이다.

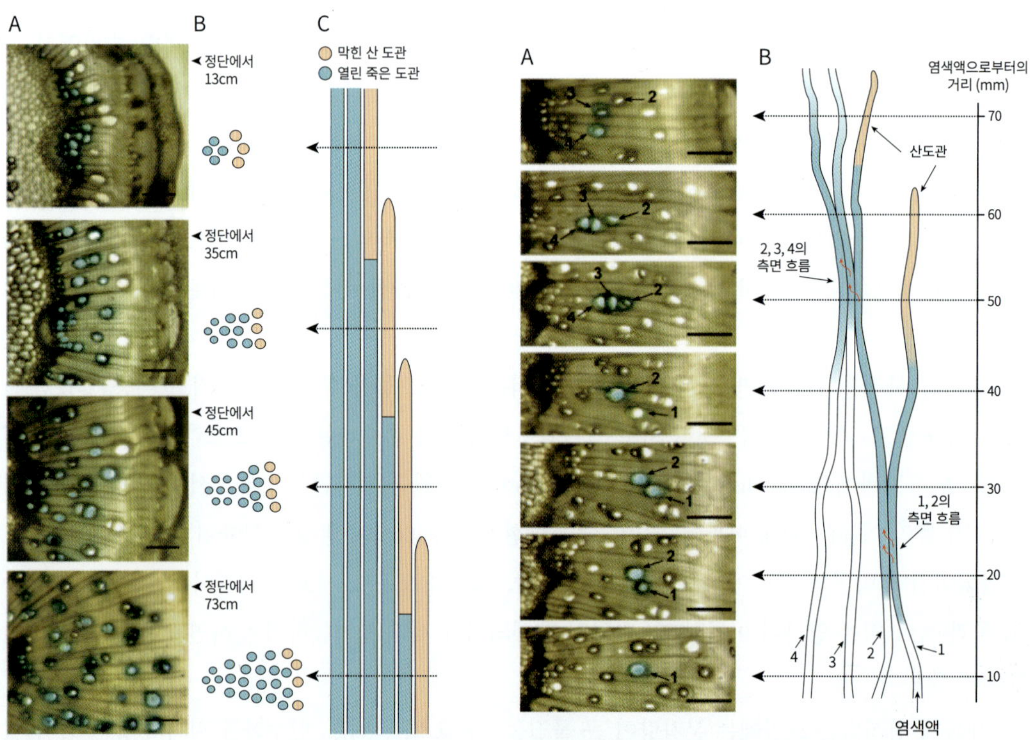

그림 10.2 수목의 도관에서 발생하는 물의 흡수, 이동

다. 그러나 도관의 내부는 지질이 주된 성분이어서 아주 작은 기포(nanobubble)도 생기지 못하게 함으로써 도관폐쇄가 발생하지 않게 한다. 수목의 도관에서도 이러한 공진화를 하고 있으니 놀라운 일이다(그림 10.2).

환상박피와 양분 이동

동화기관을 통해서 만들어진 동화산물은 체관을 통해서 주로 이동한다. 이것은 환상박피 실험을 통해서 간단히 확인할 수 있다. $^{14}CO_2$를 흡수시킨 잎의 체관부에서 ^{14}C가 검출된다는 것을 알 수 있다. 수목의 체관을 절단하여 절단면에서 나오는 산물에 포함된 성분을 조사하면 되는데, 수목의 가지를 절단하면 그 피해를 최소화하기 위해서 수목은 체관세포에서 P-단백질을 만들고 이것이 체관부를 막는다. P-단백질은 섬유상 혹은 관상의 구조를 가지며, 액틴(actin)과 비슷하다. 그렇기 때문에 체관부에 있는 성분을 정확하게 알 수 없지만, 진딧물을 활용하면 체관부의 성분을 정확하게 측정할 수 있다. 진딧물은 작고 뾰족한 stylet(빨대 혹은 소침) 구조를 갖고 있는데, 이를 체관부에 삽입하여 체관의 액체를 빨아먹는다. 수액을 빨아먹는 진딧물을 마취시켜서 진딧물의 stylet에서 흘러나오는 액체를 분석하면 주로 ^{14}C가 검출되는 데 거의 대부분 당이다.

진딧물의 stylet에서 흘러나오는 액체를 분석하면, 20~25% 정도의 설탕이 함유되어 있다. 수목이 동화한 탄수화물은 크게 3가지 형태로 운반된다. ① 설탕 형태로 이동되며, 주로 라피노오스 형태로 운반된다. 약간의 올리고당 등이 여기에 포함한다. ② 설탕과 함께 상당한 양의 올리고당이 포함된 형태이다. 주로 능소화과(Bignoniaceae), 흰망그로브과(Combretaceae), 노박덩굴과(Celastraceae), 차조기과(Lamiaceae), 물푸레나무과(Oleaceae), 바늘꽃과(Onagraceae), 마편초과(Verbenaceae), 옻나무과(Anacardiaceae), 회양목과(Buxaceae), 운향과(Rutaceae), 피나무과(Tiliaceae), 느릅나무과(Ulmaceae) 등이 여기에 속한다. ③ 설탕과 함께 상당량의 당알코올이 들어 있다. *Fraxinus, Syringa* 등의 물푸레나무과의 식물에는 만니톨(D-mannitol)이 함유되어 있다. 장미속(Rosa)을 제외한 장미과(Rosaceae)의 대다수 식물이 여기에 속하며, 상당량의 소비톨(sorbitol)이 함유되어 있다.

이와 같이 수목의 종류에 따라서 체관에서 검출되는 수액에 설탕이 많이 함유되어 있다는 공통점이 있다. 또한 체관을 통해서 이동하는 탄수화물은 비환원당이며, 환원당이나 인산유도체로 이동하지 않는다. 당으로 이동되는 이유는 비환원당이 안정된 구조로 물에 녹을 수 있고, 수송 후에 세포에서 쉽게 대사가 될 수 있기 때문이다.

설탕 이외에도 체관에는 상당량의 지질이 들어 있다. *Robinia pseudoacasia*에는 건조중량의 0.13%가 들어있고, *Tilia platyphyllos*에는 0.54% 정도가 함유되어 있다. 체관액에는 단백질도 많이 검출되는데, 단백질은 질소를 주성분으로 하기에 질소 성분이 포함되어 있다(표 10.1).

표 10.1 수목의 체관액에 포함된 성분

수목	체관에서 성분	단백질 (mg/mL)	지질(%)
능소화과(Bignoniaceae), 흰망그로브과(Combretaceae), 노박덩굴과(Celastraceae), 차조기과(Lamiaceae), 물푸레나무과(Oleaceae), 바늘꽃과(Onagraceae), 마편초과(Verbenaceae), 옻나무과(Anacardiaceae), 회양목과(Buxaceae), 운향과(Rutaceae), 피나무과(Tiliaceae), 느릅나무과(Ulmaceae)	설탕이 위주인 올리고당	–	–
Fraxinus, Syringa 등의 물푸레나무과 장미속(Rosa)을 제외한 장미과(Rosaceae)	설탕이 위주인 당알콜 만니톨(D-mannitol)	–	–
Capinus betulus	–	0.60	–
Fraxinus americana	–	1.12	–
Salix viminalis	–	1.06	–
Robinia pseudoacasia	–	–	0.13
Tilia platyphyllos	–	0.31	0.54

* – : 자료 없음

환상박피와 생리적인 변화

열대지역에 분포하는 나무에 대해서 가지의 환상박피가 어느 정도 수목의 생리적인 활성에 미치는 영향을 보면 수종에 따라서 정도의 차이는 있지만, *Hieronyma alchorneoides, Pentaclethra macroloba, Virola koschnyi, Vochysia guatemalensis* 모두에서 광합성률이 감소한다(Asao and Ryan, 2015). 가지치기 후에 나타나는 수목의 피해 현상도 가지에 환상박피를 한 이후에 나타나는 현상과 비슷하다. 탄소를 고정하는 광합성(source)과 생장(sink)의 균형에 관해서는 수목이 항상성을 유지하듯이, 정상적인 생육을 위해서 환상박피 이후에도 수목은 생리적인 변화를 보인다(그림 10.3).

가지에 환상박피를 하는 정도에 따라서 나타나는 생리적인 변화를 보면, 사부에서 수분, 양분 이동, 광합성률은 환상박피의 정도가 강해질수록 감소한다. 탄수화물의 이동과 호흡량은 증가한다. 광합성과 호흡은 반대로 나타난다. 대다수 수목은 공통적으로 수목의 가지에 스트레스가 가해지면 광합성률은 감소하고 호흡량은 증가하며, 잎에서 탄수화물의 양은 증가한다. 그러므로 광합성과 탄수화물의 양은 서로 반대되는 상관관계를 가진다. 환상박피를 하면, 체관은 제거되고 목부는 남는다. 남은 목부로는 물과 양료가 이동이 되지만, 사부가 제거되었기 때문에 달려 있는 잎에서 만들어진 탄수화물은 소스로 남게 되어서 소스가 싱크를 넘게 된다(그림 10.4).

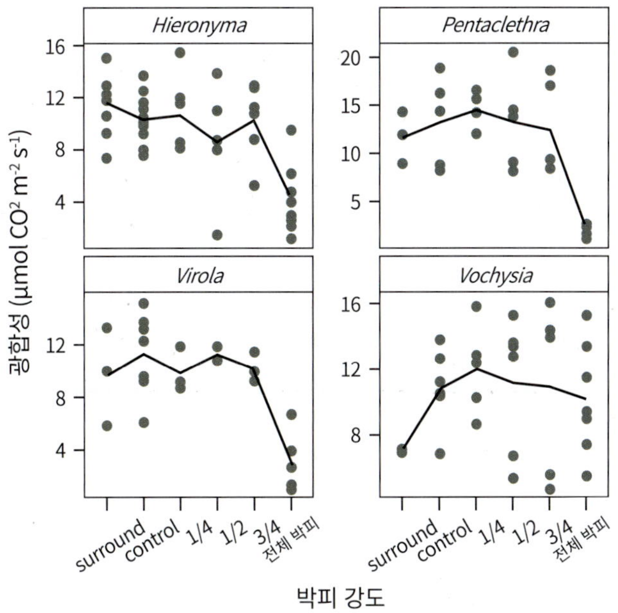

그림 10.3 환상박피 후 광합성의 변화

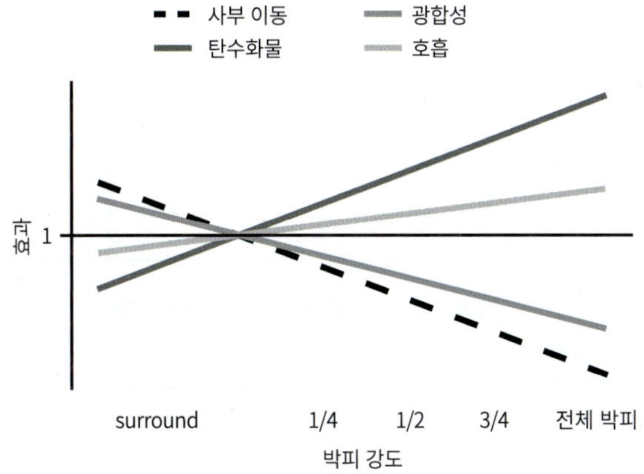

그림 10.4 환상박피 후 사부, 광합성, 호흡에 관한 효과

겨울 동안에 뿌리에도 탄수화물을 축적하는 것이 일반적인 현상인데, 환상박피를 한 윗부분에 탄수화물이 축적되고, 환상박피를 한 아래 부분에는 적은 양이 축적된다. 특히, 뿌리에는 축적되는 양이 거의 없음을 알 수 있다. 환상박피를 하면 사부가 없기 때문에, 잎에서 만들어진 소스가 뿌리로 이동해서 싱크되어야 하는데 그렇지 못한다. 포플러는 맹아력이 뛰어나 줄기를 자르면 맹아가 많이 나오는데, 박피를 하면 봄에 맹아력을 더 높여준다. 이른 봄에 박피를 한 포플러는 잎이 나오면서 춘재를 생산한다. 그리고 뿌리에서 물을 수목의 다른 기관으로 공급해 준다. 가을에 박피를 하

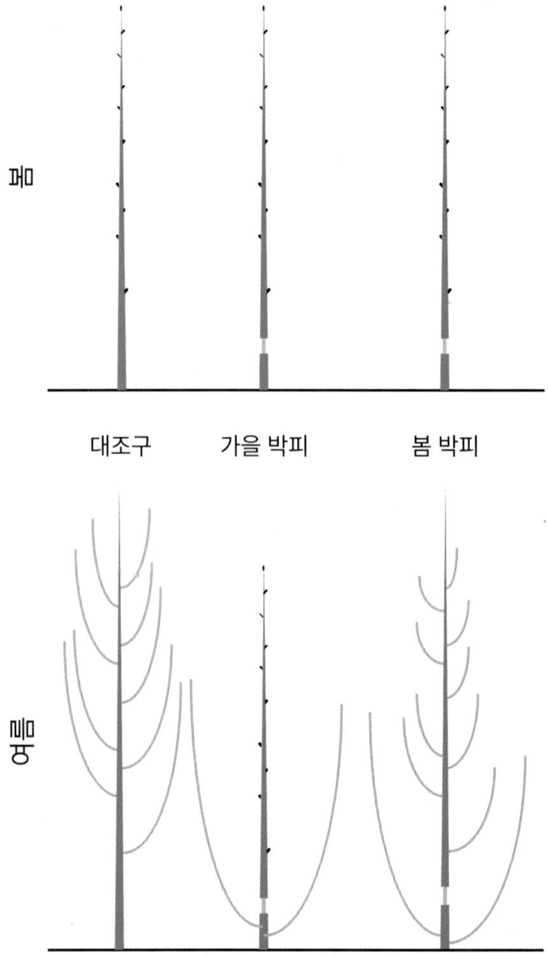

그림 10.5 환상박피 후 가지 발생 형태

면 새로운 나이테가 형성되지 못하고, 다음 해 봄에 수목이 잎을 내고서 생장을 하려 하는 경우에 수분이 제대로 공급되지 못한다(그림 10.5).

포플러(*Populus deltoides* × *nigra* cv. Dorskamp)를 대상으로 봄, 가을에 환상박피를 하여 각종 물질이 축적되는 양상은 서로 의미가 있다. 전분은 생장이 멈추면 수목에 축적이 된다. 겨울 동안에 전분이 가용성 탄수화물로 전환되는데, 이는 겨울 동안의 동면, 봄에 잎이 피고 꽃이 피는 시기에 필요한 물질을 공급하기 위해서 준비하는 것이다(그림 10.6).

스타키오스(stachyose)와 라피노스(raffinose)가 환상박피를 한 아래 부분에 많이 축적되는 것을 알 수 있다. 대조구와 비슷한 수준으로 유지된다. 이는 겨울이나 추운 날씨에 내동성을 올리기 위한 전략이다. 가을에 박피한 포플러에서도 높은 수준을 유지한다. 스타키오스(stachyose)는 2분자의 α-D-갈락토스, 1분자의 α-D-포도당, 1분자의 β-D-과당이 글리코사이드 결합으로 순차적으로 연결

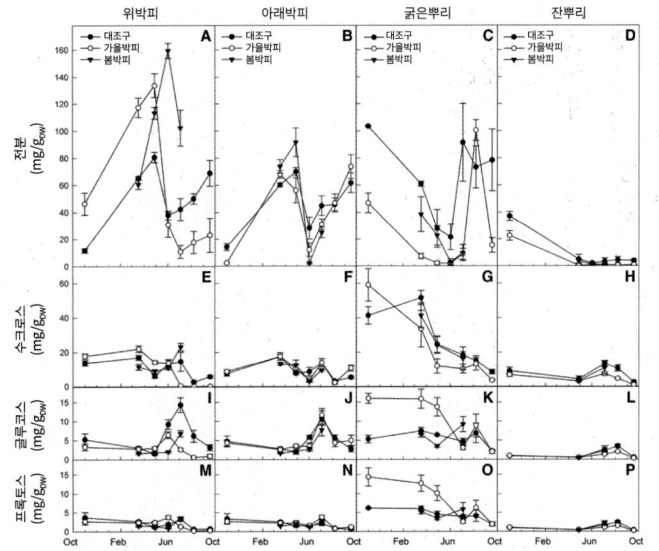

그림 10.6 환성박피 후 탄수화물의 축적, 이동 변화

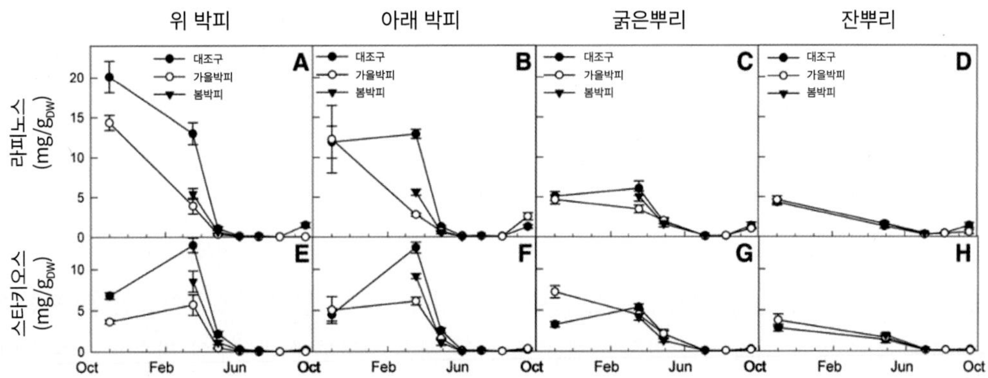

그림 10.7 수목 부위별 환상박피 후 스타키오스(stachyose)와 라피노스(raffinose)의 변화

된 사당류이다. 이들의 역할은 내동성을 높이는 것이다(그림 10.7).

수목의 회복력

산림에서 수목 종자의 결실, 토양의 균근, 미생물, 탄소 이동 등을 조절하기 위해 환상박피를 한다. 그러나 환상박피는 줄기나 가지에 기계적인 손상을 주어서 수목에게 치명적인 상처를 줄 수 있

압력을 가하여 압박하는 처리구(좌), 대조구에 측정기만 달아 놓은 것(우).

그림 10.8 구주적송 줄기에 압력을 가해서 나타나는 변화를 감지하기 위한 실험구

다. 그래서 수목을 한시적으로 줄기나 가지에 압력을 가해 압박하여 환상박피의 효과를 올릴 수 있도록 한다(Henriksson et al., 2015). 구주적송(*Pinus sylvestris*)에 압력을 일정기간 가하고 나서 풀어주었을 때 원상으로 복귀되는지 관찰해 보면 상당한 수준으로 회복력이 있는 것을 알 수 있다(그림 10.8).

수관에 ^{13}C를 흡수하도록 하고 그 이동을 관찰했을 때, 체관을 통해서 이동되지만 압박을 가한 것과 환상박피한 구주적송은 지하부로의 이동이 거의 없다. 그러나 압박을 풀어주면 환상박피한 처리구에서는 검출이 안 되지만, 압력을 해제한 소나무에서는 지하부에 대조구와 비슷한 수준의 ^{13}C가 검출되는 것을 관찰할 수 있다. 수목은 어느 정도의 압박이 스트레스가 되지만, 일시적인 스트레스에는 회복력이 있어서 원상태로 복귀할 수 있다. 수크로스, 마니톨의 경우도 이와 비슷한 결과를 보이는데, 지하부에서 환상박피한 소나무에서만 농도가 아주 낮게 나타난다. 확실하게 환상박피나 압박을 가하는 스트레스가 뿌리로 보내는 탄소의 양을 줄인다(그림 10.9).

환상박피에서 ABA의 역할

가지나 줄기를 환상박피하면, 잎에서 ABA의 농도를 높이고 수분 양에 변화가 없어도 기공의 폐쇄를 초래한다(Mitchell et al., 2017). *Pinus radiata* 수간을 환상박피하면 뿌리의 비구조탄수화물

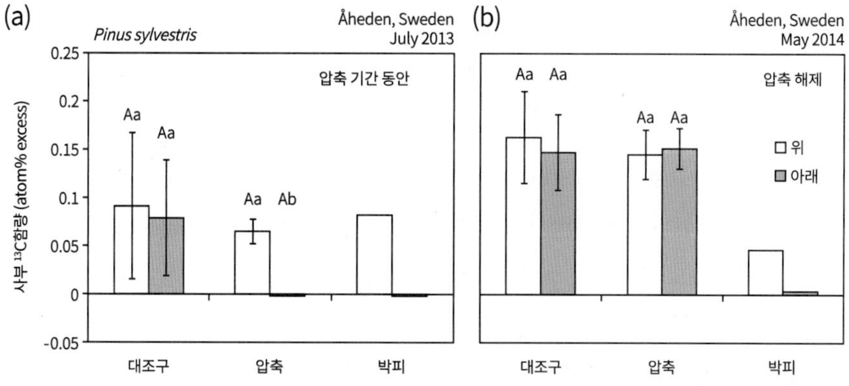

그림 10.9 줄기에 압박을 가한 이후에 구주적송의 지하부와 지상부에 나타나는 탄수화물의 변화

(NSC)의 양을 줄이는데, 이는 뿌리의 수분 흡수를 방해함으로써 잎에서의 수분포텐셜을 줄여 ABA가 잎뿐만 아니라, 줄기의 목부수액에서도 농도가 증가한다. 반면에, 뿌리의 목부수액에서의 농도는 아주 낮은 수준을 유지한다. 건조 스트레스에서도 줄기와 뿌리의 목부수액에서 ABA의 농도가 증가한다. 건조 때문에 감소한 수분포텐셜이 수분통도 경로(hydraulic pathway)에서 ABA의 역할을 알 수 있다. 수관에서 ABA의 농도는 뿌리의 수분 상태에 따라서 독립적으로 작용한다(그림 10.10).

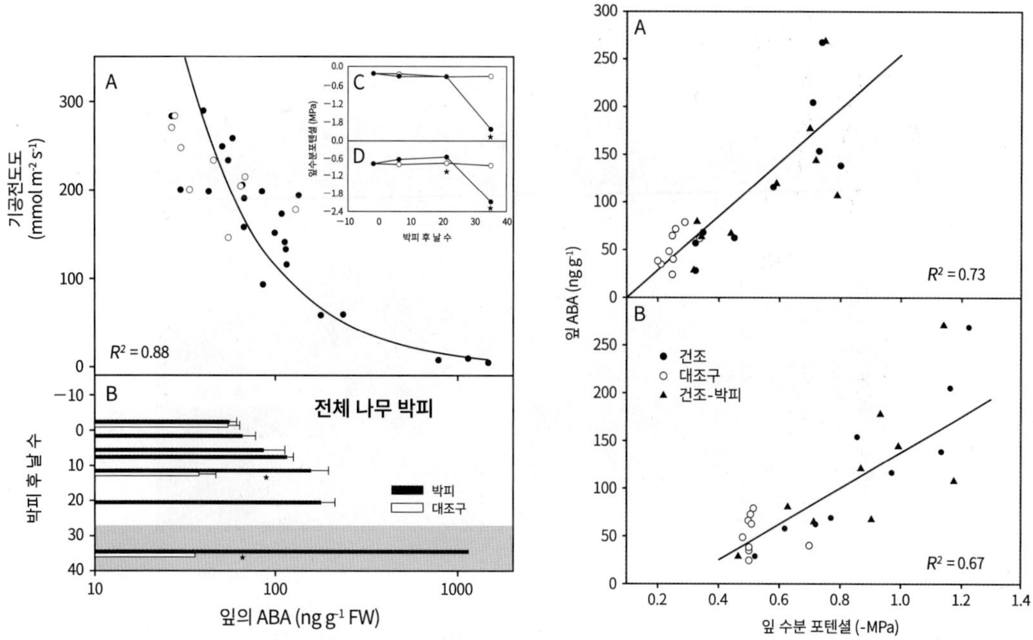

그림 10.10 환상박피 후 ABA 호르몬의 변화

고무나무의 tapping panel dryness(TPD)

우리가 알고 있는 열대지역의 고무나무(*Hevea brasiliensis*)는 천연고무를 생산하는데, 그 주요 성분은 laticifer이다. 천연고무는 laticifer의 합성으로 만들어진다. 고무를 생산하기 위해서는 줄기에 심각한 상처를 내야 하는데, 이것이 수목에는 큰 스트레스가 된다(Zhang et al., 2017). 상처를 내면 활성산소종이 증가하고 Tapping panel dryness(TPD)와 같은 생리적인 문제가 생기는데, 특히 TPD는 라텍스 생산에 부정적으로 작용한다. TPD는 티올(thiol) 함량과 밀접한 관련이 있고, thiols, ascorbate, γ-tocotrienol 등은 라텍스에서 중요한 항산화 역할을 한다(그림 10.11).

고무나무에서 제일 먼저 알려진 라텍스 안에서 활성산소종의 소스는 과산화효소(peroxidase)이다. 4개의 비타민 E 이성질체(isomer)가 라텍스에 있는데, α-tocopherol, α-tocotrienol, γ-tocotrienol, δ-tocotrienol이다. 이 중에서 가장 흔하게 발현되는 것이 γ-tocotrienol이다. 이들 모두 고무를 생산히는 과정에서 발생하는 항산화물질로서 생산된 천연고무의 질을 결정하는 데 역할을 한다. SOD, CAT, GPX, glutathione S-transferase(GST) 등은 주요한 항산화효소인데, 활성산소종을 소거하는 결정적인 작용을 한다. APX, GPX 등은 활성산소와 H_2O_2를 제거하는 역할을 한다. SOD 효소는 중금속과 같이 붙어서 작용하는데, MnSOD, CuSOD, ZnSOD 등이 세포질에서 활성산소를 소거하는 유전자 발현에 관여한다(그림 10.12).

(A) 체관 조직의 단면(oil-red O와 toluidine blue로 염색, 확대비율 = ×5): (la) 라텍스 세포는 orange-red로 염색, (ca) 형성층, (me) medullar ray(수선 혹은 방사조직), (cp) 전환되는 체관, (tc) 탄닌세포, (sc) 석세포(stone cell).
(B) laticifer (oil-red O로 염색, 배율 = ×20). (C) 천연 라텍스 (D) 라텍스 생산이 TPD로 인해서 멈춤

그림 10.11 줄기에서 상처를 내고 고무를 생산하는 실험구(Zhang et al., 2016)

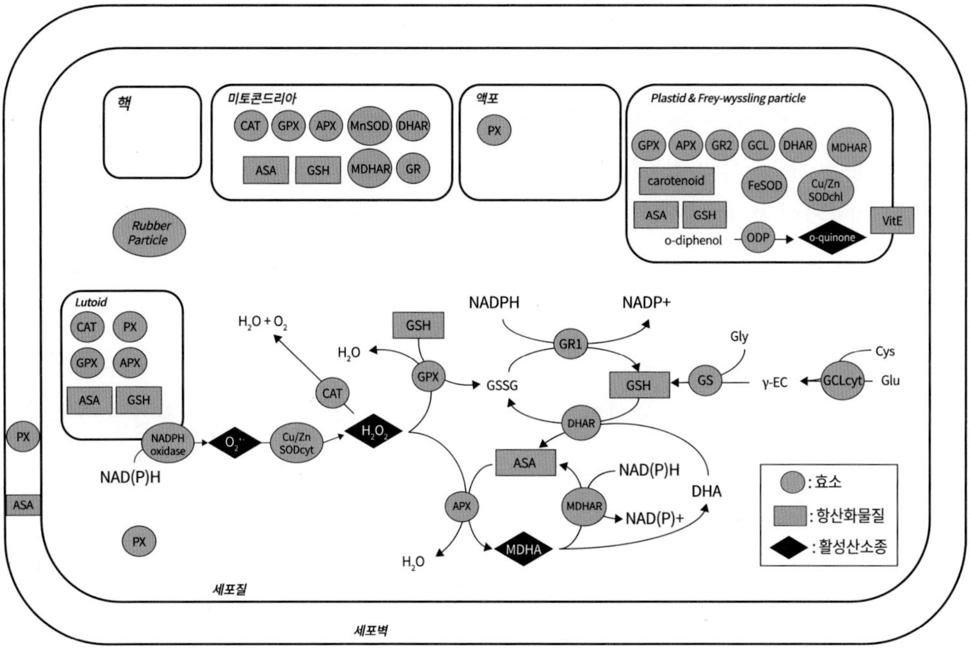

CAT, catalase; PX, peroxidase; ASA, ascorbate; GSH, glutathione; APX, ascorbate peroxidase; GPX, glutathione peroxidase; MDHAR, monodehydroascorbate reductase; DHAR, dehydroascorbate reductase; GR, glutathione reductase; GCL, glutamate cysteine ligase; GS, glutathione synthetase; Gly, glycine; γ-EC, γ-glutamylcysteine; Cys, L-cysteine; Glu, L-glutamate; ODP, o-diphenol oxidase.
Vitamin E 이성질체(α-tocopherol, α-tocotrienol, γ-tocotrienol, δ-tocotrienol)는 Vit E로 표기함(Munné-Bosch and Alegre, 2002).

그림 10.12 고무나무의 라텍스 세포에서 활성산소종의 생산과 소거 과정

Mudullar ray(사출수, 수선, 방사조직)은 관다발의 가도관, 체관 등과 직교하여 방사방향으로 지나는 테이프 모양의 조직으로 물질의 이행과 저장을 겸하는 조직이다. 가도관에 있는 것을 물관부방사조직, 체관부에 있는 것을 체관부방사조직이라고 한다. 물관부방사조직의 구성이나 세부구조는 목재를 식별하는 데 중요한 특징이 되며, 또 수목의 계통학적인 고찰에 큰 역할을 한다. 침엽수의 방사조직은 대개 세포가 1줄로 늘어서 있고 접선단면에서는 세포의 절단구가 세로 1열로 연속되어 있다.

모든 세포가 유조직인 수종(소나무, 삼나무)과 상하의 가장자리에 하나 또는 여러 층의 방사조직 가도관을 수반하는 것(소나무과의 대다수 수목)이 있고, 또 수지구(樹脂溝)를 수반하기 때문에 중앙부가 부풀어진 것도 있다. 활엽수의 구성요소는 전부 유조직이지만 세포의 형상이나 개수에 변화가 많고, 높이가 1 m 이상에 달하는 것도 있다(떡갈나무). 육안으로 무늬로 관찰되고 목재공예 등의 작업을 할 때 중요시 된다.

수목의 기계적인 상처와 타일로스

타일로스(tylose; 전충체)는 목질부 유조직 세포의 안쪽이 늘어나면서 도관의 세포가 커진 것을 말한다. 도관 또는 가도관에 인접하는 목부유조직 또는 방사조직의 원형질이 경계의 반연막공을 지나 침입하고 기포상의 유세포로 팽창한다. 수목의 약간 오래된 부분의 도관, 또는 가도관의 내부에 이차적으로 생긴 세포 무리를 말한다. 타일로스가 발생하면 도관을 폐쇄하여 전체가 조직처럼 보인다. 세포벽은 얇고 드물게 후벽조직화하는 경우도 있다.

수목이 상처를 받았을 때 그 근처의 목재에 산발적으로 또한 불규칙하게 발달한다. 일반적으로 내구력이 강한 목재에 많다. 이는 도관의 폐쇄에 의하여 수분, 공기, 균류 등의 침입을 방지하기 때문이다. 전충체를 일으키는 성질이 강한 수목은 느릅나무, 옻나무, 포도, 호두나무, 초본식물로는 쇠기풀과, 참외과 등이 있다.

수목에 기계적으로 상처를 깊숙이 내면, 스스로 치유하면서 상처를 회복시키려고 한다(Maranon-Jiménez et al., 2017). 참나무(*Quercus petraea*)의 경우, X-ray microCT를 활용하여 줄기에 송곳 같은 뾰족한 도구로 상처를 내면 타일로스가 형성된다. 수목이 생장을 시작하는 봄에 상처를 내면(그림 10.13a의 흰색 화살표). 수피로부터 가까운 곳에 상처의 흔적이 남는다. 시간이 지나고서 오래된 이후 상처가 아물게 되면, 상처는 깊숙이 들어가서 남는다(b)(AC는 대조구). 방사 방향으로 나이테 사진을 보면(c, d), 살아있는 세포로 둘러쌓이게 된다. 흰색 화살표는 도구가 들어가 있는 부분이고, 푸른색 화살표는 타일로스가 생성되고 있는 도관이다(그림 10.13).

타일로스는 도관의 안쪽에 붙어서 형성된 풍선 모양처럼 부풀어 오른 것을 말한다. 결빙, 건조, 기계적인 상처, 해충의 가해 등의 스트레스 때문에 도관에 공기가 차는 도관폐쇄현상(embolism)이 생기면, 주변 관속세포가 두껍게 형성이 되는 타일로스 현상이 더 이상의 피해가 진행되는 것을 막기 위해서 작용한다. 타일로스는 특히 해충이나 병원균이 수목으로 들어오는 것을 막는 기계적인 장벽 역할을 한다. 타일로스는 세포벽에 전분과 슈베린이 생겨서 불투수층으로 확장되는 것이다. 일차적으로 세포벽에서 최대한 타일로스가 생기면, 다음으로 2차벽과 핵으로 발전하고 도관을 연결하는 막공 주변에서 실제의 세포로 발전한다. 이러한 현상이 생기면 다층의 수베린, 리그닌화된 벽이 형성된다(그림 10.14).

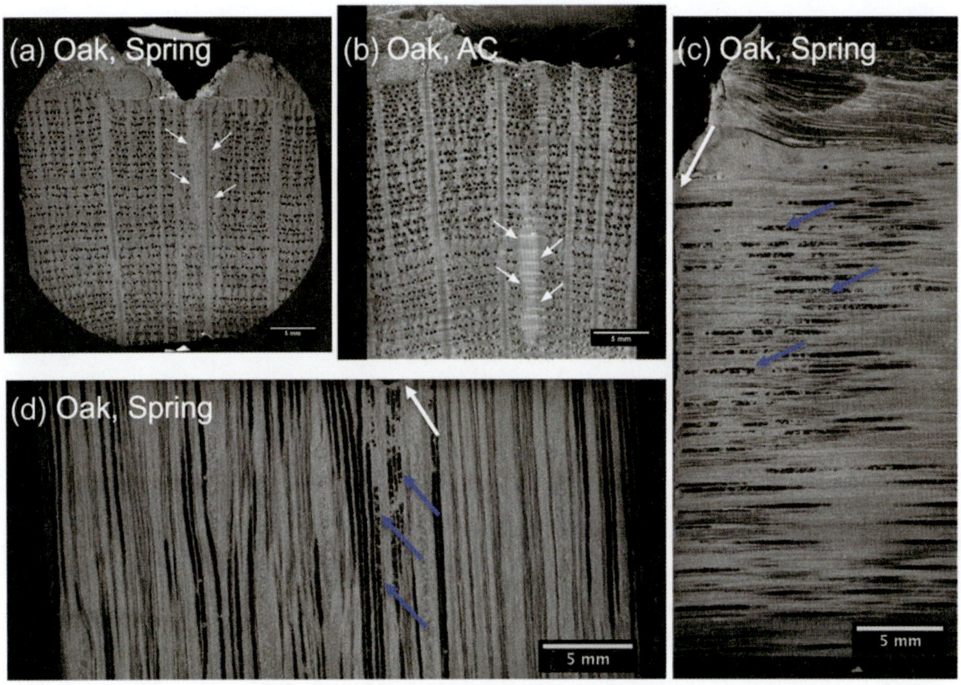

그림 10.13 수목의 기계적인 상처와 타일로스의 발현(Maranon-Jiménez et al., 2017)

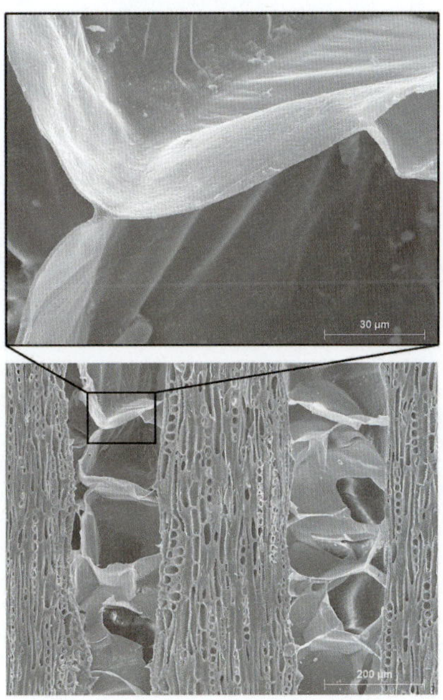

아래의 사진은 *Quercus petraea* 도관에서 타일로스가 형성된 것이고, 위의 사진은 이것을 확대한 것이다(https://en.wikipedia.org/wiki/Tylose.).

그림 10.14 타일로스가 도관의 안쪽에 풍선 모양으로 형성된다.

CHAPTER

11 기계적 상처 피해

수목의 형성층(부름켜)에 기계적인 상처(pinning)가 생기면, 수목의 생장에 영향을 주는 스트레스로 작용한다(Camp et al., 2017). 상처가 난 이후에 수목(*Maesopsis eminii*, 열대지역의 개척수종으로 속성수임)은 서서히 회복이 된다. 그러나 여기에 건조 스트레스가 복합적으로 수목에 작용하면 스트레스에서 회복되는 속도가 아주 느리거나 생장을 하지 않는다. 목재의 형성은 건조에 의해서 거의 차단이 되지만, 줄기의 직경은 약간 늘어난다. 이는 건조 스트레스 기간 동안 뿌리에서 오는 압력 때문에 나타나는 현상이다(그림 11.1, 그림 11.2).

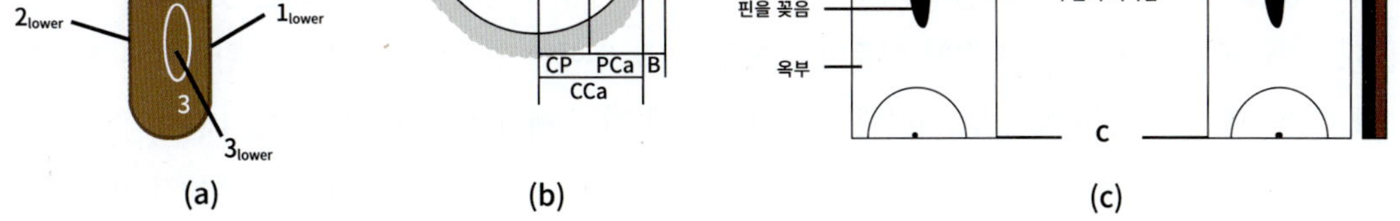

상처 위치: (a) 1, 302일; 2, 324일; 3, 338일.
(b) 횡단면 C = 중심; P = 상처; Ca = 형성층; Ba = 수피, D = 외수피 둘레; B = 수피 두께.
(c) 상처 후 목재의 형성
핀을 꼽기 전에 형성된 목재 (검은색/붉은색), 핀을 꼽고 난 후에 형성된 목재 (밝은 회색/초록색), 수피 (검은 회색/노란색)

그림 11.1 줄기에 핀을 사용하여 상처를 냈을 때의 반응.

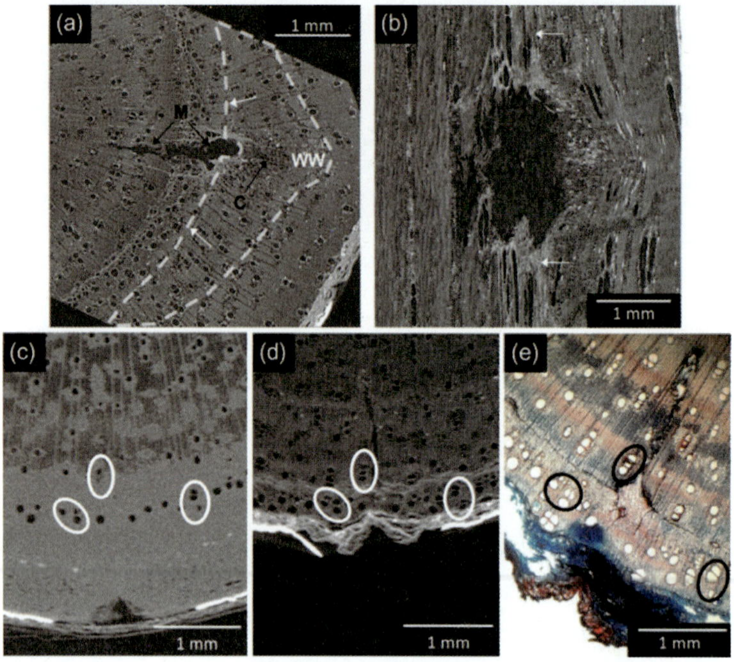

*Maesopsis eminii*의 X-ray micro-CT 이미지. (a) 가로축(횡단면). (b) 목부 상처.
점선: 상처가 난 부분, 흰색 화살표: 상처 후 상처가 난 부분의 부름켜 안쪽.
C; 유합조직, M; 기계적 상처 WW; 상처받은 목부. 해상도는 (a)와 (b)는 3.5mm이다.
(c) 횡단면 어린 조직. (d) 샘플. (e) 마이크로톰 횡단면.

그림 11.2 핀의 위치에 따른 반응을 현미경으로 관찰한 사진

*Maesopsis eminii*에 건조 스트레스를 주기 전까지는 생장을 좋게 유지한다. 그러나 기계적인 상처를 주면, 상처가 회복되는 동안 생장이 감소한다. 건조 스트레스가 함께 작용하면 생장은 더욱 많이 감소하게 된다(그림 11.3).

상처 이전의 건조 스트레스를 받은 수목의 수액은 대조구와 약간 차이가 있다(그림 11.4a). 하루 동안 수액의 이동을 관찰하면, 한낮의 수액 이동이 약간 침체된다. 상처를 낸 후 며칠 지나면 수액의 이동에 변화가 생긴다. 그러나 하루 이후에는 수액 이동이 현격하게 줄어드는 것을 볼 수 있다(b). 기계적인 상처로 인해서 수액 이동이 줄어들고, 그 후에는 건조 스트레스가 복합적으로 작용한다. 기계적인 상처 이후에 상당 기간이 지나면 해뜨기 전 수액이동이 사라진다(그림 11.4h).

소나무가 상처를 받고 건조 스트레스가 가해지면 여러 가지 변화가 일어난다. 생육기간이 지나면서 가도관의 지름이 커지고, 상대적으로 충분한 물을 공급받으면서 생육한 개체에 비해서 얇은 세포벽을 가진다(Eilmann et al., 2011). 광합성으로 고정한 탄소를 분배하면서 세포벽에 투입하는 양을 줄여야 하기 때문에 세포벽이 얇아진다.

유럽적송(*Pinus sylvestris*)에 상처를 내면, 연륜 생장에 변화가 생긴다. 바늘로 찔러서 상처를 준

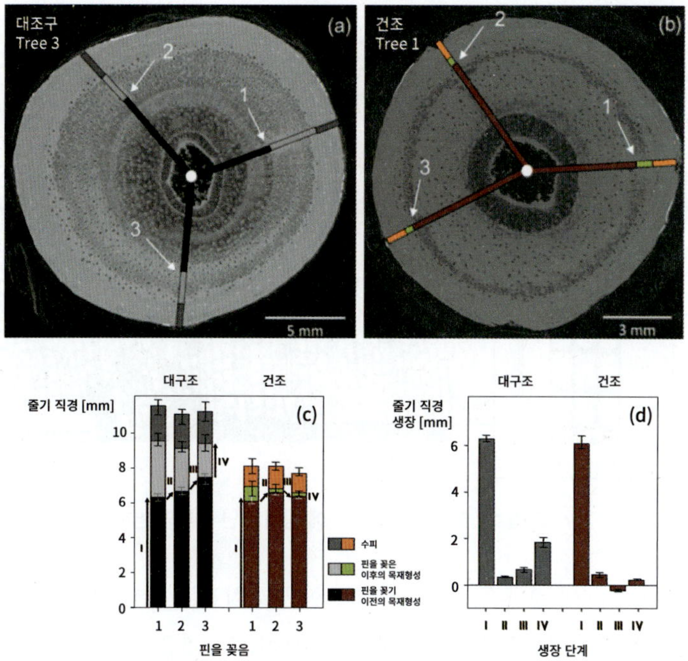

(a) 대조구. (b) 건조처리. 화살표는 상처 부위. (c) (d) 줄기 직경 생장(I, II, III and IV).
아라비아 숫자는 핀의 숫자를, 핀을 사용한 날 수와 관련 있다. 1) (302일), 2) 물 차단(324일), 3) 물 공급(338일). I: 상처 이전의 생장, II: 한 달 동안의 생장, III: 건조기간 동안 생장, IV: 건조 후 생장.

그림 11.3 건조 스트레스를 받은 *Maesopsis eminii* 목재의 형성

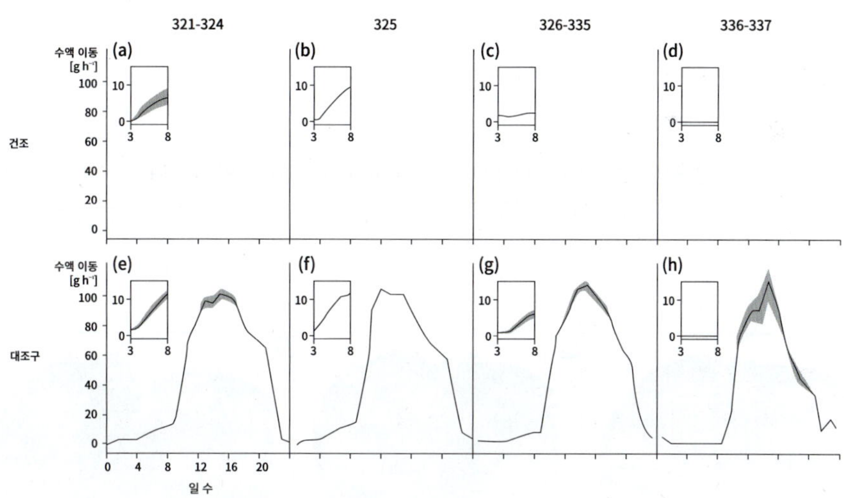

그림 11.4 줄기에 상처나 이후의 수액(sapflow)의 변화

이후의 조직 생장은 그림 11.5의 왼쪽 사진과 같다. 형성층을 관통하여 기계적인 상처가 난 이후 물을 공급하지 않고 건조 스트레스를 주면 생장에 더 큰 변화가 생긴다. 1년 후 생장량을 현미경 사

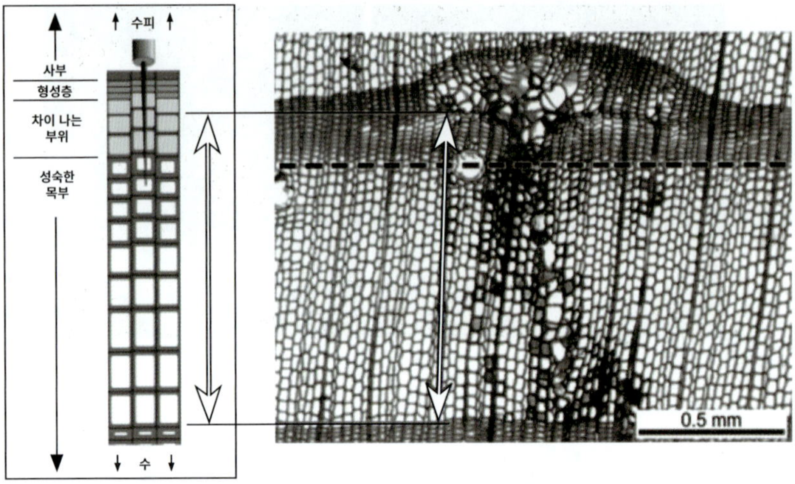

그림 11.5 소나무의 줄기에 상처가 난 이후의 변화

진으로 관찰하면 **그림 11.5**의 오른쪽 사진과 같다. 흰색 화살표는 1년 동안 성장한 연륜을 나타낸다. 바늘로 상처를 낸 후 형성층은 생장하는데, 처음 보이는 4~5층 정도는 세포층을 나타낸다. 세포분열하면서 봉합되는 모습을 볼 수 있다. 수평으로 난 굵은 점선은 춘재와 추재의 경계를 나타낸다. 어느 정도 기계적인 상처가 봉합되면 생장을 정상적으로 하기 위해서 탄소의 고른 재분배가 시작된다.

Traumatic resin ducts(TRD; 상처후 수지구)

기계적인 상처를 받으면 수종마다 TRD(traumatic resin ducts)를 형성한다. 이 조직은 상처나 물리적이고 기계적인 파손으로부터 수목을 보호하기 위한 방어 전략으로 생성된다. 또한 수지구(resin duck)가 형성이 되는데, 이것 또한 물리적인 피해를 받은 수목에서 흔히 나타나는 물질 분비 현상이

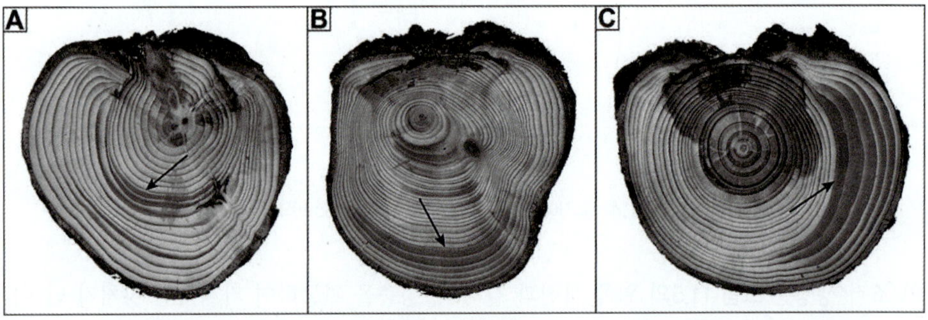

그림 11.6 기계적인 상처를 받은 이후에 형성된 traumatic resin ducts(TRD)

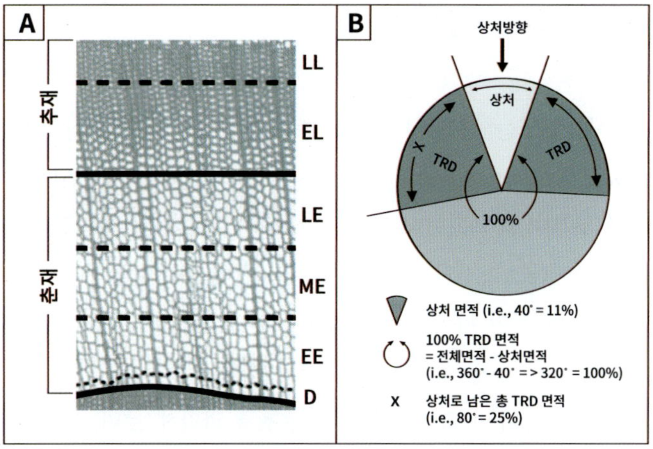

휴면에서 연륜(D), 초기 춘재(EE), 중기 춘재(ME), 후기 춘재(LE), 초기 추재(EL) 추재(LL). (B) TRD 비율

그림 11.7 상처 이후 춘재와 추재의 변화

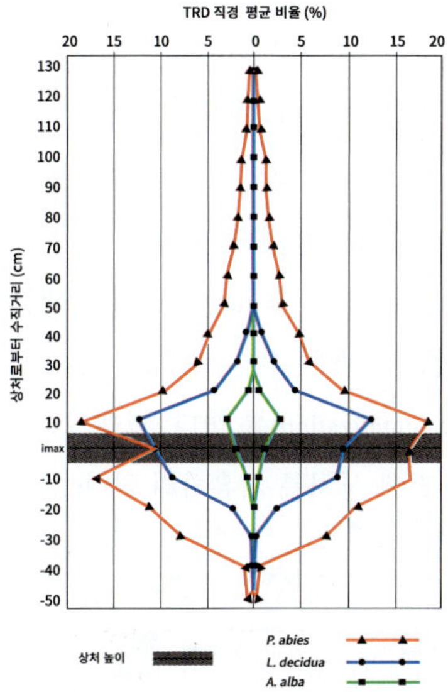

그림 11.8 수종별 수고에 따른 TRD 형성량

다(Schneuwly et al., 2009a). 화살표는 기계적인 상처를 표시하는데, A는 아주 경미한 상처, B는 중간정도의 상처, C는 아주 심한 기계적인 상처 이후에 생장을 한 수목이다. 짙은 색깔로 표시된 부분은 그만큼 심한 상처를 받아서 TRD와 수지구가 넓게 형성된 것을 말한다(그림 11.6, 11.7).

유럽에서 분포하는 3가지 침엽수종, *Larix decidua*, *Picea abies*, *Abies alba*를 대상으로 기계적인 상처를 내고서 TRD가 형성되는 것을 관찰하면, 수종에 따라서 그 방어 정도가 모두 다르다. 모든 수종 공통적으로 지상부로 지하부보다 더 넓은 TRD가 형성이 된다. *Picea abies*가 가장 넓고 크게 TRD가 형성이 되어서 다른 수종과 구별된다(그림 11.8).

상처 난 곳의 도관은 작아진다

기계적인 상처가 수목에 있는 경우 상처가 난 부위의 세포, 도관은 상처가 없는 조직에서보다 작아진다. *Alnus incana, Betula pendula*의 경우에서, 상처가 난 수목을 현미경으로 관찰한 결과를 보면 기계적인 상처 난 부분이 회복되면서 작은 크기의 세포로 먼저 채워진다(Arbellay et al., 2010). 나이테를 보면 상처 난 나이테(A의 I)와 상처 난 부분과 반대쪽의 나이테(A의 U)는 차이가 많다. 상처가 나면 callus pad(B의 P) 옆의 나이테(B의 A)가 곧바로 형성이 되고, 상처 난 부분이 회복하려는 작업을 한다(그림 11.9).

춘재(Early wood)에 상처가 난 이후 해부학적인 구조를 관찰해 보면, 정상적으로 생장한 수목의 도관보다 작은 크기로 많은 도관이 형성되는 것을 볼 수 있다. 줄기도관 유조직 세포 또한 작아지는 것을 확인할 수 있다. 이렇게 작은 도관이 형성되는 것은 호르몬의 변화에서 유래한다. 옥신이 목부 생장을 좌우하는 호르몬인데, 기계적인 상처가 나면 옥신은 상처가 난 조직의 반대쪽으로 활성이 이동한다. 옥신이 상처 나지 않은 조직으로 이동해서 생장을 더 하게 하면, 상처 난 부분과 가까운 조직은 상대적으로 적은 생장을 하게 된다. 더불어서 상처가 나면 에틸렌이 분비되는데, 에틸렌은 생장을 저지하는 역할을 한다. 목부의 안정성 유지와 수분통도조직 전도도(hydraulic conductivity)와의 상호관계에서 작은 도관 형성이 이루어진다. 작고 좁은 도관은 도관폐쇄현상(embolism)으로부터 안전하다. 크고 긴 도관에서 도관폐쇄현상(embolism)이 발생할 확률이 높으므로, 이러한 전략이 나타나는 것이다. 그러나 좁고 작은 도관은 수분통도조직 전도도의 효율이 떨어진다. 상처가 나면 수목은 빠른 조직의 분화(compartmentalization)를 한다. 그래서 생육기간 동안 상처를 치료하는 쪽에 에너지를 투입해서, 겨울이 오기 전에 상처를 치유하려 한다(그림 11.10).

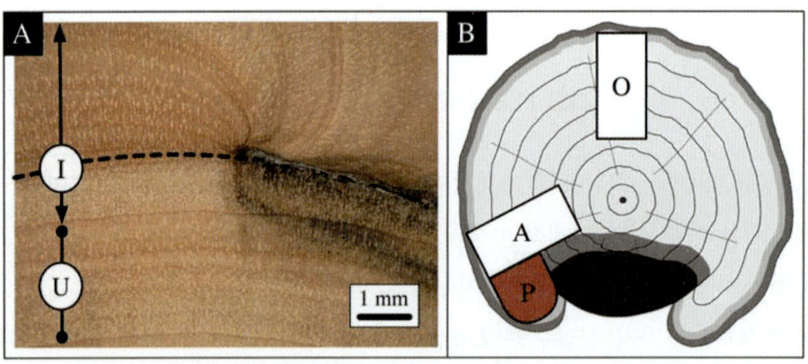

그림 11.9 줄기에 상처 난 이후의 도관의 변화

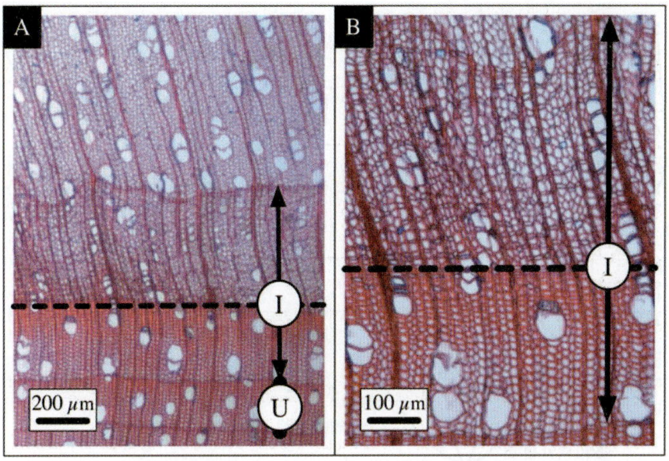

그림 11.10 춘재에 상처 난 이후의 변화

Cyanogenic glycosides(시안 생성 글리코시드)

Cyanogenic glycosides은 질소 관련 이차대사산물로서 상처를 받거나 물리적 피해를 받으면, 독성이 있는 시안화수소(hydrogen cyanide)을 생산한다. 2,650종, 13속의 식물로부터 75개의 다른 시안 생성 글리코시드가 보고되었는데, 대극과(Euphorbiaceae), 장미과(Rosaceae), 국화과(Asteraceae), 시계꽃과(Passifloraceae), 콩과(Fabaceae), 벼과(Poaceae) 등의 식물에 많다. 대표적인 물질은 α-hydroxynitriles (cyanohydrins)의 O-β-glycoside인데 수목이 포함하고 있다. 라나마린(Linamarin)과 로타스트랄린(lotaustralin)이 일반적으로 발견되는 시안 배당체(cyanide glycosides)이다. amygdalin는 장미과에서 일반적이고, dhurrin은 종종 벼과에서 발견된다(그림 11.11).

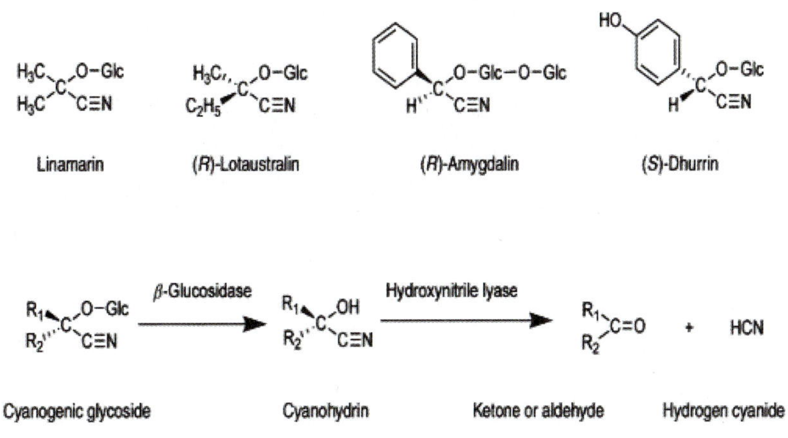

그림 11.11 시안 생성 글리코시드(cyanogenic glycosides)의 구조

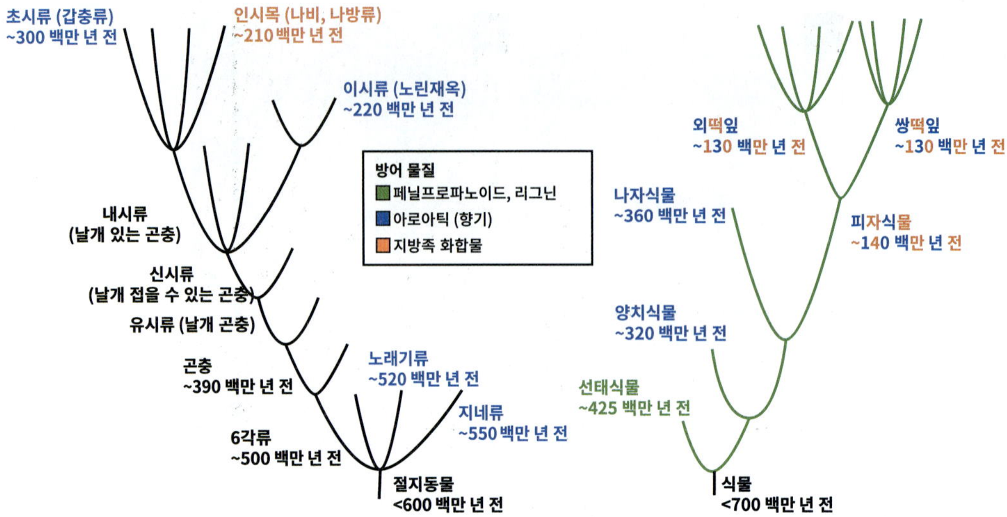

그림 11.12 절지동물과 수목에서의 독성물질 변화 계통수.

절지동물과 수목에서 독성물질이 어떻게 진화하였는지 계통수를 보면 확연한 차이가 있다(그림 11.12). 수목은 페닐프로파노이드, 리그닌 계열의 독성 방어 물질을 갖고서 발전해 왔다(Zagrobelny et al., 2008).

CHAPTER

12 산불

산림에 불이 나면, 수목은 수간(stem)만 불에 타고 상층은 남아 있을 수 있다. 그러나 그 수목은 시간이 지나면서 산불의 피해로 인해 점점 고사하게 된다(Bàr et al., 2019). 시간이 흐르면서 수목의 생리적인 변화로 인해서 죽게 되는 것이다. 수목의 경우, 산불이 지나가면 6월에 살아있던 개체가 9월이 되면 고사하는 것을 볼 수 있다(그림 12.1). 그러므로 산불은 그 강도에 따라서 차이는 있지만, 수피, 수관, 잎에 다양한 피해를 주어 수분포텐셜의 구배, 수분통도조직의 물 흡수 능력 등에 영향을 준다.

(a) (b)

그림 12.1 정상 수목(왼쪽)과 산불 피해목(오른쪽)의 비교

산불의 종류

지표화(surface fire)

지표화는 낙엽, 낙지, 신묘목, 지상관목이나 유기물이 불에 의해서 타는 것이다. 산불 가운데 가장 흔한 산불이다. 지표화는 발화하여 원형으로 번지는 것이 특징이다. 바람이 강해지면 바람이 불어 가는 방향으로 속도가 빨라진다. 바람이 없을 때는 원형이지만, 바람이 강해지면 좁고 긴 타원형으로 불이 길어진다. 성목의 지름이 굵고, 수피가 두꺼우면, 보통 지표화가 불어오는 방향의 반대쪽의 껍질이 그을린다. 산불이 진행되는 반대편에 이와 같이 나타나는 그을림을 편면연소라 한다.

수간화(stem fire)

나무의 줄기가 타는 것을 말한다. 지표화로부터 발전하기도 한다. 낙뢰에 의해서 지표로 내려오는 경우도 있다. 나무줄기가 비어 있는 경우에 굴뚝의 역할도 한다. 수간화는 자연 상태에서는 드물다.

수관화(crown fire)

수목의 수관을 타고 번지는 불을 말한다. 가장 강력한 산불이다. 일반적으로 지표화가 발전하여 수관화가 되는 경우가 많다. 침엽수의 경우, 수목이 가지는 송진, 수지 등의 발화성 물질이 수관화를 강하게 한다. 활엽수의 경우 유칼립투스 같이 잎에 정유 물질을 많이 함유하고 있는 수목의 경우에 쉽게 번진다. 수관화는 바람을 타고, 바람이 부는 방향으로 V자 형으로 뻗어간다. 산불 중에 생긴 대류의 결과로 상승기류가 생성돼서, 수피, 구과, 나뭇가지 등이 전방으로 비산하여 비산화(혹은 비화-spotting fire)가 되기도 한다.

지중화(ground fire)

낙엽층이 부식되어 생성된 이탄층(peat)이 불로 타는 경우를 말한다. 낙엽층의 분해가 늦은 고산지대, 이탄층이 발달한 저습지대에서 발전하는 불인데, 이탄층의 발달이 미미한 우리나라에서는 드물다. 지표 가까이에 있는 수목의 뿌리는 높은 열로 인해 죽는다.

산불의 피해

수피나 코르크층이 발달한 수목은 산불의 고열에 대해서 저항성이 있으나, 고열이 오랜 기간 지속되면 피해를 받게 된다. 성숙목이 불에 의해서 피해를 받게 되면, 피해목의 수분이 감소하여 유해 곤충, 특히 소나무좀벌레의 서식 공간이 될 가능성이 높다. 그러므로 이러한 수목이 있는 지역의 소나무 임분에 대해서는 좀벌레의 피해를 받기 전에 수목을 벌채하는 것이 좋다. 이른 봄 세포분열이 왕성할 때 형성층 조직이 피해를 받으면 조직이 더 약하므로, 봄철에 일어나는 산불에 의해서 더욱 큰 피해를 입는다. 낙엽층이 소실되고 부식층이 타게 되므로, 토양의 이화학적인 성질을 변하게 한다. 지표유하수가 산불에 의해서 늘어나고, 낙엽이 탄 후 생성된 재로 인해서 불투수층이 생성된다. 그로 인해서 토양의 투수성이 감소한다. 이로 인해서 토양의 저수능이 감소하고, 집중호우가 내리면 홍수의 원인이 된다.

산불은 직접적으로 1차 피해를 주고, 이어서 수목에 2차 피해를 준다. 1차 피해로는 잎과 수목의 눈(bud)에 황화현상, 사부와 나이테 등의 생장점에 피해, 목부에서 통도조직의 물리적인 불균형, 미세뿌리의 황화현상 등이고, 2차 피해로는 광합성의 불균형으로 인한 탄소 분배의 제한, 수분 흡수와 양료 이동의 문제, 병원균이나 곤충으로부터의 공격에 대한 저항성 감소 등이다. 이러한 피해가 약하면 수목은 회복이 되지만, 산불의 강도가 강해서 피해가 커지면 수목은 회복되지 못하고서 고사하게 된다(그림 12.2).

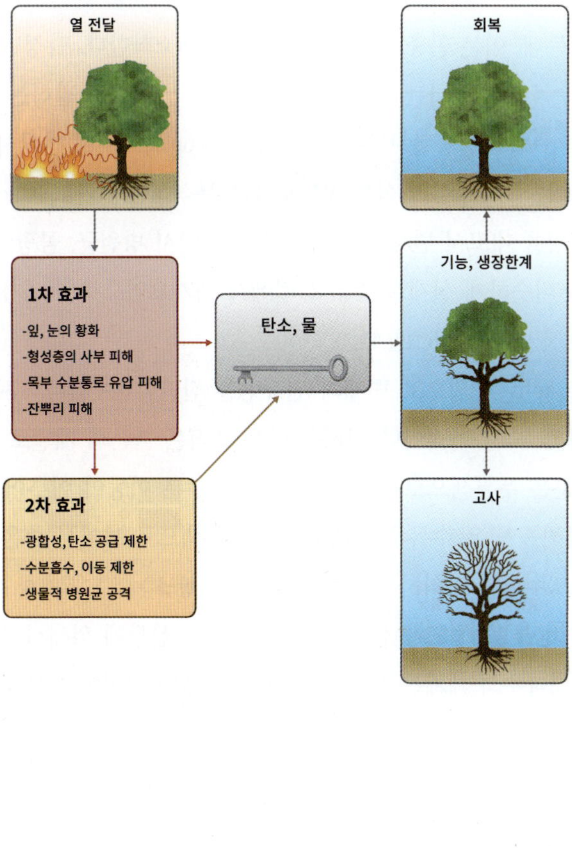

그림 12.2 산불 이후 수목의 회복력 차이

붉은색 상자 안의 내용은 산불로 인한 형성층, 사부에 관련된 피해, 푸른색 박스 안의 내용은 목부 수분통도조직에 관련된 피해, 초록색 박스 안의 내용은 생물학적인 다른 추가적인 피해를 말하는데, 해충의 가해라든지 목부의 기능 저하 같은 피해를 말한다(그림 12.3)

산불이 형성층이나 사부에 피해를 주면 탄소의 이동에 문제가 생긴다. 이로 인해서 뿌리로 가야 하는 탄소의 량이 감소하고 탄소 부족 현상이 일어난다. 이러한 연쇄 작용은 뿌리의 생장을 감소시키고, 특히 잔뿌리의 생산량이 급격하게 감소한다. 이러한 부족 현상은 줄기의 도관 탄수화물 이동에 불균형을 일으키고, 심해지면 뿌리가 고사하게 된다. 사부의 재생은 형성층의 활력과 재생 능력에 의해서 좌우되는데, 산불에 의해서 이러한 순환이 잘 이루어지지 않는다.

산불은 도관을 직접적으로 가해를 하고, 물리적으로 붕괴시키기도 하여서 목부에서 도관폐쇄현상이 일어나게 한다. 공기가 도관에 차게 되면 뿌리로부터 수분 흡수가 안 되고, 물의 이동이 원활하지 못하게 되어 도관의 효율을 감소시킨다. 이로 인해서 수분포텐셜이 변화되어 잎의 기공이 닫힌다. 기공이 닫히고 광합성에 관련한 기능이 방해를 받고 잎에서 황화현상이나 심해지면 잎이 떨어지게 되고 고사한다.

이처럼, 수목의 활력이 약해지면 병원균이나 해충의 가해로부터 노출되게 된다. 수목이 산불 피해를 입으면 조직을 구획화(compartmentalization)해서 목재가 부후되는 것을 방지하고, 피해를 최소화하려고 한다. 또한 산불은 수목이 이차대사산물을 생성해서 피해를 방어하는 데 관여하는 수지구를 파괴하여 다른 생물학적인 공격으로 피해를 최소화하지 못한다. 실제로, 소나무의 경우 산불이 지나간 이후에 수지구의 파괴가 수목의 활력을 감소한다. 산불에 피해를 받은 수목은 에탄올과 휘발성 테르펜류의 발생을 시키는데, 이는 곤충으로부터의 피해를 최소화한다. 딱정벌레 혹은 양균천공충은 산불이 지나간 이후 수목을 가해하는 중요한 곤충이다. 일반적으로 말하는 bark beetles (Scolytinae)은 수피의 내부를 갉아 먹고, 유충은 사부와 형성층(phloeophagous)에 번식시키는 것이다. 반면에, 양균천공충(Platypodinae)는 목부에서 번식을 하므로 목부부식성곤충(xylophagous)이라고 한다. 이러한 2종류의 beetle이 구멍을 내고서 변재를 침입하면, 뒤이어서 병원균, 곰팡이들이 침입하여 수목에 큰 피해를 준다. 이와 비슷하게 실제로 중부 유럽에서 대기오염으로 수세가 약해진 수목에서 bark beetle의 피해가 심해진 예가 있다(그림 12.3).

Electrical resistivity tomography 방법으로 변재의 건강성을 진단할 수 있다. 수분이 많고 건전한 조직은 푸른색으로 나타나고, 죽은 조직이나 피해를 받은 조직은 붉은색 계열로 나타난다. 대조구는 심재를 제외한 다른 부분은 푸른색으로 나타나서 건전한 수분 이동이 이루어지는 것을 확인할 수 있는 반면에, 산불에 피해를 받은 수목은 전체적으로 붉은색으로 보여서 죽은 조직이 늘어난 것을 알 수 있다. 인위적으로 수피를 박피하는 경우(수피, 사부, 형성층 등을 목부의 상처 없이 벗기는 것), 수목의 잎이 시들기는 하지만 그 정도가 심하지 않다. 그러나 산불에 의해서 수피가 피해를 입은 수목은 잎이 시들고 거의 대다수의 개체는 고사한다. 이는 변재의 면적이 산불에 의해서 피해

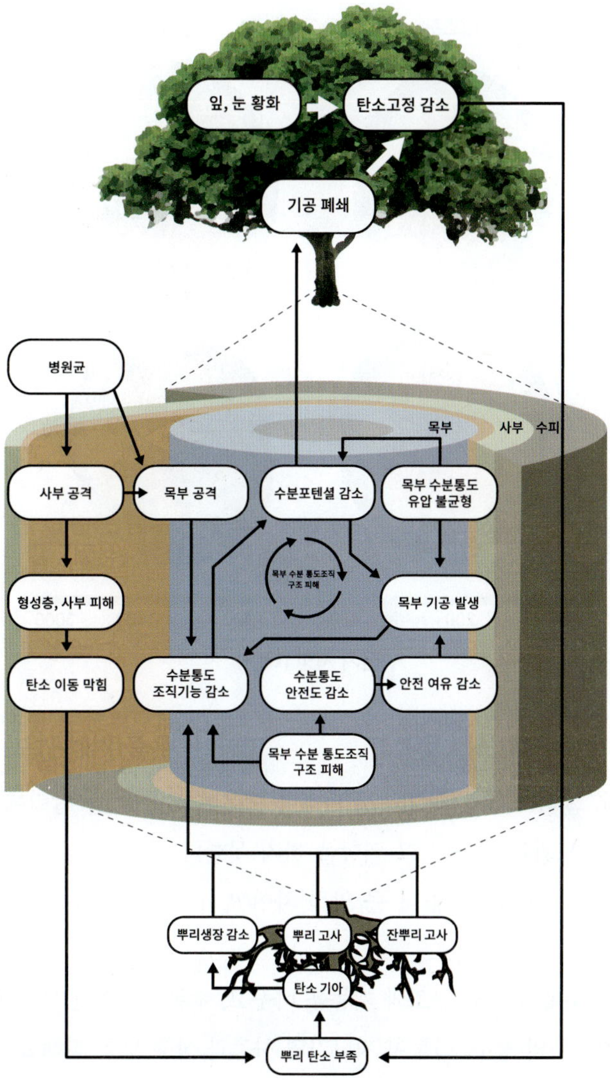

그림 12.3 산불과 도관, 탄소고정에 관련된 변화

를 심하게 받았기 때문이다. 산불은 수분의 이동에 큰 변화를 초래한다. 수관이 산불에 의해서 일부 그을리면, 남은 잎은 증산을 유지하기 위해서 기공이 열려서 수분을 공급하려 한다. 그러나 줄기에서는 도관이 역할을 하지 못하는 피해를 입어서 수분이 제대로 공급되지 않는다. 이러한 이유로 기공에서는 수분을 증산하려 하며, 도관에서는 충분한 수분을 공급하지 못하므로 수목은 고사하게 된다(그림 12.4).

침엽수는 가도관, 활엽수는 도관을 통해서 수분이 이동한다. 정상적으로 수분이 이동하는 수목은 (그림 12.5a, b) 막공이 그 기능을 잘 유지하며, 물이 들어있는 도관(P_w)와 공기로 차있는 도관(P_a)의 압력 차이가 아주 크지 않다. 그러므로 도관폐쇄현상(embolism)이나 공동화현상(cavitation)이 많

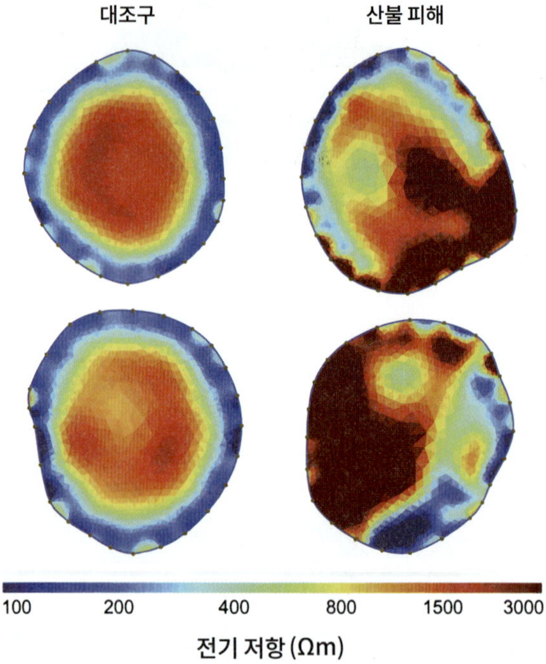

그림 12.4 Electrical resistivity tomography 방법으로 변재 건강성을 진단

이 일어나지 않는다. 그러나 산불에 의해서 피해를 받은 수목은 이들 압력에 큰 차이가 생기고, 기존에 공기가 차 있던 도관과 막공이 그 역할을 하지 못한다. 공기가 더 증가하여 줄기에서 도관폐쇄현상이 발생하게 된다. 이로 인해 더 큰 압력 차이(P_w와 P_a)가 생겨서 공동화현상이 가속화된다(그림 12.5).

산림에서 산불은 수목 군집의 구조와 기능을 바꾸고, 수목생리적인 특성에 영향을 준다(Dey and Schweitzer, 2018). 참나무의 경우, 산불이 지나가면 하층과 상층 모두 피해를 받고(그림 12.6A, B) 토양과 인접한 부분에 산불의 흔적이 남는다(C), 또한 큰 나무는 산불에 피해를 받은 부분을 나이테 통해서 확인해 보면, 산불 피해 면적을 최소화하기 위해서 피해 부위를 구획화(compartmentalization)시킨다(D). 하층의 종자를 태워서 천연 갱신이 어렵게 만들기도 하고(E), 맹아를 생산하는 수목은 산불에 의해서 맹아가 많이 생산된다(F). 우리나라의 참나무는 거의 맹아로 갱신된 숲을 가지고 있다. 이러한 능력은 뿌리에서 저장하고 있는 탄수화물의 양에 따라서 많이 결정된다(그림 12.6).

산불이 지나간 이후에 묘목의 고사율을 살펴보면, 묘목의 근원경과 관련이 많다(Jin et al., 2019). 근원경이 토양 위로 많이 올라온 묘목과 근원경이 토양에 많이 묻혀 있는 경우 묘목의 고사율이 달라진다. 근원경이 토양 위로 많이 올라와 있는 묘목 가운데 근원경이 작은 묘목일수록 고사율이 높다. 그러나 근원경이 클수록 고사율은 줄어든다. 반면 근원경이 토양에 많이 묻혀 있는 묘목의 경우는 산불이 지나간 이후에도 생존한다(그림 12.7).

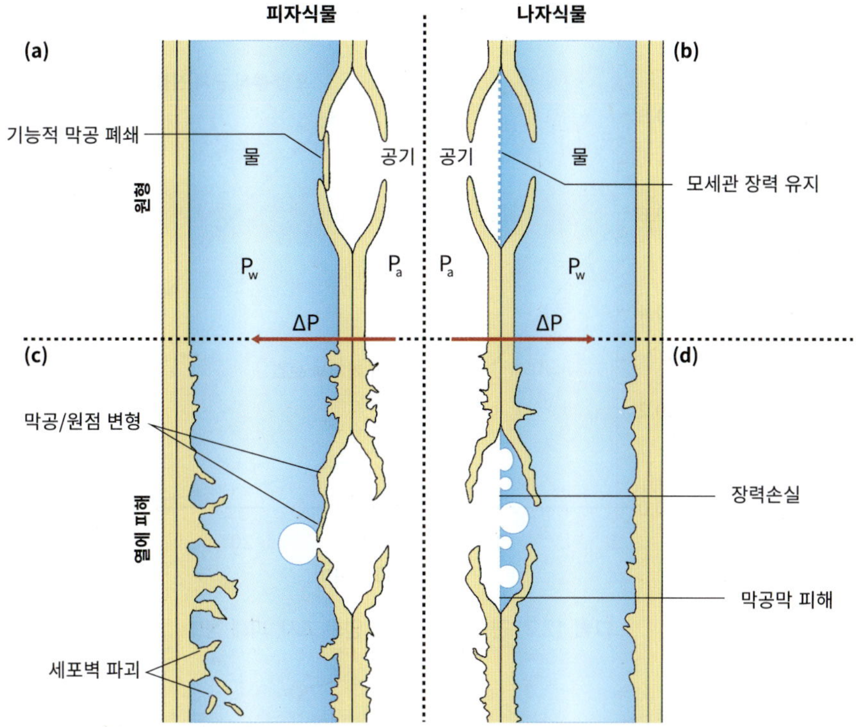

그림 12.5 침엽수는 가도관, 활엽수는 도관을 통해서 수분이 이동하는데, 막공이 피해를 받으면 나타나는 기계적인 피해

그림 12.6 산불은 수목 군집의 구조와 기능을 바꾸고, 수목생리적인 특성에 영향을 준다(Dey and Schweitzer, 2018).

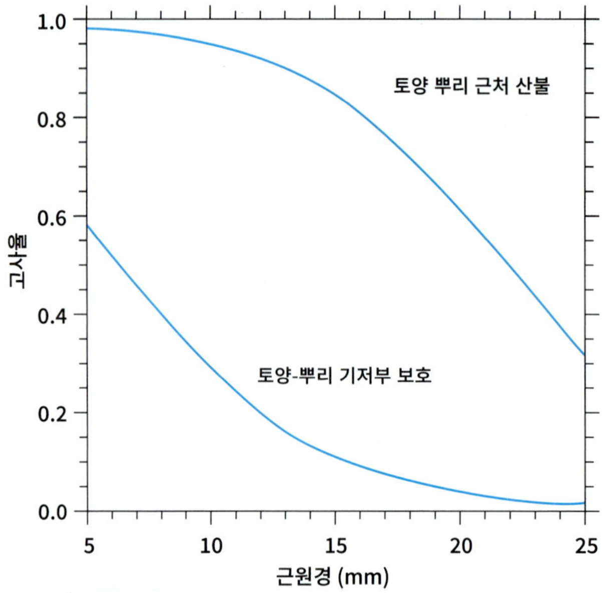

그림 12.7 근원경과 산불로 인한 고사, 피해 정도

산불이 지나간 이후에는 수목에 맹아가 발생하여 어느 정도 복원된다. 산불로 불탄 수목에서 맹아 발생으로 다시 자란 수목과 산불에 피해를 입지 않은 수목과의 생리적인 변화를 비교하면 차이가 난다(Nolan et al., 2014). 특히, 증산량은 불에 타지 않은 개체에서 더 많으나 잎의 단위면적당 증산량은 불에 탄 개체에서 더 높다. 그 이유는 두 가지에서 유래하는데, 1) 높은 목재/잎면적 비율, 2) 불에 수목이 타서 짧아진 수분통도조직의 길이 때문이다. 불이 지나간 이후 맹아가 나오면서 복원되고, 이전보다 수관에서 잎이 차지하는 비율이 줄어들며, 상대적으로 변재와 잎의 면적의 비율이 높아진다. 그래서 불탄 수목에서 단위면적당 증산량, 가스교환이 증가한다(그림 12.8).

소나무(*Pinus brutia*)의 경우, 산불에 대한 가장 확실한 반응은 사부에서 비구조단백질이 증가하는 것이다(Alexou and Dimitrakopoulos, 2014). 고온 열이 스트레스로 가해지면, 가용성 당의 함량이 증가한다. 그러나 엽록체는 열에 파괴되어서 광합성을 줄어들게 한다. 계속적인 단백질의 축적이 일어나고, 나머지 잎에서는 가장 흔하게 많은 Rubisco가 축적되는데, 이는 N이 주성분이므로 N이 축적되는 것이고, 이로 인해서 광합성을 끌어 올리는 보상 작용을 하게 된다. 불이 난 후 2시간 후에 사부에서 단백질의 증가는 싱크로 가는 것을 의미한다. 시간이 지나고 수목이 산불에 대해서 어느 정도 적응이 되면, 싱크 격인 사부에서 단백질이 점점 감소하고, 소스 격인 잎에서 단백질이 증가한다(그림 12.9).

산불도 스트레스의 한 종류로 작용하기 때문에 산불이 지나간 이후 활성산소종의 증가가 생긴다. 그러므로 활성산소종을 소거하기 위해서 항산화효소와 항산화물질의 증가가 동반된다. 산불이

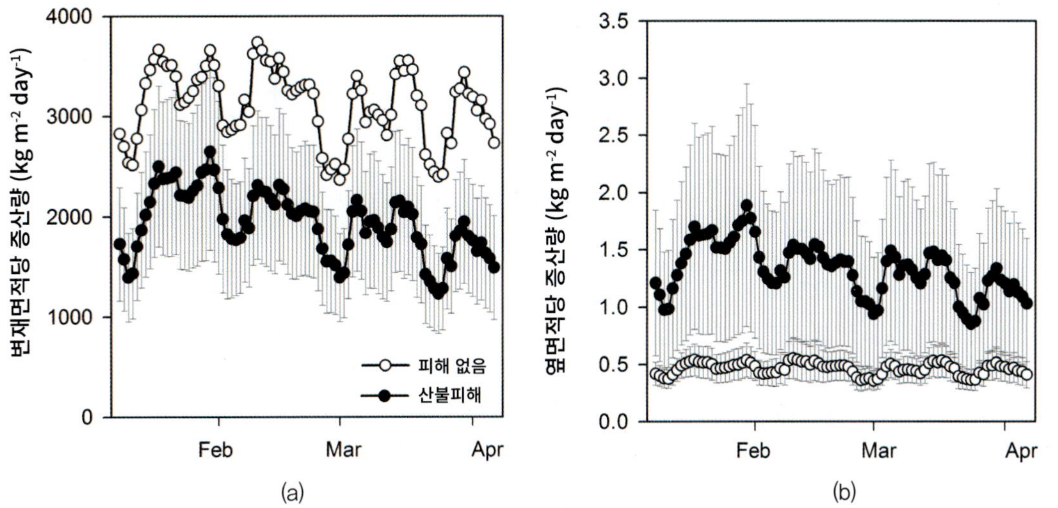

그림 12.8 산불 이후 증산량의 변화

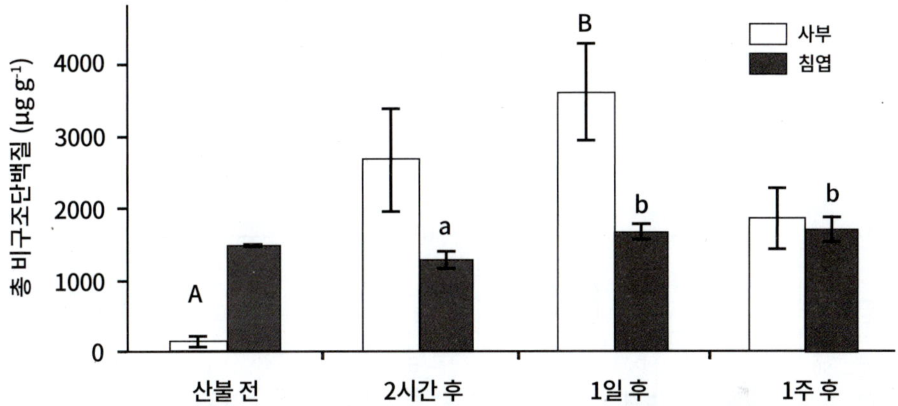

그림 12.9 산불에 대한 가장 확실한 반응은 사부에서 비구조단백질이 증가

지나간 2시간 이후보다 며칠 더 지나 간 후에 아스코르브산의 증가가 더 많다(그림 12.10).

산불에 저항성이 다른 소나무류를 대상으로 비교해 보면, 산불이 난 이후에 발현되는 이차대사산물인 휘발성 물질의 종류가 다르다(Valor et al., 2017a). *Pinus halepensis*는 산불에 약하고, *Pinus sylvestris*는 산불에 중간 정도의 저항성을 가지고, *Pinus nigra*는 산불에 강하다. 산불이 지나가고 *P. halepensis*에서는 디테르펜(diterpene) 툰베르골(thunbergol), *P. nigra*에서는 세스퀴테르펜(sesquiterpene), 베타 카로필렌(β-caryophyllene), *P. sylvestris*에서는 모노테르펜, 알파피넨(α-pinene)이 가장 중요한 역할을 한다. 산불 전과 24시간 이후의 총 테르펜의 양이 차이가 나는 수목은 *P. nigra*이다. 1년 후에 총 테르펜의 양은 산불 이전의 수준보다 더 낮게 함유된다. 테르펜류가 수목에 따라서 다르게 저장되고, 산불이 난 후 다르게 발생하는 것에는 2가지 이유가 있다. 1) 잎의 형태적

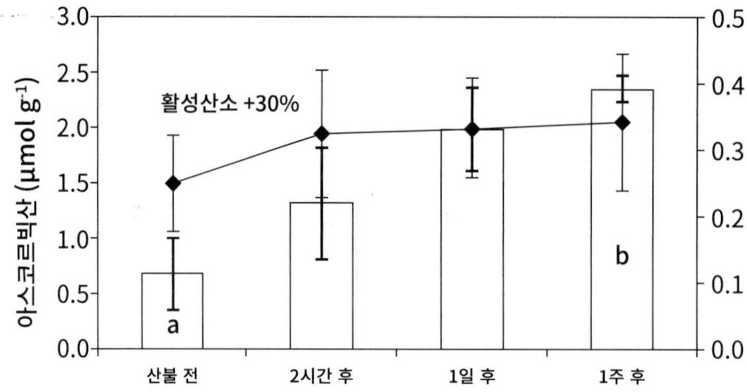

그림 12.10 산불에 대한 아스코르브산의 반응(막대: 아스코르빅산, 선: ROS)

인 특성인데, 테르펜류는 일반적으로 침엽의 수지구에 저장되어 있다. *P. nigra*에는 봉해지지 않고, 테르펜이 저장되어 있어서 다른 수종에 비해서 많은 양의 테르펜이 방출된다. 2) 수목의 호흡량과 관련성이 있는데, 산불 같은 높은 온도에서는 호흡량이 증가하여 광합성 산물을 소모한다. 이렇게 되면, 탄수화물의 양이 줄어들게 되고, 상대적으로 테르펜의 양이 증가하게 된다. *P. halepensis*가 호흡량이 높은 온도에 대해서 민감해서 증가하는데, 24시간 이후에 총 테르펜의 양이 증가하는 것에서 이와 같은 현상을 볼 수 있다(그림 12.11).

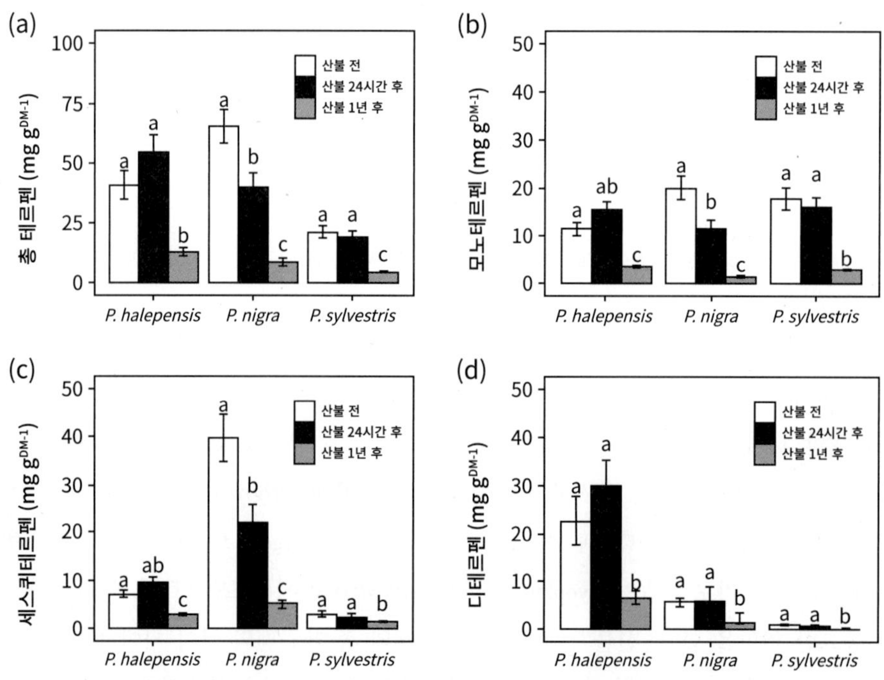

그림 12.11 소나무 수종별 저항성. *Pinus halepensis* 산불에 약함, *Pinus sylvestris* 산불에 중간, *Pinus nigra* 산불에 강함.

수종에 따른 산불 저항성

일반적으로 침엽수는 산불에 약하나 수종에 따라서 변이는 있다. 수목의 잎과 줄기에 송진 등의 인화성 물질과 정유 물질의 분포와 종류에 따라서 차이가 있고, 줄기에 달린 가지가 밑에서부터 자연 전지를 위해서 가지가 마르는 시간이 다르기 때문에 발화 온도가 달라진다. 그러므로, 이러한 특성을 가지는 나무가 밀생하는 경우에는 산불에 취약하다. 가문비나무, 분비나무, 전나무 등의 침엽수는 음수에 해당하는데, 울폐된 임분에 습기가 많고, 가연성 물질이 적기 때문에 산불의 위험도가 적다. 이깔나무, 은행나무는 생장이 빠른 양수이지만, 낙엽에 수분함유량이 많으므로 발화 온도가 높아 불이 잘 나지 않는다. 또한 상록 활엽수 가운데 아왜나무, 붓순나무, 동백나무, 가시나무류, 빗죽이나무, 후피향나무, 사철나무 등이 불에 강하다(표 12.1).

표 12.1 수종별 내화력의 정도.

수종 / 내화력	낙엽 활엽수	침엽수	상록 활엽수
내화력이 강한 수종	피나무, 고로쇠나무, 마가목, 음나무, 참나무류	은행나무, 이깔나무, 분비나무, 가문비나무, 개비자나무	아왜나무, 굴거리나무, 후피향나무, 붓순나무, 황벽나무, 동백나무, 회양목
내화력이 약한 수종	벚나무, 버드나무류, 벽오동나무, 참죽나무	소나무, 해송, 편백	녹나무, 구실잣밤나무

CHAPTER

13 염분

Ca^{2+}가 염분저항성 높임

*Populus euphratica*와 *P. popularis*는 염분이 많은 토양에서 저항성을 갖고서 생육한다. 염분 스트레스에 대해서 항상성을 유지하여 수목의 생장에 큰 문제가 없도록 한다(Sun et al., 2009). 수분 부족으로 염분의 농도가 높은 사막지역이나 해안가에서 이들 수종이 흔하게 발견되며, 군집으로 분포하는 경우가 많다. Ca^{2+}는 염분에 대한 수목의 저항성을 키워주고, Na에 대한 독성을 완화해 주는 역할을 한다. 또한, Ca^{2+}는 수목에서 K^+/Na^+ 비율을 증가시킨다. 비선택적 양이온 채널(NSCCs; nonselective cation channels)에 의해서 Na^+를 투과하지 못하게 하고, 탈분극활성화(DA; depolarization-activated)-KORCs(outward rectifying K^+ channels)와 비선택적 양이온 채널의 작용으로 K^+ 이온의 손실을 최소화하여 K^+/Na^+ 비율을 증가시킨다. Ca^{2+} 이온의 첨가로 인해, *P. popularis*의 뿌리에서 K^+/Na^+ 비율이 특히 증가된 것을 볼 수 있다. 이러한 결과가 염분에 대한 스트레스를 극복하고 수목이 염분에 대한 저항성을 가질 수 있게 하는 한 요인으로 작용한 것이다(그림 13.1).

염분 스트레스 하에서 염분에 저항성이 있는 수종은 K^+ 유실을 방지한다(Chen and Polle, 2010). 염분 스트레스에서 칼륨 항상성 유지 능력은 아주 중요하다. 염분에 저항성이 있는 수목은 세포나 조직에서 항상 일정한 농도의 K^+ 농도를 유지한다. K^+와 Na^+의 경쟁으로 수목에서 K^+ 흡수가 감소해 농도가 낮아져도, *Polulus euphratica*와 같이 염분 저항성이 강한 수종은 외부의 Na^+ 농도가 흡수되지 않게 하고, 높은 농도의 K^+ 이온을 확보하는 전략을 가진다(그림 13.2).

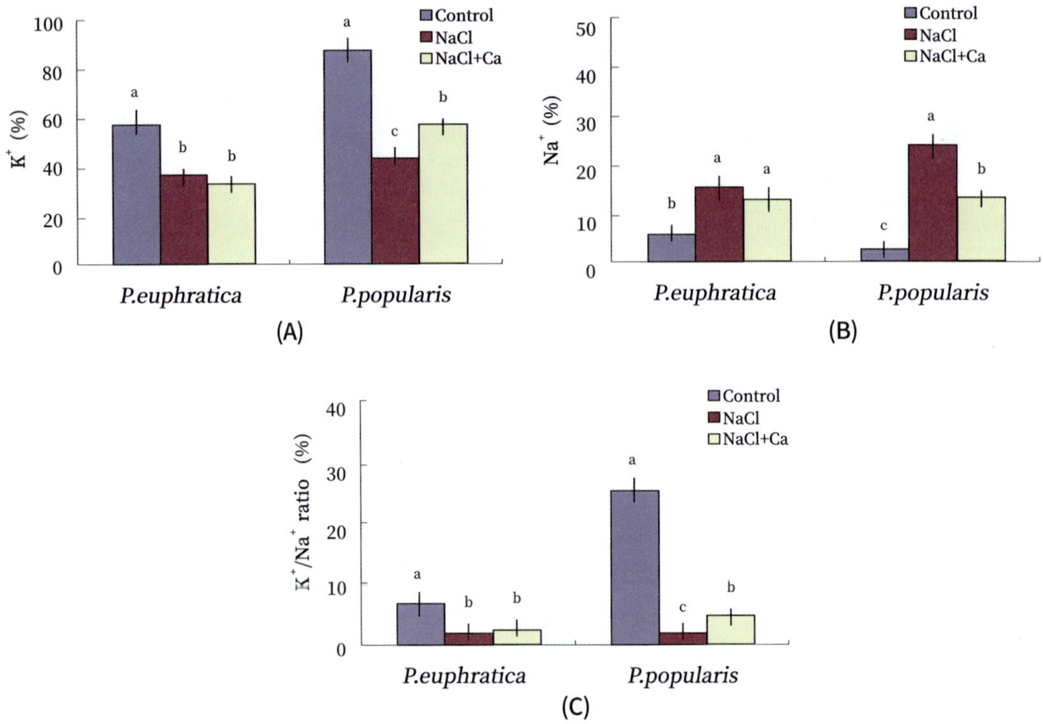

그림 13.1 염분이 많은 토양에서 *Populus euphratica*와 *P. popularis*의 저항성

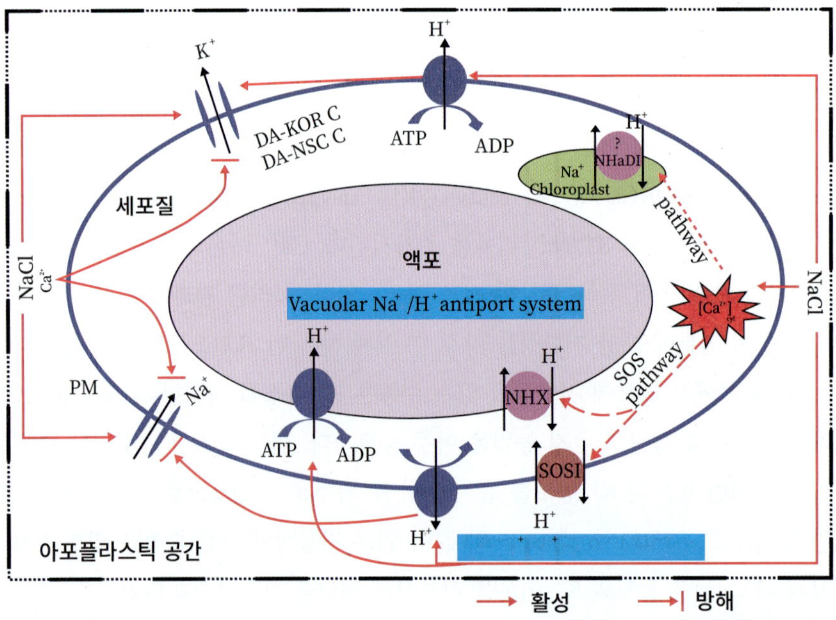

Plant Biology 12(2010) 317~333

그림 13.2 염분 스트레스 하에서 염분에 저항성이 있는 수종은 K^+ 유실을 방지한다.

염분 스트레스와 물 흡수

염분 스트레스가 단기간 있을 경우에는 삼투압의 변화에 의해 물 분자를 이동시키는 아쿠아포린의 역할이 감소해서 뿌리의 수분통도 전도도가 줄어듦에 따라 수분 흡수에 지장을 초래한다. 그러나 염분 스트레스가 장기간 지속되면 이온의 발생, 즉 Ca^{2+} 같은 이온의 역할에 의해 아쿠아포린의 역할이 회복이 되어, 뿌리의 수분통도 전도도 일부가 회복됨으로써, 수목이 장기간의 스트레스를 극복하려고 노력한다(Aroca et al., 2013). 물을 흡수하기 위해서는 아쿠아포린의 역할이 중요하다, 염분은 토양에서 Na^+와 Cl^-로 분리되어서 축적되면 토양에서 독성을 가지게 된다. 이러한 독성은 활성산소종(ROS)의 발생으로 이어지고, 이들을 소거하기 위한 항산화효소의 활성 증가도 더불어서 나타난다. 이러한 독성이 작용하면 아쿠아포린을 활성화하는 유전자 발현을 저하시키게 된다. 또한 내배엽(endodermal), 외피(exodermal), 뿌리의 세포벽에서 슈베린화가 진행되어서 아포플라스트한 수분 이동을 목부로 못하게 방해하므로 수분 흡수가 줄어든다. 수분의 흡수가 수목에는 좋지 않지만, 장기적으로는 이러한 작용이 오히려 뿌리에 염분이 들어오는 것도 줄여주므로 염분 스트레스에서 회복될 수 있다. 또한 염분 스트레스가 계속되면, 불포화 지방산(unsaturated fatty acid)의 양이 증가하여 세포막의 유동성이 증가함으로써 아쿠아포린의 기능이 증가한다(그림 13.3).

건조와 염분 스트레스

NaCl은 아주 오래 전에 “white gold”라고 불렸으며, 그 가치가 금의 무게와 비슷하게 매겨질 때가 있었다. 이는 아주 긍정적인 가치를 말하지만, 수목에서는 많은 양이 토양에 있거나 수목의 체내

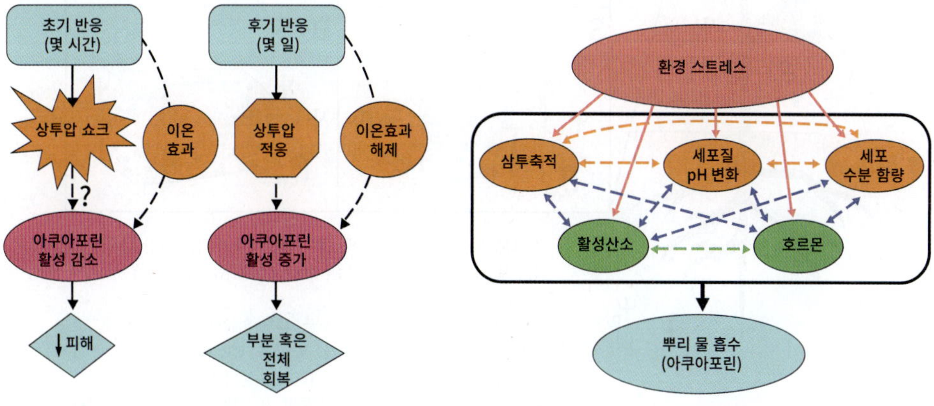

그림 13.3 염분 스트레스가 단기간 있을 경우에는 삼투압의 변화에 의해 물 분자를 이동시키는 아쿠아포린의 역할이 감소한다.

에 있게 되면 스트레스 물질로서 작용한다. 최근에는 여러 가지 이유로 인해서 NaCl이 토양에 축적되고 있다. *Zygophyllum xanthoxylum. Zygophyllum xanthoxylum, Poppulus euphratica*은 중국이나 몽골지역에 분포하고, 염분이 높은 토양에서도 생장을 유지하면서 자라는 식물이다. 이 식물은 건조와 염분이 높은 토양에서 저항성을 갖고서 생존한다. 생장하는 세포에서는 세포질(ψ_{sc})에서 삼투압을 조절하여 적응하며(≈ 잎의 수분포텐셜 ψ_L), 적당한 팽압을 (Π_T) 유지한다. 생장을 하지 않는 조직에서는 팽압이 거의 기계적인 세포벽 삼투압력에 (P_{CW}, 대조구) 보상으로 적응한다. 이들 식물은 염분을 주로 액포에 보관한다. 이는 높은 염분 스트레스에서 팽압 때문에 발생하는 현상이다. 건조 스트레스에서 이들 식물은 수분포텐셜이 감소하고, 물을 흡수하기 위해서 보상으로 용액을 아포플라스트와 세포질로 흡수하려 한다(건조처리구). 동시에 건조 스트레스 받은 수목의 팽압이 대조구보다 내려가고, 낮은 아포플라스틱 잎의 수분 포텐셜(ψ_L)을, 물을 흡수하고 증산을 최소화하기 위해서 유지해야 한다. 이것은 염분 스트레스에서도 같은 현상이 일어난다. 건조와 염분 스트레스가 동시에 수목에 작용하면, 오히려 수목의 스트레스에 견디는 저항력이 커진다. 건조와 염분 스트레스가 같이 작용하는 경우(건조 + 염분), 건조가 혼자 작용하는 경우보다 낮은 수분포텐셜을 유지할 수 있다. 왜냐하면, 액포에 염분을 저장하고 있다가 사용함으로써 수분포텐셜을 낮출 수 있기 때문이다(Janz and Polle, 2011). 낮은 수분포텐셜이 스폰지 조직에 작용하고, 따라서 증산량을 줄이고, 수분 소실을 줄이면서 흡수하는 CO_2의 양은 늘릴 수 있으므로, 수목은 궁극적으로 스트레스를 적게 받는 결과를 가져온다(그림 13.4).

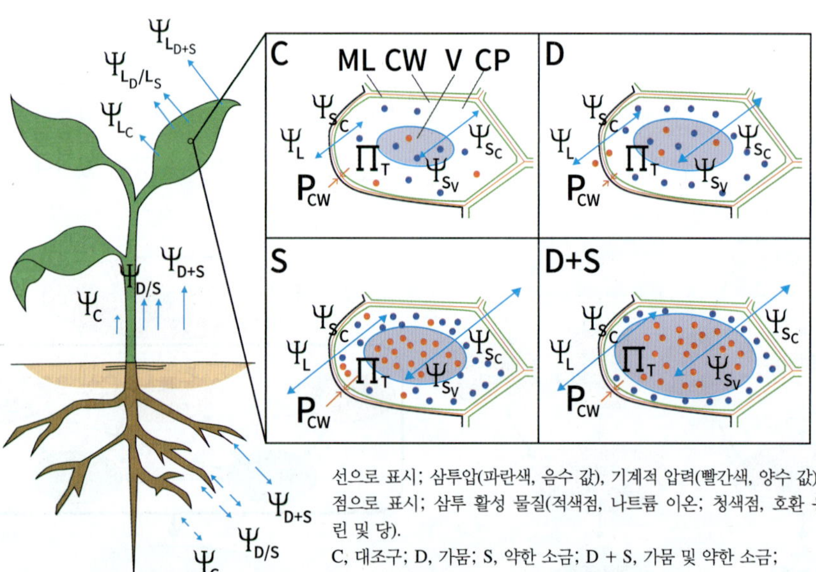

선으로 표시; 삼투압(파란색, 음수 값), 기계적 압력(빨간색, 양수 값).
점으로 표시; 삼투 활성 물질(적색점, 나트륨 이온; 청색점, 호환 용질, 예) 프롤린 및 당).
C, 대조구; D, 가뭄; S, 약한 소금; D + S, 가뭄 및 약한 소금;
ML, 중간 라멜라; CW, 세포벽; V, 액포; CP, 세포질;
ψ_L; 잎의 수분 전위 (≈아포 플라스틱 수분 전위);
ψ_{S_C}; 세포질삼투압, ψ_{S_V}; 액포삼투압, Π_T; 팽압, P_{CW}; 세포벽 압력.

그림 13.4 건조와 염분 스트레스

염분 스트레스와 수목의 성

수목 가운데는 자웅이주가 있다. 포플러는 암수가 다른 대표적인 수목이다. 성이 다른 개체는 생존을 위한 에너지 투입이 다르기 때문에, 수명과 환경 스트레스에 견디는 능력이 다르다. 암나무는 생식에 많은 에너지를 투입해야 하므로, 건조에 대한 스트레스에 대해서 견디는 능력이 수나무에 비해서 낮다. 암나무와 수나무의 경우, 염분 스트레스에 대해서 생존하는 비율이 다르다. 일반적으로 수나무가 염분 스트레스에 견디는 능력이 크다(Li et al., 2016). 포플러(*Populus deltoides*)가 자라는 토양에 염분을 가해주면 암수의 반응이 다르다. 결론적으로 말하면, 활성산소종의 발생이 수나무에서 현저히 낮다. 항산화효소의 활성은 수나무가 암나무보다 높다. 높은 효소활성이 활성산소종을 소거하는 역할을 했을 것으로 추정한다. F/FF는 암나무/암나무와의 경쟁, M/MM은 수나무/수나무끼리 경쟁, F/FM은 암나무가 수나무와의 경쟁, M/FM은 수나무의 암나무와의 경쟁을 나타내는데, 수나무와 관련된 처리구에서 활성산소종이 낮게 형성이 되었다. 이는 앞에서 설명한 대로, 소나무가 염분 스트레스에 의해 생성되는 활성산소종를 효율적으로 소거한다는 것을 보여준다(그림 13.5).

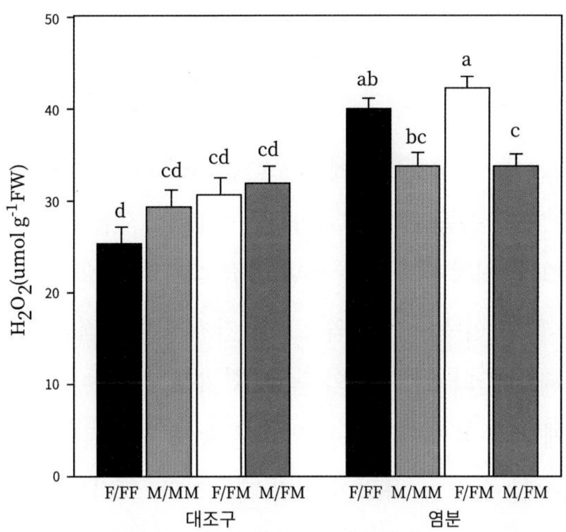

그림 13.5 염분 스트레스에 견디는 수목의 저항성

오존 + 염분

도시에서 오존 스트레스와 토양에서 염분 스트레스가 같이 작용하는 경우, 참나무(*Quercus ilex*)가 많은 피해를 받는다(Guidi et al., 2017). 도시에서는 겨울철에 제설을 위해서 염화칼슘 등의 제설

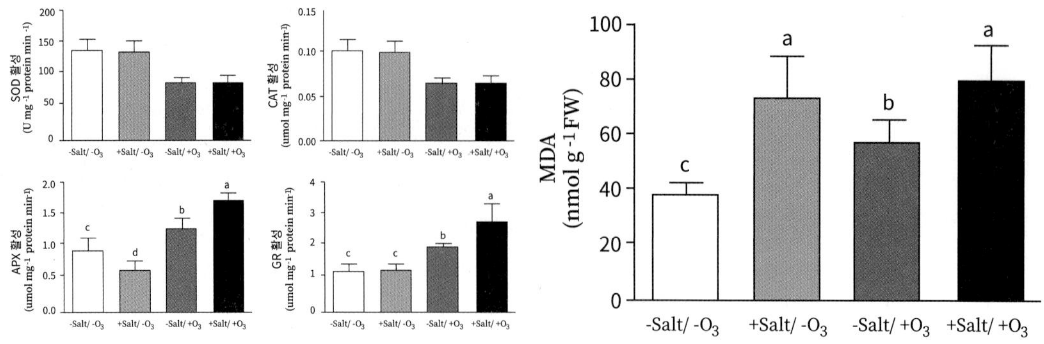

그림 13.6 오존이 동시에 염분과 같이 작용하는 경우 수목의 저항성

제를 도로에 많이 뿌린다. 이것이 토양에 잔류하여 염분 스트레스로 작용해서 수목에 피해를 준다. 오존에 의해서 수목이 피해를 받는 것은 결정적인 것은 아니고, 염분에 의해서 받는 피해가 더 크다. 항산화물질인 MDA도, 수목이 염분에 의해서 증가시키는 양이 오존에 의해서 증가시키는 양보다 더 많다(그림 13.6).

염분에 적응

올리브나무(*Olea europaea*)는 지중해지역에 분포하는 중요한 수종으로, 건조와 염분에 대해서 견디는 능력이 탁월하다. 두 가지 품종(민감한 Leccino과 저항성이 있는 Frantoio) 가운데 염분에 저항성이 있는 것과 민감한 품종의 생리적인 차이를 보면 칼륨 이온 펌프의 능력에서 차이가 난다(Pandolfi et al., 2017). NaCl 처리를 하면, 수목은 Na^+와 Cl^-를 가지지만 조직을 통해서 배출하려 한다. 염분 스트레스가 있는 경우에 세포 간의 K^+ 농도와 높은 K^+/Na^+ 비율이 저항성을 나타내는 중요한 지표이다. 세포막에서 이렇게 높은 K^+ 혹은 높은 양이온 농도를 유지할 수 있는 것은 뿌리에서 마이너스 극인 다른 이온을 흡수할 수 있는 용량이 되기 때문이다. 그러므로 염분 스트레스가 있어도 뿌리에서 높은 K^+를 유지하거나 K^+ 이온을 빨리 회복할 수 있다면, 그 수목은 염분에 대해서 저항성을 가질 수 있다. 많은 ATP를 막의 형성에 투여할 수 있으므로 염분에 견디는 능력이 커진다. K^+의 유동이 NaCl을 5 mM 처리한 처리구에서 저항성이 있는 품종(Frantoio)은 칼륨 펌프가 작동하여 20분 이후에 적응하므로 회복되는 시간이 많이 걸리지 않는다(그림 13.7B). 25 mM 처리구에서는 NaCl의 농도가 너무 높아 회복되는 데 상당히 많은 K^+의 소모가 있게 된다(그림 13.7).

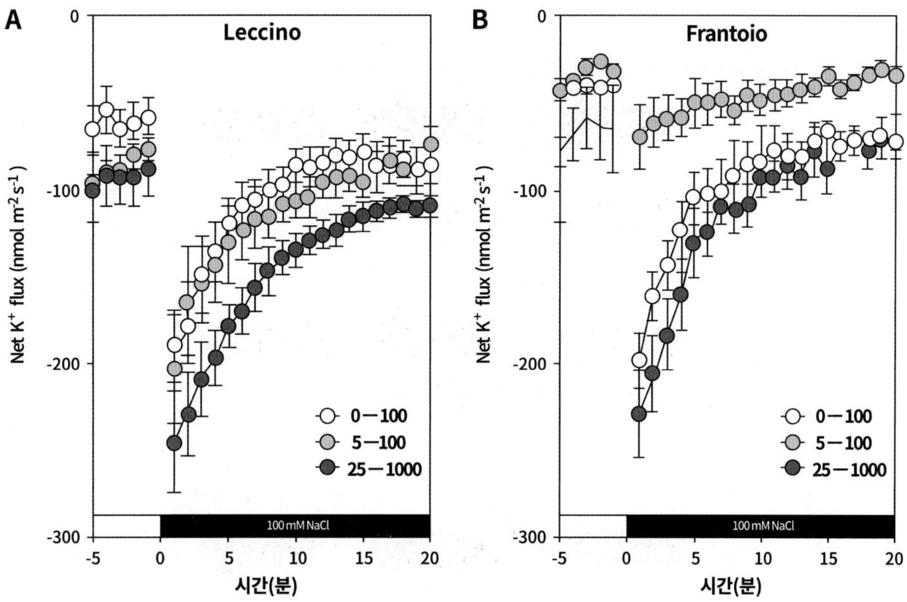

그림 13.7 염분에 대한 적응

염분의 제거

단백질이 많으면 마이너스 극을 띄게 된다. 흰색 화살표는 수동 이동을 나타내는데, 이는 마이너스 세포막 포텐셜로 인해서 생긴다. 검은색 화살표는 능동 수송을 나타내는데, 이는 포지티브 세포막 포텐셜로 인해서 생긴다(Godfrey et al., 2019). 첫 번째 +, −는 전자의 포텐셜을 나타내고, 두 번째 +, −는 화학적 포텐셜을 의미하는데, 심플라스틱이 +이면 옆에 인접한 조직에서는 아포플라스틱 농도보다 낮으므로 흐름이 발생한다. 액포가 분화되어서 Na를 저장하고 Cl의 수동적인 흐름이 항상성을 유지하려는 수목에서는 "초기"에서 농도가 "종료"되는 상황까지 목부 도관으로만 흐름이 생긴다. 목부수액의 농도가 증가하면, 목부에서 유조직으로 Na의 수동 흡수가 생긴다. 액포의 연속된 조직에서 분화가 진행되어서 목부 유조직에서 세포질의 농도가 증가하면, 도관 밖으로 유출이 생긴다. Na는 목부 유조직에 의해서 1차로 걸러지고, Cl은 사부에 의해서 재순환한다(그림 13.8).

염분과 NO의 역할

수목이 액포에 염분을 저장해서 염분으로부터의 피해를 줄이고 항상성을 유지하는 데는 NO의 역할이 있다. 맹그로브(*Avicennia marina*)의 경우에, 염분이 높은 곳에서 자라는 맹그로브를 대상으

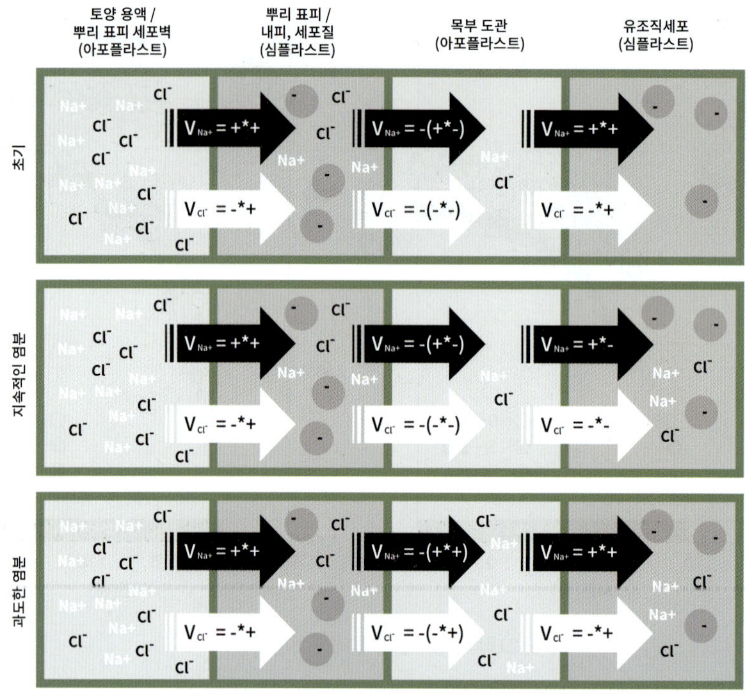

그림 13.8 수목의 염분 제거 과정

로 해서 SNP(sodium nitroprusside-NO의 공급체)를 처리하면, 소금의 결정이 증가해서 배출되어 소금 분비물이 잎에서 발생하는데, 잎에서는 Na^+/K^+의 비율을 낮춰서 항상성을 유지한다. 특히, 표피(epidermis)와 피하조직(hypodermal) 세포에서 Na^+이 증가하여 잎에서 Na^+/K^+의 비율을 낮춘다. 그러나 엽육조직에서는 이와 같은 현상이 나타나지 않는다. NO는 Na^+가 모여 있는 기관(염선)에서 Na^+의 유동을 증가시켜서 소금 분비를 유도한다. 즉, NO는 맹그로브에서 염분에 대한 저항성을 유도하는 데 신호전달 물질로서 중요한 역할을 하고, H^+ −ATPase와 Na^+/H^+ 역수송체(antiporter)를 증가시켜서 소금을 분비하도록 하며, 염분을 수목의 조직에 각각 독성이 되지 않게 분배한다(Chen et al., 2010a).

맹그로브에 NaCl을 다른 농도로 처리하면, 시간이 지나면서 잎의 표면에 소금 결정체가 분비되어 나온다(그림 13.9a). 여기에 SNP를 농도를 다르게 해서 처리하면 소금 결정체가 다르게 분비되는 것을 알 수 있다(그림 13.9b). 맹그로브 잎에서 NO가 이전된 것을 초록색으로 염색하면, SNP를 처리한 잎에서는 DAF-FM DA(3-amino, 4-aminomethyl-2′, 7′-difluorofluorescein diacetate)를 통해 관찰하면 많은 초록색이 보인다(그림 13.9c). 1과 3은 SNP를 처리하지 않은 잎이고, 2와 4는 SNP를 처리한 잎이다. 그림 13.9d는 잎의 뒷면에 소금 결정체가 염선(혹은 염류샘; salt gland)로부터 분비되는 것을 SEM으로 관찰한 것이다. SNP가 처리된 2와 4의 잎에서 소금의 결정이 분비된 것이 많은 것을 알 수 있다.

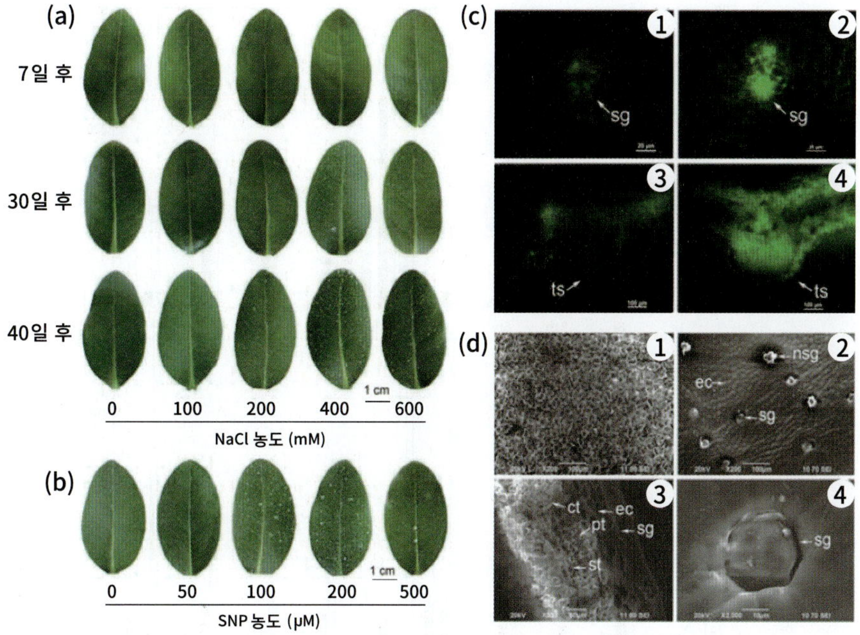

ct, 생장조직; ec, 표피세포; nsg, 비염선털; pt, 책상조직; sg, 염선; st, 해면조직; ts, 가로축단면

그림 13.9 염분과 NO의 역할(Chen et al., 2010a)

포플러 잎에 염분 축적

포플러 가운데 *Populus euphratica*는 염분이 많은 지역에서 생육한다. 이 수목이 어떻게 염분이 높은 토양에서 적응하는지를 크게 3가지 과정으로 나누어서 볼 수 있다. 1) NaCl을 Na^+ 와 Cl^-로 나눠서, Cl^-를 배제하고 목부로 강력하게 흡수한다. 2) 잎으로 NaCl을 생육기간이 끝나는 시점까지 분배한다. 3) 수크로스와 삼투압을 활용한 아포플라스트를 통해서 잎에서 높은 농도의 Na^+를 축적한다(Zeng et al., 2009). 이와 같은 3가지 경로를 거치는데, 잎에서 높은 농도의 Na^+를 축적하는 아주 중요한 과정은 가지(shoot)로 Cl^-를 분배하는 것이다(그림 13.10).

포플러(*Populus* × *canescens*(혹은 *Populus tremula* × *Populus alba*)는 염분에 대해서 민감한 수종이다. 염분 스트레스에 대해서 과산화수소(hydrogen peroxide; H_2O_2) 형성이 염분 스트레스에 대해서 영향을 준다(Herschbach et al., 2010). 그림 13.11B는 H_2O_2가 형성되지 않은 부분의 면적이다. H_2O_2는 3,3′-diaminobenzidine(DAB)로 염색을 하였는데, 질소 소스인 NO_3^-와 NH_4^+를 시비한 처리구에서 염분에 피해가 가장 적다. 세린(serine)은 OAS(O-acetylserine)의 대사 전구물질이고, 직접적으로 시스테인 대사를 한다. 세린은 페록시좀 에서 광호흡 과정에서 발생하고, 미토콘드리아로 전달되어

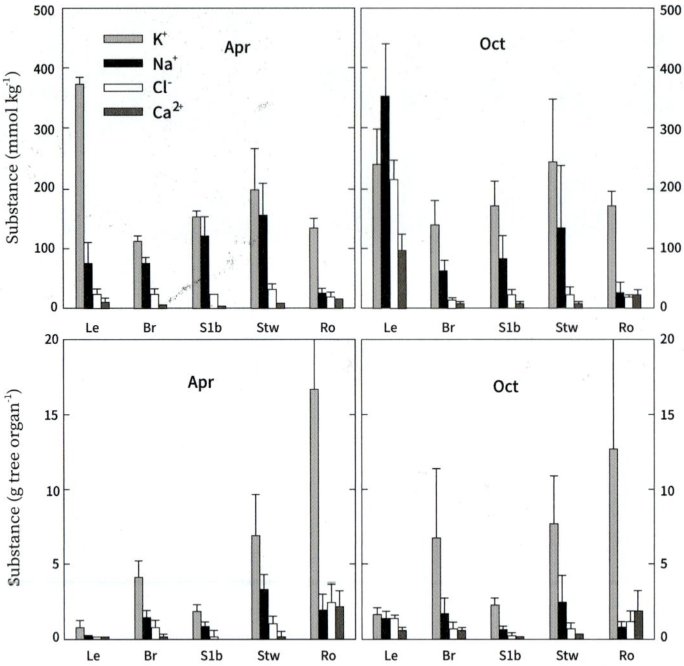

그림 13.10 포플러 잎에서 염분의 축적 능력(위의 그림은 염분의 지역별에 따른 4월과 10월의 농도, 아래 그림은 전체량).

더 많은 다른 대사를 하도록 작용한다. 시스테인 합성이 질소에 의해서 증가한다. 그러므로 질소는 미토콘드리아에서 광호흡하는 과정에서 많은 시스테인을 만들어내며, 이 물질은 염분 저항성에 관여하게 된다.

암모늄은 시스테인을 형성하는 데 중요한 역할을 한다. 뿌리가 아닌 잎에서 세린와 글라이신의 농도가 축적되는 것은 글루타치온 함량의 증가와 관련이 있다. 아미노산, 글라이신, 세린은 광호흡 과정에서 미토콘드리아나 페록시좀에서 생성된다. 미토콘드리아는 세린로부터 OAS(O-acetyl-Serin) 합성에서 제일 중요한 장소이다. OAS는 세포기질(cytosol)에서 시스테인을 합성하는 전구물질인데, 글루타치온의 대사 전구물질인 글라이신은 염분 스트레스에서 기공을 닫고 광호흡을 강화해서 글루타치온 형성에 관여한다(그림 13.11).

포플러의 염분에 대한 반응은 수목의 해부학적인 관찰에서 차이를 볼 수 있다(Chen and Polle, 2009). *Populus* × *canescens*의 대조구(그림 13.12A), 염분(NaCl) 노출한 처리구(그림 13.12B), *Populus euphratica*의 대조구(그림 13.12C), 염분 노출 처리구(그림 13.12D), E는 염분으로 경작한 경우이고, F는 물로 관수만 한 경우의 비교 사진이다. 화살표는 가짜 연륜(위연륜)을 가르친다. 염분 스트레스가 지속되면, *Populus* × *canescens*의 경우에 위연륜이 형성된다(그림 13.12E). 그러나 염분에 강한 *Populus euphratica*의 경우는 형성층의 생장이 감소해서 도관의 지름이 줄어들고, 새롭게 형성된

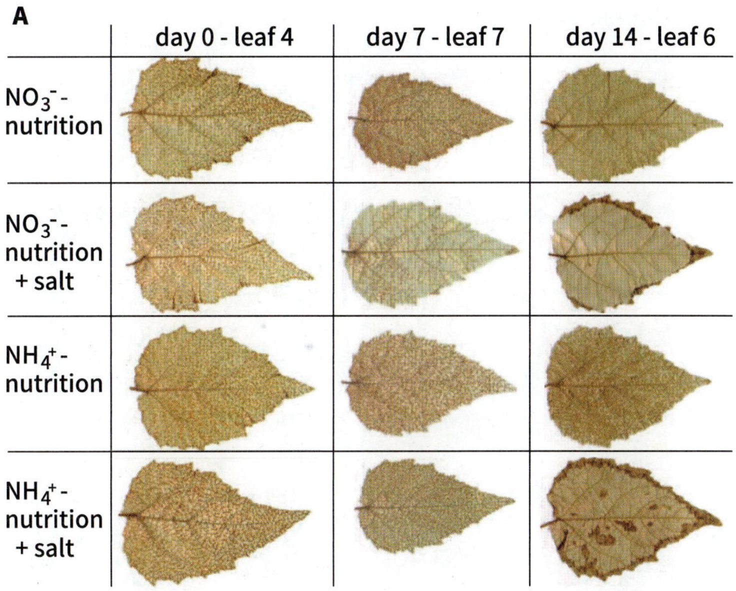

B

	NO_3^- no salt	NO_3^- + salt	NH_4^+ no salt	NH_4^+ + salt
0 weeks	156.7 ± 20.3	166.3 ± 7.4	159.4 ± 9.4	155.2 ± 9.9
1 weeks	149.3 ± 10.6	177.5 ± 10.1*	144.4 ± 7.0	154.6 ± 9.4
2 weeks	148.9 ± 15.0	157.9 ± 5.8	135.2 ± 7.1	143.2 ± 12.5

그림 13.11 포플러의 염분에 대한 민감한 정도(Herschbach et al., 2010)

세포의 크기와 숫자가 현저하게 감소하지만, 위연륜이 형성되지 않는다.

글루타치온의 농도는 Na의 농도와 비례한다. 염분 스트레스가 항산화물질을 증가시킨 것이다. 글루타치온의 농도가 증가한 것에 비해서 광합성율과 엽록소 함량은 반비례 관계를 보인다. 항산화 능력은 증가하였지만, 생장에 필요한 광합성은 다소 감소한다. 생장은 감소하지만, 염분에 견디는 능력을 키우는 항산화 시스템으로 에너지를 많이 투여하는 것이다(그림 13.13).

염선(salt gland)

소금 성분이 함유된 서식지에 사는 식물은 높은 농도의 소금을 잎으로 배출하기 위해서 염선을 가진다. 이것은 분비조직의 일종으로 갯질경이과(Plumbaginaceae), 명아주과(Chenopodiaceae), 위성류과(Tamariaceae), 쥐고리망초과(Acanthaceae) 등의 식물에서 관찰할 수 있다. 명주과의 갯능쟁이속(Atriplex) 식물의 경우 하나의 분비조직으로 되어있다. 즉, 하나의 주머니 모양으로 된 낭상세포(bladder cell)가 소금을 잎 표면으로 분비하는데, 이 세포에는 액포가 매우 발달한 분비털이 있다(이

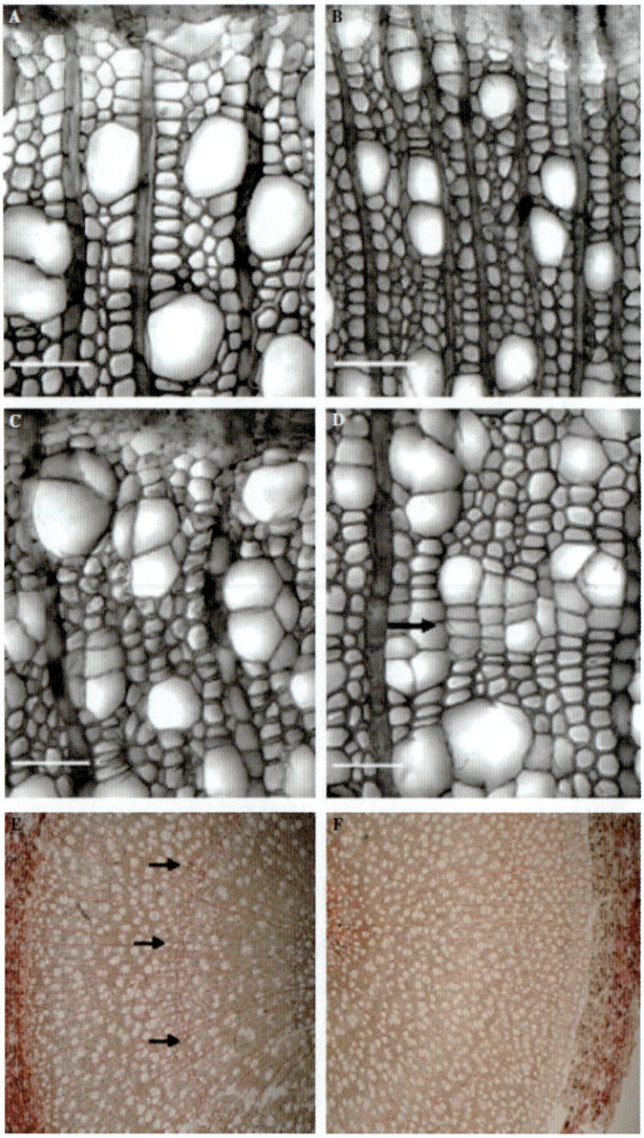

그림 13.12 포플러의 염분에 대한 반응(Chen and Polle, 2009)

규배, 2016). 원형질연락사를 거쳐서 소금이 낭상세포에 전달되고, 액포가 터지면 소금이 잎의 표면에 묻어서 나타난다. 위성류는 염선이 8개의 세포로 구성된다. 6개는 분비세포이고, 2개는 수집세포이다. 염분이 수집세포에 저장되어 있다가 분비세포로 이동한다. 소금은 수집세포와 엽육세포 사이에 있는 원형질연락사를 통해서 분비세포로 이동하여 액포에 저장된다. 열대 해안지역에 분포하는 맹그로브는 잎의 앞면과 뒷면에 2개 또는 4개의 수집세포, 8개의 분비세포를 갖고 있어서 소금을 분비한다.

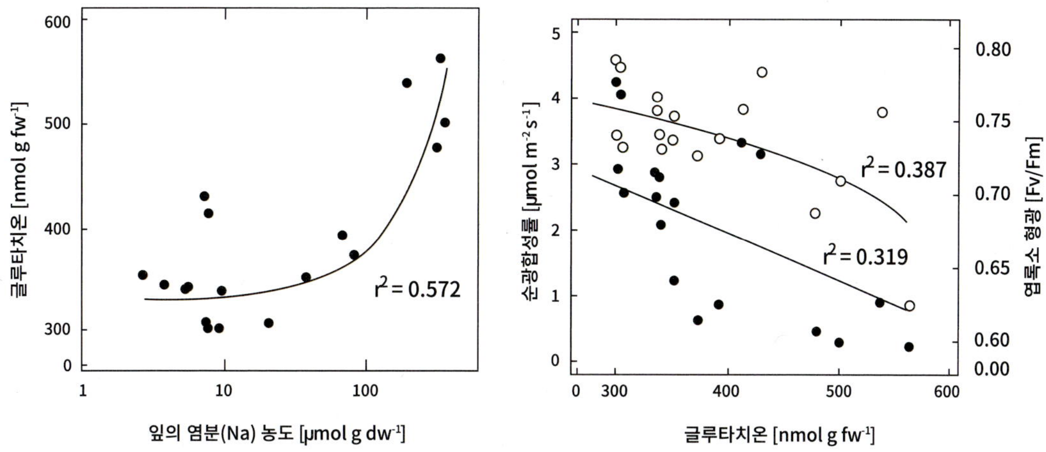

그림 13.13 글루타치온의 농도는 Na의 농도와 비례

내염성 수목

수목에 따라서 염분에 견디는 정도가 다르다(표 13.1). 맹그로브는 열대, 아열대지역에서 해안을 따라서 생존하는 수목이다. 맹그로브는 해안을 따라서 분포하므로, 물속에서도 생존할 수 있게 기근이 발달되어 있다. 종자도 염분이 많은 토양에서 생존하기 위해서, 나무에 종자가 매달려 있는 동안 어느 정도 발아하여 빨리 자라기 위해 땅에 떨어지는 즉시 뿌리와 잎을 내는 적응을 한다. 종자의 모양도 아주 뾰족하게 생겨서 해안 토양에 떨어져서 꽂히도록 발달한다. 위성류와 같은 내염성 수목은 다량의 프롤린을 가지며, 염분 환경에 직면하게 되면 프롤린 함량이 증가한다. 프롤린은 삼투압 적응에 중요한 역할을 한다. 삼투압 조절에 중요한 역할을 하는 물질로는 베타인, 소르비톨, 글리세린, 아스파르트산, 글루탐산 등이 있다.

표 13.1 내염성 수목의 종류

수종 / 견디는 수준	수종
염분에 강한 수종	해송, 향나무, 리기다소나무, 위성류, 해당화, 보리수나무, 아카시나무, 후박나무, 회화나무, 쥐똥나무, 순비기나무, 감탕나무, 굴거리나무, 때죽나무, 모감주나무, 아까시나무, 아왜나무, 주엽나무, 후박나무, 회화나무, 유프라티카 포플러(*Populus euphratica*), 망그로브
염분에 약한 수종	낙엽송, 소나무, 스트로부잣나무, 전나무, 가시나무류, 단풍나무, 덜꿩나무, 목련류, 백합나무, 생강나무, 자작나무, 팽나무, 피나무

CHAPTER

14 양료 부족 및 과다

무기염류에 관한 연구는 17세기로 올라간다. 네덜란드의 van Helnont는 버드나무의 무게를 측정한 결과 2.3kg이었고, 90kg의 흙을 넣은 용기에 버드나무를 심어서 5년간 키웠다. 5년 후 버드나무의 무게는 76kg로 증가한 반면, 흙의 무게는 60g 밖에 감소하지 않은 것을 알았다. 그는 이 감소를 실험의 측정 오차라고 판단하고서, 수목이 토양에서 생장하는 경우 흙을 흡수하는 것이 아니라 흙 속에 있는 물과 다른 무엇인가를 흡수해서 생장한다고 생각했다. 그 이후 수경재배를 통해서 식물이 생장하는 것을 실험으로 보였고, 수경재배하는 수용액의 종류가 식물의 생장에 영향을 준다는 것을 알아냈다. 흙 속이나 수경재배하는 경우, 물속에 존재하면서며 식물의 생장에 영향을 주는 무엇인가가 훗날 무기염류 등의 양료임이 밝혀졌다. 그 이후 19세기 초인, 1804년경에 리히비(Liebig)에 의해서 토양에 있는 Ca, K, S, P 등의 영양분이 공급원임을 체계적으로 보고하였다.

양료가 부족하거나 과다한 경우 수목의 생리적인 활성은 다양하다(Kleczewski et al., 2010). 양료가 낮은 수준에서 높은 수준으로 변하면, 순광합성률이 증가하고 이차대사산물이 비슷하게 증가한다(그림 14.1a의 A, B). 양료가 제한요소가 안 되면 이차대사산물과 생장은 반대로 간다(a의 C). 토양에서 N과 P가 제한요소로 작용하면 수목은 많은 양의 탄소를 뿌리로 분배해서 토양의 마이코라이자의 군집이 증가할 수 있게 한다(그림 14.1b의 A, B). 토양의 양료가 충분하면, 수목은 더 이상의 탄소를 뿌리로 보내지 않는다(그림 14.1b의 C). 이와 같이 양료의 유효도에 따라 탄소와 이차대사산물의 생성을 growth-differentiation balance hypothesis(GDBH)로 설명할 수 있다. 탄소의 획득(광합성)과 소실(호흡, 뿌리 분비물)은 서로 균형을 이뤄서 수목이 생장한다.

토양에서 P가 부족하면 1차 생산량이 줄어든다. 생태계에서 질소의 축적은 수목 잎의 carbon: nitrogen: phosphorus(C:N:P)의 비율을 불균형적으로 만들고, P의 고갈을 촉진시킨다(Liu et al.,

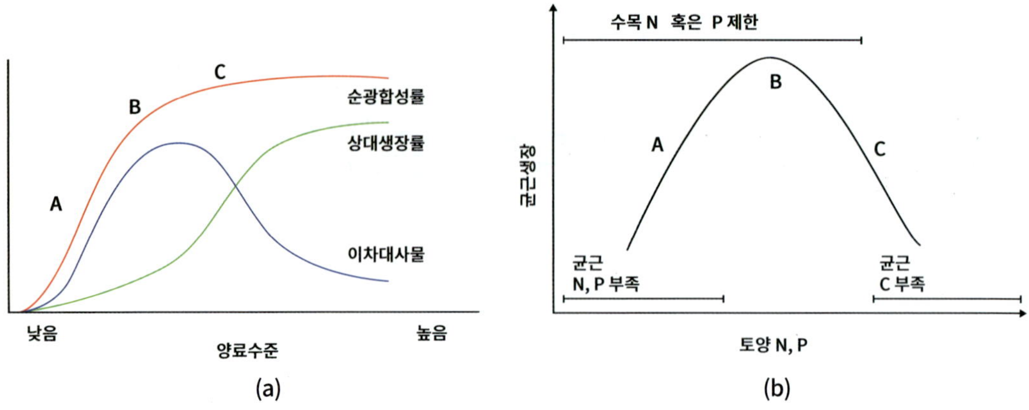

그림 14.1 양료 수준에 따른 생장, 균근의 생장량

2019). 토양에 부족한 N과 P를 투입하면, 엽록소 함량을 증가시키고 수목의 광합성이 촉진된다.

생장, 목재의 밀도, 수분 이용, 목부의 특성은 양료의 상태에 따라서 반응이 다르다(Goldstein et al., 2013). 양료가 많으면 생장은 증가한다. 그러나 목재의 밀도는 생장이 빠르면 감소한다. 열대지역 수목의 목재밀도가 낮고, 한대지역에서 자란 수목의 목재밀도가 높은 것은 양료의 이용 가능한 정도에 따라서 생장량이 달라지기 때문이다. 양료가 많으면 목부의 전도도 및 견고함은 증가한다. 많은 양료가 전도도를 증가시키나 기공의 열림은 감소된다. 양료가 많으면 생장이 촉진되어서 도관의 지름이 증가하고, 공동화현상(cavitation)의 확률이 증가한다. 공기가 도관에서 발생하면, 수분의 이동에 문제가 생길 수 있다. 반면 수분포텐셜은 양료가 많아지면 낮아진다(그림 14.2).

양료가 부족하다가 시비를 하거나 첨가해 주면, 가을이 되어서 잎에서 나타나는 식물계절학적인 변화가 향상된다. 낙엽이 늦게 지고, 광합성 능력이 향상된다(Deslauriers and Rossi, 2019). 양료

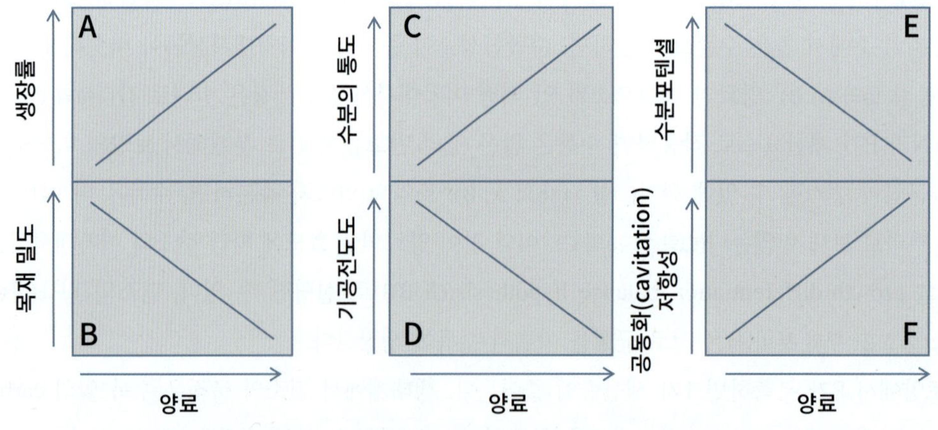

그림 14.2 양료 수준에 대해서 수목이 받는 여러 가지 특성 변화

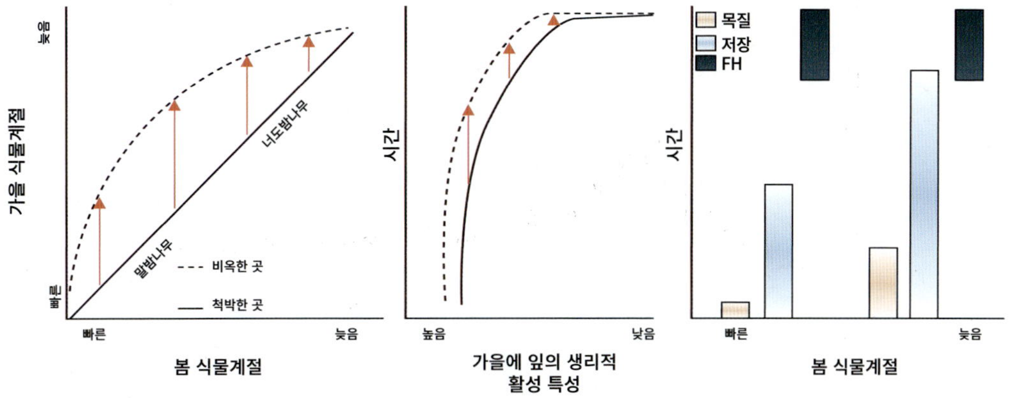

(Wood: 목질 형성, storage: 전분 저장, FH: 서리저항성)

그림 14.3 양료의 수준이 식물계절학에 영향을 준다.

가 많고 적음에 따라서 봄에 잎의 출현하는 시기와 낙엽이 지는 시기가 달라진다. 마로니에(*Aesculus hippocastanum*)와 유럽너도밤나무(*Fagus sylvatica*)의 경우에 활엽수이지만 상당히 다른 식물계절학(phenology)를 가지고 있다. 그림 14.3의 오른쪽은 탄소의 축적을 나타내는데, 유럽너도밤나무(*Fagus sylvatica*)의 경우가 마로니에(*Aesculus hippocastanum*)보다 오랫동안 늦가을까지 축적한다(그림 14.3).

Ca와 K

Ca와 K는 수목의 대사와 생장에 관여하므로 목재의 형성에 중요한 원소이다. 목부가 만들어지는 과정에서 Ca는 형성층의 형성에 관여하고, K^+ 채널은 목부의 세포 생장에 관여한다(Fromm, 2010). 그러므로 이러한 양료가 부족하게 되면, 수목의 형성층, 목부의 건전한 생장이 방해받게 된다. 계절적으로 보면 봄과 여름에 높은 농도의 K가 관찰되고, 가을과 겨울이 되면 농도가 낮아진다. 이러한 현상은 나이테의 생장과 형성층 부근에서 삼투압과 관련이 많다. 추재 형성에 관여한다. 생장하는 목부에서 농도가 성숙한 목부보다 훨씬 높은 농도의 K가 나타난다. 수목에 양료로 K^+ 이온을 공급하면 도관의 크기가 증가한다(그림 14.4).

포플러(*Populus tremula* × *Populus tremuloides*)의 경우에, Ca^{2+}를 제한적으로 공급한 조직(그림 14.5a, c)과 Ca^{2+}를 충분히 공급한 조직의 현미경 사진을 비교해 보면, 칼슘을 충분히 공급한 목재의 도관(*V*)이 크다. 그리고 형성층 세포(*C*)의 밀도가 아주 높다. 영양소가 충분히 공급이 되어서 충분한 생장을 한다고 할 수 있다(그림 14.5).

Ca와 K는 목재의 형성에 관여한다. 발달하는 목부에서 세포의 확장은 큰 액포와 삼투압에 달

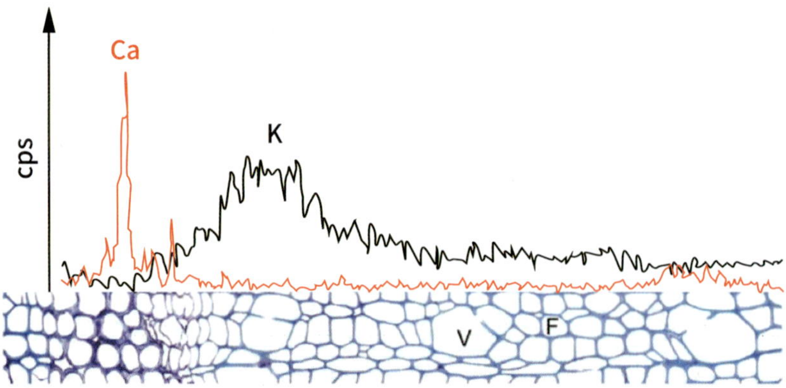

(cps: 방사선 계수율(매초 카운트 수), F: 섬유, V: 도관)

그림 14.4 목재 형성에 영향을 주는 Ca와 K

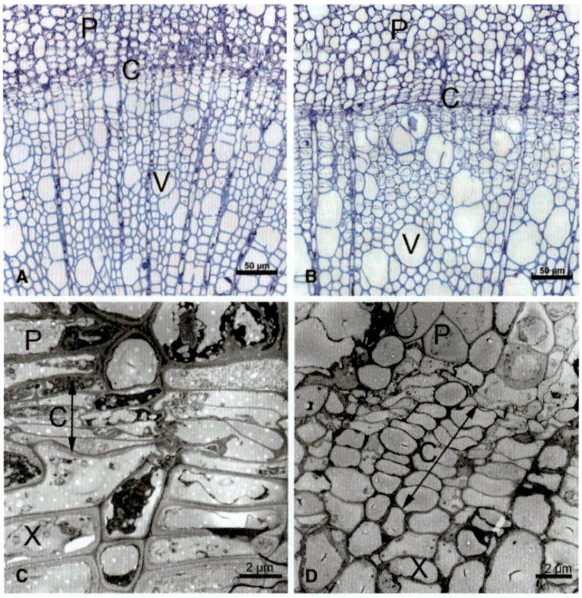

그림 14.5 포플러(*Populus tremula* × *Populus tremuloides*)에서 Ca^{2+}의 역할

려있다. 도관의 크기가 작은 것은 액포의 형성이 감소하기 때문이다. 사부에서 보면, 칼슘 농도가 낮을 때 사부에서 잎으로의 양료 전달이 낮아지고, 사부에서 줄기로 보내는 양 역시 낮아진다. 봄에 수목이 생장을 시작하면서 아미노산과 Ca^{2+}의 급격한 증가가 온다. Ca^{2+}은 눈이 터지고 조직이 부풀어 오르는 수목의 정단부에서 검출되는데, 이는 세포분열에 Ca^{2+}이 깊숙이 관여한다는 것을 말한다. 증가하는 Ca^{2+}은 전분과 단백질의 가수분해에 관여하는 효소들의 활성에도 영향을 미친다. Ca^{2+}은 ATPases, 아밀라아제(다당류를 분해하는 효소), 리파아제(지방을 분해하는 효소)의 효소활

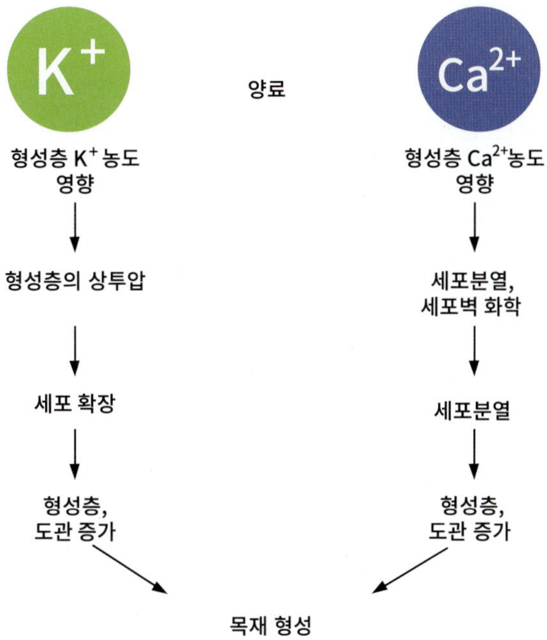

그림 14.6 목재의 형성에 중요한 Ca와 K

성을 촉진하는 역할을 하기 때문이다. 이와 같은 Ca^{2+}은 주로 수산결정(oxalate crystals)의 형태로 수피와 사부에서 유래한다. 이들 세포벽에 Ca^{2+}을 저장하고 있다가 생장이 시작되면 이동하는 것이다. Ca^{2+}은 또한 세포벽에서 리그닌 형성에 관여한다. 여러 수목의 목재에서 낮은 농도의 Ca^{2+}에 의해서 낮은 리그닌이 형성된다. 리그닌을 형성하는 데 중요한 효소로 아포플라스틱 페록시데이스(apoplastic peroxidases)가 역할을 하는데, 친수성 젤라틴(hydrophilic gel)을 리그닌으로 전환한다. Ca^{2+}이 부족하면, 카보닐(carbonyl), 메톡실기(methoxyl groups)가 부족하여 리그닌의 함량이 낮아진다(그림 14.6).

광합성이 감소하는 이유를 두 가지로 나누어서 설명할 수 있다. 1) 여러 가지 이유로 기공이 닫혀서 CO_2 흡수가 줄어들어서 광합성이 감소한다. 2) 엽육세포에서의 생화학적인 이유로 인해서, 최대카르복실화율(V_{cmax})와 최대전자전달율(J_{max})가 줄어들므로 광합성이 감소한다. 두 가지 설명 모두 근거가 있으나, K가 부족해서 광합성이 감소하는 것은 생화학적 그리고 생리적인 변화를 초래하여 광합성이 감소한다고 할 수 있다. K가 결핍된 수목에서는 V_{cmax}와 J_{max}가 현저하게 감소한다(Jin et al., 2011).

N과 생존률

질소와 수목의 생존률은 일반적으로 비례한다. 질소가 많을수록 생존율은 증가한다. 대추나무(*Zizyphus lotus*)에서도 이와 같은 현상이 나타난다. 질소의 함량이 높으면 광합성에 관련한 효소 등의 활성이 증가한다. 그러므로 지상부의 생장이 촉진되고 줄기와 뿌리의 비율이 변화하여 증가한다. 가을에 수목에 질소를 시비하면 이른 봄에 서리에 대한 저항성이 커진다(Oliet et al., 2013). 그러나 수목에 따라서 질소의 양이 증가해도 생장에 큰 영향을 미치지 않는 임계점이 있으므로, 그 양을 조절할 필요가 있다. 무조건 많은 양의 질소를 시비하는 것은 자원의 낭비가 될 수 있는 것이다. 묘목을 관리하는 측면에서는 서리나 추위에 묘목의 저항성을 높이기 위해서는 질소 성분을 많이 시용하는 것도 전략이 될 수 있다. 질소는 생장을 유도하며, 특히 뿌리의 생장에 관여한다(그림 14.7).

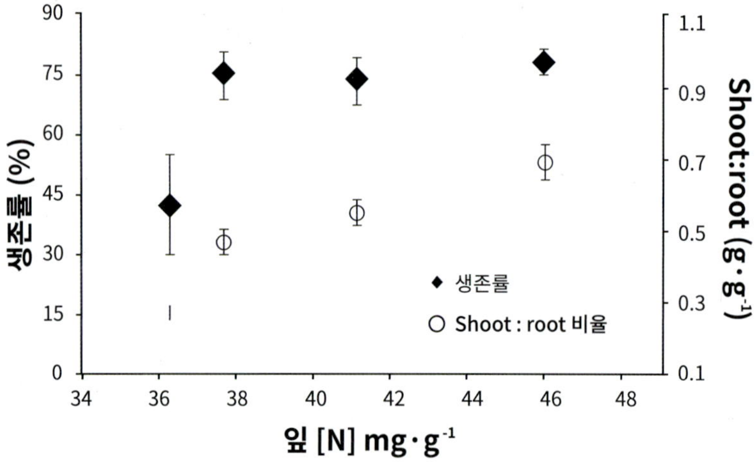

그림 14.7 질소와 생존률, 지상부, 지하부와의 관계

C와 N

대다수 C는 전분과 같은 비구조탄수화물(non-structural carbohydrates)에 분배되어 있으며, 저장의 개념보다는 고정하는 성격이 강하다. 반면에 N은 계절에 따라서 정기적으로 발현되고, 식물계절에 따라서 소스를 활용한 다른 대사를 진행한다. 수목은 내외부의 소스로부터 C와 N을 흡수한다. 굵은 실선은 내부에서 일어나는 요인이고, 점선은 외부에서 들어오는 요인이다(Millard and Grelet, 2010). N은 뿌리를 통해서 흡수되고, 미생물과의 공생으로도 얻어진다. C는 수목의 잎을 통해서 광합성을 통해서 고정된다(그림 14.8; 표 14.1).

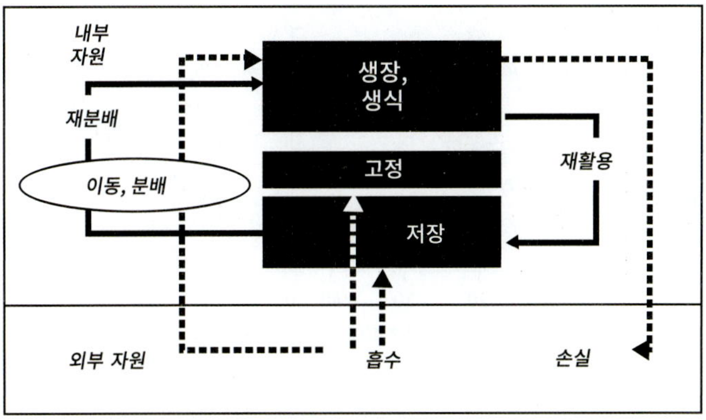

그림 14.8 C와 N의 역할 및 순환

표 14.1 탄소, 질소의 수목에서의 특성.

방식 \ 양료	N	C
저장량 결정	수목의 뿌리에 의해서	광합성에 의해서
생리적 영향	식물계절과 관련된 예정된 순서	광합성에 의해서 고정
저장 장소	특별한 조직과 세포	수목 전체에서 축적
고갈 여부	고갈될 수 있음	고갈되지 않음
역할	소스(source)	싱크(sink)

N과 뿌리 호흡량

Larch(*Larix gmelinii*)와 ash(*Fraxinus mandshurica*)의 경우, 질소의 양과 호흡량은 흥미로운 결과를 보여준다(그림 14.9). 질소의 양이 증가할수록 호흡량도 증가한다. 질소의 양이 증가하면 토양 근권에서 활동하는 마이코라이자(균조)의 활동이 현저하게 증가한다. 그로 인해 호흡량도 동시에 증가하는 것이다. 뿌리에서 분비되는 분비물, 효소와 마이코라이자와의 관계로 인해서 호흡량이 증가한다(Jia et al., 2011).

N과 CO_2

Norway spruce(*Picea abies*)의 잎에서 질소 농도가 증가하면, 광합성이 증가하고 탄소 고정량이 증가한다. 여기에 대기 중의 CO_2 농도가 증가하면, 질소 농도가 높은 수목의 잎에서 더 높은 광합성작용이 일어나서 탄소의 고정량이 낮은 CO_2 농도에서보다 아주 많은 양이 증가한다(Hall et al., 2009). 그러므로 대기 중의 이산화탄소의 양과 토양에서 질소의 농도가 복합적인 환경 요인으로 변

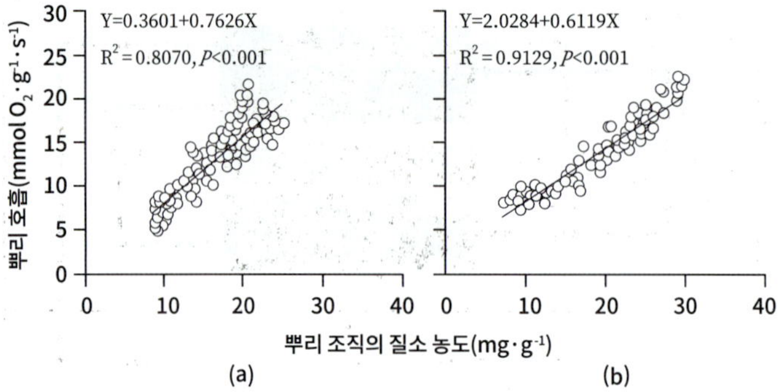

그림 14.9 질소와 뿌리 호흡량. Larch(*Larix gmelinii*)와 ash(*Fraxinus mandshurica*)

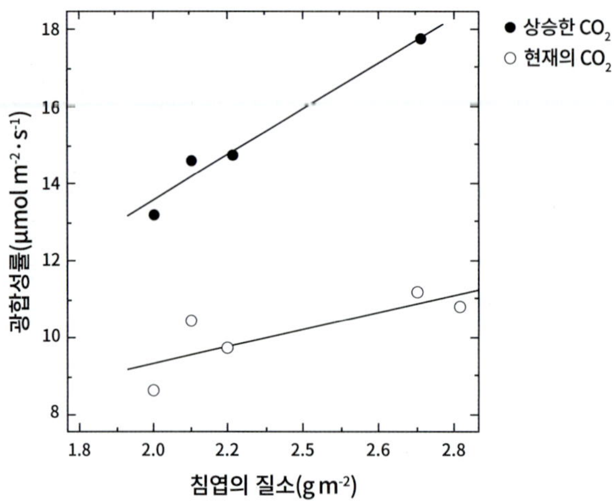

그림 14.10 침엽 내의 질소와 광합성 능력

화하면, 수목 생장이 더 증가하는 변화를 받을 수 있다(그림 14.10).

뿌리의 연령에 따라서도 호흡량이 다르다. 뿌리의 순서가 1번인 것은 가장 최근에 나온 어린뿌리로 가장 가는 뿌리(fine root)이다. 5번인 뿌리는 연령이 가장 오래된 굵은 뿌리이다. 어린뿌리일수록 호흡량이 높은 이유는 신진대사와 관련이 있다. 어린뿌리는 신진대사가 활발하여 생장호흡량이 나이가 많은 뿌리에 비해서 높다. 어린뿌리는 수명이 짧은 대신에, 양료 흡수가 빠르고 신진대사가 높다. 질산염(nitrate; NO_3)의 흡수량은 어린뿌리가 나이든 뿌리에 비해서 3~4배 이상 높다(그림 14.11).

질소이용효율이 건조 스트레스를 줄임

건조 스트레스와 수분 부족 현상은 수목에 많은 부정적인 결과를 가져온다. 생장량의 감소, 목부

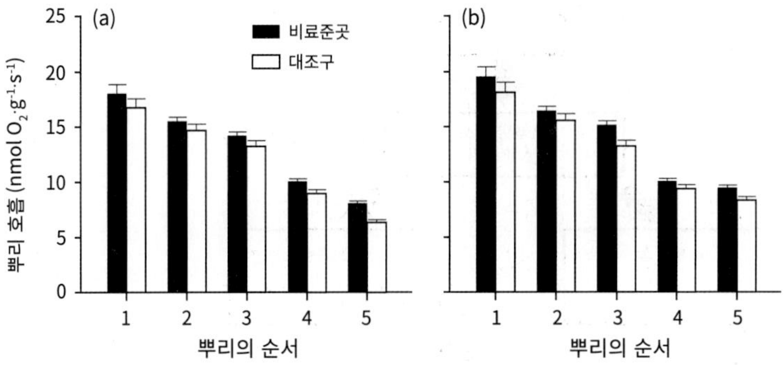

그림 14.11 질소 시비와 뿌리의 호흡량

에서의 불균형, 기공의 폐쇄 등 많은 생리적인 문제가 생긴다. 토양에서 양료의 유효도는 수목이 고정하는 탄소를 어떻게 분배하는지를 결정하게 된다. 건조 스트레스가 있게 되면 지상부의 탄소 분배가 줄어든다. 그러나 질소는 광합성을 하는 데 중요한 역할을 하는 양료로서 수목의 새로운 잎에서 그 농도가 높고, fine root: shoot(가는 뿌리: 지상부 신초) 비율이 높아진다. 그래서 뿌리로부터 부족한 질소를 흡수하려는 노력을 하지 않아도 건조로 인해서 지상부의 탄소 분배를 줄여서 높은 수준의 질소를 잎에서 유지할 수 있게 되는 것이다. 새로운 잎에서 질소 함량의 축적을 통해서 건조 스트레스가 있지만, 수목은 빛의 이용효율(LUE)을 높이고 단위면적당 광합성률을 높게 유지해서 건조로 인한 피해를 최소로 줄이려고 한다(Tarvainen and Näsholm, 2017). 삼투압조절물질에 의해서 일정수준의 단백질을 합성해서 항상성을 유지하려 하고, 공변세포의 삼투압 유지 조절을 통해서 수목이 건조에 대한 저항성을 높이는 데 기여한다(그림 14.12).

충분한 질소를 시비하면, 건조에 대한 저항성이 증가한다(Luo and Luo, 2017). 질소가 부족한 환경에서 ABA의 발현으로 인해 기공이 닫히고 생장이 줄어들지만, 질소를 다시 공급하면 파이토 호르몬인 자스몬산, IAA 등에 의한 신호전달을 통해서 건조에 대한 저항성을 되찾게 된다. 특히, 질소를 공급해주면 수분흡수가 효율적으로 이루어진다. 프롤린, 가용성 당이 활성화되고, 항산화효소인 SOD(superoxide dismutase)의 활성으로 활성산소를 제거한다. 또한, 질소가 공급되면 질소 흡수에 도움을 주는 전구물질을 발현하는 유전자들이 활성화되어 건조에 대한 저항성을 높이는 작동을 한다(그림 14.13).

Phenylalanine과 질소

페닐알라닌(Phenylalanine; Phe)은 페닐프로파노이드(phenylpropanoids), 플로보노이드(flavonoids), 안토시아닌(anthocyanins), 리그닌(lignin), 탄닌(tannins), 살리실레이트(salicylate) 같은 다양한 화합물질의 전구물질로서 수목의 생장과 스트레스에 대한 방어에 관여한다. 특히, 페닐알라닌(Phe)는 목

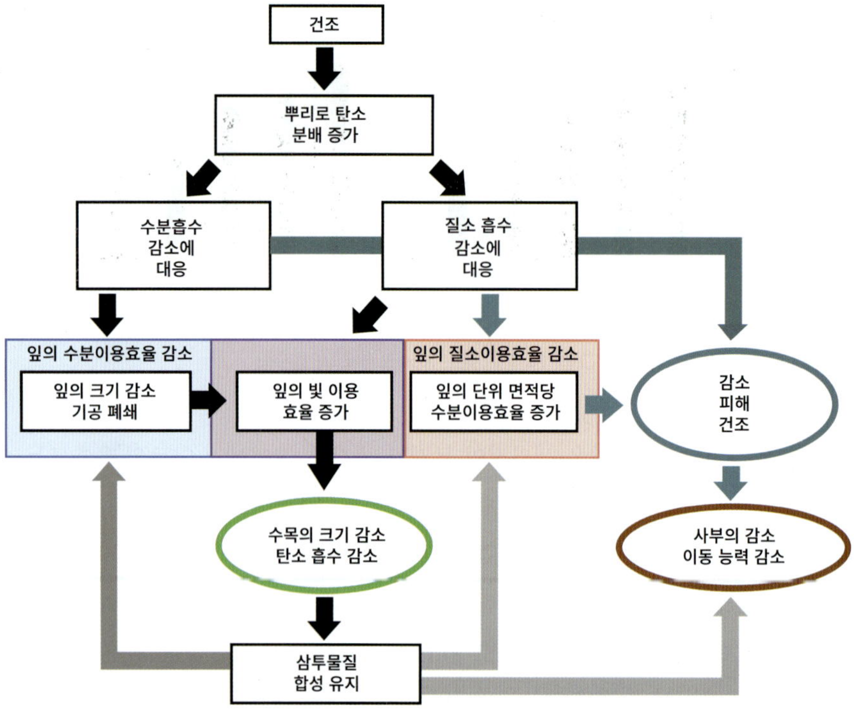

그림 14.12 질소이용효율과 건조 스트레스의 관계

그림 14.13 충분한 질소를 시비하면 건조에 대한 저항성이 증가한다.

그림 14.14 페닐알라닌과 질소의 관계

재에서 리그닌의 합성에 관여하여 목질화하는 데 관여한다. 목본식물, 관속 세포에서 페닐알라닌 암모니아레이스(phenylalanine ammonia-lyase; PAL)이 페닐알라닌을 트렌스-시나믹산(trans-cinnamic acid)과 암모늄(ammonium)으로 전환해서 아미노산 합성에 활용되어 수목이 양료로 활용할 수 있게 한다(그림 14.14). 포플러(*Populus* × *canescens*) 뿌리의 길이, 표면적, 길이 등 모든 생장에서, 페닐알라닌이 많은 양을 보이는데, 이는 페닐알라닌이 질소의 전구물질로서 수목 뿌리의 생장에 크게 기여한다는 것을 보여준다(Jiao et al., 2018).

질소와 aquaporin

질소는 목부의 특성을 바꾸고, 높은 양의 아쿠아포린(물을 이동시키는 막) 발현에 관여한다(Hacke et al., 2010). 질소 시비는 수목의 도관을 크게 하고, 도관의 전도도를 높인다. 도관의 크기가 증가하는 것은 잎의 면적이 증가하는 것에 영향을 받아서이다. 질소를 많이 시비하면, 수간에서 공동화현상이 발생할 가능성이 높다. 도관이 넓어지면 공기가 발생하고 공동화현상이 발생할 확률이 높아지므로 다른 스트레스를 받고 있는 수목에서는 부정적이다. 그래서 질소가 높게 시비되는 수목일수록 P_{50}이 많이 생긴다. P_{50}은 도관이 50% 정도 고사할 때의 삼투압인데, 삼투압이 낮은 상태에서도 많이 발생한다. 또한, 질소가 많으면 목재의 밀도가 낮아져서 무른 재질의 목재가 형성이 된다. 아

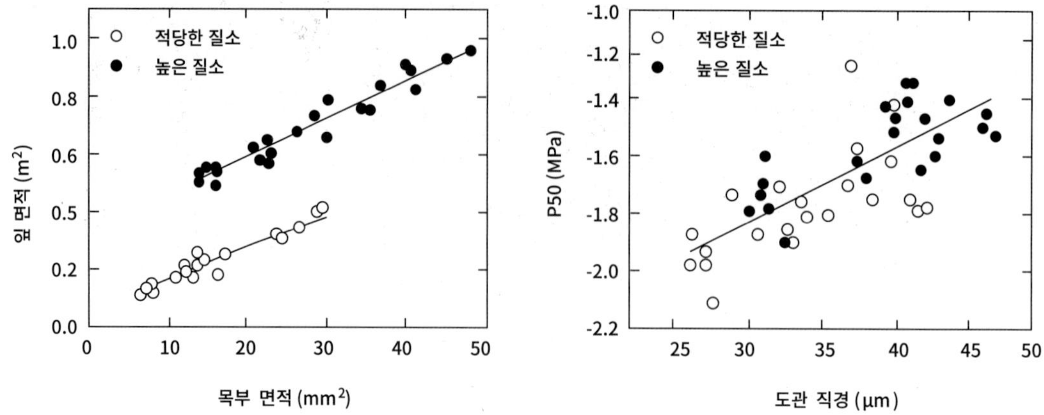

그림 14.15 질소의 수준이 엽면적에 미치는 영향

쿠아포린은 세포막에서 수용성으로 단백질이나 가스 등 물질을 세포 간의 이동에 관여한다. 아쿠아포린은 형성층 근처에서 실소가 많으면 유조직에서 많이 검출된다. 그래서 아쿠아포린은 목부형성(xylogenesis)에 관여한다(그림 14.15).

Zn과 활성산소종

아연은 활성산소종 가운데서도 특히 O_2^-를 소거한다. 세포막에서 단백질이 SH를 포함하고 있으면, 아연에 의해서 세포막이 보호된다. 불포화산 중에서 sulfhydryl(SH) 그룹은 아연 부족에 상당히 민감하다. 세포막과 뿌리에서 아연이 부족하면 SH 그룹도 감소한다. 수목에서 부족했던 아연을 다시 공급하면 SH 그룹이 증가한다. 아연이 부족하게 되면 세포막에서 Fe 혹은 Cu(II)와 SH가 결합한다. 아연은 금속으로부터 유래한 활성산소가 활동하는 것을 방해한다.

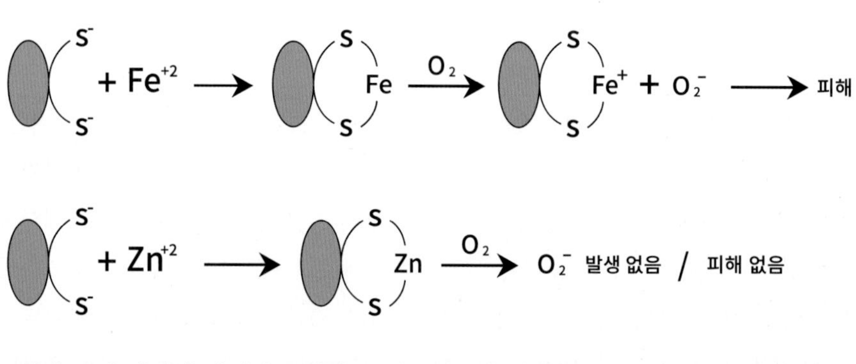

광계 I에서 빛에 의해서 발생하는 전자는 신호전달의 역할을 하면서 산소와 이산화탄소로 공급된다. 잎의 기공을 통해서 흡수한 이산화탄소는 탄소, 그리고 산소로 분화된다. 여기에 전자가 돌아

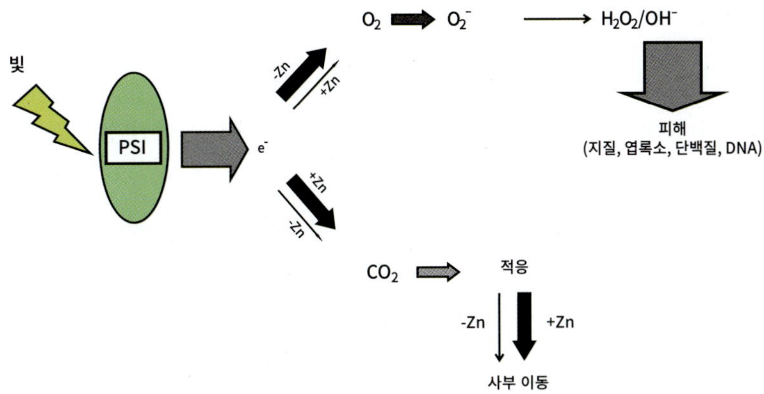

그림 14.16 H_2O_2와 OH와 더불어 수목에 피해를 주는 신호전달 과정. 전자는 아연이 있는 상태에서 이산화탄소를 고정하여 사부에 축적한다.

다니다가 아연이 없는 상태에서 산소와 결합하여 활성산소가 된다. 이것은 H_2O_2 그리고 OH와 더불어 수목에 피해를 주는 역할을 한다. 전자는 아연이 있는 상태에서 이산화탄소를 고정하여 사부에 축적한다(그림 14.16).

아연이 부족하면 여러 가지 생리적인 현상이 수목에서 나타나는데, 활성산소가 증가하고 SOD의 활성이 감소한다. SOD는 활성산소를 소거하는 중요한 항산화효소로, 활성이 감소하여 활성산소가 수목에 피해를 주는데 소거 역할을 못하는 것이다. Zn이 부족하면 Fe가 증가하는데, 이로 인해 활성산소를 감소하는 역할을 못하게 된다. 궁극적으로는 수목에 황화현상이 나타나고, 생장을 방해하며, 심해지면 고사한다. Zn-SOD는 이러한 측면에서 수목에서 중요한 역할을 한다(그림 14.17).

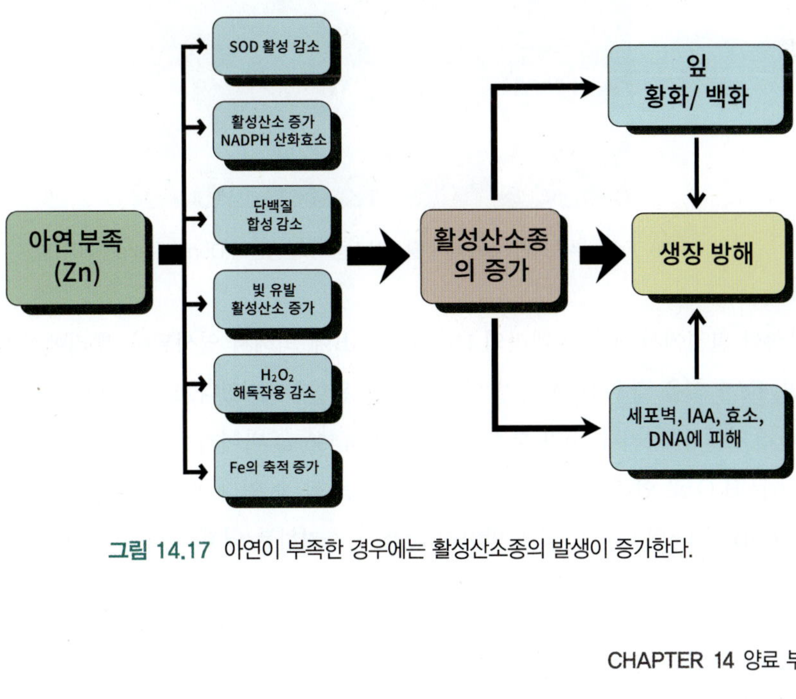

그림 14.17 아연이 부족한 경우에는 활성산소종의 발생이 증가한다.

Fe와 활성산소

Fe가 부족하거나 없으면, 수목에서 활성산소종의 발생이 많아진다. 그림 14.18은 *Pyrus communis*(A, B, C)와 *Cydonia oblonga*(D, E, F)의 현미경 사진인데, 활성산소(O_2^-)를 NBT로 염색한 것이다(Donnini et al., 2011). 검은색, 푸른색이 활성산소종이 염색된 것이다. 두 수종 모두 Fe가 있을 때 활성산소종은 거의 생성되지 않는다(A, D). 그러나 Fe가 없는 B, E는 활성산소종으로 인해서 검은색 계열로 염색된 것을 볼 수 있다. bicarbonate(+FeBic)를 첨가하면 Fe가 제거된 효과를 볼 수 있다. 바이카보네이트(bicarbonate; + FeBic)가 첨가된 C, F도 역시 검은색, 푸른색으로 염색이 된 것을 볼 수 있다. 활성산소는 SOD에 의해서 소거되는데, Fe가 부족하면 SOD의 역할이 미약해져서 활성산소가 소거되지 않는다.

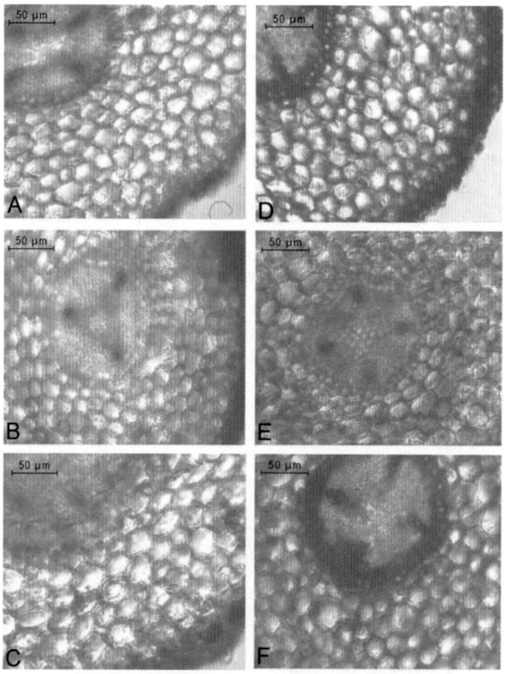

그림 14.18 Fe가 부족하면 수목에서 활성산소종이 발생한다(Donnini et al., 2010).

Fe가 부족한 환경에서 생육한 뿌리의 H_2O_2는 DAB에 의해서 염색된다. 뿌리에서 H_2O_2의 발생을 관찰하면, Fe가 없을 경우 H_2O_2의 발생이 많음을 관찰할 수 있다. Fe가 없는 뿌리(그림 14.19a, d)는 고동색을 유지한다. 그러나 Fe가 부족하거나(그림 14.19b, e) 바이카보네이트(+ FeBic)가 있는 경우(그림 14.19c, f)는 H_2O_2로 인해서 검은색으로 염색된 것을 볼 수 있다. 이와 같은 결과는 페록시데이즈(peroxidase; POD)가 Fe의 영향을 많이 받아서 ROS를 소거하는 역할을 하는데, Fe가 부족하거나 없

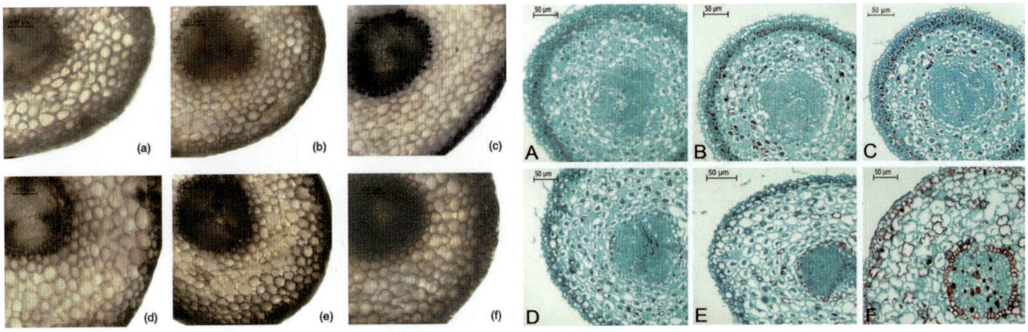

그림 14.19 Fe가 부족한 환경에서 생육한 뿌리의 H_2O_2는 DAB에 의해서 염색된다.

으면 POD의 역할이 줄어든다는 것을 알 수 있다. 또한 리그닌화 된 조직은 붉은색으로 염색이 되는데, Fe가 없거나 부족하면 붉은색이 많이 보이는 것을 알 수 있다. 수목의 조직이 노화되거나 제 기능을 발휘하지 못하는 죽은 조직으로 되는 것을 보면 Fe가 활성산소를 제거한다는 것을 알 수 있다.

Fe가 부족한 환경에서 수목의 뿌리에서 낮은 분자량 유기산(low-molecular-weight organic acid; LMWOA)의 대사에서 대표적인 탄수화물인 시트레이트(citrate)와 말레이트(malate)의 농도가 증가한다. 그 이유는 미토콘드리아에서 malate dehydrogenase(cMDH)와 phosphoenolpyruvate carboxylase(PEPC) 효소의 활성이 Fe가 결핍된 환경에서 더 높아지기 때문이다(그림 14.20).

Fe가 부족한 상황에서 근권에서 발생하는 여러 가지 현상을 보면, 굵은 선은 유도되는 것이고 가느다란 선은 억제되는 것이다. Fe가 부족하면, 크렙스 회로(Krebs cycle; tricarboxylic acid cycle, TCA),

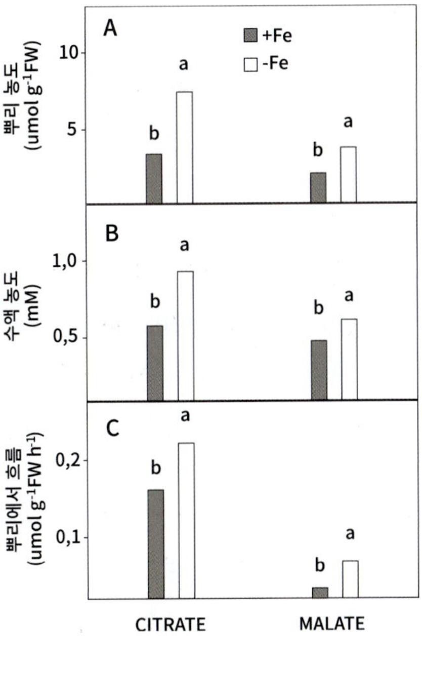

그림 14.20 Fe가 부족한 환경에서 생장한 수목의 뿌리에서 low-molecular-weight organic acid(LMWOA)의 대사에서는 대표적인 탄수화물인 citrate와 malate의 농도가 증가된다.

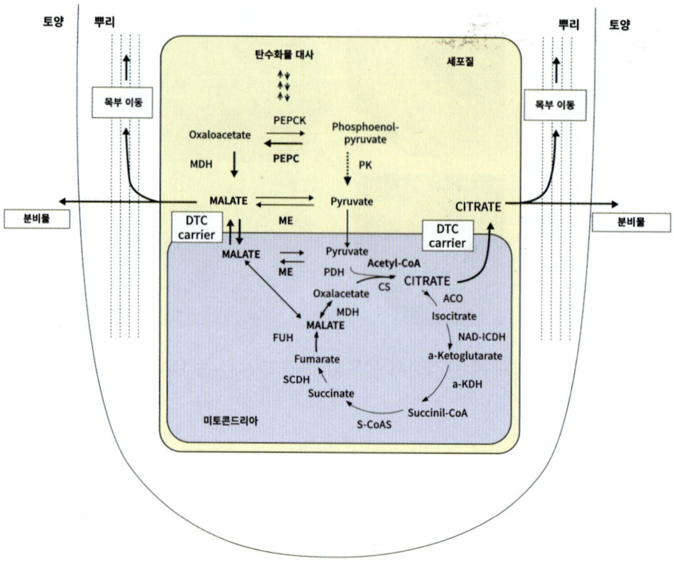

PEPCK, phosphoenolpyruvate car boxyquinase; PEPC, phosphoenolpyruvate carboxylase; PK, pyruvate kinase; ME, malic enzyme; PDH, pyruvate dehydrogenase complex; CS, citrate synthase; ACO, aconitase; NAD-ICDH, NAD-isocitrate dehydrogenase, a-KDH, a-ketoglutarate dehydrogenase; SCoAS, succinyl-CoA synthase; SCDH, succinate dehydrogenase; FUM, fumarase; DTC, di-tricarboxylate carrier.

그림 14.21 Fe가 부족한 상황에서 근권의 변화

글라이콜릭 경로(glycolytic pathway)에 관여하는 효소들을 자극한다. 최근에 알려진 미토콘드리아 운반자(mitochondrial carrier; DTC)가 di-carboxylates(oxoglutarate, oxaloacetate, malate, succinate, maleate, malonate)와 tri carboxylates(citrate, isocitrate, cis-aconitate, trans-aconitate)를 전환하는데, 낮은 분자량 유기산에서 철이 부족할 때 발생한다(그림 14.21).

K와 xylem(목부)

수목에 K가 첨가되면, 월계수나무(*Laurus nobilis*)의 경우 목부의 수분통도조직 전도도가 증가하고, 잎의 전도도(leaf specific conductivity)가 증가한다(Oddo et al., 2010). 물이 도관과 가도관을 통해서 이동할 때, 서로 인접한 도관의 막공을 통해서 이동하는 데 K가 중요한 역할을 한다. 목부수액에서 물이 이동하는 경우, 이온의 농도에 따라서 막공의 막(membrane)의 펙틴(pectin)의 농도가 달라진다. 펙틴은 gel이 충진되어 있는데, 전형적으로 고분자 전해질(polyelectrolytes)이 대표적인 물질이다. 용액의 농도가 묽을 때는 부풀어 오르고, K 이온이 많을 때는 쪼그라들어서 −(마이너스) 전극을 충전하는 상태로 된다. 이러한 아주 미세한 알갱이들에 의해서 막공의 막이 변화되어서 목부 수분통도 특성이 단단하게 되고, 물이 잘 이동할 수 있게 한다. 질소를 수목에 시비하면 긍정과 부정이

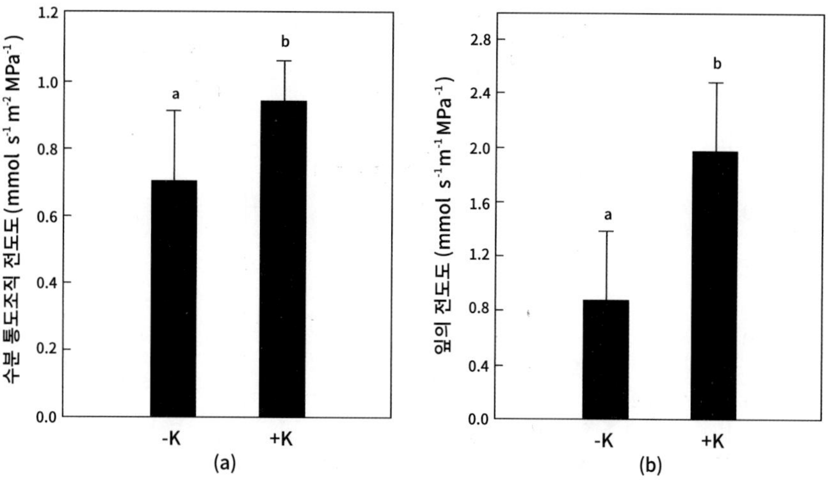

그림 14.22 K와 목부의 수분통도조직 전도도, 잎의 전도도가 증가한다.

동시에 나타난다. 질소에 의해서 도관의 크기가 커지고 생장이 좋아지지만, 도관의 크기가 커짐으로 인해서 공동화현상의 위험성도 증가한다. 인을 시비하면 뿌리의 수분통도조직 전도도를 감소시킨다. K는 수목의 기공에서 팽압을 조절하여 기공의 개폐에 관여하고, 목부의 수분통도조직 전도도를 증가시켜 물의 이동이 쉽게 한다(그림 14.22).

잎의 P:C 비율과 증산량

수목의 증산량이 증가하면, 잎의 P:C 비율도 증가한다. 잎에서 증산량이 증가하고 기공을 통해서 이산화탄소를 흡수하게 되면 뿌리에서 P의 흡수를 촉진한다. 그러므로 잎의 P가 증가한다. P:C 비율이 증가하려면, P가 증가하거나 C가 감소하면 된다(Cernusak et al., 2011). 대기 중의 CO_2 농도가 증가하면 증산량은 감소한다. 외부의 환경이 변하면 P:C의 비율이 바뀐다. 높아진 CO_2 농도가 기공을 닫게 해서 증산량이 감소한다. 또한 P:C의 비율도 감소한다(그림 14.23).

P

P는 겨울 혹은 동면하는 시기에는 수목에서 거의 축적이 되지 않는다(Netzer et al., 2017). *NanoSIMS* 분석에 의해서 포플러(*Populus* × *canescens*)의 소지단면을 잘라서 관찰하면, 탄소(^{12}C)의 경우는 겨울에 목재에 축적된 원소가 거의 탄소인 것을 볼 수 있다. 그러나 $^{31}P^{16}O$ 혹은 $^{31}P^{12}C$로 가시적으로 볼 수 있는 것은 도관 일부를 제외하고는 거의 축적된 것이 없다. 여름철에는 P가 고르게 축적된 것을 볼 수 있다. 유조직과 지난해에 형성된 조직에서도 축적이 되는 것을 알 수 있다(그림 14.24).

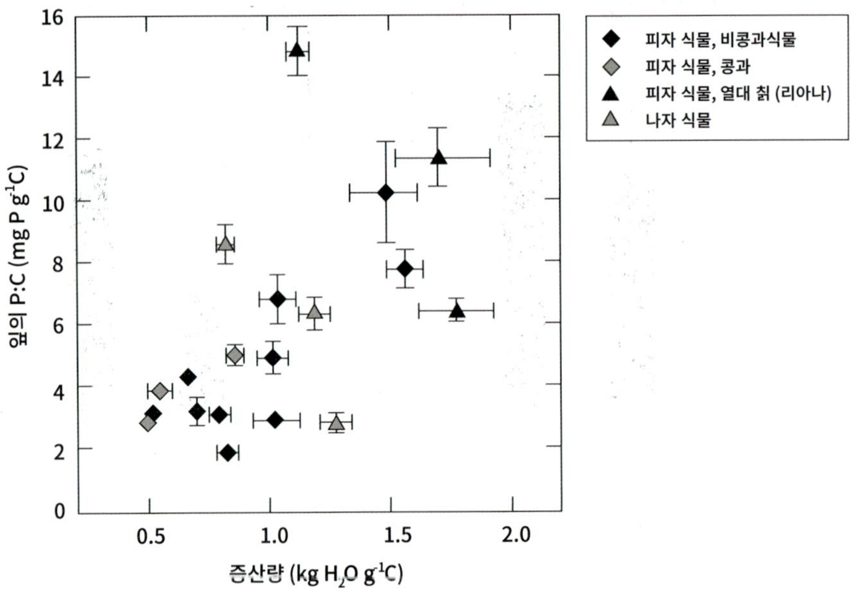

그림 14.23 수목의 증산량이 증가하면 잎의 P:C 비율도 증가한다.

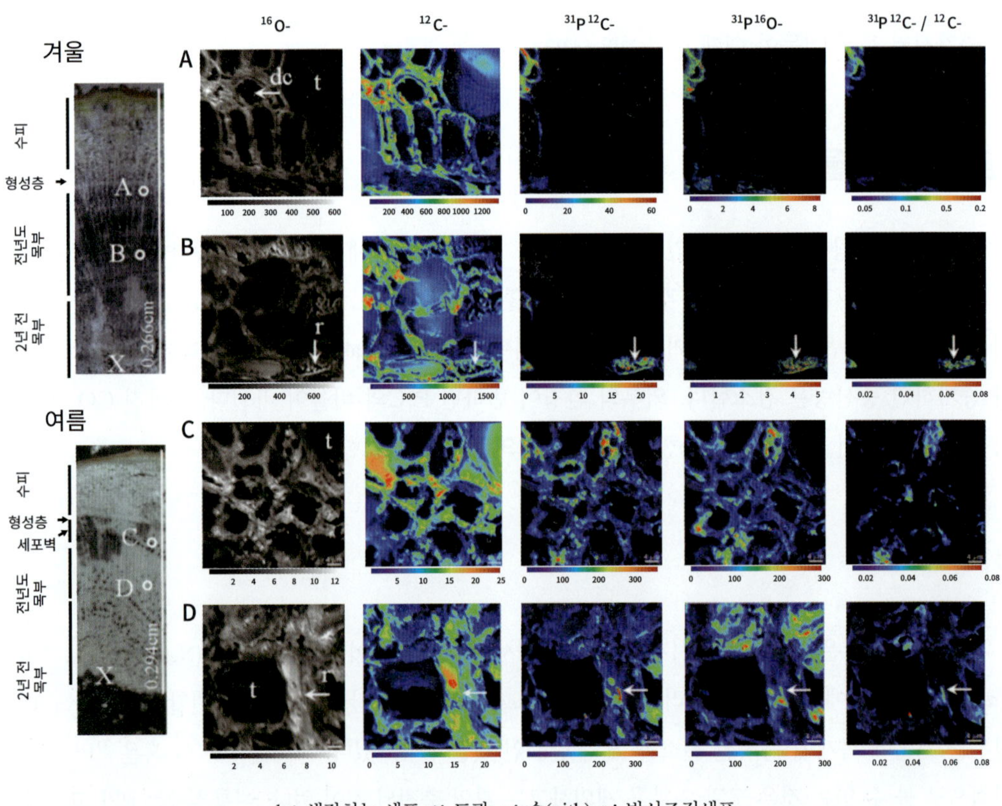

dc: 생장하는 세포, t: 도관, x: 수(pith), r: 방사조직세포

그림 14.24 P는 겨울 혹은 동면하는 시기에는 수목에서 거의 축적이 되지 않는다.

P는 축적하지 않고 봄에 흡수 시작

P는 수목에서 축적하는 전략보다는 이른 봄에 뿌리로부터 흡수하여 활성화하는 전략을 가지고 있다(Plassard, 2018). 그러므로 P의 흡수는 수목의 잔뿌리가 제 기능을 하느냐가 아주 중요하다. 이른 봄에 생육을 시작할 때 토양으로부터 흡수하는 것이 절대로 필요하다. 이는 질소 같은 양료를 수목의 조직에 축적하고 있다가 생육시기에 활용하는 것과는 다른 전략이다(그림 14.25).

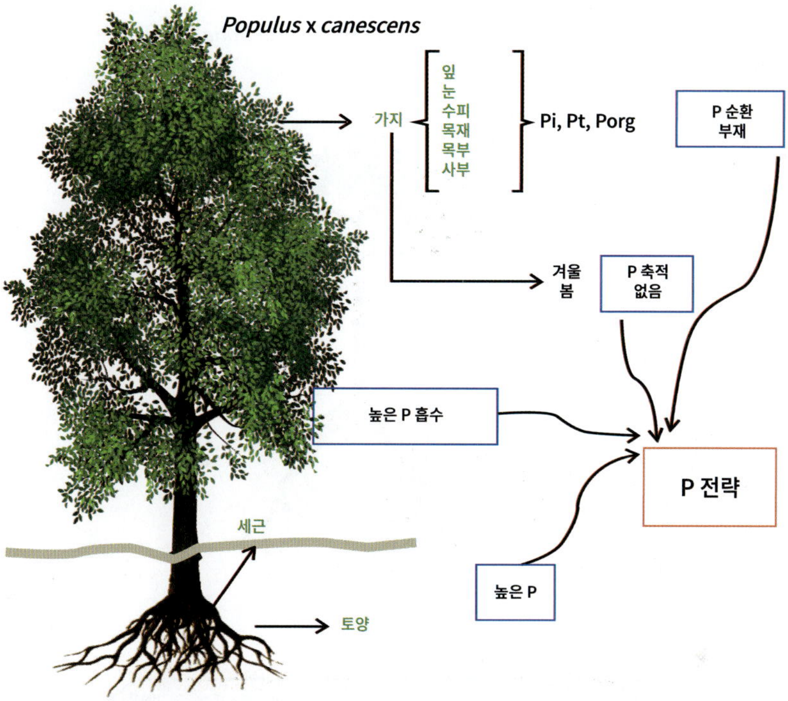

그림 14.25 P는 축적하지 않고 봄에 흡수한다(P_i, 인; P_t, 총인; P_{org}, 유기인).

Cu

Cu는 자연 상태에서 이가양이온(divalent cation; Cu^{2+})와 cuprous copper(Cu^{+})의 형태로 수목에 흡수된다. 2개의 ferric reductase oxidases(FRO4와 FRO5)에 의해서 Cu^{2+}가 Cu^{+}로 환원된다. Cu^{+}는 높은 밀착형태로 되어, COPT1, COPT2, COPT6 이동 수송에 의해 원형질막을 통과해서 이동한다. Cu^{2+}는 낮은 밀착형태를 가지기 때문에 용액에 녹아서 뿌리로 직접 흡수된다. 이때 zinc/iron-regulated transporter-related protein 2(ZIP2), ZIP4에 의해서 이동된다. 뿌리의 세포로 들어가면, Cu는 C-type ATP-binding cassette transporter 2(ABCC2)를 통해서 파이토젤라틴(phytochelatins; PCs)으로 액포에 저장된다. 이것은 세포질로 transporter 5(COPT5)에 의해서 이동된

다. 세포질에서는 세포질용액(cytosol)과 색소체에 copper/zinc(Cu/Zn) superoxide dismutase(CCS)가 작용하는 샤페론(chaperone)이 존재하는데, 이는 ROS를 소거하는 데 중요한 역할을 한다. Cu를 세포질용액의 Cu/Zn SOD 효소(CSD)로 이동한다. Cu는 세포질용액에서 metallothioneins(MTs), nicotianamine(NA) 같은 킬레이트를 형성하는데, 이들은 Cu가 수목에 독성을 가지지 못하게 한다. Yellow stripe-like transporter(YSL)은 원형질막에 존재하며, Cu-NA로 수목의 뿌리에서 대기로 배출한다. 세포질용해 중금속 이온 Cu^{+}를 목부로 보내는데 중요한 역할을 하는 P-type heavy metal ATPase 5(HMA5)에 의해서 원형질막을 거쳐서 아포플라스트로 이동한다.

그림 14.26은 Cu에 대해 저항성이 있는 사과나무(*Malus prunifolia*)와 약한 수목을 대상으로 하

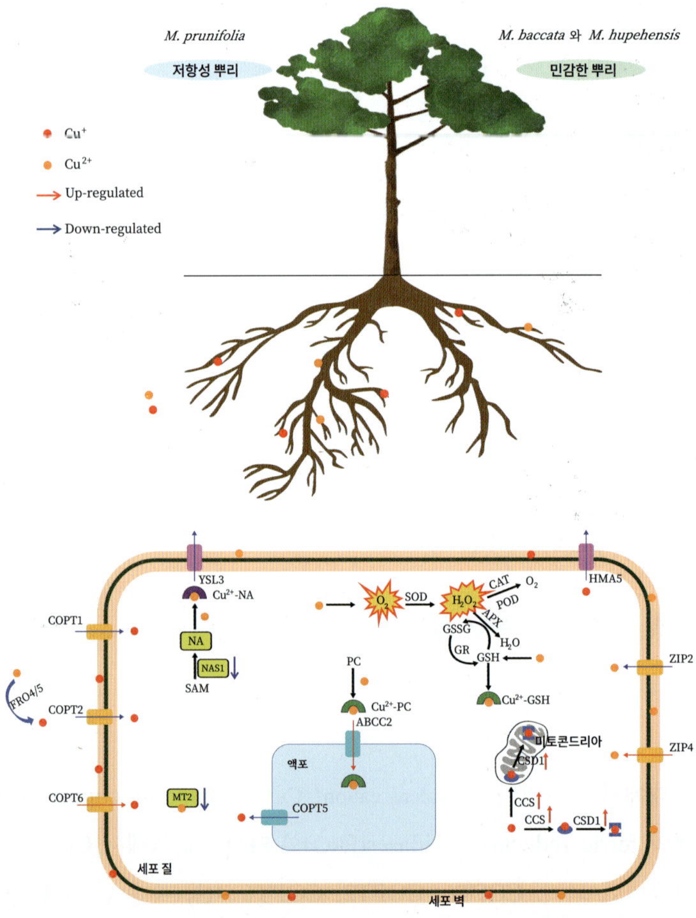

FRO4/5: ferric reductase oxidase 4/5; COPT1, COPT2, COPT5 and COPT6: copper transporters 1, 2, 5 and 6; ZIP2 and ZIP4: zinc/iron-regulated transporter-related proteins 2 and 4; ABCC2: ATP-binding cassette transporter 2; CCS: Cu/Zn superoxide dismutase; CSD1: Cu/Zn SOD enzyme 1; MT2: metallothionein 2; NAS1: nicotianamine synthase 1; YSL3: yellow stripe-like transporter 3; HMA5: P-type heavy metal ATPase 5.

그림 14.26 수목에서 Cu의 역할

여, 뿌리에서(Wan et al., 2019) Cu 독성을 해독하는 과정을 표시한 것이다(그림 14.26). 저항성이 있는 수목은 뿌리에서 확실하게 높은 Cu 농도를 가지고 낮은 root:shoot 전환비율을 가지는데, 이것이 방어 기작에 관여하는 것으로 밝혀졌다. 저항성이 있는 수목은 Cu 때문에 활성산소종이 발생하면, superoxide dismutase(SOD), peroxidase(POD), catalase(CAT), ascorbate peroxidase(APX), glutathione reductase(GR) 같은 항산화효소에 의해서 ROS를 뿌리에서 소거하는 역할을 한다.

B

일반적으로 수목에서 B의 농도는 대략 2 μmol g^{-1}(20 μg g^{-1}/건물중)이다(Tewari et al., 2010). B가 부족하면, 펙틴(pectin)과 글루칸(β-1,3 glucan; callose의 구성성분)이 수목에 높은 농도로 축적된다. 수목에서 자방을 구성하는 세포벽을 이루는 셀룰로스가 B가 부족하면 형성되지 않는다. 수목의 경우, B가 부족하면(−B) 키가 작아지고 모자 모양의 잎이 비정상적인 형태로 된다. B의 농도를 2배 높게(B−SO) 처리한 개체에서는 잎이 많이 형성된 것을 볼 수 있다(그림 14.27A). 연속적으로 B가 부

(−B; 붕소가 없음, control; 16.5 μg, B−SO; 33 μg)

그림 14.27 B 부족으로 나타나는 현상

족하면 생장이 억제되고 어린잎은 모자 모양을 해야 하지만, 다른 모양을 가지게 된다(그림 14.27B). 정아 부분이 꼬부라지고 정상적인 모양을 가지지 못한다(그림 14.27C). 액아의 모양도 뒤틀어지고(그림 14.27D), 잎맥이 부드럽지 못하고 거칠거칠하면서 반점이 생긴다.

CHAPTER

15 토양 중금속 및 산성화

토양에서 중금속은 대다수 양이온으로 존재한다. Cu, Zn, Cd, Al 등이 우리에게 잘 알려진 중금속인데, 산화된 형태가 심할수록 토양에서 더 독성으로 수목에 작용하는 경우가 많다. 예를 들어 Cr^{6+}가 Cr^{3+}보다 독성이 훨씬 강하다.

Ferrous/Ferric iron (Fe^{2+}/Fe^{3+})

Elemental/Mercuric mercury (Hg^{0}/Hg^{2+})

Arsenite /Arsenate (As^{3+}/As^{5+})

Chromate/Dichromate (Cr^{3+}/Cr^{6+}, $CrO_4^{2-}/Cr_2O_7^{2-}$)

Selenite/Selenate(Se^{4+}/Se^{6+})

수목을 활용한 중금속의 저감

중금속 오염이 심한 토양에 수목을 식재할 경우 중금속에 대해서 내성을 가지고 있어서 그 지역에서 잘 생육할 수 있는 종을 선택하여 식재한다. 이는 토양오염의 방지와 더불어 오염물질 정화효과도 올릴 수 있다. 몇 가지 수종에 대한 중금속의 흡수 제거 정도를 알아보면 다음과 같다(표 15.1). 일년생 묘목과 식물을 대상으로 토양중금속 흡수, 제거 능력을 보면, 개나리, 은행나무가 다른 수종에 비해서 흡수 · 고정량이 많다.

표 15.1 수목 생장에 따른 토양 중금속 제거 효과

식물		흡수 제거량(mg/나무)		
		카드뮴(150 mg일 경우)	구리(150 mg일 경우)	비소(150 mg일 경우)
묘목	쥐똥나무	8.81	4.90	0.16
	개나리	18.18	7.30	0.23
	자작나무	2.02	6.66	0.05
	황벽나무	2.96	2.68	0.06
	팽나무	0.55	1.53	0.02
	은행나무	29.26(5년생)	32.38	0.41
	모감주	5.76	18.38	0.45
	메타세콰이어	10.03(15년생)	19.96	0.31
	대추나무	2.14	3.16	0.10
식물	흰줄무늬비비추	6.02	5.31	0.22
	맥문동	3.88	6.84	0.15
	원추리	0.44	0.40	0.14
	해바라기	2.58	1.80	0.03
	코스모스	4.10	1.24	0.04

중금속에 견디는 수목의 능력 측정

중금속 농도와 성분을 알고 있는 용액에 수목을 생장시키고, 어느 정도의 수목 피해가 나타나는지를 검사하는 방법이다. 중금속을 매질로 해서 수목을 생장시키는 실험을 할 수 있다. 중금속에 견디는 능력이 어느 정도인지 또는 특정 중금속에서 수목이 어느 정도 활력이 유지되는지 관찰할 경우에 뿌리의 생장을 기준으로 판단할 수 있다. 아래와 같이 저항성 지수(Tolerance index = *TI*)로 중금속에 대해 견디는 능력을 수치화할 수 있다.

$$TI = \frac{\text{중금속이 있을 때 뿌리의 무게}}{\text{중금속이 없을 때 뿌리의 무게}} \times 100$$

토양 염을 활용한 저항성 검증

중금속 중에서도 특히 알루미늄은 토양을 산성화시켜서 토양 pH를 변화시킨다. 토양 산도의 변화로 인해서 토양의 양료 흡수 정도와 미생물 등의 활동이 변화하게 된다. 이러한 정도를 포화 비율로 나타내고, 여기에 석회(lime)를 더해서 토양의 알루미늄의 양이 중화되는 비율과 다른 금속이 또한 활성화되는 정도를 표시할 수 있다.

$$\text{알루미늄 포화도} = \frac{Al}{Al + Ca + Mg + K + Na} \times 100$$

중금속과 수목의 근권

수목이 탄소를 고정해서 뿌리로 보내면 탄소는 뿌리의 조직에 축적된다. 액포나 세포질에 다양하게 축적되고, 뿌리에서 토양으로 분비물이 배출된다. 이 분비물은 능동, 수동의 방식으로 유기물의 형태로 배출된다. 토양에서 중금속이나 다른 스트레스가 문제가 되면 수목은 뿌리에서 분비물을 배출하여 피해를 최소화한다(Karst et al., 2017). 또한 균근과 뿌리의 분비물은 밀접한 관련성을 가진다. 균근으로 감염된 수목의 뿌리에서 많은 분비물이 나온다.

수목의 근권에서 용존유기탄소(DOC; Dissolved Organic Carbon)과 미생물 바이오메스(MBC; microbial biomass carbon)은 서로 비례 관계이다. 근권 탄소의 분비물은 질소의 량이 많을수록, 토양의 미생물의 바이오매스가 많을수록 증가한다(Sun et al., 2017). 그림에서 원의 지름은 미생물 바이오메스의 양을 나타낸다. 뿌리의 호흡량과 분비물도 서로 비례관계를 가지는데, 이것은 외생균근(ectomycorrhiza)의 양에 따라서 결정되기 때문이다. 뿌리의 분비물은 근권점화효과(rhizosphere priming effect)를 유발한다. 다른 말로 하면, 뿌리의 분비물이 근권에 있는 미생물의 활동을 도와서 토양 유기물이 분해되는 것을 돕는 것을 말한다. 토양 분비물은 근권에서 이러한 촉매역할을 한다(그림 15.1).

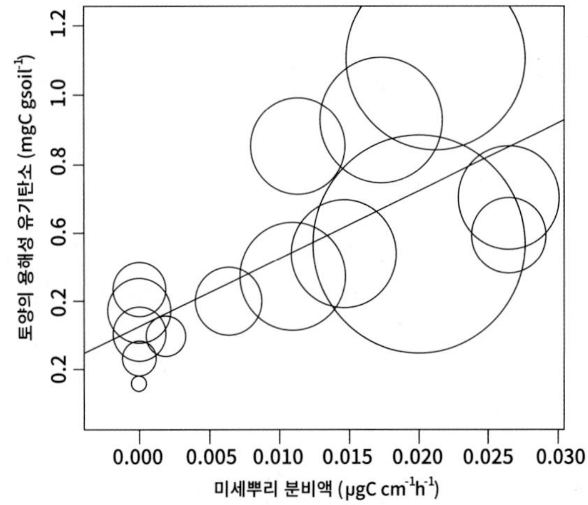

그림 15.1 뿌리의 분비물과 근권에서의 용존유기탄소 관계

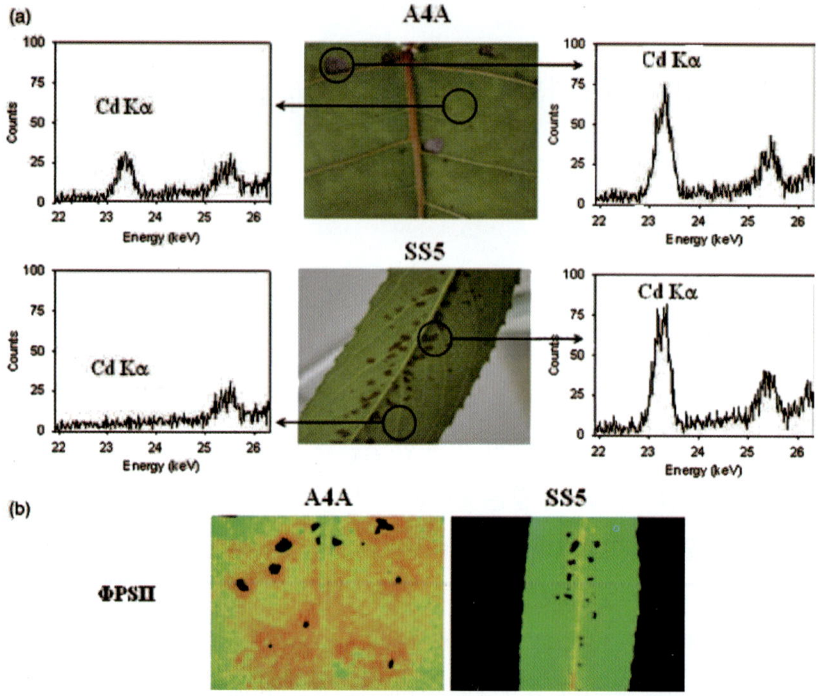

그림 15.2 포플러에서 Cd의 영향(Marmiroli et al., 2011)

Cd

화학적으로 Cd는 Zn과 거의 비슷한 성질을 가지고 있다. Cd는 Pb보다 더 수목 생장에 치명적 피해를 주는 것으로 알려져 있다.

Cd로 오염된 토양에서 생육한 포플러(A4A)와 버드나무(SS5)의 경우에 잎의 표면에 카드뮴으로 피해를 받은 반점이 나타난다. 잎의 뒷면에 검은색의 반점이 전형적인 카드뮴의 피해 현상이다. 잎의 엽록소를 관찰하면, 검은 반점을 중심으로 엽록소가 파괴되어 있는 것을 볼 수 있다(그림 15.2).

Cd^{2+}가 뿌리에서 흡수되어서 세포질을 통과하여 수목으로 들어오면 목부로 이동시킨다. 카드뮴은 환원된 글루타치온(GSH)과 파이토젤라틴(PC)에 의해서 킬레이트화되어서 일부는 고정된다. 파이토젤라틴이 OPT와 환원된 글루타치온에 의해서 합성된다. 환원된 글루타치온은 ESC와 글루타치온 합성효소(GS2)에 의해서 생합성된다. 또한, Cd^{2+}는 액포로 이동하여 액포에 보관된다. 푸른색은 아연/철 운반단백질 6.2(ZIP6.2)와 자연적인 저항단백질 1.3(NRAMP1.3)에 의해서 Cd^{2+}가 흡수되는 것, 회색은 P형 ATP합성 중금속(HMA4)와 카드뮴 저항식물(PCR2)에 의한 Cd^{2+}의 이동, 노란색은 Cd^{2+}의 독성을 완화하기 위한 과정, 초록색은 축적되어 저장되는 것을 나타낸다(Ding et al., 2017). 아연/철 운반(zinc/iron regulated transporter) 단백질에 의해서 Cd^{2+}가 흡수된다. 중금속이 유

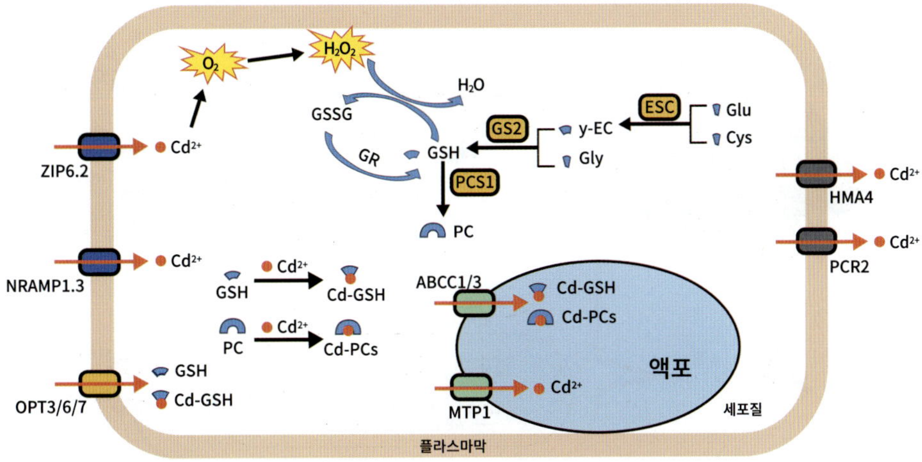

ATP-binding cassette transporter C3(ABCC3), ECS γ-glutamate-cysteine ligase
GS2 glutathione synthetase 2(글루타치온 합성효소2), GSH reduced glutathione(환원된 글루타치온)
GSSG oxidized glutathione(산화된 글루타치온), H_2O_2 hydrogen peroxide
HMA4 P-type heavy metal ATPase 4, MTP1 metal tolerance protein 1(중금속 저항 단백질 1)
NADPH nicotinamide adenine dinucleotide phosphate, NMT non-invasive micro-test technology(활성산소)
NRAMP1.3 natural resistance-associated macrophage protein 1.3, O_2^- superoxide anion
OPT7 oligopeptide transporter 7, PCR polymerase chain reaction
Phytochelatin(PC; 파이토켈라틴), PCR2 plant cadmium resistance protein 2(카드뮴 저항 단백질 2)
POD peroxidase, ZIP6.2 zinc/iron regulated transporter related protein 6.2.

그림 15.3 Cd^{2+}가 이동하는 경로

입되면 활성산소종이 발생하는데, 수목은 이 활성산소종의 독성을 완화하기 위해서 항산화효소가 작동한다. 글루타치온이 대표적인 항산화효소로, 산화된 형태를 환원된 형태로 무독화 시키는 역할을 한다. 일부 Cd^{2+}는 카드뮴 저항단백질(PCR; plant cadmium resistance protein)에 의해서 저항성을 가지는 형질이 나타난다(그림 15.3).

S는 Pb, B는 Al의 독성 완화

납은 중금속으로 많은 수목에 피해를 준다. 황(S)을 수목에 시비하면 그 피해가 완화된다. 낮은 수준의 S를 공급한 경우(그림 15.4a)와 높은 수준의 S를 공급한 경우(그림 15.4b)에 수목의 활력도가 달라진다(Ma et al., 2018). 납이 흡수되면, 다른 중금속이 과다 흡수되어 나타나는 현상처럼, O_2^-와 H_2O_2가 증가하고, 이와 더불어서 총티올(total thiols; T-SH)과 글루타치온(glutathione; GSH)의 양이 증가한다. 중금속이 수목에 피해를 주지만 다른 중금속이 그 피해를 완화해 주는 역할을 동시에 하는 경우가 있다. Al이 수목에 피해를 주는 경우에 B가 그 피해를 완화시켜 준다. 토양에서 구연산염

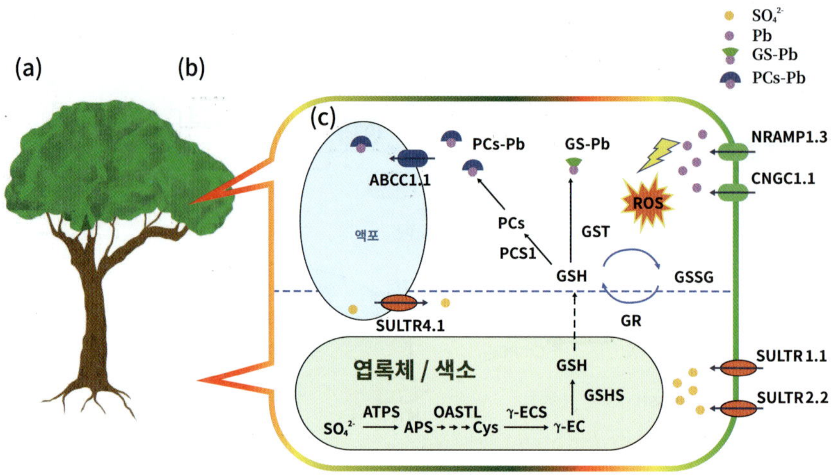

그림 15.4 S는 Pb, B는 Al의 독성 완화시킨다.

(citrate), delphinidin-3-glucoside, 3-caffeoylquinic acid 같은 유기산이 Al^{3+}를 킬레이드화하여 무독성의 물질로 변화시키는 데 B가 관여한다.

S가 흡수된 후 중금속의 독성을 완화하는 과정은 다음과 같다. 1) S는 수목에 흡수되어서 활성 산소종인 O_2^-와 H_2O_2의 양을 감소시킨다. 2) S는 수목에서 반드시 있어야 하는 영양소이다. S는 시스테인(cysteine)과 메티오닌(methionine) 같은 아미노산에 있고, 세포막의 황지질(sulfolipids), 펩티드의 티올 단백질의 주요 구성성분으로, 세포의 활력, 산화환원 전위에서, 생물, 비생물학적 스트레스에 대한 방어에 중요한 역할을 한다. S는 납(Pb)뿐만 아니라 Cd, As 같은 중금속에 대해서도 독성을 약화시키는 역할을 한다. S는 뿌리에서 흡수된 Pb^{2+}를 글루타치온과 파이토젤라틴이 킬레이트화하는 데 필요한 보조 물질로 작용한다. 그래서 흡수된 Pb^{2+}를 지상부로 이동할 수 있게 한다. 3) 높은 농도의 S는 글루타치온 환원효소(GR) 같은 항산화효소의 활성 증가에 기여한다. S는 OASTL, γ-ECS, GR, GST 등의 활성 혹은 양을 증가시켜서 중금속에 대한 독성을 완화한다. ATPSs는 수목이 S를 흡수하여 고정하는 데 필요한 첫 번째 효소로, 엽록체에서 S를 시스테인화하여 글루타치온에 관여하게 한다. 4) 중금속에 노출되어서 스트레스를 받는 수목은 SULTR1;1, SULTR2;2, SULTR4.1 같은 S 흡수에 관여하는 유전자의 전구물질을 통해서 많은 양의 S를 수목이 흡수하게 하고, 많이 흡수된 S는 위의 과정을 거치면서 수목이 중금속에 저항성을 가지도록 돕는다(그림 15.4c).

Cu

구리는 미량원소로서 수목에 필요한 원소이지만, 농도가 높으면 수목에 부정적으로 작용한다. 수목이나 식물 가운데 구리 농도가 높은 토양에서 나타나는 종류를 정리하면 표 15.2와 같다. 이들

표 15.2 구리(Cu) 광산 주변의 식생 특징

구리가 있는 토양에 잘 견디는 수종	*Agrostis vinealis* *Agrostis capillaris* *Calluna vulgaris* *Deschampsia flexuosa*
구리광산 주변의 낮은 농도의 토양에 잘 자라는 수종	*Betula pendula* *Pinus contorta* *Pinus sylvestris* *Pseudotsuga menziesii* *Rhododendron ponticum* *Rubus fruticosus* *Ulex europaeus*
구리가 높은 농도로 존재하는 경우 저항성을 가지는 미생물	*Pseudomonas syringae, Peudomonas putida, Thiobacillus ferrooxidans, Bacillus subtilis*

식물은 구리에 대한 저항성이 있거나 식물체 내로 유입되면 저항성을 가질 수 있는 특성을 가진다(표 15.2).

Zn

강낭콩(*Phaseolus vulgaris*), 오이(*Cucumis sativa*), 옥수수(*Zea mays*) 등의 식물종이 아연에 저항성이 있고, 오염된 지역에서도 잘 생존하는 것으로 알려져 있다.

Al

알루미늄은 산림이나 토양을 산성화시키는 주요 원인 물질로 작용해서 토양을 오염시키고, 이에 따라 수목의 생육에 영향을 미친다(표 15.3).

표 15.3 알루미늄에 대한 수종별 반응 정도

향명	학명	비 고
민감한 종		
Honey locust	*Gleditsia triacanthos*	Solution
Populus	*Populus spp.*	〃
Coffee	*Coffea arabica*	〃

향명	학명	비 고
Norway spruce	*Picea abies K.*	〃
White spruce	*Picea glauca*	〃
Peach	*Prunus persica*	〃
중간 정도 종		
Sugar maple	*Acer saccharum*	〃
Red spruce	*Picea rubens*	〃
Black spruce	*Picea mariana*	Sand culture
European beech	*Fagus sylvatica*	Solution
Loblolly pine	*Pinus taeda*	〃
저항성 종		
Jack pine	*Pinus banksiana*	〃
White pine	*Pinus strobus*	Solution
Slash pine	*Pinus elliotti*	〃
Longleaf pine	*Pinus palustris*	〃
Sand pine	*Pinus clausa*	Solution
Scotch pine	*Pinus sylvestris*	〃
White birch	*Betula pendula*	〃
Douglas fir	*Pseudotsuga menziesii*	〃
Western hemlock	*Tsuga heterophylla*	〃
Western red cedar	*Thuja plicata*	〃
Sitka spruce	*Picea sitchensis*	〃
American beech	*Fagus grandfolia*	〃
Red oak	*Quercus rubra*	〃
Balsam fir	*Abies balsamea*	Soil
Yellow birch	*Betula alleghaniensis*	Solution(제한된 자료 이용)
Paper birch	*Betula papyrifera*	〃
Gray birch	*Betula populifolia*	〃
Pin oak	*Quercus palustris*	〃
Virginia pine	*Pinus virginiana*	〃
Pitch pine	*Pinus rigida*	〃
White ash	*Fraxinus americana*	Sand
Black cherry	*Prunus serotina*	Sand

Hg

수은은 인위적인 원인으로 생기는 것이 많으며, 자연적으로 생기는 것은 거의 없다. 휘발성 금속으로, 해양생태계(anaerobic aquatic environments)에도 많이 축적되기도 한다. 수은환원효소(Mercuric reductase)를 bacteria에서 분리할 수 있는데, 이 효소는 수은의 독성을 많이 완화시킬 수 있는 역할을 한다. FAD(플라빈아데닌 디뉴클레오티드-산화환원효소)는 flavoprotein(리보플라빈을 보결분자족으로 가지는 단백질)의 일종으로, sulfhydryl reagents가 있을 경우에 활성이 좋아진다. 또한 수목의 조직에는 수은 저항성 성분이 있어서 수은 독성을 완충할 수 있다. Hg^0는 catalase(H_2O_2를 물로 전환하는 효소, 철과 기질 특이성이 있음)에 의해서 다시 산화된다.

$$\text{Hg(II)} + \text{NADPH} \xrightarrow{\text{수은 환원 효소}} \text{Hg(0)} + \text{NADP}^+ + \text{H}^+$$

수은에 대한 저항성이 있는 토양미생물로는 *Thiobacillus ferrooxidans*, *Caulobacter* 등이 있다. Hg^0에서 Hg^{+2}로 산화 변환되면서 독성이 강해진다. 카탈라아제(catalase)에 의해서 역시 산화되서 Hg^{+2} 형태로 되기도 한다.

As(Arsenic)

비소는 두 가지 형태가 대표적인데, 3가 AS 이온(arsenite, As^{3+})와 5가 As 이온(arsenate, As^{5+})이다. 산화 과정에서 오히려 독성이 완화된다. *Bacillus*와 *Alcaligenes*에서 As^{3+} 저항성 성질을 가진다. As 산화효소(arsenite oxidase)는 수용성이며, 철, 황이 있을 때 활동성이 강해진다. 보통 상태에서 $As(OH)_3$, $H_2AsO_4^-$, $HAsO_4^{2-}$의 형태로 존재한다. 예를 들면, As 환원효소(arsenate reductase)와 r-glutmylcysteine 합성효소를 식물에 형질전환하면 As의 흡수를 높일 수 있다.

As(V)가 토양 내에서 흡수되면, 불용성이면서 독성이 약간 약한 As(III) 형태로 바뀐다. 식물이 AsO_4^{3-}를 AsO_3^{3-} 형태로 변형시키고, 결국에는 As가 식물체에 있는 펩티드 티올기(peptide thiol group; R-S)과 결합해서 독성이 약한 As(III)로 식물체 내에 축적한다는 것을 알 수 있고, r-glutmylcysteine이 티올기의 형성에 결정적으로 작용하기 때문에, 이들은 형질전환 등 생명공학 기술을 통해서 As의 형태를 변형시키는 역할을 조절할 수 있다(그림 15.5).

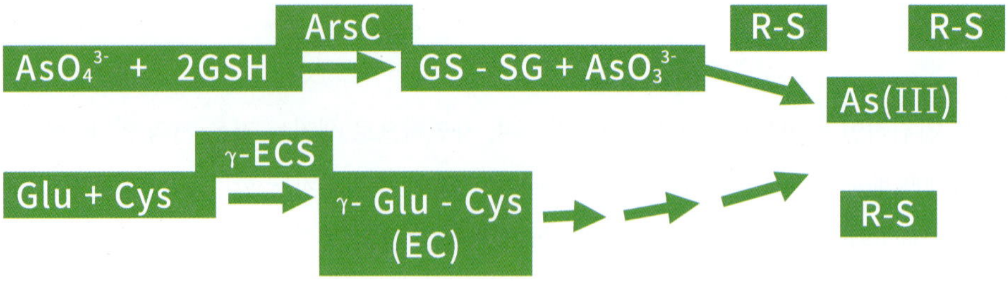

그림 15.5 ArsC 및 γ–ECS 촉매 반응(Dhankher et al., 2002)

Cr(Chromium)

크롬(Cr)은 은백색의 단단한 금속으로, 원자번호 24, 원자량 51.996을 가진다. 녹이 슬지 않아 크롬 도금이나 합금에 널리 쓰이며, 3가크롬화합물 크롬명반, 황산크롬, 산화크롬, 염화크롬 등이 있다. 이들이 물에 용해되면 3가크롬이온을 생성하고 독성을 나타낸다. 독성은 6가크롬이온이 강하다.

일반적인 형태는 Chromates(CrO_4^{2-})과 dichromates($Cr_2O_7^{2-}$)로 존재한다. 독성은 $Cr^{+6} > Cr^{3+}$이므로, 토양 환경에서는 6가크롬의 존재량이 상당히 중요하다. 저항성이 있는 미생물로는 *Pseudomonas fluorescens, Pseudomonas utida*이 있다.

Se(Selenium)

셀레늄(Selenium)은 야생동물과 식물에 축적된다. 자연적으로 형성되는 금속이며, 관개농업을 하면서 염분 때문에 축적된다. 토양에는 여러 가지 형태로 존재한다. Selenide는 Se^{2-}, 원소 혹은 콜로이드 형태로 Se(Se^0)로 존재한다, 유기화합물로서는 Se가 의미가 크다. 독성은 selenate(SeO_4^{2-}, Se^{6+}) > selenite(SeO_3^{2-}, Se^{4+})로 나타난다. 대다수 식물이 Se^{6+} 형태로 흡수하기 때문에 심각하다. 환원된 형태는 selenide(Se^{2-})로 있는데, 가스 형태이고, 독성이 크며, 빠르게 산화된다(그림 15.6).

식물을 통해서 Se 휘발을 잘 시키는 식물을 보면, *Astragalus bisulcatus*, indian mustard, 양배추(cabbage), 콜리플라워(cauliflower), chinese mustard, 벼(rice), 브로컬리(broccooli), 토마토(tomato), tall fescue, 알팔파(alfalfa) 등이 있다.

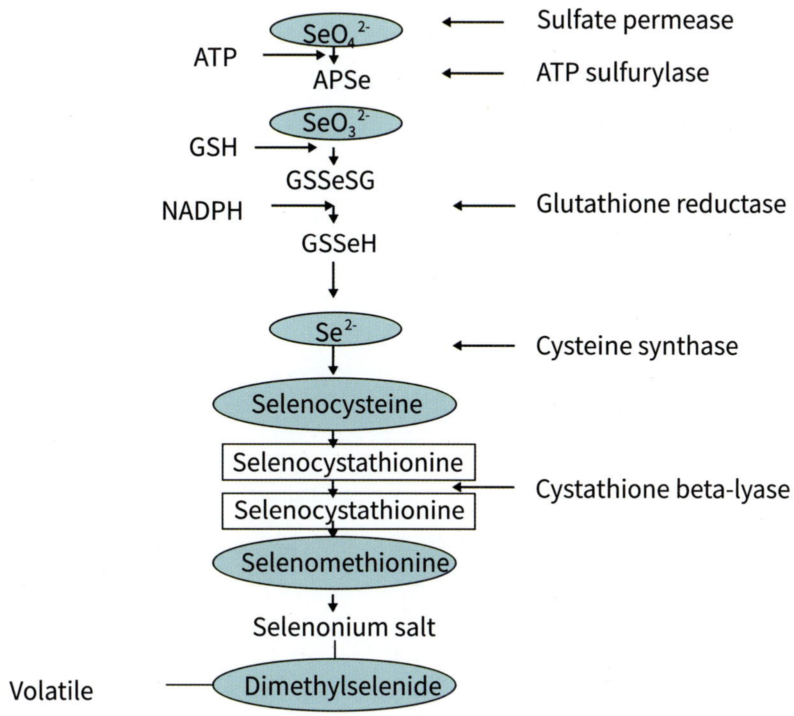

그림 15.6 Se 휘발 제거 pathway(Terry and Banuelos, 2000).

CHAPTER

16 바람

바람은 수목의 생리, 생태에 많은 영향을 미치며, 수목의 발달 단계에 따라서 영향이나 피해가 다르다(Gardiner et al., 2016). 수목 잎의 미세조직에 영향을 줄 수 있고, 잎이 떨어지거나 가지가 부러지며, 심하면 뿌리가 뽑혀서 넘어지는 정도의 수준으로 발전한다. 강한 바람은 숲에 공간(gap)을 만들고 미세환경에 영향을 줘서 종자가 발아할 수 있는 환경(seed bed)의 발현이 이루어지기도 한다. 경관적인 차원에서는 천이에 영향을 준다(그림 16.1).

바람이 불면 목본식물과 목본식물이 아닌 개체에서 변화가 생기는데, 일반적으로 바람은 작은 잎, 두꺼운 조직을 만들고 종자의 생산을 감소시킨다. 후막조직, 후각조직의 증가를 가져오고 목본식물의 경우 바람이 불면, 줄기가 짧아지고 R/S의 비율이 증가한다(표 16.1). 특히, 바람에 대해서 리그닌화가 가속화된다. 목질화가 가속화되어서 수목이 바람에 대해서 견디는 능력을 크게 만든다. 바람이 불면 나타나는 현상 가운데 대표적인 것은 초살도의 증가이다. 바람이 많이 불고 나무 간격이 넓은 곳에서는 수목의 토양과 맞닿는 그루터기 부분이 굵어지고 꼭대기로 갈수록 가늘어진다. 바람에 견디기 위해서 뿌리의 생장이 증가한다. 그러므로 R/S의 비율 증가가 일반적으로 나타난다.

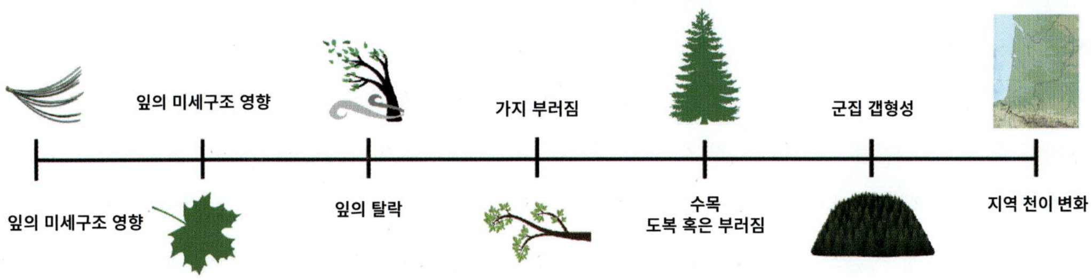

그림 16.1 바람에 대한 피해 양상

표 16.1 바람에 대한 목본식물, 비목본식물의 반응.

기관 \ 종류	비목본식물	목본식물
세포	리그닌화 증가 유세포 후각조직의 발달 후막조직 강도의 증가 식물의 발달률 증가	목섬유 길이의 감소 목재 세포의 강도 증가 목부 생산의 증가 셀룰로스 섬유 각도(cellulose microfibril angle)의 증가 세포벽 탄성의 감소
잎/침엽/꽃/열매	작고 두꺼운 잎 작고 많은 기공 두꺼운 큐티클층 후막조직의 증가 꽃, 종자 생산 감소	작은 잎 짧은 침엽 두꺼운 큐티클층 종자 생산 감소
가지/줄기/뿌리	후각조직 증가 큰 사부 도관 넓은 줄기 두터운 세포벽 줄기의 연한 강도 짧은 줄기 증가한 R/S	도관의 길이 증가한 가지의 직경 유연한 가지의 성질 줄기 바깥쪽의 강도 증가 편심생장 짧은 줄기 증가한 R/S 증가한 굵은/미세뿌리 비율 이차생장의 증가 초살도의 증가
전체 식물	줄기의 변형	가지, 줄기의 변형

바람이 너무 세게 불면, 나무는 건조로 인해서 잎과 가지가 마르고, 깃발 모양으로 되며, 기울어져서 편심생장을 하게 된다.

숲에 바람이 불게 되면, 크게 4단계로 나뉘어져서 바람의 성질이 변형된다(그림 16.2). i) 숲의 가장자리에서 숲에 의해서 반사되는 바람의 양이 가장 많다. 숲의 위쪽에서는 바운더리 레이어가 강하게 형성이 된다. ii) 바람이 숲의 하단부에서 상단부까지 강하게 상승하는 구간이다. iii) 바람이 숲의 상층에 걸려서 약하게 숲 내부에서 지나가게 된다. iv) 바람의 유동에너지(turbulent kinetic energy; TKE)가 숲의 상층에서 증가하는데, 유동에너지란 바람의 흐름 때문에 발생하는 단위중량당 에너지를 말한다(그림 16.2).

일정수준 이하의 바람은 수목의 증산을 촉진하고, 기공의 열림을 개선하여 생장에 도움을 준다. 그러나 폭풍으로 인해서 수목은 생리적인 급격한 변화를 경험한다(Warren et al., 2011). 폭풍이 엽면저지수(LAI)를 급격하게 줄인다. 약 10년간의 자료를 확인했을 때, 건조하든, 이산화탄소의 농도가 증가하든 간에 폭풍으로 인한 잎의 피해 때문에 급격한 엽면적의 감소를 초래한다(그림 16.3). 이산화탄소의 농도가 증가하더라도, 수목에서는 폭풍과 같은 바람이 불면 증가한 이산화탄소의 영향

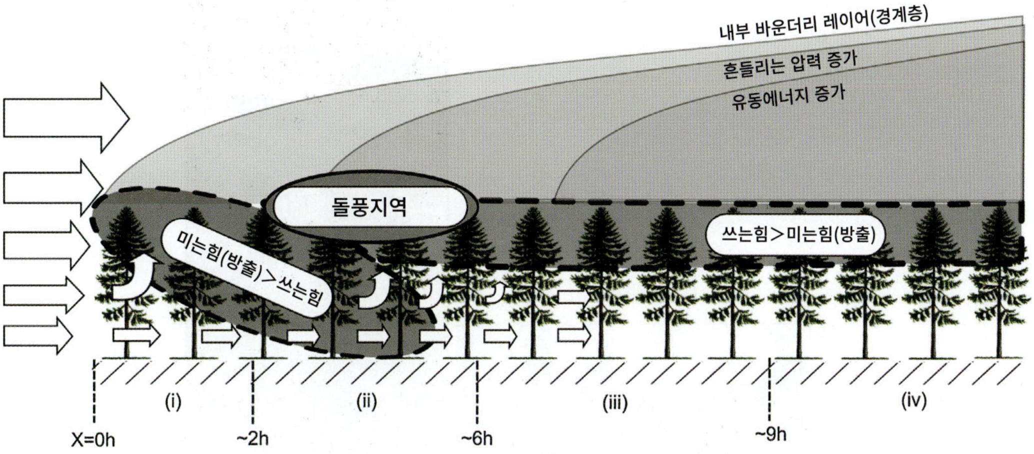

그림 16.2 숲에 대한 바람의 영향

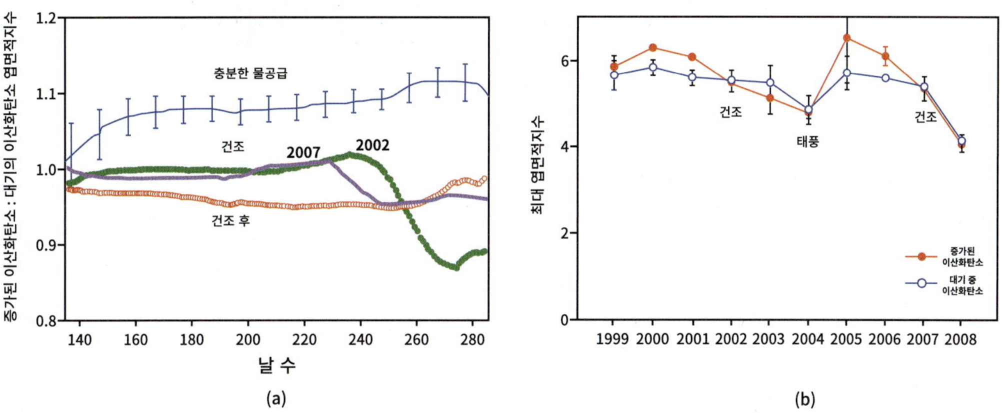

그림 16.3 바람과 LAI(엽면적 지수)와의 관계

이 거의 없어지고 바람에 의해서 수목의 엽면적지수가 현격하게 감소한다. 이는 수목의 생장과 직접적으로 연결된다.

이상재(reaction wood)

바람에 의해 수목이 기울어져서 생장을 계속하게 되면, 목부조직의 여러 가지가 휨 현상이 일어난다(그림 16.4). 정상적인 생장을 하는 수목(A)은 도관이 일정하게 생장한 것을 확인할 수 있다(Pitre et al., 2010). 바람의 영향을 받아 옆으로 넘어져서 생장을 하면 장력재(tension wood)가 생긴다(C).

그림 16.4 바람으로 인한 편심생장

수목이 중력 스트레스에 반응해서 형성된 목재를 이상재(reaction wood)라고 한다. 이상재는 두 가지로 나눌 수 있다. 압축이상재(압축재; compression wood)와 인장이상재(장력재; tension wood)로 나눌 수 있다. 이상재가 생기는 것은 생리적으로 호르몬 중에서 옥신이 관여한다. 이상재가 생기는 이유는 여러 가지가 있지만, ① 바람이 강하게 부는 경우, ② 경사가 급한 지역에 생장하는 경우, ③ 양료나 온도 등의 환경이 갑자기 변하여 급격한 생장을 수목이 하는 경우, ④ 가지가 수간을 중심으로 불균형적인 생장을 하는 환경의 경우 등에서 발생한다(그림 16.5).

압축이상재는 바람이 불거나 경사면에서 생육하게 되는 경우, 중력 방향으로 옥신의 함량이 증

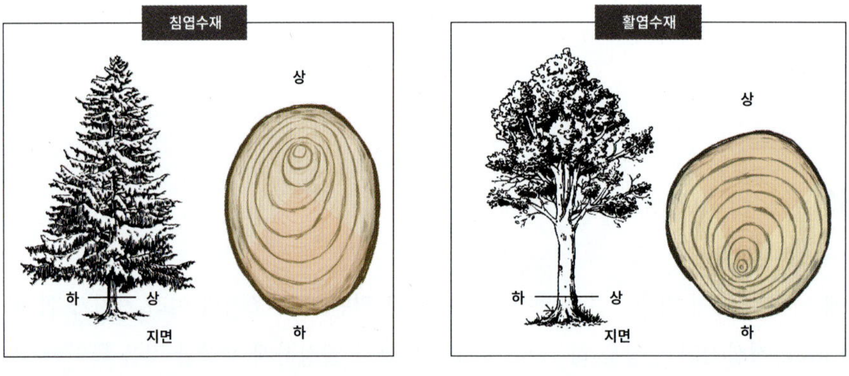

그림 16.5 압축이상재와 인장이상재의 형성 환경. 경사면 아래 방향에 압축이상재가 형성되고(침엽수의 경우), 경사면 위 방향으로 인장이상재(활엽수의 경우)가 형성된다.

가하고 목질소(lignin)가 축적된다. 그래서 수목의 위보다는 아랫부분이 더 비대하게 생장한다. 수목의 아래 조직을 잡아당겨 늘려서 바람에 반응하는 것이다. 바람이 불어가는 방향으로 생긴다. 줄기가 기울어지면, 그 줄기의 아래쪽에 옥신이 축적되어 유관속층에서 이상재를 형성하도록 유도한다. 이렇게 되면 압축이상재가 생기는데, 가지의 아래쪽이 훨씬 넓어지면서 더 생장한다. 압축이상재는 주로 나자식물(softwood)에서 바람이 불게 되면 발생한다. 대표적으로 소나무, 전나무 같은 수종이 이에 속한다.

인장이상재(장력재)는 바람이 불거나 경사지역에 생존하는 경우에 나타난다. 바람이 불어오는 방향으로 생긴다. 섬유조직은 장력을 가지게 되어서 가지를 늘어지지 않도록 하는데, 가지를 잘라보면 가지의 윗부분이 훨씬 더 넓어지는 것을 확인할 수 있다. 여기에도 생장호르몬인 옥신이 관여하는데, 아래 조직에서 옥신이 증가하기보다는 정상 수준을 유지하면서 윗부분의 옥신이 감소하게 됨에 따라, 윗부분의 생장이 감소해서 편심생장을 하게 된다. 이러한 경우에 섬유소(cellulose)가 축적된다. 나무의 아랫부분보다 윗부분이 더 비대해진다. 인장이상재는 주로 피자식물(hardwood)에서 나타나는데, 참나무, 밤나무 등에서 주로 관찰할 수 있다.

경사지에서 수목이 자라는 경우 침엽수종은 경사지의 아랫부분에 압축이상재가 생기고, 활엽수의 경우 윗부분에 인장이상재가 생성된다. 목재 해부학적으로 압축이상재의 경우에 많은 결점을 가지는데, 90%를 차지하는 가도관의 경우에는 정상적인 수목의 30% 정도 짧아져서 수축률이 커지게 된다. 또한 밀도는 정상적인 수목보다 커지지만 강도의 경우에 줄어든 경우가 많아진다. 무게에 대한 강도의 비율이 떨어지므로, 목재가 강한 힘을 받을 필요가 있는 경우에는 적합하지 않게 된다. 압축이상재는 만재율(연륜에서 추재가 차지하는 비율, 즉 여름에서 가을에 단단하게 형성되는 추재가 많음)과 밀도가 높으므로, 강도가 강할 것 같지만 실제로는 생장하면서 가도관의 형성이 불량하게 되어 강도가 많이 떨어진다(그림 16.6).

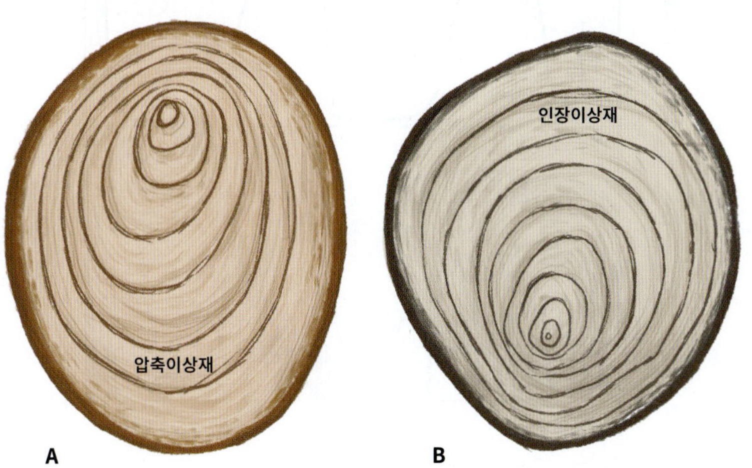

그림 16.6 압축이상재와 인장이상재

압축이상재는 리그닌을 많이 함유하기 때문에, 목재에 더 짙은 적색을 가진다. 춘재에서 추재로 이행하는 지점이 매우 느리고, 춘재와 추재의 구분이 불명확하다. 가도관이 인접한 곳에는 세포의 간극이 존재한다. 춘재의 경우에는 많이 발달되어 있다. 인장이상재는 셀룰로스를 많이 함유하기 때문에 정상재보다 담색 혹은 은백색을 가지게 된다. 인장이상재의 경우에 2차벽에 젤라틴 층이 형성돼서 젤라틴섬유(gelatinous fiber)를 가지는 것이 가장 큰 특징이다. 젤라틴섬유로 인해서 세포벽이 두꺼워지고, 벽공의 수도 줄어들어서 정상재보다 인장이상재의 경우 비중이 더 크다. 젤라틴섬유로 인해 인장강도가 커진다. 인장이상재는 생재의 함수율은 높지만, 건조가 쉬운 편이다. 목재를 절단하는 경우, 젤라틴섬유로 인해서 절단면에 거스러미(wolly grain, fuzzy grain)가 생긴다.

바람과 sap flux

바람이 불면, 수목의 수액흐름(sap flux)이 변화한다(Phillips et al., 2010). 어린 수관의 수분 이동이 낮 동안에 성숙한 수관의 수분 이동보다 더 많다(그림 16.7a). 포화수증기압차(VPD)와 바람의 속도(U)를 종합해서 보면, 바람이 없는 저녁에는 수분 이동이 거의 없다. 그러나 바람이 있는 밤에는 높은 VPD와 어린 수관에서 많은 수분 이동이 있다(그림 16.7b, 아래 화살표가 있는 부분). 계절적으로는 겨울 동안 거의 수분의 이동이 없고, 여름에 바람이 어느 정도 있는 상태에서는 수분이 가장 활

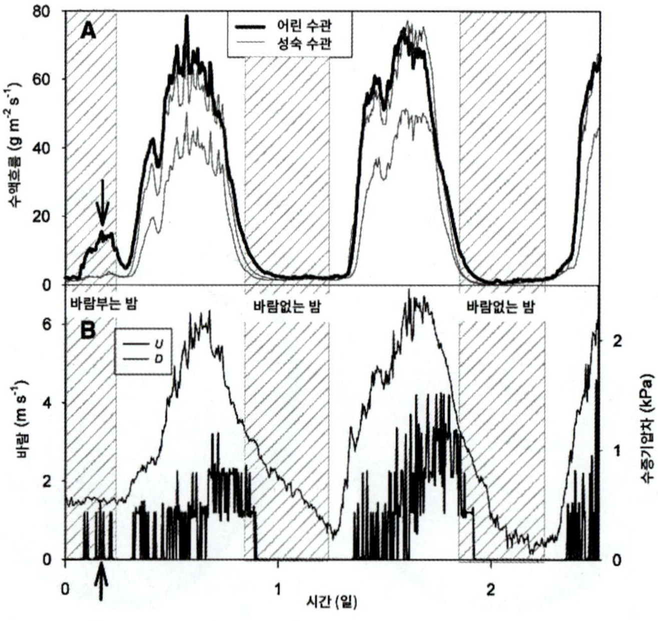

그림 16.7 바람이 나무의 연령에 미치는 영향(*Eucalpytus occidentalis*)

발하게 이동한다.

숲을 관리하는 측면에서는 단순한 동령림분보다는 여러 연령이 섞여 있는 이령림의 임분이 바람이나 폭풍에 대해 저항력이 크다. 또한 수종으로 보면 침엽수가 강한 바람에 대해서 피해가 크다. 침엽수 인공 단순림으로 관리하는 것보다 침활엽수 혼효림으로 관리하는 것이 내풍력이 있다. 그러므로 숲을 관리하는 경우 이령림, 혼효림, 다층림으로 관리하는 것이 바람직하다. 숲에서 나무의 밀도가 내풍력을 가지게 하는 요인이 된다. 간벌 작업을 통해서 적당한 밀도를 유지하고, 너무 빽빽한 밀도로 관리하는 것은 바람직하지 않다. 단위면적당 수목의 밀도가 너무 높으면, 2차 생장(비대생장)보다는 1차 생장(수고생장)을 위주로 하기 때문에 바람에 취약해진다. 특히, 천근성수목, 토심이 깊지 않은 토양이나 지하수위가 높은 곳에 성장하는 수목은 밀도조절을 통해서 내풍력을 높이는 것이 필요하다. 화산 회질 토양이나 사질이 많은 곳의 토양은 빗물이 깊숙하게 스며들어서 토양과 뿌리의 결합을 약화시키므로, 도복(바람에 넘어짐) 현상이 자주 발생한다.

방풍림은 바람이 많이 부는 해안이나, 능선, 농작물을 수확해야 하는 특수한 지역에 조성한다. 방풍림이 있으면, 숲의 측면, 밑면에서 바람의 속도를 감소하게 할 수 있다. 숲의 측면은 수고의 약 5배, 밑면은 수고의 약 10~25배 정도로 바람의 속도가 줄어들게 할 수 있다. 그러므로 방풍림을 조성하는 경우 수고의 넓이를 높게 조성하는 것이 바람직하다. 풍속이 감소하면, 토양에서 증발량이 감소하고 방품림 안에 있는 식물의 증산량이 적절한 수준으로 유지되므로, 보호하는 기능을 할 수 있다. 바람의 직각 방향으로 방풍림을 조성해야 효과가 크다. 우리나라 같이 북서풍이 겨울에 강하게 부는 곳은 한풍에 대한 피해가 클 수 있기 때문에 북서풍과 직각 방향으로 방풍림을 조성하는 것이 바람직하다. 특히, 해안에 조성하는 방풍림에는 염분에 강한 해송, 위성류 등을 조성한다(표 16.2).

표 16.2 방풍림으로 많이 활용하는 수목

종류 \ 수종	수종
침엽수	소나무, 곰솔, 향나무, 삼나무, 편백, 화백
활엽수	가시나무, 팽나무, 참나무류, 대나무, 위성류

CHAPTER

17 침수(과습, 홍수)

수목이 주로 습지나 침수지에서 자라는 경우, 산소 공급에 문제가 생긴다. 벼 같은 수도작식물의 경우는 물에 잠겨 있고, 무산소 상태에서도 발아, 생장에 큰 문제가 없다. 벼의 경우, 배에서 발아가 되면 자엽을 공기의 통로로 이용해서 생장을 유지한다. 해바라기는 세포 간의 간극이 그물처럼 퍼져 있어서 산소를 침수된 뿌리까지 이동시킬 수 있다. 낙우송이나 열대지역 해안가의 맹그로브에서와 같이, 기근을 만들어서 습지나 침수지에서 어느 정도 견디는 능력을 가진 종도 있다. 홍수로 수목이 침수되거나, 다른 요인으로 인해서 수목의 산소가 부족하게 되면, 잎의 엽병에서 상편생장(epinasty)가 일어난다. 상편생장은 잎이 정상적인 굴광성, 굴지성에 다른 방향을 보이지 않고 아래로 쳐지는 현상이다. 이러한 현상은 환경의 변화로 인한 에틸렌의 합성이 증가한 결과이다.

수목의 호흡량이 증가하는데, 수목의 연령, 조직의 산소농도, 온도, 하루 시간대 등의 요인에 의해서 미치는 영향이 달라진다. ① 연령에 따라서 호흡량은 차이가 있지만, 어린 나무의 경우는 광합성으로 고정한 탄수화물의 약 1/3을 호흡으로 소실한다. 열대지역에서는 야간의 호흡량이 온대지역에 비해서 높고, 약 80% 정도의 광합성산물을 호흡으로 소진한다. 호흡을 생장호흡과 유지호흡으로 나눌 수 있는데, 어린잎이나 조직이 생장하기 위해서는 많은 호흡량이 필요하다. 나이가 든 오래된 잎이나 조직은 생명을 유지하는 데 일정한 수준의 호흡만 필요하므로, 어린잎에서 호흡을 더 많이 한다고 볼 수 있다. ② 조직 내에서의 산소 농도가 호흡에 영향을 준다. 산소가 많이 부족해지면 발효가 일어나는데, 생물체는 에탄올이나 젖산 같은 물질을 생산하므로 호흡량이 증가하게 된다. 또한 산소를 과다 공급하면 TCA 회로의 활성이 촉진되어 호흡이 증가한다. 산소는 해당작용을 간접적으로 억제하고, 피루브산으로부터 혐기적 이산화탄소 방출은 최소화한다. 대기 중의 산소 농도가 5%이거나 조직 내에서 2~3% 정도인 농도에서는 미토콘드리아의 호흡률이 거의 없다. ③ 온도가 아주 높아지면, 수목은 광합성고정보다 호흡량이 많아진다. 온대지방 수목의 경우, 기온이 약 35℃를 넘어가면 호흡량이 동화량보다 많다. Q_{10}(생리적으로 활성이 활발한 온도 5~30℃에서 10℃ 온도 증가에 따른 반응속도)은 약간 증가하지만 호흡률은 많이 증가한다. 과일이나 채소를 10℃ 이하에서 보관하는 것은 호흡률을 낮추려는 시도이다. ④ 하루 시간별 호흡량을 보면 아침때가 저녁때보다 호흡량이 적은데, 이는 잎에서 당의 함량이 저녁보다 아침에 낮기 때문이다.

침수(과습 혹은 홍수) 이후 수목의 회복

수목의 경우, 건조 스트레스가 있게 되면 회복되는 데 걸리는 시간에 많은 차이가 난다 (Kreuzwieser and Gessler, 2010). 줄기에서는 5시간이면 잎에서 최대로 흡수한 탄소가 최대의 탄수화물을 만들지만, 건조 스트레스에서 회복되는 수목은 4일 이상 걸린다. 토양에서 탄소가 토양미생물에도 영향을 줘서 정상으로 회복되는 데 10배 이상의 시간이 소모된다(그림 17.1).

건조에 수목이 노출되는 경우도 있지만, 침수로 인해서 토양에 물이 차올라서 수목의 뿌리가 물에 잠기면 스트레스를 받을 수 있다. 스트레스 환경에서 수목이 있게 되면 잎에서 뿌리로 전달하는 탄소생산물이 줄어든다. 수목과 토양미생물의 경쟁이 변화되고, 결국 수목이 이용할 수 있는 양료가 부족하게 된다. 과습한 토양이 되면, NO_3^-와 K의 흡수율이 절대적으로 줄어든다. 과습한 토양이 되면, 토양에서는 산소가 부족해져서 NO_3^-가 생산되는 것이 방해를 받는다. 그러면 균근과 공생하

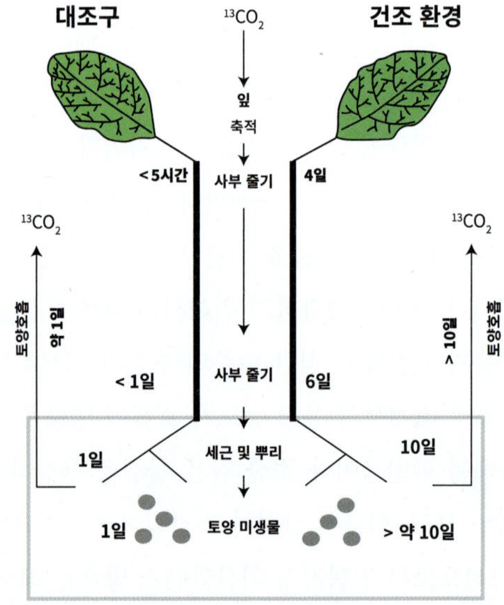

그림 17.1 침수 이후에 묘목이 회복되는 데 걸리는 차이

는 식물의 경우 균근의 역할이 현저하게 줄어든다. K와 Fe는 토양이 물에 잠겼을 때 변화가 큰 양료이다. K는 늘어나고, Fe는 다른 금속들이 토양 알갱이에서 치환되므로 줄어든다. 토양이 물에 잠기면 양료가 부족한 것도 문제이지만, 환원된 형태의 금속 양료들 또한 수목에 피해를 준다. 질산염(nitrate), 산화망간(manganese(IV) oxide), 산화제2철(Fe_2O_3; ferric oxide), 황산염(sulphate), 이산화탄소 등이 환원된다. 물에 잠긴 토양에서 낮은 산화, 환원(redox) 포텐셜을 가지므로, 질산염, 황산염은 부족하게 되고, 이산화탄소, 암모늄, 황산염 등은 수목의 활력에 부정적인 영향을 미친다. 용해성이 강한 Fe, Mn, P는 물에 용해돼서 수목에 더 유용하게 흡수될 수 있다.

과습한 환경에서 저항성이 있게 생육하는 수목은 일반적으로, N, Fe, K, P의 함량이 줄고, Na의 함량이 증가한다. 이것은 양료의 불균형적인 흡수를 의미한다. 과습한 토양에 민감한 *Eucalyptus grandis, Eucalyptus globulus*도 높은 Na과 Cl의 농도를 보인다. 참나무 가운데 *Quercus robur*는 과습한 토양에 강하고, *Quercus rubra, Quercus palustris*는 과습한 토양에 약하다. 특히, *Quercus robur*의 수목체 내에서 S의 농도가 낮다. 과습한 토양에서 저항성을 가지는 수목의 뿌리에는 환원된 황산염(sulphate)의 농도가 높다. 포플러 중에 과습한 토양에서 견디는 수목의 잎에서 시스테인(cysteine)이 많이 검출되는 이유는, 뿌리에서 황산염(sulphide)을 흡수하면 O-acetylserine(thiol) lyase(OASTL)에 의해서 시스테인 단백질에 의해 수목이 흡수하는 형태로 바꾸기 때문이다(그림 17.2).

과습 혹은 침수(flooding)에 대해서 포플러(*Populus angustifolia*)의 저항성은 암수에 따라 차이가

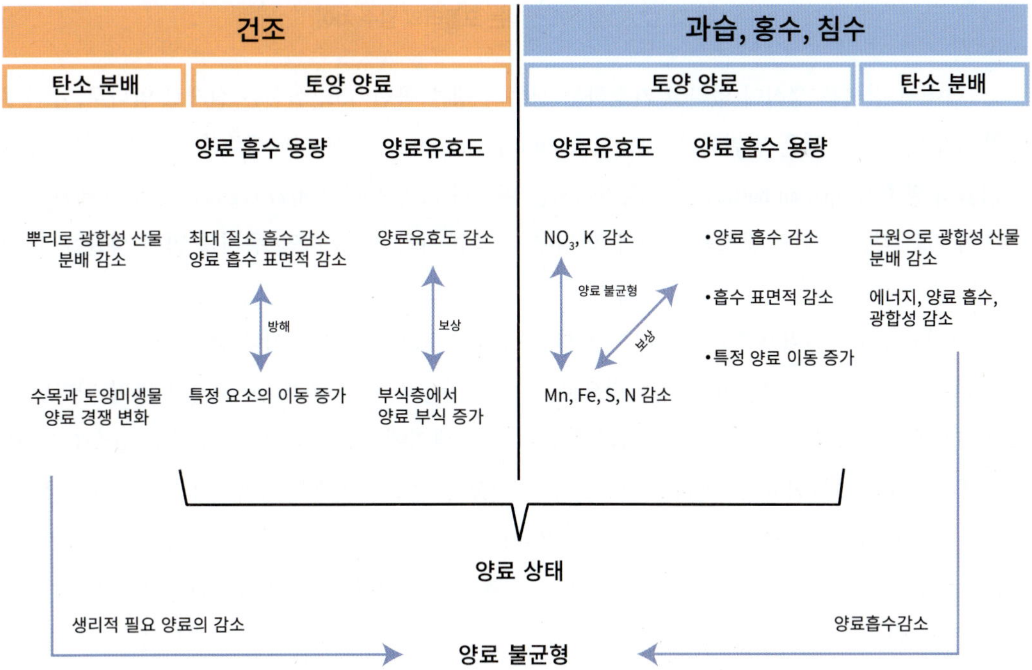

그림 17.2 건조와 침수가 수목에 미치는 차이

난다(Nielsen et al., 2010). 결론적으로, 암나무(♀)가 수나무(♂)보다 홍수로 범람하는 지역에서 생존력이 높다. 암나무는 홍수 같은 열악한 환경에서 생존하기 위해 종자를 생산하여 번식하고, 그로 인해 홍수에 생존력이 높은 전략을 갖게 되었다. 또한, 낮은 고도의 지역에서 암나무가 생존력과 번식력이 크다. 홍수는 주로 낮은 지대에서 토양이 잠겨서 생기는 스트레스이므로, 포플러는 오랜 기간 동안 적응한 전략적 위치설정(strategic positioning)을 가지고 있다. 유전자형에 따라서 홍수에 견디는 능력이 다른데, *P. angustifolia* 암나무 > *P. angustifolia* 수나무 > *P.* × *jackii*(*Populus* × *jackii* = *Populus deltoides* × *Populus balsamifera*) 암나무와 같은 순서로 저항성을 가진다. 수나무는 상대적으로 높은 고도, 건조한 지역에서 저항성을 가진다. 3가지 다른 침수 처리를 해서 나타나는 결과를 종합하면, 다음과 같다(그림 17.3~17.6).

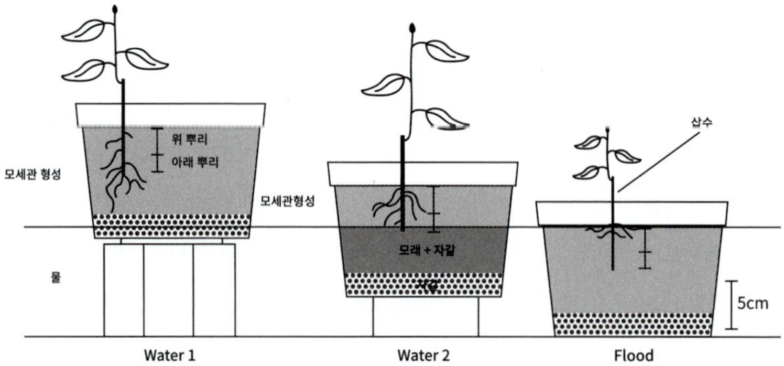

그림 17.3 침수에 견디는 포플러의 암수 차이

그림에서 점선은 생식이 없다고 가정하는 경우의 생존 곡선이고, 실선은 실제로 암나무, 수나무 포플러가 나타내는 생존 범위이다. 이는 'strategic positioning'를 잘 설명해준다. 생식이 없는 경우, 강기슭의 완충지(riparian buffer) 같은 지역에서는 버드나무, 단풍나무(*Acer negundo* = box elder) 등의 수종이 이와 같은 범위의 분포를 보인다. 암나무가 침수 지역, 낮은 지역, 종자를 많이 생산할 수 있는 강기슭의 완충지에서 더 생존력이 높다는 것은 이러한 전략을 잘 보여 주는 예이다. 생태학적으로는 니치(niche)의 범위가 암수나무에 따라서 달라지는 것과 같은 이론이다(그림 17.4).

침수가 스트레스로 작용하면, 일반적으로 수목은 기공을 닫고 괴사(necrosis)가 많이 나타난다. 그림 17.5에서 보면, C:N은 잎에서의 결과이고, δ^{13}C는 뿌리에서의 양이다. 잎의 탄소:질소(C:N) 비율은 *P.* × *jackii*에서 *P. angustifolia*보다 낮다. 그리고 침수 스트레스에 대해서 모든 포플러에서 증가한다. 뿌리에서 δ^{13}C 구성은 *P.* × *jackii*와 *P. angustifolia*에서 약간 다르다. 침수가 진행됨에 따라, 잎에서는 괴사(necrosis)가 발생하고, C:N의 비율이 증가한다. 비율이 증가한다는 것은 N이 작아지거나 C가 커지는 경우인데, 침수로 인해서 뿌리에서 흡수하는 N의 양이 줄어드는 것이다. 그러므로 홍수에 잠긴 수목의 잎에서는 C:N의 비율이 증가한다. 뿌리에서 δ^{13}C 양은 줄어든다. 잎에서

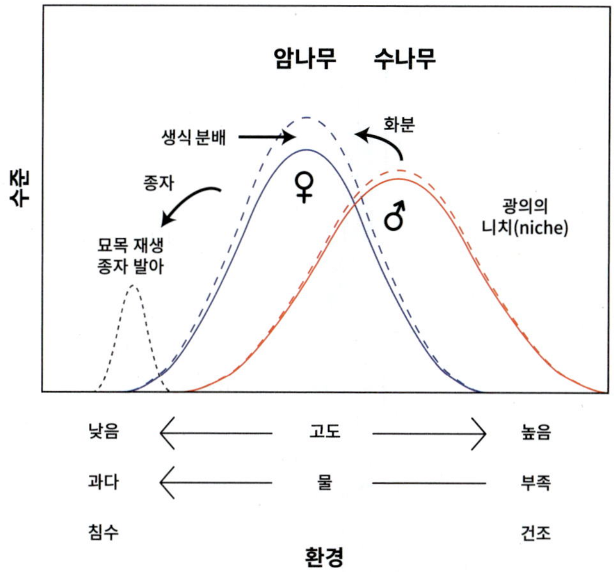

그림 17.4 스트레스에 대해서 암수가 적응하거나 견디는 능력의 차이

탄소를 흡수하면 대사를 통해 뿌리와 다른 부위로 보내는데, 침수 때문에 기공이 닫히게 되고, 이로 인해 $\delta^{13}C$의 흡수가 기공을 통해서 줄어든다(그림 17.5).

포플러 잎의 모양과 크기도 침수에 저항성을 가지는 정도에 따라서 달라진다. *P.* × *jackii*는 교잡종(hybrid)이므로 빠른 생장을 하고 잎의 크기가 상당히 큰 반면에, *P. angustifolia*는 잎이 좁고 작다. 상대적으로 큰 잎을 가진 hybrid는 물에 잠긴 토양에서 생장을 유지하는 것이 *P. angustifolia*에

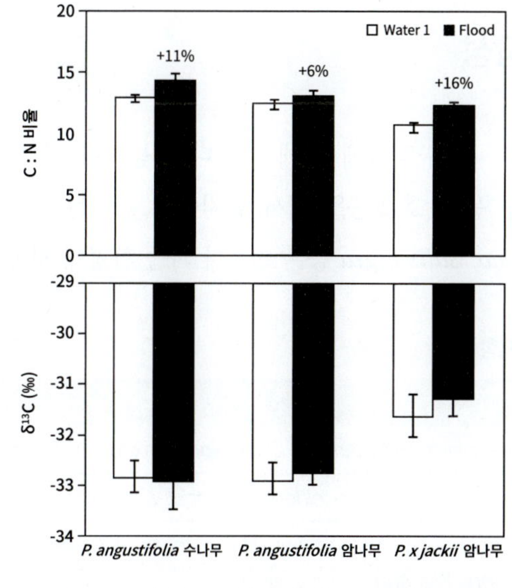

그림 17.5 침수로 인해서 생기는 C:N 비율 변화

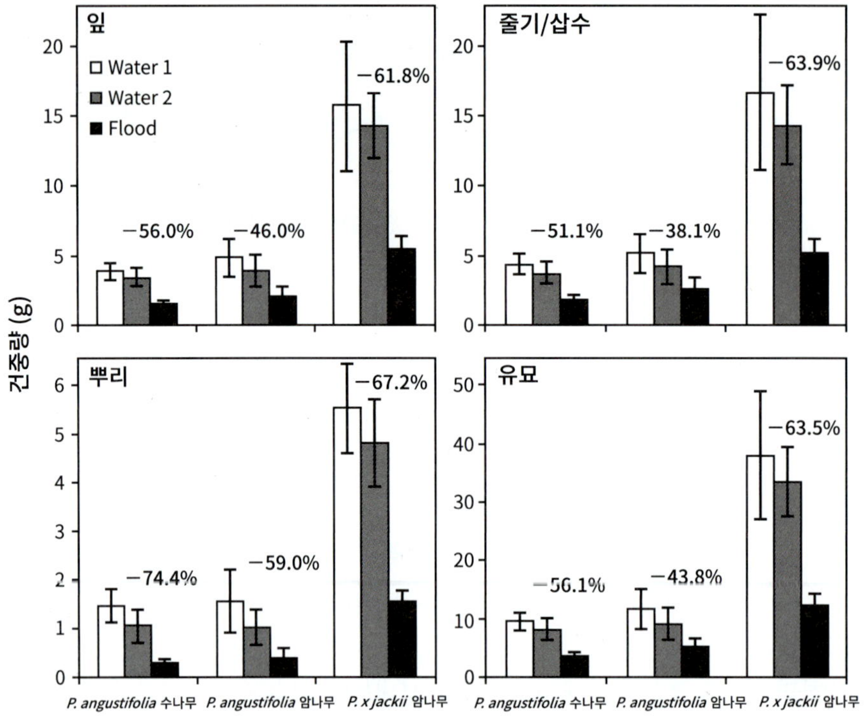

그림 17.6 포플러의 침수에 의한 물질 생산량 변화

비해서 불리하다. 그러므로 *P. angustifolia*가 침수로 인해 범람한 토양에서 생장하는 데 유리한 면이 있다(그림 17.6).

침수(과습)에 대한 저항성

수목 종류에 따라서 침수 혹은 과습에 대해서 견디는 능력이 다르다. 버드나무류는 물가에 잘 자라는 수종이고, 낙우송 등은 호흡근을 내서 습지에서 견디는 능력을 가지고 있다(표 17.1). *Fraxinus nigra, Larix, laricina, Salix nigra* 등은 침수나 과습 환경에 저항성이 있으므로 물이 차오

표 17.1 수종별 침수, 과습에 대한 저항성

견디는 수준	수종
침수에 강한 수종	*Fraxinus nigra, Larix laricina, Salix nigra, Taxodium distichum*
중간 수준	*Betula nigra, Platanus occidentalis, Populus deltoides, Salix alba, Thuja occidentalis*
침수에 약한 수종	*Acer saccharum, Juglans nigra, Liriodendron tulipifera, Ulmus pumila, Quercus alba, Pinus spp. Tilia spp.*

르더라도 일정기간 생존하는 데 문제가 없다.

에틸렌과 과습

에틸렌은 휴면타파, 과일의 성숙 유도, 잎의 이층 형성 촉진, 상편생장 유도 등의 역할을 한다. 이와 같은 현상이 나타나는 이유는 ① 에틸렌이 금속-단백질(metal-protein)에 부착되어 조절 기능을 발휘하고, ② 수용성이 아니므로 막에 부착되어 기능에 변화가 생기며, ③ RNA와 RNA로 조절되는 단백질 합성에 작용하기 때문이다. 수목에서 산소가 부족하게 되면, 에틸렌의 분비가 촉진된다. 다른 호르몬은 물에 녹아 도관을 통해서 이동하기도 한다. 그러나 에틸렌은 수용성이 아니고 지용성이므로, 다른 기체처럼 확산에 의해서 이동한다. 과습이나 침수현상이 지속되면, 수목은 수고의 생장을 억제하며 줄기의 비대생장을 유도한다. 또한 비대생장이 유도되면 잎이나 엽병에서 상편생장을 유도한다.

토양이 과습되면 뿌리는 무기호흡을 한다. 무기호흡은 유기호흡에 비해 ATP의 수율이 현저히 떨어진다. 유기호흡을 하면 포도당이 분해되어서 많은 ATP를 얻지만, 과습조건에서 포도당이 분해되면 ATP 생성이 유기호흡에 비해서 1/6 수준으로 떨어진다. 이와 같이, 과습조건에서는 신진대사가 방해받는다. 토양이 과습되면 포도당이 물과 이산화탄소로 완전히 분해되지 못하고 수목의 체내에 에탄올이 축적된다. 에탄올은 지질을 쉽게 분해하기 때문에 세포막에 변질이 생겨서 뿌리조직이 괴사하고, 세포벽은 목질화된다. 토양 중에 산소가 부족하면 유해가스인 H_2S가 발생한다. 또한 이산화탄소는 혐기조건에서 환원되어 메탄가스로 변화해 수목의 뿌리에 치명적인 피해를 입힌다.

내습성 수목의 적응

통기조직의 발달

수목은 피층 세포를 변형시켜서 뿌리조직에서 통기성을 가지는 조직을 발달시킨다. 기근 혹은 호흡근을 발달시킨다. 낙우송은 기근을 발달시켜서 과습 환경을 극복하고 있다.

발근력의 증가

뿌리가 물에 잠겨서 산소가 부족한 경우에는 발근력을 높여 새로운 뿌리를 만든다. 수목에 따라서 새로운 뿌리를 많이 만들고, 부정근도 많이 발생하게 한다. 산소 공급이 비교적 많은 표토 부근에서 세근의 발달을 유도하고 발근력을 높인다.

뿌리조직의 목질화 증가

뿌리의 표피가 목질화되어서 과습 환경에 대해 견디는 능력을 높인다. 과습이 심한 경우에는 뿌리털까지 목질화되어서 과습 환경을 극복한다.

CHAPTER

18 눈(snow)

눈의 종류와 피해

눈은 습설(wet snow)와 건설(dry snow)로 구분한다. 습설은 눈에 많은 양의 수분을 함유하고 있어서 무겁고, 건설은 통기성을 가지는 눈의 공극 내에 수분이 거의 없는 눈이다. 이제 막 내려서 쌓인 눈으로, 결정형이 생성되기 전의 상태를 신설(new snow)라고 한다. 굳어진 습설과 빙설을 구설(old snow)이라고 한다.

관설해

눈(snow)에 의해서 가지가 휘어지거나 부러지는 피해, 뿌리가 뽑히는 피해를 관설해(crowned snow damage)라 한다. 눈이 많이 오는 지역에서 눈의 피해라고 하면 관설해가 일반적이다. 이러한 관설해를 받기 쉬운 나무는 1) 가늘고 긴 수간을 가진 나무, 즉 수고를 수간으로 나눈 값인 형상치가 70을 넘는 나무, 2) 경사를 따라서 나무가 조밀하게 분포하는 경우, 3) 여러 층의 숲에서 하층을 차지하는 수목 등이다. 복층림에서 하층은 상층의 수목에 의한 차광이 심해서 직경생장보다는 수고생장이 크게 되어서, 일반적으로 눈에 대한 피해를 많이 받는다. 수목 가운데 가문비나무는 수관의 형태를 원추형으로 만들어서, 눈이 정단부에 쌓이지 않게 하고, 가지가 밑으로 잘 쳐져 눈이 흘러내리게 함으로써 눈에 의한 피해를 최소화하기 위해 적응한다.

설압해

수목의 일부 또는 전체가 적설에 묻혀서 변형 또는 손상되는 것을 설압해(snow pressure damage)라 한다. 설압해가 심해지면, 경사지의 나무 밑둥치가 굽어서 휘어지는 현상이 발생한다. 이러한 피해가 생기면 형성층의 불균형적인 생장으로 인해서 편심생장을 하게 된다. 이러한 피해를 최소화하기 위해 뿌리 밟아주기를 하면, 수목이 설압에 의해서 밑둥이 휘어지는 것을 어느 정도 막을 수 있다.

눈이 수목의 가지에 너무 많이 쌓이면, 무게로 인해 가지가 부러지는 피해를 입게 된다. 그러나 겨울철의 눈은 묘목의 갱신에 긍정적인 영향을 준다(Domisch et al., 2019). 특히, 높은 고도이거나 북쪽의 수목분포지, 북사면 등은 겨울철의 낮은 온도와 강한 바람으로 인한 건조가 묘목의 생존율에 영향을 미치는데, 눈에 덮여 있으면 이러한 외부 환경으로부터 보호를 받는다. 눈이 30 cm 정도 쌓여 있으면, 토양 표면의 온도는 약 1.5℃ 정도 올라간다. 겨울 동안 눈이 쌓여 있던 기간을 약 70일 정도로 보면, 구주소나무(*Pinus sylvestris*)의 순광합성률과 기공의 전도도는 눈에 덮여서 있던 묘목에서 가장 좋다. 기후변화로 인해서 온도가 상승하고, 눈이 녹아내려 임상에 거의 존재하지 않으면, 특히 소나무 묘목의 생존율에 부정적인 영향을 미친다(그림 18.1).

눈에 덮여있는 수목은 침수로 인해 스트레스를 받은 수목에 비해서 에틸렌의 생성량이 적다(Domisch et al., 2018). 에틸렌은 수목의 생장이 어려워지거나 노화를 초래할 때 생성되는 호르몬으로, 수목이 스트레스를 받는지 여부를 평가하는 중요한 지표로 활용된다(그림 18.2).

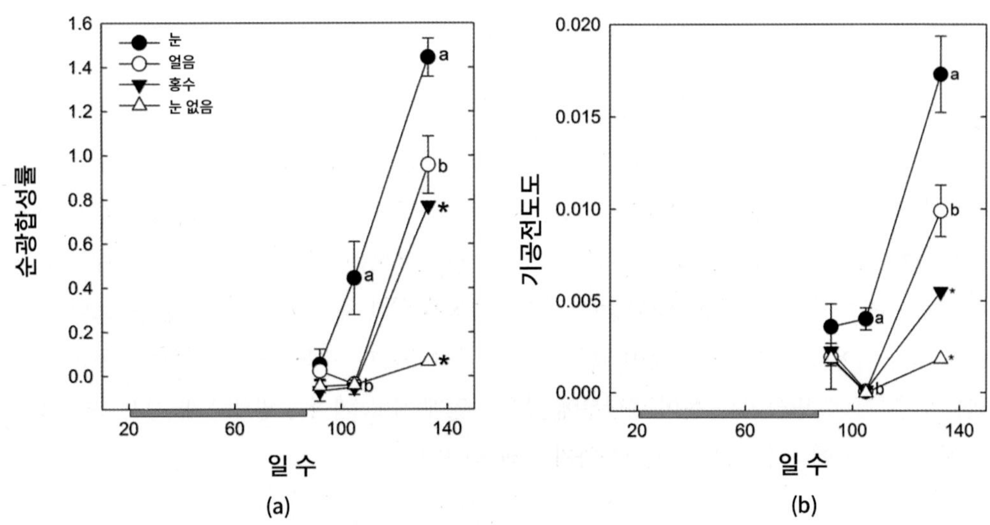

그림 18.1 눈의 피해로 인한 광합성과 기공전도도 변화

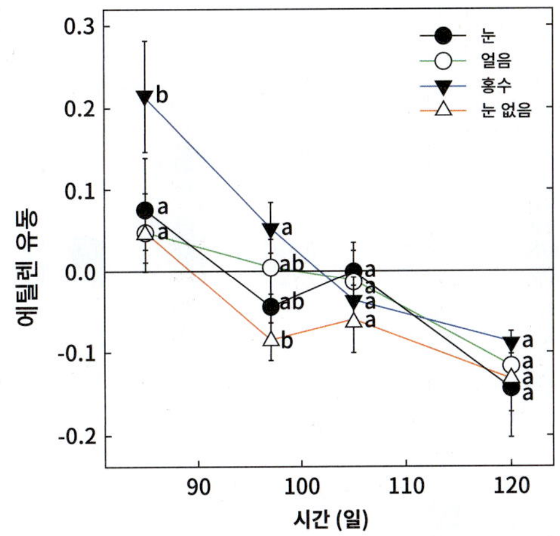

그림 18.2 눈에 덮인 자작나무(*Betula pubescens*)의 에틸렌 발생량

산불과 눈 피해

수목이 위치하는 지형적인 특성이 수분이용효율과 토양에 수분이 저장되는 기간과 양을 결정한다. 나무나 식생이 있는 숲은 나무가 없거나 식생이 없는 지형보다 눈이 느리게 녹으면서 토양에 물을 공급한다. 또한, 지형적으로 남사면과 북사면의 경우에 남사면의 눈이 북사면의 눈보다 일사량이 높기 때문에 상당히 빠르게 녹는다. 산불이 발생한 이후 남사면에서 눈이 녹아 없어지는 속도는 산불이 없었던 북사면에 비해서 상당히 빠르다(그림 18.3). 눈의 녹는 속도는 북사면에서 느리고, 산불이 난 곳의 남사면에서 녹는 속도가 빠르다. 눈이 쌓여 있는 깊이는 산불이 난 곳에서 낮다. 다른 표현으로 하면, 산불이 나지 않은 곳에서는 눈의 깊이가 깊게 많이 쌓여 있다는 것이다. 또한 융설계수(snow water equilibrium)는 산불이 있었던 곳, 그리고 북사면보다는 남사면에서 일반적으로 낮은 값을 보인다. 융설계수란 눈이 와서 쌓여있는 웅덩이에 물이 얼마나 유효한지를 나타내는 지표로, 눈이 녹았을 때 수목이 이용 가능한 수분을 얼마나 공급해 줄 수 있는지를 말한다(그림 18.4).

실제로 폰데로사 소나무의 경우에 북사면에서는 천연갱신이 거의 발생하지 못하고, 주로 융설계수가 낮은 남사면에서 천연갱신이 이루어지는데, 이는 폰데로사 소나무가 건조하고 따듯한 토양을 선호하기 때문이다. 눈이 있는지 없는지의 단순한 기상 요인은 수목에서 수분의 충분한 공급을 받을 수 있는지 아닌지, 수분을 활용하는 수분이용효율에서도 차이를 가져오게 해서 수목의 생리적인 활성에 큰 영향을 준다(Maxwell et al., 2019).

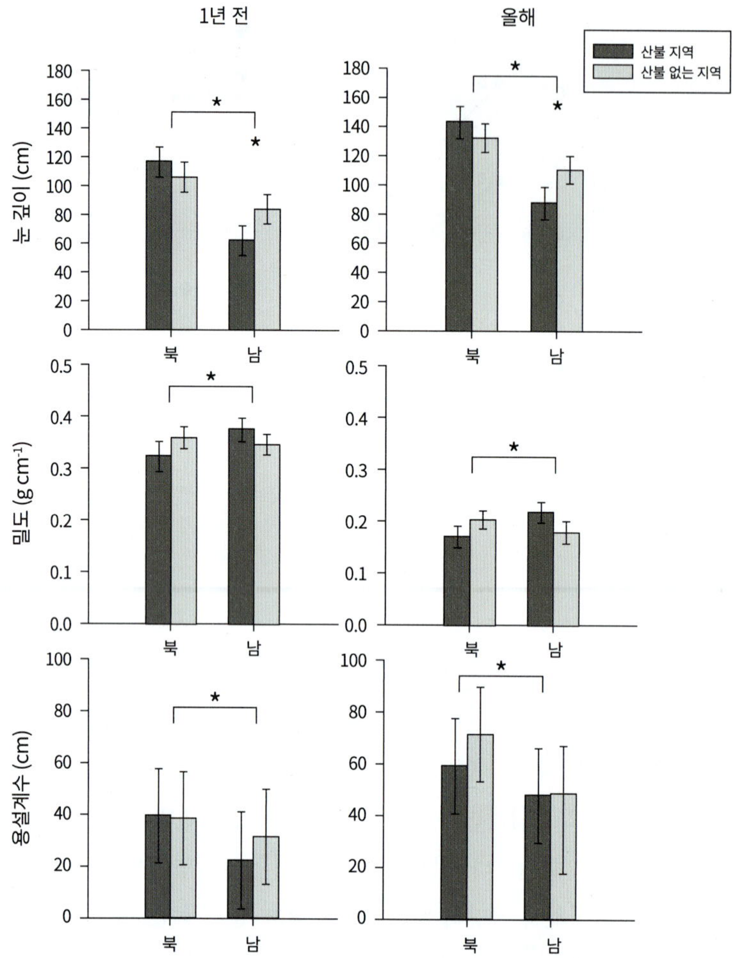

그림 18.3 남 · 북사면에서 눈의 깊이, 밀도, 융설계수가 산불이 난 이후에 얼마나 변화했는지 나타낸다.

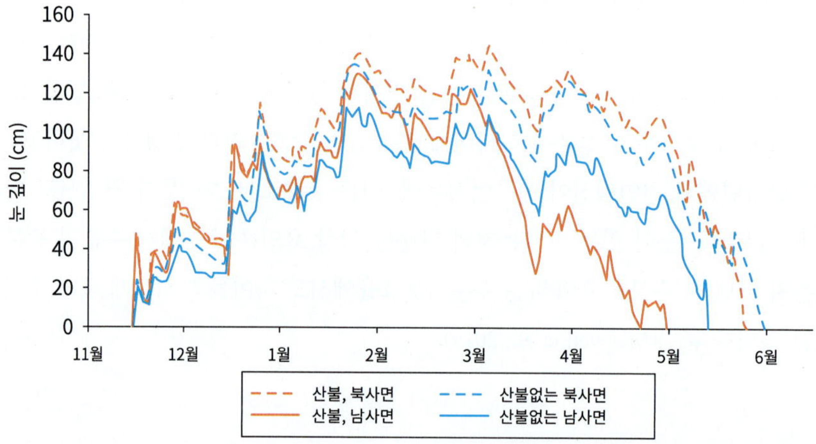

그림 18.4 산불이 난 곳과 나지 않은 곳의 남 · 북사면에서 눈이 녹는 속도의 차이

간벌과 눈 피해

산림에서 숲을 관리하기 위해 실행하는 간벌은 눈에 의한 피해를 감소시킨다. 간벌을 하게 되면, 숲에서 수목과 수목의 간격이 넓어져서 충분한 생육공간이 생긴다. 또한, 새로 생성되는 가지가 굵고 건강한 역지가 생기고 가지 간의 간격도 충분히 확보된다. 이로 인해서 수목은 수분 통도조직의 물을 흡수하는 데 필요한 유압전도도가 원활하게 작동하게 되고, 충분한 수분이용효율을 가지게 된다. 로지폴소나무(*Pinus contorta* var. *latifolia*)의 경우, 눈에 대해서 받는 피해를 수치화하면 간벌하지 않은 임분에서 부러지는 가지와 떨어지는 낙엽이 많은 비율을 차지한다. 눈이 가지에 내리고서 수관에 쌓인 후에 수분을 흡수하는 경우, 엄청난 무게로 인해서 수목의 가지가 부러지는 경우가 발생한다(그림 18.5). 또한 간벌을 하지 않은 임분은 눈으로 인해 받는 피해가 많다(Testea and Lieffers, 2011). 이러한 임분에 시비를 하게 되면, 수목의 생장이 빨라지지만 가지와 줄기의 생육도 향상되는 관계로 눈에 대한 저항성은 약간 낮아진다. 시비를 하게 되면 잎의 생산이 증가하여 엽면적지수가 증가한다. 이는 눈의 기계적인 피해에 대한 저항성을 낮춘다. 또한, 눈이 많이 내리게 되면 자연낙지, 혹은 자기간벌(self-thinning)을 유발한다. 줄기의 생산량이 적을수록 눈에 대한 피해가 증가한다. 줄기는 생장이 잘 돼서 튼튼한 형태를 유지하고, 목부의 밀도를 높이는 것이 수목생리학적으로 눈에 대한 저항성을 증가시키는 수목의 생존전략이 된다.

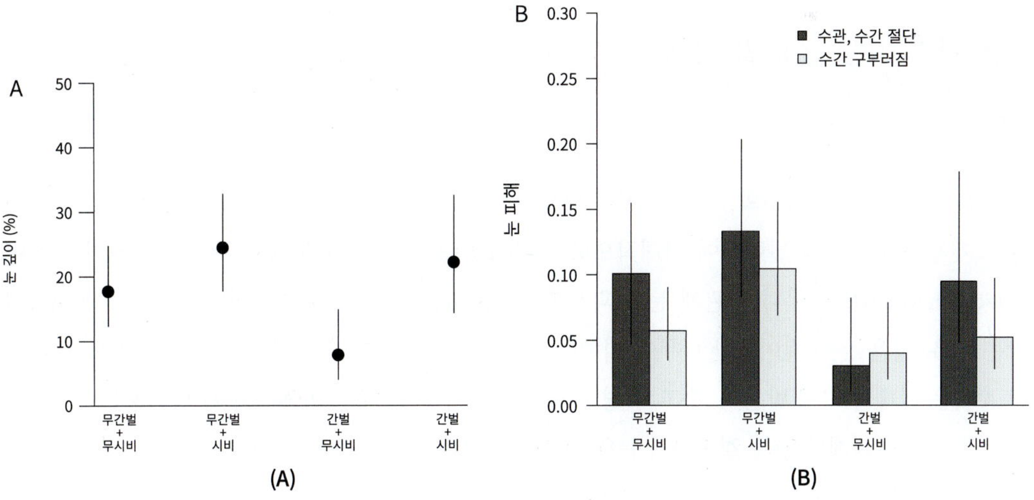

그림 18.5 간벌작업은 눈에 대한 피해를 줄이고, 시비를 한곳은 눈에 대한 피해가 커진다.

수종별 눈에 대한 피해

눈에 대한 피해는 수종에 따라 다르다. 가문비나무와 자작나무 그리고 혼효림의 경우에서는 흉고단면적이 증가할수록 눈에 대한 피해가 감소한다. 가지가 부러지거나 나무의 뿌리가 뽑혀서 넘어지는 피해도 흉고단면적이 증가할수록 감소한다(Díaz-Yanez et al., 2017). 혼효림의 경우, 일정한 흉고직경에 도달한 이후에는 피해가 급격하게 감소하는 것을 볼 수 있다(그림 18.6). 이러한 자료는 숲을 순림보다는 혼효림으로 관리하는 것이 눈이나 바람 같은 외부의 환경 스트레스에 대해서 저항성이 크다는 것을 말한다. 그러므로 숲을 관리하는 입장에서는 숲의 종 구성을 어떻게 유지하느냐가 중요한 사항이다.

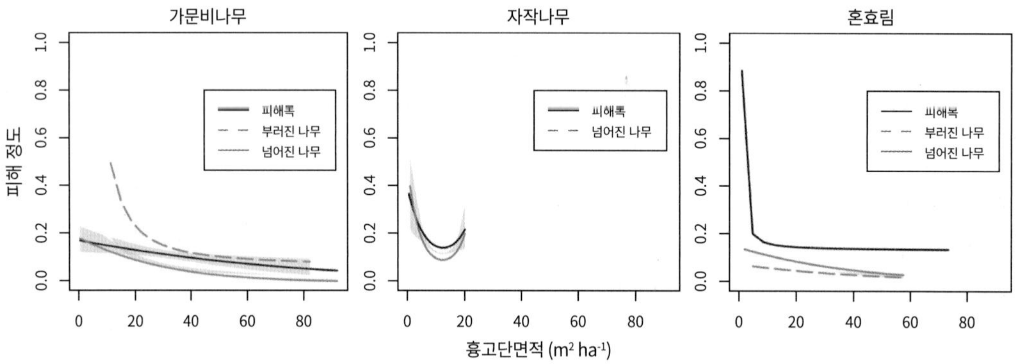

그림 18.6 혼효림의 경우에 일정한 흉고직경에 도달한 이후에는 피해가 급격하게 감소한다.

수목에 쌓이는 눈과의 관계

수목의 경우 수고와 흉고직경이 눈에 대한 저항성에 영향을 준다(Kato and Nakatani, 2000). 삼나무(*Cryptomeria japonica*)의 경우에, 어린 나무에서는 눈에 의한 잎의 탈락률이 감소하고, 연령이 많은 개체에서는 잎의 탈락률이 상대적으로 높다(그림 18.7). 나무에 피해를 주는 결정적인 적설량(critical snowfall)은 나무나 수관에 눈이 피해를 줄 수 있는 눈의 무게를 말한다. 수고/직경 비율이 작은 경우, 많은 눈이 쌓여야만 나무에 피해를 준다. 반대로 수고/직경 비율이 크면 작은 양의 눈에도 수목은 피해를 크게 받는다. 수고/직경 비율에 따라서 눈에 대한 피해 정도가 달라지는데, 수고/직경의 비율과 피해를 주는 결정적인 눈의 하중은 반비례한다(그림 18.8).

눈이 쌓여 있다가 녹으면 물이 토양으로 스며든다. 이들 수분은 토양을 거쳐서 배수되지만, 많은 양이 콜로이드 형태로 모세관의 힘에 의해서 중력에 대항하여 토양에 남아있게 된다. 점토질 토

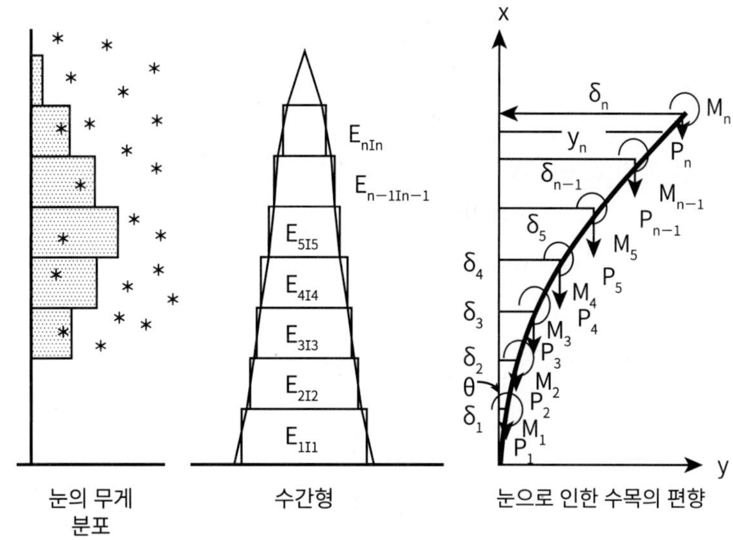

P_n: n번째 가지, 줄기, 수관에서 눈의 적재량
E_n: n번째에서 탄성
I_n: n번째에서 관성
M_n: n번째 가지, 줄기, 수관에서 눈에 의한 전환점
δ_n: n번째 가지, 줄기, 수관에서 편향
θ: 줄기 기저부에서 전환 각도

그림 18.7 수목의 경우에 수고와 흉고직경이 눈에 대한 저항성에 영향을 준다.

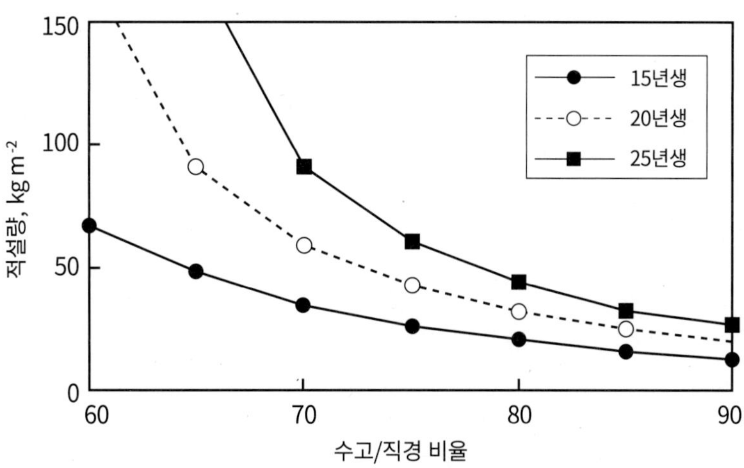

그림 18.8 수고/직경 비율에 따라서 눈에 의한 피해 정도가 달라진다.

양은 공극이 매우 미세하므로 많은 물을 중력에 대해서 보유한다. 그러나 미세한 공극 속의 표면장력으로 인해서 식물이 물을 흡수하기 어렵게 된다. 뿌리에서는 토양 입자와 가까이 접하고 있는 뿌리털에 의해 일차적으로 흡수된다. 그러므로 수목이 토양에서 물을 흡수하는 경우, 모세관 힘이 약한 넓은 공극의 물을 먼저 흡수하고, 미세한 공극의 물을 나중에 흡수한다. 눈이 녹은 후 토양에 물의 형태로 남으면, 영양염류의 용해도가 높아진다. 수목의 경우, 토양에 영양분이 풍부한 곳에서 잔뿌리가 많이 생성된다. 그러므로 겨울철 눈은 다음해 식물의 생장에 큰 영향을 준다.

CHAPTER

19 병원균

병원균에 대한 수목의 반응은 다음과 같은 3가지 반응으로 알 수 있다. 1) resistance-저항, 2) tolerance-내성, 3) escape-회피. 수목에 따라서 각기 형질과 환경의 변수에 반응하는 전략은 다를 수 있다.

병원균에 대해서 저항성을 가지는 것은 ① 수목이 병원균에 감염되면 모노테르펜이 발현되는 것, ② 이차대사산물이 발현되어서 여러 가지 휘발성 물질을 생산할 수 있는 것, ③ 활성산소종을 없애는 항산화효소가 발현되는 것, ④ 뿌리 병원균(*Verticillium longisporum*)에 따라서 균사체(mycelial) 생장이 조절되어 글루코시놀레이트(glucosinolate) 생산하는 것. 이러한 반응은 식물이 병원균에 대해서 저항성을 가지는 전략이다.

병원균에 내성을 키우는 전략은 ① 병원균이 감염되면 낙엽을 지는 것, ② 광합성 능력을 끌어올리는 것, ③ 탄수화물의 양을 병원균의 사멸에 투입하는 것 등이다.

회피하는 전략은 잎의 개화시기에서 예를 찾을 수 있는데, 병원균 포자가 날리는 시기에는 개엽을 하지 않고 있다가 병원균의 포자가 최대로 비산하는 시기가 끝나면 늦게 개엽하는 것이 대표적인 예이다. 포플러를 가해하는 *Drepanopeziza* 병원균은 포자가 봄철에 비산하는데, 봄철에 강우가 지나간 다음에 개엽을 한다. 강우로 포자가 씻겨나간 후에 개엽하기 위한 회피전략인 것이다.

병원균과 잎의 모노테르펜 함량

일반적으로 병원균으로 인해서 잎이 피해를 받으면, 잎과 줄기의 사부에서 모노테르펜의 함량이 증가한다(Erbilgin and Colgan, 2012). 방크스소나무(*Pinus banksiana*)의 경우에 낙엽이 질 때 모노테르펜의 함량이 증가하고, 병원균이 침입하는 경우도 증가한다. 이러한 현상은 Norway spruce가 푸사리움(*Fusarium subglutinans*)에 감염되면 나타나는 현상과 비슷하다. 발아하는 수목이 메틸 자스모네이트(methyl jasmonate)에 노출되면 자엽, 배축, 유근에 살리실산(salicylic acid)이 축적된다. 이는 페놀화합물처럼 스트레스가 가해지면 수목의 체내에 축적되는 것과 같은 방어 전략 중 하나이다. 모노테르펜류 중에서는 α-pinene, β-pinene, myrcene, limonene 등이 잎에 축적된다. 초식동물에 의해서 잎이 가해되면 모노테르펜이 증가한다. 기계적인 피해가 수목에 있는 경우보다 훨씬 높은 농도의 모노테르펜이 축적된다.

어린나무와 성숙한 나무가 외부의 스트레스에 노출되면 발현되는 모노테르펜의 양은 다르다. *Fusarium subglutinans*이 감염되면, 성숙한 나무보다는 어린나무가, 어린나무의 경우에는 잎보다는 줄기에서 모노테르펜의 농도가 높다. 어린나무가 병원균에 더 쉽게 피해를 받을 수 있고, 병원균은 어린나무에서 잎보다는 줄기를 더 가해하기 때문이다. 성숙한 나무는 세 가지의 물리적인 요인으로 인해서 병원균에 저항성을 어린나무에 비해 높게 가진다. 즉, 1) 줄기에서의 리그닌화(lignification), 2) 활성수지구(traumatic resin ducts, TRD)의 형성, 3) 석세포(stone cell)의 형성 같은 이유로 인해서 성숙한 나무는 어린나무에 비해 물리적으로 단단한 구조를 가진다. 이러한 요인으로, 성숙한 나무에서 낮은 농도의 모노테르펜의 농도가 발현되는 것이다. 반면에, 어린나무는 상대적으로 단단하지 않은 구조로 인해서 화학적인 방어에 의존하게 된다. 어린나무는 성숙한 나무에 비해서 병원균 저항성이 낮다. 성숙한 나무는 줄기, 뿌리 등의 저장조직과 탄소를 만드는 광합성을 통한 물질 생산이 어린나무에 비해서 효율적이기 때문에, 낮은 농도의 화학적 방어를 해도 저항성을 높은 수준으로 유지할 수 있다.

모노테르펜의 종류도 가해하는 스트레스에 따라서 달라진다. 미르센(myrcene)은 낙엽 지게 하는 스트레스를 받는 수목에서 높은 농도로 발현된다. 애벌레(budworm)에 의해서 피해를 받는 수목에서는 미르센(myrcene)의 양이 극히 낮다. 그러므로 미르센은 잎이 떨어지게 하는 외부의 환경 스트레스에 대한 저항 반응이다. 수목은 각 부위(잎, 줄기), 연령(어린나무, 성숙한 나무), 외부 스트레스의 종류(초식동물 가해, 병원균, 곤충)에 따라서 발현하는 모노테르펜의 양을 다르게 해서, 외부 스트레스에 대한 저항성을 다양하게 한다(그림 19.1).

참나무(*Quercus robus*)가 참나무흰가루병의 병원균인 *Erysiphe alphitoides*에 감염이 되면 생리적인 활성이 감소한다. 이소프렌의 발생량은 줄어들지만, 모노테르펜의 발생량은 증가한다(Copolovici et al., 2014). 이소프렌의 발생량은 수목의 광 포화 순광합성률보다 광합성 관련 전자전달계와 더 밀접한 연관성이 있다. 잎의 내부 CO_2 농도와 밀접한 관련이 있다. 병원균에 의해서 내부 CO_2 농도가 증가하고, 이로 인해서 광합성률이 감소하며, 이소프렌의 발생량도 감소한다. 증가한 내부 CO_2 농도가 dimethylallyl diphosphate(DMADP)의 발현을 억제하고, 이로 인해서 이소프

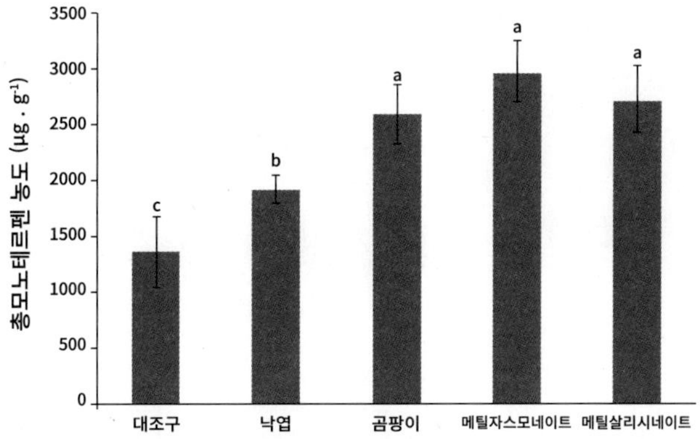

낙엽은 mountain pine beetle(*Dendroctonus ponderosae*)에 의함, 곰팡이는 *Grosmannia clavigera*에 의함

그림 19.1 외부 스트레스에 의한 모노테르펜의 발생량

렌이 감소된다. 감염된 수목에서 DMADP의 양이 크게 감소한다. DMADP의 소스는 이소프렌발생과 DMADP를 소모하는 다른 엽록체에서 일어나는 과정, 즉 많은 양의 이소프레노이드(isoprenoids) 생성(모노테르펜; monoterpenes, 디테르펜; diterpenes, 카로티노이드; carotenoids)과의 경쟁에 연관되어 있다(그림 19.2).

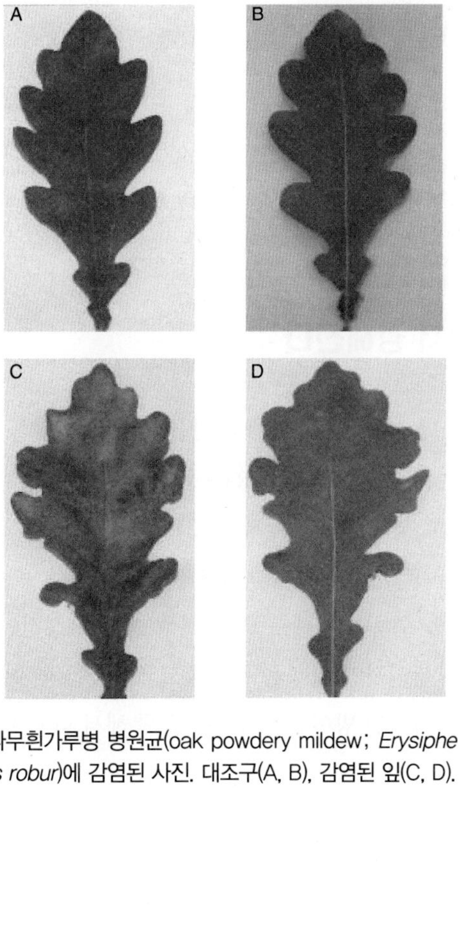

그림 19.2 참나무흰가루병 병원균(oak powdery mildew; *Erysiphe alphitoides*)이 참나무(*Quercus robur*)에 감염된 사진. 대조구(A, B), 감염된 잎(C, D).

표피(SE, superior epidermis); 책상조직(PP, palisade parenchyma); 아래 표피(IE, inferior epidermis); 해면조직(SP, spongy parenchyma); (GC, gland cavity); 큐티클층(CL, cuticular layer); 애벌레 터널(LT, larva tunnel); 관다발(VB, vascular bundle).

그림 19.3 귤굴나방(*Phyllocnistis citrella*)에 의해서 피해를 받은 귤나무의 잎.

수목은 병원균에 의해서 강해진다

귤굴나방(*Phyllocnistis citrella*)에 의해서 피해를 받은 귤나무의 잎을 해부학적으로 관찰하면, 잎의 큐티클층이 많이 손상되는 것을 알 수 있다(Raimondo et al., 2013). 수목이 받는 피해 규모는 1) 감염 강도, 2) 수목의 부위(표피, 엽육조직, 사부, 목부), 3) 이차대사산물의 화학적인 물질 발현 정도에 따라 달라진다. 수목이 병원균에 의해서 피해를 받으면 수목이 항상 피해를 받는 것처럼 보이지만, 병원균이나 초식동물에 의해서 수목이 가해를 받는 경우 항상 부정적인 것은 아니다. 왜냐하면, 가해 당한 수목은 1) 광합성 등 생리적인 활성을 높여주고, 2) 자원의 재분배를 통해서 균형 잡힌 자원을 활용 할 수 있으며, 3) 화학적인 방어물질의 분비를 통해서 다른 병원균의 침입을 막아주기 때문이다(그림 19.3).

병원균 관련 수목의 신호전달 캐스케이드

수목으로 병원균이 들어오면 ROS(reactive oxygen species)와 RNS(reactive nitrogen species)가 작용하여 신호전달 역할을 하고, 이에 따라서 HR 반응이 일어난다. 병원균을 인지하고 미생물 관련 분자(MAPK) 연결 시그널을 거치면서, 호르몬 분비를 하여 방어에 관련한 시스템이 작동하게 된다(Naidoo et al., 2014). 병원균은 뉴클레오타이딜 시클라아제(화합물을 둥글게 만드는 효소; nucleotidyl cyclase)을 활성화하고, 다음으로 이차대사산물이 발현되어서 cyclic nucleotide-gated ion channels (CNGCs)이 활성화된다. 세포질 Ca^{2+} 의 농도가 증가하면서 HR 반응을 유도하고, 이차대사산물의 활성을 증가시켜서 휘발성 물질이 생산되고, 이웃한 세포에서 병원균에 대한 저항성을 높이는 신호가 교환된다. 다양한 PR(pathogenesis-related) 유전자가 발현이 된다(그림 19.4).

병원균은 specialist(작은 기주 범위)가 있고, generalist(넓은 기주 범위)가 있다. 곤충은 씹고, 흡즙하고, 기어가면서 피해를 내고, 갉아먹는 등의 다양한 섭식 형태를 가진다. 수목이 가지는 해부학적인 저항 장벽을 가장 먼저 볼 수 있는데, 두꺼운 수피, 세포벽, 큐티클층, 리그닌, 펙틴 같은 성분과 구조가 장벽을 만든다. 테르펜, 플라보노이드, 왁스, 레진 같은 이차대사산물을 생성하는 것도

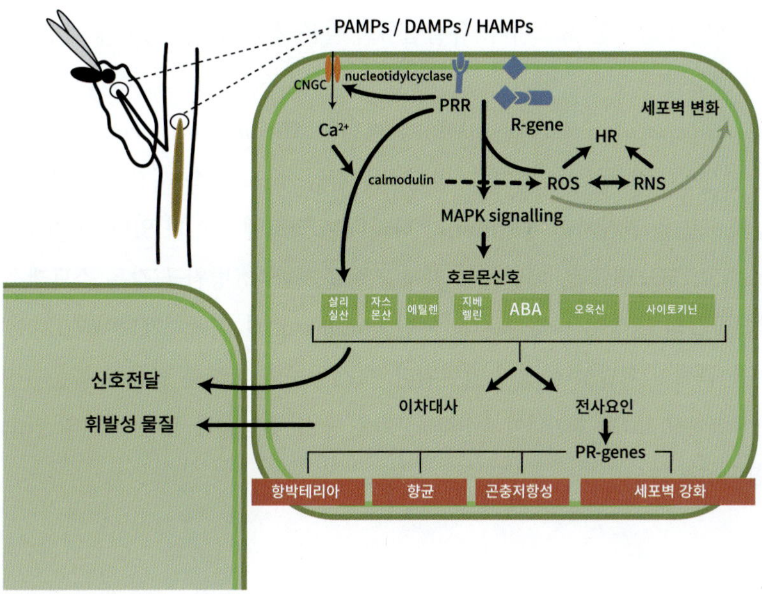

pathogenesis-related(PR), pathogen-associated molecular patterns(PAMPs), microbe-associated molecular patterns(MAMPs), damage-associated molecular patterns(DAMPs), herbivore-associated molecular patterns(HAMPs), pattern-triggered immunity (PTI)

그림 19.4 MAPK 연결 신호. 수목으로 병원균이 들어왔을 때 ROS(reactive oxygen species)와 RNS(reactive nitrogen species)의 신호전달

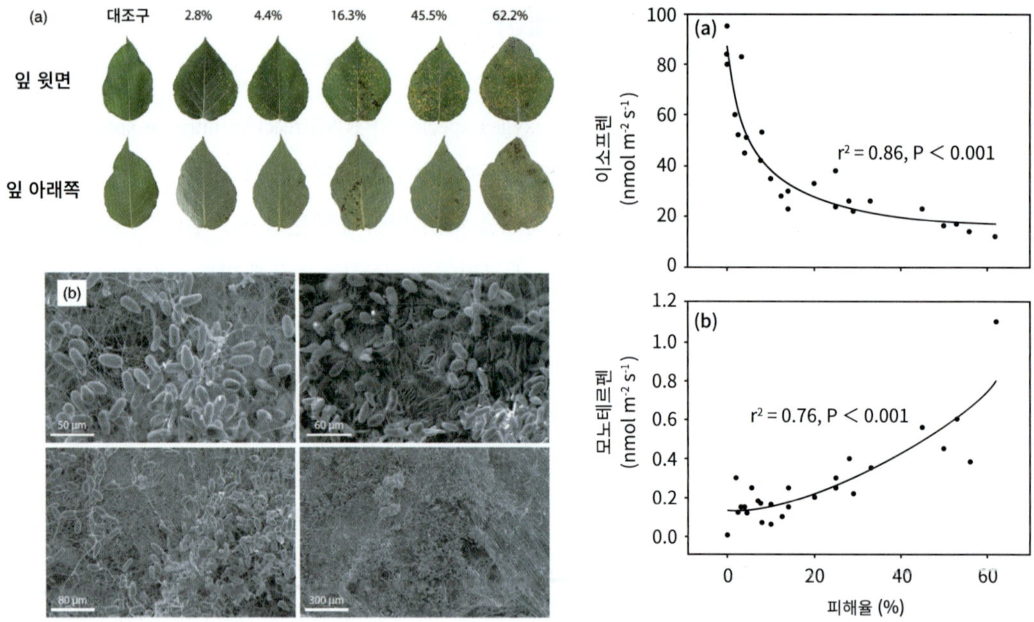

그림 19.5 포플러(*Populus balsamifera* var. *suaveolens*)에 병원균(*Melampsora larici-populina*)이 감염되면 휘발성 물질이 발생한다.

방어 작용 가운데에서 중요한 요소이다. 유칼립투스 같은 수목에서는 방어에 관련해서 에센셜오일(essential oil)이 생성된다.

포플러(*Populus balsamifera* var. *suaveolens*)에 병원균 *Melampsora larici-populina*이 감염되면, 휘발성물질이 발생한다(Jiang et al., 2016). 병원균은 감염 정도, 지속 시간에 따라서 나타나는 증상이 다른데, 잎의 표면을 관찰하면 병반(rust)가 나타나는 정도에 차이가 있다. 병원균이 감염되면 이소프렌은 감소하고, 모노테르펜, 메탄올의 발생량은 증가한다. 병원균 같은 스트레스가 수목에 가해지면 휘발성 물질의 발생이 나타나는데, 메탄올(methanol)과 리폭시게나아제(LOX; lipoxygenase) 경로(pathway)를 통해서 휘발성 물질이 발현된다. 초식동물의 피해를 받은 수목은 휘발성 리폭시게나아제(지방산에 분자상 효소를 첨가하여 수산화과산화물 생성) 생산물과 짧은 체인의 산소 관련 휘발성 물질을 생성한다(그림 19.5).

수나무와 암나무의 저항성

포플러는 성에 따라서 병원균에 대한 저항성이 다르다. 수나무의 경우, 암나무에 비해서 병원균에 대한 저항성이 크다. 병원균은 공통적으로 암수나무 모두의 생리적인 활성을 떨어뜨린다. 광합

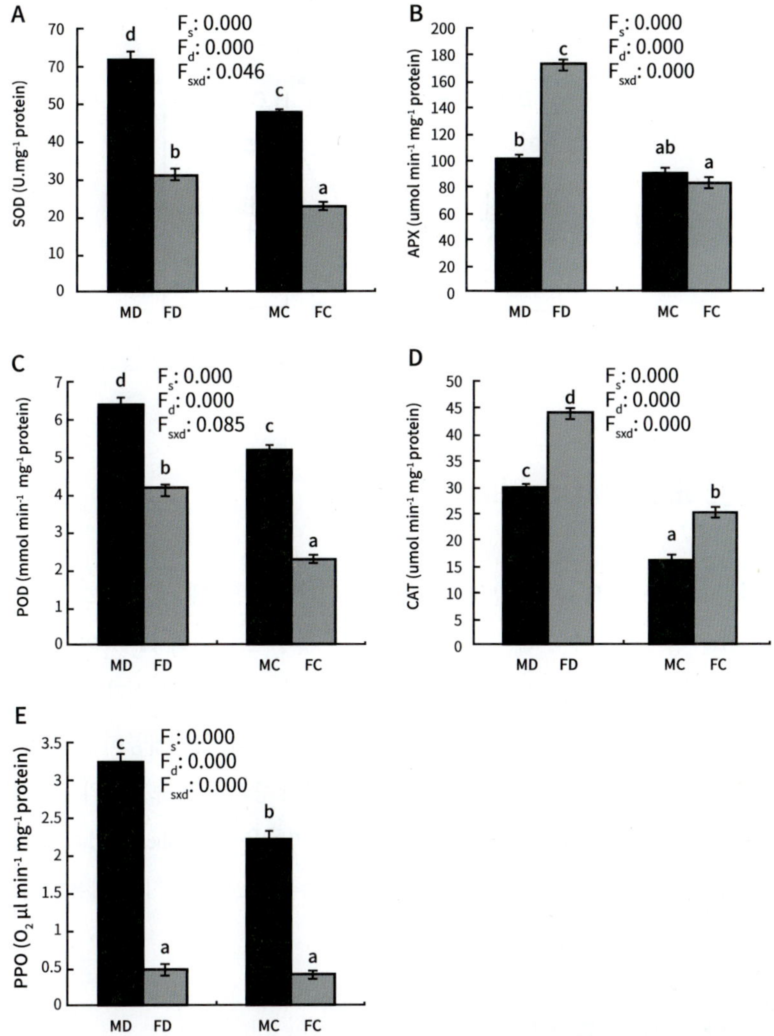

SOD(A), APX(B), POD(C), CAT(D), PPO(E), *Populus cathayana* 곰팡이 감염. (MD, 병든 수나무; FD, 병든 암나무; MC, 수나무 대조구; FC, 암나무 대조구; F_s, 암수효과; F_d, 병 효과; $F_s \times d$, 성×병 상호작용)

그림 19.6 수목 암수의 저항성 차이

성률, 엽록소 함량, 종산량 등 병원균에 의해서 방해를 받는다. 그러나 일반적으로 수나무의 항산화효소의 활성은 암나무에 비해서 높다. 다른 환경 스트레스에 대해서도 수나무의 저항성이 암나무에 비해서 높다(Zhang et al., 2019). 왜냐하면, 암나무는 생식, 종자 생산 등의 생장을 위해서 복잡한 메커니즘을 거쳐야 하기에 수나무에 비해서 많은 탄소, 탄수화물 등 에너지를 소모하기 때문이다(그림 19.6).

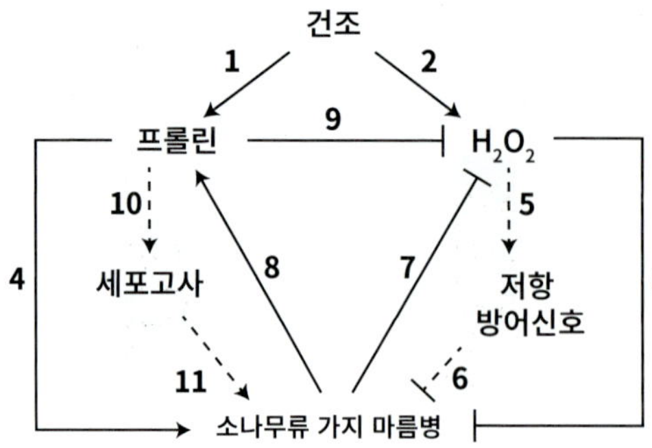

그림 19.7 건조와 병원균으로부터의 피해에 있어서 프롤린의 역할(화살표 끝은 긍정적인 효과, 실선 끝은 부정적인 효과).

건조와 병원균 피해에서 proline의 역할

건조는 프롤린(proline)과 H_2O_2의 발생량을 증가시킨다. 소나무에 생기는 소나무류 가지 마름병(*Diplodia sapinea*)과 건조환경이 수목에 같이 작용하는 경우 프롤린과 H_2O_2의 발생과 세포고사가 연쇄적으로 연결되어서 작용한다. 그림 19.7에서 번호는 이들 환경스트레스가 수목에 작용하는 경우 순차적으로 발생하는 현상을 나타낸다. 프롤린은 병원균에게 먹이를 제공하는 역할을 한다. H_2O_2는 병원균을 방어하는 신호전달 물질로서 작용한다. 병원균이 증가하면 프롤린의 양은 증가하고, 이것이 세포 고사(programmed cell death) 메커니즘에서 중요한 역할을 한다(Sherwood et al., 2015). Proline/pyrroline-5-carboxylate cycle을 통해 병원균에 의해서 죽은 세포를 먹이로 활용한다(그림 19.7).

병원균의 균사가 도관을 막음

그림 19.8a는 느릅나무시들음병(*Ophiostoma novo-ulmi*) 병원균에 감염된 느릅나무의 80 cm 위의 목재 황단면으로, 붉은색 화살표는 병원균이 침입한 것을 나타낸다. 거의 모두가 2008년도 춘재에서 나타난다. 그림 19.8b는 좁게 생장한 추재의 황단면으로(scale bar = 500 μm), 정상적인 조직에 비해서 좁은 생장을 한다. 그림 19.8c는 정상적인 생장을 한 목재의 횡단면으로(scale bar = 500 μm), 병원균에 의해 감염된 수목에 비해 일정한 도관의 배열을 볼 수 있다. 그림 19.8d에서는 느릅나무시들음병(*Ophiostoma novo-ulmi* subsp. *novo-ulmi* × *O. novo-ulmi* subsp. *americana*) 균사가 침투한 흰색 화살표를 볼 수 있다(scale bar = 50 μm). 그림 19.8e는 도관 안으로 들어간 균사의 사진으로(scale bar = 10 μm), 목재의 목부에 피해를 준다(Plichta et al., 2016). 이처럼, 도관이 균사에 의해서 막히고 그로 인해서 수분의 이동에 장벽이 생기므로, 감염되지 않은 개체에 비해 증산량은 감소한다.

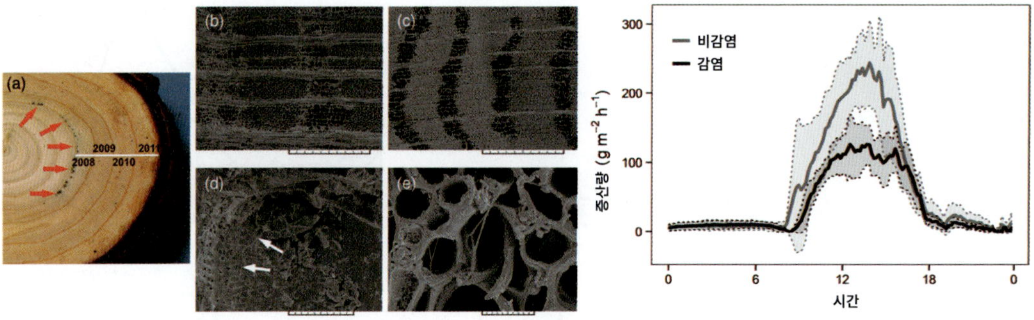

그림 19.8 느릅나무시들음병 병원균에 감염된 느릅나무의 도관을 막는 정도.
출처: (a) Ďurkovič et al. (2015); (d)와 (e) Ďurkovič et al. (2013).

건조의 타이밍과 병원균의 역할

건조의 빈도와 강도는 수목에 큰 영향을 미친다. 최근에는 건조의 타이밍도 큰 영향을 준다. 건조 스트레스가 병원균의 감염 이전, 이후에 수목에 미치는 영향은 다르다. 수목은 건조와 함께 병원균 스트레스가 같이 작용하면 다양한 반응을 보인다(Caldeira, 2018). 수목에 병원균은 물을 잘 관수한 개체에서 많이 발현되어서 수목에 피해를 준다.

건조의 타이밍이 병원균 감염 이전이면, 수목이 생리적, 생화학적, 구조적으로 연약한 상태로 되어서 병원균에 감염되었을 때, 제대로 저항성을 발휘하지 못한다. 또한 줄기의 낮은 페놀 함량으로 인해서 병원균에 감염되면, 폴리페놀이 풍부한 켈러스(polyphenol-rich callus) 형성이 어렵게 된다. 따라서, 건조한 수목은 물을 충분히 공급한 수목에 비하여 낮은 캘러스 형성을 보이고, 낮은 수준의 이차대사산물을 형성한다.

건조의 타이밍이 병원균 감염 이전이면, 병원균에 대한 저항성이 건조에 의해서 이미 낮은 수준으로 떨어져 있게 된다. 그리고 물을 관수하게 되면, 수분이 변재에 충분히 공급돼서 오히려 병원균의 생육에 도움이 되어 병원균이 빠르게 퍼지게 된다. 건조, 병원균 감염 그리고 이후에 건조가 지속되면 건조에 의해서 수목의 저항성이 떨어져 있지만, 병원균도 건조에 의해서 병변(lesion) 형성이 줄어들게 돼서 피해가 다르게 된다.

건조에 의하여 탄수화물의 생산이 감소하고, 이것이 병원균에 대한 저항성을 낮추고 탄소 기아 현상을 초래하게 된다. 병원균은 주로 도관이 있는 줄기를 가해하는데, 이는 도관 폐쇄현상(embolism)을 야기시키고 수분통도 조직에 이상현상을 발생시켜 수목에 피해를 준다. 그러므로 기후가 변해서 온도가 상승하고 건조가 오게 되면, 수목이 쇠퇴하는 원인이 될 수 있다. 수분이 정상적으로 공급되다가 기후변화로 건조해졌을 때 병원균이 수목에 들어오면 수목의 피해가 극대화되고, 산발적으로 수분을 흡수해서 변재에 물이 공급되면 최악의 상황이 된다(그림 19.9).

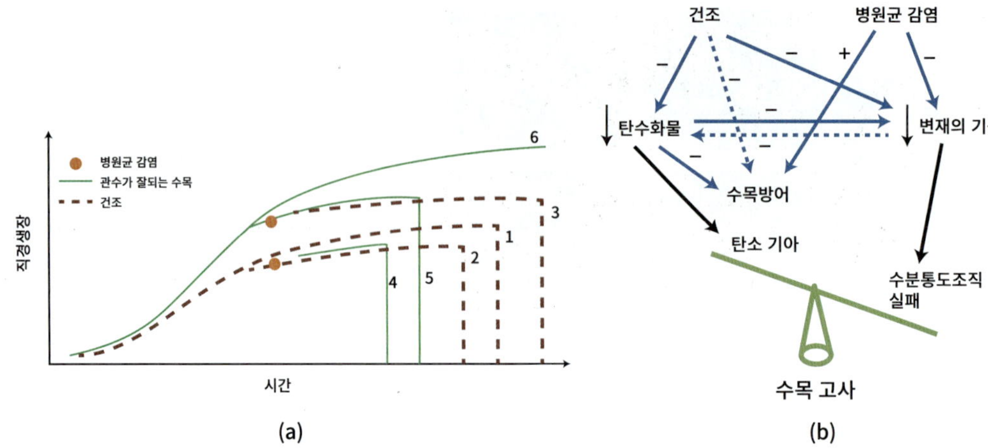

1은 건조 스트레스만 있는 수목, 2는 병원균의 접종이 있는 수목, 3은 관수하고 병원균접종 한 수목, 4는 건조한 후 접종하고 관수를 잘 한 수목, 5는 관수를 잘하고 접종한 수목, 6은 병원균 없이 관수를 잘한 수목을 나타낸다. 화살표는 감소하는 것을 나타낸다.

그림 19.9 건조의 타이밍

소나무의 병원균에 대한 반응

병원균에 대해서 수목은 지방산 유래 옥시리핀(oxylipins)이 신호전달을 하고 자스몬산 같은 방어호르몬, 방어물질을 생성하는 데 중요한 역할을 한다. 특히 비구조탄수화물(non-structural carbohydrates; NSCs)은 기능적으로 중요하며, 테르펜 같은 탄소가 많이 필요한 방어 대사에 관여한다. 다시 정리하면, 지방산은 신호전달역할, 비구조탄수화물은 탄소 관련 대사에 관여하고, 모노테르펜(monoterpenes)과 디테르펜산(diterpene acids)는 이차대사산물로서 병원균의 방어에 관여한다.

로지폴소나무(*Pinus contorta* var. *latifolia*)와 방크소나무(*Pinus banksiana*)가 병원균 *Grosmannia clavigera*, *Leptographium longiclavatum*, *Ophiostoma montium*에 감염이 되었을 때 나타나는 현상을 살펴보면, 두 수종에 있어서 공통적으로 비슷하다. 인위적으로 상처 난 부위보다 3가지 병원균으로 감염된 부위에서, 모노테르펜과 디테르펜산(diterpene)이 높고 탄수화물의 양은 줄어든다. 병원균이 침입하면, 수목은 많은 탄수화물을 이차대사산물을 생산하는 데에 소모하기 때문에 탄수화물의 양이 줄어든다(Cale et al., 2019). 병원균의 침입이 있는 경우에는 육탄당(hoxose)이 곰팡이의 섭식에 중요한 관여를 하고, 다른 비구조탄수화물은 병원균의 방어에 소모된다(그림 19.10).

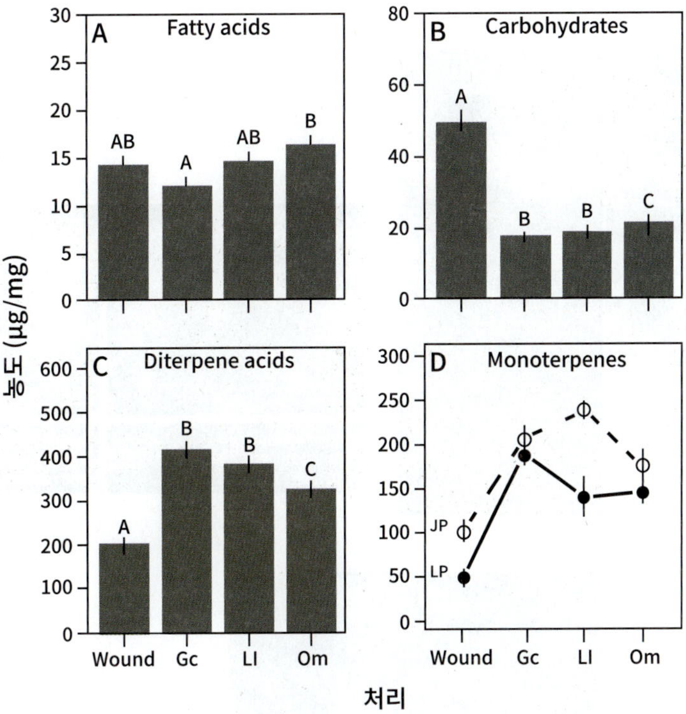

(A) 총 지방산, (B) 비구조탄수화물, (C) 디테르펜산 (D) 모노테르펜, *Grosmannia clavigera*(Gc), *Leptographium longiclavatum*(Ll), *Ophiostoma montium*(Om) (로지폴소나무; LP, 방크스소나무; JP)

그림 19.10 소나무의 병원균에 대한 반응

느릅나무시들음병

느릅나무시들음병(dutch elm disease; DED)은 느릅나무의 뿌리를 통해서 감염된다. 뿌리를 통해 줄기로 균사가 올라와서 수목을 고사하게 한다. 병원균인 *Ophiostoma ulmi*(Buisman) Nannf. 혹은 더 강력한 발병력을 가진 *Ophiostoma novo-ulmi* Brasier가 감염을 일으킨다.

저항성이 있는 개체들은 정아생장(apical growth)을 유지하고 있으며, 시들음병에 감염된 저항성이 있는 개체는 줄기의 도관을 그대로 유지하는, 리그닌화된 조직이 많이 생성될 수 있다(Martín et al., 2019). 또한, 줄기에서 병원균의 균사가 자라는 것을 염색해서 보면, 저항성이 있는 개체는 균사가 자라는 곳에 장벽을 만들어 균사가 많이 번식하지 못하도록 격리시킨다(그림 19.11).

느릅나무시들음병균은 시간이 흐르면서 진화하고 새로운 형태로 나타난다. 느릅나무시들음병의 첫 번째 세계적인 대유행(pandemic)은 유럽을 중심으로 1930년대에 창궐했다. 이때의 균은 *Ophiostoma ulmi* 였다. 50년 정도 방제를 통해서 어느 정도 조절이 되니까 1980년대를 시점으로 *Ophiostoma novo-ulmi* 가 출현했다. 이는 이전의 균주보다 더 강력하여 미국을 중심으로 느릅나무

그림 19.11 느릅나무시들음병 저항성과 민감성을 가진 특징

에 피해를 주었다. 최근에는 중국과 서부 히말라야를 중심으로 *Ophiostoma himal-ulmi*가 출현하여 느릅나무에 피해를 주고 있다(Brasier and Kirk, 2001). *Ophiostoma novo-ulmi* Nannf. 안에는 유럽지역(**Eura**sia)에 주로 피해를 주었던 EAN 계열, 북미주(**N**orth **A**merica)지역에 주로 피해를 주는 NAN 계열의 균주들이 다양하게 분포한다.

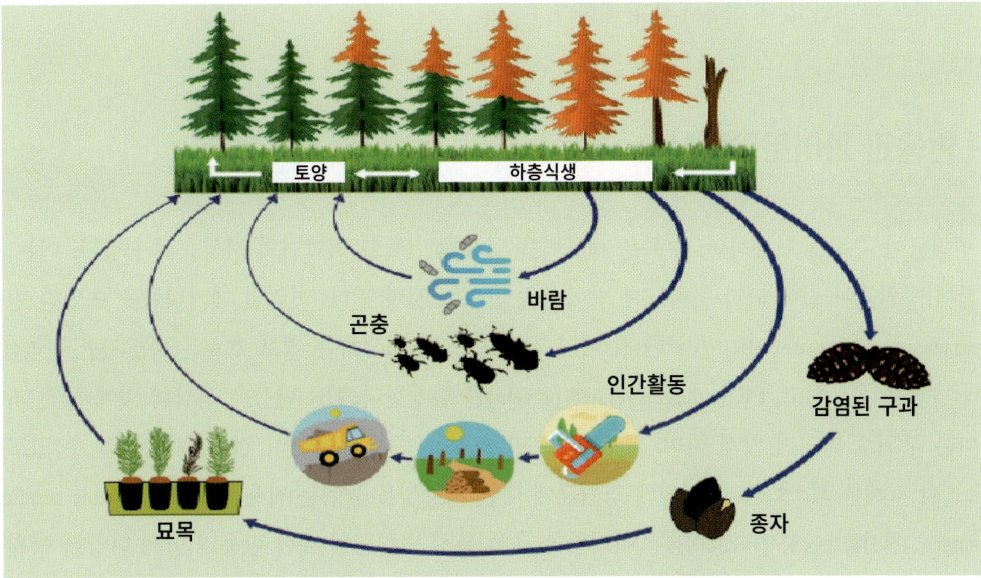

그림 19.12 Pine Pitch Canker(PPC)의 순환

Pine Pitch Canker(PPC)

Pine Pitch Canker(PPC)는 소나무에 생기는 병으로, *Fusarium circinatum*에 의해서 발생한다(Zamora-Ballesteros et al., 2019). 이것은 멕시코로부터 유입되었다고 소개되는데, 종자의 오염, 종묘 시설 용기의 오염 등으로 전파된다. 물리적으로 수목의 수피에 상처가 생겼을 때 발생하고, 곤충 등에 의해서 가속화되며, 수지 등이 수피를 통해서 흘러나오는 증상을 가진다(그림 19.12).

다당류의 도관 폐쇄

세포외 다당류(exopolysaccharides)는 균류, 세균, 선충 등의 병원체에서 그들의 몸을 덮고 있으면서, 외피와 환경 사이의 끈적끈적한 물질이다. 세포외 다당류는 직접적으로 병징을 유도하거나 기주 내의 증식을 좋게 하여 간접적으로 병원성을 발휘할 수 있도록 하는 중요한 물질이다. 다당류는 식물체의 유관속을 가해하는 병원균에 의해서 일어나는 시들음병에 대해서 중요하다. 도관에 있는 병원체에 의해서 분비되는 큰 다당류는 유관속을 기계적으로 막아서 시들음 증상이 나타난다. 자연 상태에서는 이러한 현상이 쉽게 일어나지 않지만, 병원체가 분비하는 효소에 의해 기주 물질이 분해되어 도관으로 분비되는 다당류와 함께 도관을 막아 수목에 피해를 준다. 주로 시들음 증상이 나타나는 경우는 이와 같은 이유에서 유래한다.

HR 반응과 파이토알렉신

병원균이 수목을 가해하면, 수목은 세포벽을 강하게 만들고 리그닌의 생성을 촉진한다. 이는 세포 간에 병원균이 전이 되지 못하도록 방어선을 만드는 것과 같다. 이러한 메커니즘을 초민감 반응(hypersensitive response; HR)이라 한다. 이와 같은 반응은 경고하는 경보 호르몬(예를 들면, 살리실산 등)의 발현을 유도하고, PR(pathogen related protein)을 합성한다. HR 반응은 식물의 잎에 생긴 피해가 다른 부위로 퍼지지 않게 하며, 국부적으로만 조직을 죽게 만들어서 전체 수목은 살 수 있도록 함으로써 피해를 최소화한다. 이렇게 병원균에 대한 저항성을 높이는 작용을 SAR(systemic acquired resistance; 전신획득저항성)라고 한다. 이러한 반응은 특정 병원균에 대한 반응과 함께 다양한 병원균에 대해서 나타난다.

파이토알렉신은 폴리페놀로서, 비선택적으로 많은 미생물에 대해 항균작용을 한다. 이 물질은 정상 생장을 하는 수목에서는 아주 조금 존재하지만, 병원균이 침입하면 생산량이 급격하게 증가한다. 병원균에 저항성을 가지는 수목은 이 물질의 생산이 급격하게 늘어날 수 있도록 유전자가 발현한다.

CHAPTER

20 해충

소나무

한국에서 시대별 소나무의 해충 발생빈도를 보면 다양한데, 소나무 송충이(솔나방 유충), 솔잎혹파리, 소나무재선충의 순서로 나타난다(Choi et al., 2019). 송충이는 고려시대부터 기록되었고, 1970년대 들어서 서서히 그 피해가 줄어들었다. 송충이의 감소는 다음과 같이 3가지 정도로 설명한다; 1) 산림 복원을 통한 곰팡이 병원균 포함 천적의 발생, 2) 솔잎혹파리와의 경쟁에서 밀린 경우, 3) 장기간의 송충이 발생의 주기에서 현재가 감쇠하는 주기일 가능성. 솔잎혹파리의 유입은 1929년에 처음 기록되었다. 소나무재선충은 일본을 통해서 유입되었고, 육송(*P. densiflora*)과 해송(*P. thunbergii*)은 감염이 되면, 100%의 고사율을 보인다(그림 20.1).

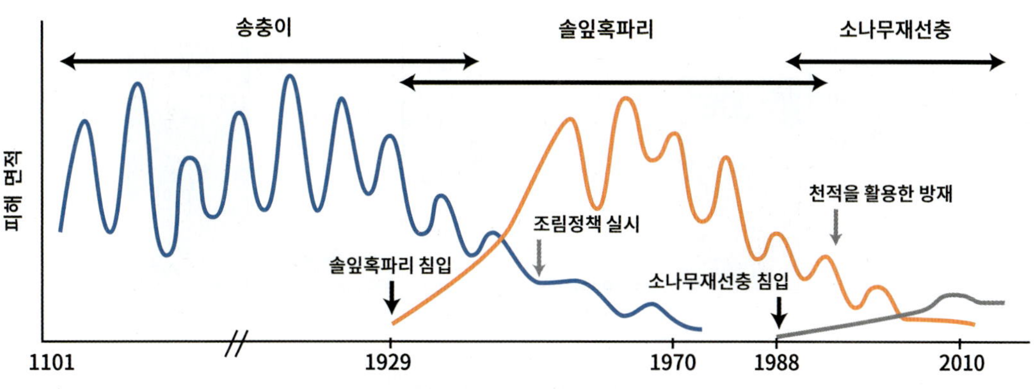

그림 20.1 한국에서 시기별로 문제가 되었던 산림 해충

수종 간 이차대사산물의 발현 차이

침엽수는 해충이 가해를 하면 물리적 화학적인 방어기작을 작동한다. 내수피에 올레오레진(oleoresin)이 있는데, 테르페노이드화합물(sesquiterpenes, diterpenes, monoterpenes)를 포함하고, 해충이 가해를 하면 농도에 많은 변화가 생겨서 방어한다. 화학적인 방어 가운데 대표적인 것이 이차대사산물을 만드는 것이다. 로지폴소나무(*Pinus contorta* var. *latifolia*)와 방크스소나무(*Pinus banksiana*)는 서로 같은 소나무이지만, mountain pine beetle(*Dendroctonus ponderosae* Hopkins; MPB)에 피해를 받았을 때 발현되는 이차대사산물에는 차이가 있다(Cale et al., 2017). 리모넨(limonene)은 로지폴소나무가 방크스소나무보다 더 많이 발현되고, α-pinene의 양은 방크스소나무가 로지폴소나무보다 많이 발현되는 서로 다른 발현 양상을 보인다. 이것은 수종마다 함유하는 이차대사산물이 다르다는 것을 의미한다. 방크스소나무의 경우에 α-pinene을 함유하고 있다가 해충이 가해를 하면 발현된다(그림 20.2).

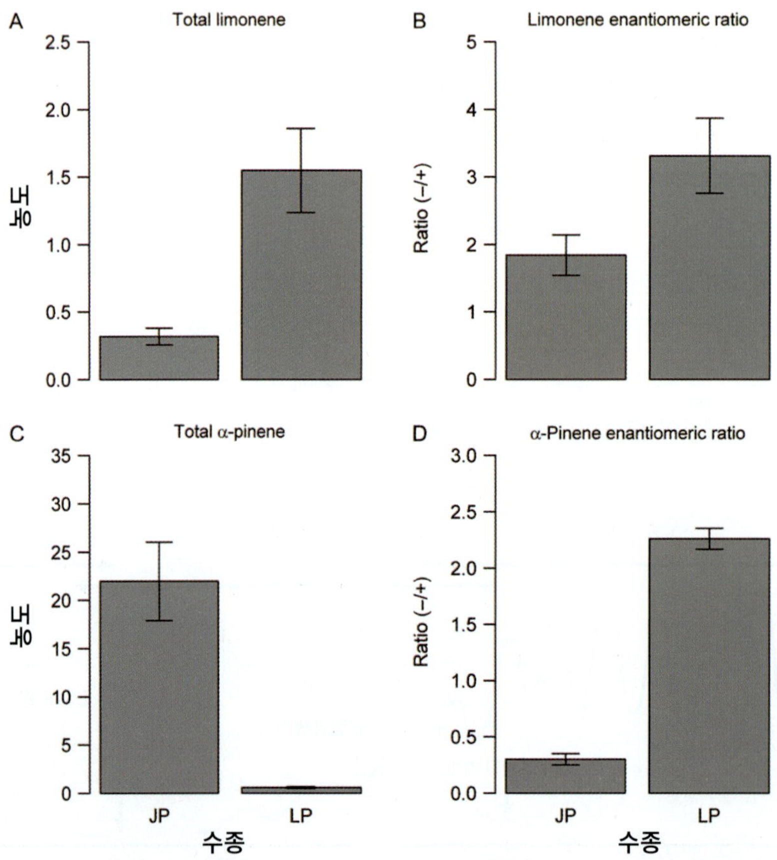

그림 20.2 해충 가해 이후 수목의 이차대사산물의 변화. LP(*Pinus contorta* var. *latifolia*; 로지폴소나무)와 JP(*Pinus banksiana*; 방크스소나무).

산불과 해충의 피해 후 차이

산불과 해충은 수목(*Pinus contorta* Dougl. ex Loud. var. *latifolia* Engelm)의 목부를 가해하고, 나이테에 피해 흔적을 남긴다(Arbellay et al., 2017). 산불이나 해충의 피해를 받는 소나무는 춘재의 경우에 1년 후에는 모두 나이테 생장량이 줄어든다. 그러나 시간이 지나면서 평균 이상으로 생장량이 증가하여 회복된다. 목재의 밀도도 마찬가지인데, 두 가지 피해가 지나가고서 1년 후에는 생장이 줄어들지만, 시간이 지나면서 피해받기 이전의 밀도보다 훨씬 많이 밀도가 증가한다. 특히 추재의 경우에 밀도에 영향을 많이 미치는데, 평균보다 더 증가하는 것을 볼 수 있다. MPB와 산불의 피해로 인해 나타나는 나이테에서의 모양은 약간 다르지만, 회복되는 양상은 두 가지 교란에 대한 반응이 비슷하다(그림 20.3; 20.4; 20.5).

스트레스로부터 피해를 받으면, 수목은 3가지 반응을 나타낸다. 첫째, 일시적인 생장의 감소와 피해를 가진다. 그러다가 스트레스의 수준이 극복할 수 있는 단계 안에 있으면 곧바로 극복이 된다. 둘째, 스트레스를 극복하지만 다음 해 혹은 시간이 지난 후 활력과 생장이 원래의 상태로 회복되지 못하고 감소하여 활력이 떨어진다. 셋째, 스트레스를 극복하지 못해서 시간이 흐름에 따라 죽는 경우이다(그림 20.6).

유럽에서 larch bud moth(*Zeiraphera diniana*)가 주기적으로 *Larix decidua*를 가해하면, 그 피해 정도에 따라 위의 설명과 같은 현상이 반복적으로 나타난다. 해충의 가해에 따라 그 다음 해의 나이테 생장량이 감소한다. 그러다가 시간이 지나면서 다시 원래의 상태로 회복이 되는 개체들이 있다. *Fagus sylvatica*의 경우, 해충에 피해를 받은 이후 최근 50년생의 수고가 해충의 피해를 받지 않은 개체들에 비해 월등히 큰 것을 알 수 있다(Dobbertin, 2005). 수고와 직경 모두 해충이나 스트레스로부터 피해를 받으면, 이를 극복하기 위해서 원래의 수고 및 직경보다 큰 형질이 나타나 생장이 개선되기도 한다(그림 20.7).

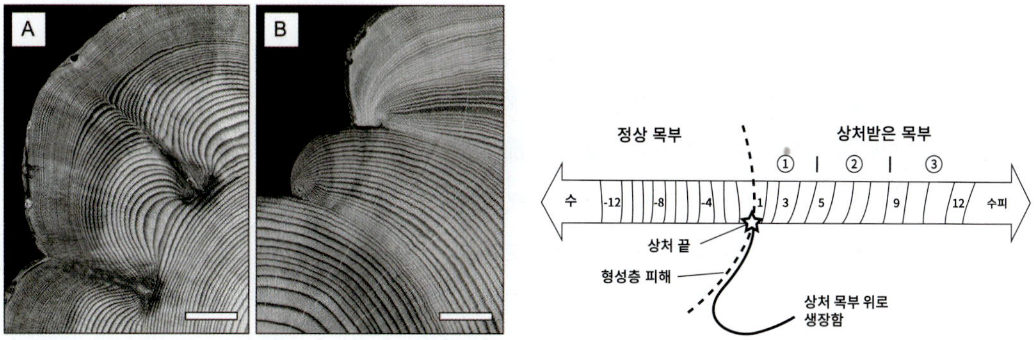

그림 20.3 산불과 해충에 피해를 받은 수목의 차별성. mountain pine beetle(MPB) *Dendroctonus ponderosae*에 피해를 받은 소나무(A)와 산불 피해를 받은 소나무(B). 피해를 받은 이후의 수피 쪽으로 나이테를 조사한 것이다.

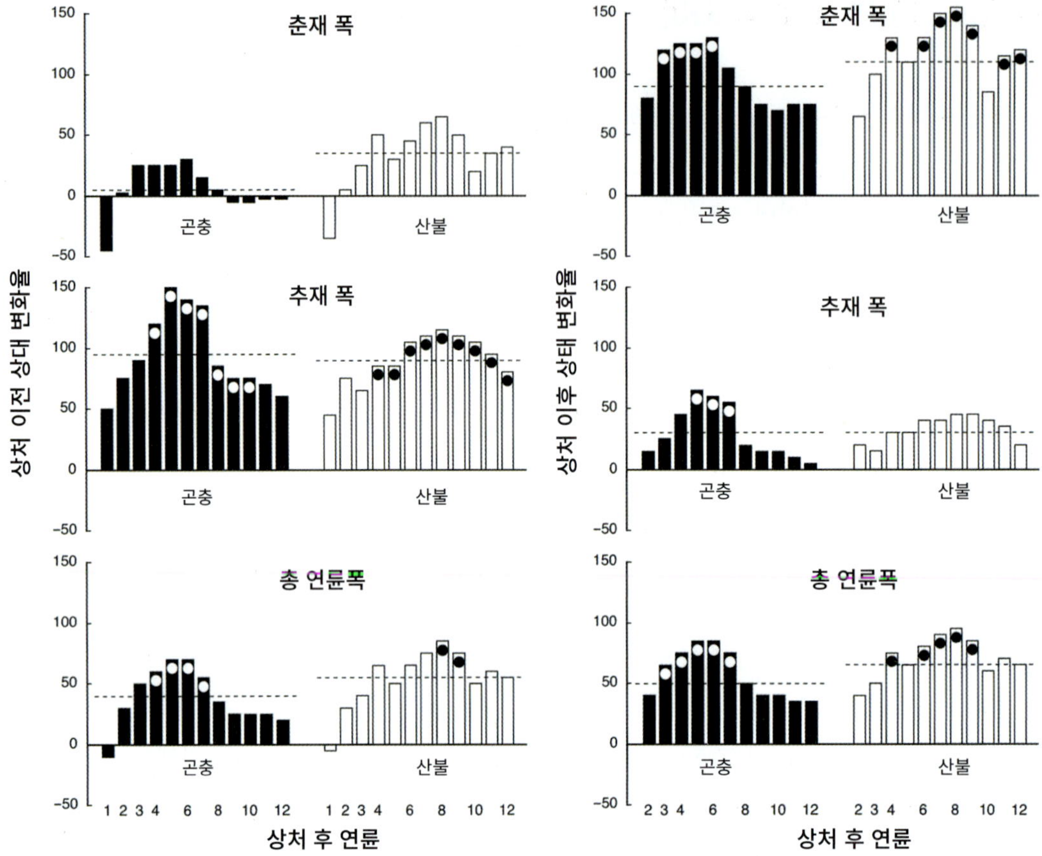

그림 20.4 산불과 해충의 피해 이후 나이테에 남겨진 흔적. 왼쪽은 산불 및 해충의 피해를 받기 전의 상태이고, 오른쪽은 산불 및 해충 후 나이테의 생장이다. 점선은 평균이고, 점은 통계적으로 유의한 것이다.

해충의 가해와 이차대사산물

수목에는 생장에 필수적인 물질과 필수적이지 않은 물질이 있다. 필수적이지 않은 대표적인 물질을 이차대사산물 혹은 이차대사산물이라 한다. 지금까지 10만 여 종 이상의 물질이 알려져 있는데, 이들 물질은 생장에는 필수적이지는 않지만 해충의 방어를 위한 자신을 보호하는 측면에서는 중요한 역할을 한다. 이는 ① 알칼로이드, ② 페놀성화합물(리그닌, 플라보노이드, 탄닌 등), ③ 테르펜(모노테르펜, 디테르펜, 세스퀴테르펜, 트리테르펜류, 카로틴, 크산토필, 고무 등), ④ 기타 이차대사산물(글리코시드, 글리코시놀산, 시안화수소 등)로 나뉜다, 예를 들어, 플라보노이드는 꽃의 색깔을 결정하는 중요한 역할을 하고, 동시에 곤충의 수분을 유도하는 역할을 한다. 파이토알렉신(phytoalecxin)은 병원균의 침입에 대응하는 방어 물질이다. 또한 수목의 세포벽은 외부의 다른 가해로부터 방어하는 역

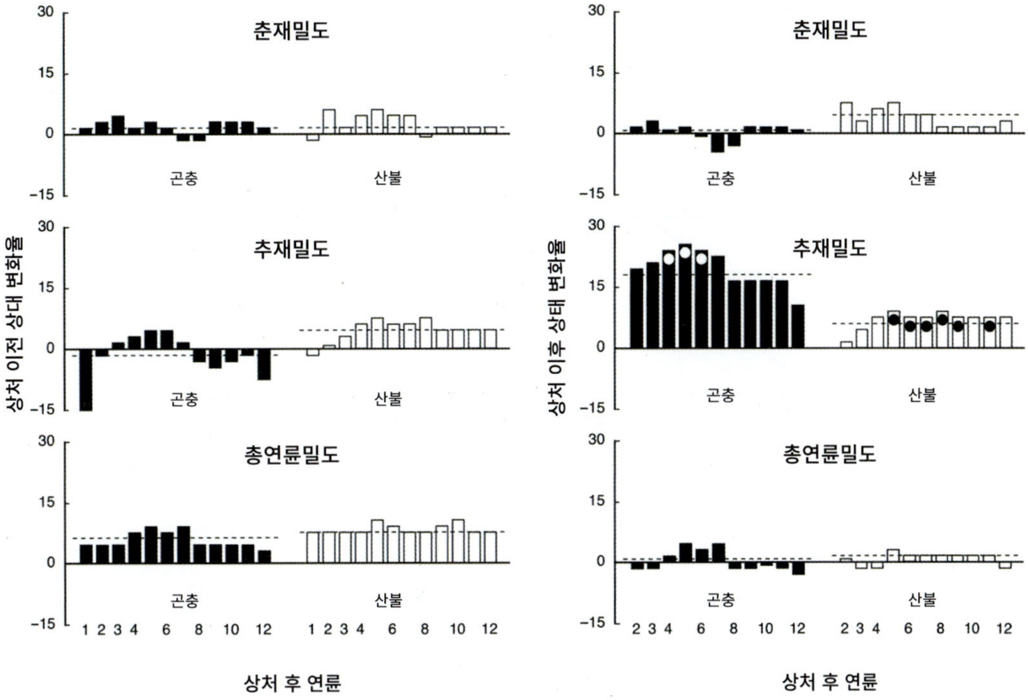

그림 20.5 산불과 해충의 피해 이후 나이테 밀도에 남겨진 차이. 왼쪽은 산불 및 해충의 피해를 받기 전의 상태이고, 오른쪽은 산불 및 해충 후 나이테의 생장. 점선은 평균이고, 점은 통계적으로 유의한 것이다.

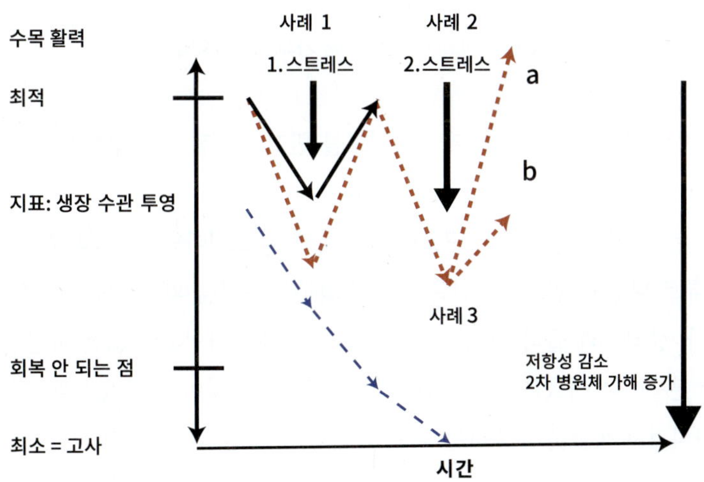

그림 20.6 스트레스로부터 피해를 받을 때 수목의 3가지 반응

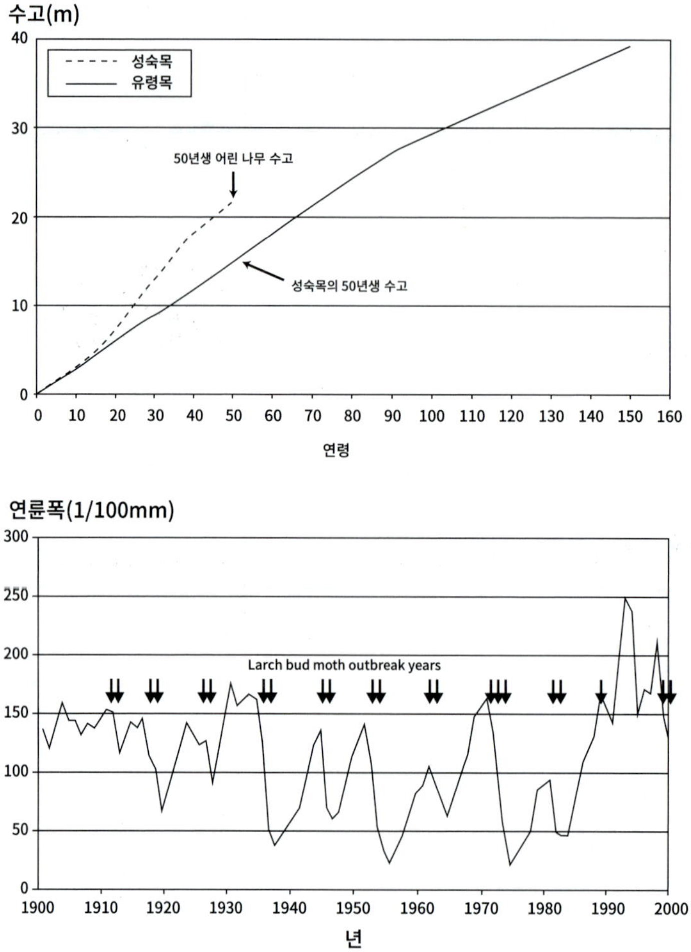

그림 20.7 *Larix decidua*를 가해하는 해충의 영향

할을 한다. 세포벽은 병원균의 표면으로부터 정보를 받고, 이 정보를 숙주세포의 원형질막에 전달함으로써 방어 작용을 한다.

플라보노이드는 페놀성화합물로서 구조에 따라서 ① 안토시아닌, ② 플라본, ③ 플라보놀, ④ 이소플라본의 4종류로 나뉜다. 안토시아닌은 식물이 화분과 종자를 퍼뜨리도록 곤충이나 동물을 유인하는 역할을 한다. 플라본과 플라보놀은 꽃에 있으며, 안토시아닌보다 짧은 파장을 흡수한다. 사람은 볼 수 없지만 곤충이나 새들은 볼 수 있다. 잎에도 이들 물질이 들어 있는데, 자외선을 흡수하고 가시광선은 통과시켜서 식물을 보호하는 역할을 한다. 이소플라본은 콩과식물에 주로 들어있는데, 강력한 살충 작용이 있고, 파이토알렉신의 작용으로 잘 알려져 있다. 파이토알렉신은 병원성 박테리아나 균류가 침입하면 나타나는 항균물질이다. 이들은 감염되면 수 시간 내에 합성되어 감염 부위에 작용한다. 콩과식물 이외의 식물은 이소플라보노이드와 다른 종류의 이차대사산물을 합성한다. 감자, 담배, 토마토 같은 가지과 식물은 테르펜 계통의 세스퀴테르펜 종류가 작용한다. 파이토알렉신을 촉진하는 물질을 엘리시터라고 하는데, 균류가 침입하면 수목이 분비하는 가수분해효소에 의해서 균류의 세포벽으로부터 분리된 다당류 조각이 있으며, 식물에 따라서는 당단백질, 펩티드, 지방산 등도 엘리시터로 작용한다. 초식동물의 가해, 곤충의 가해, 상해, 동해, 자외선, 중금속, 염분 등의 스트레스에 대해서 수목이 파이토알렉신을 합성하여 방어물질로 사용한다.

테르펜류의 유도체는 살충 작용을 한다. 식물은 정유를 가지고 있는데, 이는 모노테르펜과 세스퀴테르펜 화합물이 섞여 있기 때문이다. 박하유의 멘톨, 레몬유의 리모넨 등이 대표적인 예이다. 이들은 주로 잎의 돌출된 부분에 모여 있어서 곤충이나 해충이 공격하기 전에 쫓아내는 역할을 한다. 고무는 1,500~15,000개의 이소프렌이 연결된 폴리테르펜으로 고무나무를 비롯한 많은 식물의 라텍스에서 발견되며, 이들은 초식동물, 곤충, 미생물의 침입에 대한 보호 기능을 한다.

시안화수소(hydrogen cyanide)는 강력한 독성을 가진 기체로서 호흡을 억제한다. 시안화수소의 전구물질은 주로 액포에 있어서 평소에는 수목에 피해를 주지 않지만, 곤충이나 동물의 공격을 당하게 되면 여러 조직이 섞여서 시안화수소가 발생한다. 특히, 장미과 식물에 많이 들어있다. 그래서 독특한 냄새를 가진다.

수목의 잎에 상처가 생기거나 일부분을 곤충이 가해하면 수목 전체에 단백질분해효소 저해제(proteinase inhibitor)와 더불어 상처 반응 단백질(systemic wound response protein; SWRP)이 신속하게 축적된다. 상처 부위에서는 단백질분해효소 저해제와 상처 반응 단백질의 유전자를 유도한다. 이들이 신호전달 역할을 하여 자스몬산을 생산한다. 자스몬산은 단독 혹은 에틸렌과 결합하여 단백질분해효소 저해제와 상처 반응 단백질 유전자를 유도한다. 콩과식물에서 단백질분해효소 저해제는 초식동물의 소화기관에서 트립신과 키모트립신 같은 단백질소화효소의 활성부위에 강하게 결합해서 소화를 방해하고, 동물이 그 식물의 잎을 먹는 것을 꺼리게 한다.

보호 물질의 합성은 상처를 받은 부위뿐만 아니라 그 식물체 전체에서 일어나므로, 전신 반응(systemic response; SR)이라고도 한다. 상처 자극에 대해서 만들어지는 단백질은 저장단백질(storage protein), PAL(phenylalanine ammomialyase), 히드록시프롤린이 풍부한 세포벽 단백질 등이 있는데, 이들은 공통적으로 해충에 대해서 공격을 당하면 방어 기작으로 합성되는 것이다. 상처가 생기면, 단백질의 유도를 위해서 핵으로 자극을 전달하는 역할이 있어야 하는데, 이들 엘리시터에는 올리고당, 시스테민, 자스몬산, ABA(기공에 대한 반응) 등이 있다. 물리적인 상처를 받으면 생화학적인 반응을 유도하여 신호전달하는 역할을 이들이 한다.

엘리시터는 H_2O_2를 발생시키기도 하는데, 이러한 기능이 병원균을 죽이는 역할을 한다. 내병성 수목은 병원균이 침입하면, 그 부위만을 선택적으로 괴사시키고 병원균이 다른 곳으로 퍼지지 못하게 한다. 이와 같은 병원균의 공격에 대해서 일부 세포를 괴사시켜서 전체를 보호하는 기능을 과민반응(hypersensitive reaction; HR)이라고 한다. 과민반응은 활성산소종(ROS)뿐만 아니라, 활성산소종의 중간체(ROI)와 살리실산의 상호작용으로 서로 작용한다고 본다. 과민반응은 세포 고사(programmed cell death)로 생각할 수 있다. 과민반응은 다음 병원균을 방어하는 획득저항성(acquired resistance)을 유도한다. 병원균이 침입하지 않은 곳에서도 저항성이 나타나는데, 이를 전신획득저항성(systemic acquired resistance; SAR)이라고 한다. 살리실산, NO도 병원균이 없는 경우에도 저항성을 유도한다. 살리실산을 분해하는 효소를 가진 수목의 경우 곤충이나 병원균에 대해서 저항성이 매우 낮다. 살리실산은 2개의 주된 H_2O_2를 무독화하는 효소인 카탈라아제(catalase)와 아스코르베이트 페록시데이즈(ascorbate peroxidase; APX)를 포함한 여러 개의 식물 단백질과 반응하고, 항산화 역할을 가진 엽록체 살리실산 결합 단백질과도 반응한다. NO는 PAL의 발현을 유도한다.

수목의 부위별 구성은 동물에 비해서 아주 복잡하다. 이것은 오랜 기간 동안 미생물, 곤충이나 초식동물 등의 공격으로 인해서 유전적인 다양성이 복잡하게 진화하였기 때문이다. 이러한 것을 설명해 주는 가설이 붉은 여왕가설(red queen hypothesis)이다. "이상한 나라의 엘리스"에 나오는 여왕처럼 움직이지 않으면 넘어지고, 계속해서 달려야지만 그 자리를 지킬 수 있는 것과 같은 개념이다. 수목은 곤충이나 미생물에 의하면 숙주에 해당한다. 곤충이나 미생물, 초식동물이 계속해서 가해하는 경우, 이를 극복하기 위해서 계속해서 변화하는 달리기를 해야 한다. 그러므로 오랜 기간을 지나면서 수목의 부위별 구성은 동물에 비해서 복잡하고 다양하다. 예를 들면, 나무의 수피는 목질화된 세포벽을 가진다. 또한 방어 물질인 페놀이 많은 코르크를 가지는 수목이 많다. 나무의 잎은 모자이크 형태로 다양한 유전적인 구조를 잎에 발현해서(mosaic development) 복잡화되어 곤충이나 초식동물로부터 자기 몸을 보호한다. 세포에는 섬유소, 리그닌 등 곤충이 소화하기 어려운 성분을 복잡한 유전적인 구성으로 가진다.

식물의 C:N은 일반적으로 40:1을 초과한다. 박테리아나 곰팡이 동물은 10:1 정도를 넘는 경우가 적다. 초식동물들은 C:N 비를 낮추기 위해서 식물을 섭취한 이후에 소화기관을 거치면서 탄소를 태운다. 진딧물은 수목의 사부에서 엄청난 양의 당을 뽑아 먹는다. 식물은 곤충으로부터 가해를 당하면, 상대적으로 HCN(시안화물형; cyanogenic form)을 배출한다. 이러한 시안화물은 곤충이나 초식동물이 소화하지 못하는 거부 반응을 만들어서 금방 토해내게 한다. 글리코시드(glycoside)는 포유류, 조류, 곤충에 독이 되어서 거부 반응을 유도하는데, 수목은 이러한 물질을 많이 만들 수 있다. 유충이 섭취하면, 이것이 상위 포식자에게 전달되어서 먹이사슬에 얽혀 있는 동물들은 치명적인 피해를 받게 된다.

일부 식물은 카나바닌(canavanine)이라는 아미노산을 생산한다. 카나바닌은 피마자(*Canavalia ensiformis*)의 학명에서 유래한 것이고, 피마자가 많이 생산하며 아르기닌의 유사체이기도 하다. 카나바닌이 함유된 조직을 곤충이나 초식동물이 먹으면, 아르기닌의 자리에 카나바닌이 대치되어 들어가 이상을 일으켜서 초식동물이나 곤충이 싫어하거나 죽게 만든다. 송충이나 쐐기벌레에 의해 피해를 받은 수목은 송충이의 천적을 유인하는 휘발성 물질을 생성해, 이들을 가해하는 천적이 벌레를 쉽게 찾아낼 수 있도록 해서 벌레의 몸에 알을 낳게 하고, 알이 부화되면 송충이나 쐐기벌레가 죽게 만든다. 또한 수목 잎은 벌레에 의해서 가해당하면 휘발성 물질을 만든다. 이들 벌레에 의해서 잎이 가해 당하면 자스몬산이 분비되어 수목의 저항성을 올리는 유전자 발현을 유도한다.

탈분화

수목이 초식동물이나 곤충으로부터 상처를 입거나 강한 바람이나 가지치기 등으로 인해서 가지가 절단되거나 하면 상처 부근에 있는 세포에서 탈분화 과정이 일어난다. 탈분화(dedifferentiation)란 성숙한 세포가 분열조직의 상태로 돌아가 그들의 유전 정보를 계획대로 진행시켜서 분화를 준비하는 과정이다. 유관속이 절단되면 상처 주변의 조직이 세포분열을 유도하여 새로운 유조직을 형성한다. 이 유조직은 절단된 유조직의 끝부분과 연결된다. 이 새로운 유조직은 유관속으로 분화되어 절단면과 연결된다. 탈분화는 해충이나 다른 피해로부터 유조직을 연결해서 생장을 하도록 유도하는 중요한 과정이다. 이와 같이 원래의 조직으로 돌아가고자 하는 능력을 전형성 능력(totipotency), 전형 발현 능력, 또는 분화 전능성이라고 한다. 식물 조직을 조직배양했을 때, 원래의 시원세포에 의해서 식물이 모든 부분을 형성하는 능력은 동물과 가장 큰 차이점이다.

CHAPTER

21 탄소 분배

비구조탄수화물

비구조탄수화물(NSC, non structural carbohydrate)은 수목에서 비교적 소화가 잘 되거나 분해가 잘 되는 탄수화물이다. 구조탄수화물(structural carbohydrate 혹은 non starch polysaccharide; NSP)은 효소가 없으면 잘 소화가 안 되거나 분해가 잘 안 되는 탄수화물이다. 비구조탄수화물에는 설탕, 전분, 프록탄 등이 있고, 구조탄수화물에는 셀롤로오스, 헤미셀롤로오스, 펙틴, 베타글루칸 등이 있다 (그림 21.1).

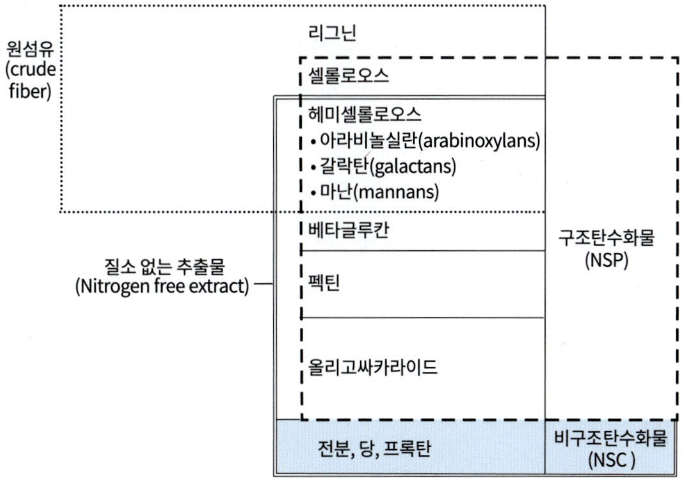

그림 21.1 탄수화물의 종류

수목에서 탄소는 여러 가지 형태로 존재하며, 비구조탄수화물의 종류도 다양하다. 단당류부터 지질(lipid)까지 모두 탄소로 구성된 물질들이다. 다당류로 구성된 것 중에서는 셀룰로스, 아밀로오스, 아밀로펙틴 등이 대표적인데, 이러한 물질은 수목의 골격이나 구조적인 안정성을 줄 수 있도록 한다(Hartmann and Trumbore, 2016). 또한 지질은 이차대사산물로써 항산화작용에서 중요한 신호전달 역할을 한다(표 21.1).

표 21.1 수목에서 탄수화물, 지질의 형태와 기능.

구분		예	기능
단당류 (monosaccharide)	5탄당	아라비노오스(arabinose) 자일로스(xylose) 리보스(ribose)	대사, 삼투압조절
	6탄당	글루코스(glucose) 프룩토스(fructose) 갈락토스(galactose)	
이당류 혹은 올리고당 (di-saccharide 혹은 oligosaccharide)		수크로스(sucrose) 라피노스(raffinose) 스타키오스(stachyose)	설탕 운반
다당류 (polysaccharide)	직선연결 (straight chain)	헤미셀룰로스(hemicellulose) 셀룰로스(cellulose)	구조를 이루는 바이오메스
	가지형 연결 (branched)	아밀로스(amylose) 아밀로펙틴(amylopectin)	저장
지질(lipid)		트리글리세라이드(triglicerides) 지방산(fatty acids)	대사, 에너지 저장
		테르페노이드(terpenoids) 등 파생물질	방어, 개체간 소통, 항산화

수목에서 비구조탄수화물(NSC)의 생성연령별 줄기에서 분배를 보면, 옅은 초록색은 어린 연령의 탄소이고, 짙은 초록색은 늙은 연령의 탄소이다. 생성되고서 얼마 되지 않은 어린 연령의 탄소는 주로 변재에서 유조직을 통해서 이동한다. 오래전에 생성된 탄소는 주로 심재 부근에서 수직으로 이동한다. 수(pith) 쪽에서 수피 쪽으로 이동하는 것은 오래된 탄소이고, 수피 쪽에서 수(pith) 쪽으로 이동하는 탄소는 대개 어린 연령의 탄소이다. 잎에 고정되어서 만들어진 탄수화물이 처음에는 바깥쪽에서 이동하다가 나중에 안쪽으로 이동한다(그림 21.2).

건조와 탄소 분배

건조 스트레스는 수목의 광합성과 기공의 전도도를 줄인다. 미국 사시나무(*Populus tremuloides*)

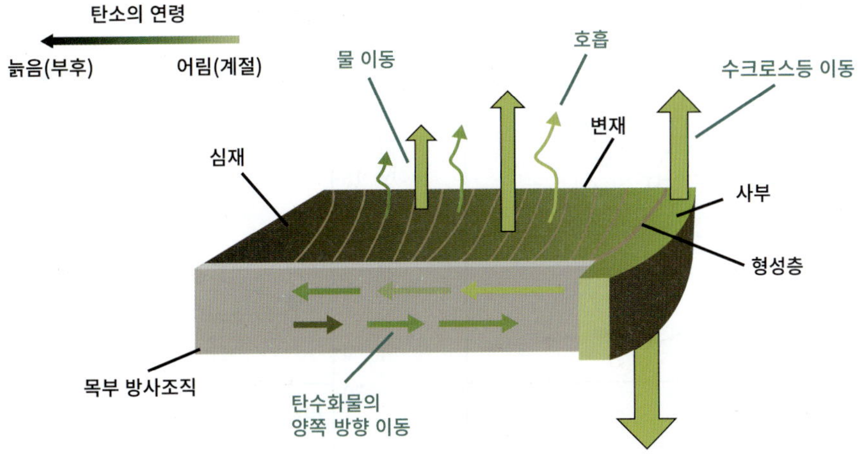

그림 21.2 수목에서 비구조탄수화물의 생성 연령별 탄소 축적 양상. 초록색은 어린 연령의 탄소이고, 짙은 초록색은 늙은 연령의 탄소이다.

의 경우, 건조 스트레스 때문에 지상부의 생리적인 탄소고정은 감소하지만, 뿌리로의 탄소 분배는 오히려 증가한다. 뿌리에서 설탕(가용성 당)과 전분의 양은 오히려 증가한다(Galvez et al., 2011). 포플러 속의 수목은 isohydric 생존전략을 가지고 있어서, 건조 스트레스가 심해져서 탄소고정이 줄어들어도 뿌리에서의 탄소 감소는 급격하게 일어나지 않는다. 가용성 당(soluble sugar)을 뿌리에서 끌어올린다. 건조 스트레스 초기에는 수목에서 전분의 양이 증가한다. 그 이후에 전분은 가용성 당을 사용하여 삼투압을 유지하는 데 사용한다. 산불, 건조, 벌채 등으로 인해 지상부가 제거된 수목의 그루터기에서 맹아가 자라나 가지가 발생하는 것은 뿌리에 많은 양의 전분을 저장하고 있기 때문이며, 이는 생존을 위해서 오랫동안 진화해 온 수목의 생존 전략이다. 이러한 전략을 우선순위 전략(prioritization strategy)이라고 한다. 건조 등으로 인해, 줄기가 심각하게 피해를 받고 수분의 이동이 제한되는 경우, 뿌리로 저장물질을 이동시키고서 가장 우선적으로 맹아를 발생시키는 전략으로 생존하려는 것이다(그림 21.3).

참나무의 탄소 분배

수목은 탄소를 흡수해서 고정하는 순서가 일정하게 비슷하다. 그림 21.4는 동위원소 ^{14}C를 활용하여 코르크 참나무(*Quercus suber*)가 어떻게 탄소를 고정하는지 실험하는 개념도이다(Aguado et al., 2012). 수목이 모든 CO_2를 흡수한 후 외부로 빠져나갈 수 없도록 고안함으로써 정확한 양을 추적할 수 있다(그림 21.4; 표 21.2).

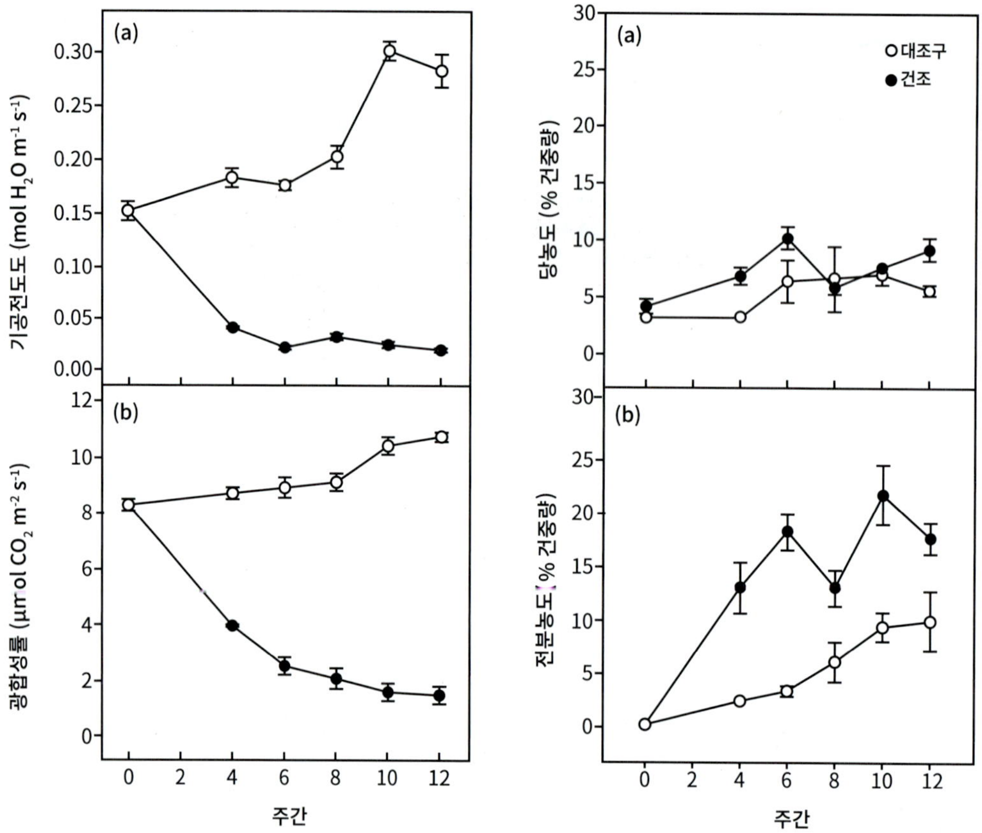

그림 21.3 건조와 생장에 관여하는 생리적인 특성과 탄소 분배

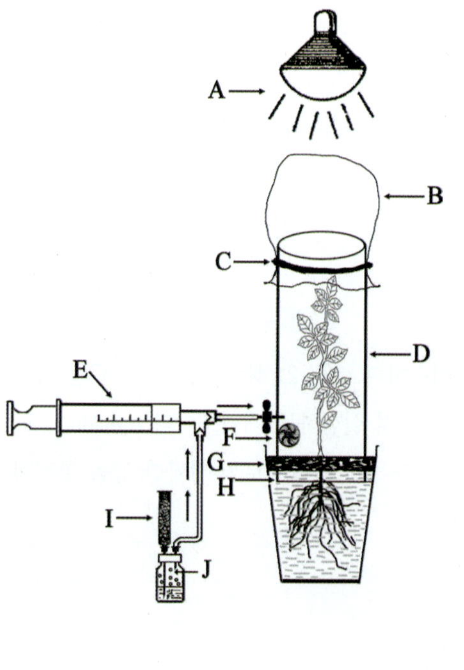

A: 빛, B: 비닐백, C: 밴드, D: 실린더, E: 주입기, F: 소형팬, G: 수분차단기, H: 비닐커버, I: 섬유필터(여과기), J: $^{14}CO_2$ gas

그림 21.4 동위원소를 수목이 흡수해서 어떻게 활용하는지에 대한 탄소 분배 추적 실험개념도.

표 21.2 줄기에서의 시간에 따른 탄소 분배.

탄소 흡수 후	분배 특성
1시간	광합성이 진행되면서 탄소가 형성층(cambium) 부근에만 나타난다.
8시간	줄기의 모든 부분으로 분배(suberin 포함)한다.
24시간	슈베린(suberin)에 축적되는 양이 증가한다.
3~7일	슈베린(suberin)에 축적되는 양이 가장 많고 활발한 시기이다.
1주	늦은 봄에 코르크 형성층(phellogen)이 가장 활발하다. 57%가 줄기(0.6% non-polar extractives, 12.9% polar extractives, 4.2% suberin, 39.3% ligno-cellulosics)에 축적한다.
2-26주	• 줄기에서 농도가 늦은 봄으로 가면서 감소함. 고정된 탄소가 다른 부위로 이동한다. • 4% 정도의 양만 슈베린(suberin)으로 이동한다. • 4주차 정도에 이차목부(secondary xylem)의 생장이 높다.
52주	줄기에 약 26% 정도를 축적한다. 코르크 세포의 소실로 인해서 약간의 탄소분배가 감소한다.

그림 21.5(a)는 동위원소를 흡수하고서 하루 정도 지난 후에 동위원소 ^{14}C가 축적된 사진으로, 검은색 부분은 형성층(cambium)에 탄소가 축적된 것을 보여준다. 그 다음으로 1차 사부에서 탄소가 축적된 것이 보인다(그림 21.5b). 일주일 정도 후에 코르크에 ^{14}C가 축적된 것은 흰색으로 동그라미 표시한 것을 확인할 수 있다(그림 21.5c). 8주 정도 후에는 이미 2~3개의 층으로 코르크층이 발달한 것을 확인할 수 있다(그림 21.5d).

목부에서 동위원소가 얼마나 이동하는지 추적 관찰할 수 있다. 검은색은 동위원소가 축적된 것이고, 화살표는 8주 후에 2차 목부가 형성된 것이다(그림 21.6a). 26주 후에 목부 생장이 진행되면서

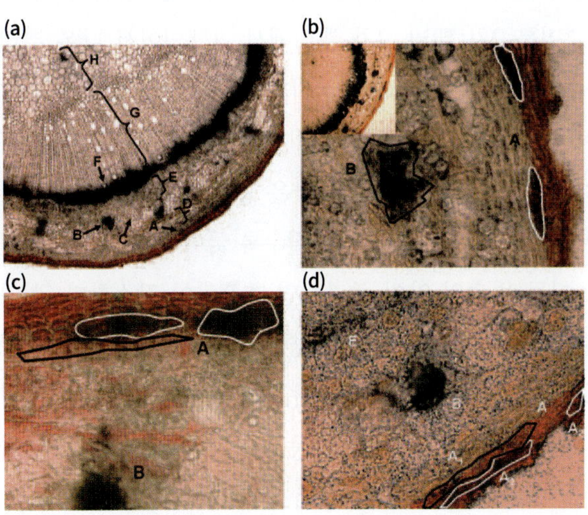

A: 주피(periderm), B: 1차 사부, C: 유관속 주변섬유, D: 피질, E: 2차 사부, F: 유관속 형성층, G: 2차 목부, H: 수(pith)

그림 21.5 동위원소를 흡수하고서 하루 정도 지난 후에 동위원소 ^{14}C가 축적된 사진(a)으로, 검은색 부분은 형성층에 탄소가 축적된 것이다.

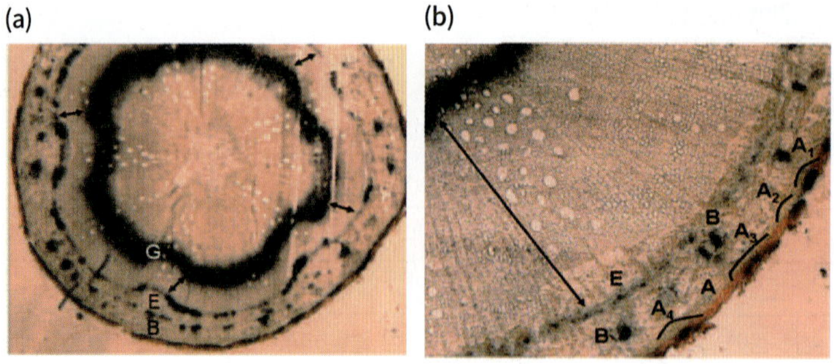

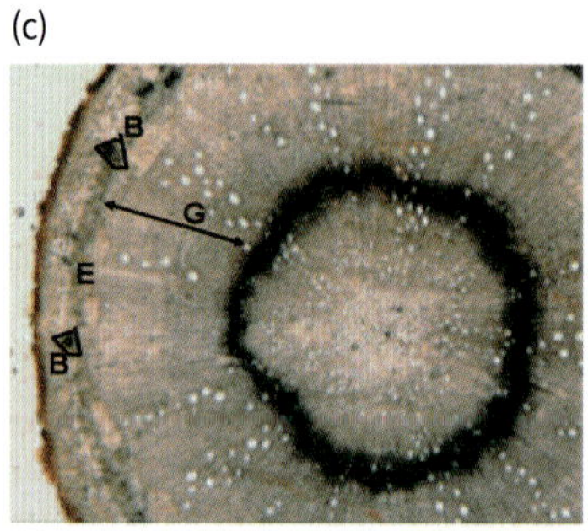

A: 주피(periderm), B: 1차 사부,
C: 유관속 주변섬유, D: 피질,
E: 2차 사부, F: 유관속 형성층,
G: 2차 목부, H: 수(pith)

그림 21.6 목부에서 동위원소를 활용한 탄소이동 및 축적되는 양상의 추적.

1차 사부 옆에 2차 사부가 형성된 것을 볼 수 있다(그림 21.6b). 52주 후에는 1차 사부는 검은색으로 변한 것을 관찰할 수 있다(그림 21.6c).

뿌리의 형태와 호흡량

탄소는 고정되어서 뿌리로 이동된 다음 생장에 소모된다. 이 과정에서 호흡이 발생하게 되는데, 뿌리의 형태적인 특성, 즉 굵기, 길이와 관련이 많다(Jia et al., 2013). 뿌리는 주근을 일반적으로 1차 뿌리라고 하고 여기서 파생되어서 나온 뿌리를 2차 뿌리, 2차 뿌리에서 파생되어서 나온 뿌리를 3차 뿌리라고 한다. 이와 같이 뿌리의 차수가 증가하면 뿌리의 굵기가 가늘어진다. Larch(*Larix gmelinii*) 와 ash(*Fraxinus mandshurica*) 두 수종에 대해서 1~5차까지의 뿌리를 대상으로 호흡량을 측정하면 다음과 같다. 뿌리의 굵기는 가늘수록, 길이는 길수록 호흡량은 증가한다(그림 21.7). 달리 말하면, 잔뿌리일수록 호흡량이 증가한다. 뿌리의 굵기는 차수가 높아질수록 굵어진다. 총질소, 전분, 가용성 당의 양은 호흡량과 반비례한다. 이들 변수의 양이 증가하면 호흡량이 감소한다. 뿌리의 비구조탄수화물 : 질소의 비율은 뿌리 호흡의 정도를 판단하는 데 좋은 척도가 된다. 질소는 생장 유지 호흡과 밀접한 관련을 가지고 있다. 이 비율은 뿌리가 굵어질수록 증가한다. 질소의 양이 굵은 뿌리로 갈수록 적어짐으로써 나타나는 현상이다. 이 비율이 높다는 것은 뿌리의 호흡량이 적음을 뜻한다(그림 21.7).

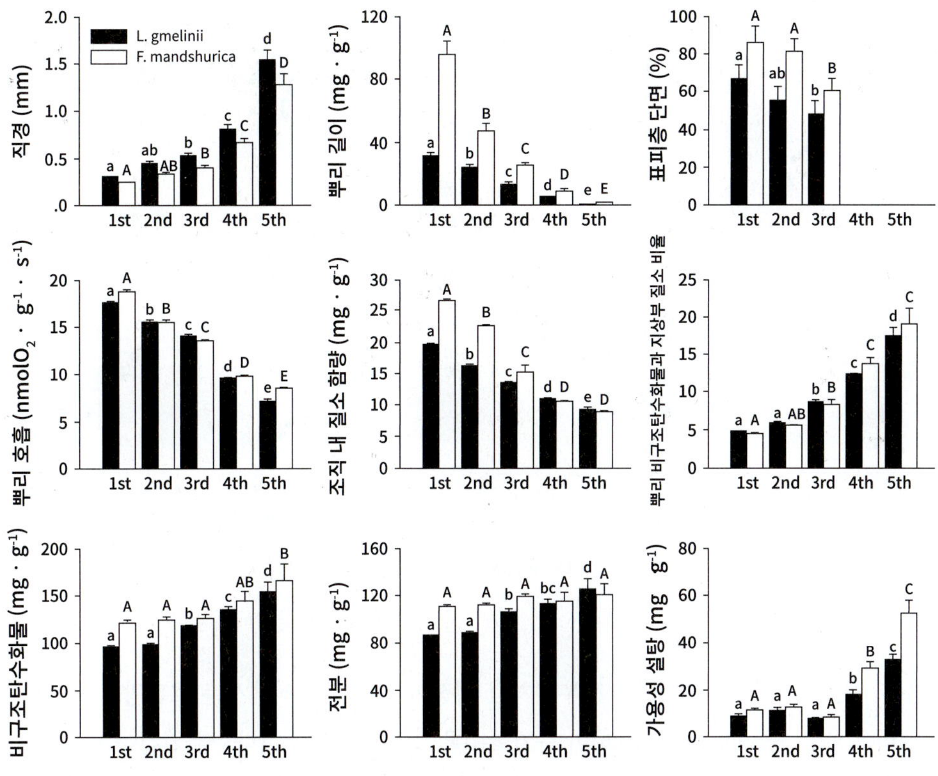

그림 21.7 Larch(*Larix gmelinii*) 와 ash(*Fraxinus mandshurica*) 두 수종의 뿌리 위치 및 연령과 탄수화물 분배량

두 수종에서 피층 조직이 1~3차 뿌리에서만 공통적으로 관찰되고, 4~5차 뿌리에서는 볼 수 없다. 뿌리의 굵기가 굵어질수록 피질(cortex) 조직은 사라진다. 그리고 2차 목부와 사부가 생성된다(그림 21.8).

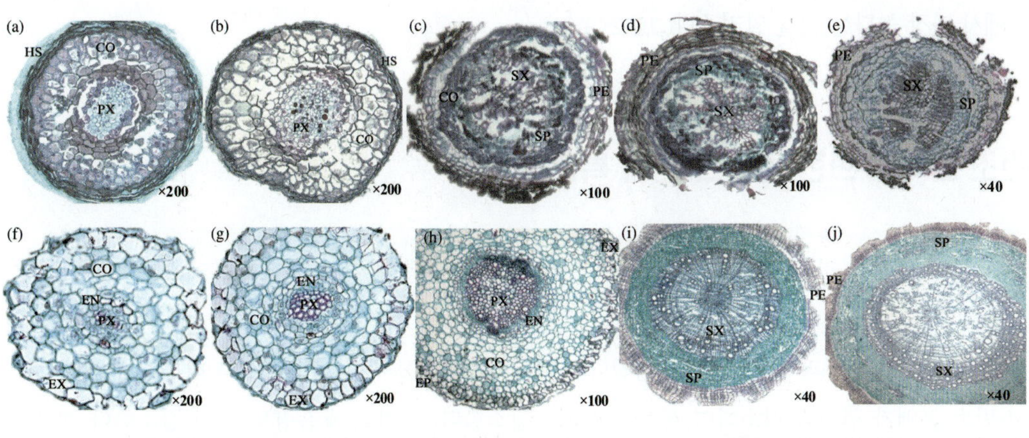

CO: 피질, EN: 내피, EP: 표피, EX: 외피, HS: 균사(hyphal sheath), PE: 주피, PX: 1차 목부, SP: 2차 사부, SX: 2차 목부

그림 21.8 Larch(*Larix gmelinii*)와 ash(*Fraxinus mandshurica*) 두 수종의 뿌리에서 탄소 분배

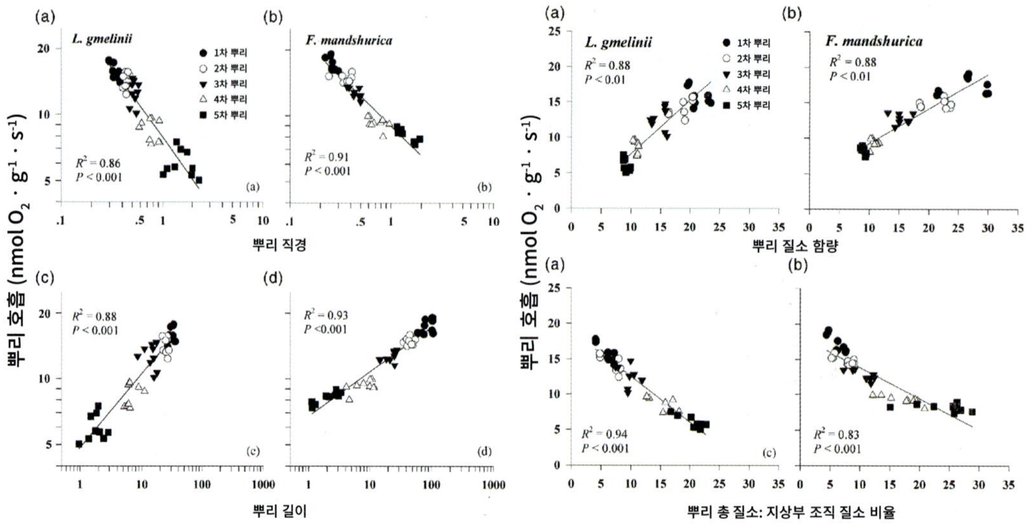

그림 21.9 뿌리의 호흡량

호흡은 생장하는 데 필요하므로, 잔뿌리처럼 생장이 왕성한 뿌리에서는 호흡량도 증가한다. 뿌리 길이 비율(SRL; specific root length)이 증가할수록 호흡량은 감소한다. 뿌리 길이 비율이 증가한다는 것은 뿌리의 길이가 짧아진다는 것을 말한다. 그러므로 뿌리의 굵기와 길이는 호흡량과 밀접한 관련성을 가진다. 뿌리 조직의 질소 농도가 높을수록 호흡량도 증가한다. 뿌리의 호흡은 구조 탄수화물보다는 비구조탄수화물에 의해서 결정된다. 근권에서 탄수화물은 호흡, 물의 흡수, 양료 이동, 뿌리생장, 유지, 공생 미생물과의 활성 등의 용도로 필요하다. 뿌리의 호흡에서 비구조탄수화물 가운데 전분과 가용성 당은 중요한 기질이 된다. 총 질소의 함량은 가는 뿌리(1차 뿌리보다는 5차 뿌리가 더 가늘다)에서 가장 낮은 반면, 호흡률은 가장 높은데, 이는 생장에 관련한 생리적인 활성이 잔뿌리에서 가장 높다는 것을 알려준다(그림 21.9).

건조 회복에 의한 탄소의 분배 특성

수목에 관수를 잘 하다가 어느 정도 기간이 지나, 관수를 멈춰서 건조 스트레스를 주었다가 다시 관수를 하여 회복이 되는 경우, 그리고 재관수를 하지 않고 건조 스트레스를 계속 유지시키는 경우, 일반적으로 다음과 같은 변화가 생긴다(Duan et al., 2013). 광합성의 감소와 더불어 건조에 의해서 탄소 분배가 현저히 감소하여 물질생산량은 감소한다. 야간의 호흡량도 같이 감소한다. 관수를 계속하는 경우, 잎의 전분 양과 전체 수목의 총비구조탄수화물 양은 증가한다. 비구조탄수화물 농도는 건조 초기 단계에서 증가하는데, 이는 광합성이 시작되면서 생장이 감소하기 때문이다. 건조가 지속되면, 광합성은 계속 감소하고, 비구조탄수화물 농도는 계속 증가한다(표 21.3).

표 21.3 건조와 탄소 분배의 양상

생리적 특성 \ 스트레스 상태	관수	건조 후 재관수	건조 유지
광합성	↑	↓	↓
야간 호흡량	–	↓	↓
건중량	↑	–	–
잎 전분	↑	↓	↓
잎 가용성 당	–	↑	↑
가지 전분	–	–	–
가지 가용성 당	–	–	–
뿌리 전분	–	–	–
뿌리 가용성 당	–	–	–
전체 수목의 비구조탄수화물 농도	↑	↑	↑
전체 수목의 비구조탄수화물 양	↑	–	–

–변화 없음, ↑증가, ↓감소

시기별 탄소의 분배

수목은 지상부와 지하부를 막론하고, 낙엽이 지는 10월로 갈수록 생육시기인 7월에 비해 비구조탄수화물의 축적량이 증가한다. 지하부와 지상부를 비교하면, 지하부에서 전분 축적량이 지상부보다 더 많다(Wiley et al., 2013). 이는 낙엽이 지기 전에 많은 양의 비구조탄수화물을 지하부에 축적해서 겨울을 대비하려는 전략으로, 다음 생육기에 필요한 생육(bud burst)을 위해 지하부에 많은 양의 비구조탄수화물을 축적한다(그림 21.10).

탄소와 산소의 분배

그림 21.11은 동위원소를 활용하여 수목의 연륜 셀룰로스에서 탄소의 이동을 추적한 것(^{13}C, CO_2, a)과 산소의 이동을 추적한 것(^{18}O, H_2O, b)의 모식도이다(Gessler et al., 2014). 이산화탄소가 수목의

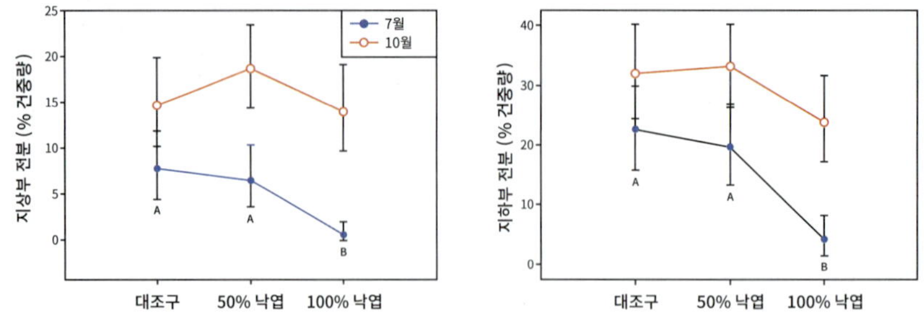

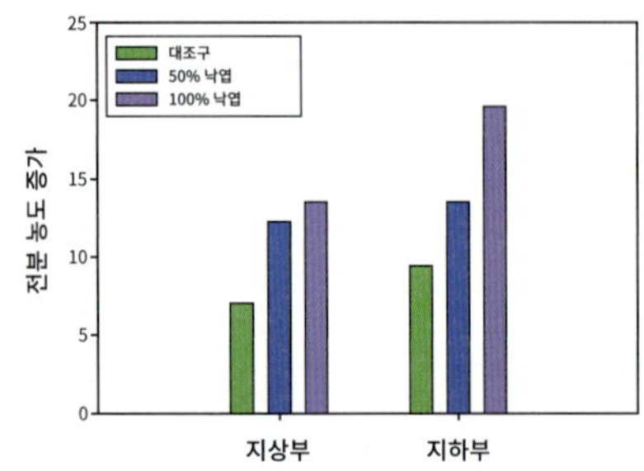

그림 21.10 지상부와 지하부의 시기별 탄소 분배

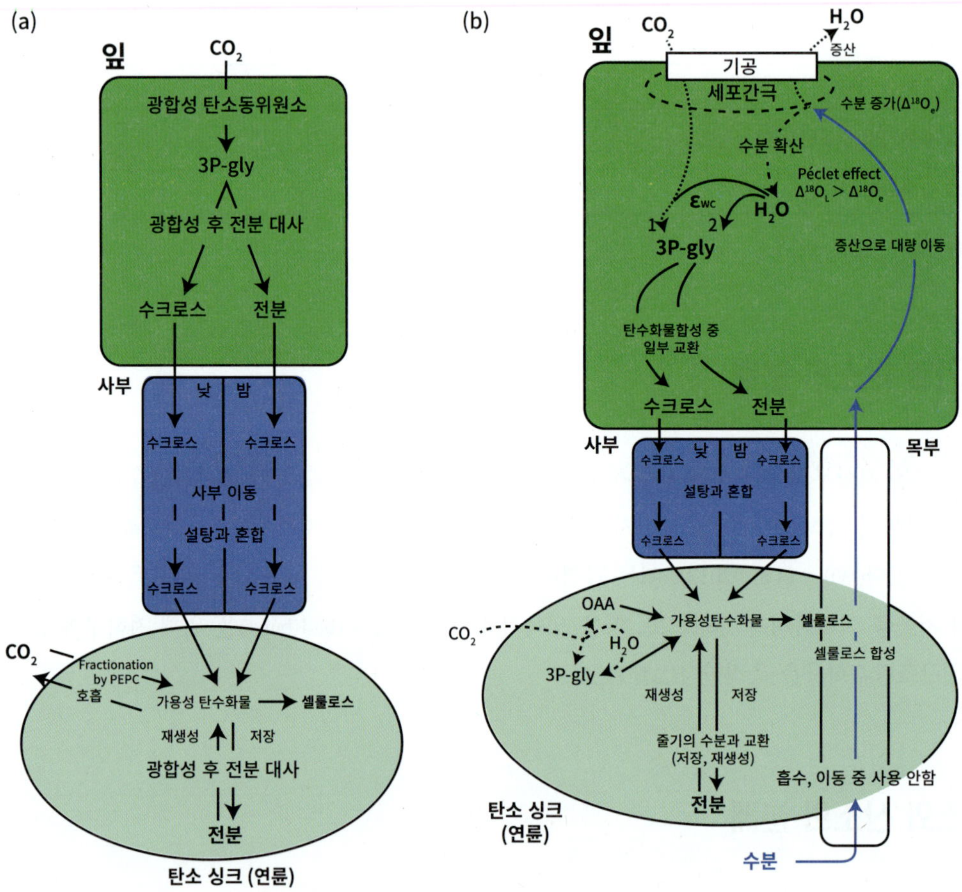

PEPC: phosphoenolpyruvate carboxylase, $\Delta^{18}O_e$, $\Delta^{18}O_L$: 동위원소활용 추적, ε_{wc}: 물과 카보닐기에 있는 산소의 평형계수, OAA: 옥살로아세테이트, 3P-gly, 3-phosphoglycerate.

그림 21.11 탄소의 고정 및 분배 과정

잎을 통해서 유입되면, 광합성 과정에서 3-phosphoglycerate에 의해서 수크로스와 전분으로 전환된다. 낮에는 사부를 통해서 가용성 탄수화물로 전환되어 전분으로 저장되고, 시간이 지나면 셀롤로오스화 되어서 저장된다. 밤에는 전분이 수크로스를 거쳐서 같은 과정을 통해 축적된다. 일부는 phosphoenolpyruvate(PEP) carboxylase에 의해서 호흡에 사용하여 소모된다. 이 과정을 통해서 싱크에 저장된다. 뿌리를 통해서 흡수된 물은 목부를 거쳐 증산작용를 통해 수목의 잎을 거친 후 대기중으로 배출된다. 물에 포함되어 있던 산소는 잎을 통해서 흡수된 CO_2와 더불어서, 야간과 주간에 탄소가 고정되는 과정과 같이, 전분으로 나이테에 축적된다. 수크로스는 줄기에 있던 물과 섞여 나이테에서 가용성 탄수화물로 변환되어 셀롤로오스화 된다.

건조, 고온에 따른 탄소 분배

기후변화가 수목에 주는 큰 변화는 온도 상승과 이로 인한 건조현상이다. 수목도 기후변화로 인한 변화에 따라서 탄소의 분배전략이 달라진다(Sevanto and Dickman, 2015). 지상부에는 수목의 생육 최적조건까지 탄소가 축적된다. 건조와 고온 스트레스의 임계점을 지나게 되면 싱크에 축적되어 있던 탄소가 지상부로 이동해서 호흡과 생장을 유지하는 데 소모된다. 그러나 줄기와 지하부에는 고온 및 건조 스트레스가 진행됨에 따라서 탄소가 고갈되어 축적이 감소한다. 지하부로의 탄소 분배가 더 나빠지게 된다. 온도가 높아지면 수목의 신진대사 농도가 한계지역인 곳(높은 고도, 높은 위도)을 제외하고는 향상된다. 고온에 대한 피해를 극복하기 위해 수목은 탄소의 재분배에 많은 탄수화물을 사용한다. 또한 토양의 호흡량이 증가한다. 이러한 이유로 인해서, 지상부와 지하부에는 공통적으로 고온과 건조에 의한 스트레스로부터 회복하기 위해서 탄소 분배에 불균형이 생긴다(그림 21.12).

처음 만들어진 탄소 분배

수목에서 탄소가 흡수되어서 고정되는 과정은 동위원소 ^{13}C를 활용하여 관찰할 수 있다(Heinrich et al., 2015). 그림 21.13은 헤미셀룰로스 유래 당이 변화되는 과정을 설명한다. 상자로 된 내용 이외는 세포질에서 일어나는 고정 과정이다. 탄소는 잎의 기공을 통해 흡수되어 캘빈사이클을 거쳐서 엽록체에서 루비스코(Ribulose-1,5-bisphosphate carboxylase/oxygenase)에 의해서 고정된다. 탄소가 미토콘드리아에서 시트르산(citric acid) 사이클을 거쳐 호흡으로 소모된다.

탄수화물 합성하는 과정은 포도당 생합성, 글리코겐 합성, 광합성(명반응, 암반응)이고, 탄수화물

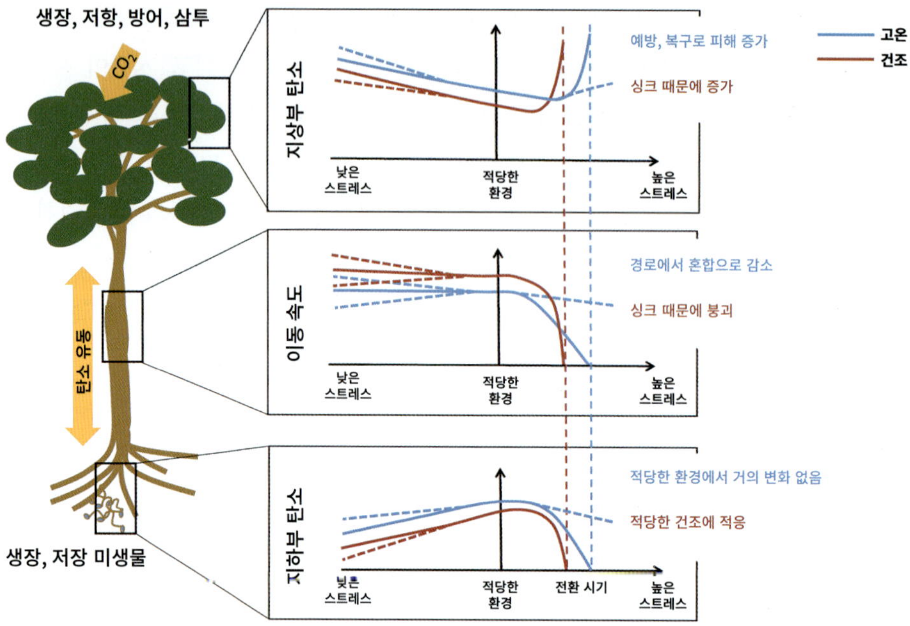

그림 21.12 건조, 고온에 따른 탄소 분배

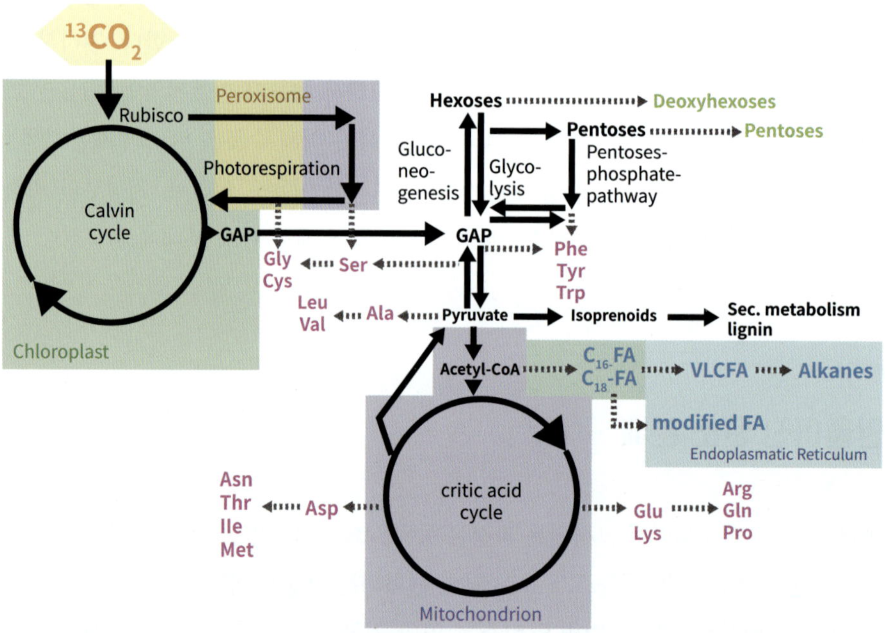

그림 21.13 캘빈사이클에서 탄소고정 및 인산 경로(alanine, glutamate)

분해에 해당하는 과정은 세포 호흡, 해당과정, 피루브산 산화, 시트르산 회로, 산화적 인산화(전자전달계, ATP 생성효소), 발효(젖산 발효, 에탄올 발효), 기질수준 인산화, 글리코겐 분해 등이 있다. 이와 더불어 오탄당 인산 경로(pentose phosphate pathway) 또는 포스포글루콘산 경로(phosphogluconate pathway) 또는 육탄당 일인산 경로(hexose monophosphate pathway)는 포도당 6-인산을 오탄당 인산으로 산화시키는 대사경로이다. 오탄당 인산 경로는 NADPH와 오탄당 유도체인 리보스 5-인산을 생성하는데, 리보스 5-인산은 뉴클레오타이드의 합성을 위한 전구물질이다. 포도당의 산화를 포함하고 있지만, 오탄당 인산 경로의 주된 역할은 이화작용보다는 동화작용에 있다. 동물에서 오탄당 인산 경로는 적혈구에서 특히 중요하다.

오탄당 인산 경로는 두 가지 구분되는 단계가 있다. 하나는 오탄당 인산과 NADPH를 생성하는 산화적 단계이고, 다른 하나는 오탄당 인산을 포도당 6-인산으로 재생하는 비산화적 단계이다. 대부분 생물체의 경우, 오탄당 인산 경로는 세포질에서 일어나지만, 식물에서 대부분의 단계는 색소체에서 일어난다.

해당과정과 유사하게, 오탄당 인산 경로는 매우 오래된 진화적 기원을 가지고 있다. 오탄당 인산 경로의 반응은 대부분 현생 세포에서 효소 촉매의 작용으로 일어나지만, 아주 오래전 바다 조건하에서 비효소적으로도 일어날 수 있으며, 금속 이온, 특히 철 이온[Fe(II)]에 의해서 촉매될 수 있다. 이것은 오탄당 인산 경로의 기원이 생물 발생 이전의 시대로 거슬러 올라갈 수 있음을 시사한다.

단당류(monosaccharides)와 아미노산은 광합성 및 해당과정과 밀접한 관련을 가지고 있다. 그러므로 이러한 물질은 수목의 조직 발달에 기여한다. 탄수화물은 광합성을 통해서 직접 만들어지지만, 아미노산은 중앙의 해당과정을 거치면서 분배된다. 지방산(fatty acid)은 화학, 특히 생화학에서 포화 또는 불포화된 긴 지방족 사슬을 가지고 있는 카복실산이다. 자연적으로 생성되는 대부분의 지방산은 4~28개까지의 짝수 개의 탄소 원자들로 구성된 가지가 없는 사슬을 가지고 있다. 지방산은 일반적으로 생물에서 단독으로 존재하기 보다는 주로 트라이글리세라이드, 인지질, 콜레스테릴 에스터의 3가지 주요 부류의 에스터 형태로 존재한다. 이러한 에스터 형태에서 지방산은 동물에서도 중요한 에너지원이며, 세포에서 중요한 구조적 구성성분이다(그림 21.13).

탄수화물의 전환 속도

탄소화물은 구조탄수화물과 비구조탄수화물(non structural carbohydrates; NSCs)로 구분되며, 수목 전체 무게의 약 25~50% 정도를 차지한다. 비구조탄수화물이란 단당류와 소화효소를 통해 단당류로 분해될 수 있는 탄수화물을 일컫는다. 포도당(glucose), 과당(fructose), 유당(lactose), 자당(sucrose), 전분(starch), 글리코겐(glycogen) 등이 대표적인 비구조탄수화물이다. 구조탄수화물

(structural carbohydrates(cell wall))은 효소로는 분해가 되지 않는 탄수화물로, 주로 식물의 세포벽을 구성하고 있는 물질이다. 구조탄수화물은 섬유소(fiber)로도 일컬어지며, 셀룰로스, 헤미셀룰로스, 리그닌 등이 대표적이다. 탄수화물의 주요 기능은 에너지 공급이고, 탄수화물의 성격상 상대적으로 빠르고, 느린 전환 속도를 지니고 있다. 헤미셀룰로스는 구조 탄수화물이지만, 실제로는 비구조탄수화물(NSC)로 작동하기도 한다. 리그닌은 한 번 고정되면 다른 것으로 전환되는 것이 거의 없고, 수목에서는 이동성과 전환성이 가장 없는 성분이 된다(Germino, 2015). 반면에, 설탕 같은 물질은 전환이 자유롭고, 이동도 쉬운 탄수화물이다(그림 21.14).

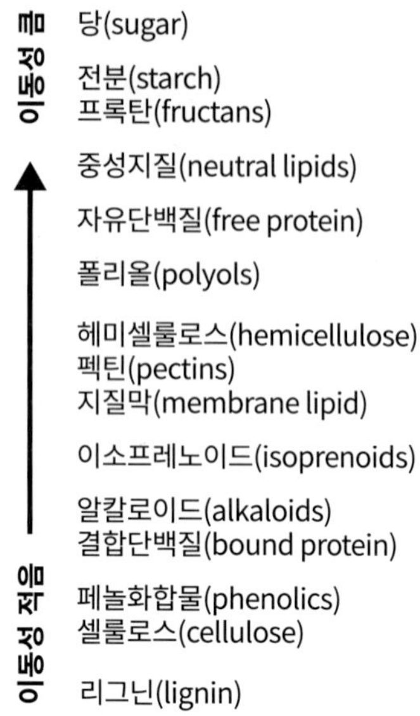

그림 21.14 탄수화물의 전환

수목에는 많은 물질들이 상호작용을 한다. 수목에서 이동성이 다른 주요물질의 특성과 종류를 간략하게 알아보면 다음과 같다.

프록탄은 한 개의 포도당 분자에 결합한 과당으로 이루어진 올리고당 또는 다당류를 말한다. 곡류의 경우에는 짧은 프록탄이 많으나, 돼지감자는 약 35개의 잔기를 갖는 프록탄인 이눌린의 함량이 높다. 양파, 마늘, 아스파라거스 등에도 들어 있다. 프록탄은 D-프룩토오스의 중합에 의해 생긴 다당류를 모두 말한다. 다양한 식물(특히 국화과와 벼과)의 뿌리, 줄기, 잎, 종자에 저장 탄수화물로서 함유되어 있다. 예를 들면 달리아의 뿌리와 돼지감자의 덩이줄기, 혹은 호밀의 뿌리털, 줄기 잎에 많이 함유되어 있다.

폴리올은 다가의 알코올을 의미한다. 즉 2개 이상의 수산기(−OH)를 가진 지방족 화합물 수산기를 2개 가진 것을 글리콜 또는 디올(diol)이라고 하며, 그 밖에 에틸렌글리콜 또는 프로필렌글리콜을 에테르화한 디에틸렌글리콜, 디프로필렌글리콜, 폴리에틸렌글리콜 등이 있다. 수산기를 3개 가진 대표적인 것은 글리세롤이며, 4개 가진 것으로는 펜타에리트리톨이 있다.

펙틴은 세포벽을 이루는 주요 구성 성분 중 하나이다. 섬유소와 헤미섬유소 네트워크를 담고 있는 겔 형태의 다당류의 총칭으로, 주성분은 갈락투론산이고, 중성당인 람노스, 갈락토스, 아라비노스 등을 포함한다. 친수성이며, 세포벽 사이의 중간층(middle lamella)에 높은 농도로 존재하여 세포간 접착에 중요한 역할을 한다. 1차세포벽 주요 구성 성분 중 가장 높은 비중을 차지한다.

알칼로이드는 식물염기라고도 하고 식물계에 많이 분포한다. 단일 물질에 주어진 명칭이 아니라, 화학적으로 매우 광범위한 물질을 가리키며, 현재 250종 이상의 것이 알려져 있다. 일반적으로 알칼로이드는 옥살산, 아세트산, 시트르산 등의 염의 형태로 존재한다. 화학구조에 따라 분류하면 다음과 같다.

① 피리딘 및 피페리딘알칼로이드: 니코틴(담배)

② 폴리아세틸알칼로이드: 코니인(독당근), 리코포듐알칼로이드(석송)

③ 피롤리딘 및 트로핀알칼로이드: 스타키드린(자주개자리), 히그린(코카인), 피페린(잔대)

④ 이소퀴놀린알칼로이드: 페로틴(양귀비, 선인장), 노르로다노소린(양귀비), 파베린(성숙한 양귀비의 열매), 모르핀알칼로이드(양귀비의 덜 익은 열매)

⑤ 인돌알칼로이드: α축합(하르말라알칼로이드는 미나리과, 요힘빈은 꼭두서니과, 키나알칼로이드는 꼭두서니과), β축합(베르베린은 황벽나무의 껍질)

증가된 CO_2 농도, 온도와 탄소 분배

수목의 경우, CO_2와 주변의 온도가 증가하면 탄소 분배는 증가한다(Quentin et al., 2015). 지상부의 잎, 줄기, 뿌리 모두 CO_2 증가에 따라 탄소의 분배도 증가한다. 증가한 온도는 생장을 촉진시키고, 이에 따라 물질생산량이 증가한다. 지하부도 생장이 증가하는데, 특히 굵은 뿌리는 더 굵어지고, 가는 뿌리에서는 약간의 탄소고정량이 증가하므로, 탄소는 굵은 뿌리에 우선적으로 분배된다(그림 21.15).

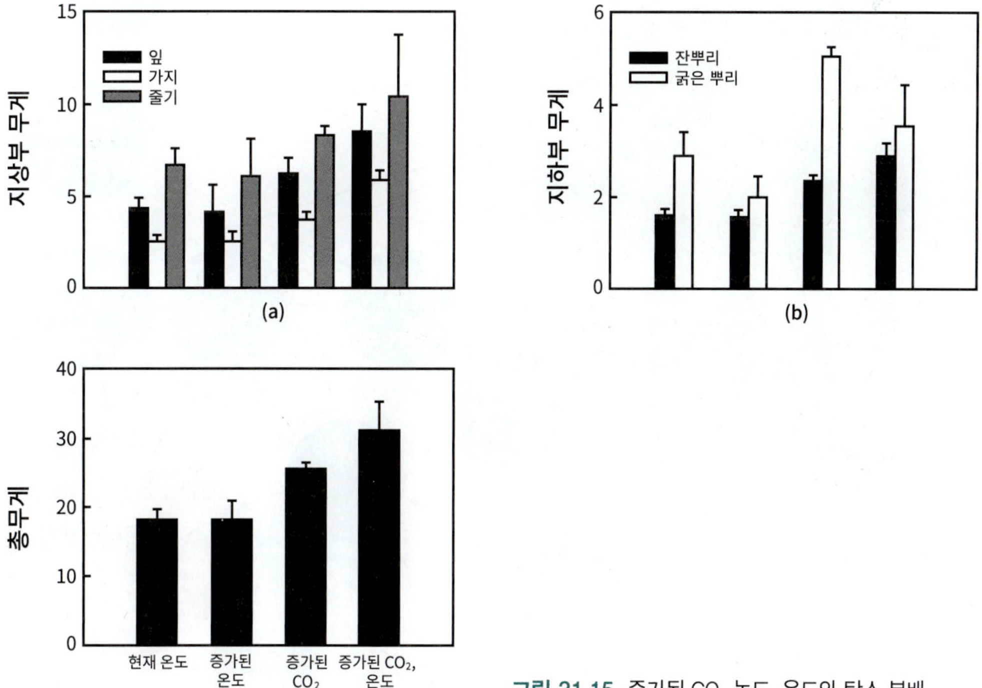

그림 21.15 증가된 CO_2 농도, 온도와 탄소 분배

탄소 부족으로 인한 수목의 고사 시기

수목이 스트레스에 직면하면, 탄소가 고정되는 것에 문제가 생긴다. 여러 가지 생리적인 차원에서 문제가 생기는데, 줄기의 수분 이동 문제는 푸른색, 탄소 기아 문제는 보라색, 이들 문제로 인해 수목의 활력도에 문제가 생기면 초록색으로 표현했다. 실선은 거의 확인된 것이고, 점선은 잠재적으로 연결되어 있을 것이라 여겨지는 것이다(그림 21.16). 줄기에서는 목재의 밀도, 도관의 기능, 목부와 잎의 수분포텐셜, 기공의 폐쇄 현상 등이 탄소고정에 영향을 받는다. 스트레스 상황에서 탄소의 흡수량 감소, 탄소의 싱크-소스 간의 불균형이 수목의 생존에 영향을 미친다(Sevanto and Xu, 2016). 수목의 활력도에 따라서 지상부의 탄소 축적량, 지하부로의 탄소 공급량이 감소하거나 증가한다. 잎의 면적, 수분이용효율, 탄소 흡수의 효율, 순광합성률이 영향을 받는데, 이는 탄소 기아 현상을 유발해서 수목의 고사시기에 영향을 미친다. 높은 CO_2 고정률은 건조나 다른 스트레스로부터 탄소 고갈을 막고, 탄소를 축적한다. 그러나 높은 탄소 축적에 따라 높은 수분 통도 조직 장애를 유발하여 뿌리로부터 수분을 흡수하는 것에 감소 현상이 생긴다. 살아 있는 조직에서 죽은 조직보다 높은 탄소 축적은 단당류와 수크로스의 농도를 증가시켜서, 삼투압을 유지하고 조직에서 팽압을 유지한다.

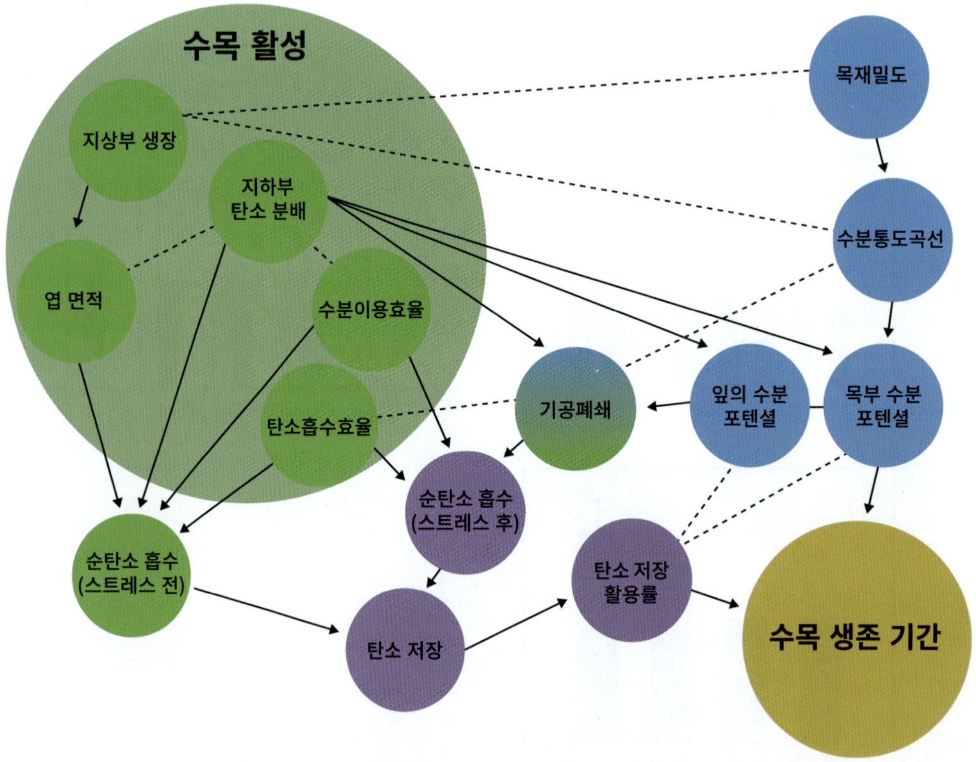

그림 21.16 탄소분배와 수목의 고사

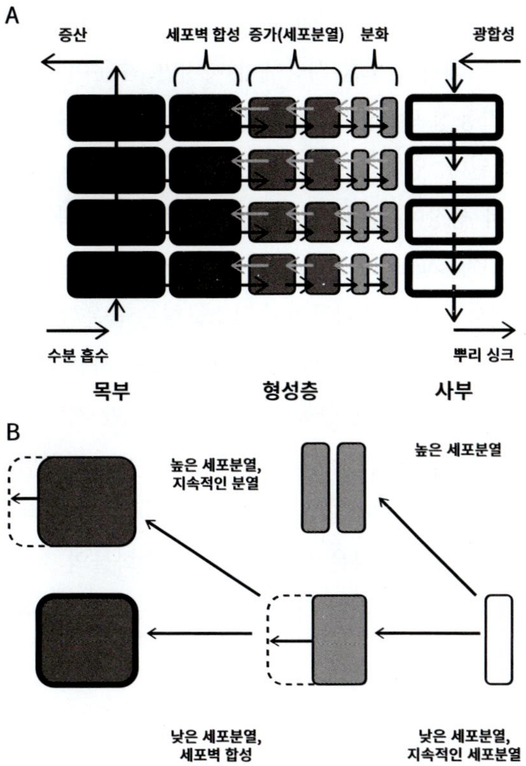

그림 21.17 생장하면서 탄소의 분배와 고정

생장과 탄소고정

수목이 물을 흡수하는 것을 검은색 화살표로 표시할 수 있는데, 목부에서 압력의 차이로 물은 아래에서 위로 이동해서 증산된다(그림 21.17). 탄수화물이 고정되면 회색 화살표처럼 사부에서 뿌리로 축적되기도 하고, 생장에 소모되기도 한다. 형성층이 세포분열하면서 확장된다(A). 물과 탄수화물이 세포의 팽압을 높이면 세포가 성장한다(Hölttä et al., 2010). 형성층의 분열이 왕성하여 생장이 잘 되면 형성층이 계속해서 분열하고, 형성층의 생장이 거의 없으면 세포벽이 형성되기 시작한다(B).

건조와 탄소고정

두 가지 소나무(*P. ponderosa*와 *P. contorta*)를 같은 지역에서 종자를 채집한 후 강수량이 다른 지역에서 생육시키는 경우, 건조에 대해 다른 탄소고정 전략을 보인다. 건조 스트레스는 생장을 감소하게 하지만, 비구조탄수화물을 축적한다(Granda and Camarero, 2017). 건조한 지역에서 자란 소나무는 스트레스를 극복하기 위해서 탄소를 사용해야 하지만, 수분이 충분한 지역에서 자란 소나무는 탄소를 축적하게 된다. 가용성 당, 전분, 비구조탄수화물 등은 생육기인 여름에, 잎과 줄기의 기관과 조직에 형성되어 축적된다. 일반적으로, 수목은 왕성한 생장을 마친 다음 탄수화물을 축적하기 시작한다. 건조에 대해서 생장이 줄어드는 것은 수동적인 탄수화물이 축적되는 싱크 한계(sink limitation) 때문이며, 소스 한계(source limitation) 때문은 아니다. 생장은 건조에 대해서 광합성보다 더 민감하다. 건조한 지역에서 생육한 소나무의 순탄소균형은 습윤한 지역에서 생육한 소나무에 비해 능동적이다. 이는 건조로 인해 감소하는 생장때문에 탄소의 사용량이 더 많다는 것을 의미한다. 비구조탄수화물로 탄소를 분배하는 것은 능동 과정이다. 건조한 지역에서 생육한 두 가지 소나무의 목부조직에는 전분이 가용성 당의 화합물로 축적되는데, 이는 당처럼 낮은 분자량과 이동이 잘 되는 화합물을 우선적으로 분배해서 삼투압을 조절하려는 전략 때문이다. 생육기간 동안 이러한 가용성 당의 축적과 생장의 감소는 전분 같은 분자량이 큰 탄수화물의 소모는 필요없다. 건조 스트레스에서도 생장을 위해서 삼투압을 조절해야 하는데 탄소제한을 하지 않아도 되는 것이다(그림 21.18).

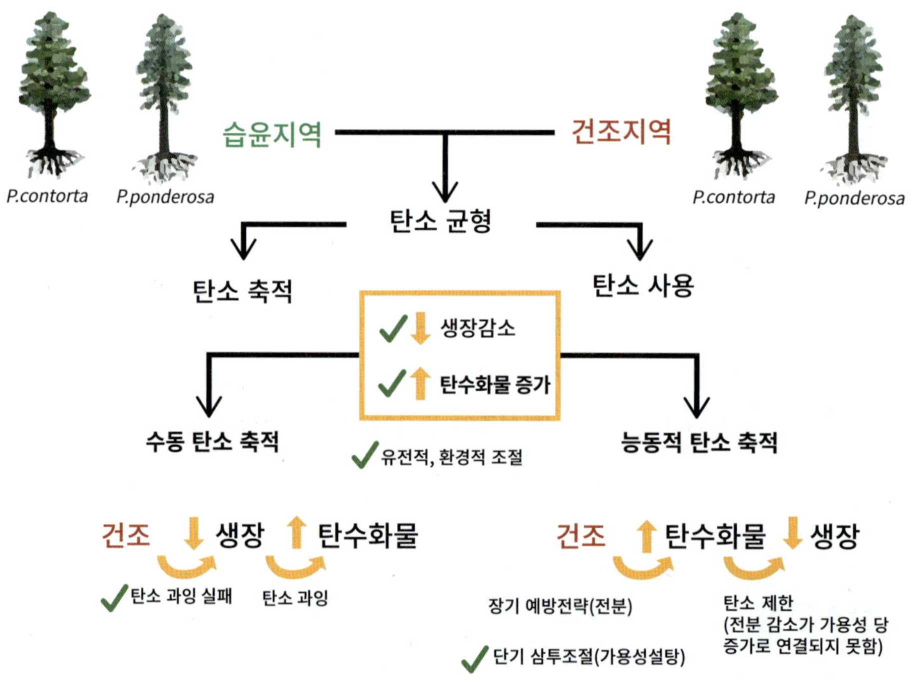

그림 21.18 건조한 환경에서 탄소의 분배 및 고정

생태계 내에서 탄소 축적량의 측정

탄소가 생태계 내에서 수목의 기관으로 얼마나 분배하여 축적되는지에 대해서는 여러 가지 방법을 통해 추정할 수 있다. 1) 가장 간단한 방법은 수목을 채집하여 부위별로 건중량을 측정하는 것이다. 이 방법은 작은 수목의 경우 또는 개체목의 탄소 분배를 측정하는 데 적당하다. 2) 수목의 광합성과 호흡량을 측정한 후 그것을 통해서 부위별로 축적되는 탄소의 양을 측정하는 방법이다. 이것은 작은 챔버나 도구를 활용하여 이산화탄소의 축적, 고정량을 측정한다. 3) 미기후 측정법을 활용해서 대기 간의 이산화탄소 교환량을 순 1차 생산량으로 측정하는 에디 공분산법(eddy covariance)을 활용하여 추정할 수 있다. 토양에서 대기까지 일정시간 간격으로 이산화탄소의 농도, 바람의 방향 및 속도, 온도 등을 측정하고서, 그 자료를 활용하여 생태계 내에서 탄소 축적량을 추정하는 방법이다. 이 방법은 지하부의 축적량을 측정하기 어려운 단점이 있다.

수목을 구성하는 부위별로 그리고 연령에 따라서 탄소고정량이 달라진다. 유령림일 때, 잎이나 가지에 약 60% 정도의 탄소가 분배되고, 40% 정도가 줄기와 뿌리에 분배된다. 그러나 연령이 증가할수록 잎과 가지가 차지하는 비율은 급속하게 감소해서 20% 정도의 비율이 되고, 줄기가 약 70% 정도를 차지한다. 그리고 나머지가 뿌리에 축적된다. 연령이 계속 증가하더라도 잎이나 가지에 분배되는 탄소량은 감소한다. 지상부에 대다수 탄소를 축적하고, 연령이 증가할수록 지상부가 차지하는 탄소량이 지하부보다 훨씬 많아진다. 그 이유는 여러 가지로 설명할 수 있다. 수목은 어린 유령 단계에서 탄소 축적이 가장 많다. 연령이 증가할수록 점점 물질 생산량이 줄어든다. 달리 말하면, 호흡으로 소모되는 탄소량이 더 많아진다는 것이다. 호흡량이 증가하면, 광합성 조직과 비광합성 조직 간의 비율이 감소하고, 결국 연령이 증가하면 순생산량은 감소하게 된다. 이는 연령이 증가하면 잎의 면적이 감소하고, 잎의 단위면적당 광합성 효율도 감소하기 때문이다. 그리고 수목이 양분을 흡수하는데 양분이 부동화되어서 양분을 활용할 수 있는 유효도가 감소한다. 또한 나무의 수고가 커질수록 수분이 부족하게 되어서 가지를 떨어뜨리고 활력이 감소된다(손요환 등, 2016).

CHAPTER

22 산림쇠퇴

산림쇠퇴(forest decline) 현상은 전 세계 산림지역에서 나타나는 현상이며, 지역적으로도 관찰된다. 대부분의 지역에서 산림쇠퇴 현상이 왜 발생하는지는 명쾌하게 설명되지 않는다.

우리나라에서는 한라산의 구상나무숲이 대표적으로 산림쇠퇴 현상을 관찰할 수 있는 지역이다. 수목의 고사 혹은 쇠퇴 현상이 집단적으로 나타나는 것이고, 개체목으로 보면 어떤 열악한 환경에 의해 생리적인 장애가 발생한다고 추정한다. 위성사진과 현장 연구를 통해 여러 가지 가능한 설명이 제시되었다. 1) 제주도 지역의 동기건고현상이다. 겨울철에 기후변화로 인해서 따뜻하고 건조한 기후가 유지되는 것이 수목의 쇠퇴 현상을 가져온다. 구상나무는 침엽수로 고산지역 서늘하거나 낮은 온도에 적응하여 분포하는 수종이다. 겨울철의 따뜻한 기후는 장기적으로 구상나무의 생육에 적합하지 않을 수 있다. 2) 제주도 지역 토양의 특성상 배수가 너무 빨리 되는 특성이 있다. 구상나무가 필요로 하는 수분이 너무 빨리 배수돼서 수분 고갈 현상이 구상나무의 쇠퇴 현상을 촉진할 수 있다. 3) 지상부와 지하부의 생리적 활성의 불균형 때문이다. 특히, 이른 봄에 기후가 따뜻하여 눈이 빨리 녹는데, 지상부는 광합성을 할 준비가 되어 있지만, 지하부는 이른 봄에 생장을 위한 생리적인 활성이 준비되지 않아서 불균형을 가져온다. 이로 인해, 지상부에 필요한 수분이 뿌리를 통해서 원활하게 공급되지 못하고, 배수가 잘되는 토양으로 인해서 지상부에서 필요한 수분이 원활하게 공급되지 못하는 장애현상이 개체목에서 발생한다. 이와 같이, 한라산의 구상나무 쇠퇴 현상도 기후변화, 토양배수, 지상부, 지하부의 불균형 등 여러 가지 요인들이 복합적으로 작용한다. 수목 생리적인 장애로 인해서 쇠퇴 현상이 거시적으로 발생하는 것이다.

유럽의 경우, 중앙유럽지역(독일, 프랑스, 스위스, 체코, 폴란드 등의 국가에서 나타나는 독일가문비의 쇠퇴 현상)에서 산림쇠퇴 현상이 1980~1990년대에 대규모로 나타났다. 이 현상을 설명하기 위해 대기오염의 대륙 간 이동을 이유로 들었는데, 산업시설에서 발생한 대기오염 물질이 산성우가 되거나 직접 수목에 생리적인 장애를 일으킨다고 주장했다. 쇠약해진 수목에 나무좀류(bark beetle)가 쉽게 가해하고, 수목의 쇠퇴 현상이 가속화되어 나타났다. 미국에서는 동부지역의 산림지역 쇠퇴 현상을 산성우로 설명하기 위해서 1980~1990년대 대규모의 국가프로젝트로 연구를 진행하였다(National Acid Precipitation Assessment Program). 이러한 연구는 산성우도 산림쇠퇴 현상에 기여하지만, 다른 환경 요인이 복합적으로 작용하여 발생한다는 것을 밝혀냈다.

임분 간의 경쟁, 곤충이나 병원균의 가해, 수목의 활력도 감소, 토양의 산성화, 양료 부족, 강한 바람 등이 산림쇠퇴 현상을 설명하는 환경적인 요인이다. ① 우리나라에서는 천이 과정에서 관찰할 수 있는 소나무의 쇠퇴현상은 다른 여러 가지 이유도 있지만, 참나무와의 경쟁으로 인한 것으로 설명할 수 있다. 소나무가 우리나라에서 쇠퇴하는 이유는 다른 많은 이유가 있다. 산불과 같은 인간의 간섭 감소, 임상에서 유기물층의 증가로 인한 습윤한 토양이 소나무 종자 발아의 방해 등이 쇠퇴에 기여한다. 소나무는 건조한 토양을 선호하는 수종이다. ② 포르투갈 지역에서 나타나는 소나무(*Pinus pinaster*)의 쇠퇴 현상은 소나무재선충(*Bursaphelenchus xylophilus*)의 가해 때문이다. ③ 북아프리카를 포함하는 지중해 연안지역에 분포하는 코르크참나무(*Quercus suber*)는 너무 빠른 코르크 채집과 목축동물에 의한 천연갱신에 필요한 종자의 무분별한 섭식 행위가 쇠퇴 현상을 가져온다. 즉, 코르크를 채집하는 주기는 약 12년 정도인데, 포도주병 마개를 만들기 위해서 코르크를 7-8년 주기로 채집함에 따라서 수목의 활력이 급격하게 감소하고, 생장보다는 생식을 많이 함으로써 열매를 많이 생산하게 된다. 이렇게 생산된 종자는 양이나 염소 등에 의해서 없어지고, 이에 따라 천연갱신이 진행되지 않아 후속 세대가 형성되지 않는다. 아이러니하게도, 프랑스, 스페인, 이탈리아 등의 지중해 연안에 분포하는 코르크참나무 집단은 사람들에 의해서 잘 보호되어 천연갱신이 유지되기 때문에, 산림쇠퇴 현상이 상대적으로 발생하지 않고 있는데, 이처럼 비슷한 지역에서 같은 수종이라도 국지적으로 쇠퇴 현상이 발생하는 범위가 다르다. 토양에서 가용성 알루미늄의 양이 증가하여 수목 뿌리의 양료 흡수를 방해하고, 궁극적으로 수목의 생리적인 장애를 가져올 수 있다. 지하부에서 토양의 광범위한 급성 산성화는 잎의 매우 높은 망간(Mn) 함량으로 인지할 수 있다. 토양 산성화는 토양에서 미세 뿌리의 급격한 손실을 초래했다. 잎, 미세 뿌리, 균근 및 세포 수준에 대한 연구는 대기 오염 물질과 토양 산성화가 잎과 뿌리에 미치는 영향에 대한 많은 정보를 제공해 주었다.

산림쇠퇴 현상을 설명하기 위한 연구 방법도 다양하다. ① 위성영상을 활용해 거시적인 차원에서 시계열적인 영상을 비교함으로써 쇠퇴 면적이나 지역을 정확하게 비교한다. ② 또한 식생의 활력도(NDVI; normalized difference vegetation index)를 활용해서, 현재 식생의 활력과 과거, 미래의 식생활력을 모델링하여 그 정도를 비교한다. ③ 연륜연대학을 활용한 수목의 나이테 분석을 통해서, 연륜에 숨어있는 오래전 수목에 미친 기후적, 생물적, 비생물적 환경 스트레스를 파악하고, 이를 통해서 쇠퇴 현상의 원인이 무엇인지 파악한다. ④ 광합성측정기와 같은 기구를 통해서 광합성 능력,

기공에서 수분 이동 정도, 증산량, 수분이용효율 등을 비교하고, 생장에 관여하는 여러 가지 효소를 활용해서 수목의 활력과 쇠퇴 정도를 파악한다.

질소 축적

기후온난화로 인해 산림쇠퇴 현상도 일어나지만, 질소의 축적이 산림쇠퇴의 원인이 되기도 한다. 질소는 수목이 생장하는 데 필수적인데, 질소가 많으면 생산성이 증가하고, 광합성에 관여하는 효소의 양과 활성을 높이기 때문에 수목 생장에 긍정적이다. 그러나 질소가 생태계 토양에 과잉으로 축적되면, 수목의 종다양성, 생산성이 감소하므로 부정적인 효과를 가져 온다. 질소가 포화될 때까지는 수목이 정상적으로 생장하지만, 질소가 너무 많이 축적되면, 오히려 질소 유출이 일어난다. 이로 인해 수목의 활력도가 감소한다. 질소가 축적되고 있는지는 ① 토양의 산성화 정도, ② 임상에서의 낙엽층의 부영양화 정도, ③ 외생균근 군집의 활력, ④ 수목의 잎에 축적된 질소의 농도 같은 지표를 활용해서 판단할 수 있다. 질소 과잉현상은 여러 가지 이유로 발생하지만, 인간이 생산하는 질산화합물이 토양에 축적되는 것이 가장 큰 이유다(Schmitz et al., 2019). 질소의 축적은 유럽 등 선진국에서는 1990년대를 기점으로 줄어들고 있으나, 중국과 개발도상국에서는 질소의 축적이 상당히 증가하는 추세다(그림 22.1).

질소 축적이 일어나면, 여러 가지 현상이 일어난다. 선태류의 감소가 나타나고, 단자엽식물의 증가가 지표면에서 눈에 띄게 나타난다(그림 22.2). 선태식물이 감소하는 것은 질소의 축적으로 인해서

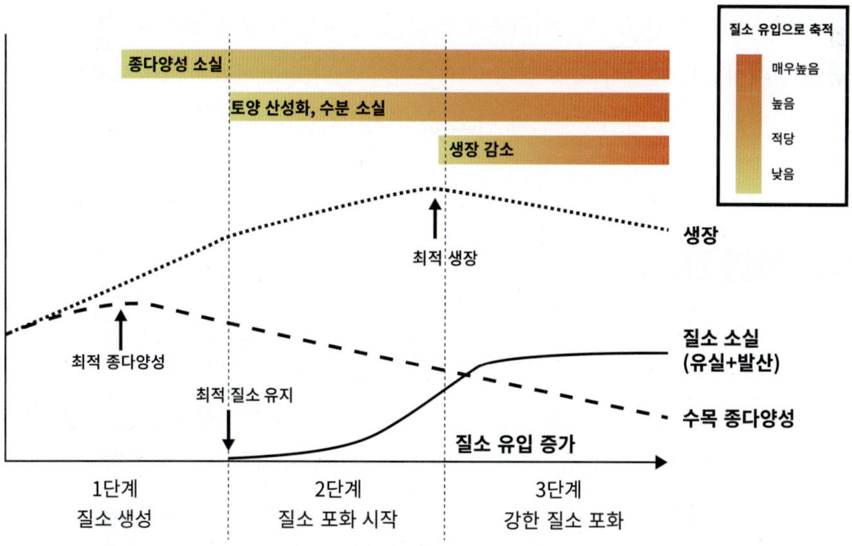

그림 22.1 산림쇠퇴와 질소 축적

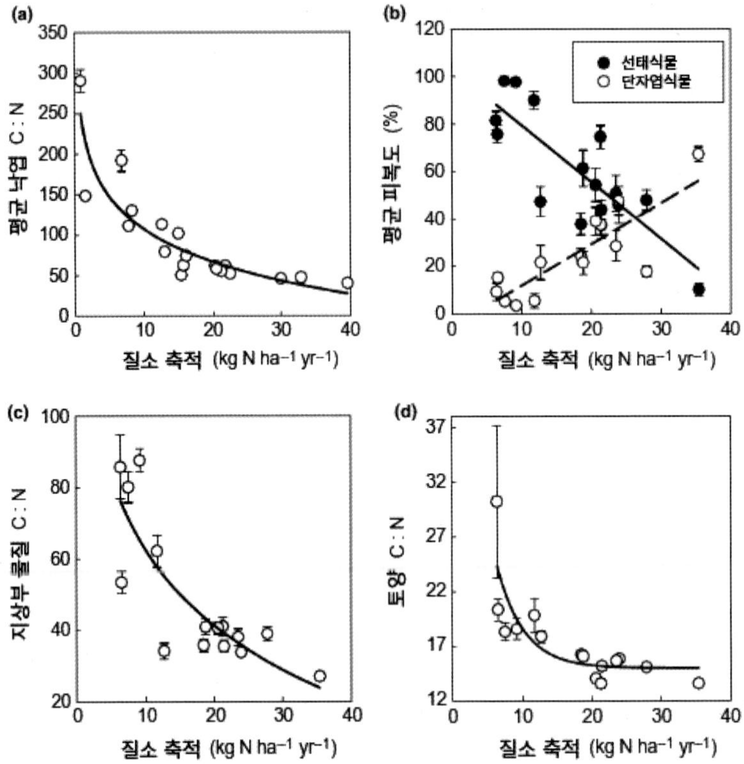

그림 22.2 선태류와 단자엽식물의 지상부에서 증감. 질소의 축적량에 따라서 C:N의 비율은 감소한다(a), 질소의 축적량에 따라서 선태류는 감소하고, 단자엽화본과 식물은 증가한다(b). 질소 축적에 따라서 지상부(c), 토양(d)의 C:N은 감소한다.

유기물층의 C:N의 비율이 감소하고, 이끼류가 덮고 있는 낙엽의 분해율이 빨라지기 때문이다. 토양의 질소량은 절대적으로 증가하고, 토양의 C:N은 감소한다(Britton et al., 2018). 이처럼, 이끼류의 분해율이 증가하면 선태류의 바이오메스와 탄소 축적량이 감소하게 된다.

단풍나무의 낙엽 과정

설탕 단풍나무(*Acer saccharum*)의 경우, 계절에 따라서 잎의 색깔이 변하고, 잎의 생리적인 특성도 변화한다. 엽록소 a, b, 카로티노이드의 양은 붉은색으로 가까이 갈수록 감소한다. 반면에, 안토시아닌의 함량, α 혹은 δ-tocopherol의 양은 증가한다. α-tocopherol은 엽록체의 세포막에서 주로 나타나고, δ-tocopherol은 플라스토글로불리(plastoglobuli)에 주로 나타나는데, 이들 모두는 주로 광합성에서 엽록체가 역할을 하지 못할 때에 함량이 증가한다. 이러한 현상은 잎이 갈색으로 변

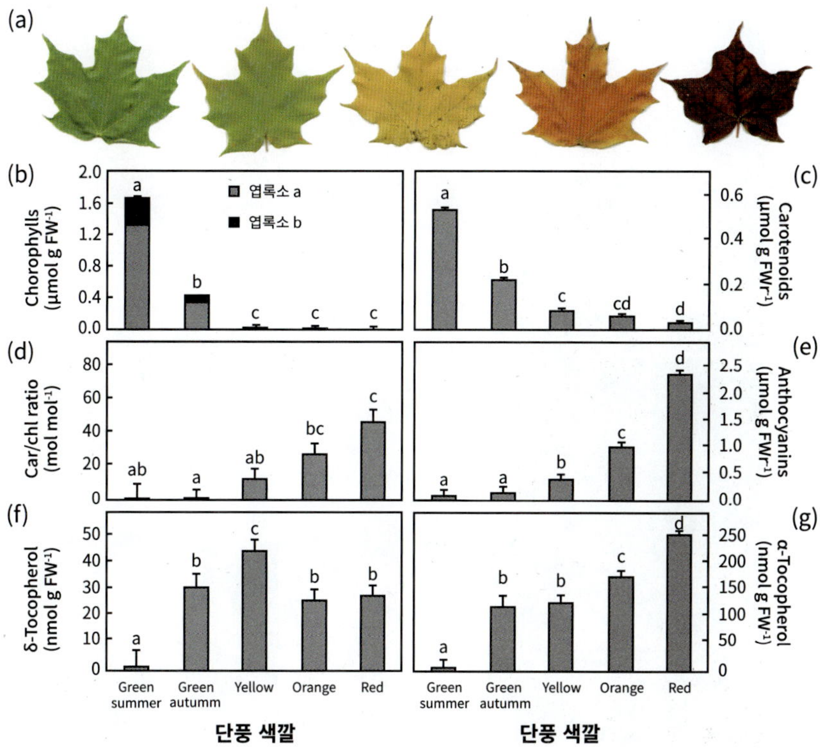

그림 22.3 단풍나무의 낙엽 과정과 엽록소 함량의 변화

하면서 발생하는 산화 스트레스를 줄이고자 하는 수목의 보상전략과 일치한다. 안토시아닌은 세포의 액포, 책상조직의 엽육세포에서 급격하게 증가한다(Junker and Ensminger, 2016). 이는 활성산소종(ROS)을 소거하는 수목의 역할과 관련이 있다. 이러한 현상은 수목의 잎이 노화되는 과정을 평가하는 좋은 척도로 사용될 수 있다(그림 22.3).

현미경으로 엽육조직을 관찰하면, 초록색 엽육세포가 노란색에서 갈색으로 변색되어 가는 과정을 볼 수 있다. 낙엽에 가까우면서 잎의 엽육조직이 갈변하는 것을 거의 모든 수목에서 관찰할 수 있다(그림 22.4).

잎의 최저 형광(F_o), 최대 형광(F_m)은 엽록체의 활성과 관련이 있다. F_o, F_m은 가을에 초록색이 약간 남은 엽록소가 있다면, PS II(광계 II)의 활성을 유지하는 역할을 한다. 여기에서도 $1 - q_P$ (excitation pressure on PSII)의 양이 가을에도 상당한 수준으로 유지되는 것을 보면 알 수 있다. 이러한 현상은 잡종 플라타너스, 양버즘나무(*Platanus occidentalis*)의 잎에서 관찰이 된다(그림 22.5).

PS II의 제어된 에너지 분산(regulated energy dissipation)은 잎의 노화와 함께 줄어들지만, 제어되지 않은 에너지 분산은 급격하게 증가한다. PS I(광계 I)에서 전자전달계의 활성과 전자의 발생은 잎이 노화되면서 증가한다. 전자의 발생은 잎이 노화되면서 PS II에서 제한이 되는(acceptor-side

그림 22.4 단풍나무 잎의 엽육세포의 변화

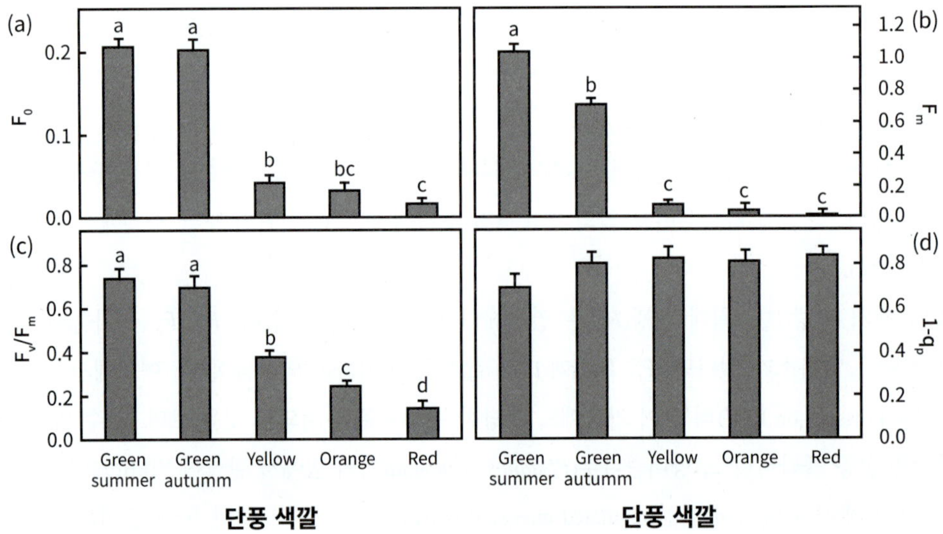

최저 형광(F_o), 최대 형광(F_m), 최대 양자수율(F_v/F_m), $1 - q_P$, 광계 II(PS II)에서 여기압력(excitation pressure)

그림 22.5 수목의 낙엽 과정에서 형광 반응의 변화

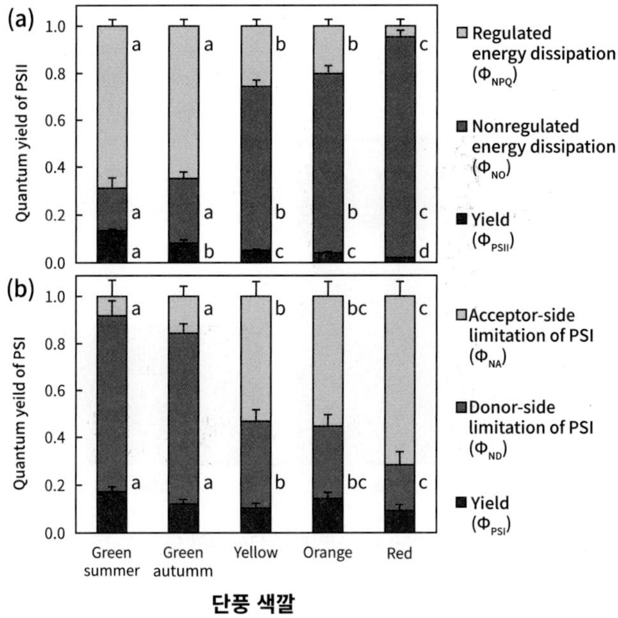

그림 22.6 낙엽과정에서 광계의 변화

limitation) 경우가 많고, PS I의 전자 발생은 큰 문제가 되지 않는다. PS I이 전자의 싱크가 되는 것이다. 이러한 전자전달은 PS II에서 제어되지 않은 에너지와 관련한 ATP를 형성해서 활성산소(ROS)를 최소화시킨다(그림 22.6).

산림쇠퇴가 나타나는 산림에 분포하는 수목에서는 도관폐쇄(embolism)가 나타난다. 특히, 건조에 노출된 이후에 쇠퇴현상이 일어나는 수목의 경우는 목부의 도관에서 기포가 발생하여 물이 이동하지 못하는 공동화현상(cavitation)이 발생한다(그림 22.7).

기후변화와 산림쇠퇴

수목이 분포하는 지역은 광범위하다. 북쪽과 남쪽 모두 비슷한 수목이 분포하더라도, 종자의 특성, 생산량, 발아율 등이 다르게 나타난다(Ghannoum and Way, 2011). 기후가 변화하여 온도가 상승한다고 가정하면, 북쪽에 분포하는 수목과 남쪽에 분포하는 수목에는 다른 변화가 생긴다. 온도가 상승하는 경우, 남쪽에 분포하는 수목은 북쪽에 분포하는 수목에 비해서 온도 변화에 대해서 광합성과 관련된 생리적인 적응도가 약하다. 북쪽에 분포하는 수목은 반대로 넓은 온도 적응 능력을 가지고 있어서 광합성의 적응 폭이 넓다. 남쪽에 분포하는 수목의 암호흡량은 일반적으로 상승한다. 그로 인해 광합성/호흡은 감소한다. 북쪽에 분포하는 수목은 오히려 온도가 상승하면서 생장이 증

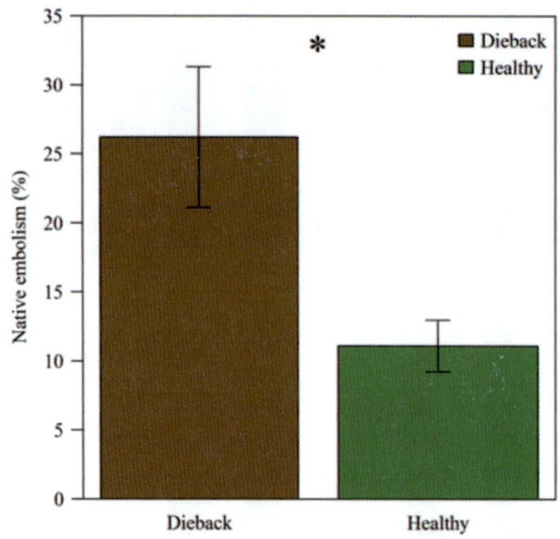

그림 22.7 산림쇠퇴 일어나는 산림의 수목에서의 도관 폐쇄(embolism)

가한다. 남쪽에 분포하는 수목의 경우에는 급격한 감소가 초래되어서 산림쇠퇴 현상이 발생하게 된다(그림 22.8).

온도 상승은 생장을 감소시켜, 궁극적으로 수목의 쇠퇴 현상이 나타나게 한다(Way and Oren, 2010). 또한 수목은 다른 농작물이나 초본에 비해 CO_2 농도가 상승해도 기공에 대한 적응 능력이 많

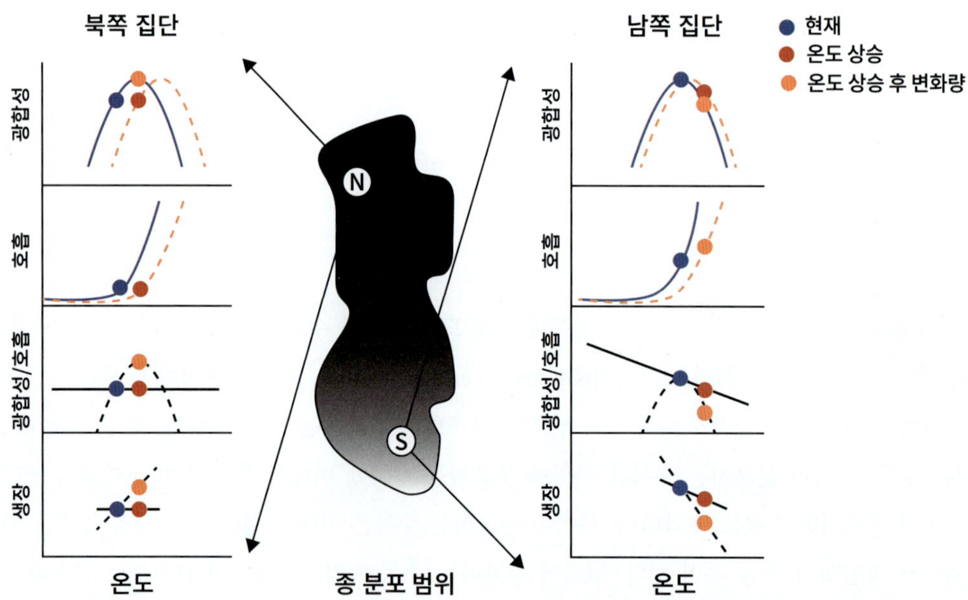

그림 22.8 북쪽과 남쪽 모두 비슷한 수목이 분포하는 경우에 있어서, 종자의 특성, 생산량, 발아율의 차이

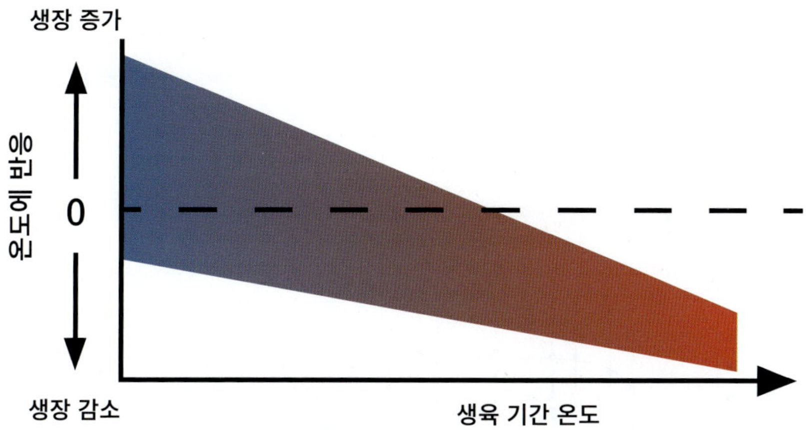

그림 22.9 온도 변화와 생장의 변화

이 떨어진다. 수목에서는 침엽수가 활엽수에 비해 기공의 적응이 덜 민감하다. 왜냐하면 활엽수는 온도가 상승했을 때 생장량 및 생리적인 특성이 급격하게 증가하고, 이와 더불어 호흡량도 상대적으로 커지기 때문이다(그림 22.9).

구상나무의 쇠퇴

한라산의 구상나무(*Abies koreana*)는 IUCN에서 관리하는 멸종위기종이다. 최근에 와서 한라산의 구상나무 분포면적이 감소하고, 남아 있는 개체는 활력이 감소함에 따라 산림쇠퇴 현상이 극명하게 나타난다. 이것을 설명하는 가설은 많이 있지만, 온도 상승에 의한 생리적인 장애는 확실하다. 건전한 생장을 하는 구상나무 군집(A)의 경우에, 15℃, 20℃, 25℃의 온도에서 광합성 양이 쇠퇴하는 군집(B)의 광합성 능력보다 모두 높다. 세 가지 온도에 따라서 광합성 능력을 비교해 보면, 15℃일 때가 가장 높고, 25℃에서 가장 낮게 형성이 된다(Woo et al., 2008). 온도에 따른 광합성 능력을 비교해 보면, 건전 군집(C), 쇠퇴하는 군집(D) 모두가 낮은 온도에서 높은 광합성을 유지한다(그림 22.10).

구상나무는 고산수종으로 오랜 기간 낮은 온도에 적응하여 생존해 왔다. 다른 침엽수종처럼, 온도가 낮은 곳에서 활발한 생리 활성을 가지는 것이다. 따라서 대기의 온도가 상승하여 25℃ 정도가 되면 현격한 광합성 저해가 나타난다. 이러한 현상이 반복되면, 구상나무의 활력이 쇠퇴한다. 이와 비슷한 현상이 유럽에서의 *Abies lasiocarpa*와 *Picea abies* 군집에서 관찰된다(Cairns, 2001; Bertamini et al., 2006).

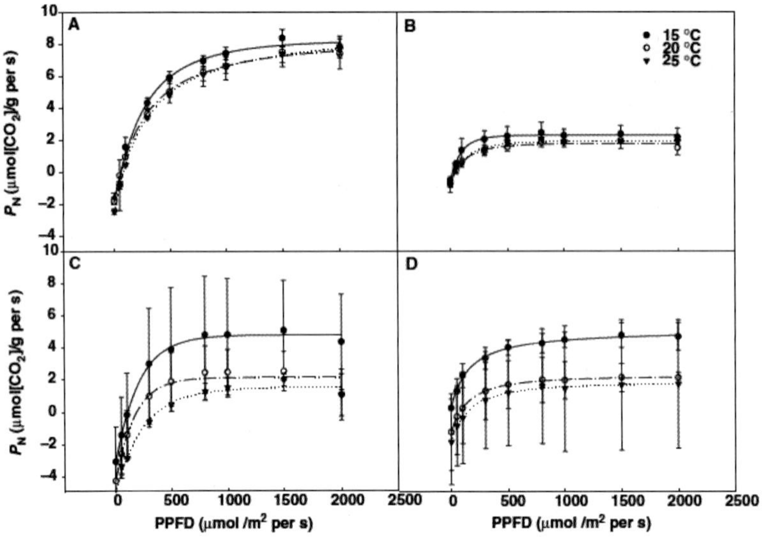

그림 22.10 한라산 구상나무의 광합성 쇠퇴 현상. 온도가 상승할수록 고산수목은 활력이 떨어지는 증거이다.

참고문헌

강병화. 2012. 약과 먹거리로 쓰이는 우리나라 자원식물. 한국학술정보(주). 750pp.

강원희, 김영환, 김인선, 김한순, 김현희, 문병용, 서봉보, 송남희, 윤호성, 이인중, 조운행, 추연식. 2008. 일반식물학. 월드사이언스. 621pp.

강영희 등. 2009. 식물생리학. 지구문화사. 528pp.

강영희. 2014. 생명과학대사전. 네이버.

구창덕 외 11인. 2008. 산림보호학. 향문사. 434pp.

국립기상과학원. 2019. 폭염 대응 및 인공지능 활용 기술 개발 (II)- 알레르기 유발 꽃가루의 연차 변동성 관련 생명기상 관측자료 수집. 41pp.

국립산림과학원. 2019. 대기오염물질 저감을 위한 식물의 메커니즘 및 기능 향상 연구. 167pp.

국립산림과학원. 2018. 주요 수종의 대기오염물질 흡수특성 연구. 35pp.

국립산림과학원. 2016. 간척지 포플러 클론별 생리특성 분석연구. 37pp.

곽병화, 윤경은. 2017. 식물생리학. 향문사. 370pp.

권영명, 고석찬, 김준철, 문병용, 박민철, 박휜범, 박인호, 이영숙, 이일하, 이준상, 이진범, 이춘환, 전방욱, 조성호, 홍주봉. 2003. 최신식물생리학. 아카데미서적. 479pp.

김선희, 성주한, 조재형. 2013. 광 및 수분환경에 따른 주요 수종의 생장과 생리반응 특성. 국립산림과학원 연구보고. 국립산림과학원 91pp.

문원, 이지원, 전창후. 2020. 원예학. 한국방송통신대학교 출판문화원. 99-108pp.

변종영, 윤성중, 이인중, 김도순. 2017. 작물생리학. 향문사. 470pp.

서울연구원. 2018. 그린인프라의 미세먼지 저감효과 분석과 확대 방안. 92pp.

손요환, 구창덕, 김춘식, 박필선, 윤충원, 이계한. 2016. 산림생태학. 향문사. 346pp.

송은영, 김성철, 김천환, 임찬규, 문경환, 손인창, 문영일, 전승종. 2013. 광조건이 마삭줄과 후추 등의 생육에 미치는 영향, 시설원예식물공장 22(2): 131-137.

심경구 외 11인. 2017. 조경수목학. 문운당. 385pp.

우수영, 이성한, 권기원, 이재천, 최정호. 2004. 오존 스트레스에 대한 몇 수종의 생장, 광합성, Ascorbate peroxidase 활성반응. 한국임학회지 93(5): 409-414.

우수영, 권기원, 이재천, 김판기, 최정호, 강병식. 2003. SO_2에 노출시킨 4가지 수목의 광합성비교. 한국임학회지 92(5): 451-456.

우수영, 이동섭, 민재기. 2002. 인삼의 산지재배시 임상별 생육과 환경에 관한 연구(2). 한국임학회지 91(3): 304-312.

우수영. 2002. 여수 산업단지의 대기오염 지역에 분포하는 내공해성 때죽나무 잎의 Superoxide Dismutase (SOD) 활성에 관한 연구. 한국임학회지 91(2): 163-170.

우수영, 이동섭, 권오규. 1999. 인공 피음처리에 따른 전나무의 생장과 엽록소 함량변화에 관한 연구. 한국농림기상학회지 1(2): 97-102.

우완기, 손종렬. 2000. 대기오염개론. 신광문화사. 277pp.

임열재 등 36인. 2017. 과수학총론. 향문사. 381pp.

이규배. 2016. 식물형태학 제3판. ㈜라이프사이언스. 410pp.

이경준. 2011. 수목생리학. 서울대학교출판부. 514pp.

이경철, 박완근, 한상섭, 이학봉. 2012. 광처리에 따른 병풍쌈의 생리반응 및 생장특성. 한국농림기상학회지 14(2): 79-88.

이돈구, 강호상, 구창덕, 권기철, 김갑태, 김훈, 니암 오소르 바투, 마릴린 사발바로 콤발리서, 박병배, 박영대, 박인협, 박재인, 박필선, 박현, 서민환, 성주한, 신준환, 싸웅나잉우, 엄태원, 우수영, 이경학, 이영근, 이용권, 임종환, 조경진, 최선덕, 트란반도, 퐁구돔 찬사몬, 호와이문. 2012. 숲의 생태적 관리. 서울대학교출판문화원. 488pp.

이호선, 김수정, 신우근, 유병천. 2006. 광도 차이에 따라 나타나는 뉴기니아 봉선화 생육 특성 및 화색 변화. 생물환경조절학회지 15(4): 406-411.

임경빈 외 23인. 2009. 조림학원론. 향문사. 491pp.

정연숙, 김종원, 김현우, 박대식, 박용목, 심재국, 이규송, 주기재. 2011. 핵심생태학. 월드사이언스. 504pp.

조민석, 권기원, 김길남, 우수영. 2008. 광도 변화에 따른 5개 활엽수종의 엽록소 함량과 생장 특성. 한국농림기상학회지 10(4): 149-157.

Aaltonen H, Linden A, Heinonsalo J, Biasi C, Pumpanen J. 2017. Effects of prolonged drought stress on Scots pine seedling carbon allocation. Tree Physiology 37: 418-427.

Aaltonen H, Pumpanen J, Pihlatie M, Hakola H, Hellén H, Kulmala L, Vesala T, Bäck J. 2011. Boreal pine forest floor biogenic volatile organic compound emissions peak in early summer and autumn. Agricultural and Forest Meteorology 151: 682-691.

Abrams MD. 2011. Editorial: Adaptations of forest ecosystems to air pollution and climate change. Tree Physiology 31: 258-261.

Adams HD, Germino MJ, Breshears DD, Barron-Gafford GA, Guardiola-Claramonte M, Zou CB, Huxman TE. 2013. Nonstructural leaf carbohydrate dynamics of *Pinus edulis* during drought-induced tree mortality reveal role for carbon metabolism in mortality mechanism. New Phytologist 197: 1142-1151.

Adams MA, Simon J, Pfautsch S. 2010. Woody legumes: A (re)view from the South. Tree Physiology 30: 1072-1082.

Agathokleous E, Saitanis CJ, Wang X, Watanabe M, Koike T. 2016. A review study on past 40 years of research on effects of tropospheric O_3 on belowground structure, functioning, and processes of trees: a linkage with potential ecological implications. Water, Air, and Soil Pollution 227: 33.

Aguadé D, Poyatos R, Gómez M, Oliva J, Martínez-Vilalta J. 2015. The role of defoliation and root rot pathogen infection in driving the mode of drought-related physiological decline in Scots pine (*Pinus sylvestris* L.). Tree Physiology 35: 229-242.

Aguado PL, Curt MD, Pereira H, Fernández J. 2012. Allocation of ^{14}C assimilated in late spring to tissue and biochemical stem components of cork oak (*Quercus suber* L.) over the seasons. Tree Physiology 32: 313-325.

Ahammed, GJ, Choudhary SP, Chen S, Xia X, Shi K, Zhou Y, Yu J. 2012. Role of brassinosteroids in alleviation of phenanthrene-cadmium co-contamination-induced photosynthetic inhibition and oxidative stress in tomato. Journal of experimental botany 64(1): 199-213.

Ainsworth EA, Rogers A. 2007. The response of photosynthesis and stomatal conductance to rising [CO_2]: Mechanisms and environmental interactions. Plant, Cell and Environment 30: 258-270.

Albert KR, Ro-Poulsen H, Mikkelsen TN, Michelsen A, Van Der Linden L, Beier C. 2011. Interactive effects of elevated CO_2, warming, and drought on photosynthesis of *Deschampsia flexuosa* in a temperate heath ecosystem. Journal of Experimental Botany 62: 4253-4266.

Alexou M, Dimitrakopoulos AP. 2014. Early physiological consequences of fire as an abiotic stressor in metabolic source and sink of young Brutian pine (*Pinus brutia* Ten.). Tree Physiology 34: 1388-1398.

Ali AA, El-Yemeni MN. 2010. Atmospheric air pollution effects on some exhibited plants at Aljubail industrial City, Ksa. I-Physiological characteristics and antioxidant enzymes. Australian Journal of Basic and Applied Sciences 4: 1251-1263.

Allen CD. 2009. Climate-induced forest dieback: An escalating global phenomenon? Unasylva 60: 43-49.

Allen CD, Macalady AK, Chenchouni H, Bachelet D, McDowell N, Vennetier M, Kitzberger T, Rigling A, Breshears DD, Hogg EH, Gonzalez P, Fensham R, Zhang Z, Castro J, Demidova N, Lim JH, Allard G, Running SW, Semerci A, Cobb N. 2010. A global overview of drought and heat-induced tree mortality reveals emerging climate change risks for forests. Forest Ecology and Management 259: 660-684.

Álvarez-Loayza P, White JF, Torres MS, Balslev H, Kristiansen T, Svenning JC, Gil N. 2011. Light converts endosymbiotic fungus to pathogen, influencing seedling survival and niche-space filling of a common tropical tree, *Iriartea deltoidea*. PLoS ONE 6: e16386.

Amalraj A, Gopi S. 2017. Medicinal properties of *Terminalia arjuna*(Roxb.) Wight & Arn.: A review. Journal of Traditional and Complementary Medicine 7: 65-78.

Ambrose AR, Sillett SC, Koch GW, Van Pelt R, Antoine ME, Dawson TE. 2010. Effects of height on treetop transpiration and stomatal conductance in coast redwood (*Sequoia sempervirens*). Tree Physiology 30: 1260-1272.

Amiri A, Baninasab B, Ghobadi C, Khoshgoftarmanesh AH. 2016. Zinc soil application enhances photosynthetic capacity and antioxidant enzyme activities in almond seedlings affected by salinity stress. Photosynthetica 54: 267-274.

Anderegg LDL, Anderegg WRL, Berry JA. 2013. Not all droughts are created equal: Translating meteorological drought into woody plant mortality. Tree Physiology 33: 701-712.

Anderegg WRL, Anderegg LDL. 2013. Hydraulic and carbohydrate changes in experimental drought-induced mortality of saplings in two conifer species. Tree Physiology 33: 252-260.

Anderegg WR, Callaway ES. 2012. Infestation and hydraulic consequences of induced carbon starvation. Plant Physiology 159: 1866-1874.

Anenberg SC, KR. Weinberger, H Roman, JE. Neumann, A Crimmins, N Fann, ..., PL Kinney. 2017. Impacts of oak pollen on allergic asthma in the United States and potential influence of future climate change. GeoHealth, 1(3): 80-93.

Anjum SA, Xie X yu, Wang L chang, Saleem MF, Man C, Lei W. 2011. Morphological, physiological and biochemical responses of plants to drought stress. African Journal of Agricultural Research 6: 2026-2032.

Antul K, Amandeep P, Gurwinder S, Anuj C. 2019. Review on pharmacological profile of medicinal vine: *Tinospora cordifolia*. Current Journal of Applied Science and Technology 35: 1-11.

Aparecido LMT, Miller GR, Cahill AT, Moore GW. 2017. Leaf surface traits and water storage retention affect photosynthetic responses to leaf surface wetness among wet tropical forest and semiarid savanna plants. Tree Physiology 37: 1285-1300.

Apel K, Hirt H. 2004. Reactive oxygen species: metabolism, oxidative stress, and signal transduction. Annual Review Plant Biology 55:

373-399.

Apgaua DMG, Tng DYP, Forbes SJ, Ishida YF, Vogado NO, Cernusak LA, Laurance SGW. 2019. Elevated temperature and CO_2 cause differential growth stimulation and drought survival responses in eucalypt species from contrasting habitats. Tree Physiology 39: 1806-1820.

Appalasamy M, Varghese B, Ismail R, Sershen. 2017. Responses of *Trichilia dregeana* leaves to sulphur dioxide pollution: A comparison of morphological, physiological and biochemical biomarkers. Atmospheric Pollution Research 8: 729-740.

Arbellay E, Daniels LD, Mansfield SD, Chang AS. 2017. Cambial injury in lodgepole pine (*Pinus contorta*): Mountain pine beetle vs fire. Tree Physiology 37: 1611-1621.

Arbellay E, Stoffel M, Bollschweiler M. 2010. Wood anatomical analysis of *Alnus incana* and *Betula pendula* injured by a debris-flow event. Tree Physiology 30: 1290-1298.

Arias NS, Scholz FG, Goldstein G, Bucci SJ. 2017. The cost of avoiding freezing in stems: Trade-off between xylem resistance to cavitation and supercooling capacity in woody plants. Tree Physiology 37: 1251-1262.

Aroca R. 2013. Plant Responses to Drought Stress: From Morphological to Molecular Features. Berlin, Germany: Springer-Verlag Berlin Heidelberg. pp. 466.

Aroca R, Ruiz-Lozano JM. 2013. Regulation of root water uptake under drought stress conditions, in: Plant Responses to Drought Stress: From Morphological to Molecular Features. Berlin, Germany: Springer-Verlag Berlin Heidelberg. pp. 113-127.

Asao S, Bedoya-Arrieta R, Ryan MG. 2015. Variation in foliar respiration and wood CO_2 efflux rates among species and canopy layers in a wet tropical forest. Tree Physiology 35: 148-159.

Asao S, Ryan MG. 2015. Carbohydrate regulation of photosynthesis and respiration from branch girdling in four species of wet tropical rain forest trees. Tree Physiology 35: 608-620.

Ashraf M. 2010. Inducing drought tolerance in plants: Recent advances. Biotechnology Advances 28: 169-183.

Atherton J, Olascoaga B, Alonso L, Porcar-Castell A. 2017. Spatial variation of leaf optical properties in a boreal forest is influenced by species and light environment. Frontiers in Plant Science 8: 309.

Atkinson R, Arey J. 2003. Gas-phase tropospheric chemistry of biogenic volatile organic compounds: A review. Atmospheric Environment 37: 197-219.

Aubin I, Munson AD, Cardou F, Burton PJ, Isabel N, Pedlar JH, Paquette A, Taylor AR, Delagrange S, Kebli H, Messier C, Shipley B, Valladares F, Kattge J, Boisvert-Marsh L, McKenney D. 2016. Traits to stay, traits to move: A review of functional traits to assess sensitivity and adaptive capacity of temperate and boreal trees to climate change. Environmental Reviews 24: 164-186.

Augustine SP, Reinhardt K. 2019. Differences in morphological and physiological plasticity in two species of first-year conifer seedlings exposed to drought result in distinct survivorship patterns. Tree physiology 39: 1446-1460.

Ávila-Lovera E, Urich R, Coronel I, Tezara W. 2019. Seasonal gas exchange and resource-use efficiency in evergreen versus deciduous species from a tropical dry forest. Tree Physiology 39: 1561-1571.

Azam G, Grant CD, Nuberg IK, Murray RS, Misra RK. 2012. Establishing woody perennials on hostile soils in arid and semi-arid regions —A review. Plant and Soil 360: 55-76.

Azuma W, Nakashima S, Yamakita E, Ishii HR, Kuroda K. 2017. Water retained in tall *Cryptomeria japonica* leaves as studied by infrared micro-spectroscopy. Tree Physiology 37: 1367-1378.

Bacelar EA, Moutinho-Pereira JM, Gonçalves BC, Lopes JI, Correia CM. 2009. Physiological responses of different olive genotypes to drought conditions. Acta Physiologiae Plantarum 31: 611-621.

Bal TL, Storer AJ, Jurgensen MF, Doskey PV, Amacher MC. 2015. Nutrient stress predisposes and contributes to sugar maple dieback across its northern range: A review. Forestry 88: 64-83.

Balaz M, Jupa R, Jansen S, Cobb A, Gloser V. 2016. Partitioning of vessel resistivity in three liana species. Tree Physiology 36: 1498-1507.

Banks JM. 2017. Continuous excitation chlorophyll fluorescence parameters: A review for practitioners. Tree Physiology 37: 1128-1136.

Bansal S, Germino MJ. 2009. Temporal variation of nonstructural carbohydrates in montane conifers: Similarities and differences among developmental stages, species and environmental conditions. Tree Physiology 29: 559-568.

Bär A, Michaletz ST, Mayr S. 2019a. Fire effects on tree physiology. New Phytologist 223: 1728-1741.

Baraza E, Zamora R, Hódar JA. 2006. Conditional outcomes in plant-herbivore interactions: Neighbours matter. Oikos 113: 148-156.

Barefoot CR, Willson KG, Hart JL, Schweitzer CJ, Dey DC. 2019. Effects of thinning and prescribed fire frequency on ground flora in mixed *Pinus*-hardwood stands. Forest Ecology and Management 432: 729-740.

Battipaglia G, De Micco V, Sass-Klaassen U, Tognetti R, Mäkelä A. 2014. Special issue: WSE symposium: Wood growth under environmental changes: The need for a multidisciplinary approach. Tree Physiology 34: 787-791.

Battipaglia G, Savi T, Ascoli D, Castagneri D, Esposito A, Mayr S, Nardini A. 2016. Effects of prescribed burning on ecophysiological, anatomical and stem hydraulic properties in *Pinus pinea* L. Tree Physiology 36: 1-13.

Becana M, Matamoros MA, Udvardi M, Dalton DA. 2010. Recent insights into antioxidant defenses of legume root nodules. New Phytologist 188: 960-976.

Beheshti Rooy SS, Hosseini Salekdeh G, Ghabooli M, Gholami M, Karimi R. 2017. Cold-induced physiological and biochemical responses of three grapevine cultivars differing in cold tolerance. Acta Physiologiae Plantarum 39: 1-13.

Behnke K, Ghirardo A, Janz D, Kanawati B, Esperschütz J, Zimmer I, Schmitt-Kopplin P, Niinemets Ü, Polle A, Schnitzler JP, Rosenkranz M. 2013. Isoprene function in two contrasting poplars under salt and sunflecks. Tree Physiology 33: 562-578.

Behnke K, Kleist E, Uerlings R, Wildt J, Rennenberg H, Schnitzler JP. 2009. RNAi-mediated suppression of isoprene biosynthesis in hybrid poplar impacts ozone tolerance. Tree Physiology 29: 725-736.

Beikircher B, Mayr S. 2009. Intraspecific differences in drought tolerance and acclimation in hydraulics of *Ligustrum vulgare* and *Viburnum lantana*. Tree Physiology 29: 765-75.

Bellows RS, Thomson AC, Helmstedt KJ, York RA, Potts MD. 2016. Damage and mortality patterns in young mixed conifer plantations following prescribed fires in the Sierra Nevada, California. Forest Ecology and Management 376: 193-204.

Belova O. 2012. The impact of herbivorous mammals on woody vegetation at the different stages of forest succession, Baltic Forestry 18: 100-110.

Bengough AG, McKenzie BM, Hallett PD, Valentine TA. 2011. Root elongation, water stress, and mechanical impedance: A review of limiting stresses and beneficial root tip traits. Journal of Experimental Botany 62: 59-68.

Bergmann EJ, Venugopal PD, Martinson HM, Raupp MJ, Shrewsbury PM. 2016. Host plant use by the invasive *Halyomorpha halys* (Stål) on Woody ornamental trees and shrubs. PLoS ONE 11: e0149975.

Beritognolo I, Harfouche A, Brilli F, Prosperini G, Gaudet M, Brosché M, Salani F, Kuzminsky E, Auvinen P, Paulin L, Kangasjärvi J, Loreto F, Valentini R, Mugnozza GS, Sabatti M. 2011. Comparative study of transcriptional and physiological responses to salinity stress in two contrasting *Populus alba* L. genotypes. Tree Physiology 31: 1335-1355.

Bermudez GMA, Pignata ML. 2011. Antioxidant response of three Tillandsia species transplanted to urban, agricultural, and industrial areas. Archives of Environmental Contamination and Toxicology 61: 401-413.

Berry ZC, Goldsmith GR. 2020. Diffuse light and wetting differentially affect tropical tree leaf photosynthesis. New Phytologist 225: 143-153.

Bertin S, Perks MP, Straw N, Bertin JM, Mencuccini M. 2010. Green spruce aphid infestations cause larger growth reductions to Sitka spruce under shade. Tree Physiology 30: 1403-1414.

Bettaieb I, Hamrouni-Sellami I, Bourgou S, Limam F, Marzouk B. 2011. Drought effects on polyphenol composition and antioxidant activities in aerial parts of *Salvia officinalis* L. Acta Physiologiae Plantarum 33: 1103-1111.

Bertamini E, Muthuchelian K, Nedunchezhian N. 2006. Shade effect alters leaf pigments and photosynthetic responses in Norway spruce (*Picea abies* L.) grown under field conditions. Photosynthetica 44: 227-234.

Beyer M. 2016. Quantitative studies along the soil- -vegetation - atmosphere interface of water - limited environments: practice-oriented approaches based on stable water isotopes, modelling and multivariate analysis. PhD thesis, University of Hanover, Hanover.

Binks O, Meir P, Rowland L, Da Costa ACL, Vasconcelos SS, De Oliveira AAR, Ferreira L, Mencuccini M. 2016. Limited acclimation in leaf anatomy to experimental drought in tropical rainforest trees. Tree Physiology 36: 1550-1561.

Black VJ, Black CR, Roberts JA, Stewart CA. 2000. Impact of ozone on the reproductive development of plants. New Phytologist 147: 421-447.

Blackman CJ. 2018. Leaf turgor loss as a predictor of plant drought response strategies. Tree Physiology 38: 655-657.

Blackman CJ, Brodribb TJ, Jordan GJ. 2009. Leaf hydraulics and drought stress: Response, recovery and survivorship in four woody temperate plant species. Plant, Cell and Environment 32: 1584-1595.

Bobich EG, Barron-Gafford GA, Rascher KG, Murthy R. 2010. Effects of drought and changes in vapour pressure deficit on water relations of *Populus deltoides* growing in ambient and elevated CO_2. Tree Physiology 30: 866-875.

Bogawski P, K Borycka, Ł Grewling, I. Kasprzyk. 2019. Detecting distant sources of airborne pollen for Poland: Integrating back-trajectory and dispersion modelling with a satellite-based phenology. Science of The Total Environment 689: 109-125.

Bohler S, Sergeant K, Lefèvre I, Jolivet Y, Hoffmann L, Renaut J, Dizengremel P, Hausman JF. 2010. Differential impact of chronic ozone exposure on expanding and fully expanded poplar leaves. Tree Physiology 30: 1415-1432.

Bojórquez-Quintal E, Escalante-Magaña C, Echevarría-Machado I, Martínez-Estévez M. 2017. Aluminum, a friend or foe of higher plants in acid soils. Frontiers in Plant Science 8: 1767.

Bonan GB. 2008. Forests and climate change: Forcings, feedbacks, and the climate benefits of forests. Science 320: 1444-1449.

Bonhomme M, Peuch M, Ameglio T, Rageau R, Guilliot A, Decourteix M, Alves G, Sakr S, Lacointe A. 2010. Carbohydrate uptake from xylem vessels and its distribution among stem tissues and buds in walnut(*Juglans regia L.*). Tree Physiology 30: 89-102.

Booker F, Burkey K, Morgan P, Fiscus E, Jones A. 2012. Minimal influence of G-protein null mutations on ozone-induced changes in gene expression, foliar injury, gas exchange and peroxidase activity in *Arabidopsis thaliana* L. Plant, Cell and Environment 35:

668-681.

Borchard F, Berger HJ, Bunzel-Drüke M, Fartmann T. 2011. Diversity of plant-animal interactions: Possibilities for a new plant defense indicator value? Ecological Indicators 11: 1311-1318.

Borzak CL, Potts BM, Barry KM, Pinkard EA, O'Reilly-Wapstra JM. 2017. Genetic stability of physiological responses to defoliation in a eucalypt and altered chemical defence in regrowth foliage. Tree Physiology 37: 220-235.

Boughalleb F, Hajlaoui H. 2011. Physiological and anatomical changes induced by drought in two olive cultivars (cv Zalmati and Chemlali). Acta Physiologiae Plantarum 33: 53-65.

Bouhouche N, Ksiksi T. 2007. An efficient in vitro plant regeneration system for the medicinal plant *Teucrium stocksianum* Boiss. Plant Biotechnology Reports 1: 179-184.

Bown HE, Watt MS, Mason EG, Clinton PW, Whitehead D. 2009. The influence of nitrogen and phosphorus supply and genotype on mesophyll conductance limitations to photosynthesis in *Pinus radiata*. Tree Physiology 29: 1143-1151.

Boyd IL, Freer-Smith PH, Gilligan CA, Godfray HCJ. 2013. The consequence of tree pests and diseases for ecosystem services. Science 342: 1235773.

Boyer JS. 2010. Drought decision-making. Journal of Experimental Botany 61: 3493-3497.

Brasier CM, Kirk SA. 2001. Designation of the EAN and NAN races of *Ophiostoma novo-ulmi* as subspecies. Mycological Research 105(5): 547-554.

Brelsford CC, Nybakken L, Kotilainen TK, Robson TM, Polle A. 2019. The influence of spectral composition on spring and autumn phenology in trees. Tree Physiology 39: 925-950.

Briskin DP. 2000. Medicinal plants and phytomedicines. Linking plant biochemistry and physiology to human health. Plant Physiology 124: 507-514.

Britton AJ, Mitchell RJ, Fisher JM, Riach DJ, Taylor AFS. 2018. Nitrogen deposition drives loss of moss cover in alpine moss-sedge heath via lowered C : N ratio and accelerated decomposition. New Phytologist 218: 470-478.

Brodribb TJ, Mcadam SAM. 2015. Evolution in the smallest valves (stomata) guides even the biggest trees. Tree Physiology 35: 451-452.

Brodribb TJ, McAdam SAM, Way D. 2011. Stomatal behaviour. Tree Physiology 31: 1039-1040.

Brown N, Inward DJG, Jeger M, Denman S. 2015. A review of *Agrilus biguttatus* in UK forests and its relationship with acute oak decline. Forestry 88: 53-63.

Brunner I, Herzog C, Dawes MA, Arend M, Sperisen C. 2015. How tree roots respond to drought. Frontiers in Plant Science 6: 1-16.

Brunner I, Sperisen C. 2013. Aluminum exclusion and aluminum tolerance in woody plants. Frontiers in Plant Science 4: 172.

Bundy JG, Davey MP, Viant MR. 2009. Environmental metabolomics: A critical review and future perspectives. Metabolomics 5: 3-21.

Burch-Smith TM, Zambryski PC. 2012. Plasmodesmata paradigm shift: regulation from without versus within. Annual Review of Plant Biology 63: 239-260.

Burkhardt J. 2010. Hygroscopic particles on leaves: Nutrients or desiccants? Ecological Monographs 80: 369-399.

Burkhardt J, Grantz DA. 2016. Plants and Atmospheric Aerosols, in: Progress in Botany Vol. 78. Cham, Switzerland: Springer. pp. 369-406.

Butler AJ, Barbier N, Čermák J, Koller J, Thornily C, Mcevoy C, Nicoll B, Perks MP, Grace J, Meir P. 2010. Estimates and relationships between aboveground and belowground resource exchange surface areas in a Sitka spruce managed forest. Tree Physiology 30: 705-714.

Bytnerowicz A, Omasa K, Paoletti E. 2007. Integrated effects of air pollution and climate change on forests: A northern hemisphere perspective. Environmental Pollution 147: 438-445.

Cadenasso ML, Pickett STA. 2000. Linking forest edge structure to edge function: Mediation of herbivore damage. Journal of Ecology 88: 31-44.

Cairns DM. 2001. Patterns of winter desiccation in krummholz forest of *Abies lasiocarpa* at treeline sites in glacier national park, Montana, USA. Geografiska Annaler: Series A, Physical Geography 83(3): 157-168.

Cakmak I. 2000. Tansley review no. 111: Possible roles of zinc in protecting plant cells from damage by reactive oxygen species. New Phytologist 146: 185-205.

Caldeira MC. 2018. The timing of drought coupled with pathogens may boost tree mortality. Tree Physiology 39: 1-5.

Cale JA, Klutsch JG, Dykstra CB, Peters B, Erbilgin N. 2019. Pathophysiological responses of pine defensive metabolites largely lack differences between pine species but vary with eliciting ophiostomatoid fungal species. Tree Physiology 39: 1121-1135.

Cale JA, Muskens M, Najar A, Ishangulyyeva G, Hussain A, Kanekar SS, Klutsch JG, Taft S, Erbilgin N. 2017. Rapid monoterpene induction promotes the susceptibility of a novel host pine to mountain pine beetle colonization but not to beetlevectored fungi. Tree Physiology 37: 1597-1610.

Calfapietra C, Pallozzi E, Lusini I, Velikova V. 2013a. Modification of BVOC Emissions by Changes in Atmospheric [CO_2] and Air Pollution, in: Biology, Controls and Models of Tree Volatile Organic Compound Emissions. Dordrecht, Netherlands: Springer. pp.

253-284.

Call A, St Clair SB. 2018. Timing and mode of simulated ungulate herbivory alter aspen defense strategies. Tree Physiology 38: 1476-1485.

Call AC, Clair SBS. 2017. Outbreak of *Drepanopeziza* fungus in aspen forests and variation in stand susceptibility: Leaf functional traits, compensatory growth and phenology. Tree Physiology 37: 1198-1207.

Camarero JJ, Guada G, Sánchez-Salguero R, Cervantes E. 2016. Winter drought impairs xylem phenology, anatomy and growth in Mediterranean Scots pine forests. Tree Physiology 36: 1536-1549.

Candan N, Tarhan L. 2012. Tolerance or sensitivity responses of *Mentha pulegium* to osmotic and waterlogging stress in terms of antioxidant defense systems and membrane lipid peroxidation. Environmental and Experimental Botany 75: 83-88.

Cannicci S, Burrows D, Fratini S, Smith TJ, Offenberg J, Dahdouh-Guebas F. 2008. Faunal impact on vegetation structure and ecosystem function in mangrove forests: A review. Aquatic Botany 89: 186-200.

Cannon JB, Henderson SK, Bailey MH, Peterson CJ. 2019. Interactions between wind and fire disturbance in forests: Competing amplifying and buffering effects. Forest Ecology and Management 436: 117-128.

Cánovas FM, Lüttge U, Matyssek R. 2017. Progress in Botany Vol. 78. Cham, Switzerland: Springer. pp. 437.

Carl C, Biber P, Veste M, Landgraf D, Pretzsch H. 2018. Key drivers of competition and growth partitioning among *Robinia pseudoacacia* L. trees. Forest Ecology and Management 430: 86-93.

Carlo NJ, Renninger HJ, Clark KL, Schäfer KVR. 2016. Impacts of prescribed fire on *Pinus rigida* Mill. In upland forests of the atlantic coastal plain. Tree Physiology 36: 967-982.

Carrer M, Von Arx G, Castagneri D, Petit G. 2014. Distilling allometric and environmental information from time series of conduit size: The standardization issue and its relationship to tree hydraulic architecture. Tree Physiology 35: 27-33.

Carriero G, Brunetti C, Fares S, Hayes F, Hoshika Y, Mills G, Tattini M, Paoletti E. 2016. BVOC responses to realistic nitrogen fertilization and ozone exposure in silver birch. Environmental Pollution 213: 988-995.

Castagneri D, Battipaglia G, Von Arx G, Pacheco A, Carrer M. 2018. Tree-ring anatomy and carbon isotope ratio show both direct and legacy effects of climate on bimodal xylem formation in *Pinus pinea*. Tree Physiology 38: 1098-1109.

Cavalcante PG da S, dos Santos CM, Filho HC de LW, Avelino JRL, Endres L. 2018. Morpho-physiological adaptation of *Jatropha curcas* L. to salinity stress. Australian Journal of Crop Science 12: 563-571.

Cazorla FM, Mercado-Blanco J. 2016. Biological control of tree and woody plant diseases: an impossible task? BioControl 61: 233-242.

Celedon JM, Bohlmann J. 2018. An extended model of heartwood secondary metabolism informed by functional genomics. Tree Physiology 38: 311-319.

Centritto M, Brilli F, Fodale R, Loreto F. 2011. Different sensitivity of isoprene emission, respiration and photosynthesis to high growth temperature coupled with drought stress in black poplar (*Populus nigra*) saplings. Tree Physiology 31: 275-286.

Cernusak LA, Winter K, Turner BL. 2011. Transpiration modulates phosphorus acquisition in tropical tree seedlings. Tree Physiology 31: 878-885.

Chan T, Berninger F, Kolari P, Nikinmaa E, Hölttä T. 2018. Linking stem growth respiration to the seasonal course of stem growth and GPP of Scots pine. Tree Physiology 38: 1356-1370.

Chaney W. 2002. Does night lighting harm trees? Circular FNR-FAQ-17, Department of Forestry and Natural Resources, Purdue University.

Chaparro-Suarez IG, Meixner FX, Kesselmeier J. 2011. Nitrogen dioxide (NO_2) uptake by vegetation controlled by atmospheric concentrations and plant stomatal aperture. Atmospheric Environment 45: 5742-5750.

Charrier G, Ngao J, Saudreau M, Améglio T. 2015. Effects of environmental factors and management practices on microclimate, winter physiology, and frost resistance in trees. Frontiers in Plant Science 6: 259.

Charrier G, Nolf M, Leitinger G, Charra-Vaskou K, Losso A, Tappeiner U, Améglio T, Mayr S. 2017. Monitoring of freezing dynamics in trees: A simple phase shift causes complexity. Plant Physiology 173: 2196-2207.

Charrier G, Poirier M, Bonhomme M, Lacointe A, Améglio T. 2013. Frost hardiness in walnut trees (*Juglans regia* L.): How to link physiology and modelling? Tree Physiology 33: 1229-1241.

Chaumont F, Tyerman SD. 2014. Aquaporins: Highly regulated channels controlling plant water relations. Plant Physiology 164: 1600-1618.

Chaves MM, Flexas J, Pinheiro C. 2009. Photosynthesis under drought and salt stress: Regulation mechanisms from whole plant to cell. Annals of Botany 103: 551-560.

Chen HM, Wang YM, Yang HL, Zeng QY, Liu YJ. 2019. NRAMP1 promotes iron uptake at the late stage of iron deficiency in poplars. Tree Physiology 39: 1235-1250.

Chen J, Shen ZJ, Lu WZ, Liu X, Wu FH, Gao GF, Liu YL, Wu CS, Yan CL, Fan HQ, Zhang YH, Zheng HL. 2017. Leaf miner-induced morphological, physiological and molecular changes in mangrove plant *Avicennia marina* (Forsk.) Vierh. Tree Physiology 37: 82-97.

Chen J, Xiao Q, Wu F, Dong X, He J, Pei Z, Zheng H. 2010a. Nitric oxide enhances salt secretion and Na^+ sequestration in a mangrove plant, avicennia marina, through increasing the expression of H^+-ATPase and Na^+/H^+ antiporter under high salinity. Tree Physiology 30: 1570-1585.

Chen JW, Zhang Q, Li XS, Cao KF. 2010b. Gas exchange and hydraulics in seedlings of *Hevea brasiliensis* during water stress and recovery. Tree Physiology 30: 876-885.

Chen L, Zhang S, Zhao H, Korpelainen H, Li C. 2010c. Sex-related adaptive responses to interaction of drought and salinity in *Populus yunnanensis*. Plant, Cell and Environment 33: 1767-1778.

Chen M, Wang F, Zhang Z, Fu J, Ma Y. 2017. Characterization of fungi resistance in two autotetraploid apple cultivars. Scientia Horticulturae 220: 27-35.

Chen Q, Lu HZ, Liu WY, Wu Y, Song L, Li S. 2019. Obligate to facultative shift of two epiphytic *Lepisorus* species during subtropical forest degradation: Insights from functional traits. Forest Ecology and Management 435: 66-76.

Chen S, Polle A. 2010. Salinity tolerance of *Populus*. Plant Biology 12: 317-333.

Chen SY, Chien CT, Baskin JM, Baskin CC. 2010. Storage behavior and changes in concentrations of abscisic acid and gibberellins during dormancy break and germination in seeds of *Phellodendron amurense* var. *wilsonii* (Rutaceae). Tree physiology 30(2): 275-284.

Choat B, Way D. 2013. Predicting thresholds of drought-induced mortality in woody plant species. Tree Physiology 33: 669-671.

Choi W Il, Nam Y, Lee CY, Choi BK, Shin YJ, Lim JH, Koh SH, Park YS. 2019. Changes in major insect pests of Pine forests in Korea over the last 50 years. Forests 10: 1-15.

Christodoulakis NS, Georgoudi M, Fasseas C. 2014. Leaf structure of *Cistus creticus* L. (rock rose), a medicinal plant widely used in folk remedies since ancient times. Journal of Herbs, Spices and Medicinal Plants 20: 103-114.

Cimato A, Castelli S, Tattini M, Traversi ML. 2010. An ecophysiological analysis of salinity tolerance in olive. Environmental and Experimental Botany 68: 214-221.

Coble AP, Vanderwall B, Mau A, Cavaleri MA. 2016. How vertical patterns in leaf traits shift seasonally and the implications for modeling canopy photosynthesis in a temperate deciduous forest. Tree Physiology 36: 1077-1091.

Comeau VM, Daniels LD, Knochenmus G, Chavardès RD, Zeglen S. 2019. Tree-Rings reveal accelerated yellow-cedar decline with changes to winter climate after 1980. Forests 10: 1085.

Comerford DP, Schaberg PG, Templer PH, Socci AM, Campbell JL, Wallin KF. 2013. Influence of experimental snow removal on root and canopy physiology of sugar maple trees in a northern hardwood forest. Oecologia 171: 261-269.

Comhair SA, Erzurum SC. 2002. Antioxidant responses to oxidant-mediated lung diseases. American Journal of Physiology-Lung Cellular and Molecular Physiology 283: L246-L255.

Cooper CE, Muir JP, Morgan CLS, Moore GW. 2018. Tortoise or hare: Will resprouting oaks or reseeding pines dominate following severe wildfire? Forest Ecology and Management 408: 54-66.

Copolovici L, Väärtnõu F, Estrada MP, Niinemets Ü. 2014. Oak powdery mildew (*Erysiphe alphitoides*)-induced volatile emissions scale with the degree of infection in *Quercus robur*. Tree Physiology 34: 1399-1410.

Coutand C. 2010. Mechanosensing and thigmomorphogenesis, a physiological and biomechanical point of view. Plant Science 179: 168-182.

Coutinho TA, Wingfield MJ. 2017. *Ralstonia solanacearum* and *R. pseudosolanacearum* on *Eucalyptus*: Opportunists or primary pathogens? Frontiers in Plant Science 8: 1-7.

Crous KY, Zaragoza-Castells J, Ellsworth DS, Duursma RA, Löw M, Tissue DT, Atkin OK. 2012. Light inhibition of leaf respiration in field-grown *Eucalyptus saligna* in whole-tree chambers under elevated atmospheric CO_2 and summer drought. Plant, Cell and Environment 35: 966-981.

Czemmel S, Galarneau ER, Travadon R, McElrone AJ, Cramer GR, Baumgartner K. 2015. Genes expressed in grapevine leaves reveal latent wood infection by the fungal pathogen *Neofusicoccum parvum*. PLoS ONE 10: e0121828.

Dakin N, White D, Hardy GESJ, Burgess TI. 2010. The opportunistic pathogen, *Neofusicoccum australe*, is responsible for crown dieback of peppermint (*Agonis flexuosa*) in Western Australia. Australasian Plant Pathology 39: 202-206.

Damestoy T, Brachi B, Moreira X, Jactel H, Plomion C, Castagneyrol B. 2019. Oak genotype and phenolic compounds differently affect the performance of two insect herbivores with contrasting diet breadth. Tree Physiology 39: 615-627.

Dang H, Lu P, Yang W, Han H, Zhang J. 2019. Drought-induced reductions and limited recovery in the radial growth, transpiration, and canopy stomatal conductance of Mongolian scots pine (*Pinus sylvestris var. mongolica* Litv.): A five-year observation. Forests 10: 1143.

Daniels DA, Nix KA, Wadl PA, Vito LM, Wiggins GJ, Windham MT, Ownley BH, Lambdin PL, Grant JF, Merten P, Klingeman WE, Hadziabdic D. 2016. Thousand cankers disease complex: A forest health issue that threatens *Juglans* species across the U.S. Forests 7: 260.

De Albuquerque MB, Dos Santos RC, Lima LM, Melo Filho PDA, Nogueira RJMC, Da Câmara CAG, Ramos ADR. 2011. Allelopathy, an alternative tool to improve cropping systems. A review. Agronomy for Sustainable Development 31: 379-395.

de Andrés EG. 2019. Interactions between climate and nutrient cycles on forest response to global change: The role of mixed forests. Forests 10: 609.

de Carvalho RC, Cunha A, da Silva JM. 2011. Photosynthesis by six Portuguese maize cultivars during drought stress and recovery. Acta Physiologiae Plantarum 33: 359-374.

de Diego N, Pérez-Alfocea F, Cantero E, Lacuesta M, Moncaleán P. 2012. Physiological response to drought in radiata pine: Phytohormone implication at leaf level. Tree Physiology 32: 435-449.

de Groote SRE, Vanhellemont M, Baeten L, Van den Bulcke J, Martel A, Bonte D, Lens L, Verheyen K. 2018. Competition, tree age and size drive the productivity of mixed forests of pedunculate oak, beech and red oak. Forest Ecology and Management 430: 609-617.

de Souza VF, Niinemets Ü, Rasulov B, Vickers CE, Duvoisin Júnior S, Araújo WL, Gonçalves JF de C. 2018. Alternative Carbon Sources for Isoprene Emission. Trends in Plant Science 23: 1091-1101.

Dean TJ. 2018. Neighbor and height effects on crown properties associated with the uniform-stress principle of stem formation. Forests 9: 334.

Decker VHG, Bandau F, Gundale MJ, Cole CT, Albrectsen BR. 2017. Aspen phenylpropanoid genes' expression levels correlate with genets' tannin richness and vary both in responses to soil nitrogen and associations with phenolic profiles. Tree physiology 37: 270-279.

Demirevska K, Zasheva D, Dimitrov R, Simova-Stoilova L, Stamenova M, Feller U. 2009. Drought stress effects on Rubisco in wheat: Changes in the Rubisco large subunit. Acta Physiologiae Plantarum 31: 1129-1138.

Dempsey RW, Merchant A, Tausz M. 2012. Differences in ascorbate and glutathione levels as indicators of resistance and susceptibility in *Eucalyptus* trees infected with *Phytophthora cinnamomi*. Tree Physiology 32: 1148-1160.

Deng C, Zhang S, Lu Y, Froese RE, Ming A, Li Q. 2019. Thinning effects on the tree height-diameter allometry of Masson Pine (*Pinus massoniana* Lamb.). Forests 10: 1-15.

Deslauriers A, Fournier MP, Cartenì F, Mackay J. 2019. Phenological shifts in conifer species stressed by spruce budworm defoliation. Tree Physiology 39: 590-605.

Deslauriers A, Rossi S. 2019. Metabolic memory in the phenological events of plants: looking beyond climatic factors. Tree physiology 39: 1272-1276.

Dey DC, Schweitzer CJ. 2018. A review on the dynamics of prescribed fire, tree mortality, and injury in managing oak natural communities to minimize economic loss in North America. Forests 9: 461.

Dhakad AK, Pandey VV, Beg S, Rawat JM, Singh A. 2018. Biological, medicinal and toxicological significance of Eucalyptus leaf essential oil: a review. Journal of the Science of Food and Agriculture 98: 833-848.

Dhankher OP, Li Y, Rosen BP, Shi J, Salt D, Senecoff JF, Sashti NA, Meagher RB. 2002. Engineering tolerance and hyperaccumulation of arsenic in plants by combining arsenate reductase and γ-glutamylcysteine synthetase expression. Nature biotechnology 20(11): 1140-1145.

Di Baccio D, Galla G, Bracci T, Andreucci A, Barcaccia G, Tognetti R, Sebastiani L. 2011. Transcriptome analyses of *Populus* × *euramericana* clone I-214 leaves exposed to excess zinc. Tree Physiology 31: 1293-1308.

Diaconu D, Stangler DF, Kahle HP, Spiecker H. 2016. Vessel plasticity of European beech in response to thinning and aspect. Tree Physiology 36: 1260-1271.

Diaz-Espejo A, Hernandez-Santana V. 2017. The phloem-xylem consortium: until death do them part. Tree Physiology 37: 847-850.

Díaz-Yanez O, Mola-Yudego B, González-Olabarria JR, Pukkala T. 2017. How does forest composition and structure affect the stability against wind and snow? Forest Ecology and Management 401: 215-222.

Didyk NP, Blum OB. 2011. Natural antioxidants of plant origin against ozone damage of sensitive crops. Acta Physiologiae Plantarum 33: 25-34.

Dietze MC, Matthes JH. 2014. A general ecophysiological framework for modelling the impact of pests and pathogens on forest ecosystems. Ecology Letters 17: 1418-1426.

Ding S, Ma C, Shi W, Liu W, Lu Y, Liu Q, Luo Z Bin. 2017. Exogenous glutathione enhances cadmium accumulation and alleviates its toxicity in *Populus* × *canescens*. Tree Physiology 37: 1697-1712.

Dobbelstein E, Fink D, Öner-Sieben S, Czempik L, Lohaus G. 2018. Seasonal changes of sucrose transporter expression and sugar partitioning in common European tree species. Tree Physiology 39: 284-299.

Dobbertin M. 2005. Tree growth as indicator of tree vitality and of tree reaction to environmental stress: A review. European Journal of Forest Research 124: 319-333.

Dolan L. 2012. The New Phytologist Tansley medal 2011. New Phytologist 193: 821-822.

Domec JC, Johnson DM. 2012. Does homeostasis or disturbance of homeostasis in minimum leaf water potential explain the isohydric versus anisohydric behavior of *Vitis vinifera* L. cultivars? Tree Physiology 32: 245-248.

Domisch T, Martz F, Repo T, Rautio P. 2019. Let it snow! Winter conditions affect growth of birch seedlings during the following growing season. Tree Physiology 39: 544-555.

Domisch T, Martz F, Repo T, Rautio P. 2018. Winter survival of Scots pine seedlings under different snow conditions. Tree Physiology 38: 602-616.

Donnini S, Dell'Orto M, Zocchi G. 2011. Oxidative stress responses and root lignification induced by Fe deficiency conditions in pear and quince genotypes. Tree Physiology 31: 102-113.

Du N, Guo W, Zhang X, Wang R. 2010. Morphological and physiological responses of *Vitex negundo* L. var. *heterophylla* (Franch.) Rehd. to drought stress. Acta Physiologiae Plantarum 32: 839-848.

Duan H, Amthor JS, Duursma RA, O'Grady AP, Choat B, Tissue DT. 2013. Carbon dynamics of eucalypt seedlings exposed to progressive drought in elevated [CO_2] and elevated temperature. Tree Physiology 33: 779-792.

Duan H, Chaszar B, Lewis JD, Smith RA, Huxman TE, Tissue DT. 2018. CO_2 and temperature effects on morphological and physiological traits affecting risk of drought-induced mortality. Tree Physiology 38: 1138-1151.

Dulamsuren C, Abilova SB, Bektayeva M, Eldarov M, Schuldt B, Leuschner C, Hauck M. 2018. Hydraulic architecture and vulnerability to drought-induced embolism in Southern boreal tree species of Inner Asia. Tree Physiology 39: 463-473.

Dulamsuren C, Hauck M, Bader M, Osokhjargal D, Oyungerel S, Nyambayar S, Runge M, Leuschner C. 2009. Water relations and photosynthetic performance in *Larix sibirica* growing in the forest-steppe ecotone of northern Mongolia. Tree Physiology 29: 99-110.

Ďurkovič J, Čaňová I, Lagaňa R, Kučerová V, Moravčík M, Priwitzer T, Urban J, Dvořák M, Krajňáková, J. 2013. Leaf trait dissimilarities between Dutch elm hybrids with a contrasting tolerance to Dutch elm disease. Annals of botany 111(2): 215-227.

Ďurkovič J, Kačík F, Olčák D. 2015. An evaluation of cellulose degradation affected by Dutch elm disease. Bio-protocol 5(14): e1535.

Dzierżanowski K, Popek R, Gawrońska H, Sæbø A, Gawroński SW. 2011. Deposition of particulate matter of different size fractions on leaf surfaces and in waxes of urban forest species. International Journal of Phytoremediation 13(10): 1037-1046.

Eilmann B, Zweifel R, Buchmann N, Graf Pannatier E, Rigling A. 2011. Drought alters timing, quantity, and quality of wood formation in Scots pine. Journal of Experimental Botany 62: 2763-2771.

Eisenman TS, Churkina G, Jariwala SP, Kumar P, Lovasi GS, Pataki DE, Weinberger KR, Whitlow TH. 2019. Urban trees, air quality, and asthma: An interdisciplinary review. Landscape and Urban Planning 187: 47-59.

Emberson L, Håkan Pleijel, Ainsworth EA, Maurits van den Berg, Rene W, Osborne S, Mills G, Pandey P, Dentener F, Büker P, Ewert F, Koeble R, Rita van Dingenen. 2018. Ozone effects on crops and consideration in crop models. European Journal of Agronomy 100: 19-34

Endo T, Shimada T, Nakata Y, Fujii H, Matsumoto H, Nakajima N, Ikoma Y, Omura M. 2018. Abscisic acid affects expression of citrus *FT* homologs upon floral induction by low temperature in Satsuma Mandarin (*Citrus unshiu* Marc.). Tree Physiology 38: 755-771.

Erbilgin N, Colgan LJ. 2012. Differential effects of plant ontogeny and damage type on phloem and foliage monoterpenes in jack pine (*Pinus banksiana*). Tree Physiology 32: 946-957.

Escandón M, Cañal MJ, Pascual J, Pinto G, Correia B, Amaral J, Meijón M. 2016. Integrated physiological and hormonal profile of heat-induced thermotolerance in *Pinus radiata*. Tree Physiology 36: 63-77.

Ewers BE. 2013. Understanding stomatal conductance responses to long-term environmental changes: A Bayesian framework that combines patterns and processes. Tree Physiology 33: 119-122.

Eyles A, Bonello P, Ganley R, Mohammed C. 2010. Induced resistance to pests and pathogens in trees. New Phytologist 185: 893-908.

Faize M, Burgos L, Faize L, Piqueras A, Nicolas E, Barba-Espin G, Clemente-Moreno MJ, Alcobendas R, Artlip T, Hernandez JA. 2011. Involvement of cytosolic ascorbate peroxidase and Cu/Zn-superoxide dismutase for improved tolerance against drought stress. Journal of Experimental Botany 62: 2599-2613.

Fares S, Oksanen E, Lännenpää M, Julkunen-Tiitto R, Loreto F. 2010. Volatile emissions and phenolic compound concentrations along a vertical profile of *Populus nigra* leaves exposed to realistic ozone concentrations. Photosynthesis Research 104: 61-74.

Faustino LI, Moretti AP, Graciano C. 2015. Fertilization with urea, ammonium and nitrate produce different effects on growth, hydraulic traits and drought tolerance in *Pinus taeda* seedlings. Tree Physiology 35: 1062-1074.

Fearer TM, GW Norman, JC Pack Sr, S Bittner and WM Healy. 2008. Influence of physiographic and climatic factors on spatial patterns of acorn production in Maryland and Virginia, USA. Journal of Biogeography 35(11): 2012-2025.

Feng X, An P, Guo K, Li X, Liu X, Zhang X. 2017. Growth, root compensation and ion distribution in *Lycium chinense* under heterogeneous salinity stress. Scientia Horticulturae 226: 24-32.

Feng Z, Shang B, Gao F, Calatayud V. 2019a. Current ambient and elevated ozone effects on poplar: A global meta-analysis and response relationships. Science of the Total Environment 654: 832-840.

Feng Z, Yuan X, Fares S, Loreto F, Li P, Hoshika Y, Paoletti E. 2019b. Isoprene is more affected by climate drivers than monoterpenes: A meta-analytic review on plant isoprenoid emissions. Plant Cell and Environment 42: 1939-1949.

Fernández-Crespo E, Camañes G, García-Agustín P. 2012. Ammonium enhances resistance to salinity stress in citrus plants. Journal of Plant Physiology 169: 1183-1191.

Fernández-Martínez M, J Belmonte, JM Espelta. 2012. Masting in oaks: disentangling the effect of flowering phenology, airborne pollen load and drought. Acta Oecologica 43: 51-59..

Fernández-Pérez L, Villar-Salvador P, Martínez-Vilalta J, Toca A, Zavala MA. 2018. Distribution of pines in the Iberian Peninsula agrees with species differences in foliage frost tolerance, not with vulnerability to freezing-induced xylem embolism. Tree Physiology 38: 507-516.

Fichot R, Laurans F, Monclus R, Moreau A, Pilate G, Brignolas F. 2009. Xylem anatomy correlates with gas exchange, water-use efficiency and growth performance under contrasting water regimes: Evidence from *Populus deltoides* × *Populus nigra* hybrids. Tree Physiology 29: 1537-1549.

Fichtner A, Härdtle W, Li Y, Bruelheide H, Kunz M, von Oheimb G. 2017. From competition to facilitation: how tree species respond to neighbourhood diversity. Ecology Letters 20: 892-900.

Filipe JAN, Cobb RC, Salmon M, Gilligan CA. 2019. Management strategies for conservation of tanoak in california forests threatened by sudden oak death: A disease-community feedback modelling approach. Forests 10: 1103.

Fini A, Brunetti C, Ferdinando M Di, Ferrini F, Tattini M. 2011. Stress-induced flavonoid biosynthesis and the antioxidant machinery of plants. Plant Signaling and Behavior 6: 709-711.

Forbes ES, Cushman JH, Burkepile DE, Young TP, Klope M, Young HS. 2019. Synthesizing the effects of large, wild herbivore exclusion on ecosystem function. Functional Ecology 33: 1597-1610.

Foster JR. 2017. Xylem traits, leaf longevity and growth phenology predict growth and mortality response to defoliation in northern temperate forests. Tree Physiology 37: 1151-1165.

Foyer CH, Noctor G. 2000. Oxygen processing in photosynthesis: Regulation and signalling. New Phytologist 146: 359-388.

Franklin O, Johansson J, Dewar RC, Dieckmann U, McMurtrie RE, Brännström AK, Dybzinski R. 2012. Modeling carbon allocation in trees: A search for principles. Tree Physiology 32: 648-666.

Francesco PM, Barone E, Mantia ML, Caruso T. 2009. Toward the definition of a carbon budget model: seasonal variation and temperature effect on respiration rate of vegetative and reproductive organs of pistachio trees(*Pistacia vera*). Tree Physiology 29(9): 1095-1103.

Fraser S, Martín-García J, Perry A, Kabir MS, Owen T, Solla A, Brown AV, Bulman LS, Barnes I, Hale MD, Vasconcelos MW, Lewis KJ, Doğmuş-Lehtijarvi HT, Markovskaja S, Woodward S, Bradshaw RE. 2016. A review of Pinaceae resistance mechanisms against needle and shoot pathogens with a focus on the *Dothistroma-Pinus* interaction. Forest Pathology 46: 453-471.

Frei M, Tanaka JP, Chen CP, Wissuwa M. 2010. Mechanisms of ozone tolerance in rice: Characterization of two QTLs affecting leaf bronzing by gene expression profiling and biochemical analyses. Journal of Experimental Botany 61: 1405-1417.

Fromm J. 2010. Wood formation of trees in relation to potassium and calcium nutrition. Tree Physiology 30: 1140-1147.

Fu YH, Piao S, Delpierre N, Hao F, Hänninen H, Geng X, Peñuelas J, Zhang X, Janssens IA, Campioli M. 2019. Nutrient availability alters the correlation between spring leaf-out and autumn leaf senescence dates. Tree physiology 39: 1277-1284.

Fulgosi H, Ježić M, Lepeduš H, Štefanić PP, Ćurković-Perica M, Cesar V. 2012. Degradation of chloroplast DNA during natural senescence of maple leaves. Tree Physiology 32: 346-354.

Galvez DA, Landhäusser SM, Tyree MT. 2011. Root carbon reserve dynamics in aspen seedlings: Does simulated drought induce reserve limitation? Tree Physiology 31: 250-257.

Gan H, Jiao Y, Jia J, Wang X, Li H, Shi W, Peng C, Polle A, Luo Z Bin. 2015. Phosphorus and nitrogen physiology of two contrasting poplar genotypes when exposed to phosphorus and/or nitrogen starvation. Tree Physiology 36: 22-38.

Gan KS, Wong SC, Yong JWH, Farquhar GD. 2002. ^{18}O spatial patterns of vein xylem water, leaf water, and dry matter in cotton leaves. Plant Physiology 130: 1008-1021.

Gardiner B, Berry P, Moulia B. 2016. Review: Wind impacts on plant growth, mechanics and damage. Plant Science 245: 94-118.

Gaudet M, Pietrini F, Beritognolo I, Iori V, Zacchini M, Massacci A, Mugnozza GS, Sabatti M. 2011. Intraspecific variation of physiological and molecular response to cadmium stress in *Populus nigra* L. Tree Physiology 31: 1309-1318.

Gaylord ML, Hofstetter RW, Kolb TE, Wagner MR. 2011. Limited response of ponderosa pine bole defenses to wounding and fungi. Tree Physiology 31: 428-437.

Gebauer R, Volaŕk D, Urban J, Børja I, Nagy NE, Eldhuset TD, Krokene P. 2011. Effect of thinning on anatomical adaptations of Norway spruce needles. Tree Physiology 31: 1103-1113.

Gely C, Laurance SGW, Stork NE. 2020. How do herbivorous insects respond to drought stress in trees? Biological Reviews 95: 434-448.

Germino MJ. 2015. A carbohydrate quandary. Tree Physiology 35: 1141-1145.

Gessler A, Ferrio JP, Hommel R, Treydte K, Werner RA, Monson RK. 2014. Stable isotopes in tree rings: Towards a mechanistic understanding of isotope fractionation and mixing processes from the leaves to the wood. Tree Physiology 34: 796-818.

Ghannoum O, Way DA. 2011. On the role of ecological adaptation and geographic distribution in the response of trees to climate change.

Tree Physiology 31: 1273-1276.

Gillespie KM, Rogers A, Ainsworth EA. 2011. Growth at elevated ozone or elevated carbon dioxide concentration alters antioxidant capacity and response to acute oxidative stress in soybean (*Glycine max*). Journal of Experimental Botany 62: 2667-2678.

Gilliam FS, Burns DA, Driscoll CT, Frey SD, Lovett GM, Watmough SA. 2019. Decreased atmospheric nitrogen deposition in eastern North America: Predicted responses of forest ecosystems. Environmental Pollution 244: 560-574.

Giuggiola A, Zweifel R, Feichtinger LM, Vollenweider P, Bugmann H, Haeni M, Rigling A. 2018. Competition for water in a xeric forest ecosystem - Effects of understory removal on soil micro-climate, growth and physiology of dominant Scots pine trees. Forest Ecology and Management 409: 241-249.

Godfrey JM, Ferguson L, Sanden BL, Tixier A, Sperling O, Grattan SR, Zwieniecki MA. 2019. Sodium interception by xylem parenchyma and chloride recirculation in phloem may augment exclusion in the salt tolerant *Pistacia* genus: context for salinity studies on tree crops. Tree physiology 39: 1484-1498.

Goldstein G, Bucci SJ, Scholz FG. 2013. Why do trees adjust water relations and hydraulic architecture in response to nutrient availability? Tree Physiology 33: 238-240.

Gómez-Aparicio L, Zamora R, Castro J, Hódar JA. 2008. Facilitation of tree saplings by nurse plants: Microhabitat amelioration or protection against herbivores? Journal of Vegetation Science 19: 161-172.

Gonda-King L, Gómez S, Martin JL, Orians CM, Preisser EL. 2014. Tree responses to an invasive sap-feeding insect. Plant Ecology 215: 297-304.

Gonzalez-dugo V, Durand J-L, Gastal F. 2010. Water deficit and nitrogen nutrition of crops. A review To cite this version : Review article. Agronomy for Sustainable Development 30: 529-544.

Goreta S, Bučevic-Popović V, Pavela-Vrančić M, Perica S. 2007. Salinity-induced changes in growth, superoxide dismutase activity, and ion content of two olive cultivars. Journal of Plant Nutrition and Soil Science 170: 398-403.

Gortan E, Nardini A, Salleo S, Jansen S. 2011. Pit membrane chemistry influences the magnitude of ion-mediated enhancement of xylem hydraulic conductance in four Lauraceae species. Tree Physiology 31: 48-58.

Gourlay G, Constabel CP. 2019. Condensed tannins are inducible antioxidants and protect hybrid poplar against oxidative stress. Tree Physiology 39: 345-355.

Granda E, Camarero JJ. 2017. Drought reduces growth and stimulates sugar accumulation: New evidence of environmentally driven non-structural carbohydrate use. Tree Physiology 37: 997-1000.

Granhus A, FlØistad IS, SØgaard G. 2009. Bud burst timing in *Picea abies* seedlings as affected by temperature during dormancy induction and mild spells during chilling. Tree Physiology 29: 497-503.

Greer BT, Still C, Cullinan GL, Brooks JR, Meinzer FC. 2018. Polyploidy influences plant-environment interactions in quaking aspen (*Populus tremuloides* Michx.). Tree Physiology 38: 630-640.

Griffin KL, Prager CM. 2017. Where does the carbon go? Thermal acclimation of respiration and increased photosynthesis in trees at the temperate-boreal ecotone. Tree Physiology 37: 281-284.

Grönlund L, Hölttä T, Mäkelä A. 2016. Branch age and light conditions determine leaf-area-specific conductivity in current shoots of Scots pine. Tree Physiology 36: 994-1006.

Grulke NE, Heath RL. 2020. Ozone effects on plants in natural ecosystems. Plant Biology 22: 12-37.

Guderian R. 2012. Air pollution: phytotoxicity of acidic gases and its significance in air pollution control (Vol. 22). Springer Science & Business Media.

Guerrero CC, Günthardt-Goerg MS, Vollenweider P. 2013. Foliar symptoms triggered by ozone stress in irrigated holm oaks from the city of Madrid, Spain. PLoS ONE 8: 1-14.

Guerriero G, Sergeant K, Hausman JF. 2014. Wood biosynthesis and typologies: A molecular rhapsody. Tree Physiology 34: 839-855.

Guidi L, Degl'Innocenti E, Giordano C, Biricolti S, Tattini M. 2010. Ozone tolerance in *Phaseolus vulgaris* depends on more than one mechanism. Environmental Pollution 158: 3164-3171.

Guidi L, Remorini D, Cotrozzi L, Giordani T, Lorenzini G, Massai R, Nali C, Natali L, Pellegrini E, Trivellini A, Vangelisti A, Vernieri P, Landi M. 2017. The harsh life of an urban tree: The effect of a single pulse of ozone in salt-stressed *Quercus ilex* saplings. Tree Physiology 37: 246-260.

Guo H, Wang H, Liu Q, An H, Liu C, Xia X, Yin W. 2017. ^{15}N-labeled ammonium nitrogen uptake and physiological responses of poplar exposed to $PM_{2.5}$ particles. Environmental Science and Pollution Research 24: 500-508.

Gupta GP, Singh S, Kumar B, Kulshrestha UC. 2015. Industrial dust sulphate and its effects on biochemical and morphological characteristics of Morus (*Morus alba*) plant in NCR Delhi. Environmental Monitoring and Assessment 187: 67.

Gupta KJ, Bauwe H, Mur LAJ. 2011. Nitric oxide, nitrate reductase and UV-B tolerance. Tree Physiology 31: 795-797.

Gutierrez Lopez J, Licata J, Pypker T, Asbjornsen H. 2019. Effects of heater wattage on sap flux density estimates using an improved tree-cut experiment. Tree physiology 39: 679-693.

Guzmán JAQ, Cordero RAS. 2016. Neighborhood structure influences the convergence in light capture efficiency and carbon gain: An architectural approach for cloud forest shrubs. Tree Physiology 36: 712-724.

Hacke UG, Plavcová L, Almeida-Rodriguez A, King-Jones S, Zhou W, Cooke JEK. 2010. Influence of nitrogen fertilization on xylem traits and aquaporin expression in stems of hybrid poplar. Tree Physiology 30: 1016-1025.

Halis Y, Benhaddya ML, Bensaha H, Senoussi MM. 2019. How do newly matured vessels start conducting water? The significance of lateral pathways for connecting newly matured vessels to the transpiration stream. Tree Physiology 39: 641-649.

Hall M, Rntfors M, Slaney M, Linder S, Wallin G. 2009. Carbon dioxide exchange of buds and developing shoots of boreal Norway spruce exposed to elevated or ambient CO_2 concentration and temperature in whole-tree chambers. Tree Physiology 29: 467-481.

Hall MC, Stiling P, Moon DC, Drake BG, Hunter MD. 2005. Effects of elevated CO_2 on foliar quality and herbivore damage in a scrub oak ecosystem. Journal of Chemical Ecology 31: 267-286.

Hallik L, Niinemets Ü, Wright IJ. 2009. Are species shade and drought tolerance reflected in leaf-level structural and functional differentiation in Northern Hemisphere temperate woody flora? New Phytologist 184: 257-274.

Hammond WM, Adams HD. Sevanto S. 2019. Dying on time: Traits influencing the dynamics of tree mortality risk from drought. Tree Physiology 39: 906-909.

Hänninen H, Tanino K. 2011. Tree seasonality in a warming climate. Trends in Plant Science 16: 412-416.

Hansen EMØ, Hauggaard-Nielsen H, Launay M, Rose P, Mikkelsen TN. 2019. The impact of ozone exposure, temperature and CO_2 on the growth and yield of three spring wheat varieties. Environmental and Experimental Botany 168: 103868.

Harding SA. 2019. Condensed tannins: Arbiters of abiotic stress tolerance? Tree Physiology 39: 341-344.

Hartmann H, Moura CF, Anderegg WRL, Ruehr NK, Salmon Y, Allen CD, Arndt SK, Breshears DD, Davi H, Galbraith D, Ruthrof KX, Wunder J, Adams HD, Bloemen J, Cailleret M, Cobb R, Gessler A, Grams TEE, Jansen S, Kautz M, Lloret F, O'Brien M. 2018. Research frontiers for improving our understanding of drought-induced tree and forest mortality. New Phytologist 218: 15-28.

Hartmann H, Trumbore S. 2016. Understanding the roles of nonstructural carbohydrates in forest trees - from what we can measure to what we want to know. The New phytologist 211: 386-403.

Heinrich S, Dippold MA, Werner C, Wiesenberg GLB, Kuzyakov Y, Glaser B. 2015. Allocation of freshly assimilated carbon into primary and secondary metabolites after in situ ^{13}C pulse labelling of Norway spruce (*Picea abies*). Tree Physiology 35: 1176-1191.

Hemery GE, Clark JR, Aldinger E, Claessens H, Malvolti ME, O'connor E, Raftoyannis Y, Savill PS, Brus R. 2010. Growing scattered broadleaved tree species in Europe in a changing climate: a review of risks and opportunities. Forestry 83: 65-81.

Hendy IW, Cragg SM. 2017. *Rhizophora stylosa* prop roots even when damaged prevent wood-boring teredinids from toppling the trees. Hydrobiologia 803: 333-344.

Henriksson N, Tarvainen L, Lim H, Tor-Ngern P, Palmroth S, Oren R, Marshall J, Näsholm T. 2015. Stem compression reversibly reduces phloem transport in *Pinus sylvestris* trees. Tree Physiology 35: 1075-1085.

Henry C, John GP, Pan R, Bartlett MK, Fletcher LR, Scoffoni C, Sack L. 2019. A stomatal safety-efficiency trade-off constrains responses to leaf dehydration. Nature Communications 10: 1-9.

Herschbach C, Teuber M, Eiblmeier M, Ehlting B, Ache P, Polle A, Schnitzler JP, Rennenberg H. 2010. Changes in sulphur metabolism of grey poplar (*Populus* × *canescens*) leaves during salt stress: A metabolic link to photorespiration. Tree Physiology 30: 1161-1173.

Hesami M, Tohidfar M, Alizadeh M, Daneshvar MH. 2018. Effects of sodium nitroprusside on callus browning of *Ficus religiosa*: an important medicinal plant. Journal of Forestry Research 30: 1-8.

Hevia A, Álvarez-González JG, Majada J. 2016. Comparison of pruning effects on tree growth, productivity and dominance of two major timber conifer species. Forest Ecology and Management 374: 82-92.

Himeno S, Azuma W, Gyokusen K, Ishii HR. 2017. Leaf water maintains daytime transpiration in young *Cryptomeria japonica* trees. Tree Physiology 37: 1394-1403.

Hiraoka Y, Iki T, Nose M, Tobita H, Yazaki K, Watanabe A, Fujisawa Y, Kitao M. 2017. Species characteristics and intraspecific variation in growth and photosynthesis of *Cryptomeria japonica* under elevated O_3 and CO_2. Tree Physiology 37: 733-743.

Hishida M, Ascencio-Valle F, … HF-R journal of plant, 2014 undefined. 2014. Antioxidant enzyme responses to salinity stress of *Jatropha curcas* and *J. cinerea* at seedling stage. Springer 61: 53-62.

Hojati M, Modarres-Sanavy SAM, Karimi M, Ghanati F. 2011. Responses of growth and antioxidant systems in *Carthamus tinctorius* L. under water deficit stress. Acta Physiologiae Plantarum 33: 105-112.

Holopainen JK. 2013. Loss of isoprene-emitting capacity: Deleterious for trees? Tree Physiology 33: 559-561.

Holopainen JK. 2011. Can forest trees compensate for stress-generated growth losses by induced production of volatile compounds? Tree Physiology 31: 1356-1377.

Holopainen JK, Virjamo V, Ghimire RP, Blande JD, Julkunen-Tiitto R, Kivimäenpää M. 2018. Climate change effects on secondary compounds of forest trees in the northern hemisphere. Frontiers in Plant Science 9: 1-10.

Holtmeier FK. 2012. Impact of wild herbivorous mammals and birds on the altitudinal and northern treeline ecotones. Landscape Online

30: 1-28.
Hölttä T, Mäkinen H, Nöjd P, Mäkelä A, Nikinmaa E. 2010. A physiological model of softwood cambial growth. Tree Physiology 30: 1235-1252.
Hommel R, Siegwolf R, Zavadlav S, Arend M, Schaub M, Galiano L, Haeni M, Kayler ZE, Gessler A. 2016. Impact of interspecific competition and drought on the allocation of new assimilates in trees. Plant Biology 18: 785-796.
Hong CS. 2015. Pollen allergy plants in Korea. Allergy, Asthma & Respiratory Disease 3(4): 239-254.
Hood SM, Varner JM, Van Mantgem P, Cansler CA. 2018. Fire and tree death: Understanding and improving modeling of fire-induced tree mortality. Environmental Research Letters 13: 113004.
Horvath D. 2010. Bud dormancy and growth. In: Pua EC Davey MR (eds) Plant developmental biology-biotechnological perspectives. Berlin Heidelberg: Springer. pp 53-70.
Hoshika Y, Carrari E, Mariotti B, Martini S, Marco A De, Sicard P, Paoletti E. 2020. Flux-based ozone risk assessment for a plant injury index (pii) in three european cool-temperate deciduous tree species. Forests 11: 82.
Hozain MI, Salvucci ME, Fokar M, Holaday AS. 2009. The differential response of photosynthesis to high temperature for a boreal and temperate *Populus* species relates to differences in Rubisco activation and Rubisco activase properties. Tree Physiology 30: 32-44.
Hu B, Sakakibara H, Takebayashi Y, Peters FS, Schumacher J, Eiblmeier M, Arab L, Kreuzwieser J, Polle A, Rennenberg H. 2017. Mistletoe infestation mediates alteration of the phytohormone profile and anti-oxidative metabolism in bark and wood of its host *Pinus sylvestris*. Tree Physiology 37: 676-691.
Hu XG, Liu H, Jin YQ, Sun YQ, Li Y, Zhao W, El-Kassaby YA, Wang XR, Mao JF. 2016. *De novo* transcriptome assembly and characterization for the widespread and stress-tolerant conifer *Platycladus orientalis*. PLoS ONE 11: e0148985.
Hu Y, Peuke AD, Zhao X, Yan J, Li C. 2019. Effects of simulated atmospheric nitrogen deposition on foliar chemistry and physiology of hybrid poplar seedlings. Plant Physiology and Biochemistry 143: 94-108.
Huang XS, Luo T, Fu XZ, Fan QJ, Liu JH. 2011. Cloning and molecular characterization of a mitogen-activated protein kinase gene from *Poncirus trifoliata* whose ectopic expression confers dehydration/drought tolerance in transgenic tobacco. Journal of Experimental Botany 62: 5191-5206.
Hughes NM, Burkey KO, Cavender-Bares J, Smith WK. 2012. Xanthophyll cycle pigment and antioxidant profiles of winter-red (anthocyanic) and winter-green (acyanic) angiosperm evergreen species. Journal of Experimental Botany 63: 1895-1905.
Husbands DR, Aime MC. 2018. Emerging forest diseases: A case study of greenheart (*Chlorocardium* spp., Lauraceae) and the newly described fungus, *Xylaria karyophthora*. Forests 9: 365.
Isabel M, Jossias AD, Maria JS, Natasha R, Isabel. 2018. Woody species from the Mozambican Miombo woodlands: A review on their ethnomedicinal uses and pharmacological potential. Journal of Medicinal Plants Research 12: 15-31.
Ishii H, Yoshimura K-I, Mori A. 2009. Convergence of leaf display and photosynthetic characteristics of understory *Abies amabilis* and *Tsuga heterophylla* in an old-growth forest in southwestern Washington State, USA. Tree Physiology 29: 989-998.
Ishii HR, Cavaleri MA. 2017. Canopy ecophysiology: Exploring the terrestrial ecosystem frontier. Tree Physiology 37: 1263-1269.
Ishikawa M, Ishikawa M, Toyomasu T, Aoki T, Price WS. 2015. Ice nucleation activity in various tissues of *Rhododendron* flower buds: their relevance to extraorgan freezing. Frontiers in Plant Science 6: 1-12.
Issoufou HBA, Rambal S, Le Dantec V, Oï M, Laurent JP, Saadou M, Seghieri J. 2015. Is the WBE model appropriate for semi-arid shrubs subjected to clear cutting? Tree Physiology 35: 197-208.
Izuta T. 2017. Air Pollution Impacts on Plants in East Asia. Tokyo, Japan: Springer Japan. pp. 322.
Jacobs KA, Berg LC. 2000. Inhibition of fungal pathogens of woody plants by the plant growth regulator paclobutrazol. Pest Management Science 56: 407-412.
Jacobsen AL, Roets F, Jacobs SM, Esler KJ, Pratt RB. 2012. Dieback and mortality of South African fynbos shrubs is likely driven by a novel pathogen and pathogen-induced hydraulic failure. Austral Ecology 37: 227-235.
Jactel H, Koricheva J, Castagneyrol B. 2019a. Responses of forest insect pests to climate change: not so simple. Current Opinion in Insect Science 35: 103-108.
Jactel H, Petit J, Desprez-Loustau ML, Delzon S, Piou D, Battisti A, Koricheva J. 2012. Drought effects on damage by forest insects and pathogens: A meta-analysis. Global Change Biology 18: 267-276.
Jactel H, Poeydebat C, van Halder I, Castagneyrol B. 2019b. Interactive effects of tree mixing and drought on a primary forest pest. Frontiers in Forests and Global Change 2:77.
Jaleel CA, Llorente BE. 2009. Drought stress in plants: A review on water relations, Bioscience Research 6: 20-27.
Jaleel CA, Manivannan P, Wahid A, Farooq M, Al-Juburi HJ, Somasundaram R, Panneerselvam R. 2009. Drought stress in plants: A review on morphological characteristics and pigments composition. International Journal of Agriculture and Biology 11: 100-105.
Janz D, Polle A. 2012. Harnessing salt for woody biomass production. Tree Physiology 32: 1-2.
Jia S, McLaughlin NB, Gu J, Li X, Wang Z. 2013. Relationships between root respiration rate and root morphology, chemistry and

anatomy in *Larix gmelinii* and *Fraxinus mandshurica*. Tree Physiology 33: 579-589.

Jia S, Wang Z, Li X, Zhang X, Mclaughlin NB. 2011. Effect of nitrogen fertilizer, root branch order and temperature on respiration and tissue N concentration of fine roots in *Larix gmelinii* and *Fraxinus mandshurica*. Tree Physiology 31: 718-726.

Jiang Y, Ye J, Veromann LL, Niinemets U. 2016. Scaling of photosynthesis and constitutive and induced volatile emissions with severity of leaf infection by rust fungus (*Melampsora larici-populina*) in *Populus balsamifera* var. *suaveolens*. Tree Physiology 36: 856-872.

Jiang ZF, Huang SZ, Han YL, Zhao JZ, Fu JJ. 2012. Physiological response of Cu and Cu mine tailing remediation of *Paulownia fortunei* (Seem) Hemsl. Ecotoxicology 21: 759-767.

Jiao Y, Chen Y, Ma C, Qin J, Nguyen THN, Liu D, Gan H, Ding S, Luo Z Bin. 2018. Phenylalanine as a nitrogen source induces root growth and nitrogen-use efficiency in *Populus × canescens*. Tree Physiology 38: 66-82.

Jin S, Moule B, Yu D, Wang GG. 2019. Fire survival of longleaf pine (*pinus palustris*) grass stage seedlings: The role of seedling size, root collar position, and resprouting. Forests 10: 1070.

Jin SH, Huang JQ, Li XQ, Zheng BS, Wu J Sen, Wang ZJ, Liu GH, Chen M. 2011. Effects of potassium supply on limitations of photosynthesis by mesophyll diffusion conductance in *Carya cathayensis*. Tree Physiology 31: 1142-1151.

Jochum GM, Mudge KW, Thomas RB. 2007. Elevated temperatures increase leaf senescence and root secondary metabolite concentrations in the understory herb *Panax quinquefolius* (Araliaceae). American Journal of Botany 94: 819-826.

Joga MR, Zotti MJ, Smagghe G, Christiaens O. 2016. RNAi efficiency, systemic properties, and novel delivery methods for pest insect control: What we know so far. Frontiers in Physiology 7: 1-14.

Johnson MTJ. 2011. Evolutionary ecology of plant defences against herbivores. Functional Ecology 25: 305-311.

Jolivet Y, Bagard M, Cabané M, Vaultier MN, Gandin A, Afif D, Dizengremel P, Le Thiec D. 2016. Deciphering the ozone-induced changes in cellular processes: a prerequisite for ozone risk assessment at the tree and forest levels. Annals of Forest Science 73: 923-943.

Jubany-Marí T, Munné-Bosch S, Alegre L. 2010. Redox regulation of water stress responses in field-grown plants. Role of hydrogen peroxide and ascorbate. Plant Physiology and Biochemistry 48: 351-358.

Jump AS, Marchant R, Peñuelas J. 2009. Environmental change and the option value of genetic diversity. Trends in Plant Science 14: 51-58.

Junker LV, Ensminger I. 2016. Relationship between leaf optical properties, chlorophyll fluorescence and pigment changes in senescing *Acer saccharum* leaves. Tree Physiology 36: 694-711.

Junttila O, Hänninen H. 2012. The minimum temperature for budburst in Betula depends on the state of dormancy. Tree Physiology 32: 337-345.

Jupa R, Plichta R, Paschová Z, Nadezhdina N, Gebauer R. 2017. Mechanisms underlying the long-term survival of the monocot *Dracaena marginata* under drought conditions. Tree Physiology 37: 1182-1197.

Kalkman JR, Simonton P, Dornbos DL. 2019. Physiological competitiveness of common and glossy buckthorn compared with native woody shrubs in forest edge and understory habitats. Forest Ecology and Management 445: 60-69.

Kallarackal J, Roby TJ. 2012. Responses of trees to elevated carbon dioxide and climate change. Biodiversity and Conservation 21: 1327-1342.

Kalliokoski T, Mäkinen H, Jyske T, Nöjd P, Linder S. 2013. Effects of nutrient optimization on intra-annual wood formation in Norway spruce. Tree Physiology 33: 1145-1155.

Kannenberg SA, Novick KA, Phillips RP. 2018. Coarse roots prevent declines in whole-tree non-structural carbohydrate pools during drought in an isohydric and an anisohydric species. Tree Physiology 38: 582-590.

Kardiman R, Ræbild A. 2018. Relationship between stomatal density, size and speed of opening in Sumatran rainforest species. Tree Physiology 38: 696-705.

Karst J, Gaster J, Wiley E, Landhäusser SM. 2017. Stress differentially causes roots of tree seedlings to exude carbon. Tree physiology 37: 154-164.

Katerji N, Mastrorilli M, Rana G. 2008. Water use efficiency of crops cultivated in the Mediterranean region: Review and analysis. European Journal of Agronomy 28: 493-507.

Katjiua MLJ, Ward D. 2006. Resistance and tolerance of *Terminalia sericea* trees to simulated herbivore damage under different soil nutrient and moisture conditions. Journal of Chemical Ecology 32: 1431-1443.

Kato A, Nakatani H. 2000. An approach for estimating resistance of Japanese cedar to snow accretion damage. Forest Ecology and Management 135: 83-96

Kelly D, A Geldenhuis, A James, E Penelope Holland, MJ Plank, RE Brockie, ..., and AF Mark. 2013. Of mast and mean: differential temperature cue makes mast seeding insensitive to climate change. Ecology Letters 16(1): 90-98.

Kelsey RG, Westlind DJ. 2017. Ethanol and primary attraction of red turpentine beetle in fire stressed ponderosa pine. Forest Ecology and

Management 396: 44-54.

Kingston-Smith AH, Theodorou MK. 2000. Post-ingestion metabolism of fresh forage. New Phytologist 148: 37-55.

Kitao M, Tobita H, Utsugi H, Komatsu M, Kitaoka S, Maruyama Y, Koike T. 2012. Photosynthetic traits around budbreak in pre-existing needles of Sakhalin spruce (*Picea glehnii*) seedlings grown under elevated CO_2 concentration assessed by chlorophyll fluorescence measurements. Tree Physiology 32: 998-1007.

Kleczewski NM, Herms DA, Bonello P. 2010. Effects of soil type, fertilization and drought on carbon allocation to root growth and partitioning between secondary metabolism and ectomycorrhizae of *Betula papyrifera*. Tree Physiology 30: 807-817.

Kleiber A, Duan Q, Jansen K, Junker LV, Kammerer B, Rennenberg H, Ensminger I, Gessler A, Kreuzwieser J. 2017. Drought effects on root and needle terpenoid content of a coastal and an interior Douglas fir provenance. Tree Physiology 37: 1648-1658.

Klein T. 2015. Drought-induced tree mortality: From discrete observations to comprehensive research. Tree Physiology 35: 225-228.

Kleinwächter M, Selmar D. 2014. New insights explain that drought stress enhances the quality of spice and medicinal plants: potential applications. Agronomy for Sustainable Development 35: 121-131.

Klutsch JG, Erbilgin N. 2018. Dwarf mistletoe infection in jack pine alters growth-defense relationships. Tree Physiology 38: 1538-1547.

Ko JH, Prassinos C, Keathley D, Han KH. 2011. Novel aspects of transcriptional regulation in the winter survival and maintenance mechanism of poplar. Tree Physiology 31: 208-225.

Koenig WD, JM Knops, WJ Carmen, IS Pearse. 2015. What drives masting? The phenological synchrony hypothesis. Ecology 96(1): 184-192.

Kolb TE, Fettig CJ, Ayres MP, Bentz BJ, Hicke JA, Mathiasen R, Stewart JE, Weed AS. 2016. Observed and anticipated impacts of drought on forest insects and diseases in the United States. Forest Ecology and Management 380: 321-334.

Kollas C, Gutsch M, Hommel R, Lasch-Born P, Suckow F. 2018. Mistletoe-induced growth reductions at the forest stand scale. Tree Physiology 38: 735-744.

Kollist H, Zandalinas SI, Sengupta S, Nuhkat M, Kangasjärvi J, Mittler R. 2019. Rapid Responses to Abiotic Stress: Priming the Landscape for the Signal Transduction Network. Trends in Plant Science 24: 25-37.

Konrad W, Katul G, Roth-Nebelsick A, Jensen KH. 2018. Xylem functioning, dysfunction and repair: A physical perspective and implications for phloem transport. Tree Physiology 39: 243-261.

Koptur S, Rodriguez MC, Oberbauer SF, Weekley C, Herndon A. 2002. Herbivore-Free Time? Damage to New Leaves of Woody Plants after Hurricane Andrew1. Biotropica 34: 547-554.

Körner C, Basler D, Hoch G, Kollas C, Lenz A, Randin CF, Vitasse Y, Zimmermann NE. 2016. Where, why and how? Explaining the low-temperature range limits of temperate tree species. Journal of Ecology 104: 1076-1088.

Kováčik J, Klejdus B, Bačkor M, Štork F, Hedbavny J. 2011. Physiological responses of root-less epiphytic plants to acid rain. Ecotoxicology 20: 348-357.

Kreuzwieser J, Gessler A. 2010. Global climate change and tree nutrition: Influence of water availability. Tree Physiology 30: 1221-1234.

Kumar S, Kumari R, Mishra S. 2019. Pharmacological properties and their medicinal uses of *Cinnamomum*: a review. Journal of Pharmacy and Pharmacology 71: 1735-1761.

Kuusk V, Niinemets Ü, Valladares F. 2018. A major trade-off between structural and photosynthetic investments operative across plant and needle ages in three Mediterranean pines. Tree Physiology 38: 543-547.

Kwak MJ, JK Lee, SH Park, YG Lim, HD Kim, KN Kim, SM Je, CR Park, SY Woo. 2020. Evaluation of the importance of some East Asian tree species for refinement of air quality by estimating air pollution tolerance index, anticipated performance index, and air pollutant uptake. Sustainability 12: 3067.

Lachenbruch B, Mcculloh KA. 2014. Traits, properties, and performance: How woody plants combine hydraulic and mechanical functions in a cell, tissue, or whole plant. New Phytologist 204: 747-764.

Landsberg J, Waring R. 2016. Water relations in tree physiology: where to from here? Tree Physiology 37: 18-32.

Lauder JD, Moran EV, Hart SC. 2019. Fight or flight? Potential tradeoffs between drought defense and reproduction in conifers. Tree Physiology 39: 1071-1085.

Lauri PE, Normand F. 2017. Are leaves only involved in flowering? Bridging the gap between structural botany and functional morphology. Tree Physiology 37: 1137-1139.

Lautner S. 2013. Wood Formation Under Drought Stress and Salinity. Plant Cell Monographs 20: 187-202.

Lea H, Ülo N, Ian JW. 2009. Are species shade and drought tolerance reflected in leaf-level structural and functional differentiation in Northern Hemisphere temperate woody flora? New Phytologist 184: 257-274.

Lebourgeois F, N Delpierre, E Dufrêne, S Cecchini, S Macé, L Croisé, M Nicolas. 2018. Assessing the roles of temperature, carbon inputs and airborne pollen as drivers of fructification in European temperate deciduous forests. European journal of forest research 137(3): 349-365.

Lee EH, Tingey DT, Waschmann RS, Phillips DL, Olszyk DM, Johnson MG, Hogsett WE. 2009. Seasonal and long-term effects of CO_2

and O_3 on water loss in ponderosa pine and their interaction with climate and soil moisture. Tree Physiology 29: 1381-1393.

Lee JH, Yu DJ, Kim SJ, Choi D, Lee HJ. 2012. Intraspecies differences in cold hardiness, carbohydrate content and β-amylase gene expression of *Vaccinium corymbosum* during cold acclimation and deacclimation. Tree Physiology 32: 1533-1540.

Lemay A, Krause C, Rossi S, Achim A. 2017. Xylogenesis in stems and roots after thinning in the boreal forest of Quebec, Canada. Tree Physiology 37: 1554-1563.

Li CP, Qi YP, Zhang J, Yang LT, Wang DH, Ye X, Lai NW, Tan LL, Lin D, Chen LS. 2017. Magnesium-deficiency-induced alterations of gas exchange, major metabolites and key enzymes differ among roots, and lower and upper leaves of *Citrus sinensis* seedlings. Tree Physiology 37: 1564-1581.

Li J, Liu G, Lu Q, Zhang Y, Li G, Du S. 2019. Future climate change will have a positive effect on *Populus davidiana* in China. Forests 10: 1120.

Li KR, Feng CH. 2011. Effects of brassinolide on drought resistance of *Xanthoceras sorbifolia* seedlings under water stress. Acta Physiologiae Plantarum 33: 1293-1300.

Li L, Wang X, Manning WJ. 2019. Effects of elevated CO_2 on leaf senescence, leaf nitrogen resorption, and late-season photosynthesis in *Tilia americana* L. Frontiers in Plant Science 10: 1-9.

Li X, Blackman CJ, Rymer PD, Quintans D, Duursma RA, Choat B, Medlyn BE, Tissue DT. 2018. Xylem embolism measured retrospectively is linked to canopy dieback in natural populations of *Eucalyptus piperita* following drought. Tree Physiology 38: 1193-1199.

Li XQ, Liu YZ, Guo WF, Solanki MK, Yang ZD, Xiang Y, Ma ZC, Wen YG. 2017. The gall wasp *Leptocybe invasa* (Hymenoptera: Eulophidae) stimulates different chemical and phytohormone responses in two *Eucalyptus* varieties that vary in susceptibility to galling. Tree Physiology 37: 1208-1217.

Li Y, Duan B, Chen J, Korpelainen H, Niinemets Ü, Li C. 2016. Males exhibit competitive advantages over females of *Populus deltoides* under salinity stress. Tree Physiology 36: 1573-1584.

Li Y, Wang Yujie, Wang B, Wang Yunqi, Yu W. 2019. The Response of Plant Photosynthesis and Stomatal Conductance to Fine Particulate Matter ($PM_{2.5}$) based on Leaf Factors Analyzing. Journal of Plant Biology 62: 120-128.

Liesche J. 2015. How regulation of phloem transport could link potassium fertilization to increased growth. Tree Physiology 36: 1-5.

Liesche J, Windt C, Bohr T, Schulz A, Jensen KH. 2015. Slower phloem transport in gymnosperm trees can be attributed to higher sieve element resistance. Tree Physiology 35: 376-386.

Lilleskov EA, Kuyper TW, Bidartondo MI, Hobbie EA. 2019. Atmospheric nitrogen deposition impacts on the structure and function of forest mycorrhizal communities: A review. Environmental Pollution 246: 148-162.

Limousin JM, Misson L, Lavoir AV, Martin NK, Rambal S. 2010. Do photosynthetic limitations of evergreen *Quercus ilex* leaves change with long-term increased drought severity? Plant, Cell and Environment 33: 863-875.

Linares JC, Camarero JJ, Carreira JA. 2009. Plastic responses of *Abies pinsapo* xylogenesis to drought and competition. Tree Physiology 29: 1525-1536.

Lindroth RL, St. Clair SB. 2013. Adaptations of quaking aspen (*Populus tremuloides* Michx.) for defense against herbivores. Forest Ecology and Management 299: 14-21.

Lintunen A, Kalliokoski T. 2010. The effect of tree architecture on conduit diameter and frequency from small distal roots to branch tips in *Betula pendula*, *Picea abies* and *Pinus sylvestris*. Tree Physiology 30: 1433-1447.

Lippok D, Beck SG, Renison D, Gallegos SC, Saavedra FV, Hensen I, Schleuning M. 2013. Forest recovery of areas deforested by fire increases with elevation in the tropical Andes. Forest Ecology and Management 295: 69-76.

Littell JS, Peterson DL, Riley KL, Liu Y, Luce CH. 2016. A review of the relationships between drought and forest fire in the United States. Global change biology 22: 2353-2369.

Litvak E, McCarthy HR, Pataki DE. 2012. Transpiration sensitivity of urban trees in a semi-arid climate is constrained by xylem vulnerability to cavitation. Tree Physiology 32: 373-388.

Liu H, Wei Y, Deng Z, Yang H, Dai L, Li D. 2019. Involvement of HbMC1-mediated cell death in tapping panel dryness of rubber tree (*Hevea brasiliensis*). Tree Physiology 39: 391-403.

Liu M, Wang Y, Li Q, Xiao W, Song X. 2019. Photosynthesis, ecological stoichiometry, and non-structural carbohydrate response to simulated nitrogen deposition and phosphorus addition in chinese fir forests. Forests 10: 1068.

Liu N, Wu S, Guo Q, Wang Jiaxin, Cao C, Wang Jun. 2018. Leaf nitrogen assimilation and partitioning differ among subtropical forest plants in response to canopy addition of nitrogen treatments. Science of the Total Environment 637-638: 1026-1034.

Liu X, Zhao L, Voelker S, Xu G, Zeng X, Zhang X, Zhang L, Sun W, Zhang Q, Wu G, Li X. 2018. Warming and CO_2 enrichment modified the ecophysiological responses of Dahurian larch and Mongolia pine during the past century in the permafrost of northeastern China. Tree Physiology 39: 88-103.

Liu XP, Zhang WJ, Wang XY, Cai YJ, Chang JG. 2015. Root-soil air gap and resistance to water flow at the soil-root interface of *Robinia pseudoacacia*. Tree Physiology 35: 1343-1355.

Li Y, SY Woo, JK Lee, MJ Kwak, I Khain, JH Jang, HN Kim, JE Kim, SH Park, HD Kim, YJ Lim. 2019. Effects of elevated ozone on physiological, biochemical and morphological characteristics of eggplant. Horticulture, Environment, and Biotechnology 60:809-820

Llebrés MT, Pascual MB, Debille S, Trontin JF, Harvengt L, Avila C, Cánovas FM. 2018. The role of arginine metabolic pathway during embryogenesis and germination in maritime pine (*Pinus pinaster* Ait.). Tree Physiology 38: 471-484.

Lloret A, Martínez-Fuentes A, Agustí M, Badenes ML, Ríos G. 2018. Chromatin-associated regulation of sorbitol synthesis in flower buds of peach. Plant Molecular Biololgy 95:507-517.

Lopes MS, Araus JL, Van Heerden PDR, Foyer CH. 2011. Enhancing drought tolerance in C_4 crops. Journal of Experimental Botany 62: 3135-3153.

Loreto F, Schnitzler JP. 2010. Abiotic stresses and induced BVOCs. Trends in Plant Science 15: 154-166.

Losso A, Anfodillo T, Ganthaler A, Kofler W, Markl Y, Nardini A, Oberhuber W, Purin G, Mayr S. 2018. Robustness of xylem properties in conifers: Analyses of tracheid and pit dimensions along elevational transects. Tree Physiology 38: 212-222.

Luiro J, Kukkola M, Saarsalmi A, Tamminen P, Helmisaari HS. 2010. Logging residue removal after thinning in boreal forests: Long-term impact on the nutrient status of Norway spruce and Scots pine needles. Tree Physiology 30: 78-88.

Lukac M, Calfapietra C, Lagomarsino A, Loreto F. 2010. Global climate change and tree nutrition: Effects of elevated CO_2 and temperature. Tree Physiology 30: 1209-1220.

Luo Z Bin, Luo J. 2017. Uncovering the physiological mechanisms that allow nitrogen availability to affect drought acclimation in *Catalpa bungei*. Tree Physiology 37: 1453-1456.

Luo J, Zhou J, Li H, Shi W, Polle A, Lu M, Sun X, Luo Z Bin. 2015. Global poplar root and leaf transcriptomes reveal links between growth and stress responses under nitrogen starvation and excess. Tree Physiology 35: 1283-1302.

Luo X, Bing H, Luo Z, Wang Y, Jin L. 2019. Impacts of atmospheric particulate matter pollution on environmental biogeochemistry of trace metals in soil-plant system: A review. Environmental Pollution 255: 113138.

Ma C, Chen Y, Ding S, Li Z, Shi WG, Zhang Y, Luo Z Bin. 2018. Sulfur nutrition stimulates lead accumulation and alleviates its toxicity in *Populus deltoides*. Tree physiology 38: 1724-1741.

Ma F, Zhao C, Milne R, Ji M, Chen L, Liu J. 2010. Enhanced drought-tolerance in the homoploid hybrid species *Pinus densata*: Implication for its habitat divergence from two progenitors. New Phytologist 185: 204-216.

Ma X, Feng J, Guan H, Liu G. 2018. Prediction of chlorophyll content in different light areas of apple tree canopies based on the color characteristics of 3d reconstruction. Remote Sensing 10: 429.

Ma YH, Ma FW, Wang YH, Zhang JK. 2011. The responses of the enzymes related with ascorbate-glutathione cycle during drought stress in apple leaves. Acta Physiologiae Plantarum 33: 173-180.

MacAllister S, Mencuccini M, Sommer U, Engel J, Hudson A, Salmon Y, Dexter KG. 2019. Drought-induced mortality in Scots pine: opening the metabolic black box. Tree physiology 39: 1358-1370.

Maejima E, Osaki M, Wagatsuma T, Watanabe T. 2017. Contribution of constitutive characteristics of lipids and phenolics in roots of tree species in Myrtales to aluminum tolerance. Physiologia Plantarum 160: 11-20.

Mai J, Herbette S, Vandame M, Cavaloc E, Julien JL, Ameglio T, Roeckel-Drevet P. 2010. Contrasting strategies to cope with chilling stress among clones of a tropical tree, *Hevea brasiliensis*. Tree Physiology 30: 1391-1402.

Mäkinen H, Hynynen J, Penttilä T. 2014. Effect of thinning on wood density and tracheid properties of Scots pine on drained peatland stands. Forestry 88: 359-367.

Makita N, Hirano Y, Dannoura M, Kominami Y, Mizoguchi T, Ishii H, Kanazawa Y. 2009. Fine root morphological traits determine variation in root respiration of *Quercus serrata*. Tree Physiology 29: 579-585.

Makita N, Kosugi Y, Dannoura M, Takanashi S, Niiyama K, Kassim AR, Nik AR. 2012. Patterns of root respiration rates and morphological traits in 13 tree species in a tropical forest. Tree Physiology 32: 303-312.

Manavalan LP, Guttikonda SK, Phan Tran L-S, Nguyen HT. 2009. Physiological and Molecular Approaches to Improve Drought Resistance in Soybean. Plant and Cell Physiology 50: 1260-1276.

Mani VM, Soundari APG, Karthiyaini D, Preethi K. 2015. Bioprospecting endophytic fungi and their metabolites from medicinal tree *Aegle marmelos* in Western Ghats, India. Mycobiology 43: 303-310.

Manning WJ, Paoletti E, Sandermann H, Ernst D. 2011. Ethylenediurea (EDU): A research tool for assessment and verification of the effects of ground level ozone on plants under natural conditions. Environmental Pollution 159: 3283-3293.

Marañón-Jiménez S, Van Den Bulcke J, Piayda A, Van Acker J, Cuntz M, Rebmann C, Steppe K. 2018. X-ray computed microtomography characterizes the wound effect that causes sap flow underestimation by thermal dissipation sensors. Tree Physiology 38: 288-302.

Marek SM, Yaghmour MA, Bostock RM. 2013. *Fusarium* spp., *Cylindrocarpon* spp., and environmental stress in the etiology of a canker disease of cold-stored fruit and nut tree seedlings in California. Plant Disease 97: 259-270.

Marias DE, Meinzer FC, Woodruff DR, McCulloh KA. 2017. Thermotolerance and heat stress responses of Douglas-fir and ponderosa pine seedling populations from contrasting climates Tree Physiology 37: 301 – 315.

Marino G, Brunetti C, Tattini M, Romano A, Biasioli F, Tognetti R, Loreto F, Ferrini F, Centritto M. 2017. Dissecting the role of isoprene and stress-related hormones (ABA and ethylene) in *Populus nigra* exposed to unequal root zone water stress. Tree Physiology 37: 1637-1647.

Markesteijn L, Poorter L, Bongers F, Paz H, Sack L. 2011. Hydraulics and life history of tropical dry forest tree species: Coordination of species' drought and shade tolerance. New Phytologist 191: 480-495.

Marmiroli M, Pietrini F, Maestri E, Zacchini M, Marmiroli N, Massacci A. 2011. Growth, physiological and molecular traits in Salicaceae trees investigated for phytoremediation of heavy metals and organics. Tree Physiology 31: 1319-1334.

Marsberg A, Kemler M, Jami F, Nagel JH, Postma-Smidt A, Naidoo S, Wingfield MJ, Crous PW, Spatafora JW, Hesse CN, Robbertse B, Slippers B. 2017. *Botryosphaeria dothidea*: a latent pathogen of global importance to woody plant health. Molecular Plant Pathology 18: 477-488.

Martín-Gómez P, Aguilera M, Pemán J, Gil-Pelegrín E, Ferrio JP. 2017. Contrasting ecophysiological strategies related to drought: the case of a mixed stand of Scots pine (*Pinus sylvestris*) and a submediterranean oak (*Quercus subpyrenaica*). Tree Physiology 37: 1478-1492.

Martín JA, Sobrino-Plata J, Coira B, Medel D, Collada C, Gil L. 2019. Growth resilience and oxidative burst control as tolerance factors to *Ophiostoma novo-ulmi* in *Ulmus minor*. Tree Physiology 39: 1512-1524.

Martínez-Cuenca MR, Iglesias DJ, Talón M, Abadía J, López-Millán AF, Primo-Millo E, Legaz F. 2013. Metabolic responses to iron deficiency in roots of Carrizo citrange [*Citrus sinensis* (L.) Osbeck. × *Poncirus trifoliata* (L.) Raf.]. Tree Physiology 33: 320-329.

Martínez-Vilalta J. 2018. The rear window: Structural and functional plasticity in tree responses to climate change inferred from growth rings. Tree Physiology 38: 155-158.

Marzuoli R, Gerosa G, Bussotti F, Pollastrini M. 2019. Assessing the impact of ozone on forest trees in an integrative perspective: Are foliar visible symptoms suitable predictors for growth reduction? A critical review. Forests 10: 1-17.

Massonnet M, Figueroa-Balderas R, Galarneau ERA, Miki S, Lawrence DP, Sun Q, Wallis CM, Baumgartner K, Cantu D. 2017. *Neofusicoccum parvum* colonization of the grapevine woody stem triggers asynchronous host responses at the site of infection and in the leaves. Frontiers in Plant Science 8: 1117.

Masui N, Mochizuki T, Tani A, Matsuura H, Agathokleous E, Watanabe T, Koike T. 2020. Does ozone alter the attractiveness of japanese white birch leaves to the leaf beetle *Agelastica coerulea* via changes in biogenic volatile organic compounds (BVOCs): An examination with the Y-tube test. Forests 11: 1-13.

Matos FS, Wolfgramm R, Gonçalves FV, Cavatte PC, Ventrella MC, DaMatta FM. 2009. Phenotypic plasticity in response to light in the coffee tree. Environmental and Experimental Botany 67: 421-427.

Matthews JSA, Lawson T. 2019. Climate Change and Stomatal Physiology. Annual Plant Reviews 2: 1-39.

Matula R, Šrámek M, Kvasnica J, Uherková B, Slepička J, Matoušková M, Kutchartt E, Svátek M. 2019. Pre-disturbance tree size, sprouting vigour and competition drive the survival and growth of resprouting trees. Forest Ecology and Management 446: 71-79.

Matusick G, Eckhardt LG, Somers GL. 2010. Susceptibility of longleaf pine roots to infection and damage by four root-inhabiting ophiostomatoid fungi. Forest Ecology and Management 260: 2189-2195.

Matyssek R, Karnosky DF, Wieser G, Percy K, Oksanen E, Grams TEE, Kubiske M, Hanke D, Pretzsch H. 2010. Advances in understanding ozone impact on forest trees: Messages from novel phytotron and free-air fumigation studies. Environmental Pollution 158: 1990-2006.

Matyssek R, Kozovits AR, Wieser G, King J, Rennenberg H. 2017. Woody-plant ecosystems under climate change and air pollution-Response consistencies across zonobiomes? Tree Physiology 37: 706-732.

Maxwell JD, Call A, Clair SB. 2019. Wildfire and topography impacts on snow accumulation and retention in montane forests. Forest Ecology and Management 432: 256-263.

McBranch NA, Grossiord C, Adams H, Borrego I, Collins AD, Dickman T, Ryan M, Sevanto S, McDowell NG. 2018. Lack of acclimation of leaf area:sapwood area ratios in piñon pine and juniper in response to precipitation reduction and warming. Tree Physiology 39: 135-142.

McCulloh KA, Johnson DM, Petitmermet J, McNellis B, Meinzer FC, Lachenbruch B. 2015. A comparison of hydraulic architecture in three similarly sized woody species differing in their maximum potential height. Tree Physiology 35: 723-731.

McCulloh KA, Woodruff DR. 2012. Linking stomatal sensitivity and whole-tree hydraulic architecture. Tree Physiology 32: 369-372.

McCullough DG. 2000. A review of factors affecting the population dynamics of jack pine budworm (*Choristoneura pinus pinus* Freeman). Population Ecology 42: 243-256.

McDowell NG. 2011. Mechanisms linking drought, hydraulics, carbon metabolism, and vegetation mortality. Plant Physiology 155: 1051-1059.

McLaughlin SB. 1985. Effects of air pollution on forest; a critical review. Journal of the Air Pollution Control Association 35(5): 512-534.

Mcelrone AJ, Choat B, Gambetta GA, Brodersen CR. 2013. Water Uptake and Transport in Vascular Plants. Nature Education Knowledge 4: 6.

McIntire CD, Munck IA, Ducey MJ, Asbjornsen H. 2018. Thinning treatments reduce severity of foliar pathogens in eastern white pine. Forest Ecology and Management 423: 106-113.

Medeiros JS and Danielson SC. 2018. Renewed interest in whole-plant physiology sheds light on the complexity of plant stress response architecture. Tree Physiology 38(4): 503-506.

Medeiros JS, Danielson SC. 2018. Renewed interest in whole-plant physiology sheds light on the complexity of plant stress response architecture. Tree Physiology 38: 503-506.

Medeiros JS, Pockman WT. 2011. Drought increases freezing tolerance of both leaves and xylem of *Larrea tridentata*. Plant, Cell and Environment 34: 43-51.

Medeiros JS, Tomeo NJ, Hewins CR, Rosenthal DM. 2016. Fast-growing *Acer rubrum* differs from slow-growing *Quercus alba* in leaf, xylem and hydraulic trait coordination responses to simulated acid rain. Tree Physiology 36: 1032-1044.

Meier AR, Saunders MR Michler CH. 2012. Epicormic buds in trees: a review of bud establishment, development and dormancy release. Tree Physiology 32: 565 – 584

Meineke EK, Dunn RR, Sexton JO, Frank SD. 2013. Urban Warming Drives Insect Pest Abundance on Street Trees. PLoS ONE 8: 2-8.

MEINERS SJ, MARTINKOVIC MJ. 2002. Survival of and Herbivore Damage to a Cohort of Quercus rubra Planted Across a Forest—Old-field Edge. The American Midland Naturalist 147: 247-255.

Meinzer FC, McCulloh KA. 2013. Xylem recovery from drought-induced embolism: Where is the hydraulic point of no return? Tree Physiology 33: 331-334.

Melgar JC, Guidi L, Remorini D, Agati G, Degl'Innocenti E, Castelli S, Camilla Baratto M, Faraloni C, Tattini M. 2009a. Antioxidant defences and oxidative damage in salt-treated olive plants under contrasting sunlight irradiance. Tree Physiology 29: 1187-1198.

Melgar JC, Guidi L, Remorini D, Agati G, Degl'Innocenti E, Castelli S, Camilla Baratto M, Faraloni C, Tattini M. 2009b. Antioxidant defences and oxidative damage in salt-treated olive plants under contrasting sunlight irradiance. Tree Physiology 29: 1187-1198.

Mencuccini M. 2014. Temporal scales for the coordination of tree carbon and water economies during droughts. Journal of Refugee Studies 34: 439-442.

Mencuccini M, Manzoni S, Christoffersen B. 2019. Modelling water fluxes in plants: from tissues to biosphere. New Phytologist 222: 1207-1222.

Méndez-Alonzo R, López-Portillo J, Moctezuma C, Bartlett MK, Sack L. 2016. Osmotic and hydraulic adjustment of mangrove saplings to extreme salinity. Tree Physiology 36: 1562-1572.

Menezes-Silva PE, Loram-Lourenço L, Alves RDFB, Sousa LF, Almeida SE da S, Farnese FS. 2019. Different ways to die in a changing world: Consequences of climate change for tree species performance and survival through an ecophysiological perspective. Ecology and Evolution 9: 11979-11999.

Merry R, Jerrard J, Frebault J, Verhoeven A. 2017. A comparison of pine and spruce in recovery from winter stress; Changes in recovery kinetics, and the abundance and phosphorylation status of photosynthetic proteins during winter. Tree Physiology 37: 1239-1250.

Michelot-Antalik A, Granda E, Fresneau C, Damesin C. 2019. Evidence of a seasonal trade-off between growth and starch storage in declining beeches: Assessment through stem radial increment, non-structural carbohydrates and intra-ring $\delta^{13}C$. Tree Physiology 39: 831-844.

Michelozzi M, Loreto F, Colom R, Rossi F, Calamassi R. 2011. Drought responses in Aleppo pine seedlings from two wild provenances with different climatic features. Photosynthetica 49: 564-572.

Millar AH, Whelan J, Soole KL, Day DA. 2011. Organization and Regulation of Mitochondrial Respiration in Plants. Annual Review of Plant Biology 62: 79-104.

Millard P, Grelet GA. 2010. Nitrogen storage and remobilization by trees: Ecophysiological relevance in a changing world. Tree Physiology 30: 1083-1095.

Millard P, Way DA. 2011. Tree competition and defense against herbivores: Currency matters when counting the cost. Tree Physiology 31: 579-581.

Miller G, Suzuki N, Ciftci-Yilmaz S, Mittler R. 2010. Reactive oxygen species homeostasis and signalling during drought and salinity stresses. Plant, Cell and Environment 33: 453-467.

Miller RG, Tangney R, Enright NJ, Fontaine JB, Merritt DJ, Ooi MKJ, Ruthrof KX, Miller BP. 2019. Mechanisms of Fire Seasonality Effects on Plant Populations. Trends in Ecology and Evolution 34: 1104-1117.

Misson L, Limousin JM, Rodriguez R, Letts MG. 2010. Leaf physiological responses to extreme droughts in Mediterranean *Quercus ilex* forest. Plant, Cell and Environment 33: 1898-1910.

Mitchell PJ, Battaglia M, Pinkard EA. 2013. Counting the costs of multiple stressors: Is the whole greater than the sum of the parts? Tree

Physiology 33: 447-450.

Mitchell PJ, McAdam SAM, Pinkard EA, Brodribb TJ. 2017. Significant contribution from foliage-derived ABA in regulating gas exchange in *Pinus radiata*. Tree physiology 37: 236-245.

Mitchell PJ, O'Grady AP, Tissue DT, Worledge D, Pinkard EA. 2014. Co-ordination of growth, gas exchange and hydraulics define the carbon safety margin in tree species with contrasting drought strategies. Tree Physiology 34: 443-458.

Molassiotis A, Fotopoulos V. 2011. Oxidative and nitrosative signaling in plants: Two branches in the same tree? Plant Signaling and Behavior 6: 210-214.

Monteiro Reis GS, Furtado de Almeida AA, Oliveira Mangabeira PA, dos Santos IC, Pirovani CP, Ahnert D. 2018. Mechanical stress caused by wind on leaves of *Theobroma cacao*: Photosynthetic, molecular, antioxidative and ultrastructural responses. PLoS ONE 13: 1-25.

Moore JP, Le NT, Brandt WF, Driouich A, Farrant JM. 2009. Towards a systems-based understanding of plant desiccation tolerance. Trends in Plant Science 14: 110-117.

Morales M, Garcia QS, Munné-Bosch S. 2015. Ecophysiological response to seasonal variations in water availability in the arborescent, endemic plant *Vellozia gigantea*. Tree Physiology 35: 253-265.

Morales L V., Coopman RE, Rojas R, Escandón AB, Flexas J, Galmés J, García-Plazaola JI, Gago J, Cabrera HM, Corcuera LJ. 2014. Acclimation of leaf cohorts expanded under light and water stresses: An adaptive mechanism of *Eucryphia cordifolia* to face changes in climatic conditions? Tree Physiology 34: 1305-1320.

Mostert L, Halleen F, Fourie P, Crous PW. 2006. A review of *Phaeoacremonium* species involved in Petri disease and esca of grapevines. Phytopathologia Mediterranea 45: 12-29.

Müller F, I Rieu. 2016. Acclimation to high temperature during pollen development. Plant Reproduction 29(1-2): 107-118.

Mullin LP, Sillett SC, Koch GW, Tu KP, Antoine ME. 2009. Physiological consequences of height-related morphological variation in *Sequoia sempervirens* foliage. Tree Physiology 29: 999-1010.

Munns R, James RA, Sirault XRR, Furbank RT, Jones HG. 2010. New phenotyping methods for screening wheat and barley for beneficial responses to water deficit. Journal of Experimental Botany 61: 3499-3507.

Mutlu S, Ilhan V, Turkoglu HI. 2016. Mistletoe (*Viscum album*) infestation in the Scots pine stimulates drought-dependent oxidative damage in summer. Tree Physiology 36: 479-489.

Naidoo S, Külheim C, Zwart L, Mangwanda R, Oates CN, Visser EA, Wilken FE, Mamni TB, Myburg AA. 2014. Uncovering the defence responses of *Eucalyptus* to pests and pathogens in the genomics age. Tree Physiology 34: 931-943.

Nakano Y, Asada K. 1981. Hydrogen peroxide is scavenged by ascorbate-specific peroxidase in spinach chloroplasts. Plant and cell physiology 22: 867-880.

Nanninga C, Buyarski CR, Pretorius AM, Montgomery RA. 2017. Increased exposure to chilling advances the time to budburst in North American tree species. Tree Physiology 37: 1727-1738.

Ncube B, Finnie JF, Van Staden J. 2012. Quality from the field: The impact of environmental factors as quality determinants in medicinal plants. South African Journal of Botany 82: 11-20.

Nemeskéri E, Sárdi É, Remenyik J, Koszegi B, Nagy P. 2010. Study of the defensive mechanism against drought in French bean (*Phaseolus vulgaris* L.) varieties. Acta Physiologiae Plantarum 32: 1125-1134.

Netshiluvhi TR, Eloff JN. 2016. Effect of water stress on antimicrobial activity of selected medicinal plant species. South African Journal of Botany 102: 202-207.

Netzer F, Mueller CW, Scheerer U, Grüner J, Kögel-Knabner I, Herschbach C, Rennenberg H. 2018. Phosphorus nutrition of *Populus* × *canescens* reflects adaptation to high P-availability in the soil. Tree Physiology 38: 6-24.

Neuner G, Xu B, Hacker J. 2010. Velocity and pattern of ice propagation and deep supercooling in woody stems of *Castanea sativa*, *Morus nigra* and *Quercus robur* measured by IDTA. Tree Physiology 30: 1037-1045.

Nguyen NT, Duc Hiep N, Fujita K. 2005. Iron enhances aluminum-induced leaf necrosis and plant growth inhibition in *Eucalyptus camaldulensis*. Springer 277: 139-152.

Nguyen TT, Arndt SK, Baker PJ. 2019. Leaf physiological responses to drought stress and community assembly in an Asian Savanna. Forests 10: 15-17.

Nicotra AB, Atkin OK, Bonser SP, Davidson AM, Finnegan EJ, Mathesius U, Poot P, Purugganan MD, Richards CL, Valladares F, van Kleunen M. 2010. Plant phenotypic plasticity in a changing climate. Trends in Plant Science 15: 684-692.

Nielsen JL, Rood SB, Pearce DW, Letts MG, Jiskoot H. 2010. Streamside trees: Responses of male, female and hybrid cottonwoods to flooding. Tree Physiology 30: 1479-1488.

Niinemets Ü. 2016. Does the touch of cold make evergreen leaves tougher? Tree Physiology 36: 267-272.

Niinemets Ü. 2015. Uncovering the hidden facets of drought stress: Secondary metabolites make the difference. Tree Physiology 36: 129-132.

Niinemets Ü. 2014. Improving modeling of the "dark part" of canopy carbon gain. Tree Physiology 34: 557-563.

Niinemets Ü, Fares S, Harley P, Jardine KJ. 2014. Bidirectional exchange of biogenic volatiles with vegetation: Emission sources, reactions, breakdown and deposition. Plant, Cell and Environment 37: 1790-1809.

Niinemets Ü, Monson RK. 2013. Biology, controls and models of tree volatile organic compound emissions. Dordrecht, Netherlands: Springer. pp. 547.

Noctor G, Foyer CH. 1998. Ascorbate and glutathione: keeping active oxygen under control. Annual review of plant biology 49: 249-279.

Noctor G, Mhamdi A, Chaouch S, Han Y, Neukermans J, Marquez-Garcia B, Queval G, Foyer CH. 2012. Glutathione in plants: An integrated overview. Plant, Cell and Environment 35: 454-484.

Nolan RH, Mitchell PJ, Bradstock RA, Lane PNJ, Oren R. 2014. Structural adjustments in resprouting trees drive differences in post-fire transpiration. Tree Physiology 34: 123-136.

Novriyanti E, Aoyama C, Watanabe M, Koike T. 2010. Plant Defense Characteristics and Hypotheses in Birch Species. Eurasian Journal of Forest Research 13: 77-85.

O'Grady AP, Eyles A, Worledge D, Battaglia M. 2010. Seasonal patterns of foliage respiration in dominant and suppressed *Eucalyptus globulus* canopies. Tree Physiology 30: 957-968.

Oddo E, Inzerillo S, La Bella F, Grisafi F, Salleo S, Nardini A. 2011. Short-term effects of potassium fertilization on the hydraulic conductance of *Laurus nobilis* L. Tree Physiology 31: 131-138.

Oksanen E. 2018. Trichomes form an important first line of defence against adverse environment-New evidence for ozone stress mitigation. Plant, Cell and Environment 41: 1497-1499.

Oliet JA, Puértolas J, Planelles R, Jacobs DF. 2013. Nutrient loading of forest tree seedlings to promote stress resistance and field performance: A Mediterranean perspective. New Forests 44: 649-669.

Oliveira MF, Marenco RA. 2019. Photosynthesis and biomass accumulation in *Carapa surinamensis* (Meliaceae) in response to water stress at ambient and elevated CO_2. Photosynthetica 57: 137-146.

Oliveira PS, Freitas AVL. 2004. Ant-plant-herbivore interactions in the neotropical cerrado savanna. Naturwissenschaften 91: 557-570.

Osakabe Y, Kajita S, Osakabe K. 2011. Genetic engineering of woody plants: Current and future targets in a stressful environment. Physiologia Plantarum 142: 105-117.

Osakabe Y, Kawaoka A, Nishikubo N, Osakabe K. 2012. Responses to environmental stresses in woody plants: Key to survive and longevity. Journal of Plant Research 125: 1-10.

Oßwald W, Fleischmann F, Rigling D, Coelho AC, Cravador A, Diez J, Dalio RJ, Horta Jung M, Pfanz H, Robin C, Sipos G, Solla A, Cech T, Chambery A, Diamandis S, Hansen E, Jung T, Orlikowski LB, Parke J, Prospero S, Werres S. 2014. Strategies of attack and defence in woody plant-*Phytophthora* interactions. Forest Pathology 44: 169-190.

Õunapuu-Pikas E, Sellin A. 2020. Plasticity and light sensitivity of leaf hydraulic conductance to fast changes in irradiance in common hazel (*Corylus avellana* L.). Plant Science 290: 110299.

Oztetik E, Cicek A. 2011. Effects of urban air pollutants on elemental accumulation and identification of oxidative stress biomarkers in the transplanted lichen *Pseudovernia furfuracea*. Environmental Toxicology and Chemistry 30: 1629-1636.

Paine TD, Steinbauer MJ, Lawson SA. 2011. Native and Exotic Pests of *Eucalyptus*: A Worldwide Perspective. Annu. Rev. Entomol 56: 181-201.

Palacio S, Paterson E, Sim A, Hester AJ, Millard P. 2011. Browsing affects intra-ring carbon allocation in species with contrasting wood anatomy. Tree Physiology 31: 150-159.

Pandey V, Bhatt ID, Nandi SK. 2019. Environmental stresses in Himalayan medicinal plants: research needs and future priorities. Biodiversity and Conservation 28: 2431-2455.

Pandey AK, Pandey M, Mishra A, Tiwary SM, Tripathi BD. 2015. Air pollution tolerance index and anticipated performance index of some plant species for development of urban forest. Urban Forestry & Urban Greening, 14(4): 866-871.

Pandolfi C, Bazihizina N, Giordano C, Mancuso S, Azzarello E. 2017. Salt acclimation process: A comparison between a sensitive and a tolerant *Olea europaea* cultivar. Tree Physiology 37: 380-388.

Pardo A, Pulido F. 2017. Upscaling hypotheses on herbivore damage in plants facing environmental stress: Variation among scales and plant enemies in a relict tree. Basic and Applied Ecology 21: 34-44.

Park JH, Lee DK, Gan J, Park C, Kim S, Sung S, Jung TY, Hong SC. 2018. Effects of climate change and ozone concentration on the net primary productivity of forests in South Korea. Forests 9: 1-18.

Park JY, Canam T, Kang KY, Unda F, Mansfield SD. 2009. Sucrose phosphate synthase expression influences poplar phenology. Tree Physiology 29: 937-946.

Parolin P, Lucas C, Piedade MTF, Wittmann F. 2010. Drought responses of flood-tolerant trees in Amazonian floodplains. Annals of Botany 105: 129-139.

Parveen S, Harun-Ur-Rashid M, Inafuku M, Iwasaki H, Oku H. 2019. Molecular regulatory mechanism of isoprene emission under short-term drought stress in the tropical tree *Ficus septica*. Tree Physiology 39: 440-453.

Pearse IS, WD Koenig, JM Knops. 2014. Cues versus proximate drivers: testing the mechanism behind masting behavior. Oikos 123(2): 179-184.

Pedmale U V., Huang SSC, Zander M, Cole BJ, Hetzel J, Ljung K, Reis PAB, Sridevi P, Nito K, Nery JR, Ecker JR, Chory J. 2016. Cryptochromes Interact Directly with PIFs to Control Plant Growth in Limiting Blue Light. Cell 164: 233-245.

Pfautsch S, Hölttä T, Mencuccini M. 2015. Hydraulic functioning of tree stems - Fusing ray anatomy, radial transfer and capacitance. Tree Physiology 35: 706-722.

Phillips NG, Lewis JD, Logan BA, Tissue DT. 2010. Inter- and intra-specific variation in nocturnal water transport in *Eucalyptus*. Tree Physiology 30: 586-596.

Pinheiro C, Chaves MM. 2011. Photosynthesis and drought: Can we make metabolic connections from available data? Journal of Experimental Botany 62: 869-882.

Pinkard EA, Battaglia M, Roxburgh S, O'Grady AP. 2011. Estimating forest net primary production under changing climate: Adding pests into the equation. Tree Physiology 31: 686-699.

Pintó-Marijuan M, Munné-Bosch S. 2013. Ecophysiology of invasive plants: Osmotic adjustment and antioxidants. Trends in Plant Science 18: 660-666.

Pitre FE, Lafarguette F, Boyle B, Pavy N, Caron S, Dallaire N, Poulin PL, Ouellet M, Morency MJ, Wiebe N, Ly Lim E, Urbain A, Mouille G, Cooke JEK, MacKay JJ. 2010. High nitrogen fertilization and stem leaning have overlapping effects on wood formation in poplar but invoke largely distinct molecular pathways. Tree Physiology 30: 1273-1289.

Pittermann J, Olson ME. 2018. Transport efficiency and cavitation resistance in developing shoots: A risk worth taking. Tree Physiology 38: 1085-1087.

Plassard C. 2018. Lack of phosphorus reserves and remobilization in grey poplar (*Populus × canescens*): An exception among deciduous tree species? Tree Physiology 38: 1-5.

Plichta R, Urban J, Gebauer R, Dvořák M, Ďurkovič J. 2016. Long-term impact of *Ophiostoma novo-ulmi* on leaf traits and transpiration of branches in the Dutch elm hybrid "Dodoens." Tree Physiology 36: 335-344.

Pliego C, López-Herrera C, Ramos C, Cazorla FM. 2012. Developing tools to unravel the biological secrets of *Rosellinia necatrix*, an emergent threat to woody crops. Molecular Plant Pathology 13: 226-239.

Ployet R, Soler M, Carocha V, Ladouce N, Alves A, Rodrigues JC, Harvengt L, Marque C, Teulières C, Grima-Pettenati J, Mounet F. 2018. Long cold exposure induces transcriptional and biochemical remodelling of xylem secondary cell wall in *Eucalyptus*. Tree Physiology 38: 409-422.

Poulos HM, Barton AM, Berlyn GP, Schwilk DW, Faires CE, McCurdy WC. 2020. Differences in leaf physiology among juvenile pines and oaks following high-severity wildfire in an Arizona Sky Island Mountain range. Forest Ecology and Management 457: 117704.

Pouzoulet J, Pivovaroff AL, Santiago LS, Rolshausen PE. 2014. Can vessel dimension explain tolerance toward fungal vascular wilt diseases in woody plants? Lessons from dutch elm disease and esca disease in grapevine. Frontiers in Plant Science 5: 253.

Preece C, Callaghan TV, Phoenix GK. 2012. Impacts of winter icing events on the growth, phenology and physiology of sub-arctic dwarf shrubs. Physiologia Plantarum 146: 460-472.

Preece C, Farré-Armengol G, Llusià J, Peñuelas J. 2018. Thirsty tree roots exude more carbon. Tree Physiology 38: 690-695.

Prieto P, Peñuelas J, Llusià J, Asensio D, Estiarte M. 2009. Effects of long-term experimental night-time warming and drought on photosynthesis, Fv/Fm and stomatal conductance in the dominant species of a Mediterranean shrubland. Acta Physiologiae Plantarum 31: 729-739.

Pringle RM, Prior KM, Palmer TM, Young TP, Goheen JR. 2016. Large herbivores promote habitat specialization and beta diversity of African savanna trees. Ecology 97: 2640-2657.

Prislan P, Mrak P, Žnidaršič N, Štrus J, Humar M, Thaler N, Mrak T, Gričar J. 2018. Intra-annual dynamics of phloem formation and ultrastructural changes in sieve tubes in *Fagus sylvatica*. Tree Physiology 39: 262-274.

Prokop'ev IA, Zhuravskaya AN, Filippova G V. 2011. Variability of biochemical parameters and radiation resistance of the seed progeny of *Descurainia sophia* and *Lepidium apetalum* under exposure to various factors. Russian Journal of Ecology 42: 277-282.

Puijalon S, Bouma TJ, Douady CJ, van Groenendael J, Anten NPR, Martel E, Bornette G. 2011. Plant resistance to mechanical stress: Evidence of an avoidance-tolerance trade-off. New Phytologist 191: 1141-1149.

Quentin AG, Crous KY, Barton CVM, Ellsworth DS. 2015. Photosynthetic enhancement by elevated CO_2 depends on seasonal temperatures for warmed and non-warmed *Eucalyptus globulus* trees. Tree Physiology 35: 1249-1263.

Rahman M, Islam M, Gebrekirstos A, Bräuning A. 2019. Trends in tree growth and intrinsic water-use efficiency in the tropics under elevated CO_2 and climate change. Trees 33: 623-640.

Rahneshan Z, Nasibi F, Moghadam AA. 2018. Effects of salinity stress on some growth, physiological, biochemical parameters and nutrients in two pistachio (*Pistacia vera* L.) rootstocks. Journal of Plant Interactions 13: 73-82.

Rai, P. K. 2016. Impacts of particulate matter pollution on plants: Implications for environmental biomonitoring. Ecotoxicology and environmental safety 129: 120-136.

Raimondo F, Trifilò P, Gullo MAL. 2013. Does citrus leaf miner impair hydraulics and fitness of citrus host plants? Tree Physiology 33: 1319-1327.

Raitelaitytė K, Rutkauskas A, Radzijevskaja J, Žukauskienė J, Markovskaja S, Paulauskas A. 2017. The fungal pathogens causing diseases in pines. Biologija 62: 276-283.

Rajsnerová P, Klem K, Holub P, Novotná K, Večeřová K, Kozáčiková M, Rivas-Ubach A, Sardans J, Marek M V., Peñuelas J, Urban O. 2015. Morphological, biochemical and physiological traits of upper and lower canopy leaves of European beech tend to converge with increasing altitude. Tree Physiology 35: 47-60.

Rani R, Abramowicz K, Falster DS, Sterck F, Brännström Å. 2018. Effects of bud-flushing strategies on tree growth. Tree Physiology 38: 1384-1393.

Ratnadass A, Fernandes P, Avelino J, Habib R. 2012. Plant species diversity for sustainable management of crop pests and diseases in agroecosystems: A review, Agronomy for Sustainable Development 32: 273-303.

Raven JA, Andrews M. 2010. Evolution of tree nutrition. Tree Physiology 30: 1050-1071.

Reef R, Feller IC, Lovelock CE. 2010. Nutrition of mangroves. Tree Physiology 30: 1148-1160.

Regier N, Streb S, Cocozza C, Schaub M, Cherubini P, Zeeman SC, Frey B. 2009. Drought tolerance of two black poplar (*Populus nigra* L.) clones: Contribution of carbohydrates and oxidative stress defence. Plant, Cell and Environment 32: 1724-1736.

Regier N, Streb S, Zeeman SC, Frey B. 2010. Seasonal changes in starch and sugar content of poplar (*Populus deltoides* × *nigr*a cv. Dorskamp and the impact of stem girdling on carbohydrate allocation to roots. Tree Physiology 30: 979-987.

Reinhardt K, Johnson DM, Smith WK. 2009. Age-class differences in shoot photosynthesis and water relations of Fraser fir (*Abies fraseri*), southern Appalachian Mountains, USA. Canadian Journal of Forest Research 39: 193-197.

Reinhardt K, Smith WK. 2008. Leaf gas exchange of understory spruce-fir saplings in relict cloud forests, southern Appalachian Mountains, USA. Tree Physiology 28: 113-122.

Reinmann AB, Susser JR, Demaria EMC, Templer PH. 2019. Declines in northern forest tree growth following snowpack decline and soil freezing. Global Change Biology 25: 420-430.

Rejšková A, Patková L, Stodůlková E, Lipavská H. 2007. The effect of abiotic stresses on carbohydrate status of olive shoots (*Olea europaea* L.) under in vitro conditions. Journal of Plant Physiology 164: 174-184.

Rennenberg H, Dannenmann M, Gessler A, Kreuzwieser J, Simon J, Papen H. 2009. Nitrogen balance in forest soils: Nutritional limitation of plants under climate change stresses. Plant Biology 11: 4-23.

Reynolds VA, Anderegg LDL, Loy X, HilleRisLambers J, Mayfield MM. 2017. Unexpected drought resistance strategies in seedlings of four *Brachychiton* species. Tree Physiology 38: 664-677.

Richet N, Afif D, Huber F, Pollet B, Banvoy J, El Zein R, Lapierre C, Dizengremel P, Perré P, Cabané M. 2011. Cellulose and lignin biosynthesis is altered by ozone in wood of hybrid poplar (*Populus tremula*×*alba*). Journal of Experimental Botany 62: 3575-3586.

Risom, L., Møller, P., & Loft, S. 2005. Oxidative stress-induced DNA damage by particulate air pollution. Mutation Research/Fundamental and Molecular Mechanisms of Mutagenesis 592(1-2): 119-137.

Robinson ME. 1930. Cyanogenesis in Plants. Biological Reviews 5: 126-141.

Rocha S, Branco M, Boas LV, Almeida MH, Protasov A, Mendel Z. 2013. Gall induction may benefit host plant: A case of a gall wasp and eucalyptus tree. Tree Physiology 33: 388-397.

Rodriguez-Zaccaro FD, Groover A. 2019. Wood and water: How trees modify wood development to cope with drought. Plants, People, Planet 1: 346-355.

Rogers A, Medlyn BE, Dukes JS, Bonan G, von Caemmerer S, Dietze MC, Kattge J, Leakey ADB, Mercado LM, Niinemets Ü, Prentice IC, Serbin SP, Sitch S, Way DA, Zaehle S. 2017. A roadmap for improving the representation of photosynthesis in Earth system models. New Phytologist 213: 22-42.

Rogiers SY, Greer DH, Hatfield JM, Hutton RJ, Clarke SJ, Hutchinson PA, Somers A. 2012. Stomatal response of an anisohydric grapevine cultivar to evaporative demand, available soil moisture and abscisic acid. Tree Physiology 32: 249-261.

Rosenthal DM, Stiller V, Sperry JS, Donovan LA. 2010. Contrasting drought tolerance strategies in two desert annuals of hybrid origin. Journal of Experimental Botany 61: 2769-2778.

Rossi E, Granzow-de la Cerda I, Oliver CD, Kulakowski D. 2017. Wind effects and regeneration in broadleaf and pine stands after hurricane Felix (2007) in Northern Nicaragua. Forest Ecology and Management 400: 199-207.

Rouhier N. 2010. Plant glutaredoxins: Pivotal players in redox biology and iron-sulphur centre assembly. New Phytologist 186: 365-372.

Ruehr NK, Grote R, Mayr S, Arneth A. 2019. Beyond the extreme: recovery of carbon and water relations in woody plants following heat and drought stress. Tree physiology 39: 1285-1299.

Ryan MG. 2013. Three decades of research at Flakaliden advancing whole-tree physiology, forest ecosystem and global change research. Tree Physiology 33: 1123-1131.

Ryan MG. 2011. Tree responses to drought. Tree Physiology 31: 237-239.

Ryan MG. 2010. Temperature and tree growth. Tree Physiology 30: 667-668.

Ryan MG, Oren R, Waring RH. 2018. Fruiting and sink competition. Tree Physiology 38: 1261-1266.

Ryang SZ, Woo SY, Kwon SY, Kim SH, Lee SH, Kim KN, Lee DK. 2009. Changes of net photosynthesis, antioxidant enzyme activities, and antioxidant contents of *Liriodendron tulipifera* under elevated ozone. Photosynthetica 47(1): 19-25

Sade B, Soylu S, Yetim E. 2011. Drought and oxidative stress. African Journal of Biotechnology 10: 11102-11109.

Sagra J, Moya D, Plaza-Álvarez PA, Lucas-Borja ME, González-Romero J, De las Heras J, Alfaro-Sánchez R, Ferrandis P. 2019. Prescribed fire effects on early recruitment of Mediterranean pine species depend on fire exposure and seed provenance. Forest Ecology and Management 441: 253-261.

Salazar-Parra C, Aguirreolea J, Sánchez-Díaz M, Irigoyen JJ, Morales F. 2012. Climate change (elevated CO_2, elevated temperature and moderate drought) triggers the antioxidant enzymes' response of grapevine cv. Tempranillo, avoiding oxidative damage. Physiologia Plantarum 144: 99-110.

Salmon Y, Dietrich L, Sevanto S, Hölttä T, Dannoura M, Epron D. 2018. Drought impacts on tree phloem: From cell-level responses to ecological significance. Tree Physiology 39: 173-191.

Sanders-DeMott R, McNellis R, Jabouri M, Templer PH. 2018. Snow depth, soil temperature and plant-herbivore interactions mediate plant response to climate change. Journal of Ecology 106: 1508-1519.

Sass U, Eckstein D. 1995. The variability of vessel size in beech (*Fagus sylvatica* L.) and its ecophysiological interpretation. Trees 9: 247-252.

Saucet SB, Van Ghelder C, Abad P, Duval H, Esmenjaud D. 2016. Resistance to root-knot nematodes *Meloidogyne* spp. in woody plants. New Phytologist 211: 41-56.

Savard MM. 2010. Tree-ring stable isotopes and historical perspectives on pollution - An overview. Environmental Pollution 158: 2007-2013.

Saxe H, Cannell MGR, Johnsen Ø, Ryan MG, Vourlitis G. 2001. Tree and forest functioning in response to global warming. New Phytologist 149: 369-399.

Scartazza A, Di Baccio D, Bertolotto P, Gavrichkova O, Matteucci G. 2016. Investigating the European beech (*Fagus sylvatica* L.) leaf characteristics along the vertical canopy profile: Leaf structure, photosynthetic capacity, light energy dissipation and photoprotection mechanisms. Tree Physiology 36: 1060-1076.

Schachtman DP, Goodger JQD. 2008. Chemical root to shoot signaling under drought. Trends in Plant Science 13: 281-287.

Schmitz A, Sanders TGM, Bolte A, Bussotti F, Dirnböck T, Johnson J, Peñuelas J, Pollastrini M, Prescher AK, Sardans J, Verstraeten A, de Vries W. 2019. Responses of forest ecosystems in Europe to decreasing nitrogen deposition. Environmental Pollution 244: 980-994.

Schneuwly DM, Stoffel M, Bollschweiler M. 2009a. Formation and spread of callus tissue and tangential rows of resin ducts in *Larix decidua* and *Picea abies* following rockfall impacts. Tree Physiology 29: 281-289.

Schneuwly DM, Stoffel M, Dorren LKA, Berger F. 2009b. Three-dimensional analysis of the anatomical growth response of European conifers to mechanical disturbance. Tree Physiology 29: 1247-1257.

Schnitzer SA, Reich PB, Bergner B, Carson WP. 2002. Herbivore and pathogen damage on grassland and woodland plants: A test of the herbivore uncertainty principle. Ecology Letters 5: 531-539.

Schulz A. 1995. Plasmodesmal widening accompanies the short-term increase in symplasmic phloem unloading in pea root tips under osmotic stress. Protoplasma 188: 22-37.

Schulz A. 1994. Phloem transport and differential unloading in pea seedlings after source and sink manipulations. Planta 192: 239-48.

Scholz A, Rabaey D, Stein A, Cochard H, Smets E, Jansen S. 2013. The evolution and function of vessel and pit characters with respect to cavitation resistance across 10 *Prunus* species. Tree Physiology 33: 684-694.

Schulz H, Schäfer T, Storbeck V, Härtling S, Rudloff R, Köck M, Buscot F. 2012. Effect of raw humus under two adult Scots pine stands on ectomycorrhization, nutritional status, nitrogen uptake, phosphorus uptake and growth of *Pinus sylvestris* seedlings. Tree Physiology 32: 36-48.

Sendall KM, Reich PB. 2013. Variation in leaf and twig CO_2 flux as a function of plant size: A comparison of seedlings, saplings and trees. Tree Physiology 33: 713-729.

Sengupta S, Majumder AL. 2014. Physiological and genomic basis of mechanical-functional trade-off in plant vasculature. Frontiers in Plant Science 5: 224.

Serapiglia MJ, Cameron KD, Stipanovic AJ, Abrahamson LP, Volk TA, Smart LB. 2013. Yield and Woody Biomass Traits of Novel Shrub

Willow Hybrids at Two Contrasting Sites. Bioenergy Research 6: 533-546.

Seth CS, Remans T, Keunen E, Jozefczak M, Gielen H, Opdenakker K, Weyens N, Vangronsveld J, Cuypers A. 2012. Phytoextraction of toxic metals: A central role for glutathione. Plant, Cell and Environment 35: 334-346.

Sevanto S, Dickman LT. 2015. Where does the carbon go?-Plant carbon allocation under climate change. Tree Physiology 35: 581-584.

Sevanto S, Xu C, Way D. 2016. Towards more accurate vegetation mortality predictions. Tree Physiology 36: 1191-1195.

Shang B, Xu Y, Dai L, Yuan X, Feng Z. 2019. Elevated ozone reduced leaf nitrogen allocation to photosynthesis in poplar. Science of the Total Environment 657: 169-178.

Sharma S, Shahzad A. 2014. An overview on Decalepis: a genus of woody medicinal climbers. J Plant Sci Res 1: 104.

Sharwood RE, Crous KY, Whitney SM, Ellsworth DS, Ghannoum O. 2017. Linking photosynthesis and leaf N allocation under future elevated CO_2 and climate warming in *Eucalyptus globulus*. Journal of Experimental Botany 68: 1157-1167.

Sherwood P, Villari C, Capretti P, Bonello P. 2015. Mechanisms of induced susceptibility to *Diplodia* tip blight in drought-stressed Austrian pine. Tree Physiology 35: 549-562.

Shi J, Fu XZ, Peng T, Huang XS, Fan QJ, Liu JH. 2010. Spermine pretreatment confers dehydration tolerance of citrus in vitro plants via modulation of antioxidative capacity and stomatal response. Tree Physiology 30: 914-923.

Sicard P, Agathokleous E, Araminiene V, Carrari E, Hoshika Y, De Marco A, Paoletti E. 2018. Should we see urban trees as effective solutions to reduce increasing ozone levels in cities? Environmental Pollution 243: 163-176.

Silva LCR, Anand M. 2013. Probing for the influence of atmospheric CO_2 and climate change on forest ecosystems across biomes. Global Ecology and Biogeography 22: 83-92.

Simon J, Gleadow RM, Woodrow IE. 2010. Allocation of nitrogen to chemical defence and plant functional traits is constrained by soil N. Tree Physiology 30: 1111-1117.

Simonneau T, Lebon E, Coupel-Ledru A, Marguerit E, Rossdeutsch L, Ollat N. 2017. Adapting plant material to face water stress in vineyards: Which physiological targets for an optimal control of plant water status? Oeno One 51: 167-179.

Singh P, Agrawal M, Agrawal SB. 2011. Differences in ozone sensitivity at different NPK levels of three tropical varieties of mustard (*Brassica campestris* L.): Photosynthetic pigments, metabolites, and antioxidants. Water, Air, and Soil Pollution 214: 435-450.

Sixto H, González-González BD, Molina-Rueda JJ, Garrido-Aranda A, Sanchez MM, López G, Gallardo F, Cañellas I, Mounet F, Grima-Pettenati J, Cantón F. 2016. *Eucalyptus* spp. and *Populus* spp. coping with salinity stress: an approach on growth, physiological and molecular features in the context of short rotation coppice (SRC). Trees 30: 1873-1891.

Slippers B, Burgess T, Pavlic D, Ahumada R, Maleme H, Mohali S, Rodas C, Wingfield MJ. 2009. A diverse assemblage of Botryosphaeriaceae infect *Eucalyptus* in native and non-native environments. Southern Forests 71: 101-110.

Slippers B, Wingfield MJ. 2007. Botryosphaeriaceae as endophytes and latent pathogens of woody plants: diversity, ecology and impact. Fungal Biology Reviews 21: 90-106.

Smith WH. 1992. Air Pollution and Forests. Springer-verlag. New York. pp. 618.

Smith EA, Collette SB, Boynton TA, Lillrose T, Stevens MR, Bekker MF, Eggett D, St Clair SB. 2011. Developmental contributions to phenotypic variation in functional leaf traits within quaking aspen clones. Tree Physiology 31: 68-77.

Smith MR, Merchant A. 2018. Limitations to using phloem sap to assess tree water and nutrient status. Tree Physiology 39: 332-339.

Smith WK, Berry ZC. 2013. Sunflecks? Tree Physiology 33: 233-237.

Sork VL, J Bramble, O Sexton. 1993. Ecology of mast-fruiting in three species of North American deciduous oaks. Ecology 74(2): 528-541.

St. Clair SB, Monson SD, Smith EA, Cahill DG, Calder WJ. 2009. Altered leaf morphology, leaf resource dilution and defense chemistry induction in frost-defoliated aspen (*Populus tremuloides*). Tree Physiology 29: 1259-1268.

Stanosz GR, Blodgett JT, Smith DR, Kruger EL. 2001. Water stress and *Sphaeropsis sapinea* as a latent pathogen of red pine seedlings. New Phytologist 149: 531-538.

Staudt M, Jackson B, El-Aouni H, Buatois B, Lacroze JP, Poëssel JL, Sauge MH. 2010. Volatile organic compound emissions induced by the aphid *Myzus persicae* differ among resistant and susceptible peach cultivars and a wild relative. Tree Physiology 30: 1320-1334.

Sterck F, Zweifel R. 2016. Trees maintain a similar conductance per leaf area through integrated responses in growth, allocation, architecture and anatomy. Tree Physiology 36: 1307-1309.

Stinziano JR, Hüner NPA, Way DA. 2015. Warming delays autumn declines in photosynthetic capacity in a boreal conifer, Norway spruce (*Picea abies*). Tree Physiology 35: 1303-1313.

Strimbeck GR, Schaberg PG, Fossdal CG, Schröder WP, Kjellsen TD. 2015. Extreme low temperature tolerance in woody plants. Frontiers in Plant Science 6: 1-15.

Sumida A. 2015. The diameter growth-height growth relationship as related to the diameter-height relationship. Tree Physiology 35: 1031-1034.

Sumida A, Miyaura T, Torii H. 2013. Relationships of tree height and diameter at breast height revisited: Analyses of stem growth using 20-year data of an even-aged *Chamaecyparis obtusa* stand. Tree Physiology 33: 106-118.

Sun J, Dai S, Wang R, Chen S, Li N, Zhou X, Lu C, Shen X, Zheng X, Hu Z, Zhang Z, Song J, Xu Y. 2009. Calcium mediates root K^+/Na^+ homeostasis in poplar species differing in salt tolerance. Tree Physiology 29: 1175-1186.

Sun L, Ataka M, Kominami Y, Yoshimura K. 2017. Relationship between fine-root exudation and respiration of two *Quercus* species in a Japanese temperate forest. Tree Physiology 37: 1011-1020.

Sutinen S, Partanen J, Viher-Aarnio A, Hkkinen R. 2009. Anatomy and morphology in developing vegetative buds on detached Norway spruce branches in controlled conditions before bud burst. Tree Physiology 29: 1457-1465.

Syvertsen JP, Garcia-Sanchez F. 2014. Multiple abiotic stresses occurring with salinity stress in citrus. Environmental and Experimental Botany 103: 128-137.

Tahara K, Yamanoshita T, Norisada M, Hasegawa I, Kashima H, Sasaki S, Kojima K. 2008. Aluminum distribution and reactive oxygen species accumulation in root tips of two *Melaleuca* trees differing in aluminum resistance. Plant and Soil 307: 167-178.

Tai APK, Val Martin M. 2017. Impacts of ozone air pollution and temperature extremes on crop yields: Spatial variability, adaptation and implications for future food security. Atmospheric Environment 169: 11-21.

Takahashi S, Murata N. 2008. How do environmental stresses accelerate photoinhibition? Trends in Plant Science 13: 178-182.

Tanaka T, Kurokawa C, Oikawa S. 2018. Leaf shedding increases the photosynthetic rate of the canopy in N_2 -fixing and non-N_2 -fixing woody species. Tree Physiology 38: 1903-1911.

Taneda H, Tateno M. 2011. Leaf-lamina conductance contributes to an equal distribution of water delivery in current-year shoots of kudzu-vine shoot, *Pueraria lobata*. Tree Physiology 31: 782-794.

Tanentzap AJ, Kirby KJ, Goldberg E. 2012. Slow responses of ecosystems to reductions in deer (*Cervidae*) populations and strategies for achieving recovery. Forest Ecology and Management 264: 159-166.

Tang W, Newton R. J., 2005. Polyamines reduce salt-induced oxidative damage by increasing the activities of antioxidant enzymes and decreasing lipid peroxidation in Virginia pine. Plant Growth Regulation 46: 31-43.

Tanino K. 2012. Commentary From lab to nature: assessing injury in xylem parenchyma cells. Tree Physiology 32: 815-818.

Tanou G, Filippou P, Belghazi M, Job D, Diamantidis G, Fotopoulos V, Molassiotis A. 2012. Oxidative and nitrosative-based signaling and associated post-translational modifications orchestrate the acclimation of citrus plants to salinity stress. Plant Journal 72: 585-599.

Tarvainen L, Näsholm T. 2017. Can adjustments in foliar nitrogen-use efficiency reduce drought stress impacts on boreal trees? Tree Physiology 37: 415-417.

Tarvainen L, Wallin G, Lim H, Linder S, Oren R, Ottosson Löfvenius M, Räntfors M, Tor-ngern P, Marshall J. 2018. Photosynthetic refixation varies along the stem and reduces CO_2 efflux in mature boreal *Pinus sylvestris* trees. Tree Physiology 38: 558-569.

Tataranni G, Santarcangelo M, Sofo A, Xiloyannis C, Tyerman SD, Dichio B. 2015. Correlations between morpho-anatomical changes and radial hydraulic conductivity in roots of olive trees under water deficit and rewatering. Tree Physiology 35: 1356-1365.

Tattini M, Traversi ML, Castelli S, Biricolti S, Guidi L, Massai R. 2009. Contrasting response mechanisms to root-zone salinity in three co-occurring Mediterranean woody evergreens: A physiological and biochemical study. Functional Plant Biology 36: 551-563.

Taulavuori K, Bauer E, Taulavuori E. 2011. Overwintering stress of *Vaccinium vitis-idaea* in the absence of snow cover. Environmental and Experimental Botany 72: 397-403.

Tausz M, Wonisch A, Grill D, Morales D, Jiménez M. S. 2003. Measuring antioxidants in tree species in the natural environment: from sampling to data evaluation. Journal of Experimental Botany 54(387): 1505-1510.

Taylor SH, Ripley BS, Woodward FI, Osborne CP. 2011. Drought limitation of photosynthesis differs between C_3 and C_4 grass species in a comparative experiment. Plant, Cell and Environment 34: 65-75.

Telewski FW. 2012. Is windswept tree growth negative thigmotropism? Plant Science 184: 20-28.

Terhonen E, Blumenstein K, Kovalchuk A, Asiegbu FO. 2019. Forest tree microbiomes and associated fungal endophytes: Functional roles and impact on forest health. Forests 10: 1-32.

Terry LI, Roemer RB, Booth DT, Moore CJ, Walter GH. 2016. Thermogenic respiratory processes drive the exponential increase of volatile organic compound emissions in *Macrozamia* cycad cones. Plant, Cell and Environment 39: 1588-1600.

Teskey R, Wertin T, Bauweraerts I, Ameye M, McGuire MA, Steppe K. 2015. Responses of tree species to heat waves and extreme heat events. Plant, Cell and Environment 38: 1699-1712.

Testea FP, Lieffers VJ. 2011. Snow damage in lodgepole pine stands brought into thinning and fertilization regimes. Forest Ecology and Management 261: 2096-2104.

Tewari RK, Kumar P, Sharma PN. 2010. Morphology and oxidative physiology of boron-deficient mulberry plants. Tree Physiology 30: 68-77.

Thambavani SD, Sabitha MA. 2011. Variation in air pollution tolerance index and anticipated performance index of plants near a sugar factory: implications for landscape-plant species selection for industrial areas. Journal of Research in Biology 7: 494-502.

Thomas SC. 2011. Genetic vs. phenotypic responses of trees to altitude. Tree Physiology 31: 1161-1163.

Thomas SC. 2010. Photosynthetic capacity peaks at intermediate size in temperate deciduous trees. Tree Physiology 30: 555-573.

Tian D, Du E, Jiang L, Ma S, Zeng W, Zou A, Feng C, Xu L, Xing A, Wang W, Zheng C, Ji C, Shen H, Fang J. 2018. Responses of forest ecosystems to increasing N deposition in China: A critical review. Environmental Pollution 243: 75-86.

Tian L, Yin S, Ma Y, Kang H, Zhang X, Tan H, Meng H, Liu C. 2019. Impact factor assessment of the uptake and accumulation of polycyclic aromatic hydrocarbons by plant leaves: Morphological characteristics have the greatest impact. Science of the Total Environment 652: 1149-1155.

Tissue DT, Lewis JD, Niinemets Ü. 2010. Photosynthetic responses of cottonwood seedlings grown in glacial through future atmospheric [CO_2] vary with phosphorus supply. Tree Physiology 30: 1361-1372.

Tixier A, Gambetta GA, Godfrey J, Orozco J, Zwieniecki MA. 2019. Non-structural Carbohydrates in Dormant Woody Perennials; The Tale of Winter Survival and Spring Arrival. Frontiers in Forests and Global Change 2: 1-8.

Tognetti R. 2015. Trees harvesting the clouds: Fog nets threatened by climate change. Tree Physiology 35: 921-924.

Tognetti R. 2012. Adaptation to climate change of dioecious plants: Does gender balance matter? Tree Physiology 32: 1321-1324.

Tognetti R, Palombo C. 2013. Take a tree to the limit: the stress line. Tree Physiology 33: 887-890.

Tomimatsu H, Sakata T, Fukayama H, Tang Y. 2019. Short-term effects of high CO_2 accelerate photosynthetic induction in *Populus koreana* × *trichocarpa* with always-open stomata regardless of phenotypic changes in high CO_2 growth conditions. Tree Physiology 39: 474-483.

Toro R, A Córdova, M Canales, P Mardones. 2015. Trends and threshold exceedances analysis of airborne pollen concentrations in Metropolitan Santiago Chile. PloS ONE 10(5): e0123077.

Traversari S, Neri A, Traversi ML, Giovannelli A, Francini A, Sebastiani L. 2020. Daily osmotic adjustments in stem may be good predictors of water stress intensity in poplar. Plant Physiology and Biochemistry 146: 13-22.

Trowbridge AM, Keefover-Ring K. 2017. Home on the (expanding) range: Evaluating the effectiveness of a novel host's induced defenses against the mountain pine beetle-fungal complex. Tree Physiology 37: 1593-1596.

Tyree MT, Sperry JS. 1989. Vulnerability of xylem to cavitation and embolism. Annual Review Plant Biology 40: 19-36.

Tyree MT, Zimmermann MH. 2002. Hydraulic architecture of whole plants and plant performance. In: Xylem structure and the ascent of sap. Springer, pp. 175-214.

Uddling J, Teclaw RM, Pregitzer KS, Ellsworth DS. 2009. Leaf and canopy conductance in aspen and aspen-birch forests under free-air enrichment of carbon dioxide and ozone. Tree Physiology 29: 1367-1380.

Ueda MU, Mizumachi E, Tokuchi N. 2009. Allocation of nitrogen within the crown during leaf expansion in *Quercus serrata* saplings. Tree Physiology 29: 913-919.

Ueno H, Tsunematsu N. 2019. Sensitivity of ozone production to increasing temperature and reduction of precursors estimated from observation data. Atmospheric Environment 214: 116818.

Ullah C, Tsai CJ, Unsicker SB, Xue L, Reichelt M, Gershenzon J, Hammerbacher A. 2019. Salicylic acid activates poplar defense against the biotrophic rust fungus *Melampsora larici-populina* via increased biosynthesis of catechin and proanthocyanidins. New Phytologist 221: 960-975.

Upadhyaya H, Panda SK. 2013. Abiotic stress responses in tea [*Camellia sinensis* L(O) Kuntze]: an overview. Reviews in Agricultural Science 1: 1-10.

Urbanek Krajnc A. 2009. A temporal analysis of antioxidative defense responses in the phloem of *Picea abies* after attack by *Ips typographus*. Tree Physiology 29: 1059-1068.

Úrbez-Torres JR. 2011. The status of Botryosphaeriaceae species infecting grapevines. Phytopathologia Mediterranea 50: S5-S45.

Vaishnav A, Shukla AK, Sharma A, Kumar R, Choudhary DK. 2019. Endophytic bacteria in plant salt stress tolerance: current and future prospects. Journal of Plant Growth Regulation 38: 650-668.

Valladares F, Niinemets Ü. 2008. Shade tolerance, a key plant feature of complex nature and consequences. Annual Review of Ecology, Evolution, and Systematics 39: 237-257.

Valor T, González-Olabarria JR, Piqué M, Casals P. 2017a. The effects of burning season and severity on the mortality over time of *Pinus nigra* spp. *salzmannii* (Dunal) Franco and *P. sylvestris* L. Forest Ecology and Management 406: 172-183.

Valor T, Ormeño E, Casals P. 2017b. Temporal effects of prescribed burning on terpene production in Mediterranean pines. Tree Physiology 37: 1622-1636.

Van Camp J, Hubeau M, Van Den Bulcke J, Van Acker J, Steppe K. 2018. Cambial pinning relates wood anatomy to ecophysiology in the African tropical tree *Maesopsis eminii*. Tree Physiology 38: 232-242.

Van Pelt R, Sillett SC, Kruse WA, Freund JA, Kramer RD. 2016. Emergent crowns and light-use complementarity lead to global maximum biomass and leaf area in *Sequoia sempervirens* forests. Forest Ecology and Management 375: 279-308.

Van Uytvanck J, Decleer K, Hoffmann M. 2008. Establishment patterns of woody species in low intensity-grazed pastures after the cessation of intensive agricultural use. Forest Ecology and Management 256: 106-113.

Vanguelova EI, Hirano Y, Eldhuset TD, Sas-Paszt L, Bakker MR, Püttsepp Ü, Brunner I, Lõhmus K, Godbold D. 2007. Tree fine root Ca/Al molar ratio - Indicator of Al and acidity stress. Plant Biosystems 141: 460-480.

Variya BC, Bakrania AK, Patel SS. 2016. *Emblica officinalis* (Amla): A review for its phytochemistry, ethnomedicinal uses and medicinal potentials with respect to molecular mechanisms. Pharmacological Research 111: 180-200.

Vaz M, Pereira JS, Gazarini LC, David TS, David JS, Rodrigues A, Maroco J, Chaves MM. 2010. Drought-induced photosynthetic inhibition and autumn recovery in two Mediterranean oak species (*Quercus ilex* and *Quercus suber*). Tree Physiology 30: 946-956.

Viger M, Smith HK, Cohen D, Dewoody J, Trewin H, Steenackers M, Bastien C, Taylor G. 2016. Adaptive mechanisms and genomic plasticity for drought tolerance identifed in European black poplar (*Populus nigra* L.). Tree Physiology 36: 909-928.

Villadas PJ, Díaz-Díaz S, Rodríguez-Rodríguez A, del Arco-Aguilar M, Fernández-González AJ, Pérez-Yépez J, Arbelo C, González-Mancebo JM, Fernández-López M, León-Barrios M. 2019. The soil microbiome of the laurel forest in garajonay national park (La Gomera, Canary Islands): Comparing unburned and burned habitats after a wildfire. Forests 10: 1051.

Vollenweider P, Günthardt-Goerg MS, Menard T, Baumgarten M, Matyssek R, Schaub M. 2019. Macro- and microscopic leaf injury triggered by ozone stress in beech foliage (*Fagus sylvatica* L.). Annals of Forest Science 76: 71.

Wan H, Du J, He J, Lyu D, Li H. 2019. Copper accumulation, subcellular partitioning and physiological and molecular responses in relation to different copper tolerance in apple rootstocks. Tree Physiology 39: 1215-1234.

Wang B, Shugart HH, Lerdau MT. 2017. An individual-based model of forest volatile organic compound emissions—UVAFME-VOC v1.0. Ecological Modelling 350: 69-78.

Wang H, Shi H, Li Y, Yu Y, Zhang J. 2013. Seasonal variations in leaf capturing of particulate matter, surface wettability and micromorphology in urban tree species. Frontiers of Environmental Science and Engineering 7: 579-588.

Wang J, Villar-Salvador P, Li G, Liu Y. 2019. Moderate water stress does not inhibit nitrogen remobilization, allowing fast growth in high nitrogen content *Quercus variabilis* seedlings under dry conditions. Tree Physiology 39: 650-660.

Wang L, Yang L, Yang F, Li X, Song Y, Wang X, Hu X. 2010. Involvements of H_2O_2 and metallothionein in NO-mediated tomato tolerance to copper toxicity. Journal of Plant Physiology 167: 1298-1306.

Wang M, Zhang WW, Li N, Liu YY, Zheng XB, Hao GY. 2018. Photosynthesis and growth responses of *Fraxinus mandshurica* Rupr. seedlings to a gradient of simulated nitrogen deposition. Annals of Forest Science 75: 1.

Wang W, Peng C, Kneeshaw DD, Larocque GR, Luo Z. 2012. Drought-induced tree mortality: Ecological consequences, causes, and modeling. Environmental Reviews 20: 109-121.

Wang X, Curtis P. S. 2001. Gender-specific responses of *Populus tremuloides* to atmospheric CO_2 enrichment. New Phytologist 150(3): 675-684.

Wang X, Liu Z, Niu L, Fu B. 2013. Long-term effects of simulated acid rain stress on a staple forest plant, *Pinus massoniana* Lamb: A proteomic analysis. Trees 27: 297-309.

Wang Y, Sperry JS, Venturas MD, Trugman AT, Love DM, Anderegg WRL. 2019. The stomatal response to rising CO_2 concentration and drought is predicted by a hydraulic trait-based optimization model. Tree Physiology 39: 1416-1427.

Ward EJ, Bell DM, Clark JS, Oren R. 2013. Hydraulic time constants for transpiration of loblolly pine at a free-air carbon dioxide enrichment site. Tree Physiology 33: 123-134.

Warren JM, Norby RJ, Wullschleger SD, Oren R. 2011. Elevated CO_2 enhances leaf senescence during extreme drought in a temperate forest. Tree Physiology 31: 117-130.

Way DA. 2013. Will rising CO_2 and temperatures exacerbate the vulnerability of trees to drought? Tree Physiology 33: 775-778.

Way DA. 2011. Tree phenology responses to warming: Spring forward, fall back? Tree Physiology 31: 469-471.

Way DA, Crawley C, Sage RF. 2013. A hot and dry future: Warming effects on boreal tree drought tolerance. Tree Physiology 33: 1003-1005.

Way DA, Holly C, Bruhn D, Ball MC, Atkin OK. 2015. Diurnal and seasonal variation in light and dark respiration in field-grown *Eucalyptus pauciflora*. Tree Physiology 35: 840-849.

Way DA, Oren R. 2010. Differential responses to changes in growth temperature between trees from different functional groups and biomes: a review and synthesis of data. Tree Physiology 30: 669-688.

Wei Q, Jiao C, Ding Y, Gao S, Guo L, Chen M, Hu P, Xia S, Ren G, Fei Z. 2018. Cellular and molecular characterizations of a slow-growth variant provide insights into the fast growth of bamboo. Tree Physiology 38: 641-654.

Wei X, Sendall KM, Stefanski A, Zhao C, Hou J, Rich RL, Montgomery RA, Reich PB. 2017. Consistent leaf respiratory response to experimental warming of three North American deciduous trees: A comparison across seasons, years, habitats and sites. Tree Physiology 37: 285-300.

Weigt RB, Streit K, Saurer M, Siegwolf RTW. 2018. The influence of increasing temperature and CO_2 concentration on recent growth of old-growth larch: Contrasting responses at leaf and stem processes derived from tree-ring width and stable isotopes. Tree

Physiology 38: 706-720.

Welter S, Bracho-Nuñez A, Mir C, Zimmer I, Kesselmeier J, Lumaret R, Schnitzler JP, Staudt M. 2012. The diversification of terpene emissions in Mediterranean oaks: Lessons from a study of *Quercus suber*, *Quercus canariensis* and its hybrid *Quercus afares*. Tree Physiology 32: 1082-1091.

Whyte G, Howard K, Hardy GESJ, Burgess TI. 2016. The tree decline recovery seesaw; a conceptual model of the decline and recovery of drought stressed plantation trees. Forest Ecology and Management 370: 102-113.

Wiley E, Huepenbecker S, Casper BB, Helliker BR. 2013. The effects of defoliation on carbon allocation: Can carbon limitation reduce growth in favour of storage? Tree Physiology 33: 1216-1228.

Wilkinson S, Davies WJ. 2010. Drought, ozone, ABA and ethylene: new insights from cell to plant to community. Plant, Cell and Environment 33: 510-525.

Wingfield MJ, Roux J, Slippers B, Hurley BP, Garnas J, Myburg AA, Wingfield BD. 2013. Established and new technologies reduce increasing pest and pathogen threats to Eucalypt plantations. Forest Ecology and Management 301: 35-42.

Wingfield MJ, Roux J, Wingfield BD. 2011. Insect pests and pathogens of Australian acacias grown as non-natives - an experiment in biogeography with far-reaching consequences. Diversity and Distributions 17: 968-977.

Winner W.E. 1994. Mechanistic analysis of plant responses to air pollution. Ecological Applications 4(4): 651-661.

Woo SY, Lim JH, Lee DK. 2008. Effects of temperature on photosynthetic rates in Korean fir (*Abies koreana*) between healthy and dieback population. Journal of Integrative Plant Biology 50(2): 190-193.

Woo SY, Hinkley TM. 2005. The effects of ozone on growth and stomatal response in the F_2 generation of hybrid poplar (*Populus trichocarpa* × *Populus deltoides*). Biologia Platinum 49(3): 395-404.

Woo SY, Kwon KW, Lee JC, Choi JH, Kang BS. 2003. Recovery of net photosynthetic rate after SO_2 fumigationin *Quercus acutissima, Pinus densiflora, Populus alba×glandulosa,* and *Acanthopanax sessiliflorus.* Photosynthetica 41(2): 319-320.

Wu Y, Xu L, Chang L, Ma M, You L, Jiang C, Li S, Zhang J. 2019. *Bacillus thuringiensis cry1C* expression from the plastid genome of poplar leads to high mortality of leaf-eating caterpillars. Tree Physiology 39: 1525-1532.

Wujeska A, Bossinger G, Tausz M. 2013. Responses of foliar antioxidative and photoprotective defence systems of trees to drought: A meta-analysis. Tree Physiology 33: 1018-1029.

Xu S, Chen W, Huang Y, He X. 2012. Responses of growth, photosynthesis and VOC emissions of *Pinus tabulaeformis* Carr. exposure to elevated CO_2 and/or elevated O_3 in an urban area. Bulletin of Environmental Contamination and Toxicology 88: 443-448.

Xu Z, Zhou G, Shimizu H. 2010. Plant responses to drought and rewatering. Plant Signaling and Behavior 5: 649-654.

Yamaguchi M, Izuta T. 2017. Effects of black carbon and ammonium sulfate particles on plants, in: Air Pollution Impacts on Plants in East Asia. Tokyo, Japan: Springer Japan, pp. 295-308.

Yamaguchi M, Kinose Y, Matsumura H, Izuta T. 2019. Evaluation of O_3 effects on cumulative photosynthetic CO_2 uptake in seedlings of four Japanese deciduous broad-leaved forest tree species based on stomatal O_3 uptake. Forests 10: 556.

Yamaguchi M, Otani Y, Li P, Nagao H, Lenggoro IW, Ishida A, Yazaki K, Noguchi K, Nakaba S, Yamane K, Kuroda K, Sano Y, Funada R, Izuta T. 2014. Effects of long-term exposure to ammonium sulfate particles on growth and gas exchange rates of *Fagus crenata*, *Castanopsis sieboldii, Larix kaempferi* and *Cryptomeria japonica* seedlings. Atmospheric Environment 97: 493-500.

Yan L, Riaz M, Liu Y, Zeng Y, Jiang C. 2019. Aluminum toxicity could be mitigated with boron by altering the metabolic patterns of amino acids and carbohydrates rather than organic acids in trifoliate orange. Tree Physiology 39: 1572-1582.

Yang D, Goldstein G, Wang M, Zhang WW, Wang AY, Liu YY, Hao GY. 2017. Microenvironment in the canopy rivals the host tree water status in controlling sap flow of a mistletoe species. Tree Physiology 37: 501-510.

Yin Z, Liu H, Li Z, Ke X, Dou D, Gao X, Song N, Dai Q, Wu Y, Xu JR, Kang Z, Huang L. 2015. Genome sequence of *Valsa* canker pathogens uncovers a potential adaptation of colonization of woody bark. New Phytologist 208: 1202-1216.

Ying RR, Qiu RL, Tang YT, Hu PJ, Qiu H, Chen HR, Shi TH, Morel JL. 2010. Cadmium tolerance of carbon assimilation enzymes and chloroplast in Zn/Cd hyperaccumulator *Picris divaricata*. Journal of Plant Physiology 167: 81-87.

Yu L, Song M, Xia Z, Korpelainen H, Niinemets Ü, Li C. 2019. Elevated temperature differently affects growth, photosynthetic capacity, nutrient absorption and leaf ultrastructure of *Abies faxoniana* and *Picea purpurea* under intra- and interspecific competition. Tree Physiology 39(8): 1342-1357.

Zagrobelny M, Bak S, Møller BL. 2008. Cyanogenesis in plants and arthropods. Phytochemistry 69: 1457-1468.

Zamora-Ballesteros C, Diez JJ, Martín-García J, Witzell J, Solla A, Ahumada R, Capretti P, Cleary M, Drenkhan R, Dvořák M, Elvira-Recuenco M, Fernández-Fernández M, Ghelardini L, Gonthier P, Hernández-Escribano L, Ioos R, Markovskaja S, Martínez-Álvarez P, Muñoz-Adalia EJ, Nowakowska JA, Oszako T, Raposo R, Santini A, Hantula J. 2019. Pine pitch canker (PPC): Pathways of pathogen spread and preventive measures. Forests 10: 1158.

Zeng F, Yan H, Arndt SK. 2009. Leaf and whole tree adaptations to mild salinity in field grown *Populus euphratica*. Tree Physiology 29: 1237-1246.

Zeppel M, Tissue D, Taylor D, MacInnis-Ng C, Eamus D. 2010. Rates of nocturnal transpiration in two evergreen temperate woodland species with differing water-use strategies. Tree Physiology 30: 988-1000.

Zhang H, Jiao H, Jiang CX, Wang SH, Wei ZJ, Luo JP, Jones RL. 2010. Hydrogen sulfide protects soybean seedlings against drought-induced oxidative stress. Acta Physiologiae Plantarum 32: 849-857.

Zhang L, Shi H, Yu P, Wang Y, Pan S, Wang B, Tian H. 2019. Divergent growth responses to warming between stand-grown and open-grown trees in a dryland montane forest in Northwestern China. Forests 10: 1-15.

Zhang LL, Wang HE, Li J, Kuang YW, Wen DZ. 2013. Physiological responses and accumulation of pollutants in woody species under in situ polluted condition in Southern China. Journal of Plant Research 126: 95-103.

Zhang Meide, Chen Q, Shen S. 2011. Physiological responses of two Jerusalem artichoke cultivars to drought stress induced by polyethylene glycol. Acta Physiologiae Plantarum 33: 313-318.

Zhang Ming, Dong JF, Jin HH, Sun LN, Xu MJ. 2011. Ultraviolet-B-induced flavonoid accumulation in *Betula pendula* leaves is dependent upon nitrate reductase-mediated nitric oxide signaling. Tree Physiology 31: 798-807.

Zhang S, Lu S, Xu X, Korpelainen H, Li C. 2010. Changes in antioxidant enzyme activities and isozyme profiles in leaves of male and female *Populus cathayana* infected with *Melampsora larici-populina*. Tree Physiology 30: 116-128.

Zhang S, Tang D, Korpelainen H, Li C. 2019. Metabolic and physiological analyses reveal that *Populus cathayana* males adopt an energy-saving strategy to cope with phosphorus deficiency. Tree Physiology 39: 1630-1645.

Zhang Y, Leclercq J, Montoro P. 2017. Reactive oxygen species in *Hevea brasiliensis* latex and relevance to Tapping Panel Dryness. Tree Physiology 37: 261-269.

Zhang Y, Oren R, Kang S, Niinemets Ü. 2012. Spatiotemporal variation of crown-scale stomatal conductance in an arid *Vitis vinifera* L. cv. Merlot vineyard: Direct effects of hydraulic properties and indirect effects of canopy leaf area. Tree Physiology 32: 262-279.

Zhang Y, Xu L, Qiu J, Sun M, Xia C, Zhou Z, Liu T. 2014. Provenance variations in berberine content of *Phellodendron amurense*, a rare and endangered medicinal plant grown in Northeast China. Scandinavian Journal of Forest Research 29: 725-733.

Zhang YJ, Bucci SJ, Arias NS, Scholz FG, Hao GY, Cao KF, Goldstein G. 2016. Freezing resistance in Patagonian woody shrubs: the role of cell wall elasticity and stem vessel size. Tree Physiology 36: 1007-1018.

Zhao H, Yang S, Guo X, Peng C, Gu X, Deng C, Chen L. 2018. Anatomical explanations for acute depressions in radial pattern of axial sap flow in two diffuse-porous mangrove species: Implications for water use. Tree Physiology 38: 277-287.

Zhao Y, Wang L. 2018. Plant water use strategy in response to spatial and temporal variation in precipitation patterns in China: A stable isotope analysis. Forests 9: 1-21.

Zheng L, Meng Y, Ma J, Zhao X, Cheng T, Ji J, Chang E, Meng C, Deng N, Chen L, Shi S, Jiang Z. 2015. Transcriptomic analysis reveals importance of ROS and phytohormones in response to short-term salinity stress in *Populus tomentosa*. Frontiers in Plant Science 6: 1-15.

Zhou H, Song X, Wei K, Zhao Y, Jiang C, Wang J, Tang F, Lu M. 2019. Growth-regulating factor 15 is required for leaf size control in *Populus*. Tree Physiology 39: 381-390.

Zhou X, Fu Y, Zhou L, Li B, Luo Y. 2013. An imperative need for global change research in tropical forests. Tree Physiology 33: 903-912.

Zhou Y, Tang J, Melillo JM, Butler S, Mohan JE. 2011. Root standing crop and chemistry after six years of soil warming in a temperate forest. Tree Physiology 31: 707-717.

Zwieniecki MA, Secchi F. 2012. Getting variable xylem hydraulic resistance under control: Interplay of structure and function. Tree Physiology 32: 1431-1433.

찾아보기

ㅊ

ㅋ

ㅌ

ㅍ

영문

A

N

O

P

Q

R

S

T

U

V

W

X

Z

기타